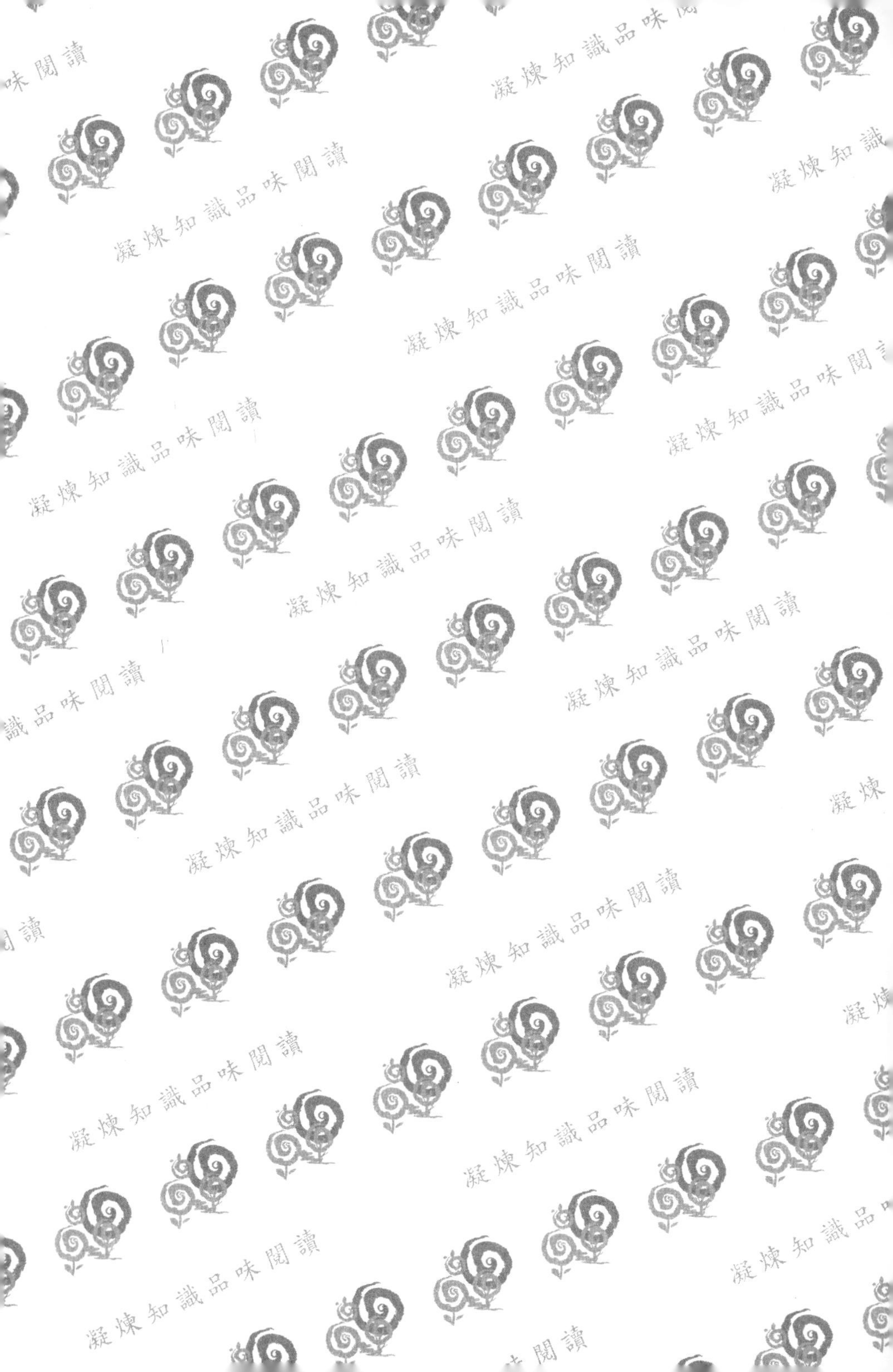

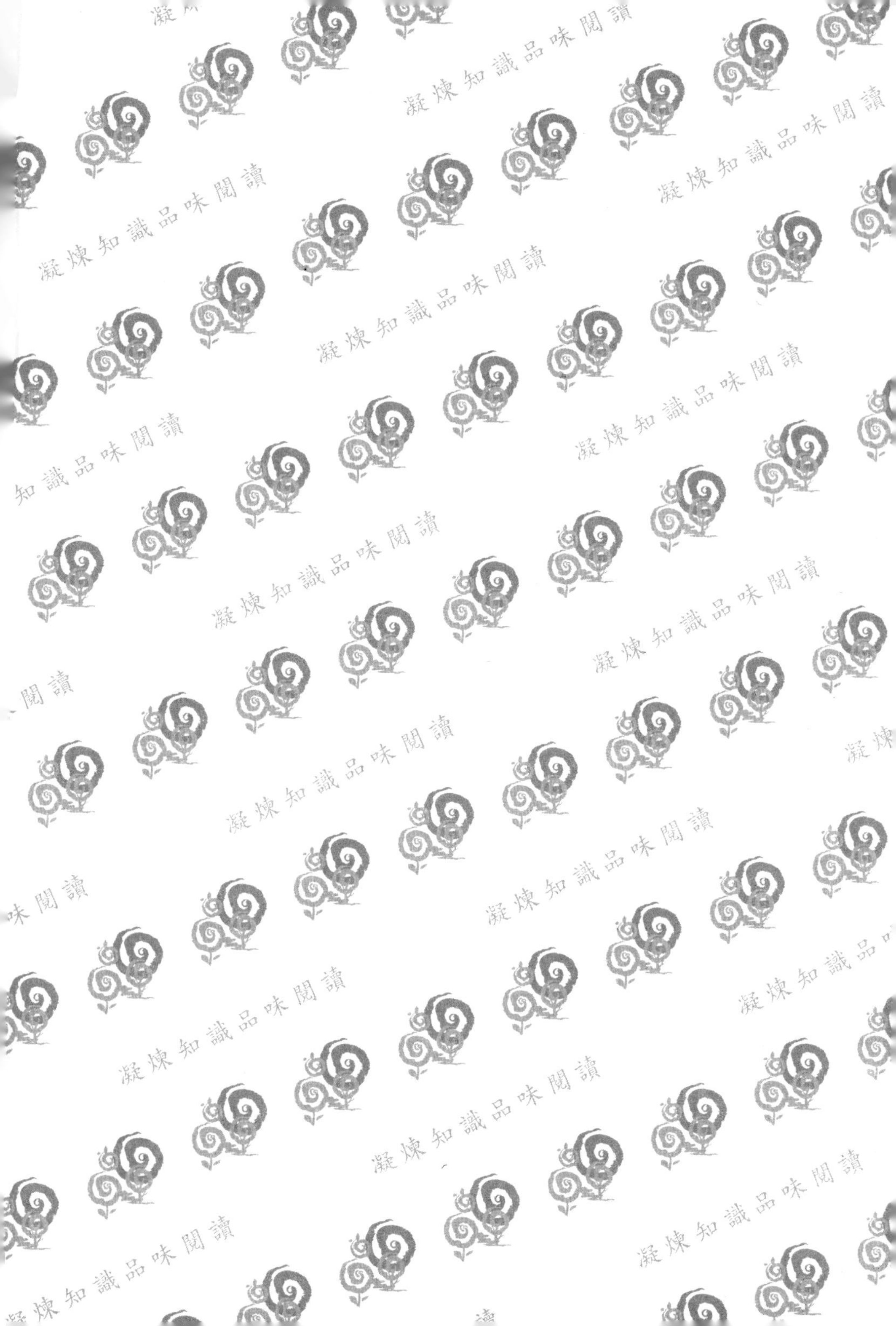
凝煉知識品味閱讀

黃學亮 編著

微積分演習指引

第三版

五南圖書出版公司 印行

三版序

回想本書最早是作者服預官役時，為準備研究所微積分考試蒐集之考題並參考 Richard A Silverman 之 Calculus with Analytic Geomertry 習題與例題，這是以俄羅斯微積分問題為號召，以及 Tom Apostol: Calculus, Apostol 是美國加州理工學院之教授，習題難度高，在本書第一版出版後，市面上陸續出現一些有關微積分演練的好書，如凡昊出版社之《微積分 4500 題》，徐氏基金會之《精選微積分學 1284 題與詳解》，以及水牛出版社之《微分學演習》（日本能代清著，劉睦雄譯）與《積分學演習》（日本井上正雄著、劉睦雄譯）等，這些對當年熱愛微積分演習者都是耳熟能詳的好書。我在二至六版均逐漸擇其中較有啓發性，並排除過於繁雜計算或苛難之「孤鳥式」難題。

嗣後因出版業版圖洗版，原先之由六國、中央、文笙出版至七版後，統改由五南圖書出版，又將屆 3 版，檢討以前諸版雖增加了問題，但略顯系統化不足，因此，大幅調整篇幅，同時也增加了大約 150 題之精彩問題，部分例題、習題旁加了框框，以對難記的公式、小撇步、注意事項做一點醒。希望對讀者研習上能有所助益。

環顧國內微積分問題書市場，幾乎都偏重考古題，一些不以考題之「功利導向」的書籍鳳毛麟角，本書歷經數十年，還能站在臺灣這個近乎「夕陽」的出版市場，尤其能有網友偶發之激勵，這些都讓我很感動，也很感激。

數學之學習尤重在正確觀念上做充分之練習，並將練習過程中從別人之經驗以及你自己之心得融於你的腦海中，那就是你的實力，實力為成功之本，願以此與讀者共勉之，亦希望讀者把你的意見告知，那更是我所企盼者。

Selected Exercises of Calculus for Scientists and Engineers

本書是專供有志強化微積分解題能力者所寫的一本書，全書之難度始終維持在一個國立大學理工學院中等程度以上學生應該有，或經努力後應該達到的微積分水準，本書內容有相當比重是取材自國內外高等微積分的問題，因此本書目標是讓讀者能較輕易地與工程數學、機率學、工程統計、理論統計、財務工程及其他需要數學為基礎之專業課程能有所接軌，因此除了計算性問題外特別著重證明題，這是本書最大的重點也是最大的特色，更是本書讀者較其他同類型書籍讀者有更大受惠之所在，我的一些學生即便甄試到研究所，仍在研一開學前複習本書以做未來研究生涯的準備。

本書不以協助讀者插班大學或考研究所之目的作為寫作目標，但事實證明使用本書仍可使他們在微積分這門課程有高標準的成績。

如果讀者研習本書有困難時，我推薦可先研讀五南出版之黃中彥教授的微積分，這是一本專供初學微積分而有意更上一層樓者的一本教科書，若讀者備有該書在本書研作上可能較為容易些。如果配合研閱，對微積分之部分難題將有突破作用。書中有◎者為常見之重要題，有 ※ 為較難題，可供讀者在研閱時作選題之參考。

本書雖是作者累積十數年在大學及補習班教授數學之經案而編成；總希望能對讀者在微積分學習上有所助益，惟作者輒感囿於自身學力有限而無法達成上述理想，同時謬誤之處亦在所難免，尚祈讀者諸君不吝賜正為荷。

作者 黃學亮 謹識

目　錄

第一章　極限與連續

1-1　直觀極限

1. $\lim_{x \to a^+} f(x)=L_1$，$\lim_{x \to a^-} f(x)=L_2$ 之定義：考慮實軸上之二個點 x 與 a，設 a 爲固定，而 x 爲動點，則 x 能從 a 之右邊或左邊來接近 a，若 x 由右邊接近 a 則寫成 $x \to a^+$，反之，若 x 由左邊接近 a 則寫成 $x \to a^-$，$x \to a^+$ 稱右極限，$x \to a^-$ 稱左極限。當左右極限存在且相等時，稱 $f(x)$ 在 $x = a$ 處之極限值存在，例如：最大整數函數 $f(x) = [x]$，若 $n + 1 > x \geq n$，則我們定義 $[x] = n$，n 爲整數。$\lim_{x \to 0^+} [x]=0$，而 $\lim_{x \to 0^-} [x]=-1$。

在求下列極限時通常要考慮到左右極限

(1) $\lim_{x \to a}[f(x)]$，$f(a)$ 爲整數時

(2) $\lim_{x \to a}|x-a|$ 及類似 $\lim_{x \to a}\frac{h(x)}{|x-a|}$

(3) $\lim_{x \to a}\sqrt[n]{x-a}$，$n$ 爲偶數

(4) $\lim_{x \to 0} e^{\frac{1}{x}}$，$\begin{cases} \lim_{x \to 0^+} e^{\frac{1}{x}} = \infty \\ \lim_{x \to 0^-} e^{\frac{1}{x}} = 0 \end{cases}$

(5) $\lim_{x \to b} f(x)$，$f(x)=\begin{cases} g(x), a \geq x \geq b \\ h(x), b > x \geq c \end{cases}$

例1 若 $f(x)=\begin{cases}\dfrac{|x-3|}{x-3} & x\neq 3\\ 0 & x=3\end{cases}$，求 $\lim\limits_{x\to 3}f(x)$。

解 $f(x)=\begin{cases}\dfrac{|x-3|}{x-3} & x\neq 3\\ 0 & x=3\end{cases}$

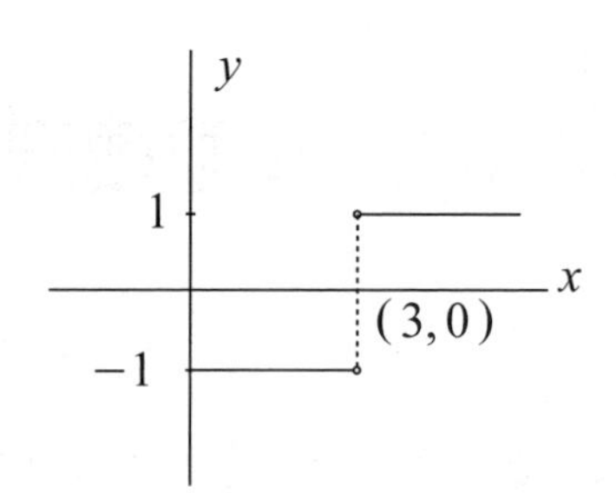

相當於 $f(x)=\begin{cases}1 & x>3\\ 0 & x=3\\ -1 & x<3\end{cases}$

故 $\lim\limits_{x\to 3^+}f(x)=1$

$\lim\limits_{x\to 3^-}f(x)=-1$

$\because$ $\lim\limits_{x\to 3^+}f(x)\neq\lim\limits_{x\to 3^-}f(x)$，從而 $\lim\limits_{x\to 3}f(x)$ 不存在

例2 求 $\lim\limits_{x\to 5^-}[x]-x$。

解 $\lim\limits_{x\to 5^-}[x]-x=4-5=-1$

◎**例3** 求 $\lim\limits_{x\to n}[x-[x]]$，$n$ 爲整數。

解 $\because n+1>x\geq n$ 時 $[x]=n$

$\therefore 1>x-[x]\geq 0$

$\Rightarrow\lim\limits_{x\to n}[x-[x]]=0$

初學者在求最大整數函數之極限時，常會感到頭痛，在此時不妨考慮一個實際近似值而得到解題之頭緒。例如求 $\lim_{x\to 1}[x^2]$ 需考慮 $\lim_{x\to 1^+}[x^2]$ 及 $\lim_{x\to 1^-}[x^2]$，求 $\lim_{x\to 1^-}[x^2]$ 時，取 $x=0.9$，則 $[x^2]=0$，所以可想到 $\lim_{x\to 1^-}[x^2]=0$，求 $\lim_{x\to 1^+}[x^2]$ 時，取 $x=1.1$，代入 $[x^2]=[1.21]=1$，$\therefore \lim_{x\to 1^+}[x^2]=1$，從而 $\lim_{x\to 1}[x^2]$ 不存在。又如，求 $\lim_{x\to 5^-}[x]$ 時，取 $x=4.9$，得 $[x]=[4.9]=4$。在下面練習之題 1 中，在 $\lim_{x\to 1^-}(1-x+[x]-[1-x])$ 中不妨取 $x=0.9$ 代入。又如 $\lim_{x\to \frac{1}{2}^-}$ 時，取 $x=0.49\cdots$，以此類推，此種推理雖不嚴謹，卻可供解題時之參考。

類似問題

1. 求 $\lim_{x\to 1^-} 1-x+[x]-[1-x]$。

2. 求 $\lim_{x\to 1}[x]+[2-x]-1$。

3. 若 $f(x)=\begin{cases}\dfrac{|x|}{x} & x\neq 0\\ 0 & x=0\end{cases}$，求 $\lim_{x\to 0}f(x)$。

4. 若 $f(x)=\left(\left[\dfrac{3}{2}+x\right]-\left[\dfrac{3}{2}\right]\right)\Big/x$，求 $\lim_{x\to 0}f(x)$。

5. 求 $\lim_{x\to 1}\dfrac{[(x-1)^2]}{x^2-1}$。

6. 求(1) $\lim_{x\to 2}\sqrt{x-2}$　(2) $\lim_{x\to 2}\sqrt{2-x}$　(3) $\lim_{x\to 2}\sqrt[3]{x-2}$　(4) $\lim_{x\to 2}\sqrt[3]{2-x}$。

7. 比較 $[x+y]$ 與 $[x]+[y]$ 之大小。　8. 求 $\lim_{x\to 10^-}[x]+\sqrt{10-[x]}$。

9. 若 $f(x)=[\sin x]$，求 (a) $\lim_{x\to 0}f(x)$；(b) $\lim_{x\to \frac{\pi}{2}^-}f(x)$。

10. 求 $\lim_{x\to 0}\dfrac{2^{\frac{1}{x}}+3}{2^{\frac{1}{x}}+1}$。

※11. 若 $f(x)=\begin{cases}1，& x\in Q\\ -1，& x\in Q'\end{cases}$，求 $\lim_{x\to a}[f(x)]^2$，$a\in R$。

（※ 在本書中以 Q 代表有理數集合，Q' 表無理數集合）

12. 求 $\lim_{x\to 0}\dfrac{[x]}{x}$。　13. 求 $\lim_{x\to 0}[\dfrac{1}{x}]$。

14. $f(x)=\begin{cases}\cos\dfrac{\pi}{2}x &，|x|\le 1\\ |x-1| &，|x|>1\end{cases}$，求 $\lim_{x\to 1}f(x)$。

15. 試求 $\lim_{x\to 2^+}(\dfrac{x-2}{|x-2|}+|x+2|)-\lim_{x\to 2^-}(\dfrac{x-2}{|x-2|}+|x+2|)$。

16. 試求 $\lim_{x\to 1}\dfrac{x^x-1}{x-1}e^{\frac{1}{x-1}}$。　17. 試求 $\lim_{x\to 1^+}\dfrac{[x^2]-[x]^2}{x^2-1}$。

解

1. $\lim_{x\to 1^-} 1-x+[x]-[1-x]=1-1+0-0=0$

2. $\left.\begin{array}{l}\lim_{x\to 1^+}[x]+[2-x]-1=1-0-1=0\\ \lim_{x\to 1^-}[x]+[2-x]-1=0+1-1=0\end{array}\right\}\Rightarrow \lim_{x\to 1}[x]+[2-x]-1=0$

3. $f(x)=\begin{cases}1 & x>0\\ 0 & x=0\\ -1 & x<0\end{cases}$　$\lim_{x\to 0^+} f(x)=+1$，$\lim_{x\to 0^-} f(x)=-1$

$\because \lim_{x\to 0^+} f(x)\neq \lim_{x\to 0^-} f(x)$　從而 $\lim_{x\to 0} f(x)$ 不存在

4. $\left.\begin{array}{l}\lim_{x\to 0^+}\left(\dfrac{\left[\frac{3}{2}+x\right]-\left[\frac{3}{2}\right]}{x}\right)=\lim_{x\to 0^+}\dfrac{1-1}{x}=0\\ \lim_{x\to 0^-}\left(\dfrac{\left[\frac{3}{2}+x\right]-\left[\frac{3}{2}\right]}{x}\right)=\lim_{x\to 0^-}\dfrac{1-1}{x}=0\end{array}\right\}\Rightarrow \lim_{x\to 0}\dfrac{\left[\frac{3}{2}+x\right]-\left[\frac{3}{2}\right]}{x}=0$

5. 0

6. (1) $\lim_{x\to 2^+}\sqrt{x-2}=0$，$\lim_{x\to 2^-}\sqrt{x-2}$ 不存在　$\therefore \lim_{x\to 2}\sqrt{x-2}$ 不存在

(2) $\lim_{x\to 2^+}\sqrt{2-x}$ 不存在，$\lim_{x\to 2^-}\sqrt{2-x}=0$　$\therefore \lim_{x\to 2}\sqrt{2-x}$ 不存在

(3) $\lim_{x\to 2}\sqrt[3]{x-2}=0$　(4) $\lim_{x\to 2}\sqrt[3]{2-x}=0$

7. 設 $x=a+p, y=b+q$，a, b 爲整數，$1>p, q\geq 0$

(i) $p+q<1$ 時：$[x+y]=[(a+p)+(b+q)]=[a+b+(p+q)]$

$$=a+b=[x]+[y]$$

(ii) $2>p+q\geq 1$ 時：$[x+y]=[(a+p)+(b+q)]$

$$=[a+b+(p+q)]=a+b+1$$

$$\geq a+b=[x]+[y]$$

綜上 $[x+y]\geq[x]+[y]$

8. $\lim_{x\to 10^-}[x]+\sqrt{10-[x]}=9+\sqrt{10-9}=10$

9. (a) $\lim_{x\to 0^+}[\sin x]=0$，$\lim_{x\to 0^-}[\sin x]=-1$，$\therefore \lim_{x\to 0}[\sin x]$ 不存在

(b) $\lim_{x\to \frac{\pi}{2}^-}[\sin x]=+1$

10. $\lim_{x\to 0^+}\dfrac{2^{\frac{1}{x}}+3}{2^{\frac{1}{x}}+1}=1$，$\lim_{x\to 0^-}\dfrac{2^{\frac{1}{x}}+3}{2^{\frac{1}{x}}+1}=3$　$\therefore \lim_{x\to 0}\dfrac{2^{\frac{1}{x}}+3}{2^{\frac{1}{x}}+1}$ 不存在

11. 因 $(f(x))^2\equiv 1$　$\therefore \lim_{x\to a}(f(x))^2=1$

12. $\lim_{x\to 0^+}\dfrac{[x]}{x}=0$，$\lim_{x\to 0^-}\dfrac{[x]}{x}=+\infty$　$\therefore \lim_{x\to 0}\dfrac{[x]}{x}$ 不存在

13. $\lim_{x\to 0^+}[\dfrac{1}{x}]=\infty$，$\lim_{x\to 0^-}[\dfrac{1}{x}]=-\infty$　$\therefore \lim_{x\to 0}[\dfrac{1}{x}]$ 不存在

14. $\lim_{x\to 1^+}f(x)=\lim_{x\to 1^+}|1-x|=0$

$\lim_{x\to 1^-}f(x)=\lim_{x\to 1^-}\cos\dfrac{\pi}{2}x=0$　$\therefore \lim_{x\to 1}f(x)=0$

15. $\lim_{x\to 2^+}(\dfrac{x-2}{|x-2|}+|x+2|)-\lim_{x\to 2^-}(\dfrac{x-2}{|x-2|}+|x+2|)$

$=\lim_{x\to 2^+}(1+x+2)-\lim_{x\to 2^-}(-1+x+2)=5-3=2$

16. $\lim_{x\to 1^+}\dfrac{x^2-1}{x-1}e^{\frac{1}{x-1}}=\lim_{x\to 1^+}(x+1)e^{\frac{1}{x-1}}=\infty$（不存在）

$$\lim_{x\to 1^-}\frac{x^2-1}{x-1}e^{\frac{1}{x-1}}=\lim_{x\to 1^-}(x+1)e^{\frac{1}{x-1}}=0$$

$$\therefore \lim_{x\to 1}\frac{x^2-1}{x-1}e^{\frac{1}{x-1}}\text{ 不存在}$$

17. 原式 $=\lim_{x\to 1^+}\dfrac{0}{x^2-1}=0$

1-2　極限之正式定義

☑ 定義：

$\lim_{x\to a}f(x)=L$ 之定義：若對任一正數 ε（不論 ε 有多小），我們能找到某一正數 δ ($\delta=\delta(\varepsilon)$)，使得在 $0<|x-a|<\delta$ 時成立 $|f(x)-L|<\varepsilon$，則定義 $\lim_{x\to a}f(x)=L$。

在極限問題中，學者最感困難的可能是如何利用 ε - δ 關係來處理極限問題，首先我們要有二個基本了解：(1) 一般而言 δ 是因 ε 而改變的，即 $\delta=\omega(\varepsilon)$，(2) 對任一已知正數 ε，若求得一適當對應之 δ，則對任一比 δ 小之正數均可滿足定義。亦即 δ 之取法並非唯一的。

我們從最簡單之證明開始：

例 1　證明 $\lim_{x\to 1}(2x+3)=5$。

解　①對任一正數 ε 而言，必存一正數 δ 使得當 $0<|x-1|<\delta$ 時

有 $|(2x+3)-5|=2|x-1|<\varepsilon$，取 $\delta=\dfrac{\varepsilon}{2}$

②當 $0<|x-1|<\delta$ 時恆有 $|(2x+3)-5|=2|x-1|<2\cdot\dfrac{\varepsilon}{2}=\varepsilon$

$\therefore \lim\limits_{x\to 1}(2x+3)=5$

例 2　證明 $\lim\limits_{x\to a}(mx+b)=ma+b$，但 $m\neq 0$。

解　(1) 對任一正數 ε 而言，必存在一正數 δ 使得當 $0<|x-a|<\delta$ 時有 $|(mx+b)-(ma+b)|=|m||m-b|<\varepsilon$，取 $\delta=\dfrac{\varepsilon}{|m|}$

(2) 當 $0<|x-a|<\delta$ 時

恆有 $|(mx+a)-(ma+b)|=|m||x-a|<|m|\cdot\dfrac{\varepsilon}{|m|}=\varepsilon$

$\therefore \lim\limits_{x\to a}(mx+b)=ma+b$，$m\neq 0$

※**例 3**　試證 $\lim\limits_{x\to 2}(x+1)\neq 5$。

解　利用反證法：設 $\lim\limits_{x\to 2}(x+1)=5$

則 $0<|x-2|<\delta \Rightarrow |(x+1)-5|<\varepsilon$

依定義，對任一 $\varepsilon>0$，均能找到一個 $\delta>0$ 滿足上述關係。若

取 $\varepsilon=1$，則 $0<|(x+1)-5|<1 \Leftrightarrow |x-4|<1$　$\therefore 3<x<5$

但 $0<|x-2|<\delta$，當 $\delta=0.1$ 時，$1.9<x<2.1$，而與 $3<x<5$ 矛盾

即 $\lim\limits_{x\to 2}(x+1)\neq 5$

※**例 4**　證明 $\lim_{x \to 3}(4x-5) \neq 10$。

解　〔提示：對某一正數 ε 而言，沒有一個 δ 能滿足定義〕

取 $\varepsilon=1$，若 $\lim_{x \to 3}(4x-5)=10$，則意味對任一 $\delta>0$ 使得當

$0<|x-3|<\delta$ 時，恆有 $|(4x-5)-10|<\varepsilon=1$

即 $3.5<x<4$，當 $\delta=0.1$ 時，$2.9<x<3.1$ 與 $3.5<x<4$ 矛盾

故 $\lim_{x \to 3}(4x-5) \neq 10$

例 5　給定的 $\varepsilon>0$，試求 $\delta>0$，使 $0<|x+2|<\delta$ 時恆有 $|x^2-4|<\delta$。

解　$|x^2-4|=|(x-2)(x+2)|=|x-2||x+2|<\delta$

令 $|x+2|<2$（取 $\delta_1=2$）$\Rightarrow -6<x-2<-2$

$\therefore |x-2|<6$，因此 $|x^2-4|=|(x-2)(x+2)|<6|x+2|<\varepsilon$

取 $\delta_2=\frac{\varepsilon}{6}$ 令 $\delta=\min(2,\frac{\varepsilon}{6})$ 即得

例 6　證明：$\lim_{x \to 2}(x^3-x^2)=4$。

解　①對任一正數 ε 而言，存在一 $\delta>0$ 使得當 $0<|x-2|<\delta$ 時

有 $|x^3-x^2-4|=|(x-2)(x^2+x+2)|<\delta$

考慮 $|x-2|<1$（取 $\delta_1=1$）

得 $1<x<3 \Rightarrow 4<x^2+x+2<14 \Rightarrow |x^2+x+2|<14$

則$|x^3-x^2-4|=|(x-2)(x^2+x+2)|<14|x-2|<\varepsilon$

取$\delta_2=\dfrac{\varepsilon}{14}$

②令$\delta=\min(1,\dfrac{\varepsilon}{14})$，則$|x^3-x^2-4|=|(x-2)(x^2+x+2)|$

$<14\cdot\dfrac{\varepsilon}{14}=\varepsilon$

※**例 7** 證明$\lim\limits_{x\to c}\dfrac{1}{x}=\dfrac{1}{c}$，$c>0$。

解 ①對任一正數ε而言，存在一$\delta>0$使得當$0<|x-c|<\delta$時

有$\left|\dfrac{1}{x}-\dfrac{1}{c}\right|=\left|\dfrac{x-c}{cx}\right|=\dfrac{|x-c|}{|c||x|}=\dfrac{|x-c|}{c|x|}$

考慮$0<|x-c|<\dfrac{c}{2}$（取$\delta_1=\dfrac{c}{2}$）$\Rightarrow\dfrac{c}{2}<x<\dfrac{3c}{2}$

$\therefore$若$|x-c|<c/2$，則$|x|>\dfrac{c}{2}\Rightarrow\dfrac{1}{|x|}<\dfrac{2}{c}$

$\therefore\left|\dfrac{1}{x}-\dfrac{1}{c}\right|=\dfrac{|x-c|}{c|x|}<\dfrac{2}{c^2}|x-c|<\varepsilon$　取$\delta_2=\dfrac{c^2}{2}\varepsilon$

②令$\delta=\min(\dfrac{c}{2},\dfrac{c^2\varepsilon}{2})$則$\left|\dfrac{1}{x}-\dfrac{1}{c}\right|=\dfrac{|x-c|}{c|x|}<\dfrac{1}{c}\cdot\dfrac{2}{c}\cdot\dfrac{c^2}{2}\varepsilon=\varepsilon$

※**例 8** 證明：$\lim\limits_{x\to 3}\dfrac{1}{x^2+16}=\dfrac{1}{25}$。

解 ①對任一正數ε而言，存在一$\delta>0$使得當$0<|x-3|<\delta$時

有$\left|\dfrac{1}{x^2+16}-\dfrac{1}{25}\right|=\left|\dfrac{(x-3)(x+3)}{25(x^2+16)}\right|<\varepsilon$

取$|x-3|<1$（取$\delta_1=1$）$\Rightarrow 2<x<4$

得$5<x+3<7$，$20<x^2+16<32 \Rightarrow \dfrac{x+3}{x^2+16} \le \dfrac{7}{20}$

$\therefore \left|\dfrac{(x-3)(x+3)}{25(x^2+16)}\right| < \dfrac{7}{500}|x-3|<\varepsilon$　取$\delta_2=\dfrac{500}{7}\varepsilon$

②令$\delta=\min(1,\ \dfrac{500}{7}\varepsilon)$則$\left|\dfrac{1}{x^2+16}-\dfrac{1}{25}\right|=\left|\dfrac{x^2-9}{25(x^2+16)}\right|$

$=|x-3|\left|\dfrac{x+3}{25(x^2+16)}\right|<\dfrac{7}{25\cdot 20}\times\dfrac{500}{7}\varepsilon=\varepsilon$

類似問題

1. 證明：$\lim\limits_{x\to 2} f(x)=7$，$f(x)=\begin{cases}3x+1 & x\neq 2\\ 3 & x=2\end{cases}$。

2. 證明：$\lim\limits_{x\to c}\alpha=\alpha$。

3. 證明：$\lim\limits_{x\to c}x=c$。

4. 證明：$\lim\limits_{x\to -1}(1-2x)=+3$。

5. 證明：$\lim\limits_{x\to a}x^2=a^2$。

6. 證明：$\lim\limits_{x\to 1}(x^3+3x+3)=7$。

7. 證明：$\lim\limits_{x\to 1}(x^2+2x)=3$。

8. 證明：$\lim\limits_{x\to 0}(1+x)^3=1$

※9. I 爲一區間，若 $f(x) \geq g(x) \geq 0\ \forall x \in I$，若 $0 \in I$，且 $\lim_{x \to 0} f(x) = 0$，試證 $\lim_{x \to 0} g(x) = 0$

※10. 證明：$\lim_{x \to 6} \frac{x}{x-3} = 2$。

※11. 證明：$\lim_{x \to 4} \sqrt{x+5} = 3$。

※12. 證明：$\lim_{x \to 5} \frac{2}{x-4} = 2$。

※13. 證明：$\lim_{x \to \frac{1}{2}} \frac{3+2x}{5-x} = \frac{8}{9}$。

14. 求證：$\lim_{x \to a} \sin x = \sin a$

15. 求證：$\lim_{x \to 0} x\left[\frac{1}{x}\right] = x$。

解

1. ①對任一正數 ε 而言，必存在一 $\delta > 0$ 使得當 $0 < |x-2| < \delta$ 時有 $|(3x+1) - 7| = 3|x-2| < \varepsilon$，取 $\delta = \frac{\varepsilon}{3}$

   ②當 $0 < |x-2| < \delta$ 時恆有 $|(3x+1) - 7| = 3|x-2| < 3 \cdot \frac{\varepsilon}{3} = \varepsilon$

   $\therefore \lim_{x \to 2} f(x) = 7$

2. ①對任一正數 ε 而言，必存在一 $\delta > 0$ 使得當 $0 < |x-c| < \delta$ 時有 $|(\alpha) - \alpha| = 0 < \varepsilon$，即任一正數 δ 均成立

   ②當 $0 < |x-c| < \delta$ 時恆有 $|\alpha - \alpha| = 0 < \varepsilon$

   $\therefore \lim_{x \to c} \alpha = \alpha$

3. ①對任一正數 ε 而言，必存在一 $\delta > 0$ 使得 $0 < |x-c| < \delta$ 時有 $|x-c| < \varepsilon$，取 $\delta = \varepsilon$

②當 $0<|x-c|<\delta$ 時，恆有 $|x-c|<\varepsilon$

$\therefore \lim_{x \to c} x = c$

4. ①對任一正數 ε 而言，必存在一 $\delta>0$ 使得 $0<|x-(-1)|<\delta$ 時

有 $|(1-2x)-3|=2|x+1|=2|x-(-1)|<\varepsilon$，取 $\delta=\frac{\varepsilon}{2}$

②當 $0<|x-(-1)|<\delta$ 時，恆有 $|(1-2x)-3|=2|x+1|=2|x-(-1)|$

$<2\cdot\frac{\varepsilon}{2}=\varepsilon \quad \therefore \lim_{x \to -1}(1-2x)=3$

5. ①對任一正數 ε 而言，存在一 $\delta>0$ 使得當 $0<|x-a|<\delta$ 時

有 $|x^2-a^2|=|(x-a)(x+a)|<\varepsilon$

取 $|x-a|<a$（取 $\delta_1=a$）$\Rightarrow 0<x-a<a$

$\Rightarrow 2a<x+a<3a \quad |x+a|<3a$

$\therefore |x^2-a^2|=|(x-a)(x+a)|=|x-a|3a<\varepsilon$

即 $|x-a|<\frac{\varepsilon}{3a}$　（取 $\delta_2=\frac{\varepsilon}{3a}$）

②令 $\delta=\min(a,\frac{\varepsilon}{3a})$ 則 $|x^2-a^2|=|x-a||x+a|<\frac{\varepsilon}{3a}\cdot 3a=\varepsilon$

6. ①對任一正數 ε 而言，存在一 $\delta>0$ 使得當 $0<|x-1|<\delta$ 時

有 $|(x^3+3x+3)-7|=|(x-1)(x^2+x+4)|<\varepsilon$

取 $|x-1|<1$（取 $\delta_1=1$）$\Rightarrow 0<x<2$

$\Rightarrow 4<x^2+x+4<10 \quad \therefore |x^2+x+4|<10$

$\therefore |x^2+3x+3-7|=|(x-1)(x^2+x+4)|<10|x-1|<\varepsilon$

取 $\delta_2=\frac{\varepsilon}{10}$

②令 $\delta=\min(1,\frac{\varepsilon}{10})$ 則 $|x^3+3x+3-7|=|x-1||x^2+x+4|<\frac{\varepsilon}{10}\cdot 10=\varepsilon$

7. ①對任一正數 ε 而言，存在一 $\delta>0$ 使得當 $0<|x-1|<\delta$ 時

有 $|(x^2+2x)-3|=|(x+3)(x-1)|$

取 $|x-1|<1$（取 $\delta_1=1$）$\Rightarrow 0<x<2\Rightarrow 3<x+3<5\Rightarrow |x+3|<5$

$\therefore |x^2+2x-3|=|(x+3)(x-1)|<5|x-1|<\varepsilon$

取 $\delta_2=\frac{\varepsilon}{5}$

②令 $\delta=\min(1,\frac{\varepsilon}{5})$ 則 $|x^2+2x-3|=|x-1||x+3|<\frac{\varepsilon}{5}\cdot 5=\varepsilon$

8. ①對任一正數 ε 而言，存在一正數 $\delta>0$ 使得當 $0<|x-0|<\delta$ 時

有 $|(x+1)^3-1|=|x^3+3x^2+3x|=|x||x^2+3x+3|$

取 $|x|<1$（即 $\delta_1=1$）$\Rightarrow 1<x^2+3x+3<7\Rightarrow |x^2+3x+3|<7$

$\therefore |(x+1)^3-1|=|x||x^2+3x+3|<7|x|<\varepsilon$，取 $\delta_2=\frac{\varepsilon}{7}$

②令 $\delta=\min(1,\frac{\varepsilon}{7})$ 則 $|(1+x)^3-1|=|x||x^2+3x+3|<\frac{\varepsilon}{7}\cdot\varepsilon=\varepsilon$

9. $\because \lim\limits_{x\to 0}f(x)=0$，取 $\delta=\varepsilon$ 則 $0<|x-0|<\delta$ 時恆有 $|f(x)-0|=|f(x)|<\varepsilon$，

又 $f(x)\geq g(x)\geq 0$ $\quad\therefore |g(x)|=|g(x)-0|<\varepsilon$ 即 $\lim\limits_{x\to 0}g(x)=0$

10. ①對任一正數 ε 而言，存在一 $\delta>0$，使得當 $0<|x-6|<\delta$ 時

有 $\left|\frac{x}{x-3}-2\right|=\left|\frac{6-x}{x-3}\right|<\varepsilon$

考慮 $|x-6|<1$（取 $\delta_1=1$）$\Rightarrow 5<x<7\Rightarrow 2<x-3<4$

$\Rightarrow \frac{1}{|x-3|}<\frac{1}{2}$

$\therefore \left|\dfrac{6-x}{x-3}\right| < \dfrac{1}{2}|x-6| < \varepsilon$，取 $\delta_2 = 2\varepsilon$

②令 $\delta = \min(1, 2\varepsilon)$ 則 $\left|\dfrac{x}{x-3} - 2\right| = \left|\dfrac{x-6}{x-3}\right| < 2\varepsilon \cdot \dfrac{1}{2} = \varepsilon$

11. ①對任一正數 ε 而言，存在一 $\delta > 0$ 使得當 $0 < |x-4| < \delta$ 時

有 $|\sqrt{x+5} - 3| = \left|\dfrac{x-4}{\sqrt{x+5}+3}\right| < \varepsilon$

考慮 $|x-4| < 1$（取 $\delta_1 = 1$）$\Rightarrow 3 < x < 5 \Rightarrow 8 < x+5 < 10$

$\Rightarrow \sqrt{8} < \sqrt{x+5} < \sqrt{10}$

$\therefore 3 + 2\sqrt{2} < 3 + \sqrt{x+5} < 3 + \sqrt{10}$

$\Rightarrow \left|\dfrac{x-4}{\sqrt{x+5}+3}\right| < \dfrac{|x-4|}{3+2\sqrt{2}} < \varepsilon$，取 $\delta_2 = (3+2\sqrt{2})\varepsilon$

②令 $\delta = \min(1, (3+2\sqrt{2})\varepsilon)$ 則 $|\sqrt{x+5} - 3| = \left|\dfrac{x-4}{\sqrt{x+5}+3}\right|$

$= |x-4|\left|\dfrac{1}{\sqrt{x+5}+3}\right| < (3+2\sqrt{2})\varepsilon \cdot \dfrac{1}{3+2\sqrt{2}} = \varepsilon$

12. ①對任一正數 ε 而言，存在一 $\delta > 0$ 使得當 $0 < |x-5| < \delta$ 時

有 $\left|\dfrac{2}{x-4} - 2\right| = \left|\dfrac{2(x-5)}{x-4}\right| < \varepsilon$

考慮 $|x-5| < \dfrac{1}{2}$（取 $\delta_1 = \dfrac{1}{2}$）$\Rightarrow 5 - \dfrac{1}{2} < x < 5 + \dfrac{1}{2}$

$\Rightarrow \dfrac{1}{2} < x - 4 < \dfrac{3}{2} \Rightarrow 2 > \dfrac{1}{x-4}$

$\therefore \left|\dfrac{2}{x-4} - 2\right| = 2\left|\dfrac{x-5}{x-4}\right| < 4|x-5| < \varepsilon$

$\therefore$取 $\delta_2=\dfrac{\varepsilon}{4}$

②令 $\delta=\min(\dfrac{1}{2},\dfrac{\varepsilon}{4})$ 則 $\left|\dfrac{2}{x-4}-2\right|=\left|\dfrac{2(x-5)}{x-4}\right|=|x-5|\left|\dfrac{2}{x-4}\right|$

$<\dfrac{\varepsilon}{4}\cdot 4=\varepsilon$

13. ①對任一正數 ε 而言，存在一 $\delta>0$ 使得

$$\left|\frac{3+2x}{5-x}-\frac{8}{9}\right|=\frac{26}{9}\left|\frac{x-\frac{1}{2}}{x-5}\right|<\varepsilon$$

考慮　$\left|x-\dfrac{1}{2}\right|<\dfrac{1}{2}$（取 $\delta_1=\dfrac{1}{2}$）$\Rightarrow 0<x<1\Rightarrow 4<|x-5|<5$

$$\therefore\left|\frac{x+2x}{5-x}-\frac{8}{9}\right|=\frac{26}{9}\left|\frac{x-\frac{1}{2}}{x-5}\right|<\frac{26}{36}\left|x-\frac{1}{2}\right|<\varepsilon$$

取 $\delta_2=\dfrac{36}{26}\varepsilon$

②令 $\delta=\min(\dfrac{1}{2},\dfrac{36}{26}\varepsilon)$ 則 $\left|\dfrac{3+2x}{5-x}-\dfrac{8}{9}\right|=\dfrac{26}{9}\left|\dfrac{x-\frac{1}{2}}{x-5}\right|$

$<\dfrac{26}{36}\cdot\dfrac{36}{26}\varepsilon=\varepsilon$

14. $\because|\sin x-\sin a|=2|\sin\dfrac{x-a}{2}||\cos\dfrac{x+a}{2}|$

$\leq 2|\sin\dfrac{x-a}{2}|\leq 2|\dfrac{x-a}{2}|=|x-a|<\varepsilon$

$\therefore$對於任意 $\varepsilon>0$，我們取 $\delta=\varepsilon$，則在

$0<|x-a|<\delta$ 時，$|\sin x-\sin a|<\varepsilon$ 成立

故 $\lim\limits_{x\to a}\sin x=\sin a$

15. ① $\left|x[\frac{1}{x}]-1\right|=\left|x[\frac{1}{x}]-x\cdot\frac{1}{x}\right|$

$=|x|\left|[\frac{1}{x}]-\frac{1}{x}\right|\leq|x|<\varepsilon$　$(\because|[Y]-Y|<1)$

② 取 $\delta=\varepsilon$，$\left|x\left[\frac{1}{x}\right]-1\right|=|x|\left|\left[\frac{1}{x}\right]-\frac{1}{x}\right|\leq|x|<\varepsilon\cdot 1=\varepsilon$

1-3　極限問題之基本解法

☑定理：極限定理

1. 若 $\lim\limits_{x\to a}f(x)=A$，$\lim\limits_{x\to a}g(x)=B$，則

(1) $\lim\limits_{x\to a}(f(x)\pm g(x))=\lim\limits_{x\to a}f(x)\pm\lim\limits_{x\to a}g(x)=A\pm B$

(2) $\lim\limits_{x\to a}(f(x)\cdot g(x))=\lim\limits_{x\to a}f(x)\cdot\lim\limits_{x\to a}g(x)=A\cdot B$

(3) $\lim\limits_{x\to a}\dfrac{f(x)}{g(x)}=\dfrac{\lim\limits_{x\to a}f(x)}{\lim\limits_{x\to a}g(x)}=\dfrac{A}{B}$，但 $B\neq 0$

(4) 若 $\lim\limits_{x\to a}f(x)$ 存在，則其必爲惟一。

2. 若 $f_1(x)\leq f(x)\leq f_2(x)\forall x\in I$，$a\in I$ 且 $\lim\limits_{x\to a}f_1(x)=\lim\limits_{x\to a}f_2(x)=L$，

則 $\lim\limits_{x\to a}f(x)=L$（擠壓定理）。（$I$ 爲區間）

3. 若 $f(x) \le g(x)$，則 $\lim\limits_{x \to a} f(x) \le \lim\limits_{x \to a} g(x)$

☑觀念：

我們可應用上述定理計算 $x \to \infty$，或單邊極限。

$\lim\limits_{x \to a} f(x)$ 表示 x 不斷地接近 a，但 $x \ne a$。

如 $f(x) = \dfrac{x^2 - 4}{x - 2}$，$f(2)$ 不存在，但

$$\lim_{x \to 2} f(x) = \lim_{x \to 2} \frac{(x+2)\cancel{(x-2)}}{\cancel{(x-2)}} = 4$$

■因式分解法

◎**例 1** 求 $\lim\limits_{x \to 1} \dfrac{x + x^2 + \cdots + x^{n} - n}{x - 1}$。

極限求法之一個原則
——先消後代

解 原式 $= \lim\limits_{x \to 1} \dfrac{(x-1)+(x^2-1)+\cdots+(x^{n}-1)}{x-1}$

$$= \lim_{x \to 1} \frac{x-1}{x-1} + \lim_{x \to 1} \frac{x^2-1}{x-1} + \cdots + \lim_{x \to 1} \frac{x^n-1}{x-1}$$

$$= \lim_{x \to 1} 1 + \lim_{x \to 1} (x+1) + \lim_{x \to 1} (x^2+x+1) + \cdots\cdots$$

$$+ \lim_{x \to 1} (x^{n-1} + x^{n-2} + \cdots + x + 1)$$

$$=1+2+\cdots+n=\frac{n(n+1)}{2}$$

■有理化法

◎例2　求 $\lim\limits_{x\to 0}\frac{\sqrt{(1+a_1x)(1+a_2x)\cdots(1+a_nx)}-1}{x}$。

解　原式 $=\lim\limits_{x\to 0}\frac{(1+a_1x)(1+a_2x)\cdots(1+a_nx)-1}{x[\sqrt{(1+a_1x)(1+a_2x)\cdots(1+a_nx)}+1]}$

$$=\lim_{x\to 0}\frac{[1+(a_1+a_2+\cdots+a_n)x+(a_1a_2+a_1a_2+a_1a_2+\cdots)x^2+\cdots]-1}{x[\sqrt{(1+a_1x)(1+a_2x)\cdots(1+a_nx)}+1]}$$

$$=\frac{a_1+a_2+\cdots+a_n}{2}$$

例3　設 $\lim\limits_{x\to 0}\frac{\sqrt{1+x+x^2}-(1+ax)}{x^2}=b\ (a\neq 0)$，求 a，b。

解　$b=\lim\limits_{x\to 0}\frac{(1+x+x^2)-(1+ax)^2}{x^2[\sqrt{1+x+x^2}+(1+ax)]}$

$$=\lim_{x\to 0}\frac{(1-2a)+(1-a^2)x}{x(\sqrt{1+x+x^2}+(1+ax))}$$

$\because x\to 0$ 時，分子 $\to 0$　$\therefore a=\frac{1}{2}$

因此

$$b=\lim_{x\to 0}\frac{0+(1-\frac{1}{4})\cdot x}{x(\sqrt{1+x+x^2}+(1+\frac{x}{2}))}=\frac{3}{8}$$

> $\lim\limits_{x\to a}\frac{g(x)}{f(x)}=b$，$b\neq 0$
>
> (i) $\lim\limits_{x\to a}f(x)=0$ 時
>
> $\lim\limits_{x\to a}g(x)=0$
>
> (ii) $\lim\limits_{x\to a}g(x)=0$ 時
>
> $\lim\limits_{x\to a}f(x)=0$

■變數變換法

> 取各因子之冪次分母的最小公倍數以脫掉根號，如此可用因式分解法解之。
>
> 例 4：$x^{\frac{1}{2}}$與$x^{\frac{1}{4}}$之冪次分別爲 2, 4，最小公倍數爲 4，故取 $y=\sqrt[4]{x}$
>
> $\therefore \lim_{x\to 16} f(x)=\lim_{y\to\sqrt[4]{16}} f(y)$
>
> $=\lim_{y\to 2} f(y)$

例 4　求 $\lim_{x\to 16}\dfrac{\sqrt{x}-4}{\sqrt{x}-\sqrt[4]{x}-2}$。

解　原式 $=\lim_{y\to 2}\dfrac{y^2-4}{y^2-y-2}$

$$=\lim_{y\to 2}\frac{(y-2)(y+2)}{(y-2)(y+1)}=\frac{4}{3}$$

例 5　求 $\lim_{x\to\frac{\pi}{4}}\dfrac{1-\cot^3 x}{2-\cot x-\cot^3 x}$。

解　原式 $\overset{y=\cot x}{=\!=\!=}\lim_{y\to 1}\dfrac{1-y^3}{2-y-y^3}=\lim_{y\to 1}\dfrac{(1-y)(1+y+y^2)}{(1-y)(y^2+y+2)}=\dfrac{3}{4}$

例 6　求 $\lim_{x\to 8}\dfrac{x-8}{\sqrt[3]{x}-2}$。

解　原式 $\overset{y=\sqrt[3]{x}}{=\!=\!=}\lim_{y\to 2}\dfrac{y^3-8}{y-2}=\lim_{y\to 2}(y^2+2y+4)=12$

■擠壓定理之應用

☑定理

$$\lim_{\theta\to 0}\frac{\sin\theta}{\theta}=1$$

說明 繪一圓，其圓心爲 O，半徑 OA = OD = 1，如右圖，則三角形 OAC < 扇形 OAD 面積 < 三角形 OBD 面積。

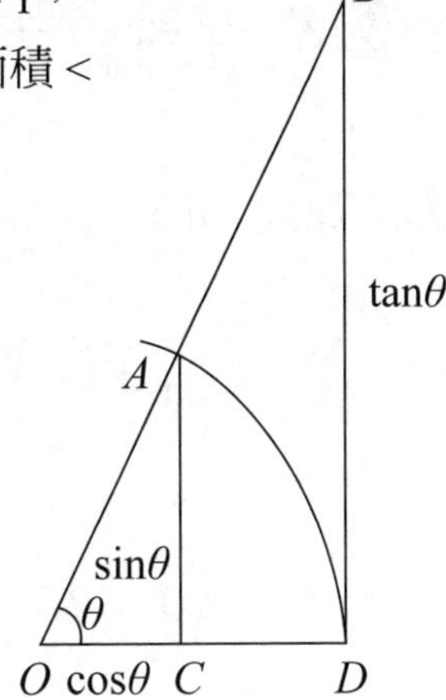

i.e. $\frac{1}{2}\sin\theta\cos\theta < \frac{\theta}{2} < \frac{1}{2}\tan\theta \cdot 1$

$\Rightarrow \cos\theta < \frac{\theta}{\sin\theta} < \frac{1}{\cos\theta}$

$\because \lim\limits_{\theta\to 0}\cos\theta = \lim\limits_{\theta\to 0}\frac{1}{\cos\theta} = 1$

由擠壓定理知：$\lim\limits_{\theta\to 0}\frac{\sin\theta}{\theta} = 1$

※**例 7** 求 $\lim\limits_{x\to 0}\left(\frac{2+e^{\frac{1}{x}}}{1+e^{\frac{2}{x}}} + \frac{\sin 2x}{|x|}\right)$

> 例 7 之極限式，因含 $e^{\frac{1}{x}}$，$|x|$，求 x → 0 時之極限需考慮左右極限。

解 $\lim\limits_{x\to 0^+}\left(\frac{2+e^{\frac{1}{x}}}{1+e^{\frac{2}{x}}} + \frac{\sin 2x}{|x|}\right)$

$= \lim\limits_{x\to 0^+}\left(\frac{2e^{-\frac{1}{x}}+1}{e^{-\frac{1}{x}}+e^{\frac{1}{x}}} + \frac{2\sin 2x}{2x}\right) = 0 + 2 = 2$

$\lim\limits_{x\to 0^-}\left(\frac{2+e^{\frac{1}{x}}}{1+e^{\frac{2}{x}}} + \frac{\sin 2x}{|x|}\right) = 2 + \frac{2\sin 2x}{-2x} = 2 - 2 = 0$

$\therefore \lim\limits_{x\to 0}\left(\frac{2+e^{\frac{1}{x}}}{1+e^{\frac{2}{x}}} + \frac{\sin 2x}{|x|}\right)$ 不存在。

◎例 8　利用$\lim_{x\to 0}\frac{\sin x}{x}=1$及$\lim_{x\to 0}\frac{1-\cos x}{x^2}=\frac{1}{2}$，求$\lim_{x\to 0}\frac{x^2}{\sqrt{1+x\sin x}-\sqrt{\cos x}}$。

解　原式$=\lim_{x\to 0}\frac{x^2}{\sqrt{1+x\sin x}-\sqrt{\cos x}}\cdot\frac{\sqrt{1+x\sin x}+\sqrt{\cos x}}{\sqrt{1+x\sin x}+\sqrt{\cos x}}$

$$=\lim_{x\to 0}\frac{x^2(\sqrt{1+x\sin x}+\sqrt{\cos x})}{1+x\sin x-\cos x}$$

$$=\lim_{x\to 0}\frac{\sqrt{1+x\sin x}+\sqrt{\cos x}}{\frac{1-\cos x}{x^2}+\frac{\sin x}{x}}=\frac{4}{3}$$

> 二個重要的極限公式
>
> $\lim_{x\to 0}\frac{\sin x}{x}=1\Rightarrow\lim_{x\to 0}\frac{1-\cos x}{x^2}=\frac{1}{2}$
>
> cf.
>
> $\lim_{x\to\infty}\frac{\sin x}{x}=0$

■二項展開式之應用

> 二項展開式
>
> $(1+x)^n=\sum_{i=0}^{n}\binom{n}{i}x^i$
>
> $=1+\frac{n}{1}x+\frac{n(n-1)}{1\cdot 2}x^2+\frac{n(n-1)(n-2)}{1\cdot 2\cdot 3}x^3+\cdots$

◎例 8　求$\lim_{x\to 0}\frac{(1+x)^n-1}{x}$。（$n\in R$）

解　原式

$$=\lim_{x\to 0}\frac{\left[1+nx+\frac{n(n-1)}{1\cdot 2}x^2+\frac{n(n-1)(n-2)}{1\cdot 2\cdot 3}x^3+\cdots+x^n\right]-1}{x}$$

$$=\lim_{x\to 0}\frac{nx+\frac{n(n-1)}{1\cdot 2}x^2+\frac{n(n-1)(n-2)}{1\cdot 2\cdot 3}x^3+\cdots+x^n}{x}$$

$$=\lim_{x\to 0}n+\frac{n(n-1)}{1\cdot 2}x+\frac{n(n-1)(n-2)}{1\cdot 2\cdot 3}x^2+\cdots+x^{n-1}$$

$$=n$$

※例 9　求 $\lim_{x\to\infty} x\sqrt{\frac{x-1}{x+1}}-x$。

解　原式 $=\lim_{y\to 0}\frac{1}{y}\sqrt{\frac{\frac{1}{y}-1}{\frac{1}{y}+1}}-\frac{1}{y}=\lim_{x\to 0}\frac{1}{y}\left(\sqrt{\frac{1-y}{1+y}}-1\right)$

$$=\lim_{y\to 0}\frac{1}{y}\left(\frac{1-\frac{1}{2}y-\frac{y^2}{8}+\cdots}{1+\frac{1}{2}y-\frac{y^2}{8}+\cdots}-1\right)=\lim_{y\to 0}\frac{1}{y}\frac{-y-\frac{1}{4}y^3+\cdots}{1+\frac{y}{2}-\frac{y^2}{8}+\cdots}$$

$$=\lim_{y\to 0}\frac{-1-\frac{1}{4}y^2+\cdots}{1+\frac{y}{2}-\frac{y^2}{8}+\cdots}=-1$$

類似問題

1. 不得用 L'Hospital 法則，求 $\lim_{x\to 1}\frac{x^{n+1}-(n+1)x+n}{(x-1)^2}$。

◎2. 求 $\lim_{x\to a}(\sqrt{x}-\sqrt{a}+\sqrt{x-a})/\sqrt{x^2-a^2}$，$a>0$。

3. 求 $\lim_{x\to 0}\frac{1}{x}\left(\frac{1}{(4+x)^2}-\frac{1}{16}\right)$。　　※4. 求 $\lim_{x\to 0}\frac{1-\sqrt{\cos x}}{x(1-\cos\sqrt{x})}$。

※5. 求 $\lim_{x \to a} \frac{\sin x - \sin a}{\sin(x-a)}$。

6. 若已知 $\lim_{x \to 0} \frac{\sin x}{x} = 1$，求 $\lim_{x \to 0} \frac{\cos x - \cos 3x}{x^2}$ 及 $\lim_{x \to 0} \frac{1-\cos x}{x^2}$。

◎7. 求 $\lim_{x \to 2} \frac{\sqrt{1+\sqrt{2+x}} - \sqrt{3}}{x-2}$。

◎8. 求 $\lim_{x \to 27} \frac{\sqrt{1+\sqrt[3]{x}} - 2}{x-27}$。

9. 求 $\lim_{x \to -8} \frac{\sqrt{1-x} - 3}{2+\sqrt[3]{x}}$。

10. 求 $\lim_{x \to 1} (1-x^3)/[2-\sqrt{x^2+3}]$。

11. 求 $\lim_{x \to 1} (\sqrt{1+x+x^2} - \sqrt{3})/(\sqrt{1+x} - \sqrt{2})$。

※12. 求 $\lim_{x \to 0} \frac{\sqrt{1+x} - \sqrt{1-x}}{\sqrt[3]{1+x} - \sqrt[3]{1-x}}$。

13. 求 $\lim_{x \to 0} \frac{\sqrt{1-2x-x^2} - (1+x)}{x}$。

※14. 求 $\lim_{x \to 2} \frac{\sqrt{2+x} - \sqrt{3x-2}}{\sqrt{4x+1} - \sqrt{5x-1}}$。

15. 求 $\lim_{x \to 1} \frac{x-1}{x^2 - \sqrt{2-x}}$。

16. 求 $\lim_{x \to 16} \frac{\sqrt[4]{x} - 2}{\sqrt{x} - 4}$。

17. 求 $\lim_{x \to \frac{\pi}{6}} \frac{2\sin^2 x + \sin x - 1}{2\sin^2 x - 3\sin x + 1}$。

◎18. 求 $\lim_{x \to 1} (1-\sqrt{x})(1-\sqrt[3]{x})(1-\sqrt[4]{x})\cdots(1-\sqrt[n]{x})/(1-x)^{n-1}$。

19. 求 $\lim_{x \to 1} \frac{1-\sqrt{x}}{1-\sqrt[3]{x}}$。

20. 求 $\lim_{x \to -1} \frac{1+\sqrt[3]{x}}{1+\sqrt[5]{x}}$。

21. 求 $\lim_{x \to 16} \frac{\sqrt[4]{x} - \sqrt{x} + 2}{x-16}$。

22. 求 $\lim_{x \to 1} \frac{x-1}{\sqrt[3]{x} + \sqrt{x} - 2}$。

※23. 求 $\lim_{x \to 0} \frac{\sqrt{\cos x} - \sqrt[3]{\cos x}}{\sin^2 x}$。

24. 求 $\lim\limits_{x\to 1}\dfrac{(\sqrt{x}-1)(\sqrt[4]{x}-1)(\sqrt[6]{x}-1)}{(\sqrt[3]{x}-1)(\sqrt[5]{x}-1)(\sqrt[7]{x}-1)}$。

25. 求 $\lim\limits_{x\to 64}\dfrac{\sqrt[6]{x}-2}{\sqrt[3]{x}+\sqrt[2]{x}-12}$。

26. 求 $\lim\limits_{y\to 4}\dfrac{y^{\frac{3}{2}}-8}{\sqrt[3]{6+\sqrt{y}}-2}$。

※27. 求 $\lim\limits_{x\to 0}\dfrac{\sqrt{1+x}-\sqrt[3]{1+x}}{\sqrt{1-x}-\sqrt[3]{1-x}}$。

※28. 求 $\lim\limits_{x\to 0}\dfrac{\sqrt{1+x}-\sqrt[4]{1-x}}{\sqrt{1+x}-\sqrt[3]{1-x}}$。

※29. 求 $\lim\limits_{x\to 0}\dfrac{(1+x^5)^{\frac{1}{5}}-(1+x^3)^{\frac{1}{3}}}{x^3}$。

※30. 求 $\lim\limits_{x\to 0}\dfrac{\sqrt[5]{1+x^5}-\sqrt[5]{1+x^2}}{\sqrt[5]{1-x^2}-\sqrt[5]{1-x}}$。

解

1. 原式 $=\lim\limits_{x\to 1}\dfrac{x(x^n-1)-n(x-1)}{(x-1)^2}$

$$=\lim_{x\to 1}\frac{(x-1)[x(x^{n-1}+x^{n-2}+\cdots+x+1)-n]}{(x-1)^2}$$

$$=\lim_{x\to 1}\frac{x^n+x^{n-1}+\cdots+x^2+x-n}{x-1}=\frac{n(n+1)}{2}$$（利用例 1 之結果）

2. 原式 $=\lim\limits_{x\to a}\dfrac{\sqrt{x}-\sqrt{a}}{\sqrt{x^2-a^2}}+\lim\limits_{x\to a}\dfrac{1}{\sqrt{x+a}}$

$$=\lim_{x\to a}\frac{(\sqrt{x}-\sqrt{a})(\sqrt{x}+\sqrt{a})}{\sqrt{x^2-a^2}(\sqrt{x}+\sqrt{a})}+\frac{1}{\sqrt{2a}}$$

$$=\lim_{x\to a}\frac{\sqrt{x-a}}{\sqrt{x+a}(\sqrt{x}+\sqrt{a})}+\frac{1}{\sqrt{2a}}=\frac{1}{\sqrt{2a}}$$

3. 原式 $=\lim\limits_{x\to 0}\dfrac{1}{x}\left(-\dfrac{8x+x^2}{16(4+x)^2}\right)=\lim\limits_{x\to 0}-\dfrac{8+x}{16(4+x)^2}=-\dfrac{1}{32}$

4. $\lim\limits_{x\to 0^+} \dfrac{1-\sqrt{\cos x}}{x(1-\cos\sqrt{x})} = \lim\limits_{x\to 0^+} \dfrac{1-\cos x}{x(1-\cos\sqrt{x})(1+\sqrt{\cos x})}$

$= \lim\limits_{x\to 0^+} \dfrac{1}{1+\sqrt{\cos x}} \lim\limits_{x\to 0^+} \dfrac{1-\cos x}{x(1-\cos\sqrt{x})}$

$= \dfrac{1}{2} \lim\limits_{x\to 0^+} \dfrac{2\sin^2 \frac{x}{2}}{x\left(2\sin^2 \frac{\sqrt{x}}{2}\right)}$

$= \dfrac{1}{2} \lim\limits_{x\to 0^+} \dfrac{\left(\sin \frac{x}{2} \Big/ \frac{x}{2}\right)^2 \cdot \left(\frac{x}{2}\right)^2}{x\left(\sin \frac{\sqrt{x}}{2} \Big/ \frac{\sqrt{x}}{2}\right)^2 \left(\frac{\sqrt{x}}{2}\right)^2}$

$= \dfrac{1}{2} \lim\limits_{x\to 0^+} \dfrac{\left(\sin \frac{x}{2} \Big/ \frac{x}{2}\right)^2}{\left(\sin \frac{\sqrt{x}}{2} \Big/ \frac{\sqrt{x}}{2}\right)^2} \cdot \lim\limits_{x\to 0^+} \dfrac{\left(\frac{x}{2}\right)^2}{x\left(\frac{\sqrt{x}}{2}\right)^2} = \dfrac{1}{2}(1)(1) = \dfrac{1}{2}$

> 應用倍角公式
>
> $\cos 2x = 1 - 2\sin^2 x \Rightarrow$
>
> $1 - \cos x = 2\sin^2 \dfrac{x}{2}$
>
> 勿忘
>
> $\lim\limits_{x\to 0} f(x) = 0$ 時
>
> $\lim\limits_{x\to 0} \dfrac{\sin f(x)}{f(x)} = 1$

5. 原式 $= \dfrac{\lim\limits_{x\to a} \dfrac{\sin x - \sin a}{x-a}}{\lim\limits_{x\to a} \dfrac{\sin(x-a)}{x-a}} = \dfrac{\cos a}{\lim\limits_{y\to 0} \dfrac{\sin y}{y}} = \cos a$（利用微分定義）

6. 原式 $= \lim\limits_{x\to 0} \dfrac{\cos x - (4\cos^3 x - 3\cos x)}{x^2}$

> $\cos 3x = 4\cos^3 x - 3\cos x$

$= 4\lim\limits_{x\to 0} \dfrac{-\cos^3 x + \cos x}{x^2} = 4\lim\limits_{x\to 0} \dfrac{\cos x(\sin^2 x)}{x^2}$

$= 4\lim\limits_{x\to 0} \cos x \lim\limits_{x\to 0} \left(\dfrac{\sin x}{x}\right)^2 = 4$

又 $\lim\limits_{x\to 0} \dfrac{1-\cos x}{x^2} = \lim\limits_{x\to 0} \dfrac{\sin^2 x}{x^2} \cdot \dfrac{1}{1+\cos x} = \dfrac{1}{2}$

7. $\lim\limits_{x\to 2}\dfrac{(\sqrt{1+\sqrt{2+x}}-\sqrt{3})}{(x-2)}\cdot\dfrac{(\sqrt{1+\sqrt{2+x}}+\sqrt{3})}{(\sqrt{1+\sqrt{2+x}}+\sqrt{3})}$

$=\lim\limits_{x\to 2}\dfrac{\sqrt{2+x}-2}{(x-2)(\sqrt{1+\sqrt{2+x}}+\sqrt{3})}$

$=\lim\limits_{x\to 2}\dfrac{x-2}{(x-2)(\sqrt{1+\sqrt{2+x}}+\sqrt{3})(\sqrt{2+x}+2)}=\dfrac{1}{8\sqrt{3}}$

8. 原式$=\lim\limits_{x\to 27}\dfrac{\sqrt[3]{x}-3}{(x-27)(\sqrt{1+\sqrt[3]{x}}+2)}$

$=\lim\limits_{x\to 27}\dfrac{1}{(\sqrt[3]{x^2}+3\sqrt[3]{x}+9)(\sqrt{1+\sqrt[3]{x}}+2)}=\dfrac{1}{108}$

9. $\lim\limits_{x\to -8}-\dfrac{8+x}{(2+\sqrt[3]{x})(\sqrt{1-x}+3)}=-\lim\limits_{x\to -8}\dfrac{4+\sqrt[3]{x}^2-2\sqrt[3]{x}}{\sqrt{1-x}+3}=-2$

10. 原式$=\lim\limits_{x\to 1}\dfrac{(1-x^3)(2+\sqrt{x^2+3})}{1-x^2}=\lim\limits_{x\to 1}\dfrac{(1+x+x^2)(2+\sqrt{x^2+3})}{1+x}=6$

11. 原式$=\lim\limits_{x\to 1}\dfrac{x^2+x-2}{(\sqrt{1+x}-\sqrt{2})(\sqrt{1+x+x^2}+\sqrt{3})}$

$=\lim\limits_{x\to 1}\dfrac{(x-1)(x+2)(\sqrt{1+x}+\sqrt{2})}{(\sqrt{1+x+x^2}+\sqrt{3})(x-1)}=\sqrt{6}$

12. 原式$=\lim\limits_{x\to 0}\dfrac{(\sqrt{1+x}-1)-(\sqrt{1-x}-1)}{(\sqrt[3]{1+x}-1)-(\sqrt[3]{1-x}-1)}$

第 12 題是用微分定義解出

$=\lim\limits_{x\to 0}\left[\dfrac{\dfrac{\sqrt{1+x}-1}{x}-\dfrac{\sqrt{1-x}-1}{x}}{\dfrac{\sqrt[3]{1+x}-1}{x}-\dfrac{\sqrt[3]{1-x}-1}{x}}\right]$

但 $\lim\limits_{x\to 0}\dfrac{\sqrt{1+x}-1}{x}=\dfrac{1}{2}$，$\lim\limits_{x\to 0}\dfrac{\sqrt{1-x}-1}{x}=-\dfrac{1}{2}$　（讀者自解）

$$\lim_{x\to 0}\frac{\sqrt[3]{1+x}-1}{x}$$

$$=\lim_{x\to 0}\frac{[(1+x)^{\frac{1}{3}}-1][(1+x)^{\frac{2}{3}}+(1+x)^{\frac{1}{3}}+1]}{x[(1+x)^{\frac{2}{3}}+(1+x)^{\frac{1}{3}}+1]}-1=\frac{1}{3}$$

同法 $\lim_{x\to 0}\frac{\sqrt[3]{1-x}-1}{x}=-\frac{1}{3}$　　$\therefore\lim_{x\to 0}\frac{\sqrt{1+x}-\sqrt{1-x}}{\sqrt[3]{1+x}-\sqrt[3]{1-x}}=\frac{3}{2}$

13. 原式 $=\lim_{x\to 0}\frac{\sqrt{1-2x-x^2}-(1+x)}{x}\cdot\frac{\sqrt{1-2x-x^2}+(1+x)}{\sqrt{1-2x-x^2}+(1+x)}=-2$

14. 原式 $=\lim_{x\to 2}\frac{(\sqrt{2+x}-\sqrt{3x-2})(\sqrt{2+x}+\sqrt{3x-2})}{(\sqrt{4x+1}-\sqrt{5x-1})(\sqrt{4x+1}+\sqrt{5x-1})}$

$$\frac{(\sqrt{4x+1}+\sqrt{5x-1})}{(\sqrt{2+x}+\sqrt{3x-2})}$$

$$=\lim_{x\to 2}\frac{4-2x}{2-x}\cdot\frac{3}{2}=3$$

> 第 14 題亦可用微分定義解之：
>
> 原式 $\lim_{x\to 2}\frac{(\sqrt{2+x}-2)-(\sqrt{3x-2}-2)}{x-2}$
>
> $\bigg/\frac{(\sqrt{4x+1}-3)-(\sqrt{5x-1}-3)}{x-2}$

15. 原式 $=\lim_{x\to 1}\frac{(x-1)(x^2+\sqrt{2-x})}{(x^2-\sqrt{2-x})(x^2+\sqrt{2-x})}=\lim_{x\to 1}\frac{x^2+\sqrt{2-x}}{x^3+x^2+x+2}=\frac{2}{5}$

16. 原式 $\xlongequal{\sqrt[4]{x}=y}\lim_{t\to 1}\frac{y-2}{y^2-4}=\frac{1}{4}$

17. 原式 $\xlongequal{y=\sin x}\lim_{y\to\frac{1}{2}}\frac{2y^2+y-1}{2y^2-3y+1}=-3$

18. ∵對任一自然數 k 而言

$$\lim_{x\to 1}\frac{x^{\frac{1}{k}}-1}{x-1}=\lim_{y\to 1}\frac{y-1}{y^k-1}$$

$$=\lim_{y\to 1}\frac{y-1}{(y-1)(y^{k-1}+y^{k-2}+\cdots+1)}=\frac{1}{k}$$

$$\therefore\lim_{x\to 1}\frac{(1-\sqrt{x})(1-\sqrt[3]{x})\cdots(1-\sqrt[n]{x})}{(1-x)^{n-1}}$$

$$=\lim_{x\to 1}\frac{1-\sqrt{x}}{1-x}\cdot\lim_{x\to 1}\frac{1-\sqrt[3]{x}}{1-x}\cdots\lim_{x\to 1}\frac{1-\sqrt[n]{x}}{1-x}$$

$$=\frac{1}{2}\cdot\frac{1}{3}\cdots\frac{1}{n}=\frac{1}{n!}$$

碰到類似第 18 題之極限問題時，只需考慮到任一項如第 k 項，然後依此結果歸納出其餘各項，最後可輕易求出極限。

19. 原式 $\overset{y=x^{\frac{1}{6}}}{=\!=\!=}\lim_{y\to 1}\frac{1-y^3}{1-y^2}=\lim_{y\to 1}\frac{(1+y+y^2)(1-y)}{(1+y)(1-y)}=\frac{3}{2}$

20. 原式 $\overset{y=x^{\frac{1}{15}}}{=\!=\!=}\lim_{y\to -1}\frac{1+y^5}{1+y^3}=\lim_{y\to -1}\frac{(1+y)(1-y+y^2-y^3+y^4)}{(1+y)(1-y+y^2)}=\frac{5}{3}$

21. 原式 $\overset{y=\sqrt[4]{x}}{=\!=\!=}\lim_{y\to 2}\frac{y-y^2+2}{y^4-16}=\lim_{y\to 2}\frac{-(y-2)(y+1)}{(y-2)(y+2)(y^2+4)}=-\frac{3}{32}$

22. 原式 $\overset{y=\sqrt[6]{x}}{=\!=\!=}\lim_{y\to 1}\frac{y^6-1}{y^2+y^3-2}=\lim_{x\to 1}\frac{(y-1)(y+1)(y^4+y^2+1)}{(y-1)(y^2+2y+2)}=\frac{6}{5}$

23. 原式 $\overset{y=\cos x}{=\!=\!=}\lim_{y\to 1}\frac{\sqrt{y}-\sqrt[3]{y}}{1-y^2}\overset{(z=\sqrt[6]{y})}{=\!=\!=}\lim_{y\to 1}\frac{z^3-z^2}{1-z^6}=\frac{-1}{6}$

24. $\lim_{x\to 1}\frac{(\sqrt{x}-1)}{(\sqrt[3]{x}-1)}=\lim_{y\to 1}\frac{y^3-1}{y^2-1}=\frac{3}{2}$ （取 $y=\sqrt[6]{x}$）

$\lim_{x\to 1}\frac{(\sqrt[4]{x}-1)}{(\sqrt[5]{x}-1)}=\lim_{y\to 1}\frac{y^5-1}{y^4-1}=\frac{5}{4}$ （取 $y=\sqrt[20]{x}$）

$\lim_{x\to 1}\frac{(\sqrt[6]{x}-1)}{(\sqrt[7]{x}-1)}=\lim_{x\to 1}\frac{y^7-1}{y^6-1}=\frac{7}{6}$ （取 $y=\sqrt[42]{x}$）

你可根據第 18 題之提示：

求 $\lim_{x\to 1}\frac{\sqrt[p]{x}-1}{\sqrt[q]{x}-1}=\frac{q}{p}$

然後輕鬆地得到結果，這種小技巧在微積分可被用到

$$\therefore \text{原式} = \lim_{x\to 1}\frac{(\sqrt{x}-1)}{(\sqrt[3]{x}-1)}\lim_{x\to 1}\frac{(\sqrt[4]{x}-1)}{(\sqrt[5]{x}-1)}\lim_{x\to 1}\frac{(\sqrt[6]{x}-1)}{(\sqrt[7]{x}-1)}=\frac{35}{16}$$

25. 原式 $\overset{y=\sqrt[6]{x}}{=\!=\!=} \lim_{y\to 2}\frac{y-2}{y^2+y^3-12}=\lim_{y\to 2}\frac{y-2}{(y-2)(y^2+3y+6)}=\frac{1}{16}$

26. 原式 $\overset{x=\sqrt{y}}{=\!=\!=} \lim_{x\to 2}\frac{x^3-8}{\sqrt[3]{6+x}-2}$

$$=\lim_{x\to 2}\frac{(x-2)(x^2+2x+4)[\sqrt[3]{(6+x)^2}+2\sqrt[3]{6+x}+4]}{(6+x-8)}$$

$$=\lim_{x\to 2}(x^2+2x+4)[\sqrt[3]{(6+x)^2}+2\sqrt[3]{6+x}+4]=144$$

27. $(1+x)^{\frac{1}{2}}=1+\frac{x}{2}+\frac{(\frac{1}{2})(\frac{1}{2}-1)}{2}x^2+\cdots=1+\frac{x}{2}-\frac{x^2}{8}+\cdots$

$$(1+x)^{\frac{1}{3}}=1+\frac{x}{3}+\frac{\frac{1}{3}(\frac{1}{3}-1)}{2}x^2+\cdots=1+\frac{x}{3}-\frac{x^2}{9}+\cdots$$

$$(1-x)^{\frac{1}{2}}=1+\frac{(-x)}{2}+\frac{\frac{1}{2}(\frac{1}{2}-1)}{2}(-x)^2+\cdots=1-\frac{x}{2}-\frac{x^2}{8}+\cdots$$

$$(1-x)^{\frac{1}{3}}=1+\frac{(-x)}{3}+\frac{\frac{1}{3}(\frac{1}{3}-1)}{2}(-x)^2+\cdots$$

$$=1-\frac{x}{3}-\frac{x^2}{9}+\cdots$$

$$\therefore \text{原式}=\lim_{x\to 0}\frac{(1+\frac{x}{2}-\frac{x^2}{8}+\cdots)-(1+\frac{x}{3}-\frac{x^2}{9}+\cdots)}{(1-\frac{x}{2}-\frac{x^2}{8}+\cdots)-(1-\frac{x}{3}-\frac{x^2}{9}+\cdots)}$$

$$=\lim_{x\to 0}\frac{\frac{1}{6}x-\frac{x^2}{72}}{-\frac{1}{6}x-\frac{x^2}{72}+\cdots}=-1$$

28. $(1-x)^{\frac{1}{4}}=1-\frac{x}{4}+\frac{\frac{1}{4}(\frac{1}{4}-1)}{2}(-x)^2+\cdots=1-\frac{x}{4}-\frac{3}{32}x^2+\cdots$

$$\therefore \text{原式}=\lim_{x\to 0}\frac{(1+\frac{x}{2}-\frac{x^2}{8}+\cdots)-(1-\frac{x}{4}-\frac{3}{32}x^2+\cdots)}{(1+\frac{x}{2}-\frac{x^2}{8}+\cdots)-(1-\frac{x}{3}-\frac{x^2}{9}+\cdots)}$$

$$=\lim_{x\to 0}\frac{\frac{3}{4}x-\frac{x^2}{32}+\cdots}{\frac{5}{6}x-\frac{x^2}{72}+\cdots}=\frac{9}{10}$$

29. $\text{原式}=\lim_{x\to 0}\frac{-(1+\frac{x^3}{3}-\frac{x^6}{9}+\cdots)+(1+\frac{x^5}{5}-\frac{2}{25}x^{10}+\cdots)}{x^3}=-1/3$

30. $\text{原式}=\lim_{x\to 0}\frac{(1+\frac{x^5}{5}-\frac{2}{25}x^{10}+\cdots)-(1+\frac{x^2}{5}-\frac{2}{25}x^4+\cdots)}{(1-\frac{x^2}{5}-\frac{2}{25}x^4+\cdots)-(1-\frac{x}{5}-\frac{2}{25}x^2+\cdots)}$

$$=\lim_{x\to 0}\frac{-\frac{2}{5}x^2+\frac{2}{25}x^4+\cdots}{\frac{x}{5}-\frac{3x^2}{25}+\cdots}=0$$

一個更簡便的方法是用導函數定義。

1-4　無限大（Infinity）與漸近線

若 $\lim_{x\to a}f(x)=\infty$ 或 $-\infty$，則稱極限值不存在。

例 $\lim_{x\to 2^+}\frac{1}{x-2}=\infty$，故 $\lim_{x\to 2^+}\frac{1}{x-2}$ 不存在。

■無窮極限之定義

☑定義：

$\lim_{x\to\infty} f(x)=\ell$ 與 $\lim_{x\to-\infty} f(x)=\ell$

$f(x)$ 定義於 $\begin{cases}(a,\infty)\\(-\infty,a)\end{cases}$ 之某個區間，若對任意之正實數 ε 而言，都存在一個正實數 N，當 $\begin{cases}x>N\\x<-N\end{cases}$ 時，恒有 $|f(x)-\ell|<\varepsilon$ 則稱

$$\begin{cases}\lim_{x\to\infty} f(x)=\ell\\ \lim_{x\to-\infty} f(x)=\ell\end{cases}$$

※例 *1* 試用定義證明 $\lim_{x\to\infty}\frac{1}{x}=0$

解 (1)（先找出 N）：給定 $\varepsilon>0$，我們現要找出 N 使得 $\left|\frac{1}{x}-0\right|<\varepsilon$；

$\because \left|\frac{1}{x}\right|<\varepsilon \Rightarrow \frac{1}{x}<\varepsilon \quad \therefore x>\frac{1}{\varepsilon}$ 在 $x>N$ 均成立，故取 $N=\frac{1}{\varepsilon}$

(2)（證明 $N=\frac{1}{\varepsilon}$ 是對的）

$\left|\frac{1}{x}-0\right|=\frac{1}{|x|}=\frac{1}{x}<\varepsilon \quad \therefore x>N$ 時 $\left|\frac{1}{x}-0\right|<\varepsilon$

■無窮極限之二個基本定理

☑定理：

若 $\lim_{x \to \infty} f(x)=A,\ \lim_{x \to \infty} g(x)=B$ 則

(1) $\lim_{x \to \infty}(f(x) \pm g(x))=\lim_{x \to \infty} f(x) \pm \lim_{x \to \infty} g(x)=A \pm B$

(2) $\lim_{x \to \infty} f(x)g(x)=\lim_{x \to \infty} f(x)\lim_{x \to \infty} g(x)=AB$

(3) $\lim_{x \to \infty}\dfrac{f(x)}{g(x)}=\dfrac{\lim_{x \to \infty} f(x)}{\lim_{x \to \infty} g(x)}=\dfrac{A}{B}$，$B \neq 0$

(4) $f_1(x) \geq f(x) \geq f_2(x)$，若 $\lim_{x \to \infty} f_1(x)=\lim_{x \to \infty} f_2(x)=C$

則 $\lim_{x \to \infty} f(x)=C$（此即無窮極限之擠壓定理）

☑定理：

$$\lim_{x \to \infty}\frac{a_m x^m+a_{m-1}x^{m-1}+\cdots+a_1 x+a_0}{b_n x^n+b_{n-1}x^{n-1}+\cdots+b_1 x+b_0}=\begin{cases}\infty, a_m, b_n \text{ 同號且 } m>n \\ -\infty, a_m, b_n \text{ 異號且 } m>n \\ \dfrac{a_m}{b_n}, m=n \text{ 時，} b_n \neq 0 \\ 0, m<n\end{cases}$$

例 2 求 $\lim\limits_{x\to\infty}\dfrac{(x-1)(x-2)(x-3)(x-4)(x-5)}{(5x-1)^5}$。

解 原式 $=\lim\limits_{x\to\infty}(\dfrac{x-1}{5x-1})(\dfrac{x-2}{5x-1})(\dfrac{x-3}{5x-1})(\dfrac{x-4}{5x-1})(\dfrac{x-5}{5x-1})$

$$=\lim_{x\to\infty}(\frac{x-1}{5x-1})\lim_{x\to\infty}(\frac{x-2}{5x-1})\lim_{x\to\infty}(\frac{x-3}{5x-1})\cdot$$

$$\lim_{x\to\infty}(\frac{x-4}{5x-1})\lim_{x\to\infty}(\frac{x-5}{5x-1})=\frac{1}{5^5}$$

◎**例 3** 求 $\lim\limits_{x\to\infty+}(\sqrt{(x+a)(x+b)}-x)$。

解 原式 $=\lim\limits_{x\to\infty^+}\dfrac{(a+b)x+ab}{\sqrt{(x+a)(x+b)}+x}=\lim\limits_{x\to\infty^+}\dfrac{(a+b)+ab/x}{\sqrt{1+\dfrac{a+b}{x}+\dfrac{ab}{x^2}}+1}=\dfrac{a+b}{2}$

例 4 求 $\lim\limits_{x\to\infty^+}[x^2\sqrt{4x^4+5}-2x^4]$。

解 原式 $=\lim\limits_{x\to\infty^+}x^2[\sqrt{4x^4+5}-2x^2]=\lim\limits_{x\to\infty^+}\dfrac{x^2\cdot 5}{\sqrt{4x^4+5}+2x^2}$

$$=\lim_{x\to\infty^+}\frac{5}{\sqrt{4+\dfrac{5}{x^4}}+2}=\frac{5}{4}$$

◎**例 5** 求 $\lim\limits_{x\to\infty^+}\sqrt{x+\sqrt{x+\sqrt{x}}}-\sqrt{x+\sqrt{x}}$。

解 原式 $=\lim\limits_{x\to\infty^+}\dfrac{\sqrt{x+\sqrt{x}}-\sqrt{x}}{\sqrt{x+\sqrt{x+\sqrt{x}}}+\sqrt{x+\sqrt{x}}}=0$

◎例 6　求 $\lim_{x\to\infty}\frac{\sqrt[3]{x^2}\sin x!}{x+1}$。

解　$\because 0\le\left|\frac{\sqrt[3]{x^2}\sin x!}{x+1}\right|\le\left|\frac{\sqrt[3]{x^2}}{x+1}\right|\to 0$ $\therefore$由擠壓定理知：$\lim_{x\to\infty}\frac{\sqrt[3]{x^2}\sin x!}{x+1}=0$

例 7　若 $\lim_{x\to\infty}\frac{(x+1)^{95}(ax+1)^5}{(x^2+1)^{50}}=b$，$b$ 爲定值，求 a。

解　$\lim_{x\to\infty}\frac{(x+1)^{95}(ax+1)^5}{(x^2+1)^{50}}=\lim_{x\to\infty}\frac{(x+1)^{100}}{(x^2+1)^{50}}\frac{(ax+1)^5}{(x+1)^5}$

$=\lim_{x\to\infty}\frac{(x^2+2x+1)^{50}}{(x^2+1)^{50}}\lim_{x\to\infty}\frac{(ax+1)^5}{(x+1)^5}=1\cdot a^5=b\quad\therefore a=\sqrt[5]{b}$

◎例 8　求 $\lim_{x\to\infty}\frac{\sin x}{x}$

解　$-1\le\sin x\le 1$，$x>0$ 時　$-\frac{1}{x}\le\frac{\sin x}{x}\le\frac{1}{x}$

又 $\lim_{x\to\infty}\frac{1}{x}=\lim_{x\to\infty}\left(-\frac{1}{x}\right)=0\quad\therefore\lim_{x\to\infty}\frac{\sin x}{x}=0$

◎例 9　求 $\lim_{n\to\infty}\frac{1}{\sqrt{n^2+1}}+\frac{1}{\sqrt{n^2+2}}+\cdots+\frac{1}{\sqrt{n^2+n}}$

解　$\frac{n}{\sqrt{n^2+n}}=\frac{1}{\sqrt{n^2+n}}+\frac{1}{\sqrt{n^2+n}}+\cdots+\frac{1}{\sqrt{n^2+n}}$

$\le\frac{1}{\sqrt{n^2+1}}+\frac{1}{\sqrt{n^2+2}}+\cdots+\frac{1}{\sqrt{n^2+n}}$

$$\leq \frac{1}{\sqrt{n^2}}+\frac{1}{\sqrt{n^2}}+\cdots+\frac{1}{\sqrt{n^2}}=\frac{n}{\sqrt{n^2}}=1$$

但 $\lim\limits_{n\to\infty}\frac{n}{\sqrt{n^2+n}}=\lim\limits_{n\to\infty}1=1$

$$\therefore \lim_{n\to\infty}\frac{1}{\sqrt{n^2+1}}+\frac{1}{\sqrt{n^2+2}}+\cdots+\frac{1}{\sqrt{n^2+n}}=1$$

像例 8 這類問題，依極限式結構，有二個不同解法：
(1) 用擠壓定理
(2) 用定積分（見第四章）

漸近線

☑定義：

若 (1) $\lim\limits_{x\to a^+}f(x)=\infty$，(2) $\lim\limits_{x\to a^+}f(x)=-\infty$，(3) $\lim\limits_{x\to a^-}f(x)=\infty$，(4) $\lim\limits_{x\to a^-}f(x)=-\infty$ 中有一成立時，稱 $y=a$ 為曲線 $y=f(x)$ 之垂直漸近線（vertical asymptote）。

若 (1) $\lim\limits_{x\to\infty}f(x)=b$，或 (2) $\lim\limits_{x\to-\infty}f(x)=b$ 有一成立時，稱 $y=b$ 為曲線 $y=f(x)$ 之水平漸近線（horizontal asymptote）。

若 $\lim\limits_{x\to\pm\infty}f(y-mx-b)=0$，則稱 $y=mx+b$ 為曲線 $y=f(x)$ 之斜漸近線。

在繪製曲線圖時，往往需用到漸近線。通常垂直 / 水平漸近線均較易求取，在求斜漸近線 $y=mx+b$ 時，則以用下列公式為便：

① $m=\lim\limits_{x\to\pm\infty}\dfrac{f(x)}{x}$

② $b=\lim\limits_{x\to\pm\infty}(y-mx)$

若 $y=f(x)$ 能化成 $y=(ax+k)+h(x)$ 之型式，而 $\lim\limits_{x\to\infty}h(x)=0$，則 $y=ax+b$ 爲 $y=f(x)$ 之斜漸近線。

例 10　求 $y=\dfrac{x^3}{x^2-3}$ 之所有漸近線。

解　$y=\dfrac{x^3}{x^2-3}=x+\dfrac{3x}{x^2-3}$

$\because \lim\limits_{x\to+\sqrt{3}}y=\lim\limits_{x\to+\sqrt{3}}f(x)=\infty$ 或 $\lim\limits_{x\to-\sqrt{3}}y=\lim\limits_{x\to-\sqrt{3}}f(x)=\infty$

$\therefore x=\pm\sqrt{3}$ 爲其二垂直漸近線

$m=\lim\limits_{x\to\infty}\dfrac{f(x)}{x}=\lim\limits_{x\to\infty}\dfrac{x^2}{x^2-3}=1$

$b=\lim\limits_{x\to\infty}(y-x)=\lim\limits_{x\to\infty}\dfrac{3x}{x^2-3}=0$　$\therefore y=x$ 爲其惟一斜漸近線

例 11　求 $y=|x|$ 之漸近線。

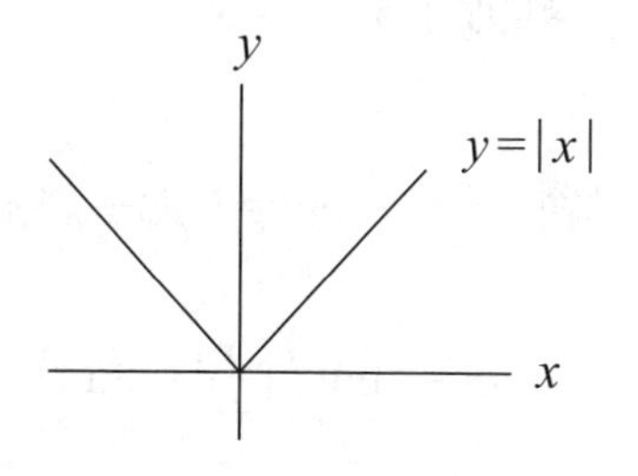

解　設 $y=mx+b$ 爲其斜漸近線，則

① $m_1=\lim\limits_{x\to\infty}\dfrac{|x|}{x}=1$

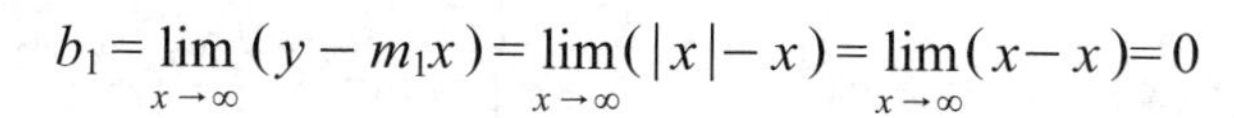

$b_1=\lim\limits_{x\to\infty}(y-m_1x)=\lim\limits_{x\to\infty}(|x|-x)=\lim\limits_{x\to\infty}(x-x)=0$

② $m_2=\lim\limits_{x\to-\infty}\dfrac{|x|}{x}=-1$

$$b_2=\lim_{x\to-\infty}(y-m_2x)=\lim_{x\to-\infty}(|x|-(-x))$$

$$=\lim_{x\to\infty}(-x+x)=0$$

$\therefore y=\pm x$ 爲其二條斜漸近線

在本題中 $\because \lim_{x\to\pm\infty}|x|=\infty$ 且亦無一實數 b，使得 $\lim_{x\to\pm b}|x|=\infty$，故無垂直或水平漸近線

例 12 求 $xy^2-2y^2-9=0$ 之所有漸近線。

解 先將 $xy^2-2y^2-9=0$ 化成 $y=f(x)$ 形式：$y^2=\dfrac{9}{x-2}$

$$\therefore y=f(x)=\frac{3}{\sqrt{x-2}}$$

①$\because \lim_{x\to+2}f(x)=\infty$ $\therefore x=2$ 是爲垂直漸近線。

②$\because \lim_{x\to\infty}f(x)=0$ $\therefore x=0$ 是爲水平漸近線

※**例 13** 求 $y=\dfrac{(x+2)}{\sqrt{x}}$ 之斜漸近線

解 設 $y=mx+b$ 爲一斜漸近線，則

$$m=\lim_{x\to\infty}\frac{f(x)}{x}=\lim_{x\to\infty}\frac{(x+2)^{\frac{3}{2}}}{x^{\frac{3}{2}}}=1$$

$$b=\lim_{x\to\infty}(f(x)-x)=\lim_{x\to\infty}\left(\frac{(x+2)^{\frac{3}{2}}}{\sqrt{x}}-x\right)=\lim_{x\to\infty}\frac{(x+2)^{\frac{3}{2}}-x^{\frac{3}{2}}}{\sqrt{x}}$$

$$= \lim_{x \to \infty} \frac{[(x+2)^{\frac{1}{2}} - x^{\frac{1}{2}}][(x+2) + x^{\frac{1}{2}}(x+2)^{\frac{1}{2}} + x]}{\sqrt{x}}$$

$$= \lim_{x \to \infty} \frac{2[2x+2+\sqrt{x(x+2)}]}{\sqrt{x}(\sqrt{x+2}+\sqrt{x})} = 2\lim_{x \to \infty} \frac{\sqrt{x^2+2x}+2x+2}{\sqrt{x^2+2x}+x} = 3$$

$\therefore y = x + 3$ 是爲所求

■應用漸近線求特殊之極限問題

◎例 *14* 若 $\lim_{x \to \infty}(\sqrt{x^2+x+1} - ax - b) = 0$ 求 a, b 並以此結果求

若 $\lim_{x \to -\infty}(\sqrt{x^2-x+1} + ax - b) = 0$ 時之 a, b

解　(1) $a = \lim_{x \to \infty} \frac{y}{x} = \lim_{x \to \infty} \frac{\sqrt{x^2-x+1}}{x} = 1$

$$b = \lim_{x \to \infty}(\sqrt{x^2-x+1} - x)$$

$$= \lim_{x \to \infty} \frac{-x+1}{\sqrt{x^2-x+1}+x} = -\frac{1}{2}$$

$\therefore a = 1, b = -\frac{1}{2}$

> $\lim_{x \to \infty}(\sqrt{x^2+x+1} - ax - b) = 0$
> 相當於求 $y = \sqrt{x^2+x+1}$ 之斜漸近線 $y = ax + b$。利用
> - $a = \lim_{x \to \infty} \frac{y}{x}$
> - $b = \lim_{x \to \infty}(y - ax)$

(2) 取 $u = -x$，則

$$\lim_{u \to -\infty}(\sqrt{u^2+u+1} - au - b) = 0 \quad a = \lim_{u \to \infty} \frac{\sqrt{u^2+u+1}}{-u} = -1$$

$$b = \lim_{u \to \infty}(\sqrt{u^2+u+1} + u) = \lim_{u \to \infty} \frac{u+1}{\sqrt{u^2+u+1} - u} = \frac{1}{2}$$

$\therefore a = -1, b = \frac{1}{2}$

類似問題

1. 求 $\lim_{x \to \infty^+} [\sqrt[3]{x^9 - 7x^6} - x^3]$。

※2. 求 $\lim_{x \to \infty^+} (\sin\sqrt{x+1} - \sin\sqrt{x})$。

3. 求 $\lim_{x \to \infty} \dfrac{4 \cdot 10^x - 3 \cdot 10^{2x}}{3 \cdot 10^{x-1} + 2 \cdot 10^{2x-1}}$。

4. 求 $\lim_{x \to \infty^+} [x\sqrt{x^2+1} - x^2]$。

5. 求 $\lim_{x \to \infty^+} \sqrt{x^2+x-1} - \sqrt{x^2-x+1}$。

6. 求 $\lim_{x \to \infty} \left(\dfrac{x^2-3x+1}{4x^2+5x+6}\right)^{x^2}$。

※7. 求 $\lim_{x \to 0} \left\{ \sqrt{\dfrac{1}{x(x-1)} + \dfrac{1}{4x^2}} - \dfrac{1}{2x} \right\}$。

※8. 求 (a) $\lim_{n \to \infty} \underbrace{\sin\sin\cdots\sin 1}_{n\text{個}}$。

(b) $\lim_{n \to \infty} (1+x)(1+x^2)(1+x^4)\cdots(1+x^{2n})$；$|x|<1$。

(c) $\lim_{n \to \infty} (\cos\dfrac{x}{2} \cdot \cos\dfrac{x}{4} \cdots \cos\dfrac{x}{2^n})$。

9. 求 $\lim_{x \to \infty^+} \dfrac{x - \sin x}{x}$。

10. 求 $\lim_{x \to -\infty} (\sqrt{x^2+ax} - \sqrt{x^2-ax})$。

◎11. 求 $\lim_{x \to \infty^+} (\sqrt{x+\sqrt{x+\sqrt{x}}} - \sqrt{x})$。

12. 求 $\lim_{x \to \infty^+} x(\sqrt{x^2+a^2} - x)$。

※13. 若 $a_1 + a_2 + \cdots + a_m = 0$ 求

$\lim_{n \to \infty} (a_1\sqrt{n+1} + a_2\sqrt{n+2} + \cdots + a_m\sqrt{n+m})$

※14. 求 $\lim\limits_{x\to\infty} x^{\frac{3}{2}}(\sqrt{x+1}-2\sqrt{x}+\sqrt{x-1})$

※15. 求 $\lim\limits_{x\to\infty} \dfrac{2^x+3^x}{3^{2x}-2^x}\sin 2^x$

16. 求下列各函數之所有漸近線：

(1) $y=\dfrac{x^2+2x-1}{x}$，$x\neq 0$　　(2) $y=\dfrac{1+e^{-x^2}}{1-e^{-x^2}}$

(3) $y=\sqrt{x^2+1}-\sqrt{x^2-1}$　　(4) $y=\sqrt{x^2+1}+\sqrt{x^2-1}$

※(5) $y=\sqrt[3]{x^2-x^3}$　　(6) $y=\dfrac{x^2}{x^2-4}$　　(7) $y=\sqrt{x^2-x+1}$

※(8) 求 $y=|x+3|e^{-\frac{1}{x}}$

17. 求 $\lim\limits_{x\to\infty}\dfrac{(x+1)(x^2+1)\cdots(x^n+1)}{[(nx)^n+1]^{\frac{n+1}{2}}}$。

※18. 求 $\lim\limits_{n\to\infty}\left[\dfrac{1}{n^2+n+1}+\dfrac{2}{n^2+n+2}+\cdots+\dfrac{n}{n^2+n+n}\right]$。

解

1. 原式 $=\lim\limits_{x\to\infty^+} x^3[\sqrt[3]{1-7/x^3}-1]=\lim\limits_{x\to\infty^+} x^3\left(\dfrac{(1-7/x^3)-1}{1+\left(1-\dfrac{7}{x^3}\right)^{\frac{1}{3}}+\left(1-\dfrac{7}{x^3}\right)^{\frac{2}{3}}}\right)$

$=-7/3$

2. 原式 $=\lim_{x\to\infty^+}2\cos\frac{\sqrt{x+1}+\sqrt{x}}{2}\sin\frac{\sqrt{x+1}-\sqrt{x}}{2}$，$-2\le 2\cos\frac{\sqrt{x+1}+\sqrt{x}}{2}\le 2$

$$-2\sin\frac{\sqrt{x+1}-\sqrt{x}}{2}\le 2\sin\frac{\sqrt{x+1}-\sqrt{x}}{2}\cos\frac{\sqrt{x+1}+\sqrt{x}}{2}\le 2\sin\frac{\sqrt{x+1}-\sqrt{x}}{2}$$

但 $\lim_{x\to\infty}\sin\frac{\sqrt{x+1}-\sqrt{x}}{2}=\lim_{x\to\infty}\sin\frac{1}{2(\sqrt{x+1}+\sqrt{x})}=0$

$$\therefore \lim_{x\to\infty^+}(\sin\sqrt{x+1}-\sin\sqrt{x})=\lim_{x\to\infty}2\sin\frac{\sqrt{x+1}-\sqrt{x}}{2}\cos\frac{\sqrt{x+1}-\sqrt{x}}{2}=0$$

3. 原式 $=\lim_{x\to\infty}\frac{4\cdot 10^{-x}-3}{3\cdot 10^{-x-1}+2\cdot 10^{-1}}=-15$

4. 原式 $=\lim_{x\to\infty^+}\frac{x}{\sqrt{x^2+1}+x}=\frac{1}{2}$

5. 原式 $=\lim_{x\to\infty^+}\frac{2x}{\sqrt{x^2+x+1}+\sqrt{x^2-x+1}}=1$

6. $\because \lim_{x\to\infty}\frac{x^2-3x+1}{4x^2+5x+6}=\frac{1}{4}$ $\therefore$原式 $=\lim_{x\to\infty}(\frac{1}{4})^{x^2}=0$

7. 原式 $=\lim_{x\to 0}\frac{\frac{1}{x(x-1)}}{\sqrt{\frac{1}{x(x-1)}+\frac{1}{4x^2}+\frac{1}{2x}}}=\lim_{x\to 0}\frac{\frac{1}{x-1}-\frac{1}{x}}{\sqrt{\frac{1}{x-1}-\frac{1}{x}+\frac{1}{4x^2}+\frac{1}{2x}}}$

$$=\lim_{x\to 0}\frac{\frac{x}{x-1}-1}{\sqrt{\frac{x^2}{x-1}-x+\frac{1}{4}+\frac{1}{2}}}=-1$$

8. (a) 設 sin⋯sin 1 $=x$，則當 n 很大時

$\sin x=x$

$x=\sin x\Rightarrow x=0$

> 8.(a) 是個很特殊的題型，類似的有
> 當 n 很大時，
> $\sqrt{2+\sqrt{2+\sqrt{\cdots+\sqrt{2}}}}=\sqrt{2+x}=x$
> 解之 $x=2$

$$\therefore \lim_{n\to\infty} \sin\sin\cdots\sin 1 = 0$$

(b) $\lim_{n\to\infty}(1+x)(1+x^2)\cdots(1+x^{2n}) = \lim_{n\to\infty}\frac{1-x^2}{1-x}\cdot\frac{1-x^4}{1-x^2}\cdots\frac{1-x^{4n}}{1-x^{2n}}$

$$= \lim_{n\to\infty}\frac{1-x^{4n}}{1-x} = \frac{1}{1-x} \qquad (\because |x|<1)$$

(c) 取 $\omega = \cos\frac{x}{2}\cos\frac{x}{4}\cdots\cos\frac{x}{2^n}$

則 $\left(\sin\frac{x}{2^n}\right)\omega = \cos\frac{x}{2}\cos\frac{x}{4}\cdots\cos\frac{x}{2^n}\sin\frac{x}{2^n}$

$$= \frac{1}{2}\cos\frac{x}{2}\cos\frac{x}{4}\cdots\cos\frac{x}{2^{n-1}}\sin\frac{x}{2^{n-1}}$$

$$= \frac{1}{2^2}\cos\frac{x}{2}\cdots\cos\frac{x}{2^{n-2}}\sin\frac{x}{2^{n-2}}$$

$$\cdots\cdots\cdots\cdots\cdots\cdots$$

$$= \frac{1}{2^n}\sin x \quad \therefore \omega = \frac{1}{2^n}\sin x\Big/\sin\frac{x}{2^n}$$

因此 $\lim_{n\to\infty}\cos\frac{x}{2}\cos\frac{x}{4}\cdots\cos\frac{x}{2^n} = \lim_{n\to\infty}\frac{1}{2^n}\sin x\Big/\sin\frac{x}{2^n}$

$$= \frac{\sin x}{x}\lim_{n\to\infty}\frac{x}{2^n}\cdot\frac{1}{\sin\frac{x}{2^n}} = \frac{\sin x}{x}\lim_{n\to\infty}\frac{x}{2^n}\cdot\frac{1}{\frac{x}{2^n}} = \frac{\sin x}{x}$$

9. 原式 $= \lim_{x\to\infty^+}\left(1-\frac{\sin x}{x}\right) = 1$

10. 原式 $= \lim_{x\to-\infty}\frac{2ax}{\sqrt{x^2+ax}+\sqrt{x^2-ax}} \overset{y=-x}{=\!=} \lim_{y\to\infty}\frac{-2ay}{\sqrt{y^2-ay}+\sqrt{y^2+ay}} = -a$

11. 原式 $= \lim_{x\to\infty^+}\frac{\sqrt{x+\sqrt{x}}}{\sqrt{x+\sqrt{x+\sqrt{x}}}+\sqrt{x}} = \frac{1}{2}$

12. 原式$=\lim\limits_{x\to\infty^+} x\dfrac{a^2}{\sqrt{x^2+a^2}+x}=\dfrac{a^2}{2}$

13. $a_n=-a_1-a_2-\cdots-a_{m-1}$

$\therefore \lim\limits_{n\to\infty}(a_1\sqrt{n+1}+a_2\sqrt{n+2}-\cdots+a_{m-1}\sqrt{n+m-1}-a_1\sqrt{n+m}-$

$a_2\sqrt{n+m}-\cdots-a_{m-1}\sqrt{n+m})=\lim\limits_{n\to\infty}(a_1(\sqrt{n+1}-\sqrt{n+m})$

$+a_2(\sqrt{n+2}-\sqrt{n+m})+\cdots+a_{m-1}(\sqrt{n+m-1}-\sqrt{n+m}))\cdots*$

但 $\lim\limits_{n\to\infty}\sqrt{n+1}-\sqrt{n+k}=\lim\limits_{n\to\infty}\dfrac{k-1}{\sqrt{n+1}+\sqrt{n+k}}=0,\ k=1,2\cdots m$

代入 * 得　$*=0$

14. $\lim\limits_{x\to\infty} x^{\frac{3}{2}}[(\sqrt{x+1}-\sqrt{x})-(\sqrt{x}-\sqrt{x-1})]$

$=\lim\limits_{x\to\infty} x^{\frac{3}{2}}\left[\dfrac{1}{\sqrt{x+1}+\sqrt{x}}-\dfrac{1}{\sqrt{x}+\sqrt{x-1}}\right]$

$=\lim\limits_{x\to\infty} x^{\frac{3}{2}}\left[\dfrac{\sqrt{x-1}-\sqrt{x+1}}{(\sqrt{x+1}+\sqrt{x})(\sqrt{x}+\sqrt{x-1})}\right]$

$=\lim\limits_{x\to\infty} x^{\frac{3}{2}}\left[\dfrac{-2}{(\sqrt{x+1}+\sqrt{x})(\sqrt{x}+\sqrt{x-1})(\sqrt{x-1}+\sqrt{x+1})}\right]$

$=-2\lim\limits_{x\to\infty}\left(\dfrac{\sqrt{x}}{\sqrt{x+1}+\sqrt{x}}\right)\left(\dfrac{\sqrt{x}}{\sqrt{x}+\sqrt{x-1}}\right)\left(\dfrac{\sqrt{x}}{\sqrt{x+1}+\sqrt{x-1}}\right)$

$=-2\left(\lim\limits_{x\to\infty}\dfrac{\sqrt{x}}{\sqrt{x+1}+\sqrt{x}}\right)\left(\lim\limits_{x\to\infty}\dfrac{\sqrt{x}}{\sqrt{x}+\sqrt{x-1}}\right)\lim\limits_{x\to\infty}\left(\dfrac{\sqrt{x}}{\sqrt{x+1}+\sqrt{x-1}}\right)$

$=-2\left(\dfrac{1}{2}\right)\left(\dfrac{1}{2}\right)\left(\dfrac{1}{2}\right)=\dfrac{-1}{4}$

15. $\because |\sin 2^x| \le 1 \quad \therefore -\dfrac{2^x+3^x}{3^{2x}-2^x} \le \dfrac{2^x+3^x}{3^{2x}-2^x}\sin 2x \le \dfrac{2^x+3^x}{3^{2x}-2^x}$

又 $\lim\limits_{x\to\infty}\dfrac{2^x+3^x}{3^{2x}-2^x} = \lim\limits_{x\to\infty}\dfrac{\left(\frac{2}{3}\right)^x+1}{3^x-\left(\frac{2}{3}\right)^x} = 0 \quad \therefore \lim\limits_{x\to\infty}\dfrac{2^x+3^x}{3^{2x}-2^x}\sin 2x = 0$

16. (1) $y = x + 2 - \dfrac{1}{x}$，由視察法知 $x = 0$ 為垂直漸近線，$y = x + 2$ 為斜漸近線

(2) $\lim\limits_{x\to 0}\dfrac{1+e^{-\frac{1}{x^2}}}{1-e^{-\frac{1}{x^2}}} = \infty \quad \therefore x = 0$ 為垂直漸近線

$\left.\begin{array}{l} \lim\limits_{x\to\infty}\dfrac{1+e^{-\frac{1}{x^2}}}{1-e^{-\frac{1}{x^2}}} = 1 \\ \text{或} \lim\limits_{x\to -\infty}\dfrac{1+e^{-\frac{1}{x^2}}}{1-e^{-\frac{1}{x^2}}} = 1 \end{array}\right\} \therefore y = 1$ 為水平漸近線

(3) $\lim\limits_{x\to\infty}\sqrt{x^2+1}-\sqrt{x^2-1} = 0 \quad \therefore y = 0$ 為水平漸近線

(4) 斜漸近線

$m = \lim\limits_{x\to\infty}\dfrac{\sqrt{x^2+1}+\sqrt{x^2-1}}{x} = 2$，$\lim\limits_{x\to -\infty}\dfrac{\sqrt{x^2+1}+\sqrt{x^2-1}}{x} = -2$

① $m = 2$ 時

$b = \lim\limits_{x\to\infty}(y-2x) = \lim\limits_{x\to\infty}(\sqrt{x^2+1}+\sqrt{x^2-1}-2x)$

$\overset{y=\frac{1}{x}}{=\!=\!=} \lim\limits_{y\to 0}\left(\sqrt{\dfrac{1+y^2}{y^2}}+\sqrt{\dfrac{1-y^2}{y^2}}-\dfrac{2}{y}\right) = \lim\limits_{y\to 0}\dfrac{\sqrt{1+y^2}+\sqrt{1-y^2}-2}{y}$

$$=\lim_{y\to 0}\frac{\left(1+\frac{1}{2}y^2+\cdots\right)+\left(1-\frac{1}{2}y^2+\cdots\right)-2}{y}=0$$

$\therefore y=2x$ 爲斜漸近線

② $m=-2$ 時，同法可得 $y=-2x$ 爲另一條斜漸近線。

(5) $m=\lim\limits_{x\to\infty}\dfrac{\sqrt[3]{x^2-x^3}}{x}=-1$

$$b=\lim_{x\to\infty}(y+x)=\lim_{x\to\infty}\sqrt[3]{x^2-x^3}+x\overset{y=\frac{1}{x}}{=\!=\!=}\lim_{y\to 0}\left(\sqrt[3]{\frac{1}{\frac{1}{y^2}-\frac{1}{y^3}}}+\frac{1}{y}\right)$$

$$=\lim_{y\to 0}\frac{\sqrt[3]{y-1}+1}{y}=-\lim_{y\to 0}\frac{\sqrt[3]{1-y}-1}{y}$$

$$=-\lim_{y\to 0}\frac{\left(1-\frac{1}{3}y+\cdots\right)-1}{y}=-\frac{1}{3}$$

$\therefore y=-x+\dfrac{1}{3}$ 爲斜漸近線

(6) $y=1+\dfrac{4}{x^2-4}$

① $\lim\limits_{x\to 2^+}y=\infty$， $\lim\limits_{x\to -2}y=\infty$

$\therefore x=2$ 及 $x=-2$ 爲垂直漸近線

② $\lim\limits_{x\to\infty}y=1$　$\therefore y=1$ 爲水平漸近線

(7) 斜漸近線

① $m=\lim\limits_{x\to\infty}\dfrac{\sqrt{x^2-x+1}}{x}=1$， $\lim\limits_{x\to-\infty}\dfrac{\sqrt{x^2-x+1}}{x}=-1$

② $m=1$ 時，$b=\lim\limits_{x\to\infty}(\sqrt{x^2-x+1}-x)=-\dfrac{1}{2}$

$m=-1$ 時，$b=\lim\limits_{x\to-\infty}(\sqrt{x^2-x+1}+x)=\dfrac{1}{2}$

$\therefore y=x-\dfrac{1}{2}$ 及 $y=-x+\dfrac{1}{2}$ 爲二條斜漸近線

(8) ① $\lim\limits_{x\to\infty}|x+3|e^{-\frac{1}{x}}=\lim\limits_{x\to\infty}\dfrac{x+3}{e^{\frac{1}{x}}}\overset{y=\frac{1}{x}}{=\!=\!=}\lim\limits_{y\to0}\dfrac{\frac{1+3y}{y}}{e^y}=\lim\limits_{y\to0}\dfrac{1+3y}{ye^y}=\infty$

$\therefore f(x)$ 無水平漸近線

② $\lim\limits_{x\to0^-}|x+3|e^{-\frac{1}{x}}=\infty$　$\therefore x=0$ 是 $f(x)$ 之垂直漸近線

③ 現考察斜漸近線 $y=a+bx$

$$\lim_{x\to\infty}\frac{f(x)}{x}=\lim_{x\to\infty}\frac{|x+3|}{x}e^{-\frac{1}{x}}=\lim_{x\to\infty}\frac{x+3}{xe^{\frac{1}{x}}}\overset{y=\frac{1}{x}}{=\!=\!=}\lim_{y\to0}\frac{\frac{1}{y}+3}{\frac{1}{y}e^y}$$

$$=\lim_{y\to0}\frac{1+3y}{e^y}=1$$

又 $\lim\limits_{x\to-\infty}\dfrac{f(x)}{x}=\lim\limits_{x\to\infty}\dfrac{|x+3|}{x}e^{-\frac{1}{x}}=-1$

a. $a=1$ 時，$b=\lim\limits_{x\to\infty}\left(|x+3|e^{-\frac{1}{x}}-x\right)=\lim\limits_{x\to\infty}\left((x+3)e^{-\frac{1}{x}}-x\right)$

$$=\lim_{x\to\infty}\left(3e^{-\frac{1}{x}}+x\left(e^{-\frac{1}{x}}-1\right)\right)=3-\lim_{x\to\infty}x\left(e^{-\frac{1}{x}}-1\right)$$

$$=3-\lim_{y\to0}\frac{1-e^{-y}}{y}=3-\lim_{y\to0}\frac{e^{-y}}{1}=3-1=2$$

b. $a=-1$ 時，同法可得 $b=-2$

$\therefore y=f(x)$ 有二條斜漸近線 $y=x+2$ 與 $y=-x-2$

17. 分子部分：$x^{n(n+1)/2}$ 之係數爲 1

分母部分：$[(nx)^n+1]^{\frac{n+1}{2}}$ 之 $x^{\frac{n(n+1)}{2}}$ 之係數爲 $n^{\frac{n(n+1)}{2}}$

∴極限値爲 $n^{\frac{-n(n+1)}{2}}$

18. $$\frac{1}{n^2+n+1}+\frac{2}{n^2+n+2}+\cdots+\frac{n}{n^2+n+n}\geq\frac{1}{n^2+n+n}+\frac{2}{n^2+n+n}+\cdots$$

$$+\frac{n}{n^2+n+n}=\frac{n(n+1)}{2}\cdot\frac{1}{n(n+2)}=\frac{n+1}{2(n+2)} \quad (1)$$

$$\frac{1}{n^2+n}+\frac{2}{n^2+n}+\cdots+\frac{n}{n^2+n}=\frac{1}{n(n+1)}\cdot\frac{n(n+1)}{2}=\frac{1}{2}$$

$$\geq\frac{1}{n^2+n+1}+\frac{2}{n^2+n+2}+\cdots+\frac{n}{n^2+n+n}$$ ，又 $\lim_{n\to\infty}\frac{n+1}{2(n+2)}=\frac{1}{2}$

且 $\lim_{n\to\infty}\frac{1}{2}=\frac{1}{2}$

$$\therefore \lim_{n\to\infty}\frac{1}{n^2+n+1}+\frac{2}{n^2+n+2}+\cdots+\frac{n}{n^2+n+n}=\frac{1}{2}$$

1-5 連續（Continuity）與連續函數之基本性質

☑定義：

若 (a) f 在 $x=x_0$ 有意義且 (b) $\lim_{x\to x_0}f(x)=f(x_0)$，則稱 f 在 $x=x_0$ 處連續。

☑定理：

若 f 與 g 在 $x=x_0$ 處連續，則

(a) $f\pm g$ 在 $x=x_0$ 處連續；(b) $f\cdot g$ 在 $x=x_0$ 處連續；

(c) f/g 在處 $x=x_0$ 處連續，但 $g(x_0)\neq 0$。

例 1　若 $f(x)=\begin{cases}2x-1 & x\leq 1\\ 6-5x & x>1\end{cases}$，問 $f(x)$ 在 $x=1$ 處是否連續？

解　① $f(1)=2(1)-1=1$

② $\lim\limits_{x\to 1^+}f(x)=1$，$\lim\limits_{x\to 1^-}f(x)=1$　$\therefore \lim\limits_{x\to 1}f(x)=1$

由①，② $f(1)=\lim\limits_{x\to 1}f(x)$　$\therefore f(x)$ 在 $x=1$ 處連續

◎**例 2**　$f(x)=\begin{cases}0 & 若\ x=0\\ x\sin\dfrac{1}{x} & 若\ x\neq 0\end{cases}$，試討論在 $x=0$ 處之連續性。

解　① $f(0)=0$

② $\lim\limits_{x\to 0}x\sin\dfrac{1}{x}=0$

$\therefore$ 由①，②可知 $f(x)$ 在 $x=0$ 處連續

◎**例 3**　證明：若 $f(x)$ 在 $x=0$ 處爲連續之充要條件爲 $\lim\limits_{t\to 0}f(t+c)=f(c)$。

解　「⇒」即 $\lim_{t\to 0} f(t+c)=f(c) \Rightarrow f(x)$ 在 $x=c$ 處連續：

取 $y=t+c$

得 $\lim_{t\to 0} f(t+c)=\lim_{y\to c} f(y)=f(c)$

「⇐」即 $f(x)$ 在 $x=c$ 處連續，則 $\lim_{t\to 0} f(t+c)=f(c)$：

取 $f(c)=\lim_{x\to c} f(x)=\lim_{t\to 0} f(t+c)$

（取 $t=x-c$，或 $x=c+t$）

※例 4　$f(x)=\lim_{n\to\infty} g(x,n)$，討論 $f(x)=\lim_{n\to\infty} x\left(\frac{1-x^{2n}}{1+x^{2n}}\right)$ 之連續性。

解　1. 先確定 $f(x)$：

> $f(x)=\lim_{n\to\infty} g(x,n)$ 通常可化成分段定義函數這是討論這類函數之連續性、可微性、可積性的第一步。

(1) $|x|<1$：$f(x)=\lim_{n\to\infty} x\left(\frac{1-x^{2n}}{1+x^{2n}}\right)=x$

(2) $|x|=1$：$f(x)=\lim_{n\to\infty} x\cdot 0=0$

(3) $|x|>1$：$\lim_{n\to\infty} x\left(\frac{1-x^{2n}}{1+x^{2n}}\right)$

$$=\lim_{n\to\infty} x\left(\frac{x^{-2n}-1}{x^{-2n}+1}\right)=-x$$

$$\therefore f(x)=\begin{cases} x & ,|x|<1\text{，即 } -1<x<1 \\ 0 & ,|x|=1\text{，即 } x=\pm 1 \\ -x & ,|x|>1\text{，即 } x>1 \text{ 或 } x<-1 \end{cases}$$

$-\infty$		-1		1		∞
	$-x$	0	x	0	$-x$	

2. 討論 $f(x)$ 之連續性

顯然$f(x)$在$(-\infty, -1), (-1, 1), (1, \infty)$爲連續，因此，我們只需再看$x=\pm 1$時之情況

(1) $x=1$：$\lim_{x \to 1^+} f(x)=\lim_{x \to 1^+}(-x)=-1$

$\lim_{x \to 1^-} f(x)=\lim_{x \to 1^-}(x)=1$，$\lim_{x \to 1} f(x)$不存在，

$\therefore f(x)$在$x=1$處不連續

(2) $x=-1$：$\lim_{x \to -1^+} f(x)=\lim_{x \to -1^+} x=-1$

$\lim_{x \to -1^-} f(x)=\lim_{x \to -1^-}(-x)=1$，$\lim_{x \to -1} f(x)$不存在

與連續函數之基本性質

I. 中間値定理

☑定理：

Bolzano 定理：設函數f在區間I中爲連續，設$x_1, x_2 \in I$，且$x_1 < x_2$，若$f(x_1)f(x_2)<0$，則在(x_1, x_2)中存在一個c使得$f(c)=0$。由 Bolzano 定理可推證中間値定値。

☑定理：

中間値定理或介値定理 intermediate value theorem：設函數f在閉

區間 $[a, b]$ 中爲連續，假定 $f(a) \neq f(b)$，則存在一個 $c \in (a,b)$ 使得 $f(c)$ 介於 $f(a)$ 與 $f(b)$ 之間。

請注意何時用開區間與閉區間：
1. $f(x)$ 在 $[a, b]$ 爲連續
2. $f(x)$ 在 (a, b) 有根

◎例 5　若 $0 \leq f(x) \leq 1 \quad \forall x \in [0,1]$，且 $f(x)$ 在 $[0, 1]$ 間爲連續，試證 $(0, 1)$ 內至少存在一個 c 使得 $f(c) = c$。

解　取 $g(x) = x - f(x)$，則

$g(0) = -f(0) \leq 0$，$g(1) = 1 - f(1) \geq 0$

$\therefore$ 在 $[0, 1]$ 間至少存在一個 c 使得 $g(c) = 0 \Rightarrow$

$g(c) = c - f(c) = 0$ 即在 $(0, 1)$ 內至少存在一個 c 使得 $c = f(c)$

例 6　求證 $\dfrac{x^4 + 2x^2 + 5}{x - 1} + \dfrac{x^6 + 2x^4 + 6}{x - 7} = 0$ 在 $(1, 7)$ 內有一根。

解　令 $\phi(x) = (x-7)(x^4 + 2x^2 + 5) + (x-1)(x^6 + 2x^4 + 6)$

$\phi(7) > 0$，$\phi(1) < 0$，

$\therefore (1, 7)$ 間有一 α 使得 $\phi(\alpha) = (x-7)(x^4 + 2x^2 + 5) +$

$(x-1)(x^6 + 2x^4 + 6) = 0$

即 $\dfrac{x^4 + 2x^2 + 5}{x - 1} + \dfrac{x^6 + 2x^4 + 6}{x - 7} = 0$ 在 $(1, 7)$ 內有一解

例 7　試證 $x=\ln x+2$ 有一根。

解　令 $f(x)=x-\ln x-2$，則 $f(1)=1-(\ln 1)-2=-1$

$f(4)=4-(\ln 4)-2=2-\ln 4>0$，$f(1)f(4)<0$

$\therefore f(x)$ 在 $(1,4)$ 內有一根

例 8　求方程式 $2x^3-x^2-4x+2=0$ 之實根分別介於那些連續整數之間？

解　令 $f(x)=2x^3-x^2-4x+2$，則

$f(-2)f(-1)<0$，$f(0)f(1)<0$，及 $f(1)f(2)<0$

$\therefore 2x^3-x^2-4x+2=0$ 之實根分別介於 $(-2,-1)$；$(0,1)$ 及 $(1,2)$ 三個連續整數間

◎**例 9**　若 $f(x)$ 在 $[0,2a]$ 間連續且 $f(0)=f(2a)$，求證在 $(0,a)$ 間存在 x 使得 $f(x)=f(x+a)$。

解　令 $g(x)=f(x)-f(x+a)$，則

$g(0)=f(0)-f(a)$，$g(a)=f(a)-f(2a)=f(a)-f(0)$

$g(0)g(a)<0$　$\therefore (0,a)$ 間存在某個 x 使得 $g(x)=f(x)-f(x+a)=0$

$\Rightarrow$ 在 $(0,a)$ 間存在某個 x，使得 $f(x)=f(x+a)$

II. 極值定理

☑定理：

極值定理 extreme value theorem：若函數 f 在 $I=[a,b]$ 中爲連續，且爲有界（bounded），則 $f(I)$ 爲有界且在 I 中存在二點 p、q 使得 $m=f(p)\le f(x)\le f(q)=M$，即 f 在 I 中有極大值 M 及極小值 m。

例 10 (1) $f(x)=x$，$x\in[0,10]$，則 $f(x)$ 爲有界，故在 $x=10$ 處有極大值 10，$x=0$ 有極小值 0。

(2) $f(x)=x$，$x\in(0,10]$，則 $f(x)$ 在 $x=10$ 處有極大值 10，但無極小值，同理 $f(x)=x$，$x\in[0,10)$，則 $f(x)$ 在 $x=0$ 處有極小值 0，但無極大值。

注意：上述定理指出閉區間有極值，至於如何求則有賴微分方法。

類似問題

1. 試求 $f(x)=[x]$ 之不連續點。

2. 試定義 $f(0)$ 值，使得 (a) $f(x)=\sin\frac{1}{x}$；(b) $f(x)=\frac{\sqrt{1+x}-1}{x}$；(c) $f(x)=\sin x\sin\frac{1}{x}$；(d) $f(x)=\frac{\tan 2x}{x}$ 在 $x=0$ 處連續（如果存在的

話）。

3. 討論 $f(x)=\begin{cases}\dfrac{x}{|x|} & x\neq 0\\ 1 & x=0\end{cases}$ 在 $x=0$ 處之連續性。

4. 討論 $f(x)=(x-1)$〔x〕，$2\geq x\geq 0$ 問 $f(x)$ 在 $x=1$ 處是否連續？

◎5. 若 $f(x)=\begin{cases}\cos x & x<0\\ a+x^2 & 0\leq x<1\\ bx & 1\leq x\end{cases}$ 是連續函數，求 a，b 之值。

6. 若 $f(x)=\begin{cases}-2\sin x & x\leq -\dfrac{\pi}{2}\\ A\sin x+B & -\dfrac{\pi}{2}<x<\dfrac{\pi}{2}\\ \cos x & x\geq\dfrac{\pi}{2}\end{cases}$ 為一連續函數，求 A，B。

※7. 若 $x\in(0,1)$，令 $f(x)=\begin{cases}x & 0<x\leq 1\\ 2-x & 1<x<2\end{cases}$，

$g(x)=\begin{cases}x & x\text{：有理數}\\ 2-x & x\text{：無理數}\end{cases}$

證：$f(g(x))$ 在 $(0,1)$ 間連續。

※8. 若 $f(x)=\begin{cases}1 & x>0\\ 0 & x=0\\ -1 & x<0\end{cases}$，研究下列合成函數 $f(g(x))$ 及 $g(f(x))$

之連續性：

(a) $g(x)=1+x^2$；(b) $g(x)=x(1-x^2)$；
(c) $g(x)=1+x-〔x〕$

9. 若 $f(x)=\lim_{n\to\infty}\frac{x^{2n-1}+ax^2+bx}{x^{2n}+1}$ 為一連續函數求 a, b

10. 討論 $f(x)=\lim_{n\to\infty}\frac{1-e^{-nx}}{1+e^{-nx}}$ 之連續性。

11. 試證在 $(0, 1)$ 間至少存在一個 x，使得 $x^{2^x}=1$。

12. f, g 在 $[a, b]$ 間為連續且 $f(a)\geq g(a)$，$f(b)\leq g(b)$，試證在 (a, b) 間至少存在一個 x_0，使得 $f(x_0)=g(x_0)$。

13. 試證 $x=2\sin x+1$ 至少有一小於 3 之正根。

※14. 試證方程式 $(x^2-1)\cos x+\sqrt{2}\sin x=1$ 在 $(0, 1)$ 間必有一根。

15. 在 $[0, 1]$ 間為連續，且 $f(0)=f(1)$，試證在 $(0, \frac{1}{2})$ 間存在一個 c 使得 $f(c)=f(c+\frac{1}{2})$。

16. 試證一個奇次實多項式必有一實根。

17. 試證 $\frac{a}{x-\lambda_1}+\frac{b}{x-\lambda_2}+\frac{c}{x-\lambda_3}=0$（$a, b, c>0$，且 $\lambda_3>\lambda_2>\lambda_1$）在 (λ_1, λ_2) 與 (λ_2, λ_3) 間各恰有一根。

18. 令 $f(x)=\frac{A}{a^2+x}+\frac{B}{b^2+x}+\frac{C}{c^2+x}-1$，$A, B, C$ 為正數且 $a>b>c>0$，試討論此方程式 $f(x)=0$ 根之分布。

※19. 設 $f(x)$ 在 $(-\infty, \infty)$ 中為連續，且 $f(f(x))=x$，試證至少存在一點 $c \in R$ 使得 $f(c)=c$。

解

1. 若 n 為整數，則 $\lim\limits_{x \to n^+} [x]=n$，$\lim\limits_{x \to n^-} [x]=n-1$，即 $\lim\limits_{x \to n} [x]$ 不存在故 $f(x)=[x]$ 在所有整數點均不連續

2. (a) $\lim\limits_{x \to 0} \sin\frac{1}{x}$ 不存在，故 $f(0)$ 不存在

(b) $\lim\limits_{x \to 0} \frac{\sqrt{1+x}-1}{x}=\lim\limits_{x \to 0} \frac{1}{\sqrt{1+x}+1}=\frac{1}{2}$

故取 $f(0)=\frac{1}{2}$

(c) $\lim\limits_{x \to 0} \sin x \sin\frac{1}{x}=\lim\limits_{x \to 0} \frac{\sin x}{x} \cdot x\sin\frac{1}{x}$

$=\lim\limits_{x \to 0} \frac{\sin x}{x} \cdot \lim\limits_{y \to \infty} \frac{\sin y}{y}=1 \times 0=0$，故令 $f(0)=0$

(d) $\lim\limits_{x \to 0} \frac{\tan 2x}{x}=\lim\limits_{x \to 0} \frac{2\sin 2x}{2x} \cdot \frac{1}{\cos 2x}=2$　故令 $f(x)=2$

判斷 $f(x)$ 在 $x=a$ 是否連續時應先判斷 $\lim\limits_{x \to a} f(x)$ 是否存在若不存在 $f(x)$ 在 $x=a$ 處便不連續

3. $\lim\limits_{x \to 0^+} f(x)=\lim\limits_{x \to 0^+} \frac{x}{|x|}=1$；$\lim\limits_{x \to 0^-} f(x)=\lim\limits_{x \to 0^-} \frac{x}{|x|}=-1$

$\lim\limits_{x \to 0} f(x)$ 不存在　$\therefore f(x)$ 在 $x=0$ 處不連續

4. $f(1)=0$，$\lim\limits_{x \to 1^+} (x-1)[x]=0$，$\lim\limits_{x \to 1^-} (x-1)[x]=0$

故 $f(1)=\lim\limits_{x \to 1} f(x)$，從而得知 $f(x)$ 在 $x=1$ 處連續

5. $\because f(x)$ 為連續函數

$\therefore$ ① $\lim\limits_{x\to 0} f(x)=f(0)=a \Rightarrow \lim\limits_{x\to 0^+} f(x)=\lim\limits_{x\to 0^-} f(x)=a$

即 $\lim\limits_{x\to 0^+} a+bx^2=a$，$\lim\limits_{x\to 0^-} \cos x=1$　得 $a=1$

② $\lim\limits_{x\to 1} f(x)=f(1)=b \Rightarrow \lim\limits_{x\to 1^+} f(x)=\lim\limits_{x\to 1^-} f(x)=b$

即 $\lim\limits_{x\to 1^+} bx=b$，$\lim\limits_{x\to 1^-} a+x^2=a+1=2$　$\therefore b=2$

6. $\because f(x)$ 爲連續函數

$\therefore$ ① $\lim\limits_{x\to \frac{-\pi}{2}} f(x)=f(\frac{-\pi}{2})=2 \Rightarrow \lim\limits_{x\to (-\frac{\pi}{2})^+} f(x)=\lim\limits_{x\to (\frac{-\pi}{2})^-} f(x)$

即 $\lim\limits_{x\to (-\frac{\pi}{2})^+} f(x)=\lim\limits_{x\to (\frac{-\pi}{2})^+} (A\sin x+B)=-A+B$

$\lim\limits_{x\to (-\frac{\pi}{2})^-} f(x)=\lim\limits_{x\to (\frac{-\pi}{2})^-} (-2\sin x)=2$

$\therefore -A+B=2$　　(1)

② $\lim\limits_{x\to \frac{\pi}{2}} f(x)=f(\frac{\pi}{2})=0$

$\Rightarrow \lim\limits_{x\to \frac{\pi}{2}^+} f(x)=\lim\limits_{x\to \frac{\pi}{2}^+} \cos x=0$

$\lim\limits_{x\to \frac{\pi}{2}^-} f(x)=\lim\limits_{x\to \frac{\pi}{2}^-} (A\sin x+B)=A+B=0$　　(2)

解 (1)，(2) 得 $A=-1$，$B=1$

7. ① x 爲有理數時 $1>x>0$，$2>2-x>1$

$f(g(x))=f(x)=x$

② x 爲無理數時　$\because 1>x>0, 2>2-x>1$

$\therefore f(g(x))=f(2-x)=2-(2-x)=x$

故 $f(g(x))$ 在 $(0,1)$ 間連續

8. (a) (i) $f(g(x))=1$ 　　$\therefore f(g(x))$ 連續

(ii) $g(f(x))=\begin{cases}2 & x\neq 0\\ 1 & x=0\end{cases}$

$\therefore g(f(x))$ 在 $x=0$ 處不連續

(b) (i) $g(x)=x(1-x)(1+x)$

$\therefore f(g(x))$

$$=\begin{cases}-1 & 0>x>-1, x>1\\ 0 & x=0,1,-1\\ +1 & 1>x>0, x<-1\end{cases}$$

即 x 在 $1, 0, -1$ 三點不連續

(ii) $g(f(x))=0$ 　$\therefore g(f(x))$ 爲連續

(c) (i) $\because x\geq[x]$ 　得 $1+x-[x]>0$ $\therefore f(g(x))=1$ 　即 $f(g(x))$ 爲連續

(ii) $x>0$ 時 $g(f(x))=g(1)=1+1-[1]=1$

$x=0$ 時 $g(f(x))=g(0)=1+0-[0]=1$

$x<0$ 時 $g(f(x))=g(-1)=1-1-[-1]=1$

$\therefore g(f(x))=1$ 　即 $f(g(x))$ 連續

9. $|x|>1$ 時，$\displaystyle\lim_{n\to\infty}\frac{x^{2n-1}+ax^2+bx}{x^{2n}+1}=\lim_{n\to\infty}\frac{\frac{1}{x}+\frac{a}{x^{2n-2}}+\frac{b}{x^{2n-1}}}{1+\frac{1}{x^{2n}}}=\frac{1}{x}$

$|x|<1$ 時，$\lim\limits_{n\to\infty}\dfrac{x^{2n-1}+ax^2+bx}{x^{2n}+1}=ax^2+bx$

$x=1$ 時，$\lim\limits_{n\to\infty}\dfrac{x^{2n-1}+ax^2+bx}{x^{2n}+1}=\dfrac{1+a+b}{2}$

$x=-1$ 時，$\lim\limits_{n\to\infty}\dfrac{x^{2n-1}+ax^2+bx}{x^{2n}+1}=\dfrac{-1+a-b}{2}$

$$\therefore f(x)=\begin{cases}\dfrac{1}{x} & ,x>1\\ ax^2+bx & ,-1<x<1\\ \dfrac{1+a+b}{2} & ,x=1\\ \dfrac{-1+a-b}{2} & ,x=-1\\ \dfrac{1}{x} & ,x<-1\end{cases}$$

	-1		1	
$\dfrac{1}{x}$		ax^2+bx		$\dfrac{1}{x}$

$\because f(x)$ 爲連續函數　$\therefore f(x)$ 在 $x=1,-1$ 連續

(i) $x=1$ 時　$\lim\limits_{x\to 1^+}f(x)=\dfrac{1}{x}=1,\ \lim\limits_{x\to 1^-}f(x)=a+b$

$\therefore a+b=1$　①

(ii) $x=-1$ 時　$\lim\limits_{x\to -1^+}f(x)=a-b,\ \lim\limits_{x\to -1^-}f(x)=-1$

$\therefore a-b=-1$　②

解①, ②得 $a=0\quad b=1$

10. (1) $x=0$ 時　$f(x)=\lim\limits_{n\to\infty}\dfrac{1-e^{-nx}}{1+e^{-nx}}=0$

$x>0$ 時　$f(x)=\lim\limits_{n\to\infty}\dfrac{1-e^{-nx}}{1+e^{-nx}}=1$

$x<0$ 時　$f(x)=\lim\limits_{n\to\infty}\dfrac{1-e^{-nx}}{1+e^{-nx}}=\lim\limits_{n\to\infty}\dfrac{e^{nx}-1}{e^{nx}+1}=-1$

$$\therefore f(x)=\begin{cases}1 & x>0\\ 0 & x=0\\ -1 & x<0\end{cases}$$

顯然 $f(x)$ 除在 $x=0$ 處不連續外其餘均連續。

11. 考慮 $f(x)=x2^x-1$，$f(0)=-1$，$f(1)=1$

$\therefore$在 $(0,1)$ 間至少存在一個 x 使得 $x2^x=1$

12. 令 $h(x)=f(x)-g(x)$

則 $h(a)=f(a)-g(a)\ge 0$，$h(b)=f(b)-g(b)\le 0$

$\therefore$在 (a,b) 間至少存在一個 x_0 使得 $h(x_0)=0$

$\Rightarrow f(x_0)=g(x_0)$

13. 令 $f(x)=x-2\sin x-1, f(0)=-1<0, f(3)=3-2\sin x-1=2(1-\sin x)>0$

$\therefore f(x)$ 在 $(0,3)$ 內至少有一根。

本題相當於證明 $x=2\sin x+1$ 在 $(0,3)$ 內存在一個根

14. 令 $f(x)=(x^2-1)\cos x+\sqrt{2}\sin x-1$

$f(0)=-1-1=-2$，$f(1)=\sqrt{2}\sin 1-1$

次考慮 $\sin 1$ 與 $\dfrac{1}{\sqrt{2}}$ 之大小：

$\because \dfrac{\pi}{4}<1$　$\therefore \sin\dfrac{\pi}{4}<\sin 1\Rightarrow\dfrac{1}{\sqrt{2}}<\sin 1\Rightarrow\sqrt{2}\sin 1-1>0$

因此 $f(0)f(1)<0$

即　$(x^2-1)\cos x+\sqrt{2}\sin x=1$ 在 $(0,1)$ 間有一實根

15. 令 $g(x)=f(x)-f\left(x+\frac{1}{2}\right)$，$g(0)=f(0)-f\left(\frac{1}{2}\right)$

$$g\left(\frac{1}{2}\right)=f\left(\frac{1}{2}\right)-f(1)=-\left[f(1)-f\left(\frac{1}{2}\right)\right]=-\left[f(0)-f\left(\frac{1}{2}\right)\right]$$

即 $g(0)g(1)<0$ $\therefore$存在一個 c，$c\in\left(0,\frac{1}{2}\right)$

使得 $g(0)=f(c)-f\left(c+\frac{1}{2}\right)=0$，易言之，即存在一個 $c\in\left(0,\frac{1}{2}\right)$

使得 $f(c)=f\left(c+\frac{1}{2}\right)$

16. $f(x)=a_nx^n+a_{n-1}x^{n-1}+\cdots\cdots a_0$，$a_n\neq 0$，且 n 爲奇次，若 $a_n>0$，

則 $\lim_{x\to\infty}f(x)\to\infty$，$\lim_{x\to\infty}f(x)\to-\infty$

$\therefore f(x)$ 在 R 中至少有一實根，同法可證 $a_n<0$ 之情形

17. $h(x)=a(x-\lambda_2)(x-\lambda_3)+b(x-\lambda_1)(x-\lambda_3)+c(x-\lambda_1)(x-\lambda_2)$

$h(\lambda_1)=a(\lambda_1-\lambda_2)(\lambda_1-\lambda_3)>0$

$h(\lambda_2)=b(\lambda_2-\lambda_1)(\lambda_2-\lambda_3)<0$

$h(\lambda_3)=c(\lambda_3-\lambda_1)(\lambda_3-\lambda_2)>0$

$\therefore h(x)=0$ 在 (λ_1,λ_2)，(λ_2,λ_3) 間至少各有一根

但 $h(x)$ 爲二次式，故至多有二根

$\therefore g(x)$ 在 (λ_1,λ_2) 與 (λ_2,λ_3) 間各恰有一根

18. 令 $h(x)=A(b^2+x)(c^2+x)+B(a^2+x)(c^2+x)+C(a^2+x)(b^2+x)$

$$-(a^2+x)(b^2+x)(c^2+x)$$

$h(-a^2)>0$，$h(-b^2)<0$，$h(-c^2)>0$

$\therefore h(x)=0$ 在 $(-a^2,-b^2),(-b^2,-c^2)$ 及 $(-c^2,\infty)$ 間至少各有一根

又 $h(x)=0$ 爲三次多項式　∴恰有三個根

故 $f(x)=\dfrac{A}{a^2+x}+\dfrac{B}{b^2+x}+\dfrac{C}{c^2+x}-1=0$ 在 $(-a^2,-b^2),(-b^2,-c^2)$ 及 $(-c^2,\infty)$ 間各有一根

19. 令 $g(x)=f(x)-x$，則

$g(f(x))=f(f(x))-f(x)=x-f(x)$

$\therefore g(x)g(f(x))=(f(x)-x)(x-f(x))<0$

即 $g(x)=f(x)-x$ 在 $(-\infty,\infty)$ 至少有一個 c 使得 $g(c)=0$ 即 $f(c)=c$

第二章 微分學

2-1 導函數之定義

(1) $f(x)$ 在 $x=x_0$ 之導函數定義爲

$$f'(x_0)=\lim_{h\to 0}\frac{f(x_0+h)-f(x_0)}{h}=\lim_{x\to x_0}\frac{f(x)-f(x_0)}{x-x_0}$$

(2) $f(x)$ 在 $x=x_0$ 之左導函數（left hand derivative）定義爲 $f_-'(x_0)=\lim_{h\to 0^-}\frac{f(x_0+h)-f(x_0)}{h}$，同樣地右導函數定義爲 $f'_+(x_0)=\lim_{h\to 0^+}\frac{f(x_0+h)-f(x_0)}{h}$。

(3) 若 $f'_+(x_0)=f'_-(x_0)$，則稱 $f(x)$ 在 $x=x_0$ 處有導函數。

☑定理：

若 $f(x)$ 在 x_0 處可微分，則 $f(x)$ 在 x_0 處必連續。

證 取 $f(x)=\left[\frac{f(x)-f(x_0)}{x-x_0}\right](x-x_0)+f(x_0)$

則 $\lim_{x\to x_0}f(x)=\lim_{x\to x_0}\left[\frac{f(x)-f(x_0)}{x-x_0}\right](x-x_0)+f(x_0)$

$=f(x_0)$

$\therefore$由連續定義可知$f(x)$在$x=x_0$處為連續

例 1 試證 $f(x)=|x|$在 $x=0$ 處不可微分。

證 ① $\lim\limits_{x\to 0^+}\dfrac{f(x)-f(0)}{x-0}=\lim\limits_{x\to 0^+}\dfrac{x-0}{x-0}=1$

② $\lim\limits_{x\to 0^-}\dfrac{f(x)-f(0)}{x-0}=\lim\limits_{x\to 0^-}\dfrac{-x-0}{x-0}=-1$

$\therefore$由①，②知 $f(x)=|x|$在 $x=0$ 處不可微分

◎**例 2** 若 $f(x)=\begin{cases} x^2\sin\dfrac{1}{x} & x\neq 0 \\ 0 & x=0 \end{cases}$，

試求
(a) $f'(0)$；(b) $f'(x)$在 $x=0$ 處是否可微分？

解 (a) $f'(0)=\lim\limits_{x\to 0}\dfrac{f(x)-f(0)}{x-0}$

$$=\lim_{x\to 0}\frac{x^2\sin\frac{1}{x}-0}{x}=\lim_{x\to 0}x\sin\frac{1}{x}=0$$

(b) $f'(x)=-\cos\dfrac{1}{x}+2x\sin\dfrac{1}{x}$　$\lim\limits_{x\to 0}f'(x)$不存在

（讀者可參閱下節以了解 $f'(x)$ 之求法）

$\therefore f'(x)$在 $x=0$ 處不連續，因此不可微分

■微分公式

1. $\frac{d}{dx}\{f(x)\pm g(x)\}=\frac{d}{dx}f(x)\pm\frac{d}{dx}g(x)$

   或　$(f(x)\pm g(x))'=f'(x)\pm g'(x)$

   為簡便計，我們常將 $\frac{dy}{dx}$ 寫成，$\frac{d^2y}{dx^2}$ 寫成 f''……

2. $\frac{d}{dx}\{cf(x)+b\}=c\frac{d}{dx}f(x)$ 或 $(cf(x)+b)'=cf'(x)$

3. $\frac{d}{dx}(f(x)\cdot g(x))=\frac{d}{dx}f(x)\cdot g(x)+f(x)\frac{d}{dx}g(x)$

   或　$(f(x)\cdot g(x))'=f'(x)g(x)+f(x)g'(x)$

4. $\frac{d}{dx}\left\{\frac{f(x)}{g(x)}\right\}=\frac{g(x)\frac{d}{dx}f(x)-f(x)\frac{d}{dx}g(x)}{g^2(x)}$，$g(x)\neq 0$

   或　$\frac{f(x)'}{g(x)}=\frac{g(x)f'(x)-f(x)g'(x)}{g^2(x)}$

5. 鏈法則（chain rule）：若 $y=f(u)$，$u=g(x)$，則

   $\frac{dy}{dx}=\frac{dy}{du}\cdot\frac{du}{dx}=f'(u)\frac{du}{dx}=f'(g(x))g'(x)$

6. 若 $y=f(x)$，則 $x=f^{-1}(y)\Rightarrow\frac{dy}{dx}=\frac{1}{dx/dy}$（若 $f(x)$ 為可逆）

7. 若 $x=f(t)$，$y=g(t)$，則 $\frac{dy}{dx}=\frac{dy/dt}{dx/dt}$（參數方程式微分公式）

例 3　若 $f(x)=x\sqrt{1+x^2}$，求 $f'(x)$。

解 $\because f(x)=x(1+x^2)^{\frac{1}{2}}$

$$\therefore f'(x)=(1+x^2)^{\frac{1}{2}}+x\frac{1}{2}(2x)(1+x^2)^{-\frac{1}{2}}=\frac{1+2x^2}{\sqrt{1+x^2}}$$

例 4 若 $f(x)=\sin x$，求 $f'(x)$。

解 $f'(x)=\lim_{h\to 0}\frac{f(x+h)-f(x)}{h}=\lim_{h\to 0}\frac{\sin(x+h)-\sin x}{h}$

$$=\lim_{h\to 0}\frac{2\cos\frac{2x+h}{2}\sin\frac{h}{2}}{h}=\lim_{h\to 0}\cos\frac{2x+h}{2}\frac{\sin\frac{h}{2}}{\frac{h}{2}}=\cos x$$

例 5 若已知 $\frac{d}{dx}\sin x=\cos x$，$\frac{d}{dx}\cos x=-\sin x$

求 $\frac{d}{dx}\tan x$。

解 $\frac{d}{dx}\tan x=\frac{d}{dx}\frac{\sin x}{\cos x}=\frac{\sin x\, d\cos x-\cos x\, d\sin x}{\cos^2 x}$

$$=\frac{\sin x(-\sin x)-\cos x\cdot\cos x}{\cos^2 x}=-\frac{1}{\cos^2 x}=-\sec^2 x$$

例 6 若 $f(x)=|x^2-4|$，求 $f'(x)$。

解 $f(x)=\begin{cases} x^2-4 & 若|x|>2 \\ -x^2+4 & 若|x|<2 \end{cases}$

現考慮 $x=2$ 及 $x=-2$ 處之可微性：

① $f'_+(2)=\lim\limits_{x\to 2^+}\dfrac{x^2-4}{x-2}=\lim\limits_{x\to 2^+}(x+2)=4$

$f'_-(2)=\lim\limits_{x\to 2^-}\dfrac{-(x^2-4)}{x-2}=-\lim\limits_{x\to 2^-}(x+2)=-4$　$\therefore f'(2)$ 不存在

② 同法可證　$f'(-2)$ 不存在

$$\therefore f'(x)=\begin{cases} 2x & 若|x|>2 \\ -2x & 若|x|<2 \\ 不存在 & 若|x|=2 \end{cases}$$

例 7　若 $(1+x+x^2+\cdots\cdots+x^m)^n\equiv a_0+a_1x+a_2x^2+\cdots\cdots+a_{mn}x^{mn}$，試以 m, n 表出 $a_1+2a_2+\cdots\cdots+mna_{mn}$ 之值。

解　$\because (1+x+x^2+\cdots\cdots+x^m)^n\equiv a_0+a_1x+\cdots\cdots+a_{mn}x^{mn}$　　(1)

就 (1) 之二邊對 x 微分可得

$n(1+x+x^2+\cdots\cdots+x^m)^{n-1}(1+2x+3x^2+\cdots\cdots+mx^{m-1})$

$\equiv a_1+2a_2x+\cdots\cdots+mna_{mn}x^{m-1}$　　(2)

令 (2) 中之 $x=1$，得

$$n(1+\underbrace{1+\cdots\cdots+1}_{m\text{個}})^{n-1}(1+2+3+\cdots\cdots+m)\equiv a_1+2a_2+\cdots\cdots+mna_{mn}$$

$\therefore n(m+1)^{n-1}\dfrac{m(m+1)}{2}=a_1+2a_2+\cdots\cdots+mna_{mn}$

故 $a_1+2a_2+\cdots\cdots+mna_{mn}=\dfrac{nm(m+1)^n}{2}$

例 8 若 $f(x)$ 爲可微分函數，$f(a)=b$，$\lim_{x\to 0}\frac{f(a)-f(a-x)}{x}=c$，

令 $g(x)=\frac{f(x)}{x}$ 求 $g'(a)$

解 $g'(x)=\frac{xf'(x)-f(x)}{x^2}\Rightarrow g'(a)=\frac{af'(a)-f(a)}{a^2}=\frac{af'(a)-b}{a^2}$

又 $\lim_{x\to 0}\frac{f(a)-f(a-x)}{x}\overset{y=a-x}{=\!=\!=}\lim_{y\to a}\frac{f(a)-f(y)}{a-y}$

$=f'(a)=c\quad \therefore g'(a)=\frac{a(c)-b}{a^2}=\frac{ac-b}{a^2}$

例 9 求 $\lim_{x\to 0}\frac{\sqrt[5]{1+x^5}-\sqrt[5]{1+x^2}}{\sqrt[5]{1-x^2}-\sqrt[5]{1-x}}$

解 $\lim_{x\to 0}\frac{\frac{(\sqrt[5]{1+x^5}-1)-(\sqrt[5]{1+x^2}-1)}{x}}{\frac{(\sqrt[5]{1-x^2}-1)-(\sqrt[5]{1-x}-1)}{x}}$

$$=\frac{\lim_{x\to 0}\frac{\sqrt[5]{1+x^5}-1}{x}-\lim_{x\to 0}\frac{\sqrt[5]{1+x^2}-1}{x}}{\lim_{x\to 0}\frac{\sqrt[5]{1-x^2}-1}{x}-\lim_{x\to 0}\frac{\sqrt[5]{1-x}-1}{x}}$$ *

應用微分定義

$\lim_{x\to 0}\frac{\sqrt[5]{1+x^5}-1}{x}$：相當於求 $f(x)=\sqrt[5]{1+x^5}$ 之 $f'(0)$：

$f'(0)=\frac{1}{5}(1+x^5)^{-\frac{4}{5}}-5x^4\Big]_{x=0}=0$

同法可得 $\lim_{x\to 0}\frac{\sqrt[5]{1+x^2}-1}{x}=0$，$\lim_{x\to 0}\frac{\sqrt[5]{1-x^2}-1}{x}=0$

$$\lim_{x\to 0}\frac{\sqrt[5]{1-x}-1}{x}=\frac{1}{5}$$

代上述結果入＊得原式 = 0

類似問題

1. 試求下列各題之導函數 $f'(x)$：

(1) $f(x)=\left(\dfrac{1+x^3}{1-x^3}\right)^{\frac{1}{3}}$，$x^3\neq 1$　　(2) $f(x)=\dfrac{1}{\sqrt{1+x^2}\,(x+\sqrt{1+x^2})}$

◎(3) $f(x)=\sqrt[m+n]{(1-x)^m(1+x)^n}$，$m, n$ 爲正整數

(4) $f(x)=\sqrt[3]{1+\sqrt[3]{1+\sqrt[3]{x}}}$　　(5) $f(x)=\dfrac{\sqrt{x^2+a^2}}{a^2x}$

(6) $f(x)=\dfrac{x}{a^2\sqrt{a^2-x^2}}$　(7) $f(x)=\dfrac{x^2}{x^2-4}$　(8) $f(x)=\sqrt{x^2-\sqrt{1+x^2}}$

(9) $f(x)=x\sqrt{1+x^2}$　◎(10) $f(x)=\sqrt{x+\sqrt{x+\sqrt{x}}}$

◎(11) $f(x)=\sqrt[3]{x+|x|}$　　(12) $f(x)=\dfrac{x}{\sqrt{a^2-x^2}}$

◎(13) $f(x)=\dfrac{\sqrt{a^2+x^2}-\sqrt{a^2-x^2}}{\sqrt{a^2+x^2}+\sqrt{a^2-x^2}}$　　(14) $f(x)=\dfrac{1}{\sqrt{\sqrt{x^2+1}-\sqrt{x^2-1}}}$

◎2. 討論 (1) $f(x)=\begin{cases} x\sin\dfrac{1}{x} & x\neq 0 \\ 0 & x=0 \end{cases}$ (2) $f(x)=\begin{cases} x^3\sin\dfrac{1}{x} & x\neq 0 \\ 0 & x=0 \end{cases}$

在 $x=0$ 處之可微分性及連續性。

3. 討論 $f(x)=x|x|$ 在 $x=0$ 處之可微分性及連續性。

4. 若 $f(x)$ 在 $x=a$ 處可微分，試證：

$$\lim_{x\to a}\frac{xf(a)-af(x)}{x-a}=f(a)-af'(a)$$

5. 若 $f(x)$ 為偶函數，則 $f'(x)$ 為奇函數，反之亦然，試證之。

6. 若 $f(x)=\dfrac{(x-1)(x-2)^2(x-3)}{x-4}$，求 $f'(1)$。

◎7. 若 $f\left(\dfrac{1+x}{1-x}\right)=x$，求 $f'(x)$。

◎8. 若 $f\left(\dfrac{x^2-1}{x^2+1}\right)=x$，求 $f'(0)$。

◎9. 若 $f(x+y)=f(x)f(y)$，$f(0)=1$，$f'(0)$ 存在，求 $f'(x)$。

10. 設 $g(x)=xf(x)+1$，且 $g(x+y)=g(x)g(y)$，$\lim\limits_{x\to 0}f(x)=f(0)$，

求 $g'(0)$。

◎11. 若 $f(x)=\begin{cases} x^2 & x\leq c \\ ax+b & x>c \end{cases}$；若 $f'(c)$ 存在，試用 c 表 a，b 之值。

◎12. (a) 若 $f(x)=|x-a|^{\alpha}$，$\alpha>0$，試證 $f(x)$ 在 $x=a$ 處連續。

(b) 設 $f(x)$ 在 $x-a$ 附近均滿足 $|f(x)-f(a)|<|x-a|^{\alpha}$ $\alpha>1$，試證 $f(x)$ 在 $x=a$ 處可微分。

13. 若 $f(x)=a_1\sin x+a_2\sin 2x+\cdots+a_n\sin nx$，且 $|f(x)|\le|\sin x|$，$a_1, a_2 \cdots a_n$ 爲常數試證 $|a_1+2a_2+\cdots+na_n|\le 1$

14. 若 f, g 二函數對所有實數 x 均有定義且① $f(x+y)=f(x)g(y)+g(x)f(y)$　② f,g 在 $x=0$ 處可微分，$f(0)=0$，$f'(0)=1$，$g(0)=1$，$g'(0)=0$，證 $f'(x)=g(x)$，若 $g(x+y)=g(x)g(y)-f(x)f(y)$，再證 $g'=-f$。

15. $f(x)=|x^3|$，求 f'。

16. $F(x)=f\left(\dfrac{x-1}{x+1}\right)$，$f'(y)=y^3$，求 $F'(x)$。

※17. 若 $\dfrac{d}{dx}[f(x^3)]=\dfrac{1}{x}$，求 $f'(x)$

◎18. 若 $f(x)$ 定義於所有正實數，且滿足 $f'(x^2)=x^3$ 及 $f(1)=1$，求 $f(4)$。

19. 若 $f(x)$ 爲可微分函數，$\lim\limits_{h\to 0}\dfrac{f(x+h)-f(x)}{h}=A$，試以 A 表示

(1) $\lim\limits_{h\to 0}\dfrac{f(x)-f(x-h)}{h}$　(2) $\lim\limits_{h\to 0}\dfrac{f(x+h)-f(x-h)}{h}$

(3) $\lim\limits_{h\to 0}\dfrac{f(x+2h)-2f(x)+f(x-h)}{h}$

> 若沒有指定方法時，第19題以用 L'Hospital 法則較便 cf. 3-2節例9

解

1. (1) $\dfrac{2x^2}{(1-x^3)^{\frac{4}{3}}(1+x^3)^{\frac{2}{3}}}$ (2) $\dfrac{-1}{(1+x^2)^{\frac{3}{2}}}$

(3) $\sqrt[m+n]{(1-x)^m(1+x)^n}\cdot\left[\dfrac{n}{m+n}\dfrac{1}{1+x}-\dfrac{m}{m+n}\dfrac{1}{1-x}\right]$

(4) $\dfrac{1}{27}\cdot\dfrac{1}{\sqrt[3]{x^2(1+\sqrt[3]{x})^2}}\cdot\dfrac{1}{\sqrt[3]{(1+\sqrt[3]{1+\sqrt[3]{x}})^2}}$ （$x\neq 0,-1,-8$）

(5) $\dfrac{-1}{x^2\sqrt{x^2+a^2}}$ (6) $\dfrac{1}{(a^2-x^2)^{\frac{3}{2}}}$ (7) $\dfrac{1}{2(1-\sqrt{x})\sqrt{x(1-x)}}$

(8) $\dfrac{x(2\sqrt{2+x^2}-1)}{2\sqrt{x^2+1}\sqrt{x^2-\sqrt{1+x^2}}}$ (9) $\dfrac{1+2x^2}{\sqrt{1+x^2}}$

(10) $\dfrac{1+2\sqrt{x}+4\sqrt{x}\sqrt{x+\sqrt{x}}}{8\sqrt{x}\sqrt{x+\sqrt{x}}\sqrt{x+\sqrt{x+\sqrt{x}}}}$ (11) $f'(x)=\begin{cases}\dfrac{2}{3}(2x)^{-\frac{2}{3}} & x>0\\ 0 & x<0\\ \text{不存在} & x=0\end{cases}$

(12) $\dfrac{a^2}{(a^2-x^2)^{\frac{3}{2}}}$ $(|x|<|a|)$ (13) $\dfrac{2a^2(a^2-\sqrt{a^4-x^4})}{x^3\sqrt{a^4-x^4}}$

(14) $\dfrac{x\sqrt{\sqrt{x^2+1}+\sqrt{x^2+1}}}{2\sqrt{2(x^4-1)}}$

2. (1) (a) $\because f'(0)=\lim\limits_{x\to 0}\dfrac{f(x)-f(0)}{x-0}=\lim\limits_{x\to 0}\dfrac{x\sin\frac{1}{x}-0}{x}=\lim\limits_{x\to 0}\sin\dfrac{1}{x}$ 不存在

$\therefore f(x)$ 在 $x=0$ 處不可微分

(b) $\lim\limits_{x\to 0}x\sin\dfrac{1}{x}\overset{y=\frac{1}{x}}{=\!=\!=}\lim\limits_{y\to\infty}\dfrac{\sin y}{y}=0=f(0)$ $\therefore f(x)$ 在 $x=0$ 處為連續

(2) (a) $\because f'(0)=\lim\limits_{x\to 0}\dfrac{f(x)-f(0)}{x-0}=\lim\limits_{x\to 0}\dfrac{x^3\sin\frac{1}{x}-0}{x}=\lim\limits_{x\to 0}x^2\sin\dfrac{1}{x}=0$

$\therefore f(x)$ 在 $x=0$ 處可微分

(b) $\because \lim\limits_{x\to 0}x^3\sin\dfrac{1}{x}=0=f(0)$　$\therefore f(x)$ 在 $x=0$ 處連續

3. (a) $\because f'(0+)=\lim\limits_{x\to 0^+}\dfrac{f(x)-f(0)}{x-0}=\lim\limits_{x\to 0^+}\dfrac{x\cdot x-0}{x}=0$

$f'(0-)=\lim\limits_{x\to 0^-}\dfrac{f(x)-f(0)}{x-0}=\lim\limits_{x\to 0^-}\dfrac{-x\cdot x-0}{x}=0$

$f'(0+)=f'(0-)$，故 $f'(0)=0$

即 $f(x)$ 在 $x=0$ 處可微分

(b) $\lim\limits_{x\to 0^+}x|x|=\lim\limits_{x\to 0^+}x\cdot x=0$，$\lim\limits_{x\to 0^-}x(-x)=0$　$\therefore \lim\limits_{x\to 0}x|x|=0=f(0)$

故 $f(x)$ 在 $x=0$ 處連續

4. 原式 $\overset{x-a=h}{=\!=\!=}\lim\limits_{h\to 0}\dfrac{(a+h)f(a)-af(a+h)}{h}$

$=\lim\limits_{h\to 0}\dfrac{hf(a)}{h}-\lim\limits_{h\to 0}\dfrac{-af(a)+af(a+h)}{h}$

$=f(a)-af'(a)$

5. 若 $f(x)$ 爲偶函數，則 $f'(x)$ 爲奇函數之證明

$\because f(x)=f(-x)\Rightarrow f'(x)=-f'(-x)=-f'(x)$

若 $f(x)$ 爲奇函數，則 $f'(x)$ 爲偶函數之證明

$\because f(x)=-f(-x)\Rightarrow f'(x)\equiv f'(-x)$

> $f(x)$ 在 $(-a,a)$ 中若滿足
> (1) $f(-x)=f(x)\Rightarrow f(x)$ 爲偶函數
> (2) $f(-x)=-f(x)\Rightarrow f(x)$ 爲奇函數

6. $f'(1)=\lim\limits_{x\to 1}\dfrac{f(x)-f(1)}{x-1}=\lim\limits_{x\to 1}\dfrac{\dfrac{(x-1)(x-2)^2(x-3)}{x-4}}{x-1}$

$=\lim\limits_{x\to 1}\dfrac{(x-2)^2(x-3)}{x-4}=\dfrac{2}{3}$

7. $y=\dfrac{1+x}{1-x}$ $\therefore x=\dfrac{y-1}{y+1}=1-\dfrac{2}{y+1}$ 即 $f(y)=1-\dfrac{2}{y+1}$

$\therefore f'(y)=\dfrac{2}{(y+1)^2}$ 即 $f'(x)=\dfrac{2}{(x+1)^2}$

8. 取 $y=\dfrac{1-x^2}{1+x^2}\Rightarrow x=\sqrt{\dfrac{1-y}{1+y}}$ $\therefore f(y)=\sqrt{\dfrac{1-y}{1+y}}$ 即 $f(x)=\sqrt{\dfrac{1-x}{1+x}}$

$f'(0)=\lim\limits_{x\to 0}\dfrac{\sqrt{\dfrac{1-x}{1+x}}-1}{x}=\lim\limits_{x\to 0}\dfrac{\sqrt{1-x}-\sqrt{1+x}}{x\sqrt{1+x}}$

$=\lim\limits_{x\to 0}\dfrac{-2x}{x\sqrt{1+x}(\sqrt{1-x}+\sqrt{1+x})}=-1$

9. $f'(x)=\lim\limits_{h\to 0}\dfrac{f(x+h)-f(x)}{h}=\lim\limits_{h\to 0}\dfrac{f(x)[f(h)-1]}{h}$

$=f(x)\lim\limits_{h\to 0}\dfrac{f(h)-f(0)}{h-0}=f(x)f'(0)$

10. $g(x)=xf(x)+1$，$g(0)=1$

$\therefore g'(0)=\lim\limits_{x\to 0}\dfrac{g(x)-g(0)}{x-0}=\lim\limits_{x\to 0}\dfrac{g(x)-1}{x}=\lim\limits_{x\to 0}\dfrac{[xf(x)+1]-1}{x}=f(0)$

11. $f_+'(x)=\lim\limits_{x\to c^+}\dfrac{ax+b-(ac+b)}{x-c}=a$

$f_-(c)=2c$

$f'(c)$ 存在 $\Leftrightarrow\lim\limits_{x\to c^+}f(x)=\lim\limits_{x\to c^-}f(x)$ $\therefore a=2c$

利用連續定義：$f(c)=ac+b=c^2$ 又 $a=2c$ $\quad\therefore b=-c^2$

12. (a) $f(a)=0$，又 $\lim\limits_{x\to a^+} f(x)=\lim\limits_{x\to a^+}|x-a|^{\alpha}=0$

$\lim\limits_{x\to a^-}|x-a|^{\alpha}=0 \quad \therefore \lim\limits_{x\to a} f(x)=0=f(a) \Leftrightarrow f(x)$

在 $x=a$ 處連續

(b) $\because 0<|f(x)-f(a)|<|x-a|^{\alpha}$，$\alpha>1$

$$\Rightarrow 0<\left|\frac{f(x)-f(a)}{x-a}\right|<|x-a|^{\alpha-1}$$

$\lim\limits_{x\to a}|x-a|^{\alpha-1}=0 \quad \therefore$ 由擠壓定理知 $\lim\limits_{x\to a}\left|\dfrac{f(x)-f(a)}{x-a}\right|=0$

13. 由題給條件 $f(0)=0$，及 $f(x)$ 在 $x=0$ 處可微分

$$f'(0)=\lim_{x\to 0}\left|\frac{f(x)-f(0)}{x-0}\right|=\lim_{x\to 0}\left|\frac{f(x)}{x}\right|\le\lim_{x\to 0}\left|\frac{\sin x}{x}\right|=1$$

$\therefore |f'(0)|\le 1 \Rightarrow |a_1\cos x+2a_2\cos 2x+\cdots+n\,a_n\cos nx|_{x=0}$

$=|a_1+2a_2+\cdots+na_n|\le 1$

14. (a) $f'(x)=\lim\limits_{h\to 0}\dfrac{f(x+h)-f(x)}{h}=\lim\limits_{h\to 0}\dfrac{f(x)g(h)+g(x)f(h)-f(x)}{h}$

$$=\lim_{h\to 0}\frac{f(x)[g(h)-1]}{h}+\lim_{h\to 0}\frac{g(x)f(h)}{h}$$

$$=\lim_{h\to 0}\frac{f(x)[g(h)-g(0)]}{h-0}+\lim_{h\to 0}g(x)\frac{f(h)-f(0)}{h-0}$$

$$=f(x)g'(0)+g(x)f'(0)=g(x)$$

(b) $g'(x)=\lim\limits_{h\to 0}\dfrac{g(x+h)-g(x)}{h}=\lim\limits_{h\to 0}\dfrac{g(x)g(h)-f(x)f(h)-g(x)}{h}$

$$=\lim_{h\to 0} g(x)\left[\frac{g(h)-1}{h-0}\right]-\lim_{h\to 0} f(x)\frac{f(h)}{h}$$

$$=g(x)\lim_{h\to 0}\left[\frac{g(h)-g(0)}{h-0}\right]-f(x)\lim_{h\to 0}\frac{f(h)-f(0)}{h-0}$$

$$=g(x)g'(0)-f(x)f'(0)=-f(x)$$

15. $x>0$時，$f(x)=x^3$，故 $f'(x)=3x^2$

$x<0$，$f(x)=-x^3$，故 $f'(x)=-3x^2$

又 $\left.\begin{array}{l}\displaystyle\lim_{x\to 0^+}\frac{f(x)-f(0)}{x-0}=\lim_{x\to 0^+}\frac{x^3-0}{x-0}=0\\ \displaystyle\lim_{x\to 0^-}\frac{f(x)-f(0)}{x-0}=\lim_{x\to 0^-}\frac{-x^3}{x}=0\end{array}\right\}\Rightarrow f'(0)=0$

故知 $f'(x)=\begin{cases}3x^2 & x>0\\ 0 & x=0\\ -3x^2 & x<0\end{cases}$

16. 設 $g(x)=\dfrac{x-1}{x+1}\Rightarrow F(x)=f(g(x))\quad \therefore F'(x)=f'(g(x))g'(x)$

$$\Rightarrow F'(x)=\left(\frac{x-1}{x+1}\right)^3\frac{(x+1)-(x-1)}{(x+1)^2}=\frac{2(x-1)^3}{(x+1)^5}$$

$x\neq -1$

17. $\dfrac{d}{dx}[f(x^3)]=3x^2f'(x^3)=\dfrac{1}{x}$，$f'(x^3)=\dfrac{1}{3x^3}\quad \therefore f'(x)=\dfrac{1}{3x}$

18. $f'(x^2)=x^3\Rightarrow 2xf'(x^2)=2x^4\ (x\neq 0)\Rightarrow f(x^2)=\dfrac{2}{5}x^5+c$

又 $f(1)=\dfrac{2}{5}+c=1\quad \therefore c=\dfrac{3}{5}$

故 $f(4)=\dfrac{2}{5}(2)^5+\dfrac{3}{5}=\dfrac{67}{5}$

19. (1) $\lim\limits_{h\to 0}\dfrac{f(x)-f(x-h)}{h}\overset{x-h=y}{=\!=\!=}\lim\limits_{y\to x}\dfrac{f(x)-f(y)}{x-y}=f'(x)=A$

(2) $\lim\limits_{h\to 0}\dfrac{f(x+h)-f(x-h)}{h}=\lim\limits_{h\to 0}\dfrac{f(x+h)-f(x)}{h}+\lim\limits_{h\to 0}\dfrac{f(x)-f(x-h)}{h}$

$=A+A=2A$（由 (1)）

(3) $\lim\limits_{h\to 0}\dfrac{f(x+2h)-2f(x)+f(x-h)}{h}$

$=\lim\limits_{h\to 0}\dfrac{f(x+2h)-f(x)}{h}-\lim\limits_{x\to 0}\dfrac{f(x)-f(x-h)}{h}$

$=\lim\limits_{h\to 0}\dfrac{f(x+2h)-f(x)}{h}-A$ 又 $\lim\limits_{h\to 0}\dfrac{f(x+2h)-f(x)}{h}\overset{y=2h}{=\!=\!=}$

$\lim\limits_{y\to 0}\dfrac{f(x+y)-f(x)}{\frac{y}{2}}=2\lim\limits_{y\to 0}\dfrac{f(x+y)-f(x)}{y}=2\mathrm{A}$

$\therefore\lim\limits_{h\to 0}\dfrac{f(x+2h)-2f(x)+f(x-h)}{h}=2A-A=\mathrm{A}$

2-2 三角函數、指數函數與對數函數之微分法

三角函數微分公式

☑ 定理：

$u(x)$ 爲 x 之可微分函數則有：

1. $\dfrac{d}{dx}(\sin u)=\dfrac{du}{dx}\cdot\cos u$

1.' $\dfrac{d}{dx}(\sin^{-1}u)=\dfrac{\frac{du}{dx}}{\sqrt{1-u^2}}$

2. $\dfrac{d}{dx}(\cos u)=-\dfrac{du}{dx}\sin u$

2.' $\dfrac{d}{dx}(\cos^{-1}u)=-\dfrac{\frac{du}{dx}}{\sqrt{1-u^2}}$

3. $\dfrac{d}{dx}(\tan u)=\dfrac{du}{dx}\sec^2 u$

3.' $\dfrac{d}{dx}(\tan^{-1}u)=\dfrac{\frac{du}{dx}}{1+u^2}$

4. $\dfrac{d}{dx}(\cot u)=-\dfrac{du}{dx}\csc^2 u$

4.' $\dfrac{d}{dx}(\cot^{-1}u)=\dfrac{-\frac{du}{dx}}{1+u^2}$

5. $\dfrac{d}{dx}(\sec u)=\dfrac{du}{dx}\sec u\tan u$

5.' $\dfrac{d}{dx}(\sec^{-1}u)=\dfrac{\frac{du}{dx}}{\sqrt{u^2-1}}$

6. $\dfrac{d}{dx}(\csc u)=\dfrac{-du}{dx}\csc u\cot u$

6.' $\dfrac{d}{dx}(\csc^{-1}u)=-\dfrac{\frac{du}{dx}}{\sqrt{u^2-1}}$

例 1　若 $y=\tan^{-1}\left(\frac{b}{a}\tan x\right)$，求 $y'=?$

解　$y'=\dfrac{\left(\frac{b}{a}\tan x\right)'}{1+\left(\frac{b}{a}\tan x\right)^2}=\dfrac{\frac{b}{a}\sec^2 x}{1+\frac{b^2}{a^2}\tan^2 x}=\dfrac{ab}{a^2\cos^2 x+b^2\sin^2 x}$

例 2　若 $y=\sin\sqrt{x}-\sqrt{x}\cos\sqrt{x}$，求 $y'=?$

解　$y'=(\sqrt{x})'\cos\sqrt{x}-(\sqrt{x})'\cos\sqrt{x}+\sqrt{x}(\sqrt{x})'\cdot\sin\sqrt{x}=\frac{1}{2}\sin\sqrt{x}$

例 3　若 $y=\sin(\sin(\sin x))$，求 $\frac{dy}{dx}$。

解　$\frac{dy}{dx}=\cos(\sin(\sin x))\cos(\sin x)\cdot\cos x$

◎**例 4**　若 $f(x)=\begin{cases} x^2\sin\frac{1}{x} & x\neq 0 \\ 0 & x=0 \end{cases}$，問 $f'(x)$ 在 $x=0$ 處是否連續？

解　若 $x\neq 0, f'(x)=2x\sin\frac{1}{x}+x^2\left(-\frac{1}{x^2}\right)\cos\frac{1}{x}=-\cos\frac{1}{x}+2x\sin\frac{1}{x}$

$\because \lim\limits_{x\to 0} f'(x)=\lim\limits_{x\to 0}\left(-\cos\frac{1}{x}+2x\sin\frac{1}{x}\right)$ 不存在

$\therefore$ 因 $\lim\limits_{x\to 0}-\cos\frac{1}{x}$ 不存在　從而 $f'(x)$ 在 $x=0$ 處不連續

> 例 4 說明了：我們在求 $f'(0)$ 時，除非 $f(x)$ 在 $x=0$ 處為連續，否則不能先求 $f'(x)$，然後將 $x=0$ 代入。

指數函數微分公式

☑定理：

$u(x)$ 爲 x 之可微分函數

1. $y=a^{u(x)}$　　$y'=a^{u(x)}u'(x)\ln a,\ a>0$

2. $y=e^{u(x)}$　　$y'=e^{u(x)}u'(x)$　3. $y=\ln u(x)$　　$y'=\dfrac{u'(x)}{u(x)}$

一個常被忽略的好用微分公式

$$\frac{d}{dx}\ln[x+\sqrt{x^2\pm a^2}]=\frac{1}{\sqrt{x^2\mp a^2}}$$

◎例5　若 $f(x)=\begin{cases}e^{-\frac{1}{x^2}} & x\neq 0\\ 0 & x=0\end{cases}$，求 $f'(0), f''(0)$。

解　$f'(0)=\lim\limits_{x\to 0}\dfrac{f(x)-f(0)}{x-0}=\lim\limits_{x\to 0}\dfrac{e^{-\frac{1}{x^2}}}{x}$

$$\overset{y=\frac{1}{x}}{=\!=\!=}\lim_{y\to\infty} ye^{-y^2}$$

$$=\lim_{y\to 0}\frac{1}{2ye^{y^2}}=0\text{（L'Hospital 法則）}$$

$$f'(x)=\begin{cases}\dfrac{2}{x^3}e^{\frac{1}{-x^2}}, & x\neq 0\\ 0, & x=0\end{cases}$$

若是判斷

$f(x)=\begin{cases}e^{-\frac{1}{x}}, & x\neq 0\\ 0, & x=0\end{cases}$

在 $x=0$ 之可微分或連續性時，一定要判斷 $f'_+(0)\overset{?}{=}f'_-(0)$，而本例則不必，差別在於 $\lim\limits_{x\to 0^+}e^{-\frac{1}{x}}=0$，$\lim\limits_{x\to 0^-}e^{\frac{-1}{x}}=\infty$，而 $\lim\limits_{x\to 0^+}e^{\frac{-1}{x^2}}=\lim\limits_{x\to 0^-}e^{-\frac{1}{x^2}}=0$

$$\therefore f''(0)=\lim_{x\to 0}\frac{f'(x)-f'(0)}{x-0}$$

$$=\lim_{x\to 0}\frac{\frac{2}{x^3}e^{-\frac{1}{x^2}}-0}{x}\overset{y=\frac{1}{x}}{=\!=\!=}\lim_{y\to\infty}\frac{2y^4}{e^{y^2}}$$

$$=\lim_{y\to\infty}\frac{8y^3}{2ye^{y^2}}=\lim_{y\to\infty}\frac{4y^2}{e^{y^2}}=\lim_{y\to\infty}\frac{8y}{2ye^{y^2}}=\lim_{y\to\infty}\frac{4}{e^{y^2}}=0$$

例 6　若 $y=\ln\sqrt{\frac{1-\sin x}{1+\sin x}}$，求 y'。

解　$y=\frac{1}{2}[-\ln(1+\sin x)+\ln(1-\sin x)]$

$$\Rightarrow y'=\frac{1}{2}\left[\frac{-\cos x}{1+\sin x}+\frac{-\cos x}{1-\sin x}\right]=-\sec x$$

例 7　若 $y=x^x$，求 $\frac{dy}{dx}$。

指數爲 x 之函數時，求導函數以用對數微分法最爲方便。

解　$y=x^x\Rightarrow\ln y=x\ln x$

$\therefore \frac{y'}{y}=\ln x+1$　故 $\frac{dy}{dx}=y(1+\ln x)=x^x(1+\ln x)$

例 8　設 $f(x)=\frac{(3x+2)^3}{(2x-1)^4(x-4)^5}$，求 $f'(x)$。

在求分母、分子均爲連乘積形式問題導函數時，以用對數來求解最爲便利。

解　$\ln f=3\ln(3x+2)-4\ln(2x-1)-5\ln(x-4)$

$$\therefore\frac{f'}{f}=\frac{9}{3x+2}-\frac{8}{2x-1}-\frac{5}{x-4}$$

$$\Rightarrow f'(x)=\frac{(3x+2)^3}{(2x-1)^4(x-4)^5}\left[\frac{9}{3x+2}-\frac{8}{2x-1}-\frac{5}{x-4}\right]$$

☑定理：

若 $y=f(x)$ 之反函數 $x=g(y)$ 存在，且二者均可微分則

$$\frac{dx}{dy}=\frac{1}{\frac{dy}{dx}}$$

例9 若已知 $y=x^3+x+2$ 有反函數 $g(x)$ 求 $g'(0)$

解 由觀察法易知 $x=-1$時 $f(-1)=0$

$$\therefore \left.\frac{dx}{dy}\right|_{y=0}=\frac{1}{\left.\frac{dy}{dx}\right|_{x=-1}}=\left.\frac{1}{3x^2+1}\right|_{x=-1}=\frac{1}{4}$$

1. $y=f(x)$ 有反函數 $\Leftrightarrow y=f(x)$ 為單調函數，即 $y=f(x)$ 在區間 I 中滿足 $y'>0$ 或 $y'<0$ 則 $y=f(x)$ 在區間 I 中有反函數
2. $y=f(x)$ 有反函數，若要求 $\left.\frac{dx}{dy}\right|_{y=b}=\frac{1}{\left.\frac{dy}{dx}\right|_{x=a}}$，$f(a)=b$
   如何找出 a？一般是用試誤法，常見之代入值有 $-1, 0, 1, \cdots$等

例10 利用 $y=\tan x$ 之導函數 $y'=\sec^2 x$，求 $y=\tan^{-1}x$ 之導函數

解 $y=\tan x \quad \therefore x=\tan^{-1}y$

$$\frac{dx}{dy}=\frac{1}{\frac{dy}{dx}}=\frac{1}{\sec^2 x}=\frac{1}{1+\tan^2 x}=\frac{1}{1+y^2}$$

即 $y=\tan^{-1}x$ 之導函數 $y'=\frac{1}{1+x^2}$

類似問題

求下列各題之導函數 y'：

1. $y=\dfrac{\sin x-x\cos x}{\cos x+x\sin x}$

2. $y=\dfrac{1}{\sqrt{a^2-b^2}}\sin^{-1}\left(\dfrac{a\sin x+b}{a+b\sin x}\right)$ 但 $|b|<|a|$，$\dfrac{-\pi}{2}<x<\dfrac{\pi}{2}$

3. $y=\dfrac{1}{2}\left(a^2\sin^{-1}\dfrac{x}{a}+x\sqrt{a^2-x^2}\right)$

4. $y=x^{\ln x}$

5. $y=\tan^{-1}(x+\sqrt{1+x^2})$

6. $y=\sin^{-1}(\sin x-\cos x)$

7. $y=\log_x e, x>1$

8. $y=(2-x^2)\cos x^2+2x\sin x$

9. $y=\sin^n x\cos nx$

10. $y=|\sin x|, -\pi<x<\pi$

※11. $y=\dfrac{1}{2}\tan^{-1}\sqrt[4]{1+x^4}+\dfrac{1}{4}\ln\dfrac{\sqrt[4]{1+x^4}+1}{\sqrt[4]{1+x^4}-1}$（提示：適當的變數變換可減少計算複雜度）

12. $y=\dfrac{x}{2}\sqrt{a^2-x^2}+\dfrac{a^2}{2}\sin^{-1}\dfrac{x}{a}$，$a>0$

13. $y=x(\sin^{-1}x)^2+2\sqrt{1-x^2}\sin^{-1}x-2x$

14. $y=\tan^{-1}\left(\dfrac{x}{1+\sqrt{1-x^2}}\right)$

※15. $y=\cot^{-1}\left(\dfrac{\sin x+\cos x}{\sin x-\cos x}\right)$

16. $f(x)=\dfrac{\cos x-\sin x}{\cos x+\sin x}$

17. $y=\csc^{-1}\dfrac{\sqrt{1+x^2}}{x}$

※18. $y=\log_3(\log_2(x))$，求 $f'(e)$

19. $y=(\sin^{-1}x)^x$

◎ 20. $y=x^{a^x}+a^{x^a}+a^{a^x}$，$a>0$

21. $y=f\left(\dfrac{3x-2}{3x+2}\right)$，$f'(x)=\sin^{-1}x^2$，求$y'|_{x=0}$。

22. $y=\ln\dfrac{2\tan x+1}{\tan x+2}$

◎ 23. $y=x^{x^x}$

24. $y=x^{\sin x}$

25. $y=\ln\left(e^x+\sqrt{e^{2x}+1}\right)$

◎26. $y=(\ln x)^x$

27. $y=\dfrac{x^2(3-x)^{\frac{1}{3}}}{(1-x)(3+x)^{\frac{2}{3}}}$

28. $y=\prod_{i=1}^{n}(x-a_i)^{bi}$

29. $y=(1+x)(1+x^2)^{\frac{1}{2}}(1+x^3)^{\frac{1}{3}}$

解

1. $y'=\dfrac{x^2}{(\cos x+x\sin x)^2}$（但 $\cot x\neq -x$）

2. $y'=\dfrac{1}{\sqrt{a^2-b^2}}\dfrac{1}{\sqrt{1-\left(\dfrac{a\sin x+b}{a+b\sin x}\right)^2}}=\dfrac{1}{a+b\sin x}$

3. $\sqrt{a^2-x^2}$

4. $\ln y=\ln x(\ln x)=(\ln x)^2\quad\therefore\dfrac{y'}{y}=2(\ln x)\cdot\dfrac{1}{x}$

$\Rightarrow y'=y\left(\frac{2}{x}\ln x\right)=x^{\ln x}\left(\frac{2}{x}\ln x\right)$

5. $\frac{1}{2(1+x^2)}$　6. $\frac{\cos x+\sin x}{\sqrt{\sin 2x}}$　7. $y=\log_x e=\frac{\ln e}{\ln x}=\frac{1}{\ln x}$　$\therefore y'=\frac{-1}{x(\ln x)^2}$

8. $x^2\sin x$　9. $n\sin^{n-1}x\cos(n+1)x$

10. $f(x)=|\sin x|=\begin{cases}\sin x & ,0<x<\pi\\ -\sin x, & -\pi<x<0\end{cases}$

$\therefore \pi>x>0$ 時　$f'(x)=\cos x$

$0>x>-\pi$ 時　$f'(x)=-\cos x$

$x=0$ 時　$f'_+(0)=\lim\limits_{x\to 0^+}\frac{\sin x-0}{x-0}=1$

$f'_-(0)=\lim\limits_{x\to 0^-}\frac{-\sin x-0}{x-0}=-1$

$\therefore f'(0)$ 不存在。即 $f'(x)=\begin{cases}\cos x & ，0<x<\pi\\ -\cos x & ，-\pi<x<0\\ \text{不存在} & ，x=0\end{cases}$

11. 令 $u=\sqrt[4]{1+x^4}$ 則原式 $y=\frac{1}{2}\tan^{-1}u+\frac{1}{4}\ln\frac{u+1}{u-1}$

$\therefore y'=\frac{1}{2}\frac{u'}{1+u^2}+\frac{1}{4}\left(\frac{u'}{u+1}-\frac{u'}{u-1}\right)=\frac{1}{2}\frac{u'}{1+u^2}+\frac{1}{4}\left(\frac{-2u'}{u^2-1}\right)$　　*

又 $u'=x^3(1+x^4)^{-\frac{3}{4}}$ 代入 * 得　$*=\frac{-2u'}{u^4-1}=\frac{-1}{x(1+x^4)^{\frac{3}{4}}}$

12. $\sqrt{a^2-x^2}$，$|x|<a$　13. $(\sin^{-1}x)^2$，$|x|<1$　14. $\frac{1}{2\sqrt{1-x^2}}$，$|x|<1$

15. 1　但 $x\neq\left(n+\frac{1}{4}\right)\pi$，$n=0$，$\pm1$，$\pm2$，……

16. $\dfrac{-2}{1+\sin 2x}$ 17. $-\dfrac{1}{1+x^2}$

18. $3^y=\log_2 x \quad \therefore 3^y(\ln 3)y'=\dfrac{1}{x\ln 2}$

$$\Rightarrow y'=\frac{1}{3^y(\ln 3)x\ln 2}=\frac{1}{(\log_2 x)(\ln 3)x\ln 2}$$

$$=\frac{1}{\frac{\ln x}{\ln 2}\cdot(\ln 3)x\ln 2} \quad \therefore f'(e)=\frac{1}{e\ln 3}$$

19. $(\sin^{-1}x)^x\left(\dfrac{\ln x}{\sqrt{1-x^2}}+\dfrac{\sin^{-1}x}{x}\right)$

20. $x^{a^x}a^x\left(\ln a\ln x+\dfrac{1}{x}\right)+a^{x^x}x^x\ln a(\ln x+1)$

$+a^{x^a+a-1}(a\ln x+1)$

斜塔式之數函數，只有最下一層是底其餘各層均是最底一層之冪次。

x	冪次	x^{x}	冪次	$3^{x^{x}}$	冪次
x	底	x	底	2	底

21. $y'=f'\left(\dfrac{3x-2}{3x+2}\right)\cdot\dfrac{d}{dx}\left(\dfrac{3x-2}{3x+2}\right)$

$$=\frac{12}{(3x+2)^2}f'\left(\frac{3x-2}{3x+2}\right)$$

$$\therefore y'|_{x=0}=3f'(-1)=3\sin^{-1}(-1)^2=\frac{3\pi}{2}$$

22. $\dfrac{3\sec^2 x}{(2\tan x+1)(\tan x+2)}$ 23. $x^{x^x}[x^x(1+\ln x)\ln x+x^{x-1}]$

24. $y'=x^{\sin x}\left[\dfrac{1}{x}\sin x+\ln x\cos x\right]$ 25. $e^x(1+e^{2x})^{-\frac{1}{2}}$

26. $(\ln x)^x\left[\ln\ln x+\dfrac{1}{\ln x}\right]$

27. $\dfrac{x^2(3-x)^{\frac{1}{3}}}{(1-x)(3+x)^{\frac{2}{3}}}\left[\dfrac{2}{x}-\left(\dfrac{1}{3-x}\right)\dfrac{1}{3}+\dfrac{1}{1-x}-\dfrac{2}{3}\dfrac{1}{x+3}\right]$

28. $\prod_{i=1}^{n}(x-a_i)^{b_i}\sum\frac{b_i}{x-a_i}$

29. $y\left[\frac{1}{1+x}+\frac{x}{1+x^2}+\frac{x^2}{1+x^3}\right]$

2-3　雙曲函數

雙曲函數（hyperbolic function）是由研究懸鏈線而來的，本節只對雙曲函數之定義與基本性質做一說明。

1. 雙曲正弦函數 $\cos hx=\frac{e^x+e^{-x}}{2}$
2. 雙曲餘弦函數 $\sin hx=\frac{e^x-e^{-x}}{2}$
3. 雙曲正切函數 $\tan hx=\frac{\sin hx}{\cos hx}$
4. 雙曲餘切函數 $\cot hx=\frac{\cos hx}{\sin hx}$
5. 雙曲正割函數 $\sec hx=\frac{1}{\cos hx}$
6. 雙曲餘割函數 $\csc hx=\frac{1}{\sin hx}$

☑定理：

(1) $\cos h^2x-\sin h^2x=1$　(2) $\frac{d}{dx}\cos hx=\sin hx,\ \frac{d}{dx}\sin hx=\cos hx$

證：(1) $\cos h^2x-\sin h^2x=\left(\frac{e^x+e^{-x}}{2}\right)^2-\left(\frac{e^x-e^{-x}}{2}\right)^2=1$

(2) 易證從略。

例 1　試證：(1) $\sin h(x+y)=\sin hx\cos hy+\cos hx\sin hy$ 及 $\cos h(x+y)=\cos hx\cos hy+\sin hx\sin hy$　(2) 由 (1) 證：$\tan h(x+y)=\frac{\tan hx+\tan hy}{1+\tan hx\tan hy}$

解 (1) $\sin hx \cos hy + \cos hx \sin hy$

$$=\frac{e^x-e^{-x}}{2}\cdot\frac{e^y+e^{-y}}{2}+\frac{e^x+e^{-x}}{2}\cdot\frac{e^y-e^{-y}}{2}$$

$$=\frac{1}{2}\left(\frac{1}{2}(e^{x+y}+e^{x-y}-e^{-x+y}-e^{-x-y})\right)+\frac{1}{2}(e^{x+y}+e^{x-y}+e^{-x+y}-e^{-x-y})$$

$$=\frac{1}{2}(e^{x+y}-e^{-x-y})=\sin h(x+y)$$

同法可證 $\cos h(x+y)=\cos hx\cos hy+\sin hx+\sin hy$

(2) $\tan h(x+y)=\dfrac{\sin h(x+y)}{\cos h(x+y)}$

$$=\frac{sin\,hx\cos hy+\cos hx\sin hy}{\cos hx\cos hy+\sin hx\sin hy}=\frac{\tan hx+\tan y}{1+\tan hx\tan hy}$$

◎例 2 $\sin h^{-1}x=\ln(x+\sqrt{x^2+1})$

解 令 $\sin h^{-1}x=y$，則 $\sin hy=x\Rightarrow\dfrac{e^y-e^{-y}}{2}=x$

$e^{2y}-2xe^y-1=0\therefore e^y=\dfrac{2x\pm\sqrt{4x^2+4}}{2}=x+\sqrt{x^2+1}$ （我們取正號）

得 $y=\ln(x+\sqrt{x^2+1})$

例 3 試證 $\dfrac{d}{dx}\tan hx=\sec h^2(x)$

解 $\dfrac{d}{dx}\tan hx=\dfrac{d}{dx}\dfrac{e^x-e^{-x}}{e^x+e^{-x}}=\dfrac{(e^x+e^{-x})^2-(e^x-e^{-x})^2}{(e^x+e^{-x})^2}$

$$=\frac{4}{(e^x+e^{-x})^2}=\frac{1}{\left(\frac{e^x+e^{-x}}{2}\right)^2}=\frac{1}{\cos h^2x}=\sec h^2x$$

例 4 $\frac{d}{dx}(\cos h^{-1}(x))=\frac{1}{\sqrt{x^2-1}}$

求反函數之導函數公式：
$\frac{dy}{dx}=\frac{1}{\frac{dx}{dy}}$

解 令 $y=\cos h^{-1}(x)$ 則 $x=\cos hy$，

$$\frac{dy}{dx}=\frac{1}{\frac{dx}{dy}}=\frac{1}{\frac{d}{dy}\cos hy}=\frac{1}{\sin hy}=\frac{1}{\sqrt{1+\cos h^2 y}}$$

$$\therefore \frac{d}{dx}\cos h^{-1}(x)=\frac{1}{\sqrt{1+\cos h^2 y}}=\frac{1}{\sqrt{1+x^2}}$$

◎**例 5** 試證 (1) $\tan h^{-1}x=\frac{1}{2}\ln\left(\frac{1+x}{1-x}\right)$；$|\ x\ |<1$　(2) 並以此求 $\frac{d}{dx}\tan h^{-1}x$

解 (1) 令 $y=\tan h^{-1}x$ 則 $x=\tan hy=\frac{e^y-e^{-y}}{e^y+e^{-y}}=\frac{e^{2y}-1}{e^{2y}+1}$

$\therefore xe^{2y}+x=e^{2y}-1\Rightarrow e^{2y}=\frac{1+x}{1-x}$　$\therefore \tan h^{-1}x=\frac{1}{2}\ln\left(\frac{1+x}{1-x}\right)$

解之 $2y=\ln\left(\frac{1+x}{1-x}\right)$

$\therefore y=\tan h^{-1}x=\frac{1}{2}\ln\left(\frac{1+x}{1-x}\right)$，$|x|<1$

(2) 令 $y=\tan h^{-1}x$，$x=\tan hy$

$$\therefore \frac{dy}{dx}=\frac{1}{\frac{dx}{dy}}=\frac{1}{\sec h^2 y}=\frac{1}{1-\tan h^2 y}=\frac{1}{1-x^2}$$

類似問題

1. 若 $\tan hx = a$，$|a|<1$ 求 $\sin hx, \cos hx, \cot hx, \sec hx, \csc hx$

◎2. 試證 $(\cos hx + \sin hx)^n = \cos hnx + \sin hnx$，$n$ 爲一正整數

◎3. 試證 $\cos hx = 2\cos h^2\left(\dfrac{x}{2}\right) - 1$

4. 試證 $\dfrac{d}{dx}\csc hx = -\csc hx \cot hx$

5. (1) 試求 $\cos h \ln x$　(2) 並由 (1) 證明 $\cos hx \geq 1$（問等號成立之條件）

6. 試證 $\sin h3x = 3\sin hx + 4\sin h^3x$

7. 應用例 2 之結果 $\sin h^{-1}x = \ln\left(x+\sqrt{x^2+1}\right)$，求 $\dfrac{d}{dx}\sin h^{-1}x$

解

1. $\tan hx = \dfrac{\sin hx}{\cos hx} = a$；$\sin hx = a\cos hx$　代入 $\cos h^2x - \sin h^2x = 1$

得 $\cos hx = \dfrac{1}{\sqrt{1-a^2}}$

$\therefore$ ① $a \neq 0$ 時，$\sin hx = \dfrac{a}{\sqrt{1-a^2}}$，$\cot hx = \dfrac{\cos hx}{\sin hx}$（或 $\dfrac{1}{\tan hx}$）$= \dfrac{1}{a}$

$\sec hx = \dfrac{1}{\cos hx} = \sqrt{1-a^2}$，$\csc hx = \dfrac{\sqrt{1-a^2}}{a}$

②$a=0$ 時，$\tan hx=\dfrac{e^x-e^{-x}}{e^x+e^{-x}}=0$ 得 $e^x=e^{-x}$　$\therefore e^{2x}=1$ 解之 $x=0$

此時 $\cos hx=\dfrac{e^x+e^{-x}}{2}=1$，$\sin hx=0$，$\tan hx=0$，$\cot hx$ 無意義，$\sec hx=1$，$\csc hx$ 無意義。

2. 應用數學歸納法

$n=1$ 時　原式成立

$n=k$ 時　設 $(\cos hx+\sin hx)^k=\cos hkx+\sin hkx$ 成立。

$n=k+1$ 時　$(\cos hx+\sin hx)^{k+1}=(\cos hx+\sin hx)(\cos hkx+\sin hkx)$

$$=\left(\frac{e^x+e^{-x}}{2}+\frac{e^x-e^{-x}}{2}\right)\left(\frac{e^{kx}+e^{-kx}}{2}+\frac{e^{kx}-e^{-kx}}{2}\right)$$

$$=e^x\cdot e^{kx}=e^{(k+1)x}=\frac{e^{(k+1)x}+e^{-(k+1)x}}{2}+\frac{e^{(k+1)x}-e^{-(k+1)x}}{2}$$

$$=\cos h(k+1)x+\sin h(k+1)x$$

∴由數學歸納法知在 n 爲任一正整數時

$(\cos hx+\sin hx)^n=\cos hnx+\sin hnx$。

3. $\cos h^2\left(\dfrac{x}{2}\right)=\left(\dfrac{e^{\frac{x}{2}}+e^{-\frac{x}{2}}}{2}\right)^2=\dfrac{1}{4}(e^x+e^{-x}+2)=\dfrac{1}{2}(\cos hx+1)$

$\therefore \cos hx=2\cos h^2\left(\dfrac{x}{2}\right)-1$

4. $\dfrac{d}{dx}\csc hx=\dfrac{d}{dx}\dfrac{1}{\sin hx}=\dfrac{-\cos hx}{\sin h^2x}=-\dfrac{1}{\sin hx}\cdot\dfrac{\cos hx}{\sin hx}=-\csc hx\cot hx$

5. (1) $\cos h\ln x=\dfrac{e^{\ln x}+e^{-\ln x}}{2}=\dfrac{1}{2}\left(x+\dfrac{1}{x}\right), x>0$

(2) 由算術平均數與幾何平均數不等式（即算幾不等式）

$\dfrac{1}{2}\left(x+\dfrac{1}{x}\right)\geq\sqrt{x\cdot\dfrac{1}{x}}=1$　當 $x=1$ 時等號成立。

$$\left(\because \frac{1}{2}\left(x+\frac{1}{x}\right)=1 \Rightarrow (x-1)^2=0 \quad \therefore x=1\right)$$

6. 我們從 $4\sin h^3 x$ 著手：

$$4\sin h^3 x=4\left(\frac{e^x-e^{-x}}{2}\right)^3=\frac{1}{2}(e^{3x}-3e^{2x}e^{-x}+3e^x e^{-2x}-e^{-3x})$$

$$=\left(\frac{e^{3x}-e^{-3x}}{2}\right)-3\left(\frac{e^x-e^{-x}}{2}\right)=\sin h3x-3\sin hx$$

7. $\frac{d}{dx}\sin h^{-1}x=\frac{d}{dx}\ln(x+\sqrt{x^2+1})=\frac{1+\frac{x}{\sqrt{x^2+1}}}{x+\sqrt{x^2+1}}=\sqrt{x^2+1}$

□□□ 2-4 隱函數與參數方程式微分法 □□□

隱函數微分法

對函數 $F(x,y)=0$ 之型式，此處 $F(x,y)$ 爲 x, y 之函數，假定存在一個函數 $y=f(x)$ 滿足 $F(x,f(x))=0$，則 $y=f(x)$ 爲 x 之隱函數（implicit function）。

隱函數微分（implicit differentiation）爲由 $F(x,y)=0$ 之二邊對 x 微分，然後解出 y'。如 $F(x,y)=x^2+y^2+1=0$，則由 $F(x,y)$ 二邊對 x 微分，可得 $2x+2yy'=0\Rightarrow y'=-\frac{x}{y}$ $(y\neq 0)$。

◎例 *1* 若 $\tan^{-1}(y/x)=\ln\sqrt{x^2+y^2}$，求證 $\frac{dy}{dx}=(x+y)/(x-y)$。

解　二邊同時對 x 微分

$$\frac{\frac{xy'-y}{x^2}}{1+\left(\frac{y}{x}\right)^2}=\frac{x+yy'}{x^2+y^2}\Rightarrow\frac{xy'-y}{x^2+y^2}=\frac{x+yy'}{x^2+y^2}$$

$$\therefore(x-y)y'=x+y\Rightarrow\frac{dy}{dx}=\frac{x+y}{x-y}$$

◎例 2　$x^3+y^3+ax^2y+bxy^2=0$，求 $\frac{dy}{dx}$。

解　$3x^2+3y^2y'+2axy+ax^2y'+by^2+2bxyy'=0$

$$\therefore(3y^2+2bxy+ax^2)y'=-(3x^2+2axy+by^2)$$

$$\Rightarrow y'=-\frac{3x^2+2axy+by^2}{3y^2+2bxy+ax^2}$$

參數方程式微分法

☑定理：參數方程式

$$\begin{cases}x=f(t)\\y=g(t)\end{cases}\quad 則\ \frac{dy}{dx}=\frac{\frac{df}{dt}}{\frac{dg}{dt}}$$

◎例 3　求參數方程式

$\begin{cases}x=\sin^3 t\\y=\cos^3 t\end{cases}$ 在 $t=0$ 之切線方程式與法線方程式

解 $$\frac{dy}{dx}=\frac{\frac{d}{dt}\cos^3 t}{\frac{d}{dt}\sin^3 t}=\frac{-3\cos^2 t\sin t}{3\sin^2 t\cos t}=-\tan t$$

當 $t=0$ 時 $x=0$，$y=1$，$m=\left.\frac{dy}{dx}\right]_{t=0}=0$

切線方程式為 $\frac{y-1}{x-0}=0 \quad \therefore y=1$

法線方程式為 $x=0$

◎例 4　擺線之參數方程式為

$$\begin{cases}x=a(1-\sin t)\\ y=a(1-\cos t)\end{cases} \text{求 } \frac{dy}{dx}$$

解 $$\frac{dy}{dx}=\frac{\frac{dy}{dt}}{\frac{dx}{dt}}=\frac{a\sin t}{a(1-\cos t)}=\frac{\sin t}{1-\cos t}，t\neq 2k\pi，k\in I$$

下面是一個應用參數方程式解之「特殊」導函數例

※例 5　$y=x^3+3x^6+x^9$，求 $\frac{dy}{dx^3}$

解　令 $x^3=t$，則 $y=t+3t^2+t^3$

$$\therefore \frac{dy}{dx^3}=\frac{\frac{dy}{dt}}{\frac{dt}{dt}}=1+6t+3t^2=1+6x^3+3x^6$$

類似問題

求下列各題之 y'：

1. $xy^3-3x^2=xy+5$　　◎ 2. $\sin xy+\cos xy=\tan(x+y)$

3. $y=\cos(x+y)$　　4. $\cos xy=x$　　5. $y=x^y$

6. $\sqrt{x}+\sqrt{y}=3$，求 $\frac{dy}{dx}_{(1,4)}$。　　◎ 7. $x^y=y^x$

※8. $y=\sin^2(x^4)$，求 $\frac{dy}{dx^3}$

解

1. $y'=\frac{6x+y-y^3}{3xy^2-x}$　2. $-\frac{y\cos^2(x+y)(\cos xy-\sin xy)-1}{x\cos^2(x+y)(\cos xy-\sin xy)-1}$　3. $\frac{-\sin(x+y)}{1+\sin(x+y)}$

4. $-\frac{1+y\sin xy}{x\sin xy}$　5. $\frac{y^2}{x-xy\ln x}$　6. -2　7. $\frac{\ln y-\frac{y}{x}}{\ln x-\frac{x}{y}}$，$x>0$，$y>0$

8. 令 $x^3=t$ 則 $y=\sin^2(t^{\frac{4}{3}})$

$$\therefore\frac{dy}{dx^3}=\frac{\frac{dy}{dt}}{\frac{dt}{dt}}=\frac{2\sin t^{\frac{4}{3}}\cos t^{\frac{4}{3}}\cdot\frac{4}{3}t^{\frac{1}{3}}}{\frac{dt}{dt}}=\frac{8x}{3}(\sin x^4\cos x^4)$$

□□□ 2-5 高次微分法 □□□

高次微分之計算，只需反覆應用以前各節之微分法則即可得。

例 1 若 $y=\frac{ax+b}{cx+d}$，求證 $\frac{y'''}{y'}-\frac{3}{2}\left(\frac{y''}{y'}\right)^2=0$。

解 $y=\frac{ax+b}{cx+d}=\frac{a}{c}+\frac{b-\frac{ad}{c}}{cx+d}=\frac{a}{c}+\frac{k}{(cx+d)}$

$=\frac{a}{c}+k(cx+d)^{-1}$；$k=b-\frac{ad}{c}$，則

$y'=-kc(cx+d)^{-2}$；$y''=2kc^2(cx+d)^{-3}$；$y'''=-6kc^3(cx+d)^{-4}$

$\therefore \frac{y'''}{y'}-\frac{3}{2}\left(\frac{y''}{y'}\right)^2=\frac{-6kc^3(cx+d)^{-4}}{-kc(cx+d)^{-2}}-\frac{3}{2}\left(\frac{2kc^2(cx+d)^{-3}}{-kc(cx+d)^{-2}}\right)^2=0$

例 2 證明：$y=\sqrt{2x-x^2}$ 滿足微分方程式 $y^3y''+1=0$。

解 $y=(2x-x^2)^{\frac{1}{2}}$

$\rightarrow y'=\frac{1}{2}(2-2x)(2x-x^2)^{-\frac{1}{2}}=(1-x)(2x-x^2)^{\frac{-1}{2}}$

$\rightarrow y''=-(2x-x^2)^{-\frac{1}{2}}-(1-x)\frac{1}{2}(2-2x)(2x-x^2)^{-\frac{3}{2}}$

$=-(2x-x^2)^{-\frac{1}{2}}-(1-x)^2(2x-x^2)^{-\frac{3}{2}}$

$\therefore y^3y''+1$

$$=(2x-x^2)^{\frac{3}{2}}\left[-(2x-x^2)^{-\frac{1}{2}}-(1-x)^2(2x-x^2)^{-\frac{3}{2}}\right]+1$$

$$=-(2x-x^2)-(1-x)^2+1=0$$

例3　若 $y=\dfrac{x^2}{1-x}$，求 $y^{(8)}=$。

> 3 個有用的小公式
>
> 1. $y=\sin bx\Rightarrow y^{(n)}=b^n\sin\left(bx+\dfrac{n\pi}{2}\right)$
> 2. $y=\cos bx\Rightarrow y^{(n)}=b^n\cos\left(bx+\dfrac{n\pi}{2}\right)$
> 3. $y=\dfrac{1}{a+bx}\Rightarrow y^{(n)}=\dfrac{(-1)^n n!\,b^n}{(a+bx)^{n+1}}$

解　$y=\dfrac{x^2}{1-x}=\dfrac{1}{1-x}-1-x$

$=(1-x)^{-1}-1-x$

故 $y^{(8)}=(-1)^{16}8!(1-x)^{-9}$ 即 $8!(1-x)^{-9}$

※**例4**　試證 $\dfrac{d^n}{dx^n}(\sin^4x+\cos^4x)=4^{n-1}\cos(4x+\dfrac{n\pi}{2})$。

解　我們看　$\dfrac{d}{dx}(\sin^4x+\cos^4x)=4\sin^3x\cos x-4\cos^3x\sin x$

而 $\cos(4x+\dfrac{\pi}{2})=-\sin 4x$

$=-2\sin 2x\cos 2x=-4\sin x\cos x(\cos^2x-\sin^2x)$

$=-4\sin x\cos^3x+4\sin^3x\cos x$

$=\dfrac{d}{dx}(\sin^4x+\cos^4x)$

即 $\dfrac{d}{dx}(\sin^4x+\cos^4x)=\cos(4x+\dfrac{\pi}{2})$

$\dfrac{d^2}{dx^2}(\sin^4x+\cos^4x)=\dfrac{d}{dx}\cos(4x+\dfrac{\pi}{2})$

$=-4\sin(4x+\dfrac{\pi}{2})=4\cos(4x+\dfrac{2\pi}{2})$

$$\frac{d^3}{dx^3}(\sin^4 x+\cos^4 x)=\frac{d}{dx}4\cos(4x+\frac{2\pi}{2})$$

$$=-4^2\sin(4\pi+\frac{2\pi}{2})=4^2\cos(4x+\frac{3\pi}{2})$$

$$\vdots$$

$$\frac{d^n}{dx^n}(\sin^4 x+\cos^4 x)=4^{n-1}\cos(4x+\frac{n\pi}{2})$$

※ 例 5 若 $y=f(u), u=g(x)$，f, g 爲二次可微分函數，試證：

$$\frac{d^2y}{dx^2}=\frac{d^2y}{du^2}\left(\frac{du}{dx}\right)^2+\frac{dy}{du}\left(\frac{d^2u}{dx^2}\right)$$

解　依題意：

$$y=f(g(x))$$

$$y'=f'(g(x))g'(x)$$

$$y''=f''(g(x))g'(x)\cdot g'(x)+f'(g(x))g''(x)$$

$$=f''(g(x))(g'(x))^2+f'(g(x))g''(x)$$

即 $\dfrac{d^2y}{dx^2}=\dfrac{d^2y}{du^2}(\dfrac{du}{dx})^2+\dfrac{dy}{du}(\dfrac{d^2u}{dx^2})$

☑定理：

Leibniz 法則：函數 $f(x)\cdot g(x)$ 之 n 次導函數為

$$[f(x)\cdot g(x)]^{(n)}=\sum_{j=0}^{n}\binom{n}{j}f^{(n-j)}(x)g^{(j)}(x)。$$

規定 $f^{(0)}(x)=f(x)$

例 6　求 $x^4\sin x$ 之三次導函數。

解　應用 Leibniz 法則

$$(x^4\sin(x))^{(3)}=\binom{3}{0}(\sin x)^{(3)}x^4+\binom{3}{1}(\sin x)^{(2)}(x^4)'$$

$$+\binom{3}{2}(\sin x)'(x^4)''+\binom{3}{3}(\sin x)(x^4)^{(3)}$$

$$=-x^4\sin x+12x^3\cos x+36x^2\cos x+24x\sin x$$

例 7　若 $y=x^2\sin x$，求證：

$$y^{(n)}=\{x^2-(n-1)\}\sin\left\{x+\frac{n\pi}{2}\right\}-2nx\cos\left(x+\frac{n\pi}{2}\right)$$

解　利用 Leibniz 公式取 $u=\sin x$，$v=x^2$

$$u^{(n)}=\sin\left(x+\frac{n}{2}\pi\right)$$

$$\therefore y^{(n)}=x^2\sin\left(x+\frac{n\pi}{2}\right)+n\sin\left(x+\frac{n-1}{2}\pi\right)\cdot$$

$$2x+\frac{n(n-1)}{2}\sin\left(x+\frac{n-2}{2}\pi\right)\cdot 2$$

$$=x^2\sin\left(x+\frac{n\pi}{2}\right)-2nx\cos\left(x+\frac{n\pi}{2}\right)-n(n-1)\sin\left(x+\frac{n\pi}{2}\right)$$

$$=(x^2-n(n-1))\sin\left(x+\frac{n\pi}{2}\right)-2nx\cos\left(x+\frac{n\pi}{2}\right)$$

二階穩函數微分法

◎**例** *8* 若 $x^3-y^3=a^3$，$a>0$，求 y''。

> 在求隱函數 $f(x,y)=0$ 之二階導函數：
> 1. 先求 $\frac{dy}{dx}$
> 2. 在求 $\frac{d^2y}{dx^2}$ 時，把計算過程中之 y' 用 $\frac{dy}{dx}$ 代入

解 $3x^2-3y^2y'=0 \quad \therefore y'=x^2y^{-2}$

$$\Rightarrow y''=2xy^{-2}-2x^2y^{-3}y'$$

$$=2xy^{-2}-2x^2y^{-3}(x^2y^{-2})$$

$$=2xy^{-2}-2x^4y^{-5}$$

$$=\frac{2xy^3-2x^4}{y^5}=\frac{2x(y^3-x^3)}{y^5}=\frac{-2a^3x}{y^5}$$

◎**例** *9* 若 $x^{\frac{1}{2}}+y^{\frac{1}{2}}=a^{\frac{1}{2}}$，求 y''。

解 $\frac{1}{2}x^{-\frac{1}{2}}+\frac{1}{2}y^{-\frac{1}{2}}y'=0$

$$\therefore y' = -y^{\frac{1}{2}} x^{-\frac{1}{2}}$$

$$\Rightarrow y'' = -\frac{1}{2} y^{-\frac{1}{2}} y' x^{-\frac{1}{2}} + \frac{1}{2} y^{\frac{1}{2}} x^{-\frac{3}{2}}$$

$$= -\frac{1}{2} y^{-\frac{1}{2}} \left(-y^{\frac{1}{2}} x^{-\frac{1}{2}}\right) x^{-\frac{1}{2}} + \frac{1}{2} y^{\frac{1}{2}} x^{-\frac{3}{2}}$$

$$= \frac{1}{2} x^{-1} + \frac{1}{2} y^{\frac{1}{2}} x^{-\frac{3}{2}} = \frac{x^{\frac{1}{2}} + y^{\frac{1}{2}}}{2x^{\frac{3}{2}}} = \frac{a^{\frac{1}{2}}}{2x^{\frac{3}{2}}}$$

參數方程式之二階導函數

參數方程式

$$\begin{cases} x = f(t) \\ y = g(t) \end{cases}$$

則

$$\frac{dy}{dx} = \frac{dy}{dt} \cdot \frac{dt}{dx} = \frac{\frac{dy}{dt}}{\frac{dx}{dt}} \qquad \left(\text{即 } \frac{dy}{dx} = \frac{g'(t)}{f'(t)}\right),$$

$$\frac{d^2y}{dx^2} = \frac{d}{dx} y' = \frac{d}{dx}\left(\frac{dy}{dx}\right) = \frac{d}{dt}\left(\frac{g'(t)}{f'(t)}\right) \Big/ \frac{dx}{dt}$$

$$= \frac{f'(t)g''(t) - g'(t)f''(t)}{[f'(t)]^2} \cdot \frac{1}{f'(t)}$$

$$= \frac{f'(t)g''(t) - g'(t)f''(t)}{[f'(t)]^3}$$

例 10 $\begin{cases} x=t-t^2 \\ y=t-t^3 \end{cases}$，求 $\dfrac{dy}{dx}$ 及 $\dfrac{d^2y}{dx^2}$。

解 (1) $\dfrac{dy}{dx}=\dfrac{\dfrac{dy}{dt}}{\dfrac{dx}{dt}}=\dfrac{1-3t^3}{1-2t}$。

(2) 解法一：

$$\frac{d^2y}{dx^2}=\frac{\dfrac{d}{dt}\left(\dfrac{dy}{dx}\right)}{\dfrac{dx}{dt}}=\frac{\dfrac{d}{dt}\left(\dfrac{1-3t^2}{1-2t}\right)}{(1-2t)}=\frac{\dfrac{(1-2t)(-6t)-(1-3t^2)(-2)}{(1-2t)^2}}{(1-2t)}$$

$$=\frac{6t^2-6t+2}{(1-2t)^3}，t\neq\frac{1}{2}。$$

解法二：

$$\begin{cases} x=f(t)=t-t^2 \\ y=g(t)=t-t^3 \end{cases}$$

$$\therefore \frac{d^2y}{dx^2}=\frac{f'(t)g''(t)-g'(t)f''(t)}{[f'(t)]^3}$$

$$=\frac{(1-2t)(-6t)-(1-3t^2)(-2)}{(1-2t)^2}$$

$$=\frac{6t^2-6t+2}{(1-2t)^3}，t\neq\frac{1}{2}。$$

◎**例 11** 擺線之參數方程式為 $\begin{cases} x=a(t-\sin t) \\ y=a(1-\cos t) \end{cases}$，求 $\dfrac{dy}{dx}$ 及 $\dfrac{d^2y}{dx^2}$。

解　$\dfrac{dy}{dx}=\dfrac{\frac{dy}{dt}}{\frac{dx}{dt}}=\dfrac{a\sin t}{a(1-\cos t)}=\dfrac{\sin t}{1-\cos t}$，

$$\frac{d^2y}{dx^2}=\frac{\frac{d}{dt}\left(\frac{dy}{dx}\right)}{\frac{dx}{dt}}=\frac{\frac{(1-\cos t)\cos t-\sin t(\sin t)}{(1-\cos t)^2}}{[a(1-\cos t)]}=\frac{-1}{a(1-\cos t)^2},$$

$t\neq 2k\pi$，k 爲整數。

遞迴定義之應用

※例 *12*　$y=\dfrac{\sin^{-1}x}{\sqrt{1-x^2}}$，求 $y^{(n)}(0)$

解　依題意 $y\sqrt{1-x^2}=\sin^{-1}x$，二邊同時對 x 微分可得

$$\frac{-x}{\sqrt{1-x^2}}y+\sqrt{1-x^2}\,y'=\frac{1}{\sqrt{1-x^2}}$$

$$\therefore (1-x^2)y'=xy+1$$

利用 Leibniz 公式在上式兩邊同時對 x 做 $n-1$ 次微分：

$$(1-x^2)y^{(n)}+(-2x)(n-1)y^{(n-1)}+(-2)\frac{(n-1)(n-2)}{2}y^{(n-2)}$$

$$=xy^{(n-1)}+(n-1)y^{(n-2)}=0$$

移項整理：

$$(1-x^2)y^{(n)}-(2n-1)xy^{(n-1)}-(n-1)^2y^{(n-2)}=0$$

令 $x=0$：

$$y^{(n)}(0)=(n-1)^2y^{(n-2)}(0)$$

又 $y(0)=0$，$y'(0)=1$ 得 $y''(0)=y^{(4)}(0)=\cdots\cdots y^{(2k)}(0)=0$

及 $y^{(3)}(0)=(3-1)^2y'(0)=2^2\cdot 1=2^2$

$$y^{(5)}(0)=4^2y^{(3)}(0)=4^2\cdot 2^2$$

得 $y^{(n)}(0)=\begin{cases}0 & ,n \text{ 為偶數}\\ (n-1)^2\cdot(n-3)^2\cdots\cdots 4^2\cdot 2^2 & ,n \text{ 為奇數}\end{cases}$

類似問題

1. 若 $f'(x)=[f(x)]^2$，求 $f^{(n)}(x)$，$n>2$

2. 證明 $y=\left(x+(x^2+1)^{\frac{1}{2}}\right)^n$ 滿足微分方程式 $y''(x^2+1)+xy'-n^2y=0$。

◎3. $f(x)=\begin{cases}x^m\sin\dfrac{1}{x} & ,x\neq 0\\ 0 & ,x=0\end{cases}$ 在 $x=0$ 處有二階導數，求 m 之範圍？

4. 若 $y=x^2\cos ax$，求 $y^{(30)}$；又 $y=x^2\sin x$，求 $y^{(n)}$。

5. 設 $y=\sin x\sin 2x\sin 3x$，求 $y^{(n)}$。

6. $y=e^x\cos x$，求 $y^{(n)}$。

7. 若 $y=x^2e^x$，求 $y^{(n)}, y^{(10)}$。

8. 若 $y=x^2\ln x$，求 $y^{(n)}$。

9. 若 $y=\ln\left|\dfrac{1+x}{1-x}\right|$，求 $y^{(n)}$。

10. 證明：若 $y=\sin(a\tan^{-1}x)$則$(1+x^2)^2y''+2x(1+x^2)y'+a^2y=0$。

11. 若 $y=\sin^6x+\cos^6x$，求 $y^{(n)}$。

12. 若 $y=\sin^5x$，求 $y^{(n)}$。

13. 若 $f(x)=(x+\sqrt{1+x^2})^m$，m 爲整數，求 $f'(0)$ 及 $f''(0)$

14. $x^2y^3=12$，求 y''。

15. $3x^2+y^2-2xy=0$，求 y''。

16. $f(x)=x\sin|x|$，問 $f(x)$ 在 $x=0$ 處之二階導數爲何？

※17. 試證 $\dfrac{d^2x}{dy^2}=-\dfrac{d^2y/dx^2}{\left(\dfrac{dy}{dx}\right)^3}$。並由此證 $\dfrac{d^3x}{dy^3}=-\dfrac{3(y'')^2-y'y'''}{(y')^5}$。

18. 若 $\varphi(x)=f(x)g(x)$ 且 $f'(x)g'(x)=c$，
證明：$\dfrac{\varphi'''(x)}{\varphi(x)}=\dfrac{f'''(x)}{f(x)}+\dfrac{g'''(x)}{g(x)}$。

19. 若 $F=\begin{vmatrix} f_1 & f_2 \\ g_1 & g_2 \end{vmatrix}$，$f_1, f_2, g_1, g_2$ 爲可微分之函數，證明：

$$F'=\begin{vmatrix} f_1' & f_2' \\ g_1 & g_2 \end{vmatrix}+\begin{vmatrix} f_1 & f_2 \\ g_1' & g_2' \end{vmatrix}。$$

20. 若 $x^2+y^2=25$，求在 $(3,4)$ 點之 y',y'',y''' 之值。

※21. $y=f(x)$ 之反函數 $y=f^{-1}(x)$ 與 $f'(f^{-1}(x))$、$f''(f^{-1}(x))$ 均存在，若 $f'(f^{-1}(x))\neq 0$，求 $\dfrac{d^2}{dx^2}f^{-1}(x)$

解

1. $y^{(n)}=n!\,y^{n+1}$

2. $y'=n(x^2+1)^{-\frac{1}{2}}y$，$y''=-nx(x^2+1)^{-\frac{3}{2}}y+(x^2+1)^{-1}yn^2$

$$\therefore (x^2+1)y''+xy'-n^2y=-xn(x^2+1)^{-\frac{1}{2}}y+n^2y+nx(x^2+1)^{-\frac{1}{2}}y-n^2y$$
$$=0$$

3. 若 $f(x)$ 在 $x=0$ 之二階導數存在，它必須滿足：

(1) $f'(0)$ 存在：

$$f'(0)=\lim_{x\to 0}\frac{x^m\sin\frac{1}{x}-0}{x-0}\quad \therefore 若\ f'(0)\ 存在必須\ m>1$$

(2) $f''(0)$ 存在：

$$f'(x)=\left(x^m\sin\frac{1}{x}\right)'=mx^{m-1}\sin\frac{1}{x}-x^{m-2}\cos\frac{1}{x}$$

$$\therefore f''(0)=\lim_{x\to 0}\frac{f'(x)-f'(0)}{x-0}=\lim_{x\to 0}\frac{mx^{m-1}\sin\frac{1}{x}-x^{m-2}\cos x}{x}$$

$$= \lim_{x \to 0}\left(mx^{m-2}\sin\frac{1}{x} - x^{m-3}\cos\frac{1}{x} \right)$$

上式存在必須 $m > 3$

綜上，$f(x)$ 在 $x = 0$ 之二階導數存在之條件為 $m > 3$。

4. (a) 取 $v = x^2 \to v' = 2x \to v'' = 2$，$u = \cos ax \Rightarrow u^{(n)} = a^n \cos\left(\frac{n\pi}{2} + ax\right)$

$$\therefore y^{(n)} = x^2 a^n \cos\left(\frac{n\pi}{2} + ax\right) + 2\binom{n}{1}x \cdot$$

$$\left(-a^{n-1}\sin\left(\frac{n\pi}{2} + ax\right)\right) + 2 \cdot \frac{n(n-1)}{2} \cdot a^{n-2}\cos\left(\frac{n\pi}{2} + ax\right)$$

$$= [x^2 a^n + n(n-1)a^{n-2}]\cos\left(\frac{n\pi}{2} + ax\right)$$

$$-2nxa^{n-1}\sin\left(\frac{n\pi}{2} + ax\right)$$

$\because n = 30$

$\therefore y^{(30)} = a^{28}[(-x^2 a^2 + 870)\cos ax - 60ax\sin ax]$

(b) 利用 Leibniz 公式

取 $v = x^2 \to v' = 2x \to v'' = 2$

$u = \sin x \to u^{(n)} = \sin\left(\frac{n\pi}{2} + x\right)$

$$\therefore y^{(n)} = x^2\sin\left(\frac{n\pi}{2} + x\right) - \binom{n}{1}2x\cos\left(\frac{n\pi}{2} + x\right) - \binom{n}{2}2\sin\left(\frac{n\pi}{2} + x\right)$$

$$= \{x^2 - n(n-1)\}\sin\left(\frac{n\pi}{2} + x\right) - 2nx\cos\left(\frac{n\pi}{2} + x\right)$$

5. $y=\sin x\sin 2x\sin 3x$

$=\frac{1}{2}(\cos x-\cos 3x)\sin 3x$

$=\frac{1}{2}\cos x\sin 3x-\frac{1}{2}\cos 3x\sin 3x$

$=\frac{1}{2}\left[\frac{1}{2}\sin 4x-\frac{1}{2}\sin(-2x)\right]-\frac{1}{4}\sin 6x$

$=\frac{1}{4}\sin 4x+\frac{1}{4}\sin 2x-\frac{1}{4}\sin 6x$

利用積化合差公式：

$\sin A\sin B=\frac{1}{2}(\cos(A-B)-\cos(A+B))$

$\cos A\sin B=\frac{1}{2}(\sin(A+B)-\sin(A-B))$

$\therefore y^{(n)}=\frac{1}{4}\cdot 4^n\sin\left(4x+\frac{n\pi}{2}\right)+\frac{1}{4}2^n\sin\left(2x+\frac{n\pi}{2}\right)$

$-\frac{1}{4}\cdot 6^n\sin\left(6x+\frac{n\pi}{2}\right)$

$=\frac{1}{4}\left[4^n\sin\left(4x+\frac{n\pi}{2}\right)+2^n\sin\left(2x+\frac{n\pi}{2}\right)-6^n\sin\left(6x+\frac{n\pi}{2}\right)\right]$

6. $y'=e^x\cos x-e^x\sin x$

$=\sqrt{2}\left(e^x\frac{\sqrt{2}}{2}\cos x-e^x\frac{\sqrt{2}}{2}\sin x\right)$

$=\sqrt{2}e^x\cos\left(x+\frac{\pi}{4}\right)$

一個常視忽視之有用公式

$\cos x\pm\sin x$

$=\sqrt{2}\cos\left(x\mp\frac{\pi}{4}\right)$

$y''=\sqrt{2}\left[e^x\cos\left(x+\frac{\pi}{4}\right)-e^x\sin\left(x+\frac{\pi}{4}\right)\right]$

$=(\sqrt{2})^2\left[e^x\frac{\sqrt{2}}{2}\cos\left(x+\frac{\pi}{4}+\frac{\pi}{4}\right)-e^x\sin\left(x+\frac{\pi}{4}+\frac{\pi}{4}\right)\right]$

$=(\sqrt{2})^2\ e^x\cos\left(x+\frac{2\pi}{4}\right)\cdots\cdots\quad\therefore\ y^{(n)}=(\sqrt{2})^n e^x\cos\left(x+\frac{n\pi}{4}\right)$

7. 取 $u=e^x$，$v=x^2$ 則 $u^{(n)}=e^x$ 及 v：$v'=2x\quad v''=2$

$\therefore y^{(n)}=x^2 e^x+\binom{n}{1}2xe^x+\binom{n}{2}2e^x=(x^2+2nx+n^2-n)e^x$

故 $y^{(10)}=(x^2+20x+90)e^x$

8. 取 $u=\ln x$，$v=x^2$

u：$u'=x^{-1}$，$u''=(-1)x^{-2}$

$u'''=(-1)(-2)x^{-3}\cdots\cdots u^{(n)}=(-1)^{n-1}(n-1)!\ x^{-n}$

v：$v'=2x$，$v''=2$

$$\therefore y^{(n)}=(-1)^{n-1}(n-1)!\ x^{-n}\cdot x^2+2x(-1)^{n-2}\cdot$$

$$(n-2)!x^{-(n-1)}\cdot n+2(-1)^{n-3}\cdot(n-3)!\ x^{-(n-2)}\cdot\frac{n(n-1)}{2}$$

$$=\frac{(-1)^{n-3}2(n-3)!}{x^{n-2}}$$

9. $y=\ln(1+x)-\ln(1-x)$，$y'=\frac{1}{1+x}+\frac{1}{1-x}$

$$\therefore y^{(n)}=\frac{(-1)^{n-1}(n-1)!}{(1+x)^n}+\frac{(-1)^{n-1}(n-1)!(-1)^{n-1}}{(1-x)^n}$$

$$=\frac{(-1)^{n-1}(n-1)!}{(1+x)^n}+\frac{(n-1)!}{(1-x)^n}$$

10. $y=\sin(a\tan^{-1}x)$

$$\Rightarrow\begin{cases}y'=a(1+x^2)^{-1}[\cos(a\tan^{-1}x)]\\ y''=-\sin(a\tan^{-1}x)\cdot\dfrac{a^2}{(1+x^2)^2}+[\cos(a\tan^{-1}x)]\cdot\dfrac{-2ax}{(1+x^2)^2}\end{cases}$$

$$\therefore(1+x^2)^2y''+(1+x^2)2xy'+a^2y$$

$$=-a^2\sin(a\tan^{-1}x)-2ax[\cos(a\tan^{-1}x)]+$$

$$2xa[\cos(a\tan^{-1}x)]+a^2\sin(a\tan^{-1}x)=0$$

11. $y=\sin^6 x+\cos^6 x=(\sin^2 x+\cos^2 x)(\sin^4 x-\sin^2 x\cos^2 x+\cos^4 x)$

$=\sin^4 x-\sin^2 x\cos^2 x+\cos^4 x=(\sin^2 x+\cos^2 x)^2-3\sin^2\cos^2 x$

$=1-3\sin^2 x\cos^2 x=1-\dfrac{3}{4}(\sin 2x)^2$

$=1-\dfrac{3}{4}\left(\dfrac{1-\cos 4x}{2}\right)=\dfrac{5}{8}+\dfrac{3}{8}\cos 4x$

$\therefore y^{(n)}=\dfrac{3}{8}4^n\cos\left(4x+\dfrac{n\pi}{2}\right)$

12. $y=\sin^5 x=\sin^2 x\sin^3 x$

$=\dfrac{1-\cos 2x}{2}\left(\dfrac{3\sin x-4\sin^3 x}{4}\right)$

$=\dfrac{1}{8}(1-\cos 2x)(3\sin x-\sin 3x)$

$=\dfrac{1}{16}(10\sin x-5\sin 3x+\sin 5x)$

應用三角恒等式將 $\sin^5 x$ 分解到因式爲 $\sin bx$ 之形式：

(1) $\sin^2 x=\dfrac{1+\cos 2x}{2}$

(2) $\sin^3 x=\dfrac{1}{4}(3\sin x-4\sin^3 x)$

(3) $\cos A\sin B=\dfrac{1}{2}(\sin(A+B)-\sin(A-B))$

$\therefore y^{(n)}=\dfrac{1}{16}\left(10\sin\left(x+\dfrac{n\pi}{2}\right)-5\cdot 3^n\sin\left(3x+\dfrac{n\pi}{2}\right)+5^n\sin\left(5x+\dfrac{n\pi}{2}\right)\right)$

13. $\because f(x)=(x+\sqrt{1+x^2})^m$

$\therefore f'(x)=m(x+\sqrt{1+x^2})^{m-1}\left(1+\dfrac{x}{\sqrt{1+x^2}}\right)=\dfrac{m}{\sqrt{1+x^2}}f(x)$

故 $f'(0)=m$

又 $f''(x)=m\left[-x(1+x^2)^{-\frac{3}{2}}f(x)+(1+x^2)^{-\frac{1}{2}}f'(x)\right]$

$\therefore f''(0)=mf'(0)=m^2$

14. $x^2y^2=12\Rightarrow 2xy^3+3x^2y^2y'=0\quad\therefore y'=-\dfrac{2}{3}x^{-1}y$

故 $y''=\dfrac{2}{3}x^{-2}y-\dfrac{2}{3}x^{-1}y'=\dfrac{2}{3}x^{-2}y-\dfrac{2}{3}x^{-1}\left(-\dfrac{2}{3}x^{-1}y\right)=\dfrac{10}{9}x^{-2}y$

15. $3x^2+y^2-2xy=0 \Rightarrow 6x+2yy'-2y-2xy'=0 \quad \therefore\ y'=\dfrac{(3x-y)}{(x-y)}$

故 $y''=\dfrac{(x-y)(3-y')-(3x-y)(1-y')}{(x-y)^2}$

$$=\frac{(x-y)\left(3-\frac{3x-y}{x-y}\right)-(3x-y)\left(1-\frac{3x-y}{x-y}\right)}{(x-y)^2}$$

$$=\frac{2}{(x-y)^3}[3x^2+y^2-2xy]$$

16. $f(x)=\begin{cases} x\sin x & ,x\geq 0 \\ -x\sin x & ,x<0 \end{cases}$

(1) 先判斷 $f'(0)$是否存在？

$$f'_+(0)=\lim_{x\to 0^+}\frac{f(x)-f(0)}{x-0}=\lim_{x\to 0^+}\frac{x\sin x-0}{x}=0$$

$$f'_-(0)=\lim_{x\to 0^-}\frac{f(x)-f(0)}{x-0}=\lim_{x\to 0^-}\frac{-x\sin x}{x}=0$$

$\therefore f'(0)=0$

(2) 求 $f''(0)$

$$f''_+(0)=\lim_{x\to 0^+}\frac{f'(x)-f(0)}{x-0}$$

$$=\lim_{x\to 0^+}\frac{\sin x+x\cos x}{x}$$

$$=\lim_{x\to 0^+}\left(\frac{\sin x}{x}+\cos x\right)=2$$

$$\lim_{x\to 0}\frac{\sin x}{x}=1 \Rightarrow \begin{cases} \lim_{x\to 0^+}\frac{\sin x}{x}=1 \\ \lim_{x\to 0^-}\frac{\sin x}{x}=1 \end{cases}$$

$$\lim_{x\to 0}\cos x=1 \Rightarrow \begin{cases} \lim_{x\to 0^+}\cos x=1 \\ \lim_{x\to 0^-}\cos x=1 \end{cases}$$

$$f''_-(0)=\lim_{x\to 0^-}\frac{f(x)-f(0)}{x-0}=\lim_{x\to 0^-}\frac{-\sin x+x\cos x}{x}$$

$$= \lim_{x \to 0^-} \left(\frac{-\sin x}{x}\right) - \lim_{x \to 0^-} \cos x = -2$$

$\because f''_+(0) \neq f''_-(0)$ $\therefore f''(0)$ 不存在，即 $f(x)$ 在 $x=0$ 處之二階導函數不存在。

17. (1) $$\frac{d^2x}{dy^2} = \frac{d}{dy}\left(\frac{dx}{dy}\right) = \left[\frac{d}{dx}\left(\frac{1}{\frac{dy}{dx}}\right)\right]\frac{dx}{dy} = \frac{-\frac{d^2y}{dx^2}}{\left(\frac{dy}{dx}\right)^2} \cdot \frac{dx}{dy}$$

$$= -\frac{\frac{d^2y}{dx^2}}{\left(\frac{dy}{dx}\right)^2} \cdot \frac{1}{\frac{dy}{dx}} = -\frac{d^2y/dx^2}{\left(\frac{dy}{dx}\right)^3} = -\frac{y''}{(y')^3}$$

(2) 由 (1) $$\frac{d^3x}{dy^3} = \frac{d}{dy}\left(\frac{d^2x}{dy^2}\right) = \frac{d}{dy}\left(-\frac{y''}{(y')^3}\right) = -\frac{d}{dx}\left(-\frac{y''}{(y')^3}\right) \Big/ \frac{dy}{dx}$$

$$= \frac{\frac{3(y')^2(y'')^2 - (y')^3 y'''}{(y')^6}}{y'} = \frac{3(y'')^2 - y'y'''}{(y')^5}$$

18. $\varphi' = f'g + fg'$

$\varphi'' = f''g + f'g' + f'g' + fg'' = f''g + 2c + fg''$

$\varphi''' = f'''g + f''g' + f'g'' + fg'''$；但 $f'g' = c$

$= f'''g + fg'''$ $\qquad\qquad \Rightarrow f'g'' + f''g' = 0$

$$\therefore \frac{\varphi'''}{\varphi} = \frac{1}{\varphi}(f'''g + fg''') = \frac{1}{fg}(f'''g + fg''') = \frac{f'''}{f} + \frac{g'''}{g}$$

19. $F = f_1 g_2 - f_2 g_1$

$$\therefore F' = f_1' g_2 + f_1 g_2' - f_2' g_1 - f_2 g_1' = \begin{vmatrix} f_1' & f_2' \\ g_1 & g_2 \end{vmatrix} + \begin{vmatrix} f_1 & f_2 \\ g_1' & g_2' \end{vmatrix}$$

20. $2x+2yy'=0 \quad \therefore y'=\dfrac{-x}{y} \Rightarrow y'\Big|_{(3,4)}=-\dfrac{3}{4}$

$$y''=-\frac{y-xy'}{y^2}=-\frac{y-x\left(\dfrac{-x}{y}\right)}{y^2}=-\frac{x^2+y^2}{y^3}=-\frac{25}{y^3} \qquad \therefore y''\Big|_{(3,4)}=-\frac{25}{64}$$

$$y'''=\frac{25y'}{3y^4}=\frac{25\left(-\dfrac{x}{y}\right)}{3y^4}=\frac{-25x}{3y^5} \quad \therefore y'''\Big|_{(3,4)}=\frac{-75}{1024}$$

21. $\dfrac{dy}{dx}=\dfrac{1}{\dfrac{dx}{dy}}=\dfrac{1}{f'(y)}=\dfrac{1}{f'(f^{-1}(x))}$

$$\therefore \frac{d^2 f^{-1}(x)}{dx^2}=\frac{d}{dx}\left(\frac{1}{f'(f^{-1}(x))}\right)=-\frac{(f'(f^{-1}(x)))'}{(f'(f^{-1}(x)))^2}$$

$$=-\frac{f''(f^{-1}(x))[(f^{-1}(x))]'}{f'(f^{-1}(x))^2}$$

$$=-\frac{f''(f^{-1}(x))}{(f'(f^{-1}(x)))^2}\cdot\frac{1}{f'(f^{-1}(x))}=-\frac{f''(f^{-1}(x))}{[f'(f^{-1}(x))]^3}$$

第三章　微分應用

3-1　均值定理註

☑洛爾定理（Rolle's theorem）

若 (1) 函數 f 在閉區間 $[a, b]$ 連續；(2) $f(a)=f(b)$；

(3) $f(x)$ 在 (a, b) 中可微分

則 f 在 (a, b) 中至少有一點 c 使得 $f'(c)=0$。

Lagrange 均值定理（mean value theorem）

若函數 f (1) 在閉區間 $[a, b]$ 連續

(2) 在開區間 (a, b) 可微分

則至少有一點 $x_0 \in (a, b)$，使得

$$f(b)-f(a)=(b-a)f'(x_0)。$$

註：均值定理也有人譯為中值定理。

Lagrange 均值定理又可寫成

(1) $f(x)=f(a)+(x-a)f'(x_0)$，$a<x_0<x$

(2) $f(b)=f(a)+(b-a)f'[a+\theta(b-a)]$，$0<\theta<1$

(3) $f(a+h)=f(a)+hf'(a+\theta h)$，$0<\theta<1$

☑歌西定理（Cauchy's theorem）

若 (1) $f(x)$ 與 $g(x)$ 皆在閉區間 $[a, b]$ 連續

(2) $f(x)$ 與 $g(x)$ 皆在開區間 (a, b) 可微分，

則至少有一點 $x_0\in(a,b)$，使

$$f'(x_0)[g(b)-g(a)]=g'(x_0)[f(b)-f(a)]$$

> 不論 Rolle 定理、Lagrange 均值定理或 Cauchy 定理它們之條件均為
> (1) f 在 $[a, b]$ 為連續
> (2) f 在 (a, b) 為可微分

例 1 以 $f(x)=x^3-4x+1$，$0\le x\le 2$ 驗證 Rolle's 定理。

解 $f(x)=x^3-4x+1$ 在 $[0,2]$ 連續，且 $f(0)=f(2)=1$

解 $f'(x)=3x^2-4=0$，得 $x_0=\dfrac{2}{\sqrt{3}}$ $\quad\therefore x_0=\dfrac{2}{\sqrt{3}}\in(0,2)$

例 2 若 $f(x)=x(x-1)(x-2)(x-3)(x-4)$，問 $f'(x)=0$ 有幾個實根，各落在何區間？

解　$f(x)$ 在 $[1,4]$ 為連續，$(1,4)$ 間可微分，

$f(0)=f(1)=\cdots\cdots=f(4)=0$

$\therefore f'(x)=0$ 在 $(0,1),(1,2),(2,3),(3,4)$ 各至少有一根，又 $f'(x)=0$ 恰有 4 個根，故 $f'(x)=0$ 在 $(0,1),(1,2),(2,3),(3,4)$ 中均各有一根。

例 3　考慮 $f(x)=|x|$，$-1\le x\le 1$，顯然 $f(1)=f(-1)$，但我們無法找到一個 c，$c\in(-1,1)$ 使得 $f'(c)=0$，問此是否與 Rolle 定理牴觸？

解　$\because f(x)$ 在 $x=0$ 時不可微分　$\therefore$與 Rolle 定理並不牴觸

例 4　以 $f(x)=\ln x$，$1\le x\le t$ 求出 Lagrange 均值定理中的 x_0。

解　因 $f(x)=\ln x$ 在 $[1,t]$ 連續，且 $f'(x)=\frac{1}{x}$ 存在於 $(1,t)$ 中

解 $\ln t-\ln 1=(t-1)\frac{1}{x_0}$　得 $x_0=\frac{t-1}{\ln t}$，$1<\frac{t-1}{\ln t}<t$，

◎例 5　證 $\frac{x-1}{x}<\ln x<x-1$，$x>1$。

證　令 $f(x)=\ln x$，則 $f'(x)=\frac{1}{x}$

由 Lagrange 均值定理　$f(x)-f(1)=(x-1)\frac{1}{x_0}$，$1<x_0<x$

即 $\ln x=\frac{x-1}{x_0}$

因 $1<x_0<x$，故 $\frac{x-1}{x}<\frac{x-1}{x_0}<\frac{x-1}{1}$ 即 $\frac{x-1}{x}<\ln x<x-1$，$x>1$

例 6 證明 $\frac{\ln x}{x}<\frac{\ln a}{x}+\frac{1}{a}$，$x>a>0$。

解 取 $f(x)=\ln x$，則

$$\ln x-\ln a=(x-a)\cdot\frac{1}{x_0}，x>x_0>a>0$$

$$\therefore \frac{\ln x}{x}=\frac{\ln a}{x}+\frac{x-a}{x}\cdot\frac{1}{x_0}<\frac{\ln a}{x}+\frac{x-a}{x}\cdot\frac{1}{a}<\frac{\ln a}{x}+\frac{1}{a}$$

例 7 證：(a) $|\sin x-\sin y|\le|x-y|$

(b) $|\tan^{-1}x-\tan^{-1}y|\le|x-y|$，$x\ge y$

解 (a) $|\sin x-\sin y|=|\cos\varepsilon||x-y|\le|x-y|$

(b) $|\tan^{-1}-\tan^{-1}y|=\frac{|x-y|}{1+\varepsilon^2}, \le|x-y|$

> 用微分法證明代數不等式有以下途徑：
> (1) 均值定理
> (2) 增減函數
> (3) 函數之凹性

◎**例 8** 若函數 f (1) 在 $[a, b]$ 中連續 (2) 在 (a, b) 中可微分且 (3) 對任意 $x\in(a,b)$，$f'(x)=0$ 則 $f(x)=c$，c 是常數，$x\in[a,b]$ 試證之。

證 任取 x_0，$a<x_0\le b$ 則依 Lagrange 均值定理

$$f(x_0)-f(a)=(x_0-a)f'(x_1)=(x_0-a)\cdot 0=0，a<x_1<x_0$$

故對任一 x_0，$a<x_0\le b$，有 $f(x_0)=f(a)$

因此 $f(x)=c$，c 是常數，$x\in[a,b]$

※**例 9** $f(x)$ 在 $[a,b]$ 中連續，在 (a,b) 中可微分，若 $f(x)$ 尚滿足 (1) $f(x)\neq 0 \quad \forall x\in(a,b)$，(2) $f(a)=f(b)=0$，試證存在一個 ξ 使得 $f'(\xi)=af(\xi)$

解 設 $g(x)=e^{-ax}f(x)$

則 $g(a)=g(b)=0$ 且滿足Rolle定理之條件：由Rolle定理，在(a,b) 中至少有一個 ξ，$g(b)-g(a)=-ae^{\xi}f(\xi)+e^{-a\xi}f'(\xi)=0$

$\therefore f'(\xi)=af(\xi)$

由例 9 之假設及要證之結果可看出在解題上要應用 Rolle 定理，若要證 $f'(\xi)=0$ 則由 Rolle 定理直接可得。但本例要證的是 $f'(\xi)=af(\xi)$，那在證明過程中要加一個材料，這個材料便是輔助函數，它是解這類問題必要的手段。常見的輔助函數有 $xf(x), \dfrac{f(x)}{x}, e^{ax}f(x), e^{-ax}f(x), \ln f(x)$ 等，這常需靈感。
以本例言，我們要找的輔助函數 $g(x)$ 需滿足 $g'(x)=(f'(x)-af(x))\Rightarrow g(x)=e^{-ax}f$（要有點微分方程式的 sense 比較容易找到靈感）

◎**例 10** 試證 $x^5+x-1=0$ 恰有一正根。

證明恰有一根之二部曲：
(1) 存在←介值定理
(2) 惟一←反證法（利用洛爾定理）

解 取 $f(x)=x^5+x-1$，

則 $f(0)=-1$，$f(1)=1$

$\therefore f(x)=0$ 在 $(0,1)$ 間至少有一正根

設 a，b 為 $f(x)=0$ 之二個根，即 $f(a)=f(b)=0$，

由洛爾定理 $f(a)=f(b)=0$ 則在 a, b 間存在有一個 ε，使得 $f'(\varepsilon)=5\varepsilon^4+1=0$，$\varepsilon$ 介於 a，b 間，但不可能存在一個實數 ε 滿足 $5\varepsilon^4+1=0$

$\therefore x^5+x-1=0$ 恰有一正根。

類似問題

1. 以下列各題驗證 Rolle 定理：

(1) $f(x)=x^3-12x$，$0\le x\le 2\sqrt{3}$，

(2) $f(x)=x^n(x-a)$，$0\le x\le a, n>1$

2. 以下列各題求均值定理中的 x_0：

(1) $f(x)=3x^2+4x-3$，$1\le x\le 3$

(2) $f(x)=ax^2+bx+c$，$x_1\le x\le x_2$

◎3. 證 $\frac{x}{1+x}<\ln(1+x)<x$，$x\in(-1,0)\cup(0,\infty)$

◎4. 證 $\sqrt{1+x}<1+\frac{1}{2}x$，$x\in(-1,0)\cup(0,\infty)$

◎5. 證 $e^x \geq 1+x$，$x \in R$

6. 證：$5+\frac{5}{52} \leq \sqrt{26} \leq 5+\frac{1}{10}$

7. 證：$\frac{1}{9} < \sqrt{66}-8 < \frac{1}{8}$

※8. $f(x)$ 在 $[0, 1]$ 爲連續，在 $(0, 1)$ 爲可微分。若 $f(0)=1$，$f(1)=0$，試證在 $(0, 1)$ 中存在一點 ξ 使得 $f'(\xi)=\frac{f(\xi)}{\xi}$。

※9. 若 $f(x)$ 在 $[0, 1]$ 爲連續，在 $(0, 1)$ 爲可微分，$f(x)$ 在 $[0, 1]$ 不爲 0，試證在 $(0, 1)$ 中存在一個 ξ 使得 $f(\xi)f'(\xi)>0$。

※10. 若 $f(x)$ 在 $[a, b]$ 爲連續，在 (a, b) 爲可微分，試證存在一個 $\xi \in (a,b)$ 使得 $\frac{f(b)-f(a)}{b-a}=(b+a)\frac{f'(\xi)}{2\xi}$。

※11. $f(x)$在$[0, 1]$爲連續，在$(0, 1)$爲可微分，$f(0)=0$，$f(1)=1$，試證，在 $(0, 1)$ 存在二個相異點 x_1, x_2 使得對任意正數 a, b 均有 $\frac{a}{f'(x_1)}+\frac{b}{f'(x_2)}=a+b$

※12. 若 $f(x)$ 在 $[a, b]$ 爲連續，在 (a, b) 爲可微分，試證在 (a, b) 中存在一個 ξ 使得 $bf(a)-af(b)=(b-a)[f(\xi)-\xi f'(\xi)]$

13. 說明 Rolle 定理何以無法用在下列各函數。

(a) $f(x)=(x^2-2x+1)$，$x \in [-2, 1]$

(b) $f(x)=x^{\frac{1}{3}}-x$，$x\in[-1,1]$

14. $f(x)=x^{\frac{2}{3}}, x\in[-1,1]$ 驗證：不存在一個 c 值，$c\in(-1,1)$ 滿足 $f'(c)=\frac{f(1)-f(-1)}{1-(-1)}$，問此是否與 Lagrange 平均值定理牴觸？

◎15. 證：$\sqrt{1+x}<4+\frac{x-15}{8}$，$x>15$

◎16. 證：$\tan^{-1}x<\frac{\pi}{4}+\frac{x-1}{2}$，$x>1$

◎17. 證：$\frac{\pi}{4}-\frac{1-x}{1+x^2}<\tan^{-1}x<\frac{\pi}{4}-\frac{1-x}{2}$，$1>x>0$

◎18. 若 $\frac{a_0}{5}+\frac{a_1}{4}+\frac{a_2}{3}+\frac{a_3}{2}+a_4=0$，證 $a_0x^4+a_1x^3+a_2x^2+a_3x+a_4=0$ 必有一根介於 0 與 1 之間。

19. 試證 $x^7+x+1=0$ 恰有一正根。

20. 利用均值定理證明 $\lim_{x\to\infty}\sqrt[3]{x+4}-\sqrt[3]{x}=0$

解

1. (1)$x_0=2$　　(2) $x_0=\frac{n}{n+1}a$

2. (1)$x_0=2$　　(2) $x_0=\frac{1}{2}(x_2+x_1)$

3. (a)$x>0$ 時，取 $f(x)=\ln(1+x)$，$a=0$

則 $\dfrac{\ln(1+x)-\ln(1+0)}{x-0}=\dfrac{1}{1+\theta}$，$x>\theta>0$

$\therefore \ln(1+x)=\dfrac{x}{1+\theta}$：

$\dfrac{x}{1+\theta}<\dfrac{x}{1+0}=x$　② $\dfrac{x}{1+\theta}>\dfrac{x}{1+x}$

$\therefore \dfrac{x}{1+x}<\ln(1+x)<x$

(b)$0>x>-1$同法可證，從略

4. 令 $f(x)=\sqrt{1+x}$，$a=0$

在 $-1<x<0$ 時：$\dfrac{f(x)-f(0)}{x}=\dfrac{1}{2\sqrt{1+\varepsilon}}$，$x>\varepsilon>-1$

$\sqrt{1+x}-1=\dfrac{x}{2\sqrt{1+\varepsilon}}>\dfrac{x}{2\sqrt{1+x}}$　$\therefore \sqrt{1+x}>1+\dfrac{x}{2\sqrt{1+x}}$

$\infty>x>0$ 時同法可證

綜上 $\dfrac{x}{1+x}<\ln(1+x)<x,\quad x\in(-1,0)\cup(0,\infty)$

5. 令 $f(x)=e^x$，取$[0,x]$則 $f(x)-f(0)=xf'(x_0)$，$0<x_0<x$

$e^x-e^0=xe^{x_0}$

$\therefore e^x=1+xe^{x_0}\geq 1+xe^0=1+x$ 即 $e^x\geq 1+x$，$x\geq 0$

同理 $e^x\geq 1+x$，$x<0$ 故 $e^x\geq 1+x$，$x\in R$

6. 取 $f(x)=\sqrt{25+x}$　$1\geq x\geq 0$

由 Lagrange 均值定理：$f(1)-f(0)=1\cdot\dfrac{1}{2\sqrt{25+x_0}}$，$1>x_0>0$

即 $\sqrt{26}-5=\dfrac{1}{2\sqrt{25+x_0}}$，$1>x_0>0$

① $\dfrac{1}{2\sqrt{25+x_0}} \le \dfrac{1}{2\sqrt{25}} = \dfrac{1}{10}$；即 $\sqrt{26}-5<\dfrac{1}{10}$

② $\dfrac{1}{2\sqrt{25+x_0}} \ge \dfrac{1}{2\sqrt{26}} = \dfrac{\sqrt{26}}{2\cdot 26} = \dfrac{\sqrt{26}}{52} \ge \dfrac{\sqrt{25}}{52} = \dfrac{5}{52}$；即 $\sqrt{26}-5>\dfrac{5}{52}$

∴由①, ② 得 $5+\dfrac{5}{52} \le \sqrt{26} \le 5+\dfrac{1}{10}$

7. 取 $f(x)=\sqrt{x}$，$64 \le x \le 66$，則由 Lagrange 均值定理：

$f(66)-f(64)=2\cdot\left(\dfrac{1}{2\sqrt{x+x_0}}\right)$，$0<x_0<1$

即 $\sqrt{66}-8=\dfrac{1}{\sqrt{x+x_0}}$

∵ $64 \le x \le 66$，$0<x_0<1$

$\therefore \dfrac{1}{8} > \dfrac{1}{\sqrt{64+0}} \ge \dfrac{1}{\sqrt{x+x_0}} \ge \dfrac{1}{\sqrt{66+1}} \ge \dfrac{1}{\sqrt{81}} = \dfrac{1}{9}$

即 $\dfrac{1}{8} \ge \dfrac{1}{\sqrt{x+x_0}} \ge \dfrac{1}{9}$　$\therefore \dfrac{1}{8} \ge \sqrt{66}-8 \ge \dfrac{1}{9}$

8. 取 $g(x)=xf(x)$，則

$g(0)=0$，$f(0)=0$，$g(1)=f(1)=0$

∴由 Rolle 定理知，存在一個 ξ，
$\xi\in(0,1)$ 使得 $g'(\xi)=f(\xi)+\xi f'(\xi)$
$=0$，即 $f'(\xi)=-\dfrac{f(\xi)}{\xi}$

> 由 $f'(\xi)=-\dfrac{f(\xi)}{\xi}$
> $\Rightarrow f(\xi)+\xi f'(\xi)=0$
> $\xrightarrow{\text{聯想}} g(x)=xf(x)$
> ↑
> $g(0)=g(1)=0 \xLeftarrow{\text{聯想}}$ Rolle 定理

9. 取 $g(x)=\dfrac{1}{2}f^2(x)$，則 $g(x)$ 可滿足 Lagrange 中值定理之條件，∴

$\dfrac{g(x)-g(0)}{x-0}=f(\xi)f'(\xi)$，$x>\xi>0$

又 $g(0)=\frac{1}{2}f^2(0)=0$

$\therefore g(x)=xf(\xi)f'(\xi)>0$

又 $x>0$　$\therefore f(\xi)f'(\xi)>0$

> 由$f(\xi)f'(\xi)>0$
> $\overset{\text{聯想}}{\Longrightarrow} g(x)=\frac{1}{2}f^2(x)$

10. (1) 取 $g(x)=x^2$，則由 Cauchy 均值定理

$$\frac{f(b)-f(a)}{g(b)-g(a)}=\frac{f'(\xi)}{2\xi}, \; b>\xi>a$$

> 應用 Cauchy 均值定理前往往要找出一個適合之$g(x)$

$$\therefore \frac{f(b)-f(a)}{b^2-a^2}=\frac{f'(\xi)}{2\xi} \Rightarrow \frac{f(b)-f(a)}{b-a}=\frac{b+a}{2}f'(\xi)$$

11. $f(x)$ 在 $[0, 1]$ 中為連續，$f(0)=0$，$f(1)=1$，由 1.5 節之介值定理知 $f(x)$ 在 $(0, 1)$ 中存在一個 ξ

滿足 $f(\xi)=\frac{a}{a+b}$　　(1)

ξ 將 $(0, 1)$ 分成二個區間：$(0, \xi)$ 與 $(\xi, 1)$ 再分別應用 Lagrange 均值定理：

$$\frac{f(\xi)-f(0)}{\xi-0}=\frac{f(\xi)}{\xi}=f'(x_1), \; \xi>x_1>0$$

$$\frac{f(1)-f(\xi)}{1-\xi}=\frac{1-f(\xi)}{1-\xi}=f'(x_2), \; 1>x_2>\xi$$

$$\therefore \frac{a}{f'(x_1)}+\frac{b}{f'(x_2)}=\frac{a\xi}{f(\xi)}+\frac{b(1-\xi)}{1-f(\xi)} \qquad (2)$$

> 均值定理之進一步問題可能要和
> (1) 介值定理
> (2) 增減函數
> 併用。

代 (1) 入 (2) 得　$\frac{a}{f'(x_1)}+\frac{b}{f'(x_2)}=a+b$

12. 令 $g(x)=\frac{f(x)}{x}$，$h(x)=\frac{1}{x}$，則由 Cauchy 均值定理：

$$\frac{g(b)-g(a)}{h(b)-h(a)}=\frac{g'(\xi)}{h'(\xi)}, \; b>\xi>a$$

$$\Rightarrow \frac{\frac{f(b)}{b}-\frac{f(a)}{a}}{\frac{1}{b}-\frac{1}{a}}=\frac{\frac{\xi f'(\xi)-f(\xi)}{\xi^2}}{-\frac{1}{\xi^2}}$$

$\therefore af(b)-bf(a)=(a-b)(\xi f'(\xi)-f(\xi))$

即 $bf(a)-af(b)=(b-a)[f(\xi)-\xi f'(\xi)]$

由 $bf(a)-af(b)$
$=(b-a)[f(\xi)-\xi f'(\xi)]$ 可聯想到：

$f(\xi)-\xi f'(\xi)\Rightarrow\left(\frac{f(\xi)}{\xi}\right)'$

爲了要使左右二邊相等

$f(\xi)-\xi f'(\xi)=\left(\frac{f(\xi)}{\xi}\right)'\Big/\frac{1}{\left(\frac{1}{\xi}\right)'}$

$\therefore$令 $g(x)=\frac{f(x)}{x}$，$h(x)=\frac{1}{x}$

13. (a) $f(2)\neq f(-1)$

(b) $f(x)$ 在 $x=0$ 處不可微分

14. $f(x)$ 在 $x=0$ 處不可微分，故不可用均值定理

15. 取 $f(x)=\sqrt{1+x}$，$a=15$

$\frac{\sqrt{1+x}-\sqrt{16}}{x-15}=\frac{1}{2\sqrt{1+\theta}}$，$\theta>15$

$\therefore\sqrt{1+x}=4+\frac{x-15}{2\sqrt{1+\theta}}<4+\frac{x-15}{2\sqrt{1+15}}=4+\frac{x-15}{8}$

16. 取 $f(x)=\tan^{-1}x$，$a=1$

則 $\frac{\tan^{-1}x-\tan^{-1}1}{x-1}=\frac{1}{1+\theta^2}$，$\theta>1$

$\therefore\tan^{-1}x=\frac{\pi}{4}+\frac{x-1}{1+\theta^2}<\frac{\pi}{4}+\frac{x-1}{1+1}=\frac{\pi}{4}+\frac{x-1}{2}$

17. 取 $f(x)=\tan^{-1}x$，$a=1$

則 $\frac{\tan^{-1}x-\tan^{-1}1}{x-1}=\frac{1}{1+\theta^2}$，$1>x>\theta>0$

$\therefore\tan^{-1}x=\frac{\pi}{4}+\frac{x-1}{1+\theta^2}$：

① $\frac{\pi}{4}+\frac{x-1}{1+\theta^2}<\frac{\pi}{4}+\frac{x-1}{1+1}=\frac{\pi}{4}-\frac{1-x}{2}$

② $\frac{\pi}{4}+\frac{x-1}{1+\theta^2}>\frac{\pi}{4}+\frac{x-1}{1+x^2}=\frac{\pi}{4}-\frac{1-x}{1+x^2}$

$\therefore \frac{\pi}{4}-\frac{1-x}{1+x^2}<\tan^{-1}x<\frac{\pi}{4}-\frac{1-x}{2}$，$1>x>0$

18. 取 $F(x)=\frac{a_0}{5}x^5+\frac{a_1}{4}x^4+\frac{a_2}{3}x^3+\frac{a_3}{2}x^2+a_4x$

則 $F(1)=F(0)$ 且 $F(x)$ 在 $[0,1]$ 中連續，在 $(0,1)$ 中可微分

∴由 Rolle 定理知：在 $(0,1)$ 中必有一 x 使得 $F'(x)=a_0x^4+a_1x^3+a_2x^2+a_3x+a_4=0$

19. 取 $f(x)=x^7+x-1$ 則 $f(0)=-1$，$f(1)=1$　∴ $f(x)=0$ 在 $(0, 1)$ 間至少有一個根，設 a, b 為 $f(x)=0$ 之二個根，則 $f(a)=f(b)=0$，由 Rolle 定理，存在一個 ε，使得 $f'(\varepsilon)=7\varepsilon^6+1=0$，但不可能有實數 ε 滿足 $7\varepsilon^6+1=0$　∴$x^7+x-1=0$ 恰有一正根。

20. $f(x)=\sqrt[3]{x}$ 則 $\frac{\sqrt[3]{x+4}-\sqrt[3]{x}}{4}=\frac{1}{3\sqrt[3]{\varepsilon^2}}$，$x+4>\varepsilon>x$

$\therefore \sqrt[3]{x+4}-\sqrt[3]{x}=\frac{4}{3\sqrt[3]{\varepsilon^2}} \Rightarrow \frac{4}{3\sqrt[3]{(x+4)^2}}<\frac{4}{3\sqrt[3]{\varepsilon^2}}<\frac{4}{3\sqrt[3]{x^2}}$

$\lim\limits_{x\to\infty}\frac{4}{3\sqrt[3]{x^2}}=\lim\limits_{x\to\infty}\frac{4}{3\sqrt[3]{(x+4)^2}}=0$，由夾擊定理　$\therefore \lim\limits_{x\to\infty}\frac{4}{3\sqrt[3]{\varepsilon^2}}=0$

即 $\lim\limits_{x\to\infty}(\sqrt[3]{x+4}-\sqrt[3]{x})=0$

3-2　不定型

在討論函數的極限時，如果極限 $\lim\limits_{x\to c}f(x)$, $\lim\limits_{x\to c}g(x)$ 都存在，且

$\lim g(x) \neq 0$，則

$$\lim_{x \to c} \frac{f(x)}{g(x)} = \frac{\lim\limits_{x \to c} f(x)}{\lim\limits_{x \to c} g(x)}$$

如果 $\lim\limits_{x \to c} f(x) \neq 0$ 但 $\lim\limits_{x \to c} g(x) = 0$，則 $\lim\limits_{x \to c} \frac{f(x)}{g(x)}$ 不存在。可是如果 $\lim\limits_{x \to c} f(x) = \lim\limits_{x \to c} g(x) = 0$，則 $\lim\limits_{x \to c} \frac{f(x)}{g(x)}$ 可能存在、可能不存在，如果存在，計算較不容易，我們稱此情況爲 $\frac{0}{0}$ 形式的不定形（indeterminate form）。除了 $\frac{0}{0}$ 外，還有 $\frac{\infty}{\infty}$，$0 \cdot \infty$，$\infty - \infty$，0^0，∞^0，1^∞ 等形式的不定形，但嚴格說來，以 $\frac{0}{0}$ 與 $\frac{\infty}{\infty}$ 形式較重要，因爲其他形式的不定形大多可以化成 $\frac{0}{0}$ 與 $\frac{\infty}{\infty}$ 這兩種形式。

☑定理：

L'Hospital rule, $\frac{0}{0}$：若函數 f、g 在某區間內異於 c 的每一點 x 都可微分，則 $g'(x) \neq 0$ 當 $x \neq c$ 時，

(1) $\lim\limits_{x \to c} f(x) = 0 = \lim\limits_{x \to c} g(x)$，或

(2)' $\lim\limits_{x \to c} f(x) = \pm\infty$ 且 $\lim\limits_{x \to c} g(x) = \pm\infty$，

則 $\lim\limits_{x \to c} \frac{f(x)}{g(x)} = \lim\limits_{x \to c} \frac{f'(x)}{g'(x)}$。

c 爲 $\pm\infty$ 時亦成立。

註：(1) 上一定理中，改成或定理仍然成立。

(2) 若函數比爲不定形，而其導函數比仍爲不定形時，可重複使用 L'Hospital 規則，直到極限確定爲止。

(3) 有些函數比乍看下是不定形，但經整理後可發現並非如此，對這些函數比就不能應用 L'Hospital 規則。

(4) $0\cdot\infty$ 與 $\infty-\infty$ 可化成 $\frac{0}{0}$ 或 $\frac{\infty}{\infty}$。

(5) 0^0，∞^0，1^∞ 經取對數後可化成 $0\cdot\infty$，再化成 $\frac{0}{0}$ 或 $\frac{\infty}{\infty}$。

特別注意：不定型 1^∞ 之速解法：

若 $\lim_{x\to a} f(x)=1$，$\lim_{x\to a} g(x)=\infty$，則

$$\lim_{x\to a} f(x)^{g(x)}=e^{\lim_{x\to a} g(x)[f(x)-1]}$$

例 1　求 $\lim_{y\to\infty} y^2\ln\left(y\sin\frac{1}{y}\right)$。

解　原式 $\overset{x=\frac{1}{y}}{=\!=\!=}\lim_{x\to 0}\frac{\ln\frac{\sin x}{x}}{x^2}=\lim_{x\to 0}\frac{\cot x-\frac{1}{x}}{2x}$

$$=\lim_{x\to 0}\frac{x\cos x-1}{2x^2\sin x}=\lim_{x\to 0}\frac{\cos x-x\sin x}{4x\sin x+2x^2\cos x}$$

例 2　求 $\lim_{x\to 0^+}\frac{e^{-\frac{1}{x}}}{x}$。

解　原式 $=\lim_{y\to\infty}\frac{e^{-y}}{\frac{1}{y}}\overset{y=\frac{1}{x}}{=\!=\!=}\lim_{y\to\infty}\frac{y}{e^y}=\lim_{y\to\infty}\frac{1}{e^y}=0$

◎**例 3** 求 $\lim_{x\to 0}\frac{\tan x-\sin x}{\sin^3 x}$。

解 原式 $=\lim_{x\to 0}\frac{\frac{1}{\cos x}-1}{\sin^2 x}=\lim_{x\to 0}\frac{\sec x\tan x}{2\sin x\cos x}=\lim_{x\to 0}\frac{1}{2\cos^3 x}=\frac{1}{2}$

例 4 求 $\lim_{x\to 1}\frac{x^x-1}{x\ln x}$。

解 原式 $=\lim_{x\to 1}\frac{x^x(1+\ln x)}{\ln x+1}=1$

例 5 求 $\lim_{x\to\frac{\pi}{4}}(1-\tan x)\sec 2x$。

解 原式 $=\lim_{x\to\frac{\pi}{4}}\frac{1-\tan x}{\cos 2x}=\lim_{x\to\frac{\pi}{4}}\frac{-\sec^2 x}{-2\sin 2x}=\frac{\lim_{x\to\frac{\pi}{4}}\sec^2 x}{\lim_{x\to\frac{\pi}{4}}\sin 2x}=\frac{(\sqrt{2})^2}{1}=2$

例 6 求 $\lim_{x\to 0^+}\left(\frac{1}{x}-\frac{1}{\sin x}\right)$。

解 原式 $=\lim_{x\to 0^+}\frac{\sin x-x}{x\sin x}=\lim_{x\to 0^+}\frac{\cos x-1}{\sin x+x\cos x}$

$$=\lim_{x\to 0^+}\frac{-\sin x}{\cos x+\cos x-x\sin x}=\frac{0}{1+1-0}=0$$

◎**例 7** 求 $\lim_{x\to\infty}\left[x-x^2\ln\left(1+\frac{1}{x}\right)\right]$。

解　原式 $\overset{y=\frac{1}{x}}{=\!=\!=} \lim_{y\to 0}\left[\frac{1}{y}-\frac{1}{y^2}\ln(1+y)\right]$

$$=\lim_{y\to 0}\frac{y-\ln(1+y)}{y^2}=\lim_{y\to 0}\frac{1-\frac{1}{1+y}}{2y}=\lim_{y\to 0}\frac{y}{2y(1+y)}=\frac{1}{2}$$

例 8　若 $f'(a)$ 存在，求 $\lim_{h\to 0}\frac{f(a+2h)-f(a-h)}{h}$。

解　$\lim_{h\to 0}\frac{f(a+2h)-f(a-h)}{h}=\lim_{h\to 0}2f'(a+2h)-(-1)f'(a-h)$

$=3f'(a)$

> 1. 注意：
> $\lim_{h\to 0}\frac{f(x+2h)-2f(x+h)+f(x)}{h^2}$
> → h 才是變數
> 2. 讀者不妨用微分定義，藉由變數變換重解本題。

◎例 9　求 $\lim\frac{f(x+2h)-2f(x+h)+f(x)}{h^2}$。

解　$\lim_{h\to 0}\frac{f(x+2h)-2f(x+h)+f(x)}{h^2}=\lim_{h\to 0}\frac{2f'(x+2h)-2f'(x+h)}{2h}$

$=\lim_{h\to 0}\frac{2f''(x+2h)-f''(x+h)}{1}=f''(x)$

◎例 10　(1) 求 $\lim_{x\to 0^+}x^x$，並由求 (2) $\lim_{x\to 0^+}\ln x^x$　※(3) $\lim_{x\to 0^+}x^{x^x}$

解　(1) 原式 $=\lim_{x\to 0^+} e^{x\ln x}=\exp\left[\lim_{x\to 0^+} x\ln x\right]=\exp\left[\lim_{x\to 0}\frac{\ln x}{\frac{1}{x}}\right]$

$$=\exp\left[\lim_{x\to 0}\frac{1}{x}\cdot\frac{-x^2}{1}\right]=e^0=1$$

(2) $\lim_{x\to 0^+}\ln x^x=0$　(3) $\lim_{x\to 0^+}x^{x^x}=0^1=0$

> $\exp(u(x))$
> $=e^{u(x)}$
> $\therefore u(x)=e^{\ln u(x)}$
> $=\exp(\ln u(x))$

◎例 *11*　求 $\lim_{x\to 0^+}x^{\sin x}$。

解　原式 $=\lim_{x\to 0^+}e^{\sin x\ln x}=\exp\left[\lim_{x\to 0^+}\frac{\ln x}{\csc x}\right]=\exp\left[\lim_{x\to 0^+}\frac{\frac{1}{x}}{-\csc x\cot x}\right]$

$$=\exp\left[\lim_{x\to 0^+}-\frac{\sin^2 x}{x\cos x}\right]=\exp\left[\lim_{x\to 0^+}\frac{2\sin x\cos x}{x\sin x-\cos x}\right]=e^0=1$$

例 *12*　求 $\lim_{x\to 0}\left(\frac{a^x+b^x+c^x}{3}\right)^{\frac{1}{x}}$，$a, b, c>0$。

解　原式 $=\lim_{x\to 0}\exp\left[\frac{1}{x}\ln\left(\frac{a^x+b^x+c^x}{3}\right)\right]=\exp\left[\lim_{x\to 0}\frac{\ln\left(\frac{a^x+b^x+c^x}{3}\right)}{x}\right]$

$$=\exp\left[\lim_{x\to 0}(a^x\ln a+b^x\ln b+c^x\ln c)/(a^x+b^x+c^x)\right]=(abc)^{\frac{1}{3}}$$

例 *13*　求 $\lim_{x\to\frac{\pi}{2}^-}(\tan x)^{\cos x}$　(∞^0)。

解　原式 $=\exp\left[\lim_{x\to\frac{\pi}{2}}\cos x\ln(\tan x)\right]=\exp\left[\lim_{x\to\frac{\pi}{2}}\frac{\ln(\tan x)}{\sec x}\right]$

$$=\exp\left[\lim_{x\to\frac{\pi}{2}}\frac{\frac{\sec^2 x}{\tan x}}{\sec x\tan x}\right]=\exp\left[\lim_{x\to\frac{\pi}{2}}\frac{\cos x}{\sin^2 x}\right]=e^0=1$$

※**例 14**　求$\lim_{x\to\infty} x\left\{\sin\left[\ln\left(1+\frac{a}{x}\right)\right]-\sin\left[\ln\left(1+\frac{b}{x}\right)\right]\right\}$，$a>0, b>0$。

解

$$\lim_{x\to\infty} x\left\{\sin\left[\ln\left(1+\frac{a}{x}\right)\right]-\sin\left[\ln\left(1+\frac{b}{x}\right)\right]\right\}$$

$$\overset{y=\frac{1}{x}}{=\!=\!=}\lim_{y\to 0}\frac{\sin[\ln(1+ay)]-\sin[\ln(1+by)]}{y}$$

$$\overset{\text{L'Hospital}}{=\!=\!=}\lim_{y\to 0}\left\{\cos[\ln(1+ay)]\cdot\frac{a}{1+ay}-\cos[\ln(1+by)]\cdot\frac{b}{1+by}\right\}$$

$$=a-b$$

例 15　$f(x)$在 0 處為連續，若$\lim_{x\to 0}\left(1+x+\frac{f(x)}{x}\right)^{\frac{1}{x}}=e^3$，

求$\lim_{x\to 0}\frac{f(x)}{x^2}$

解

$$\lim_{x\to 0}\left(1+x+\frac{f(x)}{x}\right)^{\frac{1}{x}}=e^{\lim_{x\to 0}\frac{\ln\left(1+x+\frac{f(x)}{x}\right)}{x}}=e^3$$

$$\because\lim_{x\to 0}x=0\quad\therefore\lim_{x\to 0}\ln\left(1+x+\frac{f(x)}{x}\right)=0\quad\text{即}\lim_{x\to 0}\left(1+x+\frac{f(x)}{x}\right)=1$$

$$\text{從而}\lim_{x\to 0}\left(x+\frac{f(x)}{x}\right)=0\quad\therefore\lim_{x\to 0}\frac{f(x)}{x^2}=-1$$

等價無窮小代換法

在應用等價無窮小代換法時，我們要注意的是本法在中、俄二國（至少）之微積分教材是常見之方法，但在美式微積分教材不曾出現，因此，讀者在國內考試時除非是選擇、塡充題外除非不得已外，宜避免用之，但它至少在計算、證明題時可供驗算用。

我們知道 $\lim_{x\to 0}\frac{\sin x}{x}=1$，$\lim_{x\to 1}\frac{\sin(x-1)}{x-1}=1$，$\lim_{x\to 0}\frac{\ln(1+x)}{x}=1$，$\lim_{x\to 0}\frac{\tan x}{x}=1$……像這種滿足 $\lim_{x\to a}\frac{\alpha(x)}{\beta(x)}=1$，則稱 $x\to a$ 時 $\alpha(x)$ 與 $\beta(x)$ 爲等價無窮小，記做 $\alpha(x)\sim\beta(x)$，若 $\alpha_1(x)\sim\alpha_2(x)$，$\beta_1(x)\sim\beta_2(x)$ 且 $\lim\frac{\alpha_2(x)}{\beta_2(x)}$ 存在，則 $\lim\frac{\alpha_1(x)}{\beta_1(x)}$ 存在且 $\lim\frac{\alpha_1(x)}{\beta_1(x)}=\lim\frac{\alpha_2(x)}{\beta_2(x)}$。

用等價無窮小代換求極限，再配合 L'Hospital 法則確能大幅減少極限計算過程，這種方法是很常見的求極限方法。

常見之等價無窮小，在 $x\to 0$ 時

(1) $\sin x\sim x$ (2) $1-\cos x\sim\frac{x^2}{2}$ (3) $\tan^{-1}x\sim x$ (4) $\sin^{-1}x\sim x$

(5) $\ln(1+x)\sim x$ (6) $e^x-1\sim x$ (7) $(1+x)^\alpha-1\sim\alpha x$

(8) $a^x-1\sim x\ln a$

在實作時可擴張成如 $\sin x^2\sim x^2$，上述方法在極限式爲連乘積時有效，若中間有差項時就可能有風險，如 $\tan x\sim x$，$\sin x\sim x$，但 $\tan x-\sin x\sim\frac{x^3}{2}$（讀者可驗證 $\lim_{x\to 0}\frac{\tan x-\sin x}{x^3}=\frac{1}{2}$）

※例 *16* 求 $\lim_{x\to 0}\frac{\tan x-\sin x}{\ln(1+x^3)}$

解 $x\to 0$ 時，$\tan x-\sin x\sim\frac{x^3}{2}$，$\ln(1+x^3)\sim x^3$

$$\therefore \lim_{x\to 0}\frac{\tan x-\sin x}{\ln(1+x^3)}=\lim_{x\to 0}\frac{\frac{x^3}{2}}{x^3}=\frac{1}{2}$$

※例 *17*　$\lim_{x\to 0}\frac{\tan^3 x\tan^{-1}x\sqrt{x}}{\sin 2x^3\tan\sqrt{x}\sin^{-1}3x}$

解　$x\to 0$ 時，$\tan x\sim x\Rightarrow\tan^3 x\sim x^3$，$\tan^{-1}x\sim x\Rightarrow\tan^{-1}x\sqrt{x}\sim x\sqrt{x}$，$\sin x\sim x\Rightarrow\sin 2x^3\sim 2x^3$，同理：$\tan\sqrt{x}\sim\sqrt{x}$，$\sin^{-1}3x\sim 3x$

$$\therefore \lim_{x\to 0}\frac{\tan^3 x\tan^{-1}x\sqrt{x}}{\sin 2x^3\tan\sqrt{x}\sin^{-1}3x}=\lim_{x\to 0}\frac{x^3\cdot x\sqrt{x}}{2x^3\cdot\sqrt{x}\cdot 3x}=\frac{1}{6}$$

※例 *18*　$\lim_{x\to 0}\frac{\cos x(e^{\sin x}-1)^5}{\sin^3 x(1-\cos x)}$

解　$x\to 0$ 時，$(e^{\sin x}-1)^5\sim\sin^5 x$，$1-\cos x\sim\frac{x^2}{2}$

$$\therefore \lim_{x\to 0}\frac{\cos x(e^{\sin x}-1)^5}{\sin^3 x(1-\cos x)}=\lim_{x\to 0}\cos x\lim_{x\to 0}\frac{\sin^5 x}{\sin^3 x\cdot\frac{x^2}{2}}$$

$$=1\cdot\lim_{x\to 0}\frac{\sin^2 x}{\frac{x^2}{2}}=2$$

類似問題

1. 求 $\lim_{x\to 0}\frac{e^x+e^{-x}-x^2-2}{\sin^2 x-x^2}$。

2. 求 $\lim_{x\to 0}\frac{\cos ax-\cos bx}{x^2}$。

◎3. 求 $\lim_{x\to \frac{\pi}{4}}\frac{\sqrt{2}\cos x-1}{1-\tan^2 x}$。

※4. 求 $\lim_{x\to\infty}\ln(1+e^{ax})\ln\left(1+\frac{b}{x}\right), a>0, b>0$。

5. 求 $\lim_{x\to 0^+}(\cos\sqrt{x})^{\frac{a}{x}}, a>0$。

◎6. 求 $\lim_{x\to 0}\frac{x^2\sin\left(\frac{1}{x}\right)}{\sin x}$。

7. 求 $\lim_{x\to 1}\frac{\ln(1+\sqrt{x-1})}{\sin^{-1} b\sqrt{x^2-1}}, b>0$。

8. 求 $\lim_{x\to\infty}\frac{x-\sin x}{x}$。

9. 求 $\lim_{x\to\infty}x^2\left(1-x\sin\frac{1}{x}\right)$。

10. 求 $\lim_{x\to 0}\frac{a^x-b^x}{x}$，$a, b>0$。

◎11. 求 $\lim_{x\to 0}\frac{1-\cos ax\cos bx}{x^2}$。

12. 求 $\lim_{x\to\infty}(\sqrt[3]{x^3+3x^2}-\sqrt{x^2+2x})$。

◎13. 求 $\lim_{x\to 0}\frac{1-\cos(1-\cos x)}{x^4}$。

14. 求 $\lim_{x\to 1}\left(\frac{m}{1-x^m}-\frac{n}{1-x^n}\right)$。

◎15. 求 $\lim_{x\to 0}\left(\frac{\sin x}{x}\right)^{\frac{1}{1-\cos x}}$。

※16. 求 $\lim_{x\to 0}\frac{e-(1+x)^{\frac{1}{x}}}{x}$。

17. 求 $\lim_{x\to 0^+}(\sin x)^x$。

※18. 若 $\lim\limits_{x\to 0}\dfrac{\sin x\cos(x-b)}{e^x-a}=c$，$c$ 爲定值，求 a, b。

◎19. 求 $\lim\limits_{x\to 0}\left(\dfrac{1}{x\sin^{-1}x}-\dfrac{1}{x^2}\right)$。

20. 求 $\lim\limits_{x\to\infty}\dfrac{(x+2)\ln(x+2)-2(x+1)\ln(x+1)+x\ln x}{x}$。

◎21. 求 $\lim\limits_{x\to 0}\left(\dfrac{\tan x}{x}\right)^{\frac{1}{x^2}}$。

22. 求 $\lim\limits_{x}(\tan x)^{\cos x}$。

23. 求 $\lim\limits_{\theta\to 0}\dfrac{\sin\theta^2-\sin^2\theta}{\theta^4}$。

24. 求 $\lim\limits_{x\to\infty}\cos^x\dfrac{a}{\sqrt{x}}$。

25. 求若 $\lim\limits_{x\to\infty}\left(\dfrac{x^2+1}{x+1}-ax-b\right)=0$，求 a, b。

26. 求 $\lim\limits_{x\to 0}\dfrac{1-\cos x^2}{x\tan x}$。

27. 求 $\lim\limits_{x\to\infty}\dfrac{\frac{1}{x^2}}{\sin^2\left(\frac{2}{x}\right)}$。

◎28. 求 $\lim\limits_{x\to\infty}\left(\sin\dfrac{a}{x}+\cos\dfrac{b}{x}\right)^x$。

29. 求 $\lim\limits_{x\to\infty}x\ln\left(\dfrac{x+1}{x-1}\right)$。

30. 求 $\lim\limits_{x\to 0}\dfrac{(e^x-1)\sin x}{\cos x-\cos^2 x}$。

31. 求說明何以 L'Hospital 法則，無法用於：

(a) $\lim\limits_{x\to 0}\dfrac{x^2\sin\frac{1}{x}}{\sin x}$　及　(b) $\lim\limits_{x\to\infty}\dfrac{x-\sin x}{x+\sin x}$。

※32. 求 $\lim\limits_{x\to 0}\dfrac{\sqrt[m]{1+\alpha x}\sqrt[n]{1+\beta x}-1}{x}$，$m, n\in Z^+$。

※33. 求 求$\lim\limits_{x\to 0}\dfrac{\sqrt[m]{1+\dfrac{x}{m}}-\sqrt[n]{1+\dfrac{x}{n}}}{1-\sqrt[p]{1-\dfrac{x}{p}}}$，$m, n, p\in Z^{+}$。

※34. 求 $\lim\limits_{x\to 0}\dfrac{1-\cos x\cos 2x\cos 3x}{1-\cos x}$。

※35. 求 $\lim\limits_{x\to \frac{\pi}{2}}\dfrac{1-\sin^{\alpha+\beta}x}{\sqrt{(1-\sin^{\alpha}x)(1-\sin^{\beta}x)}}$。

36. 求 $\lim\limits_{x\to 0}\dfrac{\sqrt{1+x\sin x}-1}{x^2}$。

37. 若 $\lim\limits_{x\to 0}\dfrac{\sqrt{1+f(x)\tan x}-1}{\ln(1+x)}=b$，求 $\lim\limits_{x\to 0}f(x)$。

※38. $\lim\limits_{x\to 0^{+}}\dfrac{\tan(a+x)\tan(a-x)-\tan^2 a}{e^{x^2}-1}$

39. $\lim\limits_{x\to 0}\dfrac{(1-\cos x)(3^x-1)}{x\tan(\sin x^2)\cos x}$

解

1. $-\dfrac{1}{4}$　2. $\dfrac{b^2-a^2}{2}$　3. $\dfrac{1}{4}$

4. $\lim\limits_{x\to\infty}\ln(1+e^{ax})\ln\left(1+\dfrac{b}{x}\right)=\lim\limits_{x\to\infty}\dfrac{\ln(1+e^{ax})}{x}\cdot x\ln\left(1+\dfrac{b}{x}\right)$

$=\lim\limits_{x\to\infty}\dfrac{ae^{ax}}{1+e^{ax}}\cdot\ln\left(1+\dfrac{b}{x}\right)^{x}=ab$

5. 原式 $\overset{y=\sqrt{x}}{=\!=\!=}\lim\limits_{y\to 0}(\cos y)^{\frac{a}{y^2}}$　　(1^{∞})

$=e^{\lim\limits_{y\to 0}(\cos y-1)\cdot\frac{a}{y^2}}=e^{a\lim\limits_{y\to 0}\frac{\cos y-1}{y^2}}$

$=e^{-\frac{a}{2}}$

> 若 $\lim\limits_{x\to a}f(x)=1$，$\lim\limits_{x\to a}g(x)=\infty$，
> 則 $\lim\limits_{x\to a}f(x)^{g(x)}=e^{\lim\limits_{x\to a}g(x)[f(x)-1]}$

6. $\lim\limits_{x\to 0}\dfrac{x^2\sin\left(\frac{1}{x}\right)}{\sin x}=\lim\limits_{x\to 0}\dfrac{x}{\sin x}\cdot x\sin\left(\dfrac{1}{x}\right)$

$=\lim\limits_{x\to 0}\dfrac{x}{\sin x}\lim\limits_{x\to 0}x\sin\left(\dfrac{1}{x}\right)=1\cdot\lim\limits_{y\to\infty}\dfrac{\sin y}{y}=1\cdot 0=0$

> $\lim\limits_{x\to 0}\dfrac{\sin x}{x}=1$
> $\lim\limits_{x\to\infty}\dfrac{\sin x}{x}=0$

7. 應用等價無窮小：

原式 $=\lim\limits_{x\to 1}\dfrac{\sqrt{x-1}}{b\sqrt{x^2-1}}=\lim\limits_{x\to 1}\dfrac{1}{b\sqrt{x+1}}=\dfrac{1}{b\sqrt{2}}$

> $\ln(1+x)\sim x$
> $\sin^{-1}x\sim x$

8. 1　9. $\dfrac{1}{6}$　10. $\ln\dfrac{a}{b}$　11. $\dfrac{1}{2}(a^2+b^2)$

12. $\lim\limits_{x\to\infty}(\sqrt[3]{x^3+3x^2}-\sqrt{x^2+2x})$

$\overset{y=\frac{1}{x}}{=\!=\!=}\lim\limits_{y\to 0}\left(\sqrt[3]{\dfrac{1}{y^3}+\dfrac{3}{y^2}}-\sqrt{\dfrac{1}{y^2}+\dfrac{2}{y}}\right)$

$=\lim\limits_{y\to 0}\dfrac{\sqrt[3]{3y+1}-\sqrt{2y+1}}{y}=\lim\limits_{y\to 0}\dfrac{(\sqrt[3]{3y+1}-1)-(\sqrt{2y+1}-1)}{y}$

$=\lim\limits_{y\to 0}\dfrac{\sqrt[3]{3y+1}-1}{y}-\lim\limits_{y\to 0}\dfrac{\sqrt{2y+1}-1}{y}$

$=\dfrac{1}{3}(3y+1)^{-\frac{2}{3}}\cdot 3-\dfrac{1}{2}(2y+1)^{-\frac{1}{2}}\cdot 2\Big]_{y=0}=0$

> 像第 12 題這類問題以應用微分定義 $\lim\limits_{x\to a}\dfrac{f(x)-f(a)}{x-a}$ 爲便

13. $\dfrac{1}{8}$

14. 原式 $=\lim_{x\to 1}\frac{m(1-x^n)-n(1-x^m)}{(1-x^m)(1-x^n)}=\lim_{x\to 1}\frac{-mnx^{n-1}+mnx^{m-1}}{-mx^{m-1}-nx^{n-1}+(m+n)x^{m+n-1}}$

$$=\lim_{x\to 1}\frac{mn[-(n-1)x^{n-2}+(m-1)x^{m-2}]}{-m(m-1)x^{m-2}-n(n-1)x^{n-2}+(m+n)(m+n-1)x^{m+n-2}}$$

$$=\frac{mn(m-n)}{(m+n)(m+n-1)-m(m-1)-n(n-1)}=\frac{m-n}{2}$$

15. $\lim_{x\to 0}\frac{\sin x}{x}=1$，$\lim_{x\to 0}\frac{1}{1-\cos x}=\infty$

$\therefore$ 原式 $=\exp\left(\lim_{x\to 0}\frac{1}{1-\cos x}\ln\frac{\sin x}{x}\right)=\exp\left(\lim_{x\to 0}\frac{\frac{x}{\sin x}\cdot\frac{x\cos x-\sin x}{x^2}}{\sin x}\right)$

$$=\exp\left(\lim_{x\to 0}\frac{x\cos x-\sin x}{x\sin^2 x}\right)=\exp\left(\lim_{x\to 0}\frac{-x\sin x}{\sin^2 x+2x\sin x\cos x}\right)$$

$$=\exp\left(\lim_{x\to 0}\frac{-\sin x-x\cos x}{2\sin x\cos x+\sin 2x+2x\cos 2x}\right)$$

$$=\exp\left(\lim_{x\to 0}\frac{-2\cos x+x\sin x}{4\cos 2x+2\cos 2x-4x\sin 2x}\right)=e^{-\frac{1}{3}}$$

〔速解〕原式

$=e^{\lim_{x\to 0}\left(\frac{\sin x}{x}-1\right)\left(\frac{1}{1-\cos x}\right)}=e^{-\frac{1}{3}}$

16. $\lim_{x\to 0}\frac{e-(1+x)^{\frac{1}{x}}}{x}$

$$=\lim_{x\to 0}-\left[\frac{d}{dx}(1+x)^{\frac{1}{x}}\right]=\lim_{x\to 0}\left[-\frac{d}{dx}e^{\frac{1}{x}\ln(1+x)}\right]$$

$$=\lim_{x\to 0}\left(-\frac{1}{x^2}\ln(1+x)-\frac{1}{x(1+x)}\right)e^{\frac{1}{x}}\ln(1+x)$$

$$=\lim_{x\to 0}\frac{(1+x)\ln(1+x)-x}{x^2(1+x)}\cdot(1+x)^{\frac{1}{x}}$$

$$=\lim_{x\to 0}\frac{(1+x)^{\frac{1}{x}}}{1+x}\lim_{x\to 0}\frac{(1+x)\ln(1+x)-x}{x^2}$$

$$=\frac{\lim\limits_{x\to 0}(1+x)^{\frac{1}{x}}}{\lim\limits_{x\to 0}(1+x)}\cdot\lim_{x\to 0}\frac{\ln(1+x)+1-1}{2x}=e\cdot\lim_{x\to 0}\frac{1}{2(1+x)}=\frac{e}{2}$$

17. $$\lim_{x\to 0^+}(\sin x)^x=\lim_{x\to 0^+}e^{x\ln(\sin x)}=\exp\left[\lim_{x\to 0^+}\frac{\ln(\sin x)}{x^{-1}}\right]$$

$$=\exp\left[\lim_{x\to 0^+}\frac{\cot x}{-x^{-2}}\right]=\exp\left[\lim_{x\to 0^+}-\frac{x^2}{\tan x}\right]=\exp\left[\lim_{x\to 0^+}\frac{-2x}{\sec^2 x}\right]$$

$$=\exp\left[\lim_{x\to 0^+}-2x\cdot\cos^2 x\right]=e^0=1$$

18. $$\because \lim_{x\to 0}\frac{\sin x(\cos x-b)}{e^x-a}=c\text{，且}\lim_{x\to 0}\sin x(\cos x-b)=0$$

$$\therefore \lim_{x\to 0}(e^x-a)=0\text{，得 }a=1$$

$$\text{又}\lim_{x\to 0}\frac{\sin x(\cos x-b)}{e^x-1}=\lim_{x\to 0}\frac{\sin x(\cos x-b)}{x}$$

$$=\lim_{x\to 0}\frac{\sin x}{x}\lim_{x\to 0}(\cos x-b)=1-b=\mathrm{c}\quad\therefore b=1-c$$

> 應用等價無窮小
> $x\to 0$ 時
> $e^x-1\sim x$

19. $$\lim_{x\to 0}\frac{1}{x\sin^{-1}x}-\frac{1}{x^2}\overset{y=\sin^{-1}x}{=\!=\!=}\lim_{y\to 0}\frac{1}{y\sin y}-\frac{1}{\sin^2 y}$$

$$=\lim_{y\to 0}\frac{\sin y-y}{y\sin^2 y}=\lim_{y\to 0}\frac{\cos y-1}{\sin^2 y+y\sin 2y}=\lim_{y\to 0}\frac{-\sin y}{\sin 2y+\sin 2y+2y\cos 2y}$$

$$=\lim_{y\to 0}\frac{-\cos y}{2\cos 2y+2\cos 2y+2\cos 2y-4y\sin 2y}=-\frac{1}{6}$$

20. $$\text{原式}=\lim_{x\to\infty}(\ln(x+2)+1-2\ln(x+1)-2+\ln x+1)=\lim_{x\to\infty}\ln\left(\frac{x(x+2)}{(x+1)^2}\right)=0$$

21. $$\lim_{x\to 0}\left(\frac{\tan x}{x}\right)^{\frac{1}{x^2}}=\lim_{x\to 0}\exp\left[\frac{1}{x^2}\ln\left(\frac{\tan x}{x}\right)\right]=\lim_{x\to 0}\exp\left[\frac{\ln\left(\frac{\tan x}{x}\right)}{x^2}\right]$$

$$=\exp\left[\lim_{x\to 0}\frac{\frac{x}{\tan x}\cdot\frac{x\sec^2 x-\tan x}{x^2}}{2x}\right]=\exp\left[\lim_{x\to 0}\frac{x}{\tan x}\cdot\frac{x\sec^2 x-\tan x}{2x^3}\right]$$

但 $\lim\limits_{x\to 0}\frac{x}{\tan x}=\lim\limits_{x\to 0}\frac{1}{\sec^2 x}=\lim\limits_{x\to 0}\cos^2 x=1$

$$\lim_{x\to 0}\frac{x\sec^2 x-\tan x}{2x^3}=\lim_{x\to 0}\frac{\sec^2 x+2x\sec^2 x\tan x-\sec^2 x}{6x^2}$$

$$=\lim_{x\to 0}\frac{1}{3\cos^2 x}\frac{\sin x}{x}=\frac{1}{3}$$

故 $\lim\limits_{x\to 0}\left(\frac{\tan x}{x}\right)^{\frac{1}{x^2}}=e^{\frac{1}{3}}$

22. $\lim\limits_{x\to\frac{\pi}{2}}(\tan x)^{\cos x}\quad(\infty^0)$

$$=\lim_{x\to\frac{\pi}{2}}\exp[\cos x\ln(\tan x)]=\exp\left[\lim_{x\to\frac{\pi}{2}}\frac{\ln(\tan x)}{\frac{1}{\cos x}}\right]$$

$$=\exp\left[\lim_{x\to\frac{\pi}{2}}\frac{\sec^2 x/\tan x}{\sin x/\cos^2 x}\right]=\exp\left[\lim_{x\to\frac{\pi}{2}}\frac{1}{\cos^2 x}\frac{\cos x}{\sin x}\frac{\cos^2 x}{\sin x}\right]$$

$$=\exp\left[\lim_{x\to\frac{\pi}{2}}\frac{\cos x}{\sin^2 x}\right]=e^0=1$$

23. $\frac{1}{3}$　24. $e^{-\frac{a}{2}}$　25. $a=1$，$b=-1$　26. 0　27. $\frac{1}{4}$

28. $\lim\limits_{x\to\infty}\left(\sin\frac{b}{x}+\cos\frac{a}{x}\right)^x \overset{y=\frac{1}{x}}{=\!=\!=} \lim\limits_{y\to 0}(\sin by+\cos ay)^{\frac{1}{y}}$

$$=e^{\lim\limits_{y\to 0}\frac{1}{y}(\sin by+\cos ay)}=e^{\lim\limits_{y\to 0}(b\cos by-a\sin ay)}=e^b$$

29. $\lim\limits_{x\to\infty} x\ln\left(\dfrac{x+1}{x-1}\right)=\lim\limits_{x\to\infty}\dfrac{\ln(x+1)-\ln(x-1)}{\dfrac{1}{x}}=\lim\limits_{x\to\infty}\dfrac{\dfrac{1}{x+1}-\dfrac{1}{x-1}}{\dfrac{-1}{x^2}}$

$=\lim\limits_{x\to\infty}\dfrac{2x^2}{x^2-1}$

30. $\lim\limits_{x\to 0}\dfrac{(e^x-1)\sin x}{\cos x-\cos^2 x}=\lim\limits_{x\to 0}\dfrac{(e^x-1)\cos x+e^x\sin x}{-\sin x+\sin 2x}$

$=\lim\limits_{x\to 0}\dfrac{e^x\cos x-(e^x-1)\sin x+e^x\sin x+e^x\cos x}{-\cos x+2\cos 2x}=\dfrac{1-0+0+1}{1}=2$

31. (a) $f(x)=x^2\sin x$ 在 $x=0$ 處時不可微分，及

(b) $g(x)=x-\sin x$，$h(x)=x+\sin x$ 二個在 $x\to\infty$ 時，均無導函數存在

故 (a)，(b) 均不可用 L'Hospital 法則

32. $(1+\alpha x)^{\frac{1}{m}}=1+\dfrac{1}{m}(\alpha x)+\cdots$

$(1+\beta x)^{\frac{1}{n}}=1+\dfrac{1}{n}(\beta x)+\cdots$

$\therefore$原式 $=\lim\limits_{x\to 0}\dfrac{\left[1+\dfrac{\alpha}{m}x+\cdots\right]\left[1+\dfrac{\beta}{n}x+\cdots\right]-1}{x}=\dfrac{\alpha}{m}+\dfrac{\beta}{n}$

33. 原式 $=\lim\limits_{x\to 0}\dfrac{\left(1+\dfrac{1}{m}\left(\dfrac{x}{m}\right)+\cdots\right)-\left(1+\dfrac{1}{n}\left(\dfrac{x}{n}\right)+\cdots\right)}{1-\left(1+\left(\dfrac{1}{p}\right)\left(-\dfrac{x}{p}\right)+\cdots\right)}$

$=p^2\left(\dfrac{1}{m^2}-\dfrac{1}{n^2}\right)$

34. 原式 $=\lim\limits_{x\to 0}\dfrac{\sin x\cos 2x\cos x+2\sin 2x\cos x\cos 3x+3\sin 3x\cos x\cos 2x}{\sin x}$

$=\lim\limits_{x\to 0}\dfrac{\cos x\cos 2x\cos 3x-2\sin 2x\sin x\cos 3x}{\cos x}$

$$\underline{-3\sin 3x\sin x\cos 2x+4\cos 2x\cos x\cos 3x}$$

$$\underline{-2\sin x\sin 2x\cos 3x+9\cos 3x\cos x\cos 2x}$$

$$\underline{-3\sin x\sin 3x\cos 2x-6\sin 2x\sin 3x\sin x}$$

$$=1+4+9=14$$

35. 原式 $=\lim\limits_{y\to 1}\dfrac{1-y^{\alpha+\beta}}{\sqrt{(1-y^{\alpha})(1-y^{\beta})}}$ （取 $y=\sin x$）

$$=\lim_{\omega\to 0}\frac{1-(1-\omega)^{\alpha+\beta}}{[1-(1-\omega)^{\alpha}]^{\frac{1}{2}}[1-(1-\omega)^{\beta}]^{\frac{1}{2}}}\text{（取 }\omega=1-y\text{）}$$

$$=\lim_{\omega\to 0}\frac{1-[1-(\alpha+\beta)\omega+\cdots]}{[1-(1-\alpha\omega+\cdots)]^{\frac{1}{2}}[1-(1-\beta\omega+\cdots)]^{\frac{1}{2}}}$$

$$=\lim_{\omega\to 0}\frac{(\alpha+\beta)\omega+\cdots}{(\alpha\omega+\cdots)^{\frac{1}{2}}(\beta\omega+\cdots)^{\frac{1}{2}}}$$

$$=\lim_{\omega\to 0}\frac{(\alpha+\beta)\omega+\cdots}{\sqrt{\alpha\beta\omega^2+\cdots}}=\frac{\alpha+\beta}{\sqrt{\alpha\beta}}$$

36. $\lim\limits_{x\to 0}\dfrac{\sqrt{1+x\sin x}-1}{x^2}=\lim\limits_{x\to 0}\dfrac{x\sin x}{x^2}=\lim\limits_{x\to 0}\dfrac{\sin x}{x}=1$

37. $b=\lim\limits_{x\to 0}\dfrac{\sqrt{1+f(x)\tan x}-1}{\ln(1+x)}=\lim\limits_{x\to 0}\dfrac{f(x)\tan x}{x}=\lim\limits_{x\to 0}f(x)$

38. $e^{x^2}-1\sim x^2$

$$\therefore\ \lim_{x\to 0^+}\frac{\tan(a+x)\tan(a-x)-\tan^2 a}{e^{x^2}-1}$$

$$=\lim_{x\to 0^+}\frac{\tan(a+x)\tan(a-x)-\tan^2 a}{x^2}$$

$$=\lim_{x\to 0^+}\frac{\sec^2(a+x)\tan(a-x)-\tan(a+x)\sec^2(a-x)}{2x}$$

$$=\lim_{x\to 0^+}\sec^2(a+x)\tan(a+x)\tan(a-x)-\sec^2(a+x)\sec^2(a-x)$$

$$+\tan(a+x)\sec^2(a-x)\tan(a-x)$$

$$=\sec^2 a\tan^2 a-\sec^2 a\sec^2 a+\tan^2 a\sec^2 a$$

$$=(1+\tan^2 a)\tan^2 a-(1+\tan^2 a)^2+\tan^2 a(\tan^2 a+1)$$

$$=\tan^4 a-1$$

39. $\lim\limits_{x\to 0^+}\dfrac{(1-\cos x)(3^x-1)}{x\tan(\sin^2 x)\cos x}=\lim\limits_{x\to 0^+}\dfrac{\frac{x^2}{2}(x\ln 3)}{x\sin^2 x\cos x}$

$$=\lim_{x\to 0^+}\frac{1}{2}\left(\frac{x}{\sin x}\right)^2\frac{\ln 3}{\cos x}=\frac{1}{2}\ln 3$$

> $x\to 0$ 時
> $\tan x\sim x$
> $\left(\because \lim\limits_{x\to 0}\dfrac{\tan x}{x}=1\right)$

3-3　曲線之增減性與凹性

函數曲線之增減性

☑定義：

設區間 I 包含在函數 f 的定義域中

(1)若對所有的 x_1，$x_2\in I$ 且 $x_1\leq x_2$ 都有 $f(x_1)\leq f(x_2)$，則稱函數 f 在區間 I 內遞增（increasing）。

(2)若對所有的 x_1，$x_2\in I$ 且 $x_1<x_2$ 都有 $f(x_1)<f(x_2)$，則稱函數 f 在區間 I 內嚴格遞增（strictly increasing）。

註：(1) 將上定義 (1) 中的「$f(x_1) \le f(x_2)$」改成「$f(x_1) \ge f(x_2)$」即得遞減（decreasing）。

(2) 將上定義 (2) 中的「$f(x_1) < f(x_2)$」改成「$f(x_1) > f(x_2)$」即得嚴格遞減（strictly decreasing）。

☑定義：

(1) 若函數 f 在區間 I 內遞增或遞減，則稱函數 f 在 I 內為單調（monotonic）。

(2) 若函數 f 在區間 I 內嚴格遞增或嚴格遞減，則稱 f 在 I 內為嚴格單調（strictly monotonic）。

☑定理：

設函數 f 在區間 I 內連續，若對所有的 $x \in I$，x 非 I 的端點（end point）：

(1) $f'(x) > 0$，則 f 在 I 內嚴格遞增。

(2) $f'(x) < 0$，則 f 在 I 內嚴格遞減。

函數之增減區間

例 1 求下列函數之增減區間

(1) $y=\dfrac{x}{1+x^2}$　(2) $y=\dfrac{x^2-2x+2}{x-1}$　(3) $y=(x-1)e^{\tan^{-1}x}$

解 (1) 令 $y'=\dfrac{(1+x^2)-x(2x)}{(1+x^2)^2}=\dfrac{1-x^2}{(1+x^2)^2}>0$

+　−　+
−1　1

即 $x^2-1=(x+1)(x-1)<0$

$\therefore y=f(x)$ 在 $(-1,1)$ 爲增函數在 $(1,\infty)\cup(-\infty,-1)$ 爲減函數

(2) 令 $y'=\dfrac{(x-1)(2x-2)-(x^2-2x+2)\cdot 1}{(x-1)^2}=\dfrac{x^2-2x}{(x-1)^2}=\dfrac{x(x-2)}{(x-1)^2}>0$

$\therefore y=f(x)$ 在 $(-\infty,0)\cup(2,\infty)$ 爲增區間

在 $(0,1)\cup(1,2)$ 爲減區間

+　−　+
0　1　2

(3) 令 $y'=e^{\tan^{-1}x}+\dfrac{x-1}{1+x^2}e^{\tan^{-1}x}$

$=\dfrac{x^2+x}{1+x^2}\tan^{-1}x<0$

> 求增減區間：
> 先令 $f'(x)=0$，然後解 $f'(x)<0$ 或 $f'(x)>0$ 之區間。

得 $y=f(x)$ 在 $(-\infty,-1),(0,\infty)$ 爲增區間，在 $(-1,0)$ 爲減區間

◎例 2　證明 $f(x)=\tan^{-1}x+\tan^{-1}\dfrac{1}{x}$ 爲一常數函數，並決定此函數。

解 $f'(x)=\dfrac{1}{1+x^2}+\dfrac{-\dfrac{1}{x^2}}{1+\left(\dfrac{1}{x}\right)^2}=0$

> 欲證明 $f(x)=c$ 之重要途徑是 $f'(x)=0$，代一個方便值便可知 $c=$？

$\therefore f(x)$ 是常數函數，其次，決定 $c=$？

$f(1)=\dfrac{\pi}{4}+\dfrac{\pi}{4}=\dfrac{\pi}{2}$　$\therefore f(x)=\dfrac{\pi}{2}$

讀者可試試證明 $f(x)=\sin^2 x+\cos^2 x$ 為常數函數且 $f(x)=1$。

◎**例 3** $\frac{\pi}{2}>x>0$ 時，試證 (1) $\tan x>x$ (2) $\tan x>x+\frac{x^3}{3}$

解 (1) 令 $f(x)=\tan x-x$

$f'(x)=\sec^2 x-1=\tan^2 x>0$

$\therefore f(x)$ 在 $\left(0,\frac{\pi}{2}\right)$ 為增函數

又 $f(0)=0$

得 $f(x)\ge 0$ 即 $\tan x>x$

> 用增減函數證明 $x>a$ 時 $f(x)\ge g(x)$ 之方法：
> 令 $h(x)=f(x)-g(x)$
> $\begin{cases} h'(x)>0，x>a \\ h(a)=0 \end{cases}$

(2) 令 $f(x)=\tan x-x-\frac{x^3}{3}$

$f'(x)=\sec^2 x-1-x^2=\tan^2 x-x^2$

又在 $\left(0,\frac{\pi}{2}\right)$ 中 $\tan x>x>0\Rightarrow\tan^2 x-x^2\ge 0$ $\therefore f'(x)\ge 0$

又 $f(0)=0$，知 $f(x)\ge 0$ $\therefore \tan x-x-\frac{x^3}{3}\ge 0$ 即 $\tan x\ge x+\frac{x^3}{3}$

例 4 承上例，試證 $\tan x>x+\frac{2^3}{3}+\frac{2}{15}x^5+\frac{1}{63}x^7$，$x\in\left(0,\frac{\pi}{2}\right)$

解 $h(x)=\tan x-x-\frac{1}{3}x^3-\frac{2}{15}x^5-\frac{1}{63}x^7$

$h'(x)=\sec^2 x-1-x^2-\frac{2}{3}x^4-\frac{1}{9}x^6$

$=\tan^2 x-x^2-\frac{2}{3}x^4-\frac{1}{9}x^6$

$$>\left(x+\frac{x^3}{3}\right)^2-x^2-\frac{2}{3}x^4-\frac{1}{9}x^6=0$$ （利用例 3 之結果）

$h(0)=0$

$\therefore h(x)>0$，即在 $x\in\left(0,\frac{\pi}{2}\right)$ 時 $\tan x>x+\frac{x^3}{3}+\frac{2}{15}x^5+\frac{1}{63}x^7$

※**例 5**　證明 $f(x)=\left(1+\frac{1}{x}\right)^x$ 在 $(0,\infty)$ 爲單調增函數

解　先對二邊取對數然後同時對 x 微分

$$\ln f=x\ln\left(1+\frac{1}{x}\right)$$

$$\therefore \frac{f'}{f}=\ln\left(1+\frac{1}{x}\right)+x\left(\frac{1}{1+x}-\frac{1}{x}\right)$$

$$=\ln\left(1+\frac{1}{x}\right)-\frac{1}{x+1}=\ln(1+x)-\ln x-\frac{1}{x+1}$$

由 Lagrange 中值定理

$\frac{\ln(1+x)-\ln x}{(1+x)-x}=\frac{1}{\varepsilon}$，$1+x>\varepsilon>x$

$$\therefore \frac{1}{x}>\frac{1}{\varepsilon}>\frac{1}{1+x}\ \Rightarrow \ln(1+x)-\ln x-\frac{1}{x+1}=\frac{1}{\varepsilon}-\frac{1}{1+x}>0$$

$\Rightarrow \frac{f'}{f}>0$，又 $f>0$　$\therefore f'>0$ 即 $f(x)=\left(1+\frac{1}{x}\right)^x$

在 $(0,\infty)$ 爲單調增函數。

※**例 6**　$1>x>0$ 時試證 $\sqrt{\frac{1-x}{1+x}}<\frac{\ln(1+x)}{\sin^{-1}x}$

解 令 $f(x)=(1+x)\ln(1+x)-\sqrt{1-x^2}\sin^{-1}x$，則

$$f'(x)=\ln(1+x)+1+\frac{x}{\sqrt{1-x^2}}\sin^{-1}x-1$$

$$=\ln(1+x)+\frac{x}{\sqrt{1-x^2}}\sin^{-1}x>0 \quad (\because 1>x>0)$$

又 $f(0)=0$，即 $f(x)>0$，

$\therefore (1+x)\ln(1+x)>\sqrt{1-x^2}\sin^{-1}x$

$\Rightarrow \sqrt{\dfrac{1-x^2}{(1+x)^2}}<\dfrac{\ln(1+x)}{\sin^{-1}x}$ 即 $\sqrt{\dfrac{1-x}{1+x}}<\dfrac{\ln(1+x)}{\sin^{-1}x}$

> 碰到這類問題大約沒人會想用令 $f(x)=\sqrt{\dfrac{1-x}{1+x}}-\dfrac{\ln(1+x)}{\sin^{-1}x}$，然後證 $f'(x)>0$ 吧。是的，將不等式左端可變爲 $\dfrac{\sqrt{1-x^2}}{1+x}$，再稍爲變形即可：
>
> $\sqrt{\dfrac{1-x}{1+x}}=\dfrac{\sqrt{1-x^2}}{1+x}<\dfrac{\ln(1+x)}{\sin^{-1}x}$，因此輔助函數可設爲
>
> $(1+x)\ln(1+x)-\sqrt{1-x^2}\sin^{-1}x$

※**例 7** $f(x)$ 定義於 $[0,a]$，且 $f'(x)$ 在 $(0,a)$ 爲單調遞減，$f(0)=0$，若 $0\le a\le b\le a+b\le c$，試證 $f(a+b)\le f(a)+f(b)$

解 由 Lagrange 均值定理，在 $(0,a)$

$$\frac{f(a)-f(0)}{a-0}=f'(\xi_1)$$

即 $f(a)=af'(\xi_1) \quad a>\xi_1>0$

> 由題意，本題可分 $(0,a)(b,a+b)$ 分別應用 Lagrange 均值定理求出 ξ_1，ξ_2，然後應用 $f'(x)$ 在 $(0,a)$ 爲單調遞減求出其餘。

又 $\dfrac{f(a+b)-f(b)}{a+b-b}=f'(\xi_2)$，

即 $\dfrac{f(a+b)-f(b)}{a}=f'(\xi_2)$，$a+b>\xi_2>b$

由 (1) $f(a)=af'(\xi_1)$

(2) $f(a+b)-f(b)=af'(\xi_2)$

又 $f'(x)$ 爲單調遞減　$\therefore f'(\xi_2)<f'(\xi_1)$

$\therefore f(a+b)-f(b)=af'(\xi_2)<af'(\xi_1)=f(a)\Rightarrow f(a+b)<f(a)+f(b)$

◎**例 8**　若 $f(x)$ 在 $[0,a]$ 中連續且在 $(0,a)$ 中可微分，若 $f'(x)$ 爲增函數且 $f(0)=0$，證明 $\dfrac{f(x)}{x}$ 隨 x 增加而增加。

解　由 Lagrange 均值定理：

$$\frac{f(x)-f(0)}{x-0}=f'(\varepsilon)，x>\varepsilon>0$$

$$\therefore \frac{f(x)}{x}=f'(\varepsilon)<f'(x) \quad 即 \quad f(x)<xf'(x)$$

（$\because f'(x)$ 爲增函數，又 $x>\varepsilon\Rightarrow f'(x)>f'(\varepsilon)$）

又　$\left(\dfrac{f(x)}{x}\right)'=\dfrac{xf'(x)-f(x)}{x^2}>0$

$\therefore \dfrac{f(x)}{x}$ 爲一增函數，亦即 $\dfrac{f(x)}{x}$ 隨 x 增加而增加

◎**例 9**　比較 e^{π} 與 π^{e} 之大小。

解　取 $h(x)=\dfrac{\ln x}{x}$

則 $h'(x)=\dfrac{1-\ln x}{x^2}=0$，得 $x=e$

$\because$ $x>e$ 時 $h(x)=\dfrac{\ln x}{x}$ 爲減函數

從而 $h(\pi)<h(e)$ 即 $\dfrac{\ln\pi}{\pi}<\dfrac{\ln e}{e}$

$\therefore$ $e\ln\pi<\pi\ln e\Rightarrow\pi^e<e^\pi$

曲線之凹性與反曲點

☑定義：

設函數 f，若

(1) $f'(a)$ 存在；

(2) 存在一個 a 的去心鄰域 $D'(a)$（deleted neighborhood of a）使得 f 在 $D'(a)$ 的圖形高於在 $(a,f(a))$ 點的切線，則稱函數 f 的圖形在點 $(a,f(a))$ 向上凹（concave upward）。

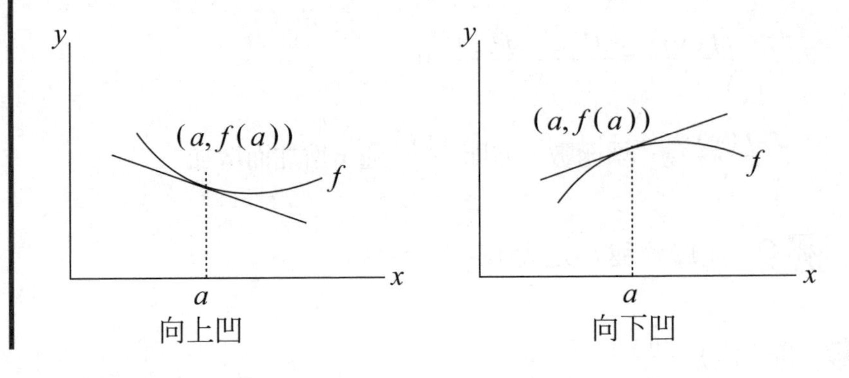

註：將上定義中的「高於」改爲「低於」即得向下凹（concave downward）的定義。

☑定理：

設函數 f 在 $x=a$ 的鄰域中可定義其一階導函數 f'：

(1)若 $f''(a)>0$，則 f 的圖形在 $(a,f(a))$ 向上凹。

(2)若 $f''(a)<0$，則 f 的圖形在 $(a,f(a))$ 向下凹。

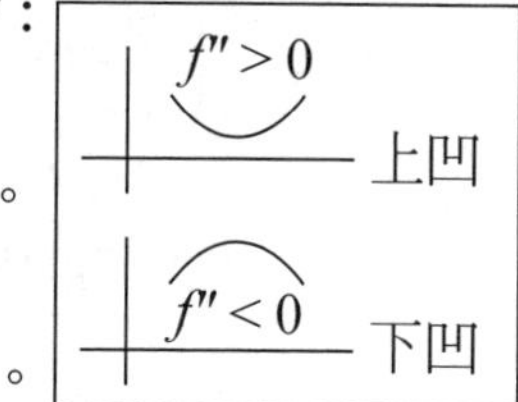

☑定義：

設 $h>0$，若函數 f 的二階導函數存在，且

$f''(a-h)f''(a+h)<0$

則稱 $(a,f(a))$ 爲 f 的圖形的一反曲點（point of inflection）。

註：從圖形上看，反曲點是 f 的圖形即曲線被切線穿過之點，亦即圖形從向上凹變成向下凹或從向下凹變成向上凹之點。

例 10　求下列函數之凹區間與反曲點

(1) $y=e^{-x^2}$　(2) $y=x+\dfrac{1}{x}$　(3) $y=\dfrac{1}{1+x+x^2}$　(4) $y=x^4$

解 (1) $y=e^{-x^2}$，$y'=-2xe^{-x^2}$，$y''=-2e^{-x^2}+4x^2e^{-x^2}=2(2x^2-1)e^{-x^2}$

令 $y''<0 \Rightarrow 2(2x^2-1)e^{-x^2}<0 \Rightarrow x^2-\frac{1}{2}=\left(x-\frac{1}{\sqrt{2}}\right)\left(x+\frac{1}{\sqrt{2}}\right)<0$

得 $y=e^{-x^2}$ 在 $\left(-\frac{1}{\sqrt{2}},\frac{1}{\sqrt{2}}\right)$ 爲下凹，$y=e^{x^2}$ 在 $\left(-\infty,-\frac{1}{\sqrt{2}}\right)$，$\left(\frac{1}{\sqrt{2}},\infty\right)$ 爲上凹

x		$-\frac{1}{\sqrt{2}}$		$\frac{1}{\sqrt{2}}$	
f'	+		−		+
f					

$\therefore$ 反曲點，$\left(-\frac{1}{\sqrt{2}},e^{-\frac{1}{2}}\right)$，$\left(\frac{1}{\sqrt{2}},e^{-\frac{1}{2}}\right)$

(2) $y=x+\frac{1}{x}$，$y'=1-\frac{1}{x^2}$，$y''=\frac{2}{x^3}$ $\therefore$ $y=x+\frac{1}{x}$ 在 $(-\infty,0)$ 爲下凹，在 $(0,\infty)$ 爲上凹，$\because$ 0 不在 $y=f(x)$ 之定義域內，故無反曲點

(3) $y=\frac{1}{1+x+x^2}=(1+x+x^2)^{-1}$，$y'=-(1+2x)(1+x+x^2)^{-2}$

令 $y''=-2(1+x+x^2)^{-2}+2(1+2x)^2(1+x+x^2)^{-3}$

$$=2\left[\frac{-1-x-x^2+1+4x+4x^2}{(1+x+x^2)^3}\right]=6\left(\frac{x(x+1)}{(1+x+x^2)^3}\right)<0$$

則 $y=\frac{1}{1+x+x^2}$ 在 $(-1,0)$ 爲下凹，在 $(0,\infty)$ 與 $(-\infty,-1)$ 爲上凹

x		-1		0	
f''	+		−		+
f					

反曲點爲 (–1, 1), (0. 1)

(4) $y''=12x^2>0$，$y=f(x)$ 爲全域上凹故無反曲點。

例 11　若 a 爲任意常數，試證 $f(x)=(x-a)^n$，n 爲偶數，無反曲點。

解　$f'(x)=n(x-a)^{n-1}$，$f''(x)=n(n-1)(x-a)^{n-2}$

因 n 爲偶數　$\therefore n-2$ 亦爲偶數，從而 $f''(x)\geq 0$

即 $f(x)$ 爲上凹，故 $f(x)$ 無反曲點

☑定理

若 $\sum_{i=1}^{n}\lambda_i=1$，$1\geq\lambda_i\geq 0$

1. $f''(x)>0$: $f(\lambda_1x_1+\lambda_2x_2+\cdots+\lambda_nx_n)\leq\lambda_1f(x_1)+\lambda_2f(x_2)+\cdots+\lambda_nf(x_n)$

2. $f''(x)<0$: $f(\lambda_1x_1+\lambda_2x_2+\cdots+\lambda_nx_n)\geq\lambda_1f(x_1)+\lambda_2f(x_2)+\cdots+\lambda_nf(x_n)$

在應用定理 A 證明不等式時，我們首先要確定：

1. 題給條件或證明之對象有 $\sum_{i=1}^{n}\lambda_i=1$ 之「線索」，λ_i 不一定是數字，它也許是變數，微積分證明不等式時，一旦發現有此線索時就優先考慮用上述定理。
2. 證明時往往要選擇適當之輔助函數，這是關鍵。

※ **例 12**　若 $x>0$，$y>0$，試證 $x\ln x+y\ln y>(x+y)\ln\frac{x+y}{2}$

解 取 $f(x)=\frac{x}{2}\ln x$

則 $f'(x)=\frac{1}{2}(1+\ln x)$

$f''(x)=\frac{1}{2x}>0$，（$\because x>0$）

由 $x\ln x+y\ln y>(x+y)\ln\frac{x+y}{2}$ 示圓圈處可看出，這個不等式要由凹函數不等式著手。

故 $f(x)$ 爲上凹函數。

$\therefore \frac{x}{2}\ln x+\frac{y}{2}\ln y>\frac{x+y}{2}\ln\frac{x+y}{2}$

即 $x\ln x+y\ln y>(x+y)\ln\frac{x+y}{2}$

※**例** *13* 若 $\angle A, \angle B, \angle C$ 爲鈍角三角形 ABC 之三個銳角，試證 $\cos A+\cos B+\cos C\le\frac{3}{2}$

解 取 $f(x)=\cos x$，則 $f''(x)=-\sin x<0$（$\frac{\pi}{2}>x>0$）

$\therefore \cos\left(\frac{x+y+z}{3}\right)>\frac{1}{3}\cos x+\frac{1}{3}\cos y+\frac{1}{3}\cos z$

又 $\cos\left(\frac{x+y+z}{3}\right)=\cos\left(\frac{\pi}{3}\right)=\frac{1}{2}$

$\therefore \frac{1}{2}\ge\frac{1}{3}\cos A+\frac{1}{3}\cos B+\frac{1}{3}\cos C$

即 $\cos A+\cos B+\cos C\le\frac{3}{2}$

類似問題

1. 求下列函數之增減區間，上凹、下凹區間與反曲點

(1) $y=(x+1)(x-1)^3$　　(2) $y=\sqrt{x-2}, x\in[2,\infty)$

(3) $y=(x+6)e^{\frac{1}{x}}$　　(4) $y=x^{\frac{5}{3}}$　　※(5) $y=x|x|$

2. $y=ax^3+bx^2$ 在 $(1,6)$ 處有反曲點，求 (a,b)。

3. 若 $x+y+z=0$，求證 $e^x+e^y+e^z>3$。

4. $x>y>0$，比較 $\sqrt{x}, \sqrt{y}$ 之大小。

5. 試證 $1+x\ln(x+\sqrt{1+x^2})\geq\sqrt{1+x^2}$，$x>0$

6. $x>y>e$ 時試證 $\dfrac{x}{y}>\dfrac{\ln y}{\ln x}>\dfrac{y}{x}$。

※7. 若 $\dfrac{\pi}{2}>\theta>0$，證 $\dfrac{2}{\pi}<\dfrac{\sin\theta}{\theta}<1$。

◎8. 若 $x>0$，證 $x>\ln(1+x)>x-\dfrac{1}{2}x^2$。

9. 試證擺線 $\begin{cases}x=a(t-\sin t)\\y=a(1-\cos t)\end{cases}$，$a<0$ 爲下凹。

10. 試證 $\dfrac{e^x+e^y}{2}\geq e^{\frac{x+y}{2}}$　　※11. 試證 $\ln(1+x)>\dfrac{\tan^{-1}x}{1+x}$，$x>0$。

※12. 求證 $(e+x)^{e-x}>(e-x)^{e+x}$，$e>x>0$。

※13. 試證 $\dfrac{1+x}{1-x}>e^{2x}$，$1>x>0$。

※14. 試證 $1-\dfrac{x}{2}<\dfrac{1}{\sqrt{1+x}}<1-\dfrac{x}{2}+\dfrac{3}{8}x^2$，$x>0$。

解

1 (1)減區間：$\left(-\infty,-\dfrac{1}{2}\right)$，增區間 $\left(-\dfrac{1}{2},\infty\right)$，上凹 $(-\infty,0)\cup(1,\infty)$

下凹 $(0,1)$，反曲點 $(0,-1)$，$(1,0)$

(2)增區間 $(2,\infty)$，下凹 $(2,\infty)$

(3)增區間 $(-\infty,-2)\cup(3,\infty)$，減區間 $(-2,3)$，下凹 $\left(-\infty,-\dfrac{6}{13}\right)$

上凹 $\left(-\dfrac{6}{13},\infty\right)$，反曲點 $\left(-\dfrac{6}{13},\dfrac{72}{13}e^{-\frac{6}{13}}\right)$

(4) $y=x^{\frac{5}{3}}$，$y'=\dfrac{5}{3}x^{\frac{2}{3}}$，$y''=\dfrac{10}{9}x^{-\frac{1}{3}}$，$x>0$ 時 $y''>0$，$x<0$ 時

$y''<0$，$x=0$ 時 y'' 不存在，增區間 $(-\infty,\infty)$，上凹 $(-\infty,0)$，下凹 $(0,\infty)$

$\therefore (0,0)$ 反曲點

		0	
y''	+		−
y	◡		◠

(5) $f'(x)=\begin{cases}2x, & x>0\\ -2x, & x<0\end{cases}$

$f'(x)=\begin{cases}2x, & x>0\\ -2x, & x<0\end{cases}$，$f''(x)=\begin{cases}2, & x>0\\ -2, & x<0\end{cases}$

		0	
y''	−		+
y	◠		◡

$f''(0)$ 不存在 $\therefore (0,0)$ 是 $y=x|x|$ 之反曲點

2. $a=-3$，$b=9$

3.（利用凹函數之性質）取 $f(x)=e^x$，則 $f''(x)=e^x>0$，

$\therefore e^{\frac{1}{3}(x+y+z)}<\frac{1}{3}e^x+\frac{1}{3}e^y+\frac{1}{3}e^z$

但 $x+y+z=0$　$\therefore e^x+e^y+e^z>3$

4. 取 $f(x)=\sqrt{x}$，$f'(x)=\frac{1}{2}x^{-\frac{1}{2}}>0$（$\because x>0$），即 $f(x)$ 在 $x>0$ 時爲增函數。又 $x>y>0$　$\therefore \sqrt{x}>\sqrt{y}$

5. 令 $f(x)=1+x\ln(x+\sqrt{1+x^2})-\sqrt{1+x^2}$，$f(0)=0$

又 $f'(x)=\ln(x+\sqrt{1+x^2})>0$　$f''(x)=\left.\frac{1}{\sqrt{1+x^2}}\right|_{x=0}>0$

$\therefore 1+x\ln(1+\sqrt{1+x^2})\geq\sqrt{1+x^2}$

$\frac{d}{dx}\ln(x+\sqrt{1+x^2})$
$=\frac{1}{\sqrt{1+x^2}}$

6. 取 $f(x)=\frac{\ln x}{x}$，則 $f'(x)=\frac{1-\ln x}{x^2}$

又 $x>e$　$\therefore f'(x)<0$，即 $y=f(x)$ 在 $x>y>e$ 時爲減函數

$\therefore \frac{\ln x}{x}<\frac{\ln y}{y}\Rightarrow\frac{y}{x}<\frac{\ln y}{\ln x}$

爲了證明 $\frac{x}{y}>\frac{\ln y}{\ln x}$，$x>y>e$，

我們設輔助函數爲 $f(x)=x\ln x$，
則 $f'(x)=1+\ln x>0$

$\therefore x\ln x>y\ln y$ 得 $\frac{x}{y}>\frac{\ln y}{\ln x}$

$\frac{x}{y}>\frac{\ln x}{\ln y}\xrightarrow{\text{變形}}x\ln y>y\ln x$

$\xrightarrow{\text{再變形}}\frac{\ln y}{y}>\frac{\ln x}{x}$

故可取輔助函數 $f(x)=\frac{\ln x}{x}$
再由函數之增減性判斷之。

7. ① $\frac{\sin\theta}{\theta}<1$：

利用中值定理：取 $f(\theta)=\sin\theta$，$a=0$，得

$$\frac{f(\theta)-f(0)}{\theta-0}=f'(\varepsilon)\text{，}\theta>\varepsilon>0$$

$$\Rightarrow\frac{\sin\theta}{\theta}=\cos\varepsilon<1 \quad \text{即} \ \frac{\sin\theta}{\theta}<1 \quad *$$

② $\dfrac{\sin\theta}{\theta}>\dfrac{2}{\pi}$：

取 $f(\theta)=\dfrac{\sin\theta}{\theta}$，$f'(\theta)=\dfrac{\theta\cos\theta-\sin\theta}{\theta^2}$，考慮 $h(\theta)=\tan\theta-\theta$

$h'(\theta)=\sec^2\theta-1\geq 0$ 又 $h(0)=0$ $\therefore \dfrac{\pi}{2}>\theta>0$ 時 $h(\theta)$ 爲增函數

從而 $f(\theta)$ 爲減函數

$$\therefore f(\theta)>f\left(\frac{\pi}{2}\right)\Rightarrow\frac{\sin\theta}{\theta}>\frac{\sin\frac{\pi}{2}}{\frac{\pi}{2}}=\frac{2}{\pi} \quad **$$

由 * 及 ** 得 $\dfrac{2}{\pi}<\dfrac{\sin\theta}{\theta}<1$

8. 取 $f(x)=x-\ln(1+x)$

則 $f'(x)=1-\dfrac{1}{1+x}=\dfrac{x}{1+x}>0$ （$\because x>0$）

$f(0)=0$

$\therefore f(x)$ 爲增函數　得 $x>\ln(1+x)$

又 $g(x)=\ln(1+x)-\left(x-\dfrac{x^2}{2}\right)$

$$g'(x)=\frac{1}{1+x}-(1-x)=\frac{x^2}{1+x}>0$$

$g(0)=0$ 及 $g(x)=\ln(1+x)-\left(x-\frac{x^2}{2}\right)$ 爲增函數

得　$\ln(1+x)>x-\frac{x^2}{2}$

9. $f'(x)=\dfrac{\frac{dy}{dt}}{\frac{dx}{dt}}=\dfrac{a\sin t}{a(1-\cos t)}=\dfrac{\sin t}{1-\cos t}$

$$f''(t)=\frac{\frac{dx}{dt}\left(\frac{d^2y}{dt^2}\right)-\left(\frac{dy}{dt}\right)\left(\frac{d^2x}{dt^2}\right)}{\left(\frac{dx}{dt}\right)^3}=\frac{a(1-\cos t)a\cos t-a\sin t(a\sin t)}{(a(1-\cos t))^3}$$

$$=-\frac{1}{a(1-\cos t)^2}<0$$

∴擺線圖形爲下凹

10. 考慮 $f(x)=e^x$　∵ $f'(x)=e^x$，$f''(x)=e^x>0$　$\forall x\in R$

∴ $f(x)=e^x$ 爲下凹，從而 $e^{\frac{1}{2}(x+y)}\le\frac{1}{2}(e^x+e^y)$

11. 令 $h(x)=(1+x)\ln(1+x)-\tan^{-1}x$

$h'(x)=\ln(1+x)+1-\frac{1}{1+x^2}=\ln(1+x)+\frac{x^2}{1+x^2}>0$　$\forall x>0$

又 $h(0)=0$　∴ $h(x)>0$　即 $\ln(1+x)>\frac{\tan^{-1}x}{1+x}$

12. 令 $h(x)=\frac{\ln(e+x)}{e+x}-\frac{\ln(e-x)}{e-x}$

$$\left(\begin{array}{l}(e+x)^{e-x}>(e-x)^{e+x}\Leftrightarrow(e-x)\ln(e+x)\\>(e+x)\ln(e-x)\Leftrightarrow\frac{\ln(e+x)}{e+x}>\frac{\ln(e-x)}{e-x}\end{array}\right)$$

$$h'(x)=\frac{1-\ln(e+x)}{(e+x)^2}+\frac{1-\ln(e-x)}{(e-x)^2}=-\left[\frac{\ln\left(1+\frac{x}{e}\right)}{(e+x)^2}+\frac{\ln\left(1-\frac{x}{e}\right)}{(e-x)^2}\right]$$

但 $e>x>0$　$\therefore h'(x)<0$，$h(0)=0$

得 $\frac{\ln(e+x)}{e+x}-\frac{\ln(e-x)}{e-x}<0$

即 $(e+x)^{e-x}>(e-x)^{e+x}$，$e>x>0$

13. $\frac{1+x}{1-x}>e^{2x}\Leftrightarrow \ln\frac{1+x}{1-x}>2x$，$1>x>0$

令 $h(x)=\ln\frac{1+x}{1-x}-2x\Rightarrow h'(x)=\frac{1}{1+x}-\frac{1}{1-x}-2=\frac{2x^2}{1-x^2}>0$

又 $h(0)=0$　$\therefore \ln\frac{1+x}{1-x}>2x$　即 $1>x>0$ 時　$\frac{1+x}{1-x}>e^{2x}$

14. ①令 $f(x)=1-\frac{x}{2}+\frac{3}{8}x^2-\frac{1}{\sqrt{1+x}}$　$\therefore f'(x)=-\frac{1}{2}+\frac{3}{4}x+\frac{1}{2}(1+x)^{\frac{-3}{2}}$

但由上式判斷 $f'(x)>0$ 有點麻煩，因此我們對

$f'(x)=-\frac{1}{2}+\frac{3}{4}x+\frac{1}{2}(1+x)^{\frac{-3}{2}}$ 再行微分：

$f''(x)=\frac{3}{4}-\frac{3}{4}(1+x)^{-\frac{5}{2}}=\frac{3}{4}[1-(1+x)^{-\frac{5}{2}}]$

$x>0$ 時　$(1+x)^{-\frac{5}{2}}<1$　$\therefore f''(x)=\frac{3}{4}[1-(1+x)^{-\frac{5}{2}}]>0$

因此 $f'(x)$ 在 $x>0$ 時爲 x 之增函數，$f'(0)=0$　$\therefore f'(x)>0$

又 $f(0)=0$　$\therefore f(x)>0$　$\forall x>0$　即 $1-\frac{x}{2}+\frac{3}{8}x^2>\frac{1}{\sqrt{1+x}}$

②令 $g(x)=\frac{1}{\sqrt{1+x}}-\left(1-\frac{x}{2}\right)$，$g'(x)=-\frac{1}{2}(1+x)^{-\frac{3}{2}}+\frac{1}{2}$

$$=-\frac{1}{2}[1-(1+x)^{-\frac{3}{2}}]>0 \quad \forall x>0$$

$\therefore g(x)$ 在 $x>0$ 時爲 x 之增函數，又 $g(0)=0$　$\therefore g(x)>0$

得 $\frac{1}{\sqrt{1+x}}>1-\frac{x}{2}$

3-4 極　值

☑定義：

設函數 f，若

(1) $f(a)\geq f(a+h)$ 對所有趨近於 0 的 h（不論正負）都成立，則稱函數 f 在 $x=a$ 有相對極大值（relative or local maximum），即 $f(a)$ 爲 f 的相對極大值。

(2) $f(a)\geq f(x)$ 對函數 f 的定義域中所有的 x 都成立，則稱函數 f 在 $x=a$ 有絕對極大值（absolute maximum），即 $f(a)$ 爲 f 的絕對極大值。

註：(1) 將上定義中 $\geq$ 改爲 $\leq$ 即分別得相對極小值（relative minimum）與絕對極小值（absolute minimum）。

(2) 相對極大值、絕對極大值、相對極小值與絕對極小值都是函數的極值（extremum）。若 $f(a)$ 是函數 f 的極值，則 $x=a$ 稱爲函數的極點（extreme point）。

☑定義：

設 x_0 是函數 f 的定義域中的一點，若 $f'(x_0)=0$ 或 f 在 x_0 處不可微分，則稱 x_0 爲 f 的一個臨界點（critical point）。

☑定理：

若函數 f 在閉區間 I 連續，則 f 在 I 中有絕對極大值與絕對極小值。

☑定理：

若 $f(a)$ 是函數 f 在 a 的鄰域（neighborhood of a）中的一極值，則 $f'(a)=0$ 或 f 在 a 不可微分（即 a 爲函數 f 的一臨界點）。

☑定理：

設 $x=a$ 爲函數 f 的臨界點，且 f 的一階導函數 f' 在 a 的鄰域中可定義：

(1)若 $f''(a)<0$，則 $f(a)$ 是 f 的一相對極大值。

(2) 若 $f''(a)>0$，則 $f(a)$ 是 f 的一相對極小值。

註：(1) 求算函數 $f(a)$ 的相對極大值、極小值時，可用一階導函數判別法（First derivative test）或二階導函數判別法（second derivative test），端視何者較爲便利而定。

(2) 函數 $f(x)$ 的絕對極值必爲①使 $f'(x)=0$ 之點②使 $f'(x)$ 不存在之點及③定義域的端點（如果有的話），所以上面三種可能之點都要測試。

例 1　求下列函數之絕對極值

(1) $f(x)=x^{\frac{2}{3}}$，$-1\leq x\leq 1$。　(2) $f(x)=3x-(x-1)^{\frac{3}{2}}$，$1\leq x\leq 17$

(3) $f(x)=\sqrt{x-2}$，$2\leq x<\infty$。

解　(1) $f(x)=x^{\frac{2}{3}}$，$f'(x)=\frac{2}{3}x^{-\frac{1}{3}}$

	−1	0	1
$f(x)$	1	0	1

$f'(0)$ 不存在

$\therefore x=0$ 爲臨界點，比較 $x=-1, 0, 1$

故 $f(-1)=f(1)=1$ 是絕對極大值；$f(0)=0$ 是絕對極小值

(2) $f(x)=3x-(x-1)^{\frac{3}{2}}$

$f'(x)=3-\frac{3}{2}(x-1)^{\frac{1}{2}}$

x	1	5	17
$f(x)$	3	7	−13

$f'(x)=0\Rightarrow x=5$ 爲臨界點，比較 $x=1, 5, 17$

故 $f(5)=7$ 是絕對極大值

$f(17)=-13$ 是絕對極小值

(3) $f(x)=\sqrt{x-2}$

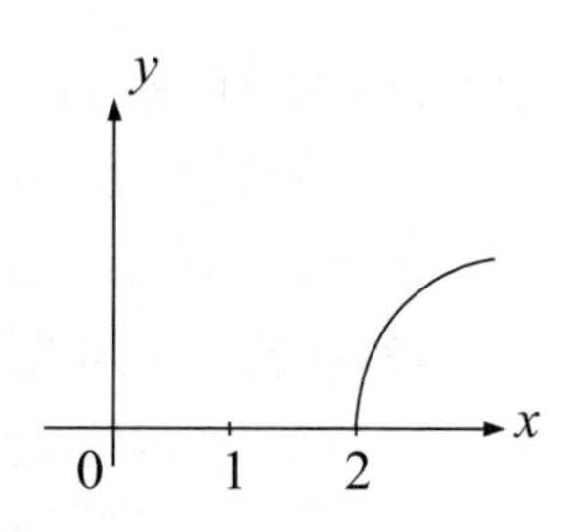

$f'(x)=\frac{1}{2}(x-2)^{-\frac{1}{2}}$

因 $f'(x)>0$，$2<x$，f 遞增

故 $f(2)=0$ 是絕對極小值，無極大值

※例 2　求 $f(x)=|2x^3-9x^2+12x|$ 在 $[-1,3]$ 之絕對極值。

解　$f(x)=|2x^3-9x^2+12x|=|x||2x^2-9x+12|$

$=|x|(2x^2-9x^2+12)$（$\because 2x^2-9x+12>0$）

$=\begin{cases}2x^3-9x^2+12x，3\geq x\geq 0\\-2x^3+9x^2-12x，0>x\geq -1\end{cases}$

$\therefore f'(x)=\begin{cases}6x^2-18x+12，3>x>0\\-6x^2+18x-12，0>x\geq -1\end{cases}$　$f'(x)=0$ 得 $x=1,2$

$=\begin{cases}6(x-1)(x-2)，3\geq x\geq 0\\-6(x-1)(x-2)，0>x\geq -1\end{cases}$

$\because f'_+(0)\neq f'_-(0)$　$\therefore x=0$ 時不可微，得臨界點 $x=0$，1，2

比較 $f(3)=9$，$f(0)=0$，$f(1)=5$，$f(2)=4$，$f(-1)=23$

$\therefore f(x)$ 在 $x=-1$ 處有絕對極大值 23，$x=0$ 處有絕對極小值 0。

※例 3　p,q 為大於 1 的常數且 $\frac{1}{p}+\frac{1}{q}=1$，試證 $\frac{1}{p}x^p+\frac{1}{q}\geq x$，$\forall x>0$

解　令 $f(x)=\frac{1}{p}x^p+\frac{1}{q}-x$　則 $f'(x)=x^{p-1}-1=0$

得臨界點$x=1$，又 $f''(1)=(p-1)x^{p-2}|_{x=1}=p-1>0$（全域上凹）

$\therefore f(x)$ 在 $x=1$ 處有極小值 $f(1)=\frac{1}{p}+\frac{1}{q}-1=0$

從而 $x>0$ 時 $f(x)\geq f(1)=0$，即 $\frac{1}{p}x^p+\frac{1}{q}-x\geq 0$ 亦即

$\frac{1}{p}x^p+\frac{1}{q}\geq x$

在許多場合中我們需要應用本節所述之方法，求與極值有關之應用問題，以下一些規則可供使用者參考：

(1) 確定要求的問題是求極大，還是極小，並用字母或符號來代表。

(2) 對問題中之其他變量亦用字母或其他方便之符號來代表，並儘可繪一示意圖以使問題具體化。

(3) 探討各變量間之關係。

(4) 將要求極大 / 極小之變量以上述變數中之某一個變數之函數，並求出該變數有意義之範圍。

(5) 用本節方法求出 (4) 範圍中之絕對極大 / 極小。

◎例 *4*　將每邊長 a 之正方形鋁片截去四個角做成一個無蓋盒子，求此盒之最大容積爲何？

解　(1) 本題要解的是如何使容積極大，設 $V=$ 容積

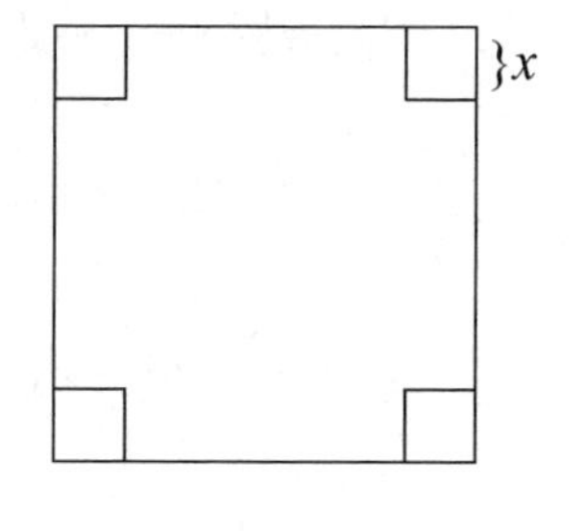

(2) 設截去之角每邊長 x，並做圖如右

(3) 求 a, x, V 間之關係：

$V=(a-2x)^2\cdot x$

(4) 取 $f(x)=(a-2x)^2\cdot x,\ a>2x$

(5) $f'(x)=12x^2-8ax+a^2=0$

解得 $x=\frac{a}{2}$（不合）或 $x=\frac{a}{6}$

$f''\left(\frac{a}{6}\right)=24\left(\frac{a}{6}\right)-8a\left(\frac{a}{6}\right)>0$

（因截去面積要最小方能使 V 極大）

$\therefore V=\left(a-\frac{a}{3}\right)^2\frac{a}{6}=\frac{2}{27}a^3$

◎**例 5**　諾曼窗如右下圖，係上端為一半圓形，下端為一矩形，斜線部分為窗緣，若整個窗緣之長為 a 時，問窗之寬度與高度應為若干方能使採光效果最好？

解　(1) 採光效果最好→即窗之面積最大

設 A = 窗之面積

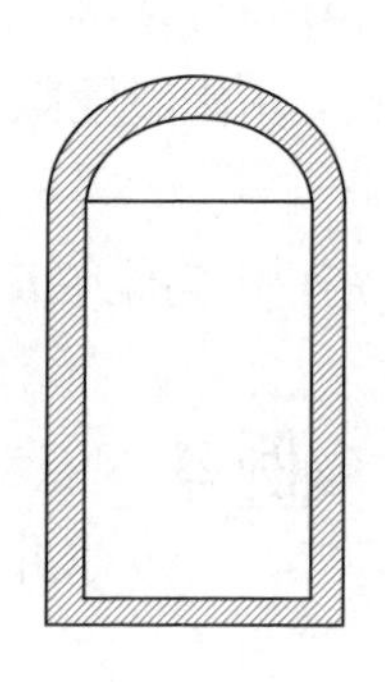

(2) 設窗之底寬為 x，高為 h，依題意

① $a=x+2h+\frac{\pi}{2}x=\left(1+\frac{\pi}{2}\right)x+2h$

② $A=\frac{1}{2}\pi\left(\frac{x}{2}\right)^2+hx=\frac{\pi}{8}x^2+hx$

又由① $h=\frac{a-(1+\pi/2)x}{2}$ 代入②得

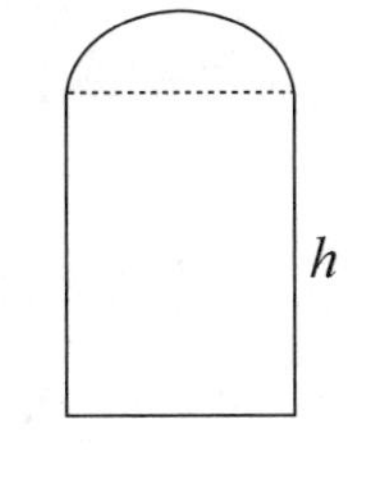

③ $A(x)=\frac{\pi}{8}x^2+\frac{(a-(1+\pi/2)x)x}{2}$

$A'(x)=\frac{\pi}{4}x+\frac{a}{2}-\left(1+\frac{\pi}{2}\right)x=0 \quad \therefore x=\frac{2a}{4+\pi}$

$A''\left(\frac{2a}{4+\pi}\right)<0 \quad \therefore x=\frac{2a}{4+\pi}$ 有極大值存在

$\therefore h=\frac{a-\left(1+\frac{\pi}{2}\right)x}{2}=\frac{a}{4+\pi}$

故底為 $\frac{2a}{4+\pi}$，高為 $\frac{a}{4+\pi}$ 時，面積為最大，亦即採光效果最好

※**例 6**　半徑為 r 之圓盤，剪裁後將所餘之扇形摺出一個漏斗（如右圖），問應如何剪裁才能使得漏斗容積為最大？

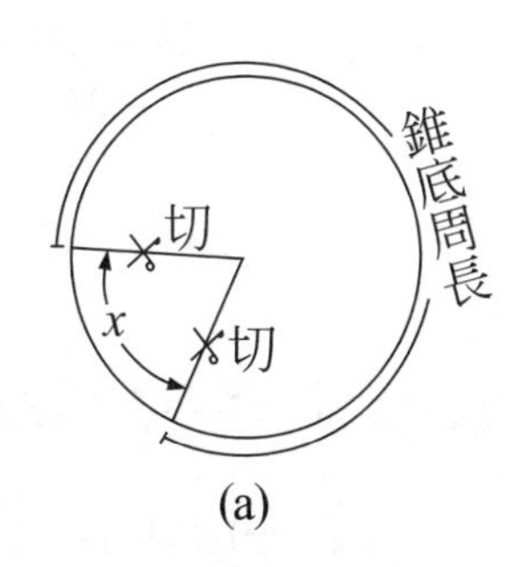

(a)

解　讀者最好用一厚紙板依右圖 (a) 捲成一漏斗，如圖 (b) 之圓錐。

剪出的圓錐它的斜高（slant height）就是圓盤的半徑 r，設錐頂至錐底之高為 h，錐底半徑 y，依畢氏定理，$h^2+y^2=r^2$，現在我們要用幾何學知識求 h, y。

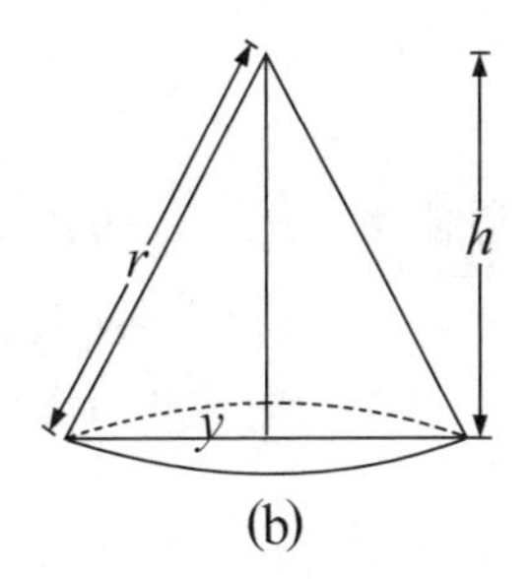

(b)

切除部分之周長＋錐底周長＝圓盤周長 $2\pi r$，假設切除部分之圓心角爲 x，則切除部分之周長爲 rx，如此可求出錐底周長 $2\pi r - rx = (2\pi - x)r$

又錐底是一個圓，其周長即爲 $(2\pi - x)r$，故錐底半徑 y 滿足：

$2\pi y = (2\pi - x)r \quad \therefore y = \frac{2\pi - x}{2\pi}r$

又高 h 滿足 $h^2 + y^2 = r^2$；$h^2 = r^2 - y^2$，即 $h = \sqrt{r^2 - \left(\frac{2\pi - x}{2\pi}r\right)^2}$

$= \frac{r}{2\pi}\sqrt{4\pi x - x^2}$，$2\pi > x > 0$（$\because (2\pi - x)r > 0$）

故漏斗容積爲 $V(x) = \frac{1}{3}$ 底面積×高 $= \frac{1}{3}\pi\left(\frac{2\pi - x}{2\pi}\right)^2 \cdot \frac{r}{2\pi}\sqrt{4\pi x - x^2}$

$= \frac{1}{24\pi^2}(2\pi - x)^2(4\pi x - x^2)^{\frac{1}{2}}$

$V'(x) = \frac{r^3(2\pi - x)(3x^2 - 12\pi x + 4\pi^2)}{24\pi^2\sqrt{4\pi x - x^2}} = 0$

得 $x = 2\pi$（不合），$\frac{6 + 2\sqrt{6}}{3}\pi$（不合）$\therefore x = \frac{6 - 2\sqrt{6}}{3}\pi$

即 $x = \frac{6 - 2\sqrt{6}}{3}\pi$ 時有最大容積

上例中關鍵在於誰扮演 x 之角色，這需要相當經驗，再看一個例子。

※**例 7** 有一長方形紙條如右圖，給定 $\overline{DE} = 1$，在 $\overline{DE}$ 上取一點 A，然後把右下角折向對邊之 C 點上而得到折邊 $\overline{AB}$，如何選 A 點使得三角形 ABE 之面積爲最小。

解　這是一題需用到幾何的最適化問題

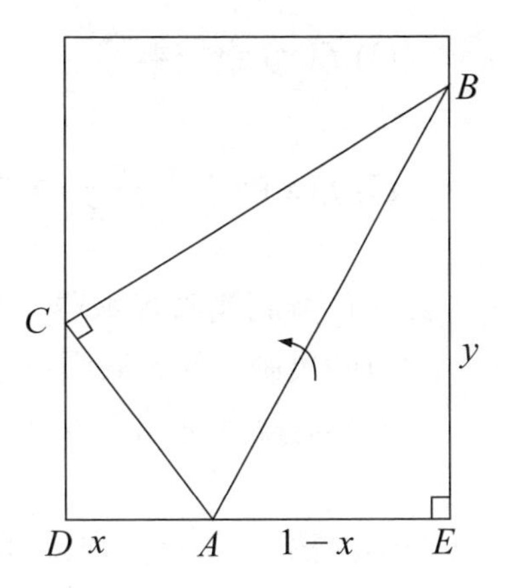

依題意 $\triangle CBA \cong \triangle EAB$

又四邊形 $\square BCDE$ 之面積＝$\triangle CDA$ 面積＋$\triangle CBA$ 面積＋$\triangle EAB$ 面積＝$\triangle CDA$ 面積＋$2\triangle CBA$ 面積

欲使 $\triangle EAB$ 面積最小相當於求 $\triangle CDA$ 面積最大（$\because$ $\square BCDE$ 面積為一定）

設 $\overline{AD}=x$ 則 $\overline{AE}=1-x$，又 $\overline{AE}=\overline{AC}$　$\therefore \overline{AC}=1-x$

$\overline{CD}=\sqrt{(1-x)^2-x^2}=\sqrt{1-2x}$；

$\triangle CDA$ 之面積$=\frac{1}{2}x\sqrt{1-2x}=f(x)$

$f'(x)=\frac{1}{2}\sqrt{1-2x}-\frac{x}{2}\frac{1}{\sqrt{1-2x}}=0$　解之：$x=\frac{1}{3}$

即 A 點位在 D 點右側 $\frac{1}{3}$ 單位處，可使 $\triangle EAB$ 面積為最小

類似問題

1. 求下列各函數的極值：

(1) $f(x)=\frac{1}{5}x^5-x^4+x^3+2$　　　(2) $f(x)=x^{\frac{1}{3}}(x-4)$

(3) $f(x)=x^4-4x^3$　　　　(4) $f(x)=x^2e^x$，$x\in[-3,3]$

(5) $f(x)=\dfrac{2}{x}+\dfrac{8}{1-x}$，$x\in[0,1]$　　　　(6) 求 $f(x)=3^x$，$x\in[-2,2]$

2. 一正方底無蓋容水器，容積爲 64 立方公尺，所用材料旁面每立方公尺值 1 元，底面每立方公尺值 2 元，欲其成本最低，則此容水容底高各應爲多少？

※3. 半徑爲 r 之球內，求一直圓柱體積最大。

4. 求 $p(c,c)$ 至 $y^2=2cx$ 之最短距離。

5. 在半徑爲 2 之半圓中，求面積最大之內接長方形。

6. 求 $2y=x^2$ 上距 $A(4,1)$ 之最近點之坐標。

7. 二正數和爲一定時，求此二數之 m 次方與 n 次方（$m>0$，$n>0$）乘積之極大值。

◎8. 一個槽之縱切面如右：二邊與底均爲 a 之等腰梯形，問槽寬多少時能產生最大之流量？

※9. 二個走廊位置如右，若要將一竹竿由北走廊送到南走廊，問此竹竿之長度最多不得超過幾尺？設北走廊寬 a 尺，南走廊寬 b 尺。

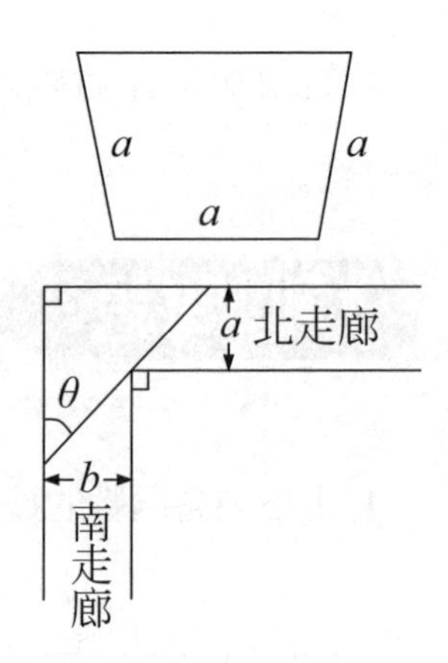

※10. 設 $|f''(x)|\leq m$，$\forall x\in[0,a]$ 且 $f(x)$ 之相對極大值在 $(0,a)$ 中，求證 $|f'(0)|+|f'(a)|\leq am$。

11. 用鐵皮做一圓柱形之鐵桶，若容積一定時，問應如何設計方能使鐵皮耗用最少？

◎12. 半徑為 r 之半圓，求其內接矩形之最大面積。

13. 設 $y=x^3+ax^2+bx+c$ 在 $x=1$ 處有一相對極大值 5，在 $x=3$ 處有一相對極小值，試求 a, b, c。

14. 設 α,β 為任一三次多項式之二相異極值，求證：
$\frac{1}{2}(f(\alpha)+f(\beta))=f\left(\frac{\alpha+\beta}{2}\right)$

※15. 求半徑為 R 之球其內接最大三角錐之體積。
（註：三角錐體積公式為 $V=\frac{1}{3}\pi r^2 h$）

◎16. 壁上有一幅畫長為 l（該畫與地面垂直），畫之下端在觀測者眼睛上方 b 處，問觀測者應站在畫前何處方能使視角為最大？

◎17. 設 A、B 二屋與公路之距離分別為 q、r，C、D 之直線距離為 l，若某人欲由 A 屋經公路上之一點再到 B 屋，其距離須最短，問應如何走法？

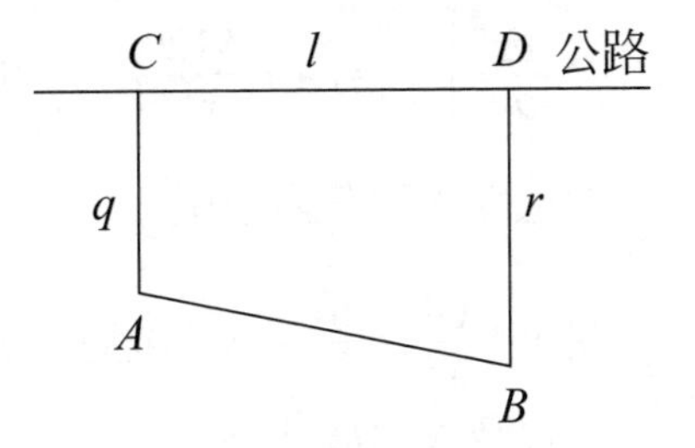

18. 根據材料力學，矩形截面樑之強度與其底 × 高 ^{2} 成正比，問半徑為 R 之圓柱形，欲截成矩形使其有最大強度應如何截法？

19. 底爲正方形而體積一定之矩形箱子，若上下底之工料費爲一單位面積 α 元，二邊爲一單位面積 β 元，問箱子底面之寬與高度應如何方能使工料費最省？

解

1. (1)相對極大值爲 $f(1)=\frac{11}{5}$　相對極小值爲 $f(3)=-\frac{17}{5}$

   (2) $f(1)=-3$ 是相對極小值　(3) $f(3)=-27$ 是相對極小值

   (4) $f(0)=0$ 爲相對極小，$f(-2)=4/e^2$ 爲相對極大

   絕對極大爲 $9e^3$，絕對極小爲 $9/e^3$

   (5) x 在 $\frac{1}{3}$ 處有一相對極小值 18　(6) 3^{-2} 爲絕對極小值，3^2 爲絕對極大值

2. $x=$ 底長，$y=$ 高　則 $64=x^2y\Rightarrow y=\frac{64}{x^2}$ 又

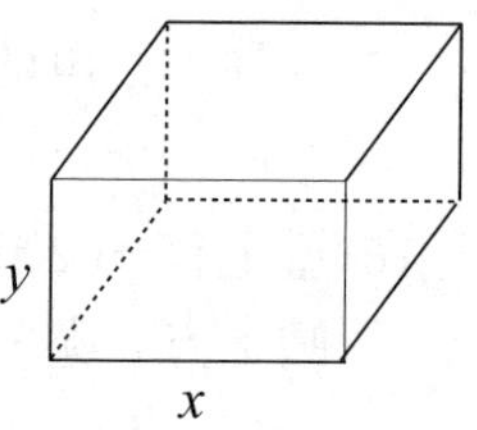

   成本爲 $z=2x^2+4xy=2x^2+4x\cdot\frac{64}{x^2}=2x^2+\frac{256}{x}$

   令 $\frac{dz}{dx}=4x-\frac{256}{x^2}=\frac{1}{x^2}(4x^3-256)=0$，得 $x=4$；

   $\left.\frac{dz^2}{dx^2}\right|_{x=4}=\left.\left(4+\frac{512}{x^3}\right)\right|_{x=4}>0$

   故底爲 4 時有極小值

   又 $y=\frac{64}{x^2}=\frac{64}{16}=4$　故底、高都爲 4 公尺時成本最低

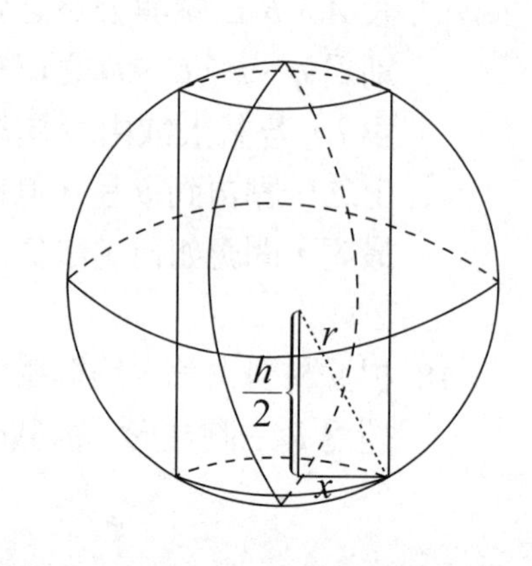

3. 設圓柱之底半徑爲 x，高爲 h，則

   $x^2+\left(\frac{h}{2}\right)^2=r^2\quad\therefore x^2=r^2-\frac{h^2}{4}$

圓柱體積 = 底面積 × 高

$\therefore V=\pi x^2 \cdot h=\pi\left(r^2-\frac{h^2}{4}\right)\cdot h$

令 $\frac{dV}{dh}=\pi r^2-\frac{3}{4}\pi h^2=0 \quad \therefore h=\frac{2}{\sqrt{3}}r$

$\frac{d^2V}{dh^2}=-\frac{3}{2}\pi h<0$，即 $h=\frac{2}{\sqrt{3}}r$ 爲極大值

故 $V=\pi\left[r^2-\frac{1}{4}\left(\frac{2}{\sqrt{3}}r\right)^2\right]\cdot\frac{2}{\sqrt{3}}r=\frac{4}{9}\sqrt{3}\pi r^3$

4. 設 $A(t,\sqrt{2ct})$ 爲 $y^2=2cx$ 上之一點。

A 點距 $p(c,c)$ 距離 $AP^2=f(t)$，則 $f(t)=(c-t)^2+(c-\sqrt{2ct})^2$

$=2c^2+t^2-2c\sqrt{2c}\,t^{\frac{1}{2}}$

$\therefore \frac{df(t)}{dt}=2t-c\sqrt{2c}\,t^{-\frac{1}{2}}=0$ 得 $t=\frac{c}{\sqrt[3]{2}}$

又 $\frac{d^2f(t)}{dt^2}=2+\frac{1}{2}c\sqrt{2c}\,t^{-\frac{3}{2}}>0$

即 $t=\frac{c}{\sqrt[3]{2}}$ 時有一極小值，代入 $\sqrt{f(t)}$，得

$\sqrt{f(t)}=\sqrt{\left(c-\frac{c}{\sqrt[3]{2}}\right)^2+\left(c-\sqrt{2c\cdot\frac{c}{\sqrt[3]{2}}}\right)^2}=c\left(2+2^{-\frac{2}{3}}-2^{\frac{4}{3}}\right)^{\frac{1}{2}}$

5. $x=2\cos\theta$，$y=2\sin\theta$

$A=2xy$

$=2(2\cos\theta)(2\sin\theta)$

$=4\sin 2\theta$

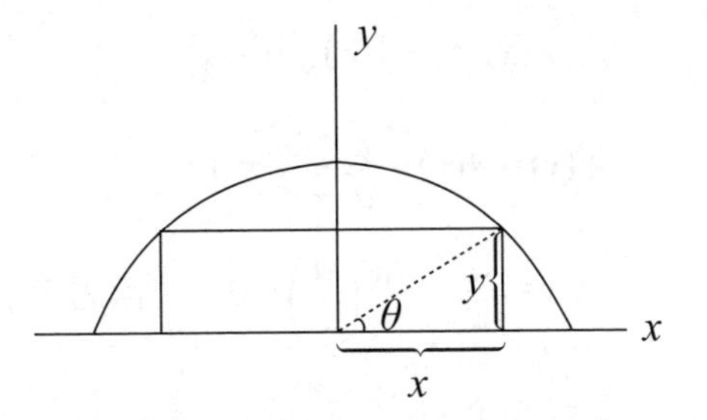

$A'(\theta)=8\cos 2\theta=0 \quad \therefore \theta=\frac{\pi}{4}$

$A''(\frac{\pi}{4})=-16<0$，故 $\theta=\frac{\pi}{4}$ 時有一極大值：

$\because x=2\cdot\cos\frac{\pi}{4}=\sqrt{2}$，$y=2\sin\frac{\pi}{4}=\sqrt{2} \quad \therefore A=(2\sqrt{2})\sqrt{2}=4$

6. 設該點坐標爲 $P(2t,2t^2)$，取 $AP^2=f(t)$，則

$f(t)=(2t-4)^2+(2t^2-1)^2$

$f'(t)=0\Rightarrow t=1 \quad f''(1)=12>0$

$\therefore t=1$ 時有一極小點，故 P 之坐標爲 $(2,2)$。

7. $x+y=a$，欲求 $x^m\cdot y^n$ 之極大值，即相當求 $x^m(a-x)^n$ 之極大值

取 $\varphi(x)=x^m(a-x)^n$ 則 $\ln\varphi(x)=m\ln x+n\ln(a-x)$

$\Rightarrow\frac{\varphi'}{\varphi}=\frac{m}{x}-\frac{n}{a-x}=0$ 得 $x=\frac{am}{m+n}$

又 $\varphi''\left(\frac{am}{m+n}\right)<0$ （讀者自行驗證）

$\therefore \varphi(x)$ 在 $x=\frac{am}{m+n}$ 處有一相對極大值 $\varphi\left(\frac{am}{m+n}\right)=\left(\frac{am}{m+n}\right)^m\left(a-\frac{am}{m+n}\right)^n$

$=\frac{a^{m+n}m^m n^n}{(m+n)^{m+n}}$

8. 設 $A(x)=\frac{(a+2x+a)h}{2}=(a+x)h$ 又 $h=\sqrt{a^2-x^2}$

$\therefore A(x)=(a+x)\sqrt{a^2-x^2}$

$A'(x)=A(x)\cdot\frac{a-2x}{a^2-x^2}=0$

$\therefore x=\frac{a}{2} \quad A''\left(\frac{a}{2}\right)<0$ （自證之）

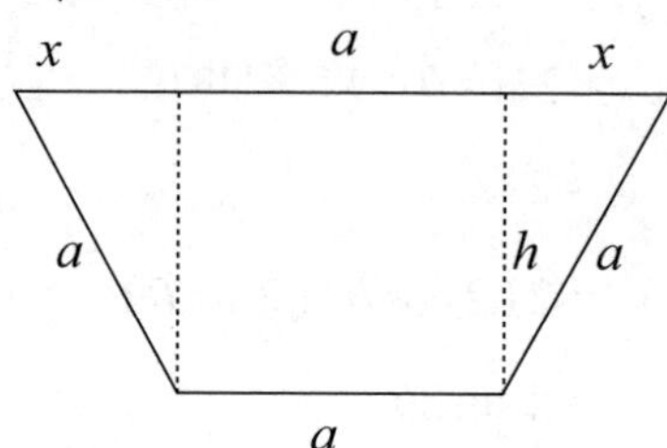

即槽面爲 $a+2\left(\dfrac{a}{2}\right)=2a$ 時可有最大流量

9. ①設竿長爲 l，$l=x+y$

則 $\cos\theta=\dfrac{a}{x}$，$\sin\theta=\dfrac{b}{y}$

$\therefore x=a\sec\theta$，$y=b\csc\theta$

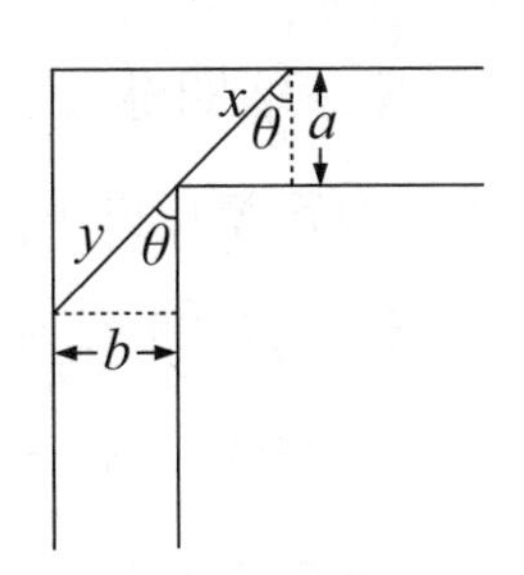

②顯然竿長 l 爲 θ 之函數

（$\because l=x+y=a\sec\theta+b\csc\theta$）

取 $L(\theta)=a\sec\theta+b\csc\theta$

$L'(\theta)=a\sec\theta\tan\theta-b\csc\theta\cot\theta=0$

$\Rightarrow\dfrac{a\sin\theta}{\cos^2\theta}=\dfrac{b\cos\theta}{\sin^2\theta}$　$\therefore \tan\theta=\left(\dfrac{b}{a}\right)^{\frac{1}{3}}$，$\theta=\tan^{-1}\left(\dfrac{b}{a}\right)^{\frac{1}{3}}$

$L''\left(\tan^{-1}\left(\dfrac{b}{a}\right)^{\frac{1}{3}}\right)<0$（自證之）

③$\because x=a\sec\theta$

$$\Rightarrow x=a\sqrt{1+\tan^2\theta}=a\sqrt{1+\left(\frac{b}{a}\right)^{\frac{2}{3}}}=a^{\frac{2}{3}}\sqrt{a^{\frac{2}{3}}+b^{\frac{2}{3}}}$$

$$y=b\sqrt{1+\left(\frac{1}{\tan\theta}\right)^2}=b\sqrt{1+\left(\frac{a}{b}\right)^{\frac{2}{3}}}=b^{\frac{2}{3}}\sqrt{a^{\frac{2}{3}}+b^{\frac{2}{3}}}$$

$$\therefore l=x+y=\left(b^{\frac{2}{3}}+b^{\frac{2}{3}}\right)^{\frac{3}{2}}$$

10. 設 f 在 x_0 處有一相對極大值，$f'(x_0)=0$

由中值定理知：$\left|\dfrac{f'(x_0)-f'(0)}{x_0-0}\right|=|f''(z_1)|$，$x_0>z_1>0$

$\Rightarrow|f'(0)|=x_0|f''(z_1)|\le x_0 m$　①

及

$$\left|\frac{f'(x_0)-f'(0)}{a-x_0}\right|=|f''(z_2)|，\ a>z_2>x_0$$

$\therefore |f'(a)|=(a-x_0)|f''(z_2)|\le(a-x_0)m$　②

①＋②即得

11.（耗用鐵皮最小相當於表面積最小）

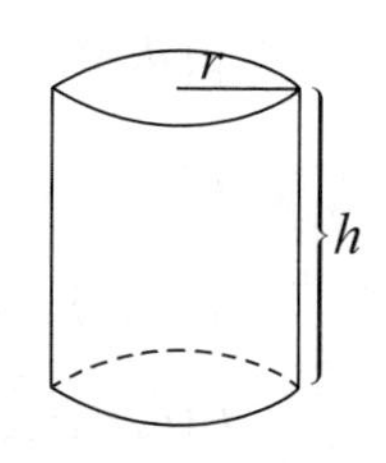

設二底之半徑爲 r，高爲 h，則

(1) 體積 $v=\pi r^2h$

(2) 表面積 $S=2\pi r^2+2\pi rh$（何故？）

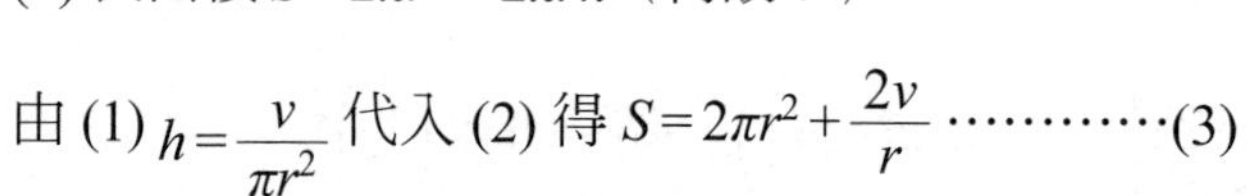

由 (1) $h=\dfrac{v}{\pi r^2}$ 代入 (2) 得 $S=2\pi r^2+\dfrac{2v}{r}$ …………(3)

現在我們要求的是使 S 爲最小

$$\frac{dS}{dr}=4\pi r-\frac{2v}{r^2}=0 \quad \therefore r=\sqrt[3]{\frac{v}{2\pi}}\ ;\ \because \frac{d^2S}{dr^2}=4\pi+\frac{4v}{r^2}\bigg|_{r=\sqrt[3]{\frac{v}{2\pi}}}>0$$

$\therefore r=\sqrt[3]{\dfrac{v}{2\pi}}$ 爲最小（到此仍不能算是完整答案，應再求 h）

代 r 之結果入 (1) 得 $h=2r$。即 $r=\sqrt[3]{\dfrac{v}{2\pi}}$，$h=2r$ 時，鐵皮用量最少

12. 令 $x=r\cos\theta$，$y=r\sin\theta$

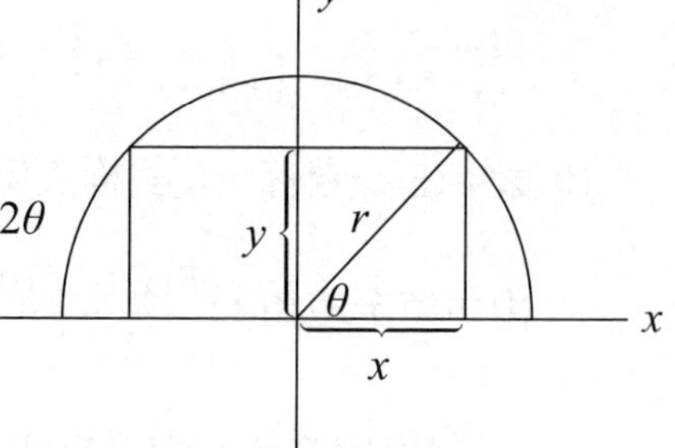

則 $A=(2x)y=2r\cos\theta\cdot r\sin\theta=r^2\sin 2\theta$

$\dfrac{dA}{d\theta}=2r^2\cos 2\theta=0$　$\therefore \theta=\dfrac{\pi}{4}$

$\frac{d^2A}{d\theta^2}=-4r^2\sin2\theta\Big|_{\theta=\frac{\pi}{4}}<0$

即 $\theta=\frac{\pi}{4}$ 時有一極大　$\therefore A=r^2\sin2\left(\frac{\pi}{4}\right)=r^2$ 得長 $x=2r\cos\theta=2r\cdot\left(\frac{\sqrt{2}}{2}\right)=\sqrt{2}r$　寬 $y=r\sin\theta=r\cdot\left(\frac{\sqrt{2}}{2}\right)=\frac{\sqrt{2}}{2}r$ 時有一最大面積爲 r^2

13. $f'(x)=3x^2+2ax+b$，$x=1, 3$ 爲 $f'(x)=0$ 之二根

由根與係數關係知：$1+3=-\frac{2a}{3}$，$1\cdot3=\frac{b}{3}$

$\therefore a=-b$，$b=9$，又 $f(1)=5$，即

$f(x)=x^2-6x^2+9x+c\,|_{x=1}=5$　$\therefore c=1$

故 $a=-6$，$b=9$，$c=1$

14. $f(x)=ax^3+bx^2+cx+d$

設 α,β 爲 $f'(x)=3ax^2+2bx+c=0$ 之二相異根，則 $\alpha+\beta=-\frac{2b}{3a}$，$\alpha\beta=\frac{c}{3a}$

$f(\alpha)+f(\beta)=\frac{4b^3}{27a^2}-\frac{2bc}{3a}+2d$ 又 $f\left(\frac{\alpha+\beta}{2}\right)=\frac{2b^3}{27a^2}-\frac{bc}{3a}+d$

$\therefore \frac{1}{2}(f(\alpha)+f(\beta))=f\left(\frac{\alpha+\beta}{2}\right)$

15. $v=\frac{1}{3}\pi r^2h$（r 爲三角錐之底半徑，h 爲高）

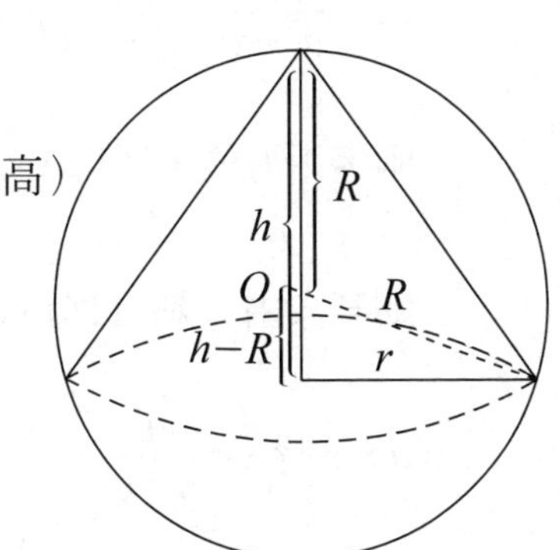

依畢氏定理知 $(h-R)^2+r^2=R^2$

$\therefore r^2=R^2-(h-R)^2=2hR-h^2$

$\Rightarrow V=\frac{1}{3}\pi r^2h=\frac{1}{3}\pi(2hR-h^2)h$

$\frac{dV}{dh}=0$ 得 $h=\frac{4}{3}R$

即當 $h=\frac{4}{3}R$ 時體積爲最大（讀者可驗證），此時 $r=\frac{2}{3}\sqrt{2R}$

16. $\theta=\varphi(x)=\tan^{-1}\frac{b+\ell}{x}-\tan^{-1}\frac{b}{x}$，$\frac{\pi}{2}>\theta>0$

$$\therefore \frac{d\theta}{dx}=\frac{-\frac{b+\ell}{x^2}}{1+\left(\frac{b+\ell}{x}\right)^2}-\frac{-\frac{b}{x^2}}{1+\left(\frac{b}{x}\right)^2}=0$$

$$\Rightarrow \frac{(b+\ell)}{x^2+(b+\ell)^2}=\frac{b}{x^2+b^2}$$

$$\therefore x=\sqrt{b(\ell+b)}$$

讀友可驗證 $\varphi''\left(\sqrt{b(\ell+b)}\right)<0$

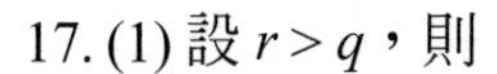

17. (1) 設 $r>q$，則

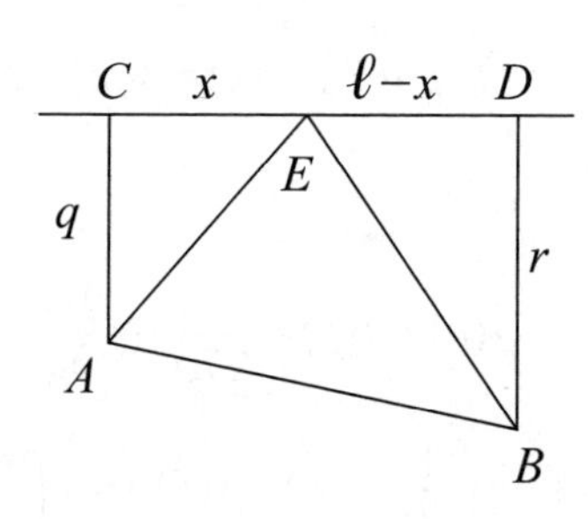

$$S=\sqrt{q^2+x^2}+\sqrt{r^2+(\ell-x)^2}$$

令 $\frac{dS}{dx}=\frac{x}{\sqrt{q^2+x^2}}-\frac{\ell-x}{\sqrt{r^2+(\ell-x)^2}}=0$

$$\therefore \frac{x}{\sqrt{q^2+x^2}}=\frac{\ell-x}{\sqrt{r^2+(\ell-x)^2}}$$

兩邊平方後，解得 $x=\frac{q\ell}{q+r}$

即某人由 A 斜行列距 c 有 $\frac{q\ell}{q+r}$ 處之一點 E 後折到 B。

(2) $q>r$ 時 $x=\frac{r\ell}{q+r}$

即某人由 A 斜行距 c 有 $\dfrac{r\ell}{q+r}$ 處一點 E 後折到 B

18. 設圓木直徑爲 d，矩形樑之高爲 h，底爲 b，令 y 爲強度

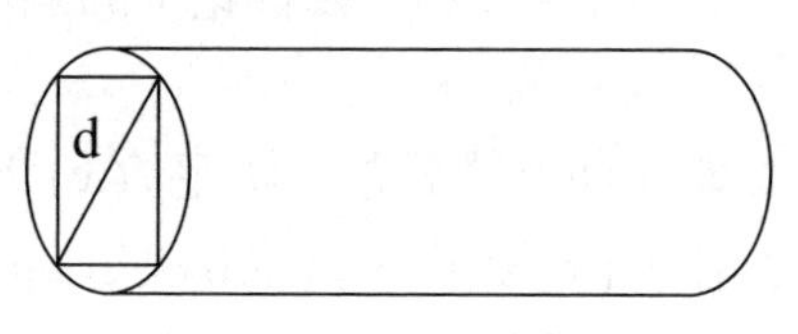

則　$y=kbh^2=kb(d^2-b^2)$ ，$b\in[0,d]$

$\therefore \dfrac{dy}{db}=k(d^2-3b^2)=0$

$\therefore b=\dfrac{d}{\sqrt{3}} \Rightarrow h=\sqrt{\dfrac{2}{3}}d$

即 $d:h:b=\sqrt{3}:\sqrt{2}:1$

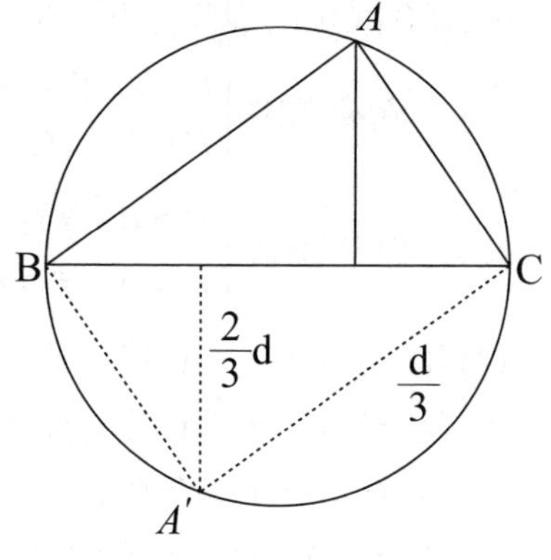

故將直徑三等分之，再由右邊之第一個三等分點作垂線交圓一點 A，左邊之第一個三等分點作垂線交圓一點 A'，則矩形 $ABA'C$ 即爲所求。

19. 令 x 爲底面寬，y 爲箱高，v 爲體積，c 爲成本，則

$c=\underbrace{2\alpha x^2}_{\text{底之成本}}+\underbrace{4\beta xy}_{\text{四周之成本}}$　又　$v=x^2y\Rightarrow y=\dfrac{v}{x^2}$

$\therefore c=2\alpha x^2+4\beta x\cdot\dfrac{v}{x^2}=2\alpha x^2+\dfrac{4\beta v}{x}$

$\dfrac{dc}{dx}=0\Rightarrow x=\sqrt[3]{\dfrac{\beta v}{\alpha}}$, $y=\dfrac{v}{x^2}=\dfrac{\alpha}{\beta}\sqrt[3]{\dfrac{\beta v}{\alpha}}=\dfrac{\alpha x}{\beta}$

即 $y:x=\alpha:\beta$ 時工料費最低

3-5 曲線描法

設 $y=f(x)$，要描繪 y 的圖形，不妨依下述步驟進行：

1. 求 x 與 y 的截距，決定 $f(x)$ 的定義域與值域。
2. 由 $f'(x)$ 是正、負或 0 決定曲線遞增、遞減的範圍；由 $f''(x)$ 是正、負或 0 決定曲線向上凹、向下凹的範圍。

   (1) 一階導函數 $\begin{cases} f'>0 & f\in\uparrow & （遞增） \\ f'<0 & f\in\downarrow & （遞減） \end{cases}$

   (2) 二階導函數 $\begin{cases} f''>0 & f\in\cup & （上凹） \\ f''<0 & f\in\cap & （下凹） \end{cases}$

   (3) ① $f'>0$，$f''>0$ 其 f 圖形為 ↗

   ② $f'>0$，$f''<0$ 其 f 圖形為 ↗

   ③ $f'<0$，$f''>0$ 其 f 圖形為 ↘

   ④ $f'<0$，$f''<0$ 其 f 圖形為 ↘

   如此繪圖就好像是拼積木，只不過它之形狀只有 ↗、↗、↘、↘ 四個圖案，各圖案之始點、終點大致與 $f'(x)=0$，$f''(x)=0$ 之點有關。如此，把握上述要點繪圖也變得簡單多了。

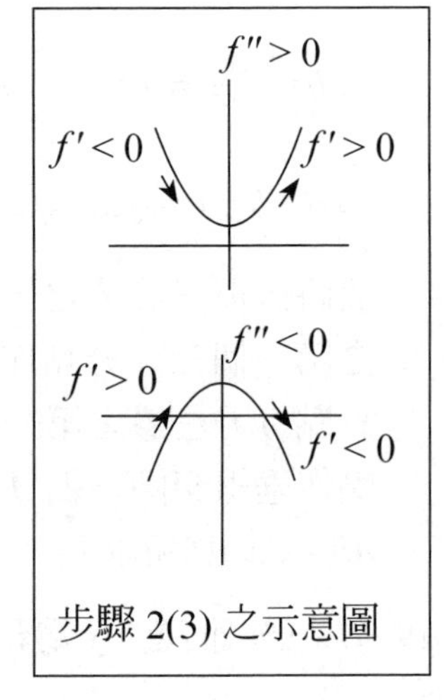

步驟 2(3) 之示意圖

3. 由從 2. 所獲資料求出極點、反曲點。
4. 利用 $\lim\limits_{x\to p^+}f(x)$ 和 $\lim\limits_{x\to p^-}f(x)$ 決定垂直漸近線。
5. 利用 $\lim\limits_{x\to\pm\infty}f(x)$ 討論 $x\to\pm\infty$ 時的情形。

例 1 描繪 $y=f(x)=-x^3+3x-5$ 之圖形。

解 ① $x=0\Rightarrow y=-5$，無漸近線，不過原點且無對稱性。

② $f'(x)=-3x^2+3=3(1-x^2)$

故 $-1<x<1$ 時 $f(x)$ 遞增，$x\geq 1$ 或 $x\geq -1$ 時遞減

$f''(x)=-6x$　故 $x<0$ 時，曲線向上凹；$x>0$ 時，曲線向下凹 $(0,-5)$ 是反曲點

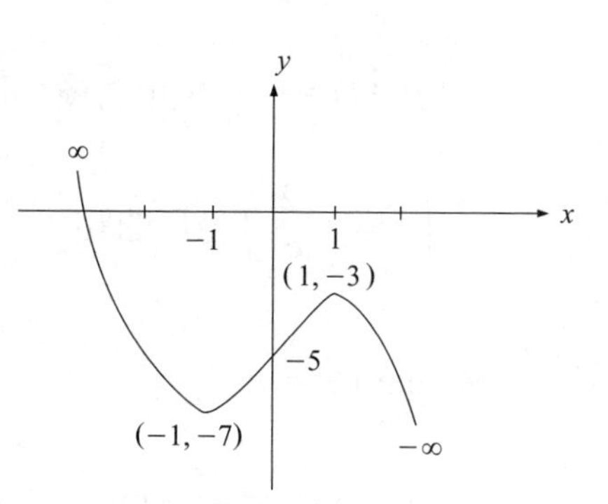

③

x	$x<-1$	-1	$-1<x<0$	0	$0<x<1$	1	$1<x$
$f'(x)$	$-$		$+$		$+$		$-$
$f''(x)$	$+$		$+$		$-$		$-$
$f(x)$	↘	-7	↗	-5	↗	-3	↘

例2　描繪 $y=f(x)=xe^x$ 之圖形。

解　① $x=0\Rightarrow y=0$

$\text{Dom} f=R$，$\text{Ran} f=R$

② $f'(x)=(1+x)e^x$，故 $x<-1$ 時 $f(x)$ 遞減，$x>-1$ 時 $f(x)$ 爲遞增。

$f''(x)=(2+x)e^x$，故 $x<-2$ 時曲線向下凹，其他地方向上凹

③

x	$x<-2$	-2	$2-<x<-1$	-1	$-1<x$
$f'(x)$	$-$		$-$		$+$
$f''(x)$	$-$		$+$		$+$
$f(x)$	↘	$-\frac{2}{e^2}$	↘	$-\frac{1}{e}$	↗

$f(-1)=-\frac{1}{e}$ 是相對極小值；

$\left(-2,-\frac{2}{e^2}\right)$ 是反曲點

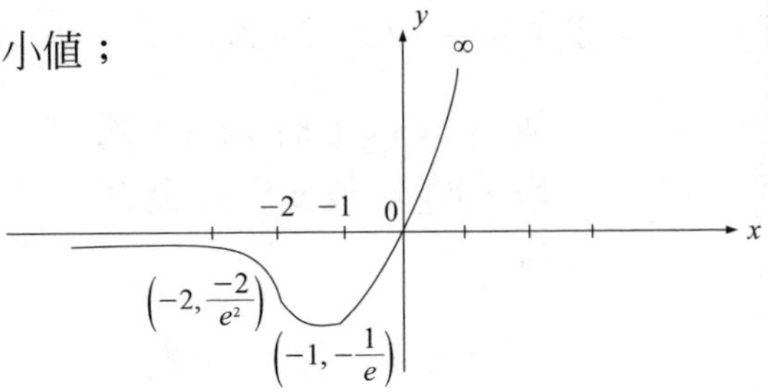

④ $\lim\limits_{x\to\infty} x e^x=\infty$

$\lim\limits_{x\to-\infty} x e^x \overset{y=-x}{=\!=\!=} -\lim\limits_{y\to\infty} y e^{-y}=-\lim\limits_{y\to\infty}\frac{y}{e^y}=0$

故 $y=0$（即 x 軸）是水平漸近線

類似問題

描繪下列函數圖形：

1. $y=\sqrt{x^2+4x+3}$　　2. $y=(x-1)^{\frac{2}{3}}$　　3. $y=x+\sin x$

◎4. $y=x^2-\frac{1}{x^2}$　　5. $y=\frac{2x-3}{3x+2}$

解

1. ① 由視察法易知圖形與 y 軸交 $(0,\sqrt{3})$ 與 x 軸交於 $(-1,0)$, $(-3,0)$

Dom $f=\{x:x\le-3$ 或 $x\ge-1\}$

Ran $f=\{y:y\ge0\}$

② $y'=\dfrac{x+2}{\sqrt{x^2+4x+3}}$ 故 $x>-1$ 時 $y'>0\Rightarrow y$ 遞增及 $x<-3$ 時 $y'<0\Rightarrow y$ 遞減

$y''=\dfrac{-1}{x^2+4x+3}<0\Rightarrow$ 曲線恆向下凹

x	$x<-3$	-3	$-3<x<-1$	-1	$x>-1$
f'	$-$				$+$
f''	$-$				$-$
f	╮	0		0	╭

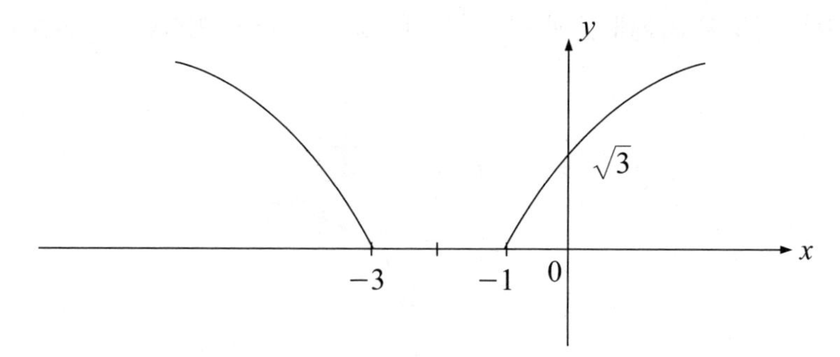

2. ① 由視察法易知圖形過 $(1, 0)$ 與 $(0, 1)$，$\mathrm{Ran}\,f=\{y\mid\geq 0\}$

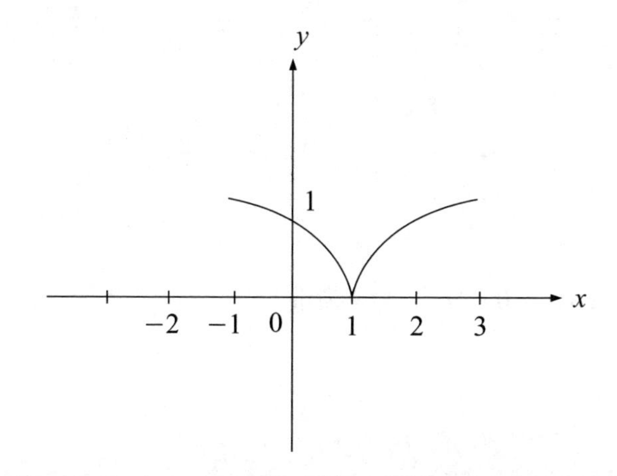

② $y'=\dfrac{2}{3(x-1)^{\frac{1}{3}}}$ 故 $\begin{cases} x<1 \text{ 時 } y'<0 \Rightarrow y \text{ 遞減} \\ x>1 \text{ 時 } y'>0 \Rightarrow y \text{ 遞增} \\ y''=\dfrac{-2}{9(x-1)^{\frac{4}{3}}}>0 \Rightarrow \text{曲線下凹} \end{cases}$

x	$x<1$	1	$x>1$
f'	+		+
f''	+		+
f	↘	0	↗

3. 由視察法易知圖形過原點，且 $f(-x)=-f(x)$ 知圖形對稱原點

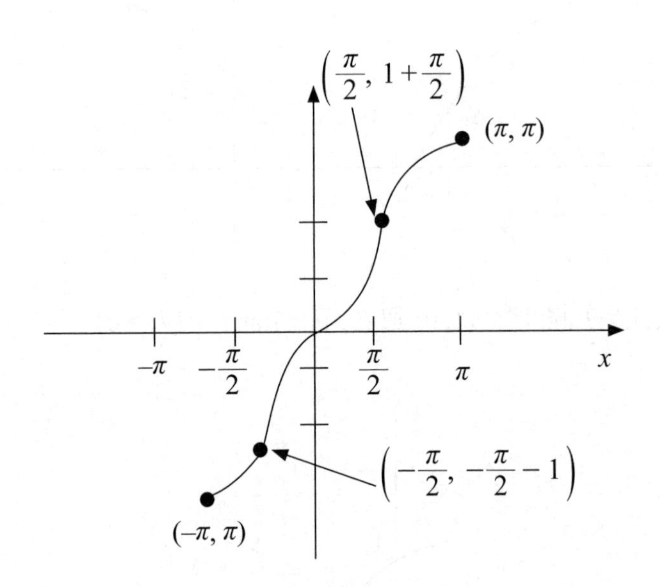

$f'(x)=1+\cos x \geq 0 \quad \forall x$，故 f 遞增

$f''(x)=-\sin x$

故 $x=n\pi$（n 整數）時 $f''(x)=0$ 且曲線在以 π 爲單位的區間內成向上凹、向下凹的交替出現

x	$\cdots-\pi$		$-\frac{\pi}{2}$		0		$\cdots\frac{\pi}{2}$		$\pi\cdots$
f'		$+$		$+$		$+$		$+$	
f''		$+$		$-$		$+$		$-$	
f		$\nearrow$	$-\frac{\pi}{2}-1$	$\searrow$	0		$\frac{\pi}{2}+1$		$\frac{\pi}{2}$

4. $y=x^2-\dfrac{1}{x^2}$

① 由視察法可知 (1) 圖形過點 $(1, 0), (-1, 0)$ 二點。(2) 漸近線 $x=0$，即 y 軸，圖形對稱 y 軸。

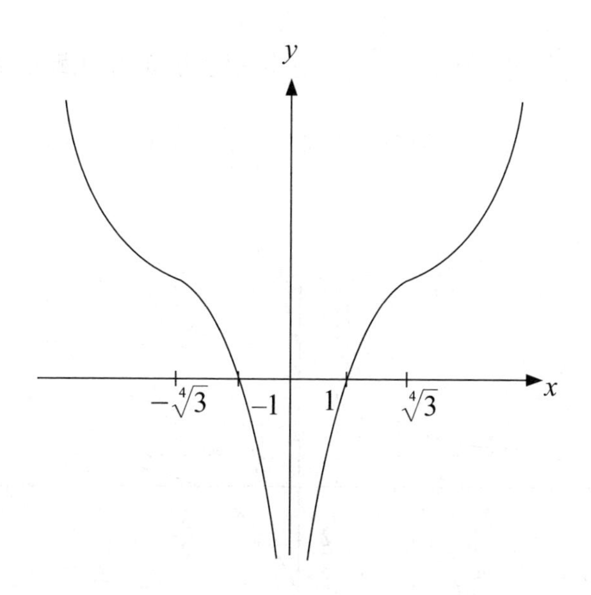

② $y'=2x+\dfrac{2}{x^3}=\dfrac{2x^4+2}{x^3}\neq 0$ $\quad\therefore \begin{cases} x>0 \text{ 時，} y'>0 \Rightarrow y \text{ 遞增} \\ x<0 \text{ 時，} y'<0 \Rightarrow y \text{ 遞減} \end{cases}$

$$y''=2-\frac{6}{x^4}=\frac{2}{x^4}(x^4-3)=\frac{2}{x^4}(x^2+\sqrt{3})(x-\sqrt[4]{3})(x+\sqrt[4]{3})$$

$\therefore\begin{cases}x>\sqrt[4]{3}\text{ 或 }x<-\sqrt[4]{3}\text{ ，}y''>0\Rightarrow\text{曲線向上凹，}\\-\sqrt[4]{3}<x<\sqrt[4]{3}\text{時，}y''<0\Rightarrow\text{曲線向下凹}\end{cases}$ $x=\pm\sqrt[4]{3}$ 處有反曲點 $\left(-\sqrt[4]{3},\ \frac{2}{\sqrt{3}}\right),\left(\sqrt[4]{3},\ \frac{2}{\sqrt{3}}\right)$

x	$x<-\sqrt[4]{3}$	$-\sqrt[4]{3}$	$0>x>-\sqrt[4]{3}$	0	$\sqrt[4]{3}>x>0$	$\sqrt[4]{3}$	$x>\sqrt[4]{3}$
f'	$-$		$-$		$+$		$+$
f''	$+$		$-$		$-$		$+$
f	↘	$\frac{2}{\sqrt{3}}$	↘	x	↗	$\frac{2}{\sqrt{3}}$	↗

5. $y=\frac{2x-3}{3x+2}=\frac{2x-3}{3x+2}=\frac{2}{3}-\frac{\frac{13}{3}}{3x+2}$ ∴由視察法易知水平漸近線 $y=\frac{2}{3}$，垂直漸近線 $x=-\frac{2}{3}$，圖形交兩軸於 $\left(\frac{3}{2},0\right),\left(0,-\frac{3}{2}\right)$

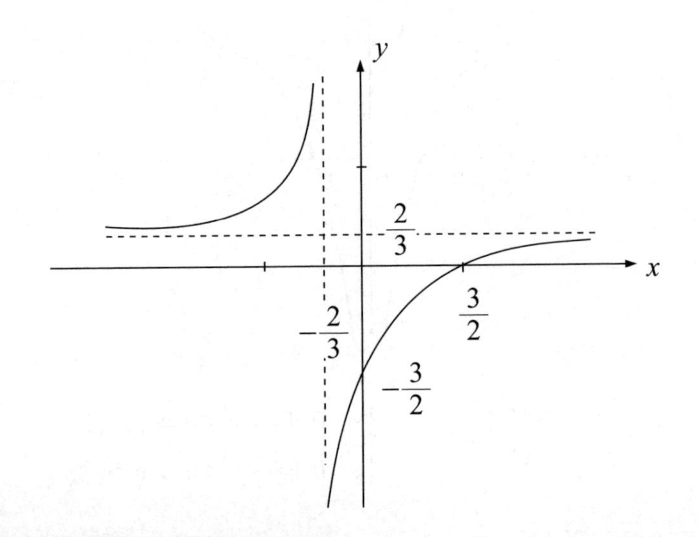

$y'=\dfrac{13}{(3x+2)^2}>0 \Rightarrow y$ 遞增，$y''=\dfrac{78}{(3x+2)^3}$

$x>-\dfrac{2}{3}$ 時，$y''<0 \Rightarrow$ 曲線向下凹
$x<-\dfrac{2}{3}$ 時，$y''>0 \Rightarrow$ 曲線向上凹
} 無反曲點（$\because x=-\dfrac{2}{3}$ 不在定義域內）

x	$x<-\dfrac{2}{3}$	$-\dfrac{2}{3}$	$x>-\dfrac{2}{3}$
f'	+		+
f''	+		−
f	↗	x	↗

3-6　平面切線與法線

曲線 $y=f(x)$ 在（$x_0, f(x_0)$）之切線斜率為 $f'(x_0)$，切線方程式為

$$\frac{f(x)-f(x_0)}{x-x_0}=f'(x_0)$$

$f'(x_0)\neq 0$ 時之法線斜率為 $\dfrac{-1}{f'(x_0)}$，法線方程式為

$$\frac{f(x)-f(x_0)}{x-x_0}=-\frac{1}{f'(x_0)}$$

◎**例 1**　求 $x^3+y^3-3axy=0$（$a\neq 0$）在（$\frac{3}{2}a,\frac{3}{2}a$）之切線及法線方程式。

解　(1) 先求 $y'|_{(\frac{3}{2}a,\frac{3}{2}a)}$

$$\because 3x^2+2y^2y'-3ay-3axy'=0 \quad \therefore y'=\frac{ay-x^2}{y^2-ax}\Rightarrow y'|_{(\frac{3}{2}a,\frac{3}{2}a)}=-1$$

(2) 切線方程式

$$\frac{y-\frac{3}{2}a}{x-\frac{3}{2}a}=-1 \qquad x+y=3a$$

(3) 法線方程式

$$\frac{y-\frac{3}{2}a}{x-\frac{3}{2}a}=1 \quad \therefore y-x=0$$

例 2　一曲線爲 $\begin{cases}x=t^2-2\\y=t^3-2t+1\end{cases}$，$t\in R$，求過曲線上 $t=2$ 之點的切線方程式。

解　$\because \begin{cases}x=t^2-2\\y=t^3-2t+1\end{cases}\Rightarrow\begin{cases}\frac{dx}{dt}=2t\\\frac{dy}{dt}=3t^3-2\end{cases}$

$$\left.\frac{dy}{dx}\right|_{t=2}=\left.\frac{dy/dt}{dx/dt}\right|_{t=2}=\left.\frac{3t^3-2}{2t}\right|_{t=2}=\frac{5}{2}$$

又 $t=2$ 時，$x=2$，$y=5$

故切線爲 $\dfrac{y-5}{x-2}=\dfrac{5}{2}$　即 $5x-2y=0$

◎**例 3**　求 $f(x)=\sqrt[3]{x}$ 在原之切線及法線方程式。

解　$\left.\dfrac{dy}{dx}\right|_{(0,0)}=\lim\limits_{x\to 0}\dfrac{f(x)-f(0)}{x-0}=\lim\limits_{x\to 0}\dfrac{\sqrt[3]{x}}{x}=\infty$

$\therefore$切線方程式爲 $x=0$，法線方程式爲 $y=0$

例 4　求 $x^2-2xy+y^2+5x-6y+8=0$ 在 $(3,8)$ 之切線及法線方程式。

解　$2x-2xy-2xy'+2yy'+5-6y'=0$

$\therefore\ y'=\dfrac{2y-2x-5}{2y-2x-6}\Rightarrow\left.\dfrac{dy}{dx}\right|_{(3,8)}=\dfrac{5}{4}$

$\therefore$切線方程式爲 $\dfrac{y-8}{x-3}=\dfrac{5}{4}$　即 $5x-4y+17=0$

法線方程式爲 $\dfrac{y-8}{x-3}=-\dfrac{4}{5}$　即 $4x+5y-52=0$

二曲線之交角

☑定義：

二曲線之交角是指二曲線交點處之切線夾角，在此，二線之斜率爲 m_1, m_2，夾角爲 θ，$0\le\theta\le\dfrac{\pi}{2}$ 時，$\tan\theta=\dfrac{m_1-m_2}{1+m_1m_2}$，若 $m_1\cdot m_2=-1$　則稱二曲線正交。

類似問題

1. $\begin{cases} s=\sin^{-1}\dfrac{t}{\sqrt{1+t^2}} \\ y=\cos^{-1}\dfrac{1}{\sqrt{1+t^2}} \end{cases}$，求 $\dfrac{dy}{dx}$。

◎2. 求 $y=\sin x$ 在（$\pi, 0$）之切線及法線方程式。

3. 求 $y=\dfrac{8}{x^2+4}$ 在（2, 1）之切線及法線方程式。

4. 過 $y=x^3$ 某點之切線與連接 A（−1, −1）及 B（2, 8）二點所成之直線平行，求此點之座標。

◎5. 求 $\begin{cases} x=a(t-\sin t) \\ y=a(1-\cos t) \end{cases}$ 在 $t=k$ 處之切線方程式。

6. 求 (a) $r=a\theta$ (b) $r=a(1+\cos\theta)$ 之 y'，$r=\sqrt{x^2+y^2}$；$\theta=\tan^{-1}\dfrac{y}{x}$。

7. $\begin{cases} x=t^2-2t \\ y=2t^3-6t \end{cases}$，求 $\dfrac{dy}{dx}$ 及 $\dfrac{d^2y}{dx^2}$。

◎8. $\begin{cases} x=e^t\sin t \\ y=e^t\cos t \end{cases}$，求 $\dfrac{dy}{dx}$ 及 $\dfrac{d^2y}{dx^2}$。

◎9. 證明 $x^{\frac{2}{3}}+y^{\frac{2}{3}}=a^{\frac{2}{3}}$（$a>0$）之切線介於 x 軸及 y 軸間的長度為一常數。

10. 設 $p_1(x_1,y_1)$，$p_2(x_2,y_2)$ 爲拋物線 $y=ax^2+bx+c$ 上任意二點，次設 $p_3(x_3,y_3)$ 爲弧 $\overparen{p_1p_2}$ 上之一點，且其切線平行於弦 p_1p_2，證明：$x_3=\dfrac{x_1+x_2}{2}$

◎11. 求 $\begin{cases} x=t+\dfrac{1}{t} \\ y=t-\dfrac{1}{t} \end{cases}$（$t\neq 0$）之斜率爲 2 的切線方程式。

12. 求通過原點而切於函數 $f(x)=(x+1)^3$ 之直線方程式。

13. 證明 $\begin{cases} x=a(\cos t+t\sin t) \\ y=a(\sin t-t\cos t) \end{cases}$ 之法線是 $x^2+y^2=a^2$ 之切線，$t\neq 0$。

14. 證明：

(a) 追跡線 $x=a\ln\dfrac{a+\sqrt{a^2-y^2}}{y}-\sqrt{a^2-y^2}$，$0\leq y\leq a$

之 $\dfrac{dx}{dy}=-\dfrac{\sqrt{a^2-y^2}}{y}$，

亦即 y 值隨 x 增加而遞減。

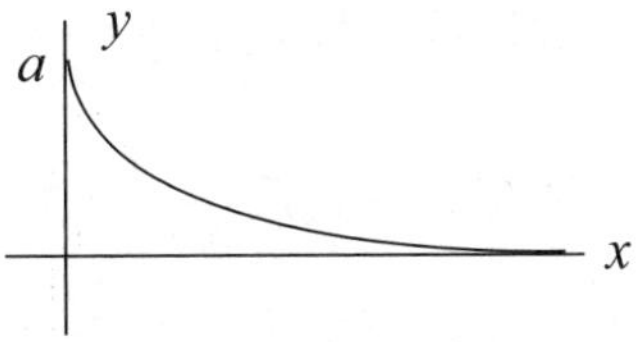

(b) 追跡線上任一切線與 x 軸的交點與切點之長度爲一定。

15. 求 $y=\sin x$ 及 $y=\cos x$ 之交角。

16. 證明 $xy=a^2$ 與 $x^2-y^2=b^2$ 正交。

17. 求 $y=x^2$ 及 $y=x^3$ 之交角。

18. 求證 $y^2=4a(a-x)$（$a>0$）與 $y^2=4b(b+x)$（$b>0$）正交。

解

1. $\dfrac{dx}{dt}=\left(\sin^{-1}\dfrac{t}{\sqrt{1+t^2}}\right)'=\dfrac{1}{1+t^2}$

$\dfrac{dy}{dt}=\left(\cos^{-1}\dfrac{1}{\sqrt{1+t^2}}\right)'=\dfrac{\text{sgn}\,t}{1+t^2}$

$\therefore \dfrac{dy}{dx}=\dfrac{dy/dt}{dx/dt}=\text{sgn}\,t$

$$\text{sgn}\,(t)=\begin{cases}1 & ，x=\infty\\ 0 & ，x=0\\ -1 & ，x=-\infty\end{cases}$$

2. $\dfrac{dy}{dx}=\cos x \quad \therefore \left.\dfrac{dy}{dx}\right|_{(\pi,0)}=-1$

故切線方程式為 $\dfrac{y-0}{x-\pi}=-1$　即 $x+y=\pi$

法線方程式為 $\dfrac{y-0}{x-\pi}=1$　即 $x-y=\pi$

3. $\dfrac{dy}{dx}=\dfrac{-16x}{(x^2+4)^2} \quad \therefore \left.\dfrac{dy}{dx}\right|_{(2,1)}=-\dfrac{1}{2}$

故切線方程式為 $\dfrac{y-1}{x-2}=-\dfrac{1}{2}$　即 $x+2y=4$

法線方程式為 $\dfrac{y-1}{x-2}=2$　即 $2x-y=3$

4. 過 A, B 二點之直線斜率為 $\dfrac{-1-8}{-1-2}=3$

而 $\left.\dfrac{dy}{dx}\right|_{(a,a^3)}=3a^2=3 \quad \therefore a=1$ 或 -1

$\Rightarrow$ 可能點為（1, 1）及（−1, −1）二點，但（−1, −1）不合

故為（1, 1）

5. $\dfrac{dx}{dt}=a-a\cos t$，$\dfrac{dy}{dt}=a\sin t$

$$\therefore \frac{dy}{dx}=\frac{dy/dt}{dx/dt}=\frac{\sin t}{1-\cos t}$$

故 $t=k$ 時之斜率為 $\dfrac{\sin k}{1-\cos k}$，

過 $t=k$ 之切線方程式為 $\dfrac{y-a(1-\cos k)}{x-a(k-\sin k)}=\dfrac{\sin k}{1-\cos k}$

6. 利用 $x=r\cos\theta$，$y=r\sin\theta$ 之關係：

(a) $r=a\theta \Rightarrow x=a\theta\cos\theta$，$y=a\theta\sin\theta$

$$\therefore \frac{dy}{dx}=\frac{dy/d\theta}{dx/d\theta}=\frac{a(\sin\theta+\theta\cos\theta)}{a(\cos\theta-\theta\sin\theta)}=\frac{\sin\theta+\theta\cos\theta}{\cos\theta-\theta\sin\theta}$$

(b) $r=a(1+\cos\theta)$

$\therefore x=a(1+\cos\theta)\cos\theta$，$y=a(1+\cos\theta)\sin\theta$

$$\Rightarrow \frac{dy}{dx}=\frac{dy/d\theta}{dx/d\theta}=\frac{a[-\sin^2\theta+\cos\theta+\cos^2\theta]}{a[-\sin\theta\cos\theta-(1+\cos\theta)\sin\theta]}=-\frac{\cos^2\theta-\sin^2\theta+\cos\theta}{\sin\theta+2\sin\theta\cos\theta}$$

7. (a) $\dfrac{dy}{dx}=\dfrac{dy/dt}{dx/dt}=\dfrac{6t^2-6}{2t-2}=3(t+1)$

(b) $\dfrac{d^2y}{dx^2}=\dfrac{d}{dx}\left(\dfrac{dy}{dx}\right)=\dfrac{d}{dt}\left(\dfrac{dy}{dx}\right)\left(\dfrac{dt}{dx}\right)=\left[\dfrac{d}{dt}\left(\dfrac{dy}{dx}\right)\right]\Big/\left(\dfrac{dx}{dt}\right)$

$$=\left[\frac{d}{dt}(3t+3)\right]\Big/2(t-1)=\frac{3}{2(t-1)}$$

8. (a) $\dfrac{dy}{dx}=\dfrac{dy/dt}{dx/dt}=\dfrac{-e^t\sin t+e^t\cos t}{e^t\cos t+e^t\sin t}=\dfrac{-\sin t+\cos t}{\cos t+\sin t}$

(b) $\dfrac{d^2y}{dx^2}=\dfrac{d}{dx}\left(\dfrac{dy}{dx}\right)=\dfrac{d}{dt}\left(\dfrac{dy}{dx}\right)\dfrac{dt}{dx}$

$$=\left[\frac{d}{dt}\left(\frac{-\sin t+\cos t}{\cos t+\sin t}\right)\right]\Big/\left(\frac{dx}{dt}\right)=\frac{-2}{e^t(\sin t+\cos t)}$$

9. 過 $x^{\frac{2}{3}}+y^{\frac{2}{3}}=a^{\frac{2}{3}}$ 上（x_0, y_0）之切線方程式：

$$\because \frac{2}{3}x^{-\frac{1}{3}}+\frac{2}{3}y^{-\frac{1}{3}}y'=0\text{；}y'=-\frac{y^{\frac{1}{3}}}{x^{\frac{1}{3}}}\Rightarrow y'\bigg|_{(x_0,y_0)}=\frac{-y_0^{\frac{1}{3}}}{x_0^{\frac{1}{3}}}$$

$\therefore$過（x_0, y_0）之切線方程式為 $\dfrac{y-y_0}{x-x_0}=\dfrac{-y_0^{\frac{1}{3}}}{x_0^{-\frac{1}{3}}}$

即 $x_0^{\frac{1}{3}}(y-y_0)+y_0^{\frac{1}{3}}(x-x_0)=0\Rightarrow x_0^{\frac{1}{3}}y+y_0^{\frac{1}{3}}x=x_0^{\frac{1}{3}}y_0+x_0y_0^{\frac{1}{3}}$，即交二軸於（$0, y_0^{\frac{1}{3}}(x_0^{\frac{2}{3}}+y_0^{\frac{2}{3}})$）及（$x_0^{\frac{1}{3}}(x_0^{\frac{2}{3}}+y_0^{\frac{2}{3}}, 0)$）

$$\therefore\text{長度}=\sqrt{(y_0^{\frac{1}{3}}(x_0^{\frac{2}{3}}+y_0^{\frac{2}{3}}))^2+(x_0^{\frac{1}{3}}(x_0^{\frac{2}{3}}+y_0^{\frac{2}{3}}))^2}$$

$$=(x_0^{\frac{2}{3}}+y_0^{\frac{2}{3}})^{\frac{3}{2}}=a$$

10. $\overline{p_1p_2}$ 之斜率為 $\dfrac{y_1-y_2}{x_1-x_2}$

而過 p_3 之切線斜率為：$y'|_{x=x_3}=2ax_3+b$

$\because T//\overline{p_1p_2}\quad\therefore \dfrac{y_1-y_2}{x_1-x_2}=2ax_3+b$

$$\Rightarrow\frac{(ax_1^2+bx_1+c)-(ax_2^2+bx_2+c)}{x_1-x_2}=\frac{a(x_1^2-x_2^2)+b(x_1-x_2)}{x_1-x_2}$$

$$=a(x_1+x_2)+b=2ax_3+b\quad\therefore x_3=\frac{x_1+x_2}{2}$$

11. $\dfrac{dy}{dx}=\dfrac{dy/dt}{dx/dt}=\dfrac{1+\dfrac{1}{t^2}}{1-\dfrac{1}{t^2}}=\dfrac{t^2+1}{t^2-1}=2\quad\therefore t=\pm\sqrt{3}$

(1) $t=\sqrt{3}$ 時　$x=t+\frac{1}{t}=\frac{4}{\sqrt{3}}$，$y=t-\frac{1}{t}=\frac{2}{\sqrt{3}}$

∴切線方程式為 $\dfrac{y-\frac{2}{\sqrt{3}}}{x-\frac{4}{\sqrt{3}}}=2$　或　$y=2(x-\frac{4}{\sqrt{3}})+\frac{2}{\sqrt{3}}$

(2) 同法，$t=-\sqrt{3}$ 時之切線方程式為

$$y=2\left(x+\frac{4}{\sqrt{3}}\right)-\frac{2}{\sqrt{3}}$$

12. 設 $y=mx$ 為所求切線，又設 $y=mx$ 與 $y=(x+1)^3$ 交於（x_0, y_0）點

則 $\begin{cases} y_0=(x_0+1)^3；但\ y_0=mx_0 & ① \\ 3(x_0+1)^2=m & ② \end{cases}$

① $m\neq 0$ 時　$\frac{①}{②}$ 得 $\frac{x_0+1}{3}=x_0$（$\because y_0=mx_0$）　$\therefore x_0=\frac{1}{2}$，$m=\frac{27}{4}$

即 $y=\frac{27}{4}x$ 是為所求切線

② $m=0$ 時　$y=0$ 是為所求之切線

13. $t\neq 0$ 時 $\begin{cases} x=a(\cos t+t\sin t) \\ y=a(\sin t-t\cos t) \end{cases}$ 之法線方程式：

$$\frac{dy}{dx}=\frac{dy/dt}{dx/dt}=\tan t$$

∴在 $t=t_0$ 之法線方程式為

$$\frac{y-a(\sin t_0-t_0\cos t_0)}{x-a(\cos t_0+t_0\sin t_0)}=-\cot t_o$$

$$y+(\cot t_0)x=a[\sin t_0-t_0\cos t_0+(\cos t_0+t_0\sin t_0)\cot t_0]$$

即 $y+(\cot t_0)x=a\left[\sin t_0+\dfrac{\cos^2 t_0}{\sin t_0}\right]=a\csc t_0$　　*

又在 $t=t_0$ 處　$x^2+y^2=a^2$ 之參數方程式爲

$\begin{cases}x=a\cos t\\ y=a\sin t\end{cases}$，其切線方程式爲

$$\frac{y-a\sin t_0}{x-a\cos t_0}=\left.\frac{dy/dt}{dx/dt}\right|_{t=t_0}=-\cot t_0$$

即 $y+(\cot t_0)x=a(\cos t_0\cot t_0+\sin t_0)$

$=a\csc t_0$　　　　**

由 * 及 ** 得證

14. (a) 自解之

(b) 追跡上任一點（x_0, y_0）之切線方程式爲

$$\frac{y-y_0}{x-x_0}=\left.\frac{dy}{dx}\right|_{(x_0,y_0)}=-\frac{y_0}{\sqrt{a^2-y_0^2}}$$

即 $y+\dfrac{y_0}{\sqrt{a^2-y_0^2}}x=\dfrac{x_0y_0}{\sqrt{a^2-y_0^2}}+y_0$

與 x 軸交點爲（$x_0+\sqrt{a^2-y_0^2}, 0$）

$\therefore$長度 $=\sqrt{[x_0-(x_0+\sqrt{a^2-y_0^2})]^2+(y_0-0)^2}=a$

15. $y=\sin x$ 與 $y=\cos x$ 在第一象限內之交點爲（$\dfrac{\pi}{4}, \dfrac{\sqrt{2}}{2}$）

$\therefore\ y_1'\Big|_{x=\frac{\pi}{4}}=\dfrac{\sqrt{2}}{2}$　　$y_2'\Big|_{x=\frac{\pi}{4}}=-\dfrac{\sqrt{2}}{2}$

得 $\tan\theta=\left|\dfrac{m_1-m_2}{1-m_1m_2}\right|=\dfrac{\sqrt{2}}{1-\dfrac{1}{2}}=2\sqrt{2}$　　$\therefore\ \theta=\tan^{-1}2\sqrt{2}$

16. 若 $xy=a^2$ 與 $x^2-y^2=b^2$ 交於（x_0, y_0），則

①$xy=a^2$ 在（x_0, y_0）之切線斜率：$m_1=-\dfrac{x_0}{y_0}$

②$x^2-y^2=b^2$ 在（x_0, y_0）之切線斜率：$m_2=-\dfrac{y_0}{x_0}$

∵$m_1 \cdot m_2=-1$　∴二曲線正交

17. $y=x^2$ 與 $y=x^3$ 交於（0, 0）及（1, 1）二點

①在（0, 0）處二曲線之交角

$y_1'\Big|_{x=0}=0=m_1$　　$y_2'\Big|_{x=0}=0=m_2$

$\therefore \tan\theta=\left|\dfrac{m_1-m_2}{1-m_1m_2}\right|=0$　即 $\theta=0$

②在（1, 1）處二曲線之交角

$y_1'\Big|_{x=1}=2=m_1$　　$y_2'\Big|_{x=1}=3=m_2$

$\therefore \tan\theta=\left|\dfrac{m_1-m_2}{1-m_1m_2}\right|=\dfrac{1}{5}$，即 $\theta=\tan^{-1}\dfrac{1}{5}$

18. 設 $y^2=4a(a-x)$ 與 $y^2=4b(b+x)$ 之交點爲（x_0, y_0）

則①$y^2=4a(a-x)$ 在（x_0, y_0）之切線斜率

$2yy'=-4a$　即 $y'=\dfrac{-2a}{y_0}=m_1$

②$y^2=4b(b+x)$ 在（x_0, y_0）之切線斜率

$2yy'=4b$　$\therefore y'=\dfrac{2b}{y_0}=m_2$

故 $m_1 \cdot m_2=\dfrac{-4ab}{y_0^2}=-1$

〔(x_0, y_0) 爲 $y^2=4a(a-x)$ 與 $y^2=4b(b+x)$ 之交點，解之 $x_0=a-b$，$y_0{}^2=4ab$〕

3-7　估　計

☑定義：

若 $y=f(x)$ 在 x 可微分，則定義：

$$dy=df(x)=f'(x)dx$$

稱任意實數 dx 爲變數 x 的微分（differential of x），而 dy 爲變數 y 的微分（differential of y）。

【Note】：dy 是 x 及 dx 兩自變數的函數，x 屬於導函數 f' 的定義域，dx 是任意實數。

☑定義：

令 $\Delta x=x-x_0$ 表示變數 x 在 x_0 的增量，則 $y=f(x)$ 在 x_0 的增量爲

$$\Delta y=f(x)-f(x_0)$$

因當 $x \to x_0$ 時，

$$\frac{f(x)-f(x_0)}{x-x_0} - f'(x_0) \to 0$$

故當 $x \approx x_0$ 時（$\approx$ 表示「近似於」）

$$f(x) \approx f(x_0) + f'(x_0)(x-x_0)$$

$$\Delta y = f(x) - f(x_0) \approx f'(x_0)(x-x_0)$$

$$= f'(x_0)\Delta x$$

所以令 $dx = \Delta x \approx 0$

比較　$dy = f'(x_0)dx$ 與 $\Delta y \approx f'(x_0)\Delta x$

知　　$\Delta y \approx dy$

即當 $dx = \Delta x \approx 0$ 時，y 的微分 dy 是 y 的增量 Δy 的近似值，而 $f(x) \approx f(x_0) + f'(x_0)dx$。

例 1　一正立方形盒子，每邊長 $x = 5$ 公分，但其可能誤差為 0.05 公分，求此盒子體積的可能誤差是多少？

解　盒子體積 $v = f(x) = x^3$

取 $x_0 = 5$，$dx = \Delta x = \pm 0.05$

因 $f'(x)=3x^2$

故 $dv=f'(5)dx=3\cdot5^2\cdot(\pm0.05)=\pm3.75$

即盒子體積的可能誤差爲 ±3.75 立方公分

例 2 求 $\sqrt[3]{1001}$ 的近似值。

解 令 $y=f(x)=x^{\frac{1}{3}}$；$x_0=1000$，$f(x_0)=10$

$\Delta x=dx=1001-1000=1$

因 $f'(x)=\frac{1}{3}x^{-\frac{2}{3}}$，故 $f'(x_0)=\frac{1}{300}$；$dy=f'(x_0)dx=\frac{1}{300}$

由 $f(x)\approx f(x_0)+f'(x_0)dx \quad \therefore \sqrt[3]{1001}\approx\sqrt[3]{1000}+\frac{1}{300}$

即 $\sqrt[3]{1001}\approx10+\frac{1}{300}$

類似問題

1. 試估計 $\sqrt[3]{999}$。　2. 估計 $\sqrt{101}$。　3. 估計 $\sqrt{99}$。

4. 求 $(1.001)^7-2(1.001)^{\frac{4}{3}}+3$ 的估計值。

解

1. 令 $y=f(x)=x^{\frac{1}{3}}$，$x_0=1000$，$\Delta x=dx=-1$

則 $f'(x)=\frac{1}{3}x^{-\frac{2}{3}}$，$f'(x_0)=\frac{1}{300}$，$f(x_0)=10$

由 $f(x_0+\Delta x)\approx f(x_0)+f'(x_0)dx$

知 $f(999)\approx f(1000)+f'(1000)(-1)$

即 $\sqrt[3]{999}\approx 10+\frac{1}{300}(-1)=10-\frac{1}{300}$

2. 令 $y=f(x)=x^{\frac{1}{2}}$；$x_0=100$，$\Delta x=dx=1$

則 $f'(x)=\frac{1}{2}x^{-\frac{1}{2}}$，$f'(x_0)=f'(100)=\frac{1}{20}$；$f(x_0)=f(100)=10$

由 $f(x_0+\Delta x)\approx f(x_0)+f'(x_0)dx$

知 $f(101)\approx f(100)+f'(100)dx\Rightarrow\sqrt{101}\approx 10+\frac{1}{20}\cdot 1=10.05$

3. 令 $y=f(x)=x^{\frac{1}{2}}$，$x_0=100$，$\Delta x=dx=-1$

則 $f'(x)=\frac{1}{2}x^{-\frac{1}{2}}$，$f'(x_0)=\frac{1}{20}$，$f(x_0)=10$

由 $f(99)=f(100-1)\approx f(100)+f'(100)(-1)$

知 $\sqrt{99}\approx 10+\frac{1}{20}(-1)=9.95$

4. 令 $y=f(x)=x^7-2x^{\frac{4}{3}}+3$

　$x_0=1$，$dx=\Delta x=1.001-1=0.001$

因 $f'(x)=7x^6-\frac{8}{3}x^{\frac{1}{3}}$

故 $f'(x_0)=f'(1)=7-\frac{8}{3}=\frac{13}{3}$

$$f'(x_0)dx=\frac{13}{3}(0.001)\approx 0.0043$$

且 $f(x_0)=f(1)=1-2+3=2$

故 $f(1+0.001)\approx f(1)+f'(1)(0.001)$

即 $(1.001)^7-2(1.001)^{\frac{4}{3}}+3\approx 2+0.0043$

$$=2.0043$$

3-8 相對變化率

有許多類問題，它們的變量和某單一變數有關（這個變數通常是時間 t），我們有興趣的是一個數量改變時，其他數量改變之情形。

相對變化率解題之一般步驟可歸納成：

1. 將問題之關鍵變數以適當之符號表之；
2. 用方程式將各變數間之關係以數學公式連貫；
3. 用導數表示相對變化率；
4. 用微分以得到變數間之其他關係；
5. 將已知之有關數值代入即得。

例 1 設一動點 $P(x, y)$ 在第一象限，由原點沿 $y=\frac{x^3}{48}$ 以 $\frac{dx}{dt}$ 爲常數之方式移動，問中那一個坐標增加速度最快？

解　$\because y=\frac{x^3}{48}$　$\therefore \frac{dy}{dt}=\frac{x^2}{16}\cdot\frac{dx}{dt}\Rightarrow\frac{dy}{dt}/\frac{dx}{dt}=\frac{x^2}{16}$

$\therefore x>4$ 時 $\frac{dy}{dt}/\frac{dx}{dt}>1\Rightarrow\frac{dy}{dt}>\frac{dx}{dt}$，即 y 坐標增加速度比較快 $x<4$ 時反之

例2　相對變率：若 $P=\frac{2}{3}t^2+2t+3$

(1) 求 $t=2$ 時之相對變率 (2) 求 $t=6$ 時之相對變率。

解　$\because \frac{dp}{dt}=\frac{4}{3}t+2$

(1) $t=2$ 時之相對變率為 $\left.\frac{dp}{dt}\right|_{t=2}=\frac{8}{3}+2=\frac{14}{3}$

(2) $t=6$ 時之相對變率為 10

◎例3　設一圓之半徑為 r，經過 t 秒後半徑為 $r(t)=t^2+2t$，求 $t=3$ 時圓面積之增加率。

解　在 t 秒時之圓面積 $A(t)$ 為 $A(t)=\pi r^2(t)=\pi(t^2+2t)^2$

$\therefore$在 $t=3$ 時圓面積之增加率為

$$\left.\frac{d}{dt}A(t)\right|_{t=3}=\pi 2(2t+2)(t^2+2t)|_{t=3}=240\pi$$

例4　半徑為 0.5cm 的一圓幣受熱膨脹，已知半徑膨脹速率為 0.01cm/sec，則當半徑為 0.6cm 時，硬幣面積的膨脹速率為何？

解　圓面積函數為 $A(t)=\pi r^2(t)$

$$\therefore \frac{d}{dt}A(t)=\frac{d}{dt}(\pi r^2(t))=2\pi t(t)\cdot\frac{dr}{dt}$$

$$=2\pi\cdot 0.6\cdot 0.01=0.012\pi\ (\text{cm}^2/\text{sec})$$

例 5 血液由心臟流出，流經微血管，再由靜脈回到心臟，血壓也跟著下降，設血壓公式如下：

$$P=\frac{25t^2+125}{t^2+1}\quad (0\le t\le 10)$$

此處 P 單位是 mmHg，t 單位是 sec

求血液流出心臟 5 秒時血壓下降的速率。

解 $$\left.\frac{dp}{dt}\right|_{t=5}=\left.\frac{d}{dt}\left(\frac{25t^2+125}{t^2+1}\right)\right|_{t=5}=\left.\frac{(t^2+1)50t-(25t^2+125)\cdot 2t}{(t^2+1)^2}\right|_{t=5}$$

$$=-\frac{250}{169}\ \text{mmHg/sec}$$

◎**例 6** 有一個海島上的燈塔，以每分鐘旋轉 3 圈的速度旋轉照射，設此塔距離平直海岸最近 A 點為 2 公里，B 點在海岸上，距離 A 點 1 公里，試求：燈光照到 B 點時，燈光沿海岸移行的速度為何？

解 設 t 時之角度為 θ，距離為 x

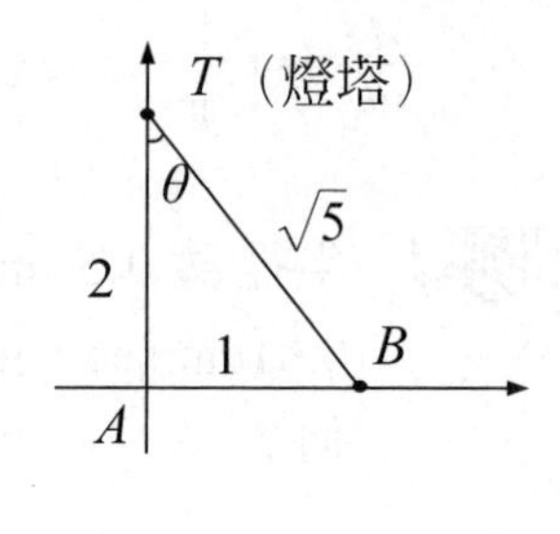

$$\because x=2\tan\theta\quad 且\ \frac{d\theta}{dt}=6\pi$$

$$\therefore \left.\frac{dx}{dt}\right|_{\theta=\tan^{-1}\frac{1}{2}}=2\sec^2\theta\left.\frac{d\theta}{dt}\right|_{\theta=\tan^{-1}\frac{1}{2}}$$

$$=2\left(\frac{\sqrt{5}}{2}\right)^2\cdot 6\pi=15\pi\ （公里／分）$$

例 7　設一圓錐水槽深 20 呎，頂部半徑 10 呎，今以每分鐘 3 立方呎速率注入水，問當水深 2 呎時，水面上升速率爲何？

解　設時間爲 t 時之水面高爲 h，半徑爲 r，體積爲 V

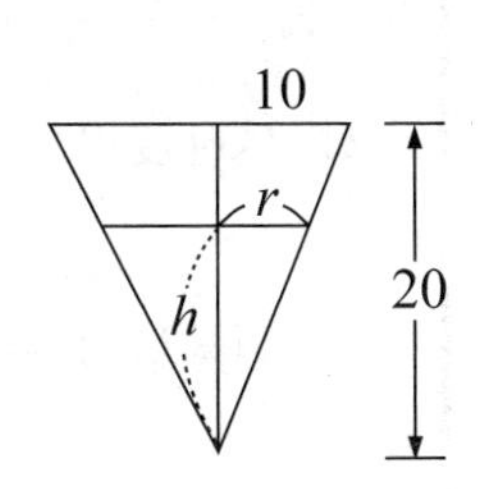

$$\because \frac{20}{h}=\frac{10}{r}\Rightarrow r=\frac{h}{2}$$

$$V=\frac{1}{3}\pi r^2 h=\frac{1}{12}\pi h^3$$

$$\therefore \frac{dV}{dt}=\frac{3}{12}\pi h^2\frac{dh}{dt}$$

已知 $\dfrac{dV}{dt}=3$　且 $h=2$

$$\therefore \left.\frac{dh}{dt}\right|_{h=2}=\frac{3}{\pi}\text{（呎分）}$$

例 8　若動脈血管中血液流速爲 $S(r)=c(R^2-r^2)$ cm/sec，r 爲血管內與中心軸之距離，c 爲常數，R 爲血管之半徑。假設 $c=1.76\times10^5$/cm · sec，$R=1.2\times10^{-2}$ cm。若研究者測量血管半徑 1.2×10^{-2} cm 時，有 5×10^{-4} cm 之誤差，在測量位於血管中心軸之血流速所產生的誤差爲＿＿＿＿。

解　$S(r)=c(R^2-r^2)$

$$\frac{dS}{dR}=2cR \qquad dS=2cRdR$$

$$\Delta S \doteqdot 2cR\Delta R$$

$$=2\cdot(1.76\times10^5)\cdot(1.2\times10^{-2})\cdot(5\times10^{-4})$$

$$=2.112\text{ cm/sec}$$

☑公式：

在求相對變化率時，以下這些公式甚爲有用，它們均可用積分方法求得，惟在現階段不妨當做公式先把它記住：

球（sphere）：

1. 體積 V：$V=\frac{4}{3}\pi r^3$，r：球半徑

2. 表面積 A：$A=4\pi r^2$

正圓錐（ right circular cone）：

1. 體積 V：$V=\frac{1}{3}\pi r^2 h=\frac{1}{3}$ 底面積

r：錐底半徑，h 錐高

2. 表面積 A：$A=\pi r\sqrt{r^2+h^2}$

扇形（circular sector）：

1. 面積 A：$A=\frac{1}{2}r^2\theta$，r：圓半徑，θ：圓心角

2. 弧長 S：$S=r\theta$

類似問題

1. 某球體內充滿氣體，今氣體以 $2ft^3/min$ 的速率溢出，求當球體半徑為 12ft 時，球表面積減少之速率。

2. 有一長為 26 呎的梯子，斜靠在垂直的牆上，梯腳以 4 呎／秒的速度向外滑，當梯腳滑至離牆 10 呎時，求梯頂滑落的速度為何？

3. 樟腦昇華的速率與其表面積成正比，今有半徑為 1cm 的球形樟腦丸經過 12 天後變成半徑為 0.9cm 之樟腦丸，問樟腦丸全部昇華殆盡需時若干？

4. 設某一矩形在瞬間之長寬分別為 a，b，此時之長寬變化率分別為 m，n，求證：此時面積變化率為 $am+bn$。

5. 某等腰三角形兩等邊之長均為 10 公分，而其夾角為 θ，已知 θ 每分鐘增加 $2°$，試求夾角為 $30°$ 時，該三角形面積的變化率。

6. A、B 為二同心圓，已知 A 之半徑長為 B 半徑長之平方，若 B 之半徑增加率為 2cm/sec，求當 B 之半徑為 10cm 時二圓面積差之變化率為何？

7. 一倒置圓錐形容器，深 15 尺，頂上圓口直徑 6 尺，今以每分鐘 4 立方尺之速率注水於容器，求水深 10 尺時　(a) 液面上長之速率　(b) 液面面積之擴大率為何？

◎8. 若一球體縮小速度與其表面積成正比，求證：球半徑減少之速度為一常數。

9. 氣象資料顯示，愛力士颱風之暴風半徑 100 公里，正以每小時 9 平方公里速率減弱，求其半徑目前減縮速度爲何？

解

1. 設時間爲 t 時球體之半徑爲 r，表面積 S，體積 V

$$\therefore S=4\pi r^2 4\Rightarrow \frac{dS}{dt}=8\pi r\frac{dr}{dt}\cdots\cdots\cdots\cdots\cdots ①$$

$$V=\frac{4}{3}\pi r^2\Rightarrow \frac{dV}{dt}=4\pi r^2\frac{dr}{dt}\cdots\cdots\cdots\cdots ②$$

由② $\frac{dV}{dt}=-2 \quad \therefore \frac{dr}{dt}=\frac{-1}{2\pi r^2}$，代之入①

得 $\left.\frac{dS}{dt}\right|_{r=12}=8\pi r\cdot\left.\frac{-1}{2\pi r^2}\right|_{r=12}=\frac{-1}{3}$（$\text{ft}^2/\text{min}$）

2. 依題意：

$x^2+y^2=26 \quad x=10$ 時 $y=24$

又 $2x\cdot\frac{dx}{dt}+2y\frac{dy}{dt}=0$ 但 $\frac{dx}{dt}=4 \quad \therefore \frac{dy}{dt}=-\frac{5}{3}$（呎秒）

3. $V=\frac{4}{3}\pi r^3 \quad \therefore \frac{dV}{dt}=4\pi r^2\frac{dr}{dt}=A\frac{dr}{dt}$ ∴樟腦昇華之速率與表面積成正比

$\Rightarrow \frac{dr}{dt}=\frac{0.1}{12}=\frac{1}{120}$ ∴全部昇華殆盡約 120 天

4. 面積 $A=xy$，x 爲長，y 爲寬

$$\therefore \frac{d}{dt}A=\frac{d}{dt}(xy)=y\frac{dx}{dt}+x\frac{dy}{dt}\cdots\cdots\cdots\cdots (*)$$

$x=a$，$y=b$，$\frac{dx}{dt}=m$，$\frac{dy}{dt}=n$ 代入 * 即得證。

5. 設 t 表時間，則 $\frac{d\theta}{dt}=2°=\frac{\pi}{90}$

$\because$三角形面積爲 $A=\frac{1}{2}\cdot 10\cdot 10\cdot \sin\theta=50\sin\theta$

$\therefore \left.\frac{dA}{dt}\right|_{\theta=30°}=50\cdot\cos\theta\cdot\frac{d\theta}{dt}=\left.\frac{5\pi}{9}\cos\theta\right|_{\theta=30°}$

$=\frac{5\sqrt{3}\pi}{18}$（cm 分）

6. 若 B 之半徑爲 r，A 之半徑爲 r^2，則兩圓所夾之面積 s 爲

$$\pi(r^2)^- - \pi r^2=\pi[r^4-r^2]$$

$\therefore \frac{ds}{dt}=\pi[4r^3-2r]\frac{dr}{dt}$，但 $r=10\text{cm}$

$\frac{dr}{dt}=2$（cm / sec）

得 $\frac{ds}{dt}=\pi[4r^3-2r]\frac{dr}{dt}$

$=\pi[4\cdot 10^3-2\cdot 10]$（cm · 2cm / sec）$=7960\pi$（$\text{cm}^2$ / sec）

7. 設在 t 時之液面半徑爲 r，水深 h，體積爲 V，水面面積爲 A

(1)$V=\frac{1}{3}\pi r^2h$

利用相似三角形之關係，$\frac{r}{3}=\frac{h}{15}$　$\therefore r=\frac{h}{5}$

$V=\frac{1}{3}\pi(\frac{h}{5})^2\cdot h=\frac{\pi}{75}h^3$

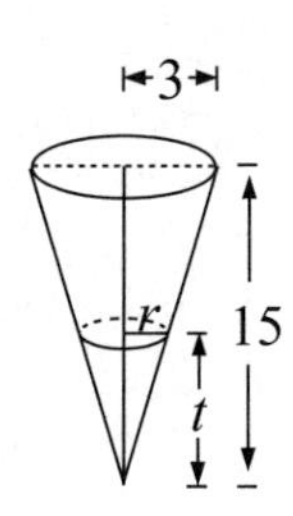

$\therefore \frac{dv}{dt}=\frac{\pi}{25}h^2\frac{dh}{dt}$，但 $\frac{dv}{dt}=4$，$h=10$

$\therefore \frac{dh}{dt}=\frac{1}{\pi}$（尺 / 分）。

(2)$r=\frac{h}{5}$，$A=\pi r^2$ $\quad\therefore A=\pi(\frac{h^2}{25})$

$\frac{dA}{dt}=\frac{2\pi}{25}h\frac{dh}{dt}$，$h=10$，$\frac{dh}{dt}=\frac{1}{\pi}$

$\therefore \frac{dA}{dt}=\frac{2\pi}{25}\cdot 10\cdot\frac{1}{4}=\frac{4}{5}$（尺^2／分）。

8. 依題意：$A=4\pi r^2$，$V=\frac{4}{3}\pi r^3$；$\frac{dv}{dt}=4\pi r^2\frac{dr}{dt}=A\cdot\frac{dr}{dt}$ $\quad\because \frac{dv}{dt}\propto A$

$\therefore \frac{dr}{dt}=$常數

9. $A(t)=\pi r^2(t)$ $\quad\therefore \frac{d}{dt}A(t)=2\pi r(t)\cdot\frac{d}{dt}r(t)$

$\frac{A}{dt}A(t)=-9$，$r(t)=100$ $\quad\therefore \frac{d}{dt}r(t)=\frac{9}{200\pi}$（km / hr）

第四章　積　分

4-1　積分之基本解法

I. 定積分

☑定義：

$\int_a^b f(x)dx$ 之定義：將區間〔a, b〕用 $a=x_0<x_1<x_2\cdots\cdots\cdots<x_n=b$ 諸點劃分成 n 個子區間（sub-interval）並令

$$\delta=max(x_1-x_0, x_2-x_1, \cdots\cdots, x_n-x_{n-1})$$

選出 n 個點 ε_k，$x_{k-1}\le\varepsilon_k\le x_k$，$k=1, 2, \cdots n$，

若 $\lim_{\delta\to 0}\sum_{k=1}^{n} f(\varepsilon_k)(x_k-x_{k-1})$ 存在，則定義 $\int_a^b f(x)dx=\lim_{\delta\to 0}\sum_{k=1}^{n} f(\varepsilon_k)(x_k-x_{k-1})$

■定積分諸性質

設 $f(x)$，$g(x)$ 在〔a, b〕中均可積分，則

1. $\int_a^b [f(x)\pm g(x)]\,dx=\int_a^b f(x)\,dx\pm\int_a^b g(x)\,dx$

2. $\int_a^b kf(x)\,dx = k\int_a^b f(x)\,dx$

3. $\int_a^b f(x)\,dx = \int_a^c f(x)\,dx + \int_c^b f(x)\,dx$，若 $f(x)$ 在〔a, c〕與〔c, b〕中均可積分。

4. $\int_a^b f(x)\,dx = -\int_b^a f(x)\,dx$

5. $\int_a^a f(x)\,dx = 0$

6. $\left|\int_a^b f(x)\,dx\right| \le \int_a^b |f(x)|\,dx$，$b > a$

7. 若在〔a, b〕中 $f(x) \ge g(x)$，則 $\int_a^b f(x)\,dx \ge \int_a^b g(x)\,dx$。

※**例 1**　若 $f(x)$ 在 $[a, b]$ 中爲正函數，試證 $\int_a^b f(x)dx \ge 0$

解　$\because f(x) \ge 0 \quad \therefore f(x_i) \ge 0$，從而 $f(x_i)\Delta x_i \ge 0$，以及

$\sum_{i=1}^{n} f(x_i)\Delta x_i \ge 0$，令 $\delta = \max(x_n - x_{n-1}, x_{n-1} - x_{n-2}, \cdots\cdots, x_1 - x_0)$

則 $\lim_{\delta \to 0}\sum_{i=1}^{n} f(x_i)\Delta x_i \ge 0$，得 $\int_a^b f(x)dx \ge 0$

例 2　試證 $\frac{1}{2} < \int_0^{\frac{1}{2}} \frac{dx}{\sqrt{1-x^n}} < \frac{\pi}{6}$，$n \in z^+$

解　$1 < \frac{1}{\sqrt{1-x^n}} < \frac{1}{\sqrt{1-x^2}} \quad \therefore \int_0^{\frac{1}{2}} 1dx < \int_0^{\frac{1}{2}} \frac{1}{\sqrt{1-x^n}}dx < \int_0^{\frac{1}{2}} \frac{1}{\sqrt{1-x^2}}$

即 $\frac{1}{2} < \int_0^{\frac{1}{2}} \frac{dx}{\sqrt{1-x^n}} < \sin^{-1}x\Big]_0^{\frac{1}{2}} = \frac{\pi}{6}$

II. 不定積分（Indefinite integrals）

若 $f(x)$ 爲已知，則滿足 $F'(x)=f(x)$ 之任何函數是爲 $f(x)$ 之不定積分，或稱反導函數。

從本節開始，我們即正式討論各種積分方法，讀者首先宜把下列基本公式熟記：

1. $\int u^n\,du = \frac{u^{n+1}}{n+1}+c$，$n \neq -1$
2. $\int \frac{du}{u} = \ln|u|+c$
3. $\int \sin u\,du = -\cos u + c$
4. $\int \cos u\,du = \sin u + c$
5. $\int e^u\,du = e^u + c$
6. $\int a^u\,du = \frac{a^u}{\ln a}+c$，$a>0$，$a\neq 1$
7. $\int \sec^2 u\,du = \tan u + c$
8. $\int \csc^2 u\,du = -\cot u + c$
9. $\int \sec u\,du = \ln|\sec u + \tan u| + c$
10. $\int \csc u\,du = \ln|\csc u - \cot u| + c$

◎例 3　求 $\int \frac{dx}{\sin^2 x\cos^2 x}$。

解　原式 $= \int \frac{\sin^2 x + \cos^2 x}{\sin^2 x\cos^2 x}dx = \int (\sec^2 x + \csc^2 x)\,dx = \tan x - \cot x + c$

例 4 求$\int \frac{\cos x}{1+\sin x}dx$。

解 原式$=\int \frac{d(1+\sin x)}{1+\sin x}=\ln|1+\sin x|+c$

例 5 求$\int \frac{dx}{1+e^x}$。

解 原式$=\int \frac{1+e^x-e^x}{1+e^x}dx=\int \left(1-\frac{e^x}{1+e^x}\right)dx$

$$=\int 1\cdot dx-\int \frac{d(1+e^x)}{1+e^x}=x-\ln(1+e^x)+c$$

例 6 求$\int \frac{\tan^{-1}\sqrt{x}}{\sqrt{x}(1+x)}dx$。

解 原式$=2\int \tan^{-1}\sqrt{x}\,d\,tan^{-1}\sqrt{x}$

$$=2\left(\frac{1}{2}\right)(\tan^{-1}\sqrt{x})^2+c$$

$$=(\tan^{-1}\sqrt{x})^2+c$$

> $\frac{d}{dx}(\tan^{-1}\sqrt{x})=\frac{(\sqrt{x})'}{1+(\sqrt{x})^2}$
> $=\frac{1}{2\sqrt{x}(1+x)}$

例 7 求$\int_3^8 \frac{\sin\sqrt{x+1}}{\sqrt{x+1}}dx$。

解 原式$=2\int_3^8 d(-\cos\sqrt{x+1})=-2\cos\sqrt{x+1}\Big|_3^8=-2\cos 3+2\cos 2$

例 8　求$\int_0^3 x\,[x+1]\,dx$。

解　$\because [x+1]=\begin{cases}1 & 0\le x<1\\ 2 & 1\le x<2\\ 3 & 2\le x<3\end{cases}$

$$\therefore 原式=\int_0^1 x\,dx+\int_1^2 2x\,dx+\int_2^3 3x\,dx=\left.\frac{x^2}{2}\right]_0^1+\left.\frac{2}{2}x^2\right]_1^2+\left.\frac{3}{2}x^2\right]_2^3=11$$

例 9　求$\int_{-1}^3 [x]\,dx$。

解　$原式=\int_{-1}^0 [x]\,dx+\int_0^1 [x]\,dx+\int_1^2 [x]\,dx+\int_2^3 [x]\,dx$

$$=\int_{-1}^0(-1)\,dx+\int_0^1 0\,dx+\int_1^2 1\,dx+\int_2^3 2\,dx=2$$

例 10　求$\int\frac{\cos^3 x}{\sin x}dx$。

解　$原式=\int\frac{(1-\sin^2 x)}{\sin x}d\sin x=\int\left(\frac{1}{\sin x}-\sin x\right)d\sin x$

$$=\ln|\sin x|-\frac{\sin^2 x}{2}+c$$

例 11　求$\int\sin 2x\cos^3 x\,dx$。

解　$原式=\int 2\sin x\cos^4 x\,dx=2\int\cos^4 x\,d(-\cos x)=-\frac{2}{5}\cos^5 x+c$

例 12 求$\int \sin 3x \cos 5x\, dx$。

積化和差公式

$2\sin\alpha\cos\beta=\sin(\alpha+\beta)+\sin(\alpha-\beta)$

$2\cos\alpha\cos\beta=\cos(\alpha+\beta)+\cos(\alpha-\beta)$

$2\sin\alpha\sin\beta=-\cos(\alpha+\beta)+\cos(\alpha-\beta)$

解 原式$=\frac{1}{2}\int(\sin 8x+\sin(-2x))\,dx$

$=\frac{-1}{16}\cos 8x+\frac{1}{4}\cos 2x+c$

例 13 $f(x)$在$[a, b]$中爲連續，$f(x)\geq 0$試證$\int_a^x f(u)du+\int_b^x \frac{du}{f(u)}=0$ 在(a, b)內至少有一根

解 我們取$F(x)=\int_a^x f(u)du+\int_b^x \frac{du}{f(u)}$

方程式 $f(x)=0$，若$f(a)f(b)<0$則$f(x)=0$在(a, b)中至少有一根。

$F(a)=\int_b^a \frac{du}{f(u)}<0$

$F(b)=\int_a^b f(u)du>0$

$\because F(a)F(b)<0 \quad \therefore F(x)=0$在$(a, b)$中至少有一根

不定積分之積分常數問題

一個單變數函數之不定積分均只有一個積分常數c，那麼分段定義函數在不定積分時亦必然只有一個積分常數c，因爲$(\int f(x)\,dx)'=f(x)$，故$\int f(x)\,dx$爲可微分函數，可微分函數必有連續性，因此可用積分後之分段點的連續性質而找出積分常數c

※**例 14** $f(x)=\begin{cases}x^2 & ，x\leq 0\\ \cos x & ，x>0\end{cases}$，求$\int f(x)dx$

解 $x>0$時$\int f(x)dx=\int x^2dx=\frac{x^2}{3}+c_1$

$x<0$ 時 $\int f(x)dx=\int \cos x dx=\sin x+c_2$

$\lim\limits_{x\to 0^+}\left(\dfrac{x^3}{3}+c_1\right)=\lim\limits_{x\to 0^-}(\sin x+c_2)\Rightarrow c_1=c_2$，即

$$\int f(x)dx=\begin{cases}\dfrac{x^3}{3}+c\\ \sin x+c\end{cases}$$

※例 *15* 求 $\int \max(x^3,x^2,1)dx$

解　$f(x)=\max(x^3,x^2,1)=\begin{cases}x^3, x\geq 1\\ x^2, x\leq -1\\ 1\ , |x|<1\end{cases}$

$$\therefore \int \max(x^3,x^2,1)dx=\begin{cases}\dfrac{x^4}{4}+c_1, x>1\\ \dfrac{x^3}{3}+c_2, x<-1\\ x+c_3\quad , |x|<1\end{cases}$$

(1) 考慮 $x=1$：

$$\lim_{x\to 1^+}\left(\frac{x^4}{4}+c_1\right)=\lim_{x\to 1^-}(x+c_3)\Rightarrow \frac{1}{4}+c_1=1+c_3 \qquad (1)$$

(2) 考慮 $x=-1$：

$$\lim_{x\to -1^+}(x+c_3)=\lim_{x\to -1^-}\left(\frac{x^3}{3}+c_2\right)\Rightarrow -1+c_3=-\frac{1}{3}+c_2 \qquad (2)$$

令 $c_3=c$，$c_1=\dfrac{3}{4}+c$，$c_2=-\dfrac{2}{3}+c$

$$即\int \max(x^3, x^2, 1)dx = \begin{cases} \frac{x^4}{4}+\frac{3}{4}+c, x \ge 1 \\ \frac{x^3}{3}-\frac{2}{3}+c, x \le -1 \\ x+c \quad, |x|<1 \end{cases}$$

III. 利用定積分之定義解特殊極限問題

$\lim_{n\to\infty}\frac{b-a}{n}\sum_{k=1}^{n} f\left(a+\frac{(b-a)k}{n}\right)$

$=\int_a^b f(x)dx$ （a：積分下限）

特例：

$\lim_{n\to\infty}\frac{1}{n}\Sigma f\left(\frac{k}{n}\right)=\int_0^1 f(x)dx$

◎例 16 求 $\lim_{n\to\infty}\sum_{k=0}^{n-1}\frac{1}{\sqrt{n^2+k^2}}$。

解 原式 $=\lim_{n\to\infty}\sum_{k=0}^{n-1}\frac{1}{n}\frac{1}{\sqrt{1+\left(\frac{k}{n}\right)^2}}$

$$=\int_0^1\frac{dx}{\sqrt{1+x^2}}=[\ln|x+\sqrt{x^2+1}|]_0^1=\ln(1+\sqrt{2})$$

◎例 17 求 $\lim_{n\to\infty}\left(\frac{n}{n^2+1^2}+\frac{n}{n^2+2^2}+\cdots\cdots+\frac{n}{n^2+n^2}\right)$。

解 原式 $=\lim_{n\to\infty}\sum_{k=1}^{n}\frac{n}{n^2+k^2}=\lim_{n\to\infty}\sum_{k=1}^{n}\frac{1}{n}\left[\frac{1}{1+\left(\frac{k}{n}\right)^2}\right]=\int_0^1\frac{dx}{1+x^2}=\tan^{-1}x\Big|_0^1=\frac{\pi}{4}$

◎例 18 求 $\lim_{n\to\infty}\sum_{k=1}^{n}\frac{kn^2}{(n^2+k^2)^2}$。

請比較：
例 16～18 與第 26，40 題之不同處。

解　原式$=\lim_{n\to\infty}\sum_{k=1}^{n}\frac{1}{n}\frac{\left(\frac{k}{n}\right)}{\left[1+\left(\frac{k}{n}\right)^2\right]^2}=\int_0^1\frac{x}{(1+x^2)^2}dx=-\frac{1}{2}\left[\frac{1}{1+x^2}\right]_0^1=\frac{1}{4}$

類似問題

1. 求$\int\frac{dx}{e^x+2+e^{-x}}$。　◎ 2. 求$\int\frac{e^{2x}-1}{e^{2x}+1}dx$。　3. 求$\int\exp(x+e^x)\,dx$。

4. 求$\int\frac{\sin^5 x}{\cos^4 x}dx$。　◎ 5. 求$\int\frac{e^x}{1+e^{2x}}dx$。　◎ 6. 求$\int\frac{x}{1+x^4}dx$。

7. 求$\int\frac{\cos x}{1+\sin^2 x}dx$。　※8. 求$\int\frac{\sin x\cos x\,dx}{\sqrt{a^2\sin^2 x+b^2\cos^2 x}}$，$a\neq b$

9. 求$\int\left(1-\frac{1}{x^2}\right)\sqrt{x\sqrt{x}}dx$。　◎ 10. 求$\int\frac{dx}{x\ln x\ln\ln(x)}$。

11. 求$\int\frac{e^x-e^{-x}}{e^x+e^{-x}}dx$。　12. 求$\int\frac{dx}{\sqrt{x}(1+x)}$。　◎ 13. 求$\int_0^{n}\sqrt{1-\sin x}\,dx$。

※14. 求$\int\frac{dx}{1+\sin x}$。　※15. 求$\int\frac{\sin x\cos x\,dx}{\sin x+\cos x}$　16. 求$\int_0^2\max(1,t)\,dt$。

17. 求$\int_0^2|1-t|\,dt$。　※18. 求$\int\frac{dx}{a^2\sin^2 x+b^2\cos^2 x}$。

※19. 求$\int\frac{\sin x\cos x\,dx}{\sin^4 x+\cos^4 x}$。　◎ 20. 求$\int\frac{1}{x(x^n+1)}dx$。

21. 求 $\int [\cot(\ln x)/x]\, dx$。　　22. 求 $\int_0^{1/\sqrt{2}} \frac{x \sin^{-1} x^2}{\sqrt{1-x^4}}\, dx$。

※23. 求 $\int_{-2}^{2} \min\left\{\frac{1}{|x|}, x^2\right\} dx$。　　※24. 求 $\int_{-1}^{3} [x+\frac{1}{2}]\, dx$。

※25. 求證 $\frac{1}{2} < \int_0^{1/2} \frac{dx}{\sqrt{1-x^n}} < 2-\sqrt{2}$。

26. 求 $\lim_{n\to\infty} \frac{1}{n}\left[\sin a + \sin\left(a+\frac{b}{n}\right) + \cdots + \sin\left(a+\frac{n-1}{n}b\right)\right]$

※27. 求證 $1 > \int_0^1 \frac{dx}{1+x^n} > \frac{n+1}{n+2}$ $(n>0)$。

※28. 求 $\int \frac{1+x^2}{1+x^4}\, dx$。

29. 求 $\int \frac{1-x^2}{1+x^4}\, dx$，又由 28, 29 結果求 $\int \frac{1}{1+x^4}\, dx$。

30. 求 $\int \sqrt{1+3\cos^2 x}\, \sin 2x\, dx$。　31. 求 $\int_0^2 [t^2]\, dt$。

32. 求 $\int \frac{dx}{\sin^2 x \cos^4 x}$。

※33. $f(x)$ 在 $[0, 1]$ 爲連續之遞減函數，$1 > \lambda > 0$，試證 $\int_0^{\lambda} f(x)dx \geq \lambda \int_0^1 f(x)dx$

※34. 求 $\lim_{n\to\infty} \frac{1}{n}\left(\sin\frac{\pi}{n} + \sin\frac{2\pi}{n} + \cdots\cdots + \sin\frac{(n-1)\pi}{n}\right)$，並由此結果求

$$\lim_{n\to\infty}\left[\frac{\sin\frac{\pi}{n}}{n+1}+\frac{\sin\frac{2\pi}{n}}{n+\frac{1}{2}}+\cdots+\frac{\sin\frac{n\pi}{n}}{n+\frac{1}{n}}\right]。$$

35. 求 $\lim\limits_{n\to\infty}\sum\limits_{k=0}^{n-1}\left(\frac{1}{n+k}\right)$。

36. 求 $\lim\limits_{n\to\infty}\frac{1}{\sqrt{n^2}}+\frac{1}{\sqrt{n(n+1)}}+\cdots\cdots+\frac{1}{\sqrt{n(2n-1)}}$。

37. 求 $\lim\limits_{n\to\infty}(\sqrt{1}+\sqrt{2}+\cdots\cdots+\sqrt{n-1})/n\sqrt{n}$。

※38. 求 $\lim\limits_{n\to\infty}\frac{1}{n}\{(n+1)(n+2)\cdots\cdots(n+n)\}^{\frac{1}{n}}$。

※39. 求 $\lim\limits_{n\to\infty}(\sqrt[n]{n!}/n)$。

※40. 求 $\lim\limits_{n\to\infty}\dfrac{\left(\frac{1}{2n}\right)^p+\left(\frac{2}{2n}\right)^p+\left(\frac{3}{2n}\right)^p+\cdots+\left(\frac{2n}{2n}\right)^p}{\left(\frac{1}{2}+\frac{1}{2n}\right)^p+\left(\frac{1}{2}+\frac{2}{2n}\right)^p+\cdots+\left(\frac{1}{2}+\frac{n}{2n}\right)^p}$，$p>0$。

解

1. 原式 $=\int\frac{e^x}{e^{2x}+2e^x+1}dx=\int\frac{e^x\,dx}{(e^x+1)^2}=\int\frac{d(e^x+1)}{(e^x+1)^2}=-\frac{1}{e^x+1}+c$

2. 原式 $=\int\frac{e^x-e^{-x}}{e^x+e^{-x}}dx=\int\frac{d(e^x+e^{-x})}{e^x+e^{-x}}=\ln(e^x+e^{-x})+c$

（或 $=-x+\ln(e^{2x}+1)+c$）

3. $\int \exp(x+e^x)\,dx=\int e^x e^{e^x}\,dx=\int e^{e^x}de^x=e^{e^x}+c$

4. 原式 $=-\int \frac{(1-\cos^2 x)^2}{\cos^4 x}\,d\cos x$

$=-\int \cos^{-4}x\,d\cos x+2\int \cos^{-2}x\,d\cos x-\int d\cos x$

$=\frac{1}{3}\sec^3 x-2\sec x-\cos x+c$

5. 原式 $=\int \frac{de^x}{1+(e^x)^2}=\tan^{-1}(e^x)+c$

6. 原式 $=\frac{1}{2}\int \frac{dx^2}{1+(x^2)^2}=\frac{1}{2}\tan^{-1}(x^2)+c$

7. 原式 $=\int \frac{d\sin x}{1+\sin^2 x}=\tan^{-1}(\sin x)+c$

8. 原式 $=\frac{1}{2(a^2-b^2)}\int \frac{d(a^2\sin^2 x+b^2\cos^2 x)}{\sqrt{a^2\sin^2 x+b^2\cos^2 x}}=\frac{1}{a^2-b^2}\sqrt{a^2\sin^2 x+b^2\cos^2 x}+c$

9. $\frac{4}{7}x^{\frac{7}{4}}+4x^{-\frac{1}{4}}+c$　10. $\ln|\ln x|+c$　11. $\ln(e^x+e^{-x})+c$　12. $2\tan^{-1}\sqrt{x}+c$

13. 原式 $=\int_0^\pi \sqrt{\left(\sin\frac{x}{2}-\cos\frac{x}{2}\right)^2}\,dx=\int_0^\pi\left|\sin\frac{x}{2}-\cos\frac{x}{2}\right|dx$

$=\int_0^{\frac{\pi}{2}}\left(\cos\frac{x}{2}-\sin\frac{x}{2}\right)dx-\int_{\frac{\pi}{2}}^{\pi}\left(\sin\frac{x}{2}-\cos\frac{x}{2}\right)dx$

$=2\left(\sin\frac{x}{2}+\cos\frac{x}{2}\right)\Big]_0^{\frac{\pi}{2}}-2\left(-\cos\frac{x}{2}-\sin\frac{x}{2}\right)\Big]_0^{\frac{\pi}{2}}$

$=4(\sqrt{2}-1)$

14. 原式 $=\int \frac{dx}{1+\cos\left(x-\frac{\pi}{2}\right)}=\int \frac{dx}{2\cos^2\left(\frac{x}{2}-\frac{\pi}{4}\right)}=\int d\tan\left(\frac{x}{2}-\frac{\pi}{4}\right)$

$$=\tan\left(\frac{x}{2}-\frac{\pi}{4}\right)+c$$

15. $\int\frac{\sin x\cos x}{\sin x+\cos x}dx=\frac{1}{2}\int\frac{1+2\sin x\cos x-1}{\sin x+\cos x}dx$

$$=\frac{1}{2}\int\frac{(\sin x+\cos x)^2}{\sin x+\cos x}dx+\frac{1}{2}\int\frac{dx}{\sqrt{2}\sin\left(x+\frac{\pi}{4}\right)}$$

$$=\frac{1}{2}\int(\sin x+\cos x)dx+\frac{1}{2\sqrt{2}}\int\frac{dx}{\sin\left(x+\frac{\pi}{4}\right)}$$

$$=\frac{1}{2}(-\cos x+\sin x)-\frac{1}{2\sqrt{2}}\ln\left|\csc\left(x+\frac{\pi}{4}\right)-\cot\left(x+\frac{\pi}{4}\right)\right|+c$$

$\sin x+\cos x$
$=\sqrt{2}\left(\sin x\cdot\frac{\sqrt{2}}{2}+\cos x\cdot\frac{\sqrt{2}}{2}\right)$
$=\sqrt{2}\sin\left(x+\frac{\pi}{4}\right)$

16. 原式 $=\int_0^1\max(1,t)\,dt+\int_1^2\max(1,t)\,dt=\int_0^1 1\,dt+\int_1^2 t\,dt=\frac{5}{2}$

17. 原式 $=\int_0^1|1-t|\,dt+\int_1^2|1-t|\,dt=\int_0^1(1-t)\,dt+\int_1^2(t-1)\,dt=1$

18. 原式 $=\int\frac{\frac{1}{b^2\cos^2x}dx}{1+\frac{a^2}{b^2}\tan^2x}=\frac{1}{ab}\int\frac{\frac{a}{b}\frac{1}{\cos^2x}dx}{1+\left(\frac{a}{b}\tan x\right)^2}$

$$=\frac{1}{ab}\int\frac{d\left(\frac{a}{b}\tan x\right)}{1+\left(\frac{a}{b}\tan x\right)^2}=\frac{1}{ab}\tan^{-1}\left(\frac{a}{b}\tan x\right)+c$$

19. 原式 $=\int\frac{\sin x\cos x\,dx}{(\cos^2x-\sin^2x)^2+2\sin^2x\cos^2x}=\int\frac{\sin 2x\,dx}{2\cos^22x+\sin^22x}$

$$=\int\frac{\frac{-1}{2}d\cos 2x}{1+\cos^22x}=-\frac{1}{2}\tan^{-1}\cos 2x+c$$

20. 原式 $=\int\frac{x^{n-1}}{x^n(x^n+1)}dx=\frac{1}{n}\int\left(\frac{1}{t}-\frac{1}{t+1}\right)dt=\frac{1}{n}\ln\left|\frac{x^n}{x^n+1}\right|+c$

21. 原式 $=\int \cot(\ln x)\,d\ln x=\ln|\sin \ln x|+c$

22. 原式 $=\dfrac{1}{2}\int_0^{1/\sqrt{2}}\sin^{-1}x^2\,d\sin^{-1}x^2=\dfrac{1}{2}\cdot\dfrac{1}{2}(\sin^{-1}x^2)^2\Big|_0^{\frac{1}{\sqrt{2}}}=\dfrac{1}{4}(\sin^{-1}\dfrac{1}{2})^2$

$=\pi^2/144$

23. $\int_{-2}^{2}\min\left(\dfrac{1}{|x|},x^2\right)dx=2\int_0^2\min\left(\dfrac{1}{x},x^2\right)dx$

$=2\left[\int_0^1 x^2dx+\int_1^2\dfrac{dx}{x}\right]=2\left[\dfrac{1}{3}+\ln 2\right]$

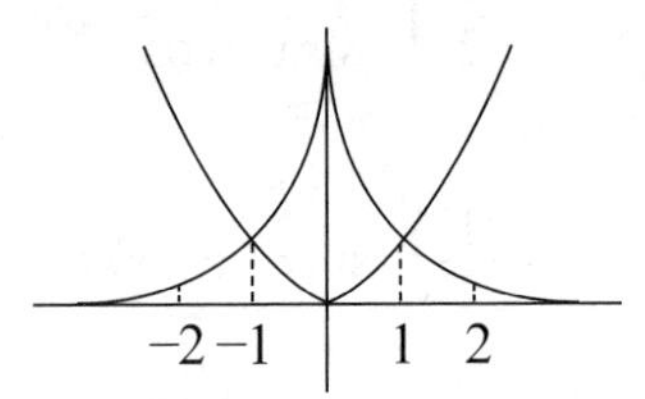

24. 原式 $=\int_{-1}^{-\frac{1}{2}}\left[x+\dfrac{1}{2}\right]dx+\int_{-\frac{1}{2}}^{\frac{1}{2}}\left[x+\dfrac{1}{2}\right]dx+\int_{\frac{1}{2}}^{\frac{3}{2}}\left[x+\dfrac{1}{2}\right]dx+$

$\int_{\frac{3}{2}}^{\frac{5}{2}}\left[x+\dfrac{1}{2}\right]dx+\int_{\frac{5}{2}}^{3}\left[x+\dfrac{1}{2}\right]dx$

$=\int_{-1}^{-\frac{1}{2}}(-1)\,dx+\int_{-\frac{1}{2}}^{\frac{1}{2}}0\,dx+$

$\int_{\frac{1}{2}}^{\frac{3}{2}}dx+\int_{\frac{3}{2}}^{\frac{5}{2}}2\,dx+$

$\int_{\frac{5}{2}}^{3}3\,dx$

$=4$

25. $\because \dfrac{1}{2}>x>0$　$\therefore$ 在 $\left(0,\dfrac{1}{2}\right)$ 內 $\dfrac{1}{\sqrt{1-x^n}}>1$

$\Rightarrow \int_0^{\frac{1}{2}}\dfrac{1}{\sqrt{1-x^n}}dx>\int_0^{\frac{1}{2}}1\,dx=\dfrac{1}{2}$ ……………………………… ①

又 $\dfrac{1}{\sqrt{1-x}}>\dfrac{1}{\sqrt{1-x^n}}$　（讀者自證）

$$\Rightarrow \int_0^{\frac{1}{2}} \frac{dx}{\sqrt{1-x}} > \int_0^{\frac{1}{2}} \frac{dx}{\sqrt{1-x^n}}$$

$$\Rightarrow 2-\sqrt{2} > \int_0^{\frac{1}{2}} \frac{dx}{\sqrt{1-x^n}} \cdots\cdots ②$$

由①，②可證出 $\frac{1}{2} < \int_0^{\frac{1}{2}} \frac{dx}{\sqrt{1-x^n}} < 2-\sqrt{2}$

26. 原式 $= \int_0^1 \sin(a+bx)\,dx = \frac{1}{b}(\cos a - \cos(a+b))$

27. (1) 利用 Cauchy-Schwarz 不等式（見下節）

$$\int_0^1 \frac{dx}{1+x^n} \int_0^1 (1+x^n)\,dx > \left\{ \int_0^1 \left(\frac{1}{1+x^2}\right)^{\frac{1}{2}} (1+x^n)^{\frac{1}{2}}\,dx \right\}^2 = 1$$

$$\therefore \int_0^1 \frac{dx}{1+x^n} > \frac{1}{\int_0^1 (1+x^n)dx} = \frac{n+1}{n+2} \cdots\cdots ①$$

(2) $\int_0^1 \frac{dx}{1+x^n} < \int_0^1 1\,dx = 1 \cdots\cdots ②$

$$\therefore 1 > \int_0^1 \frac{dx}{1+x^n} > \frac{n+1}{n+2}$$

28. $\int \frac{1+x^2}{1+x^4} dx = \int \frac{\frac{1}{x^2}+1}{\frac{1}{x^2}+x^2} dx$

$$= \int \frac{d\left(x-\frac{1}{x}\right)}{\left(x-\frac{1}{x}\right)^2+2} \overset{y=x-\frac{1}{x}}{=\!=\!=} \int \frac{dy}{2+y^2} = \frac{1}{\sqrt{2}} \tan^{-1} \frac{y}{\sqrt{2}} + c$$

$$=\frac{1}{\sqrt{2}}\tan^{-1}\frac{x-\frac{1}{x}}{\sqrt{2}}+c=\frac{1}{\sqrt{2}}\tan^{-1}\frac{x^2-1}{\sqrt{2}x}+c$$

29. (1) $\int\frac{1-x^2}{1+x^4}dx=\int\frac{\frac{1}{x^2}-1}{\frac{1}{x^2}+x^2}dx$

$$=\int\frac{-d\left(x+\frac{1}{x}\right)}{\left(x+\frac{1}{x}\right)^2-2}\overset{y=x+\frac{1}{x}}{=\!=\!=}\int\frac{dy}{y^2-2}$$

$$=-\frac{1}{2\sqrt{2}}\ln\left|\frac{y-\sqrt{2}}{y+\sqrt{2}}\right|+c$$

$$=-\frac{1}{2\sqrt{2}}\ln\left|\frac{x+\frac{1}{x}-\sqrt{2}}{x+\frac{1}{x}+\sqrt{2}}\right|+c$$

$$=\frac{1}{2\sqrt{2}}\ln\left|\frac{x^2+\sqrt{2}x+1}{x^2-\sqrt{2}x+1}\right|+c$$

> · $\int\frac{dx}{(x+a)(x+b)}$
>
> $=\frac{1}{a-b}\ln\left|\frac{x+b}{x+a}\right|+c$
>
> 特別地
>
> $\int\frac{dx}{(x+a)(x-a)}=\frac{1}{2a}\ln\left|\frac{x-a}{x+a}\right|+c$
>
> · 比較 28，29 題：
>
> 28 題積分式之分母爲 $\left(x-\frac{1}{x}\right)^2+2$，
>
> 而 29 題卻是 $\left(x+\frac{1}{x}\right)^2+2$，主要是
>
> 配合分子

(2) $\int\frac{dx}{1+x^4}=\frac{1}{2}\left[\int\frac{1-x^2}{1+x^4}dx+\int\frac{1+x^2}{1+x^4}dx\right]$

$$=\frac{1}{2}\left[\frac{1}{\sqrt{2}}\tan^{-1}\frac{x^2-1}{\sqrt{2}x}+\frac{1}{2\sqrt{2}}\ln\left|\frac{x^2+\sqrt{2}x+1}{x^2-\sqrt{2}x+1}\right|\right]+c$$

30. 原式 $=-\int\sqrt{1+3\cos^2x}\,d\frac{1}{3}(3\cos^2x+1)$

$$=-\frac{2}{9}(1+3\cos^2x)^{\frac{3}{2}}+c$$

31. 原式 $=\int_0^1 0\,dt+\int_1^{\sqrt{2}}1\,dt+\int_{\sqrt{2}}^{\sqrt{3}}2\,dt+\int_{\sqrt{3}}^{2}3\,dt$

$$=5-\sqrt{2}-\sqrt{3}$$

32. $\int\frac{1}{\sin^2x\cos^4x}dx=\int\frac{(\sin^2x+\cos^2x)^2}{\sin^2x\cos^4x}dx$

$$=\int\frac{\sin^2x}{\cos^4x}dx+\int 2\sec^2xdx+\int\csc^2xdx$$

$$=\int\tan^2x\sec^2x+2\tan x-\cot x$$

$$=\int\tan^2xd\tan x+2\tan x-\cot x$$

$$=\frac{1}{3}\tan^3x+2\tan x-\cot x+c$$

33. $\int_0^{\lambda}f(x)dx\overset{y=x/\lambda}{=\!=\!=}\int_0^1 f(\lambda y)\lambda dy=\lambda\int_0^1 f(\lambda y)dy\le\lambda\int_0^1 f(y)dy$

（$\because 1>\lambda>0\Rightarrow\lambda y<y$）

即 $\int_0^{\lambda}f(x)dx\le\lambda\int_0^1 f(x)dy$

34. (1) 原式 $=\lim_{n\to\infty}\frac{1}{n}\sum_{k=1}^{n-1}\sin\left[\left(\frac{k}{n}\right)\pi\right]=\int_0^1\sin\pi x\,dx=\frac{2}{\pi}$

(2) $\frac{\sin\frac{\pi}{n}}{n+1}+\frac{\sin\frac{2\pi}{n}}{n+1}+\cdots+\frac{\sin\frac{n\pi}{n}}{n+1}\le\frac{\sin\frac{\pi}{n}}{n+1}+\frac{\sin\frac{2\pi}{n}}{n+\frac{1}{2}}+\cdots+\frac{\sin\frac{n\pi}{n}}{n+\frac{1}{n}}$

$$\le\frac{\sin\frac{\pi}{n}}{n}+\frac{\sin\frac{2\pi}{n}}{n}+\cdots+\frac{\sin\frac{2\pi}{n}}{n}$$

但 $\lim_{n\to\infty}\frac{\sin\frac{\pi}{n}}{n+1}+\frac{\sin\frac{2\pi}{n}}{n+1}+\cdots+\frac{\sin\frac{n\pi}{n}}{n+1}$

$$=\lim_{n\to\infty}\frac{n}{n+1}\frac{1}{n}\left(\sin\frac{\pi}{n}+\sin\frac{2\pi}{n}+\cdots+\sin\frac{n\pi}{n}\right)$$

$$=\lim_{n\to\infty}\frac{n}{n+1}\lim_{n\to\infty}\frac{1}{n}\left(\sin\frac{\pi}{n}+\sin\frac{2\pi}{n}+\cdots+\sin\frac{n\pi}{n}\right)$$

$$=\lim_{n\to\infty}\frac{1}{n}\left(\sin\frac{\pi}{n}+\sin\frac{2\pi}{n}+\cdots+\sin\frac{n\pi}{n}\right)$$

$$=\int_0^1\sin\pi x\,dx=\frac{2}{\pi}$$

$$\therefore\lim_{n\to\infty}\left(\frac{\sin\frac{\pi}{n}}{n+1}+\frac{\sin\frac{2\pi}{n}}{n+\frac{1}{2}}+\cdots+\frac{\sin\frac{n\pi}{n}}{n+\frac{1}{n}}\right)=\frac{2}{\pi}$$

35. 原式 $=\lim_{n\to\infty}\frac{1}{n}\sum_{k=1}^{n-1}\left(\frac{1}{1+\frac{k}{n}}\right)=\int_0^1\frac{dx}{1+x}=\ln 2$

36. 原式 $=\lim_{n\to\infty}\frac{1}{n}\left[\frac{1}{\sqrt{1+0}}+\frac{1}{\sqrt{1+\frac{1}{n}}}+\cdots\cdots+\frac{1}{\sqrt{1+\frac{n-1}{n}}}\right]$

$$=\int_0^1\frac{dx}{\sqrt{1+x}}=2(\sqrt{2}-1)$$

37. 原式 $=\lim_{n\to\infty}\frac{1}{n}\left\{\sqrt{\frac{1}{n}}+\sqrt{\frac{2}{n}}+\cdots\cdots+\sqrt{\frac{n-1}{n}}\right\}$

$$=\int_0^1\sqrt{x}\,dx=\frac{2}{3}$$

38. $\frac{1}{n}\{(n+1)(n+2)\cdots\cdots(n+n)\}^{\frac{1}{n}}$

$$=\left[\left(1+\frac{1}{n}\right)\left(1+\frac{2}{n}\right)\cdots\cdots\left(1+\frac{n}{n}\right)\right]^{\frac{1}{n}}$$

令 $a_n=\left[\left(1+\frac{1}{n}\right)\left(1+\frac{2}{n}\right)\cdots\cdots\left(1+\frac{n}{n}\right)\right]^{\frac{1}{n}}$

則 $\ln a_n=\frac{1}{n}\left[\ln\left(1+\frac{1}{n}\right)+\ln\left(1+\frac{2}{n}\right)\cdots\cdots+\ln\left(1+\frac{n}{n}\right)\right]$

$\therefore \lim\limits_{n\to\infty}\ln a_n=\int_0^1\ln(1+x)\,dx=(\ln 4)-1$

$[\because \int \ln(1+x)\,dx=x\ln(1+x)-\int\frac{xdx}{1+x}=(1+x)\ln(1+x)-x$

$\therefore \int_0^1\ln(1+x)\,dx=(\ln 4)-1]$

$\therefore \lim\limits_{n\to\infty}a_n=e^{(\ln 4)-1}=4/e$

39. 取 $a_n=\frac{\sqrt[n]{n!}}{n}=\sqrt[n]{\frac{n!}{n^n}}$

$$\Rightarrow \ln a_n=\frac{1}{n}\ln\left(\frac{n!}{n^n}\right)=\frac{1}{n}\ln\left(\frac{n(n-1)\cdots\cdots 1}{n\cdot n\cdots\cdots n}\right)$$

$$=\frac{1}{n}\sum_{k=0}^{n-1}\ln\left(1-\frac{k}{n}\right)$$

$$\lim_{n\to\infty}\ln a_n=\lim_{n\to\infty}\frac{1}{n}\left(\sum_{k=0}^{n-1}\ln\left(1-\frac{k}{n}\right)\right)=\int_0^1\ln(1-x)\,dx$$

$$=\lim_{b\to 1^-}\int_0^b\ln(1-x)\,dx=-1$$

$$\therefore \lim_{n\to\infty}\frac{\sqrt[n]{n!}}{n}=\frac{1}{e}$$

40. 原式

$$=\lim_{n\to\infty}\frac{\frac{1}{2n}\left[\left(\frac{1}{2n}\right)^p+\left(\frac{2}{2n}\right)^p+\left(\frac{3}{2n}\right)^p+\cdots+\left(\frac{2n}{2n}\right)^p\right]}{\frac{1}{2n}\left[\left(\frac{1}{2}+\frac{1}{2n}\right)^p+\left(\frac{1}{2}+\frac{2}{2n}\right)^p+\left(\frac{1}{2}+\frac{3}{2n}\right)^p+\cdots+\left(\frac{1}{2}+\frac{2n}{2n}\right)^p\right]}$$

分子：

$$\lim_{n\to\infty}\frac{1}{2n}\left[\left(\frac{1}{2n}\right)^p+\left(\frac{2}{2n}\right)^p+\left(\frac{3}{2n}\right)^p+\cdots+\left(\frac{2n}{2n}\right)^p\right]=\int_0^1 x^p\,dx=\frac{1}{p+1}$$

分母：

$$\lim_{n\to\infty}\frac{1}{2n}\left[\left(\frac{1}{2}+\frac{1}{2n}\right)^p+\left(\frac{1}{2}+\frac{2}{2n}\right)^p+\cdots+\left(\frac{1}{2}+\frac{2n}{2n}\right)^p\right]$$

$$=\int_{\frac{1}{2}}^{1} x^p\,dx=\frac{1-\left(\frac{1}{2}\right)^{p+1}}{1+p}$$

$$\therefore \text{原式}=\frac{\dfrac{1-\left(\frac{1}{2}\right)^{p+1}}{1+p}}{\dfrac{1}{1+p}}=1-\left(\frac{1}{2}\right)^{p+1}$$

4-2 微積分基本定理

☑定理：

若 $f(x)$ 在〔a, b〕中為連續，$F(x)$ 為任何滿足 $F'(x)=f(x)$ 之函數，則

$$\int_a^b f(x)\,dx=F(b)-F(a)$$

此稱為微積分基本定理或牛頓—萊布尼茲公式。

若 $F(x)=\int_a^x f(x)\,dt$，則 $\frac{dF(x)}{dx}=\frac{d}{dx}\int_a^x f(t)\,dt=f(x)$，此一般化可得

$$\frac{d}{dx}\int_{u(x)}^{v(x)} f(t)\,dt=f(v(x))\frac{dv}{dx}-f(u(x))\frac{du}{dx}$$

一個有用的性質

$f(x)=\int_a^x f'(t)\,dt$，這在推證題中常被考慮到。

例 1　求 $\lim_{h\to 0}\frac{\int_x^{x+h}\frac{dx}{\sqrt{u^3+1}-u}}{h}$。

解　原式 $=\lim_{h\to 0}\frac{F(x+h)-F(x)}{h}=f(x)=\frac{1}{\sqrt{x^3+1}-x}$

例 2　$f(x)$ 為一連續函數，求證 $\lim_{h\to 0}\int_0^1 f(x+ht)dt=f(x)$

解　$\lim_{h\to 0}\int_0^1 f(x+ht)dt \overset{y=x+th}{=\!=\!=} \lim_{h\to 0}\int_x^{x+h} f(y)\frac{dy}{h}$

$=\lim_{h\to 0}\frac{\int_x^{x+h} f(y)dy}{h}=\lim_{h\to 0}\frac{F(x+h)-F(x)}{h}$，$F(x)=\int_0^x f(y)dy$

$=f(x)$

例 3　求 $\lim_{x\to 0}\frac{1}{x}\int_0^x (1+\sin 2t)^{\frac{1}{t}}\,dt$。

解 原式$=\lim\limits_{x\to 0}\dfrac{F(x)-F(0)}{x}=\lim\limits_{x\to 0}f(x)$

$$=\lim_{x\to 0}(1+\sin 2x)^{\frac{1}{x}}=e^2$$

◎例 4 求$\lim\limits_{x\to 0}\int_0^{x^3}(e^{t^2}+2)\,dt/(\sin x)^3$。

解 原式$=\lim\limits_{x\to 0}\dfrac{F(x^3)-F(0)}{(\sin x)^3}$

$$=\lim_{x\to 0}\frac{3x^2 f(x^3)}{3\cos x\sin^2 x}=\lim_{x\to 0}\frac{x^2(ex^6+2)}{\cos x\sin^2 x}$$

$$=\lim_{x\to 0}\left(\frac{x}{\sin x}\right)^2\cdot\lim_{x\to 0}\frac{e^{x^6}+2}{\cos x}=3$$

例 5 若$f(x)=\dfrac{1}{2}\int_0^x(x-t)^2g(t)dt$，$g(t)$爲連續函數求$f'(x)$與$f''(x)$

解 $f(x)=\dfrac{1}{2}\int_0^x(x-t)^2g(t)dt$

$$=\frac{1}{2}\int_0^x(x^2-2tx+t^2)g(t)dt$$

$$=\frac{x^2}{2}\int_0^x g(t)dt-x\int_0^x tg(t)dt+\frac{1}{2}\int_0^x t^2g(t)dt$$

$$\therefore f'(x)=x\int_0^x g(t)dt+\frac{x^2}{2}g(x)-\int_0^x tg(t)dt-x(xg(x))+\frac{1}{2}x^2g(x)$$

$$=x\int_0^x g(t)dt-\int_0^x tg(t)dt$$

$$=\int_0^x(x-t)g(t)dt$$

$$f''(x)=\int_0^x g(t)dt+xg(x)-xg(x)=\int_0^x g(t)dt$$

例 6　f爲連續函數，若f滿足$\int_0^x f(t)\,dt=e^x\sin x+\int_0^x \frac{f(t)}{1+t^2}\,dt$，求 $f(x)$。

解　這是積分方程式，乍看之下很難解，若我們將方程式兩邊同時微分，便可柳暗花明又一村：

$$\frac{d}{dx}\left[\int_0^x f(t)\,dt\right]=\frac{d}{dx}\left[e^x\sin x+\int_0^x \frac{f(t)}{1+t^2}\,dt\right]$$

$$y=e^x\sin x+e^x\cos x+\frac{y}{1+x^2}\text{；}y=f(x)$$

> 碰到積分方程式時先兩邊同時對 x 微分

移項：

$$\frac{x^2}{1+x^2}y=e^x(\sin x+\cos x)$$

$$\therefore y=f(x)=\frac{(1+x^2)}{x^2}e^x(\sin x+\cos x)$$

例 7　若$\int_0^x tf(t)\,dt=xe^x+\int_0^x e^t f(t)\,dt$，求 $f(x)$。

解　仿例 6，兩邊同時對 x 微分：

$$xf(x)=e^x+xe^x+e^x f(x)$$

移項：

$$f(x)=\frac{(1+x)e^x}{x-e^x}$$

積分中值定理

☑定理：

若 f 在 $[a, b]$ 為連續，則在 $[a, b]$ 中存在一個 c，使得

$\int_a^b f(x)\,dx=(b-a)f(c)$

例 8 若 $f(x)$ 在 $[a, b]$ 為可微分，$f'(x)\le M$，$f(a)=0$，試證
$\int_a^b f(x)dx \le \frac{M}{2}(b-a)^2$

解 $\because f(a)=0 \quad \therefore f(x)=f(x)-f(a)=(x-a)f'(\xi)$，$\xi\in[a,b]$

$\therefore \int_a^b f(x)dx=\int_a^b (x-a)f'(\xi)dx \le M\int_a^b (x-a)dx$

$=M\frac{(x-a)^2}{2}\Big]_a^b=\frac{M}{2}(b-a)^2$

Cauchy-Schwaz 定理

☑定理：

定理（Cauchy-Schwartz 不算式）$f(x)$，$g(x)$ 在 $[a, b]$ 為連續函數則

$$\left(\int_a^b f(x)g(x)dx\right)^2 \le \int_a^b f^2(x)dx\int_a^b g^2(x)dx$$

證明

$\because (\lambda f(x)+g(x))^2 \geq 0$

$\therefore \int_a^b (\lambda f(x)+g(x))^2 dx$

$= \lambda^2 \int_a^b f^2(x)dx + 2\lambda \int_a^b f(x)g(x)dx + \int_a^b g^2(x)dx \geq 0$，

這是 λ 之多項式，其判別式

$\Delta = \left(2\int_a^b f(x)g(x)dx\right)^2 - 4\left(\int_a^b f^2(x)dx \int_a^b g^2(x)dx\right) \leq 0$

即 $\left(\int_a^b f(x)g(x)dx\right)^2 \leq \int_a^b f^2(x)dx \int_a^b g^2(x)dx$

例 9　若 $f(x) \in c[a,b]$，試證 (1) $\left[\int_a^b f(x)dx\right]^2 \leq (b-a)\int_a^b f^2(x)dx$
(2) 若 $f(x) > 0$，試證 $\int_a^b f(x)dx \int_a^b \frac{1}{f(x)}dx \geq (b-a)^2$

解　(1) $\int_a^b f^2(x)dx \int_a^b 1dx \geq \left[\int_a^b f(x)dx\right]^2$

$\therefore (b-a)\int_a^b f^2(x)dx \geq \left(\int_a^b f(x)dx\right)^2$

(2) $\left(\int_a^b \sqrt{f(x)} \cdot \frac{1}{\sqrt{f(x)}}dx\right)^2 \leq \int_a^b (\sqrt{f(x)})^2 dx \int_a^b \left(\frac{1}{\sqrt{f(x)}}\right)^2 dx$

即 $(b-a)^2 \leq \int_a^b f(x)dx \int_a^b \frac{1}{f(x)}dx$

類似問題

1. 求 $\lim_{x\to 1}\dfrac{\int_1^x e^{t^2}dt}{x-1}$。

2. $h(x)=\int_0^x \dfrac{e^t}{1+\sin^2 t}dt$，$g(x)=\sin(h(x))$，求 $g'(0)$。

◎3. 求 $\lim_{x\to\infty} x^2e^{-x^3}\int_0^x e^{t^3}dt$。

※4. $f(x)$ 在 $[0, a]$ 為連續，且為嚴格遞減之正值函數，$1>\beta>\alpha>0$ 試證 $\beta\int_0^\alpha f(x)dx>\alpha\int_0^\beta f(x)dx$。

5. 求 $F(x)=\int_0^{x^2} f(t^2)dt$，求 $F'(x)$。　6. 求 $\lim_{x\to\infty^+}\left[\left(\int_0^x e^{x^2}dx\right)^2 \Big/ \int_0^x e^{2x^2}dx\right]$。

7. $F(x)=\dfrac{x^2}{x-a}\int_a^x f(t)dt$，$f(x)$ 是連續函數，求 $\lim_{x\to a}F(x)$。

8. 若 $F(x)=\int_0^x t(t-1)e^{-t^2}dt$，求 $F(x)$ 之相對極大點與相對極小點，並求 $F'(x)>0$ 與 $F'(x)<0$ 之範圍。

9. 若 $h(x)=\int_0^{x^2} xf(x-t)dt$，求 $h'(t)$。

10. 若 $G(x)=\int_{-2}^x |x|dx$，求 $G'(1)$ 及 $G'(0)$。

◎11. 若 $\lim\limits_{x\to 0}\dfrac{1}{bx-\sin x}\int_0^x\dfrac{t^2dt}{\sqrt{a+t^2}}=c$；$c$ 爲常數，$c>0$，求 a, b。

12. 若 $g(x)=\int_0^{\sin x}t^2 f(x^3-t^3)dt$，求 $g'(x)$。

13. 若 $g(x)=\int_{\frac{1}{x}}^{\ln x}f(t)dt$，求 $g'(x)$。

※14. 若 $f'(x)$在$[0,1]$爲連續，$f(0)=0$，求證$\left(\int_0^1 f(x)dx\right)^2\le\dfrac{4}{9}\int_0^1(f'(x))^2dx$。

※15. 若 $f'(x)$ v 在 $[a, b]$ 爲連續，$f(a)=0$，試證

(1) $|f(x)|\le\int_a^x|f'(t)|dt$，$a\le x\le b$

(2) $\int_a^b f^2(x)dx\le\dfrac{(b-a)^2}{2}\int_a^b(f'(x))^2dx$

解

1. 原式 $=\lim\limits_{x\to 1}\dfrac{e^{x^2}}{1}=e$

2. 原式 $=\cos(h(x))h'(x)\big|_{x=0}=\cos(h(x)\dfrac{e^x}{1+\sin^3x}\Big|_{x=0}=\cos(0)\cdot\dfrac{1}{1+0}=1$

3. 原式 $=\lim\limits_{x\to\infty}\dfrac{2xF(x)+x^2f(x)-2xF(0)}{3x^2e^{x^3}}=\lim\limits_{x\to\infty}\dfrac{x^2e^{x^3}+2x\int_0^x e^{t^3}dt}{3x^2e^{x^3}}$

$$=\frac{1}{3}+\lim_{x\to\infty}\frac{2\int_0^x e^{t^3}dt}{3x^2e^{x^3}}=\frac{1}{3}+\lim_{x\to\infty}\frac{2e^{x^3}}{3e^{x^3}+9x^3e^{x^3}}=\frac{1}{3}$$

4. 設輔助函數 $g(x)=\dfrac{\int_0^x f(t)dt}{x}$ 則

$$g'(x)=\frac{xf(x)-\int_0^x f(t)dt}{x^2}$$

$$=\frac{x\int_0^x f'(t)dx-\int_0^x f(t)dt}{x^2}<0$$

$\therefore g(x)$ 為一減函數，$\beta>\alpha>0$

$$\Rightarrow \frac{\int_0^\beta f(x)dx}{\beta}<\frac{\int_0^\alpha f(x)dx}{\alpha},$$

即 $\alpha\int_0^\beta f(x)dx<\beta\int_0^\alpha f(x)dx$

(1) 由要證之

$\alpha\int_0^\beta f(x)dx<\beta\int_0^\alpha f(x)dx \overset{\text{聯想}}{\Longrightarrow}$

$\frac{1}{\beta}\int_0^\beta f(x)dx<\frac{1}{\alpha}\int_0^\alpha f(x)dx \overset{\text{聯想}}{\Longrightarrow}$

輔助函數 $g(x)=\frac{\int_0^x f(t)dt}{x}$

(2) 應用 $f(x)=\int_0^x f'(t)dt$

5. $F'(x)=f(x^4)\cdot 2x$

6. 原式 $=\lim\limits_{x\to\infty^+}\frac{[G(x)-G(0)]^2}{[F(x)-F(0)]}=\lim\limits_{x\to\infty^+}\frac{2[G(x)-G(0)]G'(x)}{F'(x)}$

$$=\lim_{x\to\infty^+}\frac{2[G(x)-G(0)]e^{x^2}}{e^{2x^2}}=\lim_{x\to\infty^+}\frac{2[G(x)-G(0)]}{e^{x^2}}=\lim_{x\to\infty^+}\frac{2e^{x^2}}{2xe^{x^2}}=0$$

7. $\lim\limits_{x\to a}F(x)=\lim\limits_{x\to a}\frac{x^2\int_a^x f(t)dt}{x-a}\overset{\text{L'Hospital}}{=\!=\!=}\lim\limits_{x\to a}\frac{2x\int_a^x f(t)dt+x^2f(a)}{1}=a^2f(a)$

8. (a) $F'(t)=t(t-1)e^{-t^2}=0\Rightarrow t=0,1$

$F''(t)=e^{-t^2}[(t-1)+t-2t(t)(t-1)]$

$$\left.\begin{array}{l}F''(0)=-1<0\\F''(1)=e^{-1}>0\end{array}\right\}\Rightarrow F(x)\text{ 在 }\begin{cases}x=0 & \text{處有相對極大點}\\x=1 & \text{處有相對極小點}\end{cases}$$

(b) $F'(t)>0\Rightarrow t(t-1)e^{-t^2}>0\Rightarrow t(t-1)>0$

$\therefore R=\{t\,|\,t<0$ 或 $t>1\}$

$F'(t)<0\Rightarrow t(t-1)e^{-t^2}<0\Rightarrow t(t-1)<0$

$\therefore R=\{t\,|\,0<t<1\}$

9. $h(x)=\int_0^{x^2} xf(x-t)dt \overset{y=x-t}{=\!=\!=} \int_x^{x-x^2} xf(y)(-dy)$

$=\int_{x-x^2}^{x} xf(y)(dy)=x\int_{x-x^2}^{x} f(y)(dy)$

$\therefore h'(x)=\int_{x-x^2}^{x} f(y)(dy)+x(f(x)\cdot 1-f(x-x^2)(1-2x))$

$=\int_{x-x^2}^{x} f(y)(dy)+x(f(x)+2(x-1)f(2x-1))$

10. 顯然 $G'(x)=|x|$　$\therefore G'(1)=1$，$G'(0)=0$

11. $\lim\limits_{x\to 0}\dfrac{\int_0^x \frac{t^2}{\sqrt{a+t^2}}dt}{bx-\sin x}\left(\dfrac{0}{0}\right)$

> 若 $\lim\limits_{x\to a}\dfrac{g(x)}{f(x)}=b$，且
>
> (1) $\lim\limits_{x\to a} f(x)=0$，則 $\lim\limits_{x\to a} g(x)=0$
>
> (2) $\lim\limits_{x\to a} g(x)=0$，則 $\lim\limits_{x\to a} f(x)=0$

$\overset{L'Hospital}{=\!=\!=} \lim\limits_{x\to 0}\dfrac{\frac{x^2}{\sqrt{a+x^2}}}{b-\cos x}$　*

$\therefore b=\cos 0=1$

> 提出 $\dfrac{x}{\sin x}$，應用 $\lim\limits_{x\to 0}\dfrac{\sin x}{x}=1$
>
> $\Rightarrow \lim\limits_{x\to 0}\dfrac{x}{\sin x}=1$
>
> 來簡化問題

* $\overset{L'Hospital}{=\!=\!=} \lim\limits_{x\to 0}\dfrac{1}{\sin x}\dfrac{x^3+2ax}{(a+x^2)^{3/2}}$

$=\lim\limits_{x\to 0}\dfrac{x}{\sin x}\cdot\lim\limits_{x\to 0}\dfrac{x^2+2a}{(a+x^2)^{3/2}}=c \Rightarrow a=\dfrac{4}{c^2}$

12. $g(x)=\int_0^{\sin x} t^2 f(x^3-t^3)dt \overset{y=x^3-t^3}{=\!=\!=} \int_{x^3}^{x^3-\sin^3 x}\dfrac{-1}{3}f(y)dy$

$\therefore g'(x)=-\dfrac{1}{3}(3x^2-3\sin^2 x\cos x)f(x^3-\sin^3 x)-\left(-\dfrac{1}{3}f(x^3)3x^2\right)$

$=x^2 f(x^3)-(x^2-\sin^2 x\cos x)f(x^3-\sin^3 x)$

13. $\dfrac{1}{x}f(\ln x)+\dfrac{1}{x^2}f\left(\dfrac{1}{x}\right)$

14. $f(x)=\int_0^x f'(t)dt$，利用 Cauchy Schwarz 不等式：

$$\int_0^x f'(t)dt=\int_0^x 1\cdot f'(t)dt \Rightarrow \left(\int_0^x f'(t)dt\right)^2 \le \int_0^x 1^2dt\int_0^x (f'(t))^2dt$$

$$\therefore \left(\int_0^x f'(t)dt\right)^2 \le x\cdot\int_0^x (f'(t))^2dt \Rightarrow f(x)\le\sqrt{x}\sqrt{\int_0^x (f'(t))^2dt}$$

$$\Rightarrow \int_0^1 f(x)dx \le \int_0^1 \sqrt{x}dx\sqrt{\int_0^1 (f'(t))^2dt}$$

$$=\frac{2}{3}\sqrt{\int_0^1 (f'(x))^2dx}$$

$$\therefore \left(\int_0^1 f(x)dx\right)^2 \le \frac{4}{9}\int_0^1 (f'(x))^2dx$$

(1) $f(x)=\int_a^x f'(t)dt(\because f(a)=0)$

$$\therefore |f(x)|\le\left|\int_a^x f'(t)dt\right|\le\int_a^x f'(t)dt$$

(2) 由 (1) $f^2(x)=\left(\int_a^x f'(t)dt\right)^2\le\int_a^x 1^2dt$

$$\int_a^x (f'(t))^2dt=(x-a)\int_a^x (f'(t))^2dt$$

$$\int_a^b f^2(x)dx\le\int_a^b (x-a)dx\cdot\int_a^b (f'(x))^2dx$$

即$\int_a^b f^2(x)dx\le\frac{(b-a)^2}{2}\int_a^b (f'(x))^2\,dx$

4-3 變數變換

若$\int f(x)\,dx$〔或$\int_a^b f(x)\,dx$〕不易由基本方法求解，有時需借助變數變換方法。

為便於讀者領會變數變化法，我們列出幾個常見之形態：

$\cdot \int f(ax+b)dx=\int f(ax+b)d(ax+b)\cdot\frac{1}{a}=\frac{1}{a}\int f(ax+b)d(ax+b)$

$\cdot \int f'(x^n)x^{n-1}dx=\int f'(x^n)dx^n\cdot\frac{1}{n}=\frac{1}{n}\int f(x^n)dx^n$

$\cdot \int f(\sin x)\cos xdx=\int f(\sin x)d\sin x$

$\cdot \int f(x^n)\frac{1}{x}dx=\frac{1}{n}\int f(x^n)\frac{1}{x^n}dx^n$

(1) $\int f(x)\,dx$：若用 $x=g(y)$〔i.e. $y=g^{-1}(x)$〕行變數變換，

則 $\int f(x)\,dx=\int f(g(y))\,g'(y)\,dy$

(2) $\int_b^a f(x)\,dx$：若用 $x=g(y)$〔i.e. $y=g^{-1}(x)$〕行變數變換，

則 $\int_a^b f(x)\,dx=\int_{g^{-1}(a)}^{g^{-1}(b)}\int f(g(y))\,g'(y)\,dy$

例 1　求 $\int\frac{x}{\sqrt{1+x^2+(\sqrt{1+x^2})^3}}$

解　$\int\frac{x}{\sqrt{1+x^2+(\sqrt{1+x^2})^3}}dx\overset{u^2=1+x^2}{\underset{(udu=xdx)}{=\!=\!=}}\int\frac{udu}{\sqrt{u^2+u^3}}=\int\frac{du}{\sqrt{1+u}}=2\sqrt{1+u}+c$

$=2\sqrt{1+\sqrt{1+x^2}}+c$

例 2 求 $\int \frac{x}{\sqrt{1+x^2}} \tan\sqrt{1+x^2}\,dx$

解 $\int \frac{x}{\sqrt{1+x^2}} \tan\sqrt{1+x^2}\,dx \overset{u^2=\sqrt{1+x^2}}{=\!=\!=} \int \tan u\,du = -\ln|\cos u| + c$

$= -\ln|\cos\sqrt{1+x^2}| + c$

例 3 求 $\int \frac{x^2-x+1}{(x+1)^{99}}dx$

解 $\int \frac{x^2-x+1}{(x+1)^{99}}dx = \int \frac{(x+1)(x^2-x+1)}{(x+1)^{100}}dx = \int \frac{x^3+1}{(x+1)^{100}}dx \overset{y=x+1}{=\!=\!=} \int \frac{(y-1)^3}{y^{100}}dy$

$= \int \frac{y^3-3y^2+3y-1}{y^{100}}dy = \int (y^{-97}-3y^{-98}+3y^{-99}-y^{-100})dy$

$= \frac{-1}{96}y^{-96} - \frac{3}{-97}y^{-97} + \frac{3}{-98}y^{-98} - \frac{1}{-99}y^{-99} + c$

$= -\frac{1}{96(x+1)^{96}} + \frac{3}{97(x+1)^{97}} - \frac{3}{98(x+1)^{98}} + \frac{1}{99(x+1)^{99}} + c$

定積分之變數變換

※**例 4** 證明 $\int_0^1 x^m(1-x)^n\,dx = \int_0^1 x^n(1-x)^m\,dx$。

解
$$\left(\begin{array}{l} 令\ y=1-x \\ \quad dy=-dx \\ \begin{cases} x=1 \to y=0 \\ x=0 \to y=1 \end{cases} \end{array}\right)$$

$$\int_0^1 x^m(1-x)^n\,dx$$
$$=\int_1^0 (1-y)^m y^n(-dy)$$
$$=-\int_1^0 y^n(1-y)^m\,dy$$
$$=\int_0^1 x^n(1-x)^m\,dx$$

可考慮變數變換之四種常見題型
1. $\int_0^a f(x)dx=\int_0^a f(-x)dx$
2. $\int_0^{\frac{\pi}{2}} f(\sin x)dx=\int_0^{\frac{\pi}{2}} f(\cos x)dx$
3. $\int_{-a}^a f(x)dx=\int_0^a [f(x)+f(-x)]dx$
4. $\int_0^\pi x f(\sin x)dx=\frac{\pi}{2}\int_0^\pi f(\sin x)dx$

※**例 5**　證明 $\int_0^\pi x f(\sin x)\,dx=\frac{\pi}{2}\int_0^\pi f(\sin x)\,dx$。

解　$\left(\begin{array}{l}\text{令 } y=\pi-x\\ \to dy=-dx\\ \begin{cases}x=\pi\to y=0\\ x=0\to y=\pi\end{cases}\end{array}\right)$

$$\int_0^\pi x f(\sin x)\,dx$$
$$=\int_\pi^0 (\pi-y)\,f[\,\sin(\pi-y)\,](-dy)$$
$$=-\int_\pi^0 (\pi-y)\,f(\sin y)\,dy$$
$$=\pi\int_0^\pi f(\sin y)\,dy-\int_0^\pi y f(\sin y)\,dy$$

$$\therefore\ \int_0^\pi x f(\sin x)\,dx=\frac{\pi}{2}\int_0^\pi f(\sin x)\,dx$$

※**例 6**　求 $\int_0^\infty \frac{dx}{(1+x^2)(1+x^a)}$

解　$I=\int_0^\infty \frac{dx}{(1+x^2)(1+x^a)}\overset{y=\frac{1}{x}}{=\!=}\int_\infty^0 \frac{-\frac{1}{y^2}dy}{\left(1+\frac{1}{y^2}\right)\left(1+\frac{1}{y^a}\right)}=\int_0^\infty \frac{y^a dy}{(1+y^2)(1+y^a)}$

$$\therefore 2I=\int_0^\infty \frac{dx}{(1+x^2)(1+x^a)}+\int_0^\infty \frac{x^a dx}{(1+x^2)(1+x^a)}=\int_0^\infty \frac{dx}{1+x^2}=\tan^{-1}x\Big]_0^\infty=\frac{\pi}{2}$$

得 $I=\frac{\pi}{4}$

例 7 $f(x)=\int_1^x \frac{\ln t}{1+t}dt$，求 $f(a)+f\left(\frac{1}{a}\right)$，$a>0$

解 $f\left(\frac{1}{x}\right)=\int_1^{\frac{1}{x}} \frac{\ln t}{1+t}dt \overset{y=\frac{1}{t}}{=\!=\!=} \int_1^x \frac{-\ln y}{1+\frac{1}{y}} \cdot \left(-\frac{1}{y^2}\right)dy=\int_1^x \frac{\ln y}{y(y+1)}dy$

$\therefore f(x)+f\left(\frac{1}{x}\right)=\int_1^x \frac{\ln t}{1+t}dt+\int_1^x \frac{\ln t}{t(t+1)}dt$

$=\int_1^x \frac{\ln t}{1+t}dt+\int_1^x \frac{\ln t}{t}dt-\int_1^x \frac{\ln t}{1+t}dt$

$=\int_1^x \frac{\ln t}{t}dt=\frac{1}{2}\ln^2(t)\Big]_1^x=\frac{1}{2}\ln^2(x)$

即 $f(a)+f\left(\frac{1}{a}\right)=\frac{1}{2}\ln^2 a$

例 8 求 $\int_{-a}^{a} x[f(x)+f(-x)]dx$

解 取 $h(x)=x[f(x)+f(-x)]$，$h(-x)=-x[f(x)+f(-x)]=-h(x)$

$\therefore \int_{-a}^{a} x[f(x)+f(-x)]\,dx=0$

3 個最常見之定積分變數變換題型
(1) $\int_0^a f(x)dx=\int_0^a f(a-x)\,dx$　特例 $\int_0^{\frac{\pi}{2}} f(\sin x)dx=\int_0^{\frac{\pi}{2}} f(\cos x)dx$
(2) $\int_0^{\pi} xf(\sin x)dx=\frac{\pi}{2}\int_0^{\pi} f(\sin x)dx$
(3) $\int_{-a}^{a} f(x)=\int_0^a [f(x)+f(-x)]dx$

週期函數之定積分

若 $f(x)$ 是以 T 爲週期之週期函數，即 $f(t+T)=f(t)$ 則有：

$$\int_a^{a+nT} f(t)dt = n\int_0^T f(t)dt$$

※例 9　$\lim\limits_{x\to\infty}\dfrac{\int_0^x |\sin t|dt}{x}$

解　$f(t)=|\sin t|$ 是週期爲 π 之週期函數

$$\int_{n\pi}^{(n+1)\pi}|\sin t|dt=\int_0^{\pi}|\sin t|dt=\int_0^{\pi}\sin t\,dt=-\cos t\Big]_0^{\pi}=1-(-1)=2$$

當 $x\to\infty$ 時，存在一個 $n\in z^+$ 使得 $n\pi\le x\le(n+1)\pi$

$$\therefore\int_0^{n\pi}|\sin t|dt\le\int_0^x|\sin t|dt\le\int_{n\pi}^{(n+1)\pi}|\sin t|dt$$

又 $\int_0^{n\pi}|\sin t|dt=n\int_0^{\pi}|\sin t|dt=n\cdot 2=2n$

同理 $\int_0^{(n+1)\pi}|\sin t|dt=2(n+1)$

又 $(n+1)\pi\ge t\ge n\pi$　$\therefore\dfrac{2n}{(n+1)\pi}\le\dfrac{\int_0^x|\sin t|dt}{x}\le\dfrac{2(n+1)}{n\pi}$

又 $\lim\limits_{n\to\infty}\dfrac{2n}{(n+1)\pi}=\lim\limits_{n\to\infty}\dfrac{2(n+1)}{n\pi}=\dfrac{2}{\pi}$ 得 $\lim\limits_{n\to\infty}\dfrac{\int_0^x|\sin t|dt}{x}=\dfrac{2}{\pi}$

類似問題

1. 若 $x>0$，則 $\int_x^1 \frac{dt}{1+t^2} = \int_1^{\frac{1}{x}} \frac{dt}{1+t^2}$。

2. (a) 求 $\int_1^2 \frac{dx}{x\sqrt{2x-x^2}}$。(b) 證 $\int_0^a f(x)\,dx = \int_0^a f(a-x)\,dx$。

◎3. 若 $f(x)=f(-x)$，求證 $\int_{-a}^a f(x)\,dx = 2\int_0^a f(x)\,dx$。

◎ 4.若 $-f(x)=f(-x)$，

求證 $\int_{-a}^a f(x)\,dx = 0$。

> 求 $\int_{-a}^a f(x)dx$ 時首需注意列 $f(x)$ 之奇偶性
> (i) $f(x)=f(-x)$：$\int_{-a}^a f(x)dx = 2\int_0^a f(x)dx$
> (ii) $-f(x)=f(-x)$：$\int_{-a}^a f(x)dx = 0$

※5. 求 $\int_0^{n\pi} \sqrt{1+\sin 2x}\,dx$

◎6. 證明：$\int_0^{\pi/2} \phi(\sin x)\,dx = \int_{\pi/2}^{\pi} \phi(\sin x)\,dx$

7. 若 $\phi(x)$ 在〔0, 1〕中連續，求證：$\int_0^{\pi} \phi(\sin x)\,dx = 2\int_0^{\frac{\pi}{2}} \phi(\sin x)\,dx$

※8. 求證 $\int_0^{\pi} \frac{x\sin x}{1+\cos^2 x}\,dx = \pi^2/4$（提示：令 $y=\pi-x$）。

9. 求 $\int_0^{\frac{\pi}{2}} \frac{\sqrt{\sin x}}{\sqrt{\sin x}+\sqrt{\cos x}}\,dx$。　　10. 求 $\int_{-1}^2 x\sqrt{|x|}\,dx$。

11. $f(x)$在 $[0, n]$ 中爲連續函數，

求$\int_0^1[f(1-x)+f(2-x)+\cdots+f(n-x)]dx$，$n\in z^+$

※12. 求$\int_{-2}^2\min\left\{\frac{1}{|x|}, x^2\right\}dx$

※13. 先證$f(x)=x-[x]$ 是週期爲 1 的週期函數，然後求

$\lim_{x\to\infty}\frac{1}{x}\int_0^x(x-[x])dx$

14. 求$\int_0^{\ln 2}\sqrt{e^x-1}\,dx$。　15. 求$\int x\sqrt[3]{2x+1}\,dx$。　16. 求$\int x^5e^{x^3}\,dx$。

17. 求$\int\frac{\sqrt{1+\sqrt{x}}}{\sqrt{x}}dx$。　18. 求$\int_0^1\frac{1}{\sqrt{1+\sqrt{x}}}dx$。

19. 求證$\int\frac{\sqrt{ax+b}}{x}dx=2\sqrt{ax+b}+b\int\frac{dx}{x\sqrt{ax+b}}+c$。

◎ 20. 若$F(x)=\int_1^x\frac{dt}{t}$，用變數變換法證明：$F(xy)=F(x)+F(y)$；

$F\left(\frac{x}{y}\right)=F(x)-F(y)$。

解

1. 取$y=\frac{1}{t}\Rightarrow dy=-\frac{1}{t^2}dt$

$$\therefore\int_x^1\frac{dt}{1+t^2}=\int_{1/x}^1\frac{-\frac{1}{y^2}dy}{1+\left(\frac{1}{y}\right)^2}=\int_{1/x}^1\frac{-dy}{1+y^2}=\int_1^{1/x}\frac{dt}{1+t^2}$$

2. (a) 1

3. 原式$=\int_{-a}^{0}f(x)\,dx+\int_{0}^{a}f(x)\,dx$

現吾人欲證者乃$\int_{-a}^{0}f(x)\,dx=\int_{0}^{a}f(x)\,dx$：

$$\int_{-a}^{0}f(x)\,dx\overset{y=-x}{=\!=\!=}\int_{0}^{a}f(-y)(-dy)=-\int_{a}^{0}f(y)\,dy=\int_{0}^{a}f(x)\,dx$$

$$\therefore\ \int_{-a}^{a}f(x)\,dx=2\int_{0}^{a}f(x)\,dx$$

4. 原式$=\int_{-a}^{0}f(x)\,dx+\int_{0}^{a}f(x)\,dx$

現我們欲證$\int_{-a}^{0}f(x)\,dx=-\int_{0}^{a}f(x)dx$：

$$\int_{-a}^{0}f(x)\,dx\overset{y=-x}{=\!=\!=}\int_{a}^{0}f(-y)\,d(-y)=\int_{a}^{0}[-f(y)]\,dy=\int_{a}^{0}f(y)\,dy$$

$$=-\int_{0}^{a}f(y)\,dy$$

$$\therefore\ \int_{-a}^{0}f(x)\,dx+\int_{a}^{0}f(x)\,dx=-\int_{0}^{a}f(x)\,dx+\int_{0}^{a}f(x)\,dx=0$$

5. $\because$ $\sin x$ 之週期爲 2π，$\therefore$ $\sin 2x$ 之週期爲 π

$$\Rightarrow\int_{0}^{n\pi}\sqrt{1+\sin 2x}\,dx=n\int_{0}^{\pi}\sqrt{1+\sin 2x}\,dx$$

$$=n\int_{0}^{\pi}\sqrt{(\sin x+\cos x)^2}\,dx=n\int_{0}^{\pi}\sqrt{\left(\sqrt{2}\left(\sin x+\frac{\pi}{4}\right)\right)^2}\,dx$$

$$=\sqrt{2}n\int_{0}^{\pi}\left|\sin\left(x+\frac{\pi}{4}\right)\right|dx$$

$$\overset{y=\pi+\frac{\pi}{4}}{=\!=\!=}\sqrt{2}n\int_{\frac{\pi}{4}}^{\frac{5}{4}\pi}|\sin y|\,dy$$

$$=\sqrt{2}n\int_{0}^{\pi}\sin y\,dy=\sqrt{2}n\cdot(-\cos y)\Big]_{0}^{\pi}=2\sqrt{2}n$$

6. 原式$\overset{y=\pi-x}{=\!=\!=}\int_{0}^{\frac{\pi}{2}}\phi[\sin(\pi-y)]\cdot(-dy)=\int_{\frac{\pi}{2}}^{\pi}\phi(\sin x)\,dx$

7. 原式$=\int_0^{\frac{\pi}{2}}\phi(\sin x)\,dx+\int_{\frac{\pi}{2}}^{\pi}\phi(\sin x)\,dx=2\int_0^{\frac{\pi}{2}}\phi(\sin x)\,dx$（由上題結果）

8. 原式$=\int_0^{\pi}\frac{(\pi-y)\sin y}{1+\cos^2 y}dy=\pi\int_0^{\pi}\frac{\sin y}{1+\cos^2 y}dy-\int_0^{\pi}\frac{y\sin y}{1+\cos^2 y}dy$

$$=-\pi\int_0^{\pi}\frac{d(\cos y)}{1+\cos^2 y}-\int_0^{\pi}\frac{y\sin y}{1+\cos^2 y}dy=-\pi\tan^{-1}\cos y\Big|_0^{\pi}-\int_0^{\pi}\frac{y\sin y}{1+\cos^2 y}dy$$

$$=\pi^2/2-\int_0^{\pi}\frac{y\sin y}{1+\cos^2 y}dy \qquad \therefore \int_0^{\pi}\frac{x\sin x}{1+\cos^2 x}dx=\frac{\pi^2}{4}$$

9. 取$y=\frac{\pi}{2}-x$，則原式$I=\int_0^{\frac{\pi}{2}}\frac{\sqrt{\cos y}}{\sqrt{\cos y}+\sqrt{\sin y}}dy$

$$=\int_0^{\frac{\pi}{2}}\frac{\sqrt{\cos x}}{\sqrt{\cos x}+\sqrt{\sin x}}dx，2I=\pi/2 \quad \therefore 原式=\frac{\pi}{4}$$

10. $\int_{-1}^{2}x\sqrt{|x|}dx=\underbrace{\int_{-1}^{1}x\sqrt{|x|}dx}_{奇函數}+\int_1^2 x\sqrt{|x|}dx=\int_1^2 x\cdot x^{\frac{1}{2}}dx=\frac{2}{5}x^{\frac{5}{2}}\Big]_1^2$

$$=\frac{2}{5}(4\sqrt{2}-1)$$

11. 我們考慮$\int_0^1 f(p-x)dx$，$p\in Z^+$，且$p\in[0,n)$

$$\int_0^1 f(p-x)dx\overset{y=p-x}{=\!=\!=}\int_p^{p-1}f(y)(-dy)=\int_{p-1}^{p}f(y)dy$$

$$\therefore \int_0^1[f(1-x)+f(2-x)+\cdots f(n-x)]dx$$

$$=\int_0^1 f(x)dx+\int_1^2 f(x)dx+\cdots+\int_{n-1}^{n}f(x)dx=\int_0^n f(x)dx$$

12. $\int_{-2}^{2}\min\left\{\frac{1}{|x|},x^2\right\}dx$

$=2\int_{0}^{2}\min\left\{\frac{1}{|x|},x^2\right\}dx$

$=2\left[\int_{0}^{1}x^2dx+\int_{1}^{2}\frac{1}{x}dx\right]$

$=2\left(\frac{1}{3}+\ln2\right)$

1. $y=\min\left\{\frac{1}{|x|},x^2\right\}$為偶函數

2. $x>0$時 $f(x)$之圖形

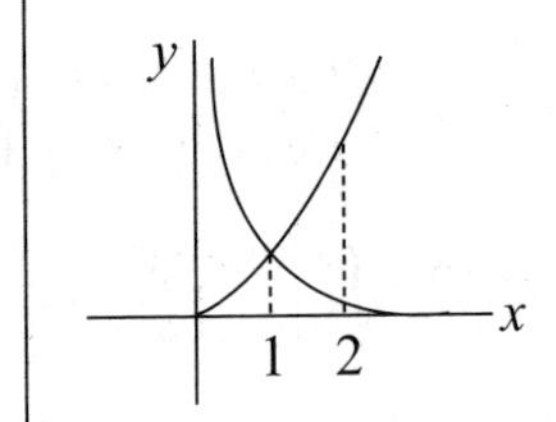

13. (1) $f(x)=x-[x]$，

則$f(x+1)-f(x)=\big((x+1)-[x+1]\big)-\big(x-[x]\big)=1$：是週期為 1 之週期函數

(2) $\int_{0}^{n+1}(x-[x])dx=(n+1)\int_{0}^{1}(x-[x])\cdot dx=(n+1)\int_{0}^{1}xdx=\frac{n+1}{2}$

$\int_{0}^{n}(x-[x])dx=n\int_{0}^{1}(x-[x])dx=\frac{n}{2}$ (2)

利用$n+1\ge x>n\Rightarrow\int_{0}^{n+1}(x-[x])dx\ge\int_{0}^{x}(x-[x])dx\ge\int_{0}^{n}(x-[x])dx$

$\frac{1}{n}\int_{0}^{n+1}(x-[x])dx>\frac{1}{x}\int_{0}^{x}(x-[x])dx>\frac{1}{n+1}\int_{0}^{n}(x-[x])dx$ (3)

代 (1)，(2) 入 (3)

$\frac{n}{2(n+1)}<\frac{1}{x}\int_{0}^{x}(x-[x])dx<\frac{n+1}{2n}$

$\lim_{n\to\infty}\frac{n}{2(n+1)}=\lim_{n\to\infty}\frac{n+1}{2n}=\frac{1}{2}$ $\quad\therefore\lim_{x\to\infty}\frac{1}{x}\int_{0}^{x}(x-[x])dx=\frac{1}{2}$

14. 取 $t=\sqrt{e^x-1}$; $2-\frac{\pi}{2}$

15. 取 $y=\sqrt[3]{2x+1}$; $\frac{3}{28}(2x+1)^{\frac{7}{3}}-\frac{3}{16}(2x+1)^{\frac{4}{3}}+c$

16. 取 $y=x^3$；$\frac{1}{3}(x^3-1)e^{x^3}+c$

17. 取 $y=\sqrt{x}$；$\frac{4}{3}(1+y)^{\frac{3}{2}}+c=\frac{4}{3}(1+\sqrt{x})^{\frac{2}{3}}+c$

18. 取 $y=\sqrt{x}$；$\left.\frac{4}{3}(1+y)^{\frac{3}{2}}-4(1+y)^{\frac{1}{2}}\right|_0^1=\frac{8-4\sqrt{2}}{3}$

19. 取 $y=\sqrt{ax+b}\Rightarrow\begin{cases}dx=\frac{2y}{a}dy\\ x=\frac{1}{a}(y^2-b)\end{cases}$

$$\therefore\text{原式}=\int\frac{y}{\frac{1}{a}(y^2-b)}\cdot\frac{2y}{a}dy=2\int\frac{(y^2-b)+b}{y^2-b}dy$$

$$=2\int\left(1+\frac{b}{y^2-b}dy\right)=2y+2\int\frac{b}{y^2-b}dy$$

$$=2\sqrt{ax+b}+2b\int\frac{1}{ax}\frac{a}{2\sqrt{ax+b}}dx$$

$$=2\sqrt{ax+b}+\int\frac{b}{x\sqrt{ax+b}}dx+c$$

20. $F(xy)=\int_1^{xy}\frac{dt}{x}=\int_{\frac{1}{x}}^{1}\frac{ds}{s}(s=xt)=\int_{\frac{1}{x}}^{1}\frac{ds}{s}+\int_1^y\frac{ds}{s}$

$$=-\int_1^{\frac{1}{x}}\frac{ds}{s}+\int_1^y\frac{ds}{s}$$

次證：$\int_1^{\frac{1}{x}}\frac{ds}{s}=-\int_1^x\frac{ds}{s}$：

$$\int_1^{\frac{1}{x}}\frac{ds}{s}\overset{z=xs}{=\!=\!=}\int_x^1\frac{dz}{z}=-\int_1^x\frac{dz}{z}$$

$$\therefore F(xy)=-\int_1^{\frac{1}{x}}\frac{ds}{s}+\int_1^y\frac{ds}{s}=\int_1^x\frac{ds}{s}+\int_1^y\frac{ds}{s}=F(x)+F(y)$$

$$F(x^r)=F(x\cdot x\cdots x)=F(x)+F(x)+\cdots+F(x)=rF(x)$$

□□□ 4-4 分部積分法 □□□

分部積分基本式爲 $\int u\,dv = uv - \int v\,du$，$v, u$ 之選取得當，可節省解題時間，只要多練習自可熟能生巧。

例 1 求 $\int \sec^3 x\,dx$。

解 原式 $= \int \sec x \sec^2 x\,dx = \int \sec x\,d\tan x = \sec x \tan x - \int \tan x\,d\sec x$

$$= \sec x \tan x - \int \tan x \sec x \tan x\,dx = \sec x \tan x - \int \tan^2 x \sec x\,dx$$

$$= \sec x \tan x - \int \sec x (\sec^2 x - 1)\,dx$$

$$= \sec x \tan x - \int \sec^3 x\,dx + \int \sec x\,dx$$

$$\therefore \int \sec^3 x\,dx = \frac{1}{2}\left[\sec x \tan x + \int \sec x\,dx\right] + c$$

$$= \frac{1}{2}(\sec x \tan x + \ln|\sec x + \tan x|) + c$$

例 2 求證 $\int x^n e^x dx = x^n e^x - n\int x^{n-1} e^x dx$，並利用此式求 $\int x^3 e^x\,dx$。

解 原式 $= \int x^n\,de^x = x^n e^x - \int e^x dx^n = x^n e^x - n\int x^{n-1} e^x dx$

$$\therefore \int x^3 e^x dx = x^3 e^x - 3\int x^2 e^x dx = x^3 e^x - 3\left[x^2 e^x - 2\int x e^x\,dx\right]$$

$$= x^3 e^x - 3x^2 e^x + 6\left[x e^x - \int e^x dx\right] = x^3 e^x - 3x^2 e^x + 6xe^x - 6e^x + c$$

例 3 求證 $\int_a^b x f''(x)\,dx = bf'(b) - f(b) + f(a) - af'(a)$。

解　原式 $=\int_a^b x d f'(x)=x f'(x)\Big|_a^b-\int_a^b f'(x)\,dx$

$$=b f'(b)-a f'(a)-\int_a^b d f(x)=b f'(b)-a f'(a)-f(b)+f(a)$$

※**例 4**　求 $\int \frac{x}{(x+1)^2}e^x\,dx$。

解　原式 $=\int \frac{(x+1-1)}{(x+1)^2}e^x\,dx=\int \frac{e^x}{(x+1)}dx-\int \frac{e^x}{(x+1)^2}dx$

$$=\int \frac{e^x}{(x+1)}dx+\int e^x\,d\frac{1}{x+1}$$

$$=\int \frac{e^x}{x+1}dx+\frac{e^x}{x+1}-\int \frac{e^x}{x+1}dx=\frac{e^x}{x+1}+c$$

例 5　求 $\int x\tan^{-1}x\,dx$。

解　原式 $=\int \tan^{-1}x\,d\frac{x^2}{2}=\frac{x^2}{2}\tan^{-1}x-\int \frac{x^2}{2}d\tan^{-1}x$

$$=\frac{x^2}{2}\tan^{-1}x-\int \frac{x^2}{2(1+x^2)}dx=\frac{x^2}{2}\tan^{-1}x-\frac{1}{2}\int \frac{x^2+1-1}{1+x^2}dx$$

$$=\frac{x^2}{2}\tan^{-1}x-\frac{x}{2}+\frac{1}{2}\tan^{-1}x+c=\frac{1}{2}(x^2+1)\tan^{-1}x-\frac{x}{2}+c$$

例 6　求 $\int \tan^{-1}\sqrt{x}\,dx$。

解　原式 $\overset{y=\sqrt{x}}{=\!=\!=}\int \tan^{-1}y\cdot 2y\,dy$

$$=2\int y\tan^{-1}y\,dy=2\int \tan^{-1}y\,d\frac{y^2}{2}$$

$$=y^2\tan^{-1}y-\int y^2\cdot\frac{dy}{1+y^2}$$

$$=y^2\tan^{-1}y-\int\frac{1+y^2-1}{1+y^2}dy$$

$$=y^2\tan^{-1}y-y+\tan^{-1}y+c$$

$$=(x+1)\tan^{-1}\sqrt{x}-\sqrt{x}+c$$

例 7 求$\int\sin\sqrt[4]{x-1}\,dx$。

解 取$y=\sqrt[4]{x-1}\Rightarrow dx=4y^3\,dy$

$$\therefore 原式=\int(\sin y)\,4y^3\,dy=4\int y^3\,d(-\cos y)$$

$$=-4y^3\cos y+12\int y^2\cos y\,dy$$

$$=-4y^3\cos y+12\int y^2\,d\sin y$$

$$=-4y^3\cos y+12\int y^2\sin y-24\int y\sin y dy$$

$$=-4y^3\cos y+12\int y^2\sin y+24\int y\,d\cos y$$

$$=-4y^3\cos y+12\int y^2\sin y+24y\cos y-24\int\cos y\,dy$$

$$=-4y^3\cos y+12\int y^2\sin y+24y\cos y-24\sin y+c$$

$$=12[y^2-2]\sin y-4[y^3-6y]\cos y+c$$

$$=12[(x-1)^{\frac{1}{2}}-2]\sin(x-1)^{\frac{1}{4}}-4[(x-1)^{\frac{3}{4}}-$$

$$6(x-1)^{\frac{1}{4}}]\cos(x-1)^{\frac{1}{4}}+c$$

※例 8　求 $\int x e^x \sin x \, dx$。

> 二個有用的公式
>
> $\int e^{ax}\cos bx\,dx = \frac{e^{ax}}{a^2+b^2}$
>
> $\cdot(a\cos bx + b\sin bx) + c$
>
> $\cdot\int e^{ax}\sin bx\,dx = \frac{e^{ax}}{a^2+b^2}$
>
> $(a\cos bx - b\sin bx) + c$

解　$\because \int e^x \sin x\,dx = \frac{1}{2}e^x(\sin x - \cos x) + c$

（由類似問題 2.）

$\therefore$原式 $= \int x\,d\frac{1}{2}e^x(\sin x - \cos x)$

$$= \frac{x}{2}e^x(\sin x - \cos x) - \frac{1}{2}\int e^x(\sin x - \cos x)\,dx$$

$$= \frac{x}{2}e^x\sin x - \frac{x}{2}e^x\cos x - \frac{1}{4}e^x(\sin x - \cos x)$$

$$+ \frac{1}{4}(\cos x + \sin x)e^x + c$$

$$= \frac{x}{2}(\sin x - \cos x)e^x + \frac{1}{2}e^x\cos x + c$$

例 9　若 $f(x)$ 之一個原函數是 e^{x^2}，求 $\int xf'(x)dx$

解　$\because e^{x^2}$ 是 $f(x)$ 之一個原函數

> 在求 $\int f'(x)g(x)dx$ 時，可利用分部積分：
>
> $\int f'(x)g(x)dx = \int g(x)df(x)$

$\therefore f(x) = (e^{x^2})' = 2xe^{x^2}$

$\int xf'(x)dx = \int xdf(x)$

$= xf(x) - \int f(x)dx = 2x^2e^{x^2} - \int 2x^2e^{x^2}dx = 2x^2e^{x^2} - e^{x^2} + c$

> 在區間 I 中若函數 $F'(x) = f(x)$，那麼 $F(x)$ 在區間 I 中爲 $f(x)$ 之原函數。

※例 *10* 求$\int \frac{x+\sin x}{1+\cos x}dx$

解 $\int \frac{x+\sin x}{1+\cos x}dx=\int \frac{x+2\sin\frac{x}{x}\cos\frac{x}{2}}{2\cos^2\frac{x}{2}}dx=\frac{1}{2}\int \frac{x}{\cos^2\frac{x}{2}}dx+\int \tan\frac{x}{2}dx$

$=\int xd\tan\frac{x}{2}+\int \tan\frac{x}{2}dx=x\tan\frac{x}{2}-\int \tan\frac{x}{2}dx+\int \tan\frac{x}{2}dx$

$=x\tan\frac{x}{2}+c$

分部積分之速解法

一些特殊之積分式，（如$\int x^n e^{bx}dx$，$\int x^n\sin bxdx$，$\int x^n\cos bxdx$ ……）我們可用所謂的積分表而得以速解：

給定一個積分題$\int fgdx$，其積分表是由二個直欄組成，左欄是由f，f'，f''……直到$f^{(k)}=0$為止，（$f^{(k-1)}\neq 0$），右欄是由g開始不斷地積分到左邊有0出現或g重現（也可能與g有比率關係）為止，Ig表示$\int gdx$，但積分常數不計，$I^2g=I(Ig)$……$I^{k-1}g$，I^kg。如此，我們可由積分表出各項式，（在下表之斜線部分表示相乘，下表之+、–號表示乘積之正負號，由下表看出+、–號之規則是由+號開始正負相間），由微分經驗可知，像$\int x^n e^{bx}(\cos bx, \sin bx)dx$ $n\in N$或$\int x^n e^{bx}dx$這類問題f一定是擺，g擺e^{bx}，$\cos bx$，$\sin bx$：

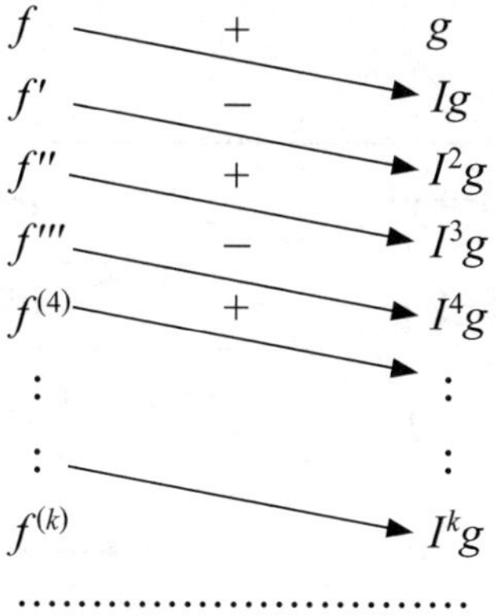

f	$+$	g
f'	$-$	Ig
f''	$+$	I^2g
f'''	$-$	I^3g
$f^{(4)}$	$+$	I^4g
$\vdots$		$\vdots$
$\vdots$		$\vdots$
$f^{(k)}$		I^kg

……………………………

我們舉一些簡單的例子來說明：

例 11 求 $\int x^3e^{bx}dx$

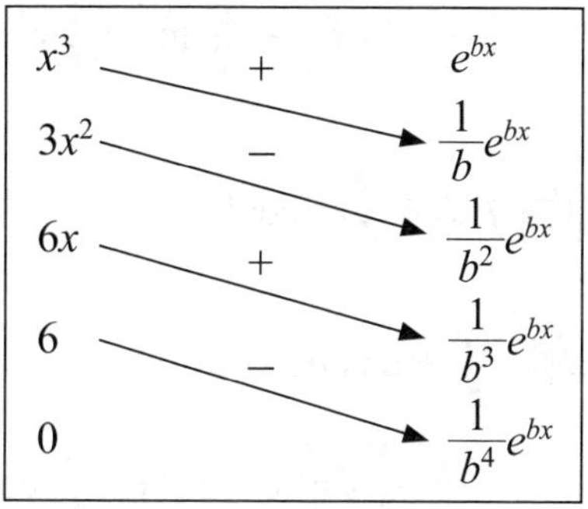

解 $\int x^3e^{bx}dx=\left(\frac{x^3}{b}-\frac{3x^2}{b^2}+\frac{6x}{b^3}-\frac{6}{b^4}\right)e^{bx}+c$

x^3	$+$	e^{bx}
$3x^2$	$-$	$\frac{1}{b}e^{bx}$
$6x$	$+$	$\frac{1}{b^2}e^{bx}$
6	$-$	$\frac{1}{b^3}e^{bx}$
0		$\frac{1}{b^4}e^{bx}$

例 12 求 $\int x^2\sin x dx$

解 $\therefore \int x^2\sin x dx=-x^2\cos x-2x(-\sin x)+2\cos x+c$

$=-x^2\cos x+2x\sin x+2\cos x+c$

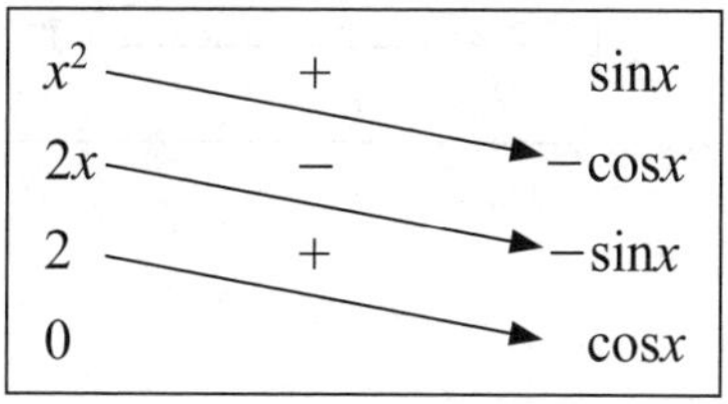

x^2	$+$	$\sin x$
$2x$	$-$	$-\cos x$
2	$+$	$-\sin x$
0		$\cos x$

例 13 求$\int x(\ln x)^2dx$

解 $\int x(\ln x)^2dx \xlongequal{y=\ln x} \int e^y \cdot y^2 \cdot dy$

$= \int y^2e^{2y}dy$

$= \left(\frac{y^2}{2} - \frac{2y}{4} + \frac{2}{8}\right)e^{2y} + c$

$= \frac{x^2}{2}(\ln x)^2 - \frac{x^2}{2}\ln x + \frac{1}{4}x^2 + c$

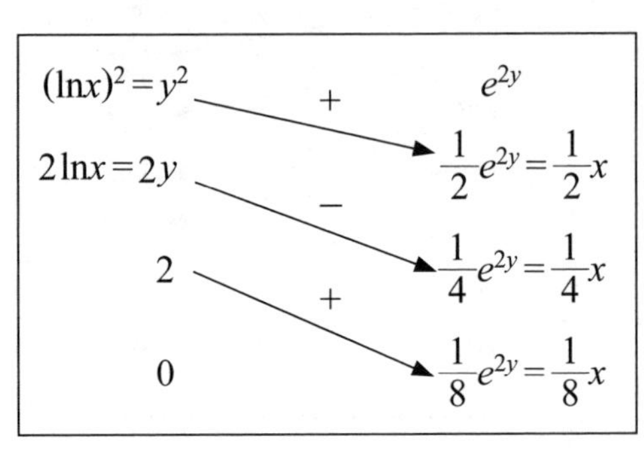

例 14 求$\int e^{ax}\cos bxdx$

解 $\int e^{ax}\cos bxdx$

$= e^{ax}\frac{1}{b}\sin bx - ae^{ax}\left(-\frac{1}{b^2}\cos bx\right) - \frac{a^2}{b^2}\int e^{ax}\cos bxdx + c'$

$\therefore \left(1 + \frac{a^2}{b^2}\right)\int e^{ax}\cos bxdx = \frac{1}{b}e^{ax}\sin bx + \frac{a}{b^2}e^{ax}\cos bx + c'$

$\Rightarrow \int e^{ax}\cos bxdx = \frac{e^{ax}}{a^2+b^2}(b\sin bx + a\cos bx) + c$

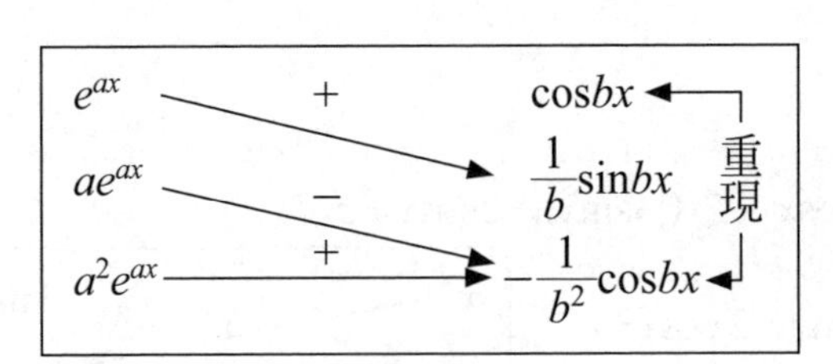

類似問題

1. 求 $\int \tan^{-1} dx$。　2. 求 $\int e^{x}\sin x\,dx$。　3. 求 $\int \ln^{4} x\,dx$。

4. 求 $\int_{-a}^{a} x^{3}\cos x\,dx$。※ 5. 求 $\int \dfrac{x^{2}}{(x\sin x+\cos x)^{2}}dx$。　6. 求 $\int x\,e^{ax}\,dx$。

7. 求 $\int (\sin^{-1} x)^{2}\,dx$。　8. 求 $\int \dfrac{\sin^{-1} x}{x^{2}}\,dx$。

◎9. 求 $\int \sin^{n} x\,dx$〔用漸簡式（reduced form）表示〕。並用此結果求 $\int \sin^{3} x\,dx$

◎10. 求 $\int \dfrac{\cot^{-1} e^{x}}{e^{x}}\,dx$。　11. 求 $\int x\,(\tan^{-1} x)^{2}\,dx$。

12. 求 $\int x^{2}\cos^{-1} x\,dx$。

◎13. 證 $\int (a^{2}-x^{2})^{n}\,dx=\dfrac{x\,(a^{2}-x^{2})^{n}}{2n+1}+\dfrac{2a^{2}n}{2n+1}\int (a^{2}-x^{2})^{n-1}\,dx+c$。

◎14. 證 $\int x^{n}(ax+b)^{\frac{1}{2}}\,dx=\dfrac{2}{a(2n+3)}\left(x^{n}(ax+b)^{3/2}-nb\int x^{n-1}\sqrt{ax+b}\,dx\right)+c$。

◎15. 若 $k_{n}(x)=\int_{0}^{x}\sin^{n} t\,dt$，試證：

$n\,k_{n}(x)=(n-1)\,k_{n-2}(x)-\sin^{n-1} x\cos x$（$n\geq 2$）

※16. 若 $I_{n}=\int \dfrac{dx}{(x^{2}+a^{2})^{n}}$，$n=1,2,3\cdots\cdots$

(a) 求證 $I_{n+1}=\frac{1}{2a^2n}\frac{x}{(x^2+a^2)^n}+\frac{2n-1}{2na^2}I_n$。

(b) 由 $I_1=\frac{1}{a}\tan^{-1}\frac{x}{a}+c$ 開始，求 I_2, I_3。

17. 求 $\int\frac{x\sin^{-1}x}{\sqrt{1-x^2}}dx$。　　18. 求 $\int x^{n-1}(\ln x)^2dx$。

19. 求 $\int x^2\ln^3x\,dx$。　20. 求 $\int\cos\ln x\,dx$。　21. 求 $\int x^3e^{-x^2}dx$。

◎22. 求 $\int\ln(x+\sqrt{x^2+1})\,dx$。　23. 求 $\int\ln(x+\sqrt{x^2-a^2})\,dx$。

※24. 求 $\int\frac{1+\sin x}{1+\cos x}e^x\,dx$。　　25. 求 $\int\frac{\tan^{-1}e^x}{e^{2x}}dx$。

※26. 若 $f'(\ln x)=1+2x$，求 $\int f(x)dx$。

27. $\int\frac{x+\ln(1-x)}{x^2}dx$。　　28. 求 $\int x^{n-1}(\ln x)^2dx$。

※29. 求 $\int x^2e^x\sin x dx$。

30. 若 $I_n=\int_0^1(1-x^2)^ndx$，n 爲正整數，求證 $I_n=\frac{2n}{2n+1}I_{n-1}$。

解

1. 原式 $=x\tan^{-1}x-\frac{1}{2}\ln(1+x^2)+c$

2. 原式 $=\int\sin x\,de^x=e^x\sin x-\int e^x\,d\sin x$

$$=e^x\sin x-\int e^x\cos x\,dx=e^x\sin x-\int\cos x\,de^x$$

$$=e^x\sin x-e^x\cos x+\int e^x\,d\cos x$$

$$=e^x\sin x-e^x\cos x-\int e^x\sin x\,dx$$

$$\therefore\int e^x\sin x\,dx=\frac{1}{2}e^x(\sin x-\cos x)+c$$

3. 原式 $=x\ln^4x-\int x\,d\ln^4x=x\ln^4x-4\int\ln^3x\,dx$

$$=x\ln^4x-4x\ln^3x+4\int x\,d\ln x^3$$

$$=x\ln^4x-4x\ln^3x+12x\ln^2x-12\int\ln^2x\,dx$$

$$\cdots\cdots\cdots\cdots\cdots\cdots\cdots\cdots\cdots\cdots\cdots\cdots$$

$$=x\ln^4x-4x\ln^3x+12x\ln^2x-24x\ln x+24x+c$$

4. $f(x)=x^3\cos x$ 在 $[-a,a]$ 中爲奇函數　$\therefore\int_{-a}^{a}x^3\cos x\,dx=0$（不必用分部積分法）

5. 原式 $=\int\frac{x}{\cos x}d\left(-\frac{1}{x\sin x+\cos x}\right)$

$$=-\frac{x}{\cos x(x\sin x+\cos x)}+\int\frac{1}{(x\sin x+\cos x)}d\frac{x}{\cos x}$$

$$=\frac{-x}{(x\sin x+\cos x)\cos x}+\int\frac{1}{(x\sin x+\cos x)}\cdot\frac{\cos x+x\sin x}{\cos^2x}dx$$

$$=\frac{-x}{(x\sin x+\cos x)\cos x}+\int\sec^2x\,dx=\frac{-x}{(x\sin x+\cos x)\cos x}+\tan x+c$$

6. $\frac{1}{a^2}(ax-1)e^{ax}+c$

7. 原式 $=x(\sin^{-1}x)^2-\int x\,d(\sin^{-1}x)^2=x(\sin^{-1}x)^2-2\int\frac{x}{\sqrt{1-x^2}}\sin^{-1}x\,dx$

$$=x(\sin^{-1}x)^2+2\int\sin^{-1}x\,d\sqrt{1-x^2}$$

$$=x(\sin^{-1}x)^2+2\sqrt{1-x^2}\sin^{-1}x-2\int\sqrt{1-x^2}\,d\sin^{-1}x$$

$$=x(\sin^{-1}x)^2+2\sqrt{1-x^2}\sin^{-1}x-2x+c$$

8. 原式 $=\int\sin^{-1}x\,d\left(-\frac{1}{x}\right)=-\frac{\sin x^{-1}x}{x}+\int\frac{dx}{x\sqrt{1-x^2}}$

$$\overset{x=\frac{1}{y}}{=\!=\!=}-\frac{\sin^{-1}x}{x}-\int\frac{dy}{\sqrt{y^2-1}}=-\frac{\sin^{-1}x}{x}-\ln\left|y+\sqrt{y^2-1}\right|+c$$

$$=-\frac{\sin^{-1}x}{x}-\ln\left|\frac{1+\sqrt{1-x^2}}{x}\right|+c$$

9. (a) 原式 $=\int\sin^{n-1}x\,d(-\cos x)=-\sin^{n-1}x\cos x+\int\cos x\,d\sin^{n-1}x$

$$=-\sin^{n-1}x\cos x+\int(n-1)\sin^{n-2}x\cos^2x\,dx$$

$$=-\sin^{n-1}x\cos x+\int(n-1)\sin^{n-2}x\cdot(1-\sin^2x)\,dx$$

$$=-\sin^{n-1}x\cos x+(n-1)\int\sin^{n-2}x\,dx-(n-1)\int\sin^n x\,dx$$

$$\therefore\int\sin^n x\,dx=\frac{-1}{n}\sin^{n-1}x\cos x+\frac{n-1}{n}\int\sin^{n-2}x\,dx$$

(b) $\int\sin^3x\,dx=-\frac{1}{3}\sin^2x\cos x+\frac{2}{3}\int\sin x\,dx$

$$=-\frac{1}{3}\sin^2x\cos x-\frac{2}{3}\cos x+c$$

10. 原式 $=\int\cot^{-1}e^x\,d(-e^{-x})=-\frac{\cot^{-1}e^x}{e^x}+\int e^{-x}\,d\cot^{-1}e^x$

$$=\frac{-\cot^{-1}e^x}{e^x}-\int\frac{e^x}{1+e^{2x}}\cdot e^{-x}\,dx=-\frac{\cot^{-1}e^x}{e^x}-\int\frac{dx}{1+e^{2x}}$$

$$=-\frac{\cot^{-1}e^x}{e^x}-x+\frac{1}{2}\ln(1+e^{2x})+c$$

11. 原式 $=\int(\tan^{-1}x)^2 d\frac{x^2}{2}=\frac{x^2}{2}(\tan^{-1}x)^2-\frac{1}{2}\int x^2 d(\tan^{-1}x)^2$

$$=\frac{x^2}{2}(\tan^{-1}x)^2-\int\frac{x^2}{1+x^2}\tan^{-1}x\,dx$$

$$=\frac{x^2}{2}(\tan^{-1}x)^2+\int\frac{\tan^{-1}x}{1+x^2}dx-\int\tan^{-1}x\,dx$$

$$=\frac{x^2}{2}(\tan^{-1}x)^2+\frac{1}{2}(\tan^{-1}x)^2-x\tan^{-1}x+\int\frac{x}{1+x^2}dx$$

$$=\frac{1}{2}(1+x^2)(\tan^{-1}x)^2-x\tan^{-1}x+\frac{1}{2}\ln(1+x^2)+c$$

12. 原式 $=\int\cos^{-1}x\,d\frac{x^3}{3}=\frac{x^3}{3}\cos^{-1}x+\frac{1}{3}\int\frac{x^3}{\sqrt{1-x^2}}dx$

$$=\frac{x^3}{3}\cos^{-1}x-\frac{1}{3}\int x^2 d\sqrt{1-x^2}$$

$$=\frac{x^3}{3}\cos^{-1}x-\frac{1}{3}x^2\sqrt{1-x^2}+\frac{2}{3}\int x\sqrt{1-x^2}\,dx$$

$$=\frac{x^3}{3}\cos^{-1}x-\frac{x^2}{3}\sqrt{1-x^2}-\frac{2}{9}(\sqrt{1-x^2})^3+c$$

$$=\frac{x^3}{3}\cos^{-1}x-\frac{2+x^2}{9}\sqrt{1-x^2}+c$$

13. 原式 $=x(a^2-x^2)^n-\int x\,d(a^2-x^2)^n$

$$=x(a^2-x^2)^n+2n\int(a^2-x^2)^{n-1}x^2\,dx$$

$$=x(a^2-x^2)^n-2n\int[(a^2-x^2)(a^2-x^2)^{n-1}-a^2(a^2-x^2)^{n-1}]\,dx$$

$$=x(a^2-x^2)^n-2n\int(a^2-x^2)^n dx+2a^2n\int(a^2-x^2)^{n-1}dx$$

$$\Rightarrow\int(a^2-x^2)^n dx=\frac{1}{2n+1}[x(a^2-x^2)^n+2a^2n\int(a^2-x^2)^{n-1}dx]+c$$

14. 原式$=\int x^n d\frac{2}{3}(ax+b)^{\frac{3}{2}}\cdot\frac{1}{a}$

$$=\frac{2}{3a}(ax+b)^{\frac{3}{2}}x^n-\frac{2}{3a}\int(ax+b)^{\frac{3}{2}}dx^n$$

$$=\frac{2}{3a}x^n(ax+b)^{\frac{3}{2}}-\frac{2n}{3a}\int(ax+b)^{\frac{3}{2}}x^{n-1}dx$$

$$=\frac{2x^n}{3a}(ax+b)^{\frac{3}{2}}-\frac{2n}{3a}\int(ax+b)^{\frac{1}{2}}(ax+b)x^{n-1}dx$$

$$=\frac{2x^n}{3a}(ax+b)^{\frac{3}{2}}-\frac{2n}{3}\int(ax+b)^{\frac{1}{2}}x^n dx-\frac{2bn}{3a}\int(ax+b)^{\frac{1}{2}}x^{n-1}dx$$

$$\Rightarrow\int x^n\sqrt{ax+b}\,dx=\frac{2}{a(2n+3)}[x^n(ax+b)^{3/2}-$$

$$nb\int x^{n-1}\sqrt{ax+b}\,dx]+c，n\neq-\frac{3}{2}$$

15. $k_n(x)=\int_0^x\sin^n t\,dt=-\int_0^x\sin^{n-1}t\,d\cos t$

$$=-\sin^{n-1}x\cos x+\int_0^x\cos t\,d\sin^{n-1}t$$

$$=-\sin^{n-1}x\cos x+\int_0^x(n-1)\sin^{n-2}t\cos^2 t\,dt$$

$$=-\sin^{n-1}x\cos x+\int_0^x(n-1)\sin^{n-2}t\cdot(1-\sin^2 t)\,dt$$

$$\Rightarrow nk_n(x)=(n-1)k_{n-2}(x)-\sin^{n-1}x\cos x，n\geq 2$$

16. $I_n=\int\frac{dx}{(x^2+a^2)^n}=\frac{x}{(x^2+a^2)^n}-\int x\,d\left(\frac{1}{x^2+a^2}\right)^n$

$$=\frac{x}{(x^2+a^2)^n}+2n\int\frac{x^2}{(x^2+a^2)^{n+1}}dx\ \cdots\cdots\cdots\cdots(1)$$

但$\int\frac{x^2}{(x^2+a^2)^{n+1}}dx=\int\frac{(x^2+a^2)-a^2}{(x^2+a^2)^{n+1}}dx$

$$=\int\frac{dx}{(x^2+a^2)^n}-a^2\int\frac{dx}{(x^2+a^2)^{n+1}}=I_n-a^2I_{n+1}\cdots\cdots\cdots\cdots(2)$$

將 (2) 之結果代入 (1) 中可得

$$I_n=\frac{x}{(x^2+a^2)^n}+2nI_n-2na^2I_{n+1}\cdots\cdots\cdots\cdots(3)$$

$$\Rightarrow I_{n+1}=\frac{1}{2na^2}\frac{x}{(x^2+a^2)^n}+\frac{2n-1}{2na^2}I_n$$

$$\because I_1=\int\frac{dx}{x^2+a^2}=\frac{1}{a}\tan^{-1}\frac{x}{a}+c$$

$$\therefore I_2=\frac{1}{2a^2}\frac{x}{(x^2+a^2)}+\frac{1}{2a^3}\tan^{-1}\frac{x}{a}+c$$

$$I_3=\frac{1}{4a^2}\frac{x}{(x^2+a^2)^2}+\frac{3}{4a^2}I_2$$

$$=\frac{1}{4a^2}\frac{x}{(x^2+a^2)^2}+\frac{3}{8a^4}\frac{x}{x^2+a^2}+\frac{3}{8a^5}\tan^{-1}\frac{x}{a}+c$$

17. $\int\sin^{-1}x\,d(-\sqrt{1-x^2})$

$$=-\sqrt{1-x^2}\sin^{-1}x-\int-\sqrt{1-x^2}\,d\sin^{-1}x=-\sqrt{1-x^2}\sin^{-1}x+x+c$$

18. 原式 $=\int(\ln x)^2d\left(\frac{x^n}{n}\right)=\frac{x^n}{n}(\ln x)^2-\int\frac{x^n}{n}2(\ln x)\frac{1}{x}dx$

$$=\frac{x^n}{n}(\ln x)^2-2\int\ln x\,d\left(\frac{x^n}{n^2}\right)$$

$$=\frac{x^n}{n}(\ln x)^2-\frac{2x^n}{n^2}\ln x+2\int\frac{x^n}{n^2}\frac{1}{x}dx$$

$$=\frac{x^n}{n}(\ln x)^2-\frac{2x^n}{n^2}\ln x+\frac{2}{n^3}x^n+c$$

19. $\int \ln^3 x\, d\frac{x^3}{3}=\frac{x^3}{3}\ln^3 x-\int \frac{x^3}{3}\cdot[3/x\cdot\ln^2 x]\,dx$

$$=\frac{x^3}{3}\ln^3 x-\int x^2\ln^2 x\,dx=\frac{x^3}{3}\ln^3 x-\int \ln^2 x\,d\frac{x^3}{3}$$

$$=\frac{x^3}{3}\ln^3 x-\frac{x^3}{3}\ln^2 x+\int \frac{x^3}{3}\cdot 2\ln x\cdot\frac{1}{x}x\,dx$$

$$=\frac{x^3}{3}\ln^3 x-\frac{x^3}{3}\ln^2 x+\frac{2}{3}\int x^2\ln x\,dx$$

$$=\frac{x^3}{3}\ln^3 x-\frac{x^3}{3}\ln^2 x+\frac{2}{3}\int \ln x\,d\frac{x^3}{3}$$

$$=\frac{x^3}{3}\ln^3 x-\frac{x^3}{3}\ln^2 x+\frac{2}{9}x^3\ln x-\frac{2}{9}\int x^3\,d\ln x$$

$$=\frac{x^3}{3}\ln^3 x-\frac{x^3}{3}\ln^2 x+\frac{2}{9}x^3\ln x-\frac{2}{27}x^3+c$$

20. 原式$=x\cos\ln x-\int x\,d\cos\ln x=x\cos\ln x+\int \sin\ln x\,dx$

$$=x\cos\ln x+x\sin\ln x-\int x\,d\sin\ln x$$

$$=x(\cos\ln x+\sin\ln x)-\int \cos\ln x\,dx$$

$\therefore \int \cos\ln x\,dx=\frac{x}{2}(\cos\ln x+\sin\ln x)+c$

21. 取$y=x^2\Rightarrow\begin{cases}x=y^{\frac{1}{2}}\\ dx=\frac{1}{2}y^{-\frac{1}{2}}dy\end{cases}$

故原式$=\int y^{\frac{3}{2}}e^{-y}\frac{1}{2}y^{-\frac{1}{2}}dy=\frac{1}{2}\int ye^{-y}dy$

$$=\frac{1}{2}\int y\,d(-e^{-y})=\frac{-1}{2}ye^{-y}+\frac{1}{2}\int e^{-y}dy$$

$$=-\frac{1}{2}ye^{-y}-\frac{1}{2}e^{-y}+c=-\frac{1}{2}(1+x^2)e^{-x^2}+c$$

22. $x\ln(x+\sqrt{x^2+1})-\sqrt{1+x^2}+c$　　23. $x\ln(x+\sqrt{x^2-a^2})-\sqrt{x^2-a^2}+c$

24. $\int\frac{1+\sin x}{1+\cos x}e^x dx=\int\frac{(1+\sin x)(1-\cos x)}{(1+\cos x)(1-\cos x)}e^x dx$

$=\int\frac{1+\sin x-\cos x-\sin x\cos x}{\sin^2 x}e^x dx$

$=\int\frac{e^x}{\sin^2 x}dx+\int\frac{e^x}{\sin x}dx-\int\frac{\cos x}{\sin^2 x}e^x dx-\int\frac{\cos x}{\sin x}e^x dx$

$=-\int e^x d\cot x+\int e^x\csc x dx+\int e^x d\csc x-\int \cot x e^x dx$

$=-e^x\cot x+\int\cot x\, de^x+\int e^x\csc x dx+e^x\csc x-\int\csc x\, de^x-\int\cot x\cdot e^x dx$

$=-e^x\cot x+\int e^x\cot x dx+\int e^x\csc x dx+e^x\csc x-\int\csc x\cdot e^x\, dx$

$-\int e^x\cot x dx=e^x(\csc x-\cot x)+c$

25. $\int\frac{\tan^{-1}e^x}{e^{2x}}dx\overset{y=e^x}{=\!=}\int\frac{\tan^{-1}y}{y^2}\cdot\frac{dy}{y}=\int\frac{\tan^{-1}y\,dy}{y^3}=-\frac{1}{2}\int\tan^{-1}y\,d\left(\frac{1}{y^2}\right)$

$=-\frac{1}{2}\left[\frac{1}{y^2}\tan^{-1}y-\int\frac{dy}{y^2(y^2+1)}\right]=-\frac{1}{2y^2}\tan^{-1}y+\frac{1}{2}\left[\int\frac{dy}{y^2}-\int\frac{dy}{y^2+1}\right]$

$=-\frac{1}{2y^2}\tan^{-1}y-\frac{1}{2y}-\frac{1}{2}\tan^{-1}y+c=-\frac{1}{2}(e^{-x^2}\tan^{-1}e^x+e^{-x}+\tan^{-1}e^x)+c$

26. $f(\ln x)=\int f'(\ln x)d\ln x=\int\frac{(1+2x)}{x}dx=\ln x+2x+c=\ln x+2e^{\ln x}+c$

$\therefore f(x)=x+2e^x+c$

$\int e^x f(x)dx=\int e^x(x+2e^x+c)dx=xe^x-e^x+e^{2x}+ce^x+c_1$

$=xe^x+c'e^x+e^{2x}+c_1$

27. 原式$=\int(x+\ln(1-x))d\left(-\frac{1}{x}\right)$

$$= -\frac{1}{x}(x+\ln(1-x)) + \int \frac{1}{x} d(x+\ln(1-x)))$$

$$= -\frac{x+\ln(1-x)}{x} + \int \frac{1}{x} \cdot \frac{-x}{1-x} dx$$

$$= -1 - \frac{1}{x}\ln(1-x) + \ln(1-x) + c'$$

$$= \left(1-\frac{1}{x}\right)\ln|1-x| + c$$

28. 原式 $= \frac{1}{n}\int (\ln x)^2 \, dx^n = \frac{x^n(\ln x)^2}{n} - \frac{1}{n}\int x^n \, d(\ln x)^2$

$$= \frac{x^n(\ln x)^2}{n} - \frac{2}{n}\int x^{n-1}(\ln x)\,dx$$

$$= \frac{x^n(\ln x)^2}{n} - \frac{2}{n^2}x^n \ln x + \frac{2}{n^2}\int x^{n-1}\,dx$$

$$= \frac{1}{n}x^n(\ln x)^2 - \frac{2}{n^2}x^n \ln x + \frac{2}{n^3}x^n + c$$

29. 原式 $= \int x^2 \, d\, \frac{1}{2}e^x(\sin x - \cos x)$

$$= \frac{x^2}{2}e^x(\sin x - \cos x) - \frac{1}{2}\int (e^x \sin x - e^x \cos x) \cdot 2x\,dx$$

$$= \frac{x^2}{2}e^x(\sin x - \cos x) - \int (x e^x \sin x - x e^x \cos x)\,dx$$

$$= \frac{x^2}{2}e^x(\sin x - \cos x) - \int x e^x \sin x\,dx + \int x e^x \cos x\,dx \cdots\cdots\cdots\cdots (*)$$

又 $\int x e^x \cos x\,dx = \int x\, d\frac{1}{2}(\cos x + \sin x)e^x$

$$= \frac{x}{2}e^x(\cos x + \sin x) - \frac{1}{2}\int (\cos x\, e^x + \sin x\, e^x)\,dx$$

$$= \frac{x}{2}e^x(\cos x + \sin x) - \frac{1}{2}\left[\frac{1}{2}(\cos x + \sin x)e^x\right] - \frac{1}{2}\left[\frac{1}{2}(\cos x - \sin x)e^x\right] + c$$

$$=\frac{x}{2}e^x(\cos x+\sin x)-\frac{1}{2}\sin x\cdot e^x$$

$$\therefore(*)=\frac{x^2}{2}e^x(\sin x-\cos x)+\frac{x}{2}e^x(\cos x+\sin x)-$$

$$\frac{1}{2}e^x\sin x-\frac{x}{2}(\sin x-\cos x)e^x-\frac{1}{2}e^x\cos x+c$$

$$=\frac{x^2}{2}e^x(\sin x-\cos x)+xe^x\cos x-\frac{1}{2}e^x(\cos x+\sin x)+c$$

30. 取 $x=\sin y$

$$\Rightarrow I_n=\int_0^{\frac{\pi}{2}}(1-\sin^2 y)^n\cos y\,dy=\int_0^{\frac{\pi}{2}}\cos^{2n+1}y\,dy \qquad (1)$$

$$\therefore I_{n-1}=\int_0^{\frac{\pi}{2}}\cos^{2(n-1)+1}y\,dy=\int_0^{\frac{\pi}{2}}\cos^{2n-1}y\,dy \qquad (2)$$

由 (1) $I_n=\int_0^{\frac{\pi}{2}}\cos^{2n}y\,d\sin y$

$$=\cos^{2n}y\sin y\Big|_0^{\frac{\pi}{2}}-\int_0^{\frac{\pi}{2}}\sin y\,d\cos^{2n}y$$

$$=\int_0^{\frac{\pi}{2}}\sin y\cdot 2n\cos^{2n-1}y\sin y\,dy$$

$$=2n\int_0^{\frac{\pi}{2}}\cos^{2n-1}y(1-\cos^2 y)\,dy$$

$$=2n\left[\int_0^{\frac{\pi}{2}}\cos^{2n-1}y\,dy-\int_0^{\frac{\pi}{2}}\cos^{2n+1}y\,dy\right]$$

$$=2nI_{n-1}-2nI_n$$

$$\therefore I_n=\frac{2n}{2n+1}I_{n-1}$$

□□□ 4-5 有理分式之積分 □□□

高一數學教材中已將部分分式（partial fractions）列爲專章詳加講述，在此只就若干簡便視察法（inspection method）加以說明，對其餘部分，讀者可參考高一數學課本。

在此，我們特別強調的是求積分式之部分分式之目的在便於求出積分結果，若積分問題如 $\int \frac{2x+1}{x^2+x-2}dx$，則可不必求部分分式，直接積分即可，因此 $\int \frac{2x+1}{x^2+x-2}dx=\ln|x^2+x-2|+c$ 是爲所求。

本節所介紹之視察法在分母中有一次因式者頗爲奏效。例如要化 $\frac{2x+5}{x^2+2x-3}$ 爲部分分式，則照傳統方法，我們令

$$\frac{2x+5}{x^2+2x-3}=\frac{A}{x+3}+\frac{B}{x-1}\Rightarrow 2x+5=A(x-1)+B(x+3)$$

令 $x=-3$，得 $-1=-4A\Rightarrow A=\frac{1}{4}$

令 $x=1$，得 $B=7/4$　$\therefore \frac{2x+5}{x^2+2x-3}=\frac{1}{4}\frac{1}{x+3}+\frac{7}{4}\frac{1}{x-1}$

上述程序若以下面式子可能更能體會出視察法

$$\frac{\alpha x+\beta}{(\alpha x+b)(cx+d)}=\frac{A}{ax+b}+\frac{B}{cx+d}$$

$$\Rightarrow \alpha x+\beta=A(cx+d)+B(ax+b)$$

$$令\ x=-\frac{b}{a}\Rightarrow A=\frac{\alpha\left(-\frac{b}{a}\right)+\beta}{c\left(-\frac{b}{a}\right)+d} \qquad (1)$$

$$令\ x=-\frac{d}{c}\Rightarrow B=\frac{\alpha\left(-\frac{d}{c}\right)+\beta}{a\left(-\frac{d}{c}\right)+b} \qquad (2)$$

由 (1) 之 A 解相當於將 $ax+b=0$ 之根代入 $\frac{\alpha x+\beta}{(cx+d)}$

由 (2) 之 B 解相當於將 $cx+d=0$ 之根代入 $\frac{\alpha x+\beta}{(ax+b)}$

再舉一例：試將 $\frac{2x^2+5x-1}{x^3+x^2-2x}$ 化爲部分分式

$$\frac{2x^2+5x-1}{x^3+x^2-2x}=\frac{2x^2+5x-1}{x(x-1)(x+2)}=\frac{A}{x}+\frac{B}{x-1}+\frac{C}{x+2}$$

A：代 $x=0$ 入 $\frac{2x^2+5x-1}{(x-1)(x+2)}=\frac{-1}{-2}$　得 $A=\frac{1}{2}$

B：代 $x-1=0$（i. e.　$x=1$）入 $\frac{2x^2+5x-1}{x(x+2)}$　得 $B=2$

C：代 $x+2=0$（i. e.　$x=-2$）入 $\frac{2x^2+5x-1}{x(x-1)}$　得 $C=-\frac{1}{2}$

$$\therefore \frac{2x^2+5x-1}{x^3+x^2-2x}=\frac{1}{2}\frac{1}{x}+\frac{2}{x-1}-\frac{1}{2}\frac{1}{x+2}$$

又例如求 $\dfrac{3x^2+2x-2}{x^3-1}$ 之部分分式

$$\because \frac{3x^2+2x-2}{x^3-1}=\frac{3x^2+2x-2}{(x-1)(x^2+x+1)}=\frac{A}{x-1}+\frac{Bx+C}{x^2+x+1}$$

A：令 $x-1=0$ 代入 $\dfrac{3x^2+2x-2}{(x^2+x+1)}$ 　得 $A=1$

$$\therefore \frac{Bx+C}{x^2+x+1}=\frac{3x^2+2x-2}{(x-1)(x^2+x+1)}-\frac{1}{x-1}$$

$$=\frac{3x^2+2x-2-x^2-x-1}{(x-1)(x^2+x+1)}$$

$$=\frac{(x-1)(2x+3)}{(x-1)(x^2+x+1)}=\frac{2x+3}{x^2+x+1}$$

故 $B=2$，$C=3$　即 $\dfrac{3x^2+2x-2}{x^3-1}=\dfrac{1}{x-1}+\dfrac{2x+3}{x^2+x+1}$

$$\int\frac{3x^2+2x-2}{x^3-1}dx=\int\frac{dx}{x-1}+\int\frac{2x+3}{x^2+x+1}dx$$

$$=\ln|x-1|+\int\frac{d(x^2+x+1)}{x^2+x+1}+2\int\frac{dx}{x^2+x+1}$$

$$=\ln|x^3-1|+2\int\frac{dx}{\left(x+\frac{1}{2}\right)^2+\frac{3}{4}}$$

$$=\ln|x^3-1|+\frac{4}{\sqrt{3}}\tan^{-1}\frac{2x+1}{\sqrt{3}}+c$$

$$\int\frac{du}{a^2+u^2}=\frac{1}{a}\tan^{-1}\frac{u}{a}+c$$

例 1　求 $\int \frac{dx}{(x^2-4x+4)(x^2-4x+5)}$。

解　原式 $=\int \frac{dx}{x^2-4x+4}-\int \frac{dx}{x^2-4x+5}=\int \frac{dx}{(x-2)^2}-\int \frac{dx}{(x-2)^2+1}$

$$=-\frac{1}{x-2}-\tan^{-1}(x-2)+c$$

好用的小公式：

$$\int \frac{dx}{(x+a)(x+b)}=\frac{1}{a-b}\ln\left|\frac{x+b}{x+a}\right|+c$$

特例

$$\int \frac{dx}{(x+a)(x-a)}=\frac{1}{2a}\ln\left|\frac{x-a}{x+a}\right|+c$$

例 2　求 $\int \frac{2x+3}{(x-2)(x+5)}dx$。

解　原式 $=\int \left(\frac{1}{x-2}+\frac{1}{x+5}\right)dx$

$$=\ln|x-2|+\ln|x+5|+c$$

例 3　求 $\int \frac{x\,dx}{(x+1)(x+2)(x+3)}$。

解　原式 $=\int \left(-\frac{1}{2}\frac{1}{x+1}+\frac{2}{x+2}+\frac{-\frac{3}{2}}{x+3}\right)dx$

$$=-\frac{1}{2}\ln|x+1|+2\ln|x+2|$$

$$-\frac{3}{2}\ln|x+3|+c$$

$$=\frac{1}{2}\ln\left|\frac{(x+2)^4}{(x+1)(x+3)^3}\right|+c$$

令

$$\frac{x}{(x+1)(x+2)(x+3)}=\frac{A}{x+1}+\frac{B}{x+2}+\frac{C}{x+3}$$

A：代 –1 入 $\frac{x}{\square(x+2)(x+3)}$

得 $A=-\frac{1}{2}$

B：代 $x=-2$ 入 $\frac{x}{(x+1)\square(x+3)}$

得 $B=2$

C：代 $x=-3$ 入 $\frac{x}{(x+1)(x+2)\square}$

得 $C=-\frac{-3}{2}$

例 4　求 $\int \frac{x^3-3x^2+2x-3}{(x^2+1)^2}dx$。

解 $\because \dfrac{x^3-3x^2+2x-3}{x^2+1}=(x-3)+\dfrac{x}{x^2+1}$

$\therefore \dfrac{x^3-3x^2+2x-3}{(x^2+1)^2}=\dfrac{x-3}{x^2+1}+\dfrac{x}{(x^2+1)^2}$

$\Rightarrow \int \dfrac{x^3-3x^2+2x-3}{(x^2+1)^2}dx=\int \dfrac{x-3}{x^2+1}dx+\int \dfrac{x}{(x^2+1)^2}dx$

$=\dfrac{1}{2}\ln(x^2+1)-3\tan^{-1}x-\dfrac{1}{2(x^2+1)}+c$

例 5 求 $\int \left(\dfrac{x+2}{x-1}\right)^2 \dfrac{dx}{x}$。

解 $\dfrac{(x+2)^2}{x(x-1)^2}=\dfrac{A}{x}+\dfrac{B}{x-1}+\dfrac{C}{(x-1)^2}$

由視察法知 $A=4$；移項：

$\dfrac{x^2+4x+4}{x(x-1)^2}-\dfrac{4}{x}=\dfrac{Bx-B+C}{(x-1)^2}$

$\Rightarrow \dfrac{-3x+12}{(x-1)^2}=\dfrac{Bx-B+C}{(x-1)^2} \quad \therefore B=-3 \quad C=9$

故原式 $=\int \dfrac{4}{x}dx-3\int \dfrac{dx}{x-1}+9\int \dfrac{dx}{(x-1)^2}=\ln\left|\dfrac{x^4}{(x-1)^3}\right|-\dfrac{9}{x-1}+c$

例 6 求 $\int \dfrac{x^4+1}{x(x^2+1)^2}dx$。

解 原式 $=\int \dfrac{(x^2+1)^2-2x^2}{x(x^2+1)^2}dx=\int \dfrac{1}{x}dx-\int \dfrac{2x\,dx}{(x^2+1)^2}=\ln|x|+\dfrac{1}{x^2+1}+c$

例 7　求 $\int \frac{dx}{\sqrt{x}+\sqrt[3]{x}}$。。

解　原式 $\xlongequal{t=\sqrt[6]{x}} \int \frac{6t^5\,dt}{t^3+t^2} = 6\int \frac{t^3}{t+1}dt = 6\int \left(t^2-t+1-\frac{1}{t+1}\right)dt$

$= 2t^3-3t^2+6t-6\ln|t+1|+c = 2\sqrt{x}-3\sqrt[3]{x}+6\sqrt[6]{x}-6\ln|\sqrt[6]{x}+1|+c$

※**例 8**　求 $\int \sqrt{1+e^{2x}}\,dx$。

解　原式 $\xlongequal{y=\sqrt{1+e^{2x}}} \int y \cdot \frac{y}{y^2-1}dy = \int \frac{y^2-1+1}{y^2-1}dy$

$= y+\frac{1}{2}\int \left(\frac{1}{y-1}-\frac{1}{y+1}\right)dy$

$= y+\frac{1}{2}\ln\left|\frac{y-1}{y+1}\right|+c$

$= \sqrt{1+e^{2x}}+\frac{1}{2}\ln\left|\frac{\sqrt{1+e^{2x}}-1}{\sqrt{1+e^{2x}}+1}\right|+c$

> 取 $y=\sqrt{1+e^{2x}}$
> $y^2=1+e^{2x}$
> $\Rightarrow y^2-1=e^{2x}$
> $\Rightarrow \ln(y^2-1)=2x$
> $\Rightarrow \frac{\ln(y^2-1)}{2}=x$
> $\Rightarrow \frac{y}{y^2-1}dy=dx$

類似問題

1. 求 $\int \frac{x^2\,dx}{x^4-1}$。

2. 求 $\int \frac{x\,dx}{x^3-3x+2}$。

※3. 求 $\int \frac{dx}{(x+1)(x+2)^2(x+3)^3}$。

※4. 求 $\int \frac{dx}{x^4+1}$。

5. 求 $\int \frac{x+1}{x^3-1}dx$。 6. 求 $\int \frac{dx}{x^4-2x^3}$。 7. 求 $\int \frac{dx}{x(x^2+1)^2}$。

8. 求 $\int \frac{dx}{(x^2-1)^2}$。 9. 求 $\int \frac{2x^2+1}{(x-2)^3}dx$。

10. 求 $\int \frac{dx}{x^5-x^4+x^3-x^2+x-1}$。 11. 求 $\int \frac{dx}{x^3+1}$。

12. 求 $\int \frac{x\,dx}{x^4-1}$。 13. 求 $\int \frac{dx}{(x-1)(x^2+1)}$。

※14. 先求 $\int \frac{x^2}{(x^2+1)^2}dx$，再利用此結果求 $\int \frac{x^{11}}{(x^8+1)^2}dx$。

※15. 求 $\int \frac{x^3}{(x-1)^{100}}dx$。 16. 求 $\int \frac{dx}{x^2(x^2+1)^2}$。

17. 求 $\int \frac{x^4+1}{x(x^2+1)^2}dx$。 18. 求 $\int \frac{1-x^3}{x(x^2+1)}dx$。

解

1. $\frac{1}{4}\ln\left|\frac{x-1}{x+1}\right|+\frac{1}{2}\tan^{-1}x+c$ 2. $-\frac{1}{3(x-1)}+\frac{2}{9}\ln\left|\frac{x-1}{x+2}\right|+c$

3. $\frac{1}{(x+1)(x+2)^2(x+3)^3}$

$=\frac{A}{x+1}+\frac{B}{x+2}+\frac{C}{(x+2)^2}+\frac{D}{x+3}+\frac{E}{(x+3)^2}+\frac{F}{(x+3)^3} \quad (1)$

由本節之視察法，易知 $A=\frac{1}{8}$，$C=-1$，$F=-\frac{1}{2}$

代 $A=\frac{1}{8}$，$C=-1$ 及 $F=-\frac{1}{2}$ 入 (1)

$$\left[\frac{1}{(x+1)(x+2)^2(x+3)^3}-\frac{1}{8(x+1)}\right]+\frac{1}{(x+2)^2}+\frac{1}{2(x+3)^3}$$

$$=\left[\frac{-x^4-12x^3-55x^2-116x-100}{8(x+2)^2(x+3)^3}+\frac{1}{(x+2)^2}\right]+\frac{1}{2(x+3)^3}$$

$$=\frac{-x^3-2x^2+21x+58}{8(x+2)(x+3)^3}+\frac{1}{2(x+3)^3}$$

$$=\frac{-x^2+x+22}{8(x+2)(x+3)^2}=\frac{B}{x+2}+\frac{D}{x+3}+\frac{E}{(x+3)^2}$$

$$=\frac{B}{x+2}+\frac{Dx+(3D+E)}{(x+3)^2}$$

再由本節之視察法易知 $B=2$

$$\therefore \frac{-x^2+x+22}{8(x+2)(x+3)^2}-\frac{2}{x+2}=\frac{-(17x+61)}{8(x+3)^2}=\frac{Dx+(3D+E)}{(x+3)^2}$$

比較兩邊係數得 $D=-\frac{17}{8}$，$E=-\frac{10}{8}=-\frac{5}{4}$

故 $\int \frac{1}{(x+1)(x+2)^2(x+3)^3}$

$$=\int \frac{1}{8}\frac{dx}{x+1}+2\int \frac{dx}{x+2}-\int \frac{dx}{(x+2)^2}-\frac{17}{8}\int \frac{dx}{x+3}$$

$$-\frac{5}{4}\int \frac{dx}{(x+3)^2}-\frac{1}{2}\int \frac{dx}{(x+3)^3}$$

$$=\frac{1}{8}\ln\left|\frac{(x+1)(x+2)^{16}}{(x+3)^{17}}\right|+\frac{1}{x+2}+\frac{5}{4}\frac{1}{x+3}+\frac{1}{4(x+3)^2}+c$$

$$=\frac{1}{8}\ln\left|\frac{(x+1)(x+2)^{16}}{(x+3)^{17}}\right|+\frac{9x^2+50x+68}{4(x+2)(x+3)^2}+c$$

4. $\frac{1}{x^4+1}=\frac{Ax+B}{x^2+\sqrt{2}x+1}+\frac{Cx+D}{x^2-\sqrt{2}x+1}$

$$\Rightarrow 1=(A+C)x^3+[B-\sqrt{2}A+D+\sqrt{2}C]x^2+$$

$$[-\sqrt{2}B+A+\sqrt{2}D+C]x+(B+D)$$

$$\because \begin{cases} A+C=0 \\ -A+C=\dfrac{1}{\sqrt{2}} \quad (\because B+D=1) \end{cases} \Rightarrow A=\frac{1}{2\sqrt{2}}，C=-\frac{1}{2\sqrt{2}}$$

$$\begin{cases} B+D=1 \\ B-D=0 \end{cases} \Rightarrow \quad B=D=\frac{1}{2}$$

$$\therefore 原式=\int \frac{\frac{x}{2\sqrt{2}}+\frac{1}{2}}{x^2+\sqrt{2}x+1}dx+\int \frac{-\frac{x}{2\sqrt{2}}+\frac{1}{2}}{x^2-\sqrt{2}x+1}dx$$

$$=\frac{1}{4\sqrt{2}}\int \frac{2x+\sqrt{2}}{x^2+\sqrt{2}x+1}dx+\frac{\sqrt{2}}{4\sqrt{2}}\int \frac{dx}{x^2+\sqrt{2}x+1}$$

$$-\frac{1}{4\sqrt{2}}\int \frac{2x-\sqrt{2}}{x^2-\sqrt{2}x+1}dx+\frac{\sqrt{2}}{4\sqrt{2}}\int \frac{1}{x^2-\sqrt{2}x+1}dx$$

$$=\frac{1}{4\sqrt{2}}\ln(x^2+\sqrt{2}x+1)+$$

$$\frac{1}{4}\int \frac{dx}{\left(x+\frac{\sqrt{2}^2}{2}\right)+\frac{1}{2}}-\frac{1}{4\sqrt{2}}\ln(x^2-\sqrt{2}x+1)$$

$$+\frac{1}{4}\int \frac{dx}{\left(x-\frac{\sqrt{2}}{2}\right)^2+\frac{1}{2}}$$

$$=\frac{1}{4\sqrt{2}}\ln\left|\frac{x^2+\sqrt{2}x+1}{x^2-\sqrt{2}x+1}\right|+\frac{1}{2\sqrt{2}}\tan^{-1}(\sqrt{2}x+1)$$

$$+\frac{1}{2\sqrt{2}}\tan^{-1}(\sqrt{2}x-1)+c$$

5. $\frac{1}{3}\ln\left[\frac{(x-1)^2}{x^2+x+1}\right]+c$

6. $\frac{1}{8}\ln\left|\frac{x-2}{x}\right|+\frac{1}{4}x^{-2}+\frac{1}{4}x^{-1}+c$

7. $\frac{1}{x(x^2+1)^2}=\frac{A}{x}+\frac{Bx+C}{x^2+1}+\frac{Dx+E}{(x^2+1)^2}$

由視察法 $A=1$ 代入上式

得 $-\frac{x^3+2x}{(x+1)^2}=\frac{Bx^3+Cx^2+(B+D)x+(C+E)}{(x^2+1)}$

$\therefore B=-1$，$C=0$，$D=-1$，$E=0$

$\Rightarrow$原式 $=\int\frac{dx}{x}+\int\frac{-x}{x^2+1}dx-\int\frac{x}{(x^2+1)^2}dx$

$$=\ln|x|-\frac{1}{2}\ln(x^2+1)+\frac{1}{2}\frac{1}{(x^2+1)}+c$$

8. $\frac{1}{(x^2-1)^2}=\frac{A}{x-1}+\frac{B}{(x-1)^2}+\frac{C}{x+1}+\frac{D}{(x+1)^2}$

$\Rightarrow A(x-1)(x+1)^2+B(x+1)^2+C(x-1)^2(x+1)+D(x-1)^2=1$

$\Rightarrow(A+C)x^3+(A+B-C+D)x^2+(-A+2B-C-2D)x$

$\quad+(-A+D+B+C)=1$

$$\Rightarrow\begin{cases}A+C=0\\A+B-C+D\\-A+2B-C-2D=0\\-A+D+B+C=1\end{cases}\quad\Rightarrow A=-\frac{1}{4}\text{，}C=\frac{1}{4}\text{，}B=D=\frac{1}{4}$$

$$\therefore\int\frac{dx}{(x^2-1)^2}=\frac{1}{4}\int\frac{dx}{x-1}+\frac{1}{4}\int\frac{dx}{(x-1)^2}+\frac{1}{4}\int\frac{dx}{x+1}+\frac{1}{4}\int\frac{dx}{(x+)^2}$$

$$=\frac{1}{4}\ln\left|\frac{x+1}{x-1}\right|-\frac{1}{4}\frac{1}{x-1}-\frac{1}{4}\frac{1}{x+1}+c$$

$$=\frac{1}{4}\ln\left|\frac{x+1}{x-1}\right|-\frac{x}{2(x^2-1)}+c$$

9. $\because \dfrac{2x^2+1}{x-2}=2x+4+\dfrac{9}{x-2}$

$\Rightarrow \dfrac{2x^2+1}{(x-2)^2}=2+\dfrac{8}{x-2}+\dfrac{9}{(x-2)^2}$

$\Rightarrow \dfrac{2x^2+1}{(x-2)^3}=\dfrac{2}{x-2}+\dfrac{8}{(x-2)^2}+\dfrac{9}{(x-2)^3}$

$\therefore$ 原式 $=\displaystyle\int \frac{2}{x-2}dx+\int \frac{8}{(x-2)^2}dx+\int \frac{9}{(x-2)^3}dx$

$=2\ln|x-2|-\dfrac{8}{(x-2)}-\dfrac{9}{2}\dfrac{1}{(x-2)^2}+c$

10. $\dfrac{1}{x^5-x^4+x^3-x^2+x-1}=\dfrac{1}{(x+1)(x^2+x+1)(x^2-x+1)}$

$=\dfrac{A}{x-1}+\dfrac{Bx+C}{x^2+x+1}+\dfrac{Dx+E}{x^2-x+1}\quad(1)$

由視察法 $A=\dfrac{1}{3}$ 代入 (1)，可得

$-\dfrac{x^3+x^2+2x+2}{3(x^4+x^2+1)}=\dfrac{Bx+C}{x^2+x+1}+\dfrac{Dx+E}{x^2-x+1}$

$\Rightarrow \dfrac{-1}{3}(x^3+x^2+2x+2)$

$=Bx^3+(C-B)x^2+(B-C)x+C+Dx^3+(D+E)x^2+(D+E)x+E$

$=(B+D)x^3+(C-B+D+E)x^2+(B-C+D+E)x+(C+E)$

$\begin{cases} B+D=-\dfrac{1}{3} \\ C-B+D+E=-\dfrac{1}{3} \\ B-C+D+E=-2/3 \\ C+E=-2/3 \end{cases}\quad \begin{cases} B=-\dfrac{1}{3} \\ C=\dfrac{-1}{6} \\ D=0 \\ E=-1/2 \end{cases}$

$\therefore$原式 $=\dfrac{1}{3}\displaystyle\int\frac{dx}{x-1}-\frac{1}{6}\int\frac{2x+1}{x^2+x+1}dx-\frac{1}{2}\int\frac{dx}{x^2-x+1}$

$$=\frac{1}{6}\ln\left|\frac{(x-1)^2}{x^2+x+1}\right|-\frac{1}{\sqrt{3}}\tan^{-1}\frac{2x-1}{\sqrt{3}}+c$$

11. $\dfrac{1}{x^3+1}=\dfrac{1}{(x+1)(x^2-x+1)}=\dfrac{A}{x+1}+\dfrac{Bx+C}{x^2-x+1}$

由視察法 $A=\dfrac{1}{3}$，代入 (1) 得

$$\therefore \frac{1}{(x+1)(x^2-x+1)}-\frac{1}{3}\frac{1}{x+1}=\frac{-\frac{x}{3}+\frac{2}{3}}{x^2-x+1}$$

$$=\frac{Bx+C}{x^2+x+1}\quad \therefore B=-\frac{1}{3}，C=\frac{2}{3}$$

故原式 $=\displaystyle\int\frac{1}{3}\frac{dx}{x+1}-\frac{1}{3}\int\frac{x-2}{x^2-x+1}dx$

$$=\frac{1}{3}\ln|x+1|-\frac{1}{6}\int\frac{2x-1}{x^2-x+1}dx+\frac{1}{2}\int\frac{dx}{x^2-x+1}$$

$$=\frac{1}{6}\ln\left(\frac{(x+1)^2}{x^2-x+1}\right)+\frac{1}{2}\int\frac{dx}{\left(x-\frac{1}{2}\right)^2+\frac{3}{4}}$$

$$=\frac{1}{6}\ln\left(\frac{(x+1)^2}{x^2-x+1}\right)+\frac{1}{\sqrt{3}}\tan^{-1}\frac{2x-1}{\sqrt{3}}+c$$

12. $\dfrac{1}{4}\ln\left|\dfrac{x^2-1}{x^2+1}\right|+c$

13. $\dfrac{1}{4}\ln\left(\dfrac{(x-1)^2}{x^2+1}\right)+\dfrac{1}{2}\tan^{-1}x+c$

14. (a) $\displaystyle\int\frac{x^2}{(x^2+1)^2}dx \overset{x=\tan y}{=\!=\!=} \int\frac{\tan^2 y\sec^2 y}{\sec^4 y}dy$

$$=\int\sin^2 y\,dy=\int\frac{1-\cos 2y}{2}dy=\frac{y}{2}-\frac{1}{4}\sin 2y+c$$

$=\frac{y}{2}-\frac{1}{2}\sin y\cos y+c$

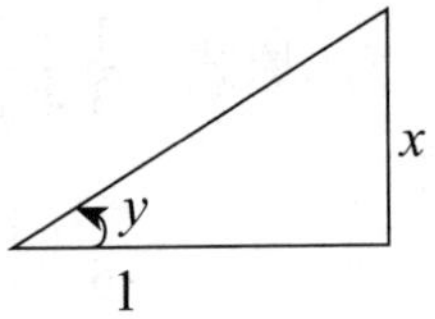

$=\frac{1}{2}\tan^{-1}x-\frac{x}{2\sqrt{1+x^2}}\cdot\frac{1}{\sqrt{1+x^2}}+c$

$=\frac{1}{2}\tan^{-1}x-\frac{1}{2}\frac{x}{1+x^2}+c$

(b) $\frac{x^{11}}{(x^8+1)^2}=\frac{x^3}{x^8+1}-\frac{x^3}{(x^8+1)^2}$

$\therefore\int\frac{x^{11}}{(x^8+1)^2}dx=\int\frac{x^3}{x^8+1}dx-\int\frac{x^3}{(x^8+1)^2}dx$；

① $\int\frac{x^3}{x^8+1}dx=\frac{1}{4}\int\frac{dx^4}{(x^4)^2+1}=\frac{1}{4}\tan^{-1}(x^4)+c$

② $\int\frac{x^3}{(x^8+1)^2}dx=\frac{1}{4}\int\frac{dx^4}{(x^8+1)^2}\overset{u=x^4}{=\!=}\frac{1}{4}\int\frac{du}{(u^2+1)^2}$

$=\frac{1}{4}\int\frac{1+u^2-u^2}{(u^2+1)^2}du=\frac{1}{4}\int\frac{du}{u^2+1}-\frac{1}{4}\int\frac{u^2}{(u^2+1)^2}du$

$=\frac{1}{4}\tan^{-1}u-\frac{1}{8}\tan^{-1}u+\frac{1}{8}\frac{u}{1+u^2}$

$\therefore$原式$=\int\frac{x^3}{x^8+1}dx-\int\frac{x^3}{(x^8+1)^2}dx$

$=\frac{1}{4}\tan^{-1}(x^4)-\frac{1}{4}\tan^{-1}(x^4)+\frac{1}{8}\tan^{-1}(x^4)-\frac{1}{8}\frac{x^4}{1+x^8}+c$

$=\frac{1}{8}\left(\tan^{-1}x^4-\frac{x^4}{1+x^8}\right)+c$

15. $\dfrac{x^3}{x-1}=x^2+x+1+\dfrac{1}{x-1}$

$$\Rightarrow \frac{x^3}{(x-1)^2}=\frac{x^2+x+1}{x-1}+\frac{1}{(x-1)^2}$$

$$=x+2+\frac{3}{x-1}+\frac{1}{(x-1)^2}$$

$$\Rightarrow \frac{x^3}{(x-1)^3}=1+\frac{3}{x-1}+\frac{3}{(x-1)^2}+\frac{1}{(x-1)^3}$$

$$\Rightarrow \frac{x^3}{(x-1)^4}=\frac{1}{x-1}+\frac{3}{(x-1)^2}+\frac{3}{(x-1)^3}+\frac{1}{(x-4)^4}$$

....

$$\Rightarrow \frac{x^3}{(x-1)^{100}}=\frac{1}{(x-1)^{97}}+\frac{3}{(x-1)^{98}}+\frac{3}{(x-1)^{99}}+\frac{1}{(x-1)^{100}}$$

$$\therefore \int\frac{x^3\,dx}{(x-1)^{100}}=-\frac{1}{96}\frac{1}{(x-1)^{96}}-\frac{3}{97}\frac{1}{(x-1)^{97}}$$

$$-\frac{3}{98}\frac{1}{(x-1)^{98}}-\frac{1}{99}\frac{1}{(x-1)^{99}}+c$$

16. $\dfrac{1}{x^2(x^2+1)^2}=\dfrac{x^2+1-x^2}{x^2(x^2+1)^2}=\dfrac{1}{x^2(x^2+1)}-\dfrac{1}{(x^2+1)^2}$

$$=\frac{1}{x^2}-\frac{1}{x^2+1}-\frac{1}{(x^2+1)^2}$$

$$\therefore \int\frac{dx}{x^2(x^2+1)^2}=-\frac{1}{x}-\tan^{-1}x-\int\frac{dx}{(x^2+1)^2}$$

$$=-\frac{1}{x}-\tan^{-1}x-\int\frac{x^2+1-x^2}{(x^2+1)^2}dx$$

$$=-\frac{1}{x}-\tan^{-1}x-\int\frac{dx}{x^2+1}+\int\frac{x^2}{(x^2+1)^2}dx$$

$$=-\frac{1}{x}-2\tan^{-1}x+\frac{1}{2}\left[\tan^{-1}x-\frac{x}{1+x^2}\right]+c$$

$$=-\frac{1}{x}-\frac{3}{2}\tan^{-1}x-\frac{1}{2}\frac{x}{1+x^2}+c$$

17. $\because \dfrac{x^4+1}{x(x^2+1)^2}=\dfrac{(x^2+1)^2-2x^2}{x(x^2+1)^2}=\dfrac{1}{x}-\dfrac{2x}{(x^2+1)^2}$

$$\therefore \int \frac{x^4+1}{x(x^2+1)^2}dx=\int \frac{1}{x}dx-\int \frac{2x}{(x^2+1)^2}dx=\ln|x|+\frac{1}{x^2+1}+c$$

18. $\dfrac{x^3-1}{x(x^2+1)}=\dfrac{(x-1)(x^2+x+1)}{x(x^2+1)}=\dfrac{x(x^2+x+1)}{x(x^2+1)}-\dfrac{x^2+x+1}{x(x^2+1)}$

$$=\frac{x(x^2+1)}{x(x^2+1)}+\frac{x^2}{x(x^2+1)}-\frac{x^2+1}{x(x^2+1)}-\frac{x}{x(x^2+1)}=1+\frac{x}{x^2+1}-\frac{1}{x}-\frac{1}{x^2+1}$$

$$\therefore \int \frac{1-x^3}{x(x^2+1)}dx=-\int \frac{x^3-1}{x(x^2+1)}dx$$

$$=-\int\left(1+\frac{x}{x^2+1}-\frac{1}{x}-\frac{1}{x^2+1}\right)dx=\ln\frac{|x|}{\sqrt{x^2+1}}-x+\tan^{-1}x+c$$

4-6　三角代換法（一）

■ $\int f(a^2\pm x^2)\,dx$ 及 $\int f(x^2-a^2)\,dx$ 型

① $\int f(a^2-x^2)\,dx$：可令 $x=a\sin y\Rightarrow\begin{cases} y=\sin^{-1}\dfrac{x}{a} \\ dx=a\cos y\,dy\end{cases}$

② $\int f(a^2+x^2)\,dx$：可令 $x=a\tan y \Rightarrow \begin{cases} y=\tan^{-1}\dfrac{x}{a} \\ dx=a\sec^2 y\,dy \end{cases}$

③ $\int f(x^2-a^2)\,dx$：可令 $x=a\sec y \Rightarrow \begin{cases} y=\sec^{-1}\dfrac{x}{a} \\ dx=a\sec y\tan y\,dy \end{cases}$

例 1　求 $\int \dfrac{dx}{\sqrt{a^2-x^2}}$，$a \neq 0$。

> 解 $\int f(a^2\pm x^2)\,dx$ 及 $\int f(x^2-a^2)\,dx$ 時，若能依積分式之變數變換之結構適當地畫出示意圖對解題上是有幫助的。

解　取 $x=a\sin y \Rightarrow \begin{cases} y=\sin^{-1}\dfrac{x}{a} \\ dx=a\cos y\,dy \end{cases}$

則原式 $=\int \dfrac{d\,a\sin y}{\sqrt{a^2-a^2\sin^2 y}}=\int \dfrac{\cos y}{\cos y}dy$

$=y+c=\sin^{-1}\dfrac{x}{a}+c$

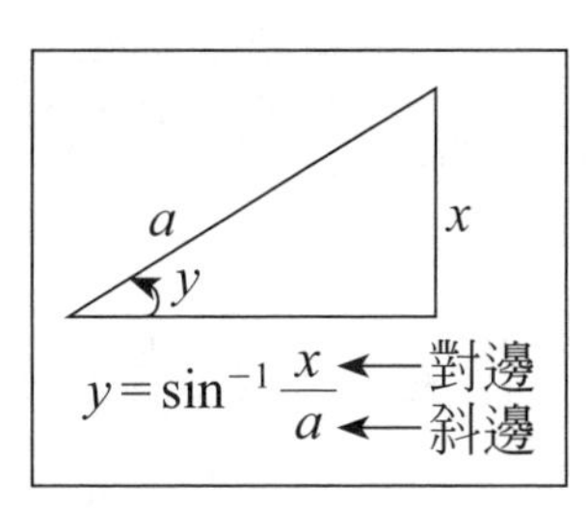

例 2　求 $\int \dfrac{\sqrt{x^2-a^2}}{x}dx$。

解　取 $x=a\sec y \Rightarrow dx=a\sec y\tan y\,dy$

則原式 $=\int \dfrac{\sqrt{a^2\sec^2 y-a^2}}{a\sec y}\cdot a\sec y\tan y\,dy$

$=\int a\tan^2 y\,dy=a\int(\sec^2 y-1)\,dy$

$=a\int \sec^2 y\,dy-ay+c=a(\tan y-y)+c$

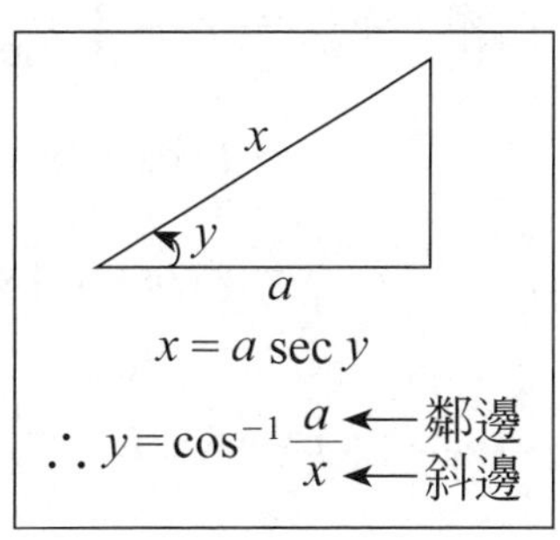

$$=a\left(\frac{\sqrt{x^2-a^2}}{a}-\sec^{-1}\frac{x}{a}\right)+c$$

$$=\sqrt{x^2-a^2}-a\sec^{-1}\frac{x}{a}+c$$

例3 求 $\int\frac{dx}{(a^2-x^2)^{3/2}}$。

解 原式 $\overset{x=a\sin y}{=\!=\!=}\int\frac{a\cos y\,dy}{(a^2-a^2\sin^2 y)^{3/2}}=\frac{1}{a^2}\int\sec^2 y\,dy$

$$=\frac{1}{a^2}\tan y+c=\frac{1}{a^2}\frac{\sin y}{\cos y}+c=\frac{1}{a^2}\frac{\frac{x}{a}}{\sqrt{1-\frac{x^2}{a^2}}}+c$$

$$=\frac{1}{a^2}\frac{x}{\sqrt{a^2-x^2}}+c$$

◎**例4** 求 $\int\frac{e^{\tan^{-1}x}}{(1+x^2)^{3/2}}dx$。

解 原式 $\overset{x=\tan y}{=\!=\!=}\int\frac{e^y}{(\sec^2 y)^{3/2}}d\tan y=\int e^y\cos y\,dy$

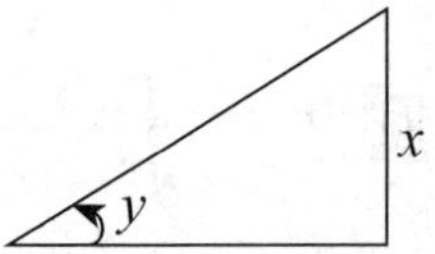

$$=\int\cos y\,de^y=e^y\cos y+\int e^y\sin y\,dy$$

$$=e^y\cos y+\int\sin y\,de^y=e^y\cos y+e^y\sin y-\int e^y\cos y\,dy$$

$$\therefore\int e^y\cos y\,dy=\frac{1}{2}e^y(\cos y+\sin y)+c=\frac{(1+x)}{2\sqrt{1+x^2}}e^{\tan^{-1}x}+c$$

例 5　求 $\int \sqrt{x^2+a^2}\,dx$，$a \neq 0$。

解　取 $x=a\tan y \Rightarrow \begin{cases} \sec y=\dfrac{\sqrt{a^2+x^2}}{a} \\ dx=a\sec^2 y\,dy \\ \tan y=\dfrac{x}{a} \end{cases}$

$$\text{則原式}=\int \sqrt{a^2\tan^2 y+a^2}\,a\sec^2 y\,dy$$

$$=\int a^2\sec^3 y\,dy=\frac{a^2}{2}(\sec y\tan y+\ln|\sec y+\tan y|)+c$$

$$=\frac{a^2}{2}\left[\frac{\sqrt{a^2+x^2}}{a}\cdot\frac{x}{a}+\ln\left(\frac{\sqrt{a^2+x^2}}{a}+\frac{x}{a}\right)\right]+c$$

$$=\frac{x}{2}\sqrt{a^2+x^2}+\frac{a^2}{2}\ln(x+\sqrt{a^2+x^2})+c'，a \neq 0$$

※**例 6**　求 $\int \dfrac{dx}{(x^2+9)^3}$。

解　原式 $\overset{x=3\tan y}{=\!=\!=}\int \dfrac{3\sec^2 y}{729\sec^6 y}dy=\int \dfrac{1}{243}\cos^4 y\,dy$

$$=\frac{1}{972}\int (1+\cos 2y)^2\,dy$$

$$=\frac{1}{972}\int (1+2\cos 2y+\cos^2 2y)\,dy$$

$$=\frac{y}{972}+\frac{1}{972}\sin 2y+\frac{1}{1944}\int (1+\cos 4y)\,dy$$

$$=\frac{y}{972}+\frac{1}{972}\sin 2y+\frac{y}{1944}+\frac{1}{7776}\sin 4y+c$$

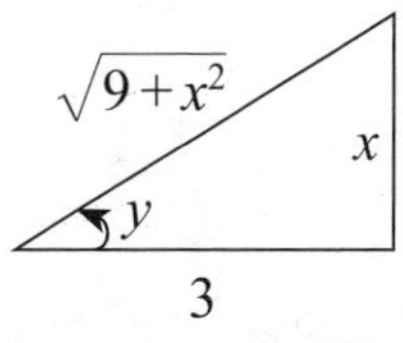

$$\Rightarrow \cos y=\frac{3}{\sqrt{x^2+9}}$$

$$\sin y=\frac{x}{\sqrt{x^2+9}}$$

$$=\frac{1}{648}\tan^{-1}\frac{x}{3}+\frac{1}{486}\cdot\frac{3x}{x^2+9}+\frac{1}{7776}\cdot 2\sin 2y\cos 2y+c$$

$$=\frac{1}{648}\tan^{-1}\frac{x}{3}+\frac{1}{162}\frac{x}{x^2+9}+\frac{1}{3888}\cdot\frac{2(3x)}{x^2+9}\left(\frac{18}{x^2+9}-1\right)+c$$

$$=\frac{1}{648}\tan^{-1}\frac{x}{3}+\frac{1}{216}\frac{x}{x^2+9}+\frac{1}{36}\frac{x}{(x^2+9)^2}+c$$

例 7　求 $\int_0^a \frac{dx}{x+\sqrt{a^2-x^2}}$。

解　$\int_0^a \frac{dx}{x+\sqrt{a^2-x^2}} \overset{x=a\sin t}{=\!=\!=} \int_0^{\frac{\pi}{2}} \frac{\cos t\,dt}{\sin t+\cos t}$

令 $\int_0^{\frac{\pi}{2}} \frac{\cos t\,dt}{\sin t+\cos t}=I$

則 $I \overset{y=\frac{\pi}{2}-t}{=\!=\!=} \int_0^{\frac{\pi}{2}} \frac{\sin y}{\cos y+\sin y}dy$

但 $\int_0^{\frac{\pi}{2}} \frac{\cos t\,dt}{\sin t+\cos t}+\int_0^{\frac{\pi}{2}} \frac{\sin t\,dt}{\sin t+\cos t}=\frac{\pi}{2}$　$\therefore \int_0^a \frac{dx}{x+\sqrt{a^2-x^2}}=\frac{\pi}{4}$

■ $\int f(x,\sqrt{a^2\pm x^2})\,dx$ 或 $\int f(x,\sqrt{x^2\pm a^2})\,dx$ 型

在解這類問題時，下述公式將會很有用：

☑公式：

1. $\int \sqrt{x^2 \pm a^2}\,dx = \frac{x}{2}\sqrt{x^2 \pm a^2} \pm \frac{a^2}{2}\ln|x+\sqrt{x^2 \pm a^2}|+c$

2. $\int \frac{dx}{\sqrt{x^2 \pm a^2}} = \ln|x+\sqrt{x^2 \pm a^2}|+c$

3. $\int \sqrt{a^2-x^2}\,dx = \frac{x}{2}\sqrt{a^2-x^2} + \frac{a^2}{2}\sin^{-1}\frac{x}{a}+c$

4. $\int \frac{dx}{\sqrt{a^2-x^2}} = \sin^{-1}\frac{x}{a}+c$

◎例 *8*　求 $\int \frac{x^2\,dx}{\sqrt{a^2-x^2}}$。

解　原式 $= -\int \frac{a^2-x^2}{\sqrt{a^2-x^2}}dx + \int \frac{a^2}{\sqrt{a^2-x^2}}dx = -\int \sqrt{a^2-x^2}\,dx + a^2\sin^{-1}\frac{x}{a}$

$$= -\frac{x}{2}\sqrt{a^2-x^2} - \frac{a^2}{2}\sin^{-1}\frac{x}{a} + a^2\sin^{-1}\frac{x}{a}+c$$

$$= -\frac{x}{2}\sqrt{a^2-x^2} + \frac{a^2}{2}\sin^{-1}\frac{x}{a}+c$$

例 *9*　求 (1) $\int \frac{dx}{\sqrt{x^2+4x+5}}$　(2) $\int \frac{dx}{\sqrt{1-2x-x^2}}$

(3) $\int_{-1}^{1} \frac{dx}{\sqrt{(x+2)(3-x)}}$。

解 (1) 原式 $=\int \frac{dx}{\sqrt{(x+2)^2+1}} \overset{u=x+2}{=\!=\!=} \int \frac{du}{\sqrt{u^2+1}}$

$=\ln|(x+2)+\sqrt{x^2+4x+5}|+c$

(2) 原式 $=\int \frac{dx}{\sqrt{2-(1+x)^2}}=\int \frac{du}{\sqrt{2-u^2}}=\sin^{-1}\frac{u}{\sqrt{2}}+c=\sin^{-1}\frac{1+x}{\sqrt{2}}+c$

(3) 原式 $=\int_{-1}^{1} \frac{dx}{\sqrt{-x^2+x+6}}=\int_{-1}^{1} \frac{dx}{\sqrt{\frac{25}{4}-\left(x-\frac{1}{2}\right)^2}}$

$=\sin^{-1}\frac{x-\frac{1}{2}}{\sqrt{\frac{25}{4}}}\Bigg|_{-1}^{1}=\sin^{-1}\frac{2x-1}{5}\Bigg|_{-1}^{1}=\sin^{-1}\frac{1}{5}+\sin^{-1}\frac{3}{5}$

■ $\int \frac{dx}{(x-h)^n\sqrt{ax^2+bx+c}}$ 型

取 $y=\frac{1}{(x-h)^n}$ 行變數變換。

※例 *10* 求 $\int \frac{dx}{x\sqrt{x^2-1}}$。

解 原式 $\overset{y=\frac{1}{x}}{=\!=\!=} \int \frac{-\frac{dy}{y^2}}{\frac{1}{y}\sqrt{\frac{1}{y^2}-1}}=-\int \frac{dy}{\sqrt{1-y^2}}=-\sin^{-1}y+c=-\sin^{-1}\left(\frac{1}{x}\right)+c$

例 12　求 $\int \frac{dx}{(x+1)\sqrt{1-x^2}}$。

解　取 $y=\frac{1}{x+1} \Rightarrow \begin{cases} x=\frac{1-y}{y} \\ dx=-\frac{dy}{y^2} \end{cases}$

$$\therefore \text{原式} = \int \frac{-\frac{dy}{y^2}}{\frac{1}{y}\sqrt{1-\left(\frac{1-y}{y}\right)^2}} = -\int \frac{dx}{\sqrt{2y-1}} = -\sqrt{2y-1}+c$$

$$= -\sqrt{\frac{2}{x+1}-1}+c = \frac{x-1}{\sqrt{1-x^2}}+c$$

類似問題

1. 求 $\int \frac{x\,e^{\tan^{-1}x}}{(1+x^2)^{3/2}}dx$。　2. 求 $\int \frac{dx}{(1-x^2)^{3/2}}$。　3. 求 $\int \frac{x^3\,dx}{\sqrt{1-x^2}}$。

4. 求 $\int \frac{dx}{x^2\sqrt{a^2-x^2}}$。　5. 求 $\int \frac{\sqrt{a^2-x^2}}{x^2}dx$。　6. 求 $\int \frac{\sqrt{a^2-x^2}}{x}dx$。

7. 求 $\int \frac{x^3}{\sqrt{1+x^2}}dx$。　8. 求 $\int x^3\sqrt{1-x^2}\,dx$。

9. 求 $\int \frac{f'(\sin^{-1}x)\,dx}{f^2(\sin^{-1}x)\sqrt{1-x^2}}$。　10. 求 $\int \sqrt{x^2-a^2}\,dx$。

11. 求 $\int \frac{x}{\sqrt{x^2+x+1}}dx$。　12. 求 $\int \frac{x^2}{(x^2+2x+2)^2}dx$。

※13. 求 $\int \frac{1}{x^4+4}dx$。　※14. 求 $\int \frac{dx}{ax^2+2bx+c}$，$b^2-ac>0$。

15. 求 $\int \frac{dx}{\sqrt{x^2+3x-4}}$。　16. 求 $\int \frac{x^2}{\sqrt{1-x^6}}dx$。

17. 求 $\int \frac{1}{\sqrt{e^{2x}-1}}dx$。　18. 求 $\int \frac{\sqrt{x+1}-\sqrt{x-1}}{\sqrt{x+1}+\sqrt{x-1}}dx$。

19. 求 $\int \sqrt{x^2-2x-1}\,dx$。　20. 求 $\int \frac{(x-3)\,dx}{\sqrt{5+4x-x^2}}$。

21. 求 $\int_1^2 \frac{dx}{x\sqrt{9-x^2}}$。　22. 求 $\int \sqrt{2x-x^2}\,dx$。

23. 求 $\int \frac{dx}{x^2\sqrt{x^2+1}}$。　24. 求 $\int \frac{dx}{x\sqrt{x^2+a^2}}$。　25. 求 $\int \frac{dx}{x\sqrt{a^2-x^2}}$。

26. 求 $\int \frac{dx}{x^2\sqrt{a^2-x^2}}$。　27. 求 $\int \frac{dx}{x\sqrt{x^2+9}}$。

解

1. 原式 $\overset{x=\tan y}{=\!=\!=} \int \frac{\tan y\, e^y}{\sec^3 y}d\tan y = \int \sin y\, e^y\, dy$

$$=\int \sin y\,de^{y}=e^{y}\sin y-\int e^{y}\cos y\,dy=e^{y}\sin y-\int \cos y\,de^{y}$$

$$=e^{y}\sin y-e^{y}\cos y-\int e^{y}\sin y\,dy$$

$$\therefore \int e^{y}\sin y\,dy=\frac{1}{2}e^{y}(\sin y-\cos y)=\frac{(x-1)}{2\sqrt{1+x^{2}}}e^{\tan^{-1}x}+c$$

2. $\dfrac{x}{\sqrt{1-x^{2}}}+c$

以 $x=\tan y$ 變數變換之示意圖

(三角形：斜邊 $\sqrt{1+x^2}$，對邊 x，鄰邊 1，角 y)

3. 取 $x=\tan y \Rightarrow \begin{cases} dx=\sec^{2}y \\ \sec^{2}y=\sqrt{1+x^{2}} \end{cases}$

$$\therefore 原式=\int \frac{\tan^{3}y}{\sec y}\cdot \sec^{2}y\,dy=\int \tan^{3}y\sec y\,dy$$

$$=\int \tan^{2}y\,d\sec y=\int(\sec^{2}y-1)\,d\sec y$$

$$=\frac{\sec^{3}y}{3}-\sec y+c=\frac{(\sqrt{1+x^{2}})^{3}}{3}-\sqrt{1+x^{2}}+c$$

$$=\frac{x^{2}-2}{3}\sqrt{1+x^{2}}+c$$

4. $-\dfrac{\sqrt{a^{2}-x^{2}}}{a^{2}x}+c$

5. $-\dfrac{\sqrt{a^{2}-x^{2}}}{x}-\sin^{-1}\dfrac{x}{a}+c$

6. $a\ln\left|\dfrac{a-\sqrt{a^{2}-x^{2}}}{x}\right|+\sqrt{a^{2}-x^{2}}+c$

7. 原式 $\overset{y=\tan x}{=\!=\!=}\displaystyle\int \frac{\tan^{3}y}{\sec y}\sec^{2}y\,dy$

$$=\int \sec y\tan^{3}y\,dy=\int \tan^{2}y\,d\sec y$$

$$=\int(\sec^{2}y-1)\,d\sec y=\frac{1}{3}\sec^{3}y-\sec y+c$$

$$=\frac{1}{3}(\sqrt{1+x^{2}})^{3}-\sqrt{1+x^{2}}+c$$

$$\frac{d}{dx}\sec x=\sec x\tan x$$

$$\Leftrightarrow \int \sec x\tan x\,dx=\sec x+c$$

8. 原式 $\overset{x=\sin y}{=\!=\!=} \int \sin^3 y \cos^2 y \, dy = \int (1-\cos^2 y) \cos^2 y \, d(-\cos y)$

$$= \int (\cos^4 y - \cos^2 y) \, d\cos y = \frac{\cos^5 y}{5} - \frac{\cos^3 y}{3} + c$$

$$= \frac{1}{5}(\sqrt{1-x^2})^5 - \frac{1}{3}(\sqrt{1-x^2})^3 + c$$

9. $\displaystyle\int \frac{f'(\sin^{-1} x)\,dx}{f^2(\sin^{-1} x)\sqrt{1-x^2}}$

$$\overset{y=\sin^{-1} x}{=\!=\!=} \int \frac{f'(y)\,dy}{f^2(y)} = \int \frac{df(y)}{f^2(y)}$$

$$= -\frac{1}{f(y)} + c = -\frac{1}{f(\sin^{-1} x)} + c$$

10. 令 $x = a\sec y \Rightarrow dx = a\sec y \tan y \, dy$

$\therefore$原式 $= \int a\tan y \cdot a\sec y \tan y \, dy = a^2 \int \sec y \tan^2 y \, dy$

$$= a^2 \int \tan y \, d\sec y = a^2 \sec y \tan y - a^2 \int \sec^3 y \, dy \quad (1)$$

但 $\int \sec^3 y \, dy = \frac{1}{2}(\sec y \tan y + \ln|\sec y + \tan y|) + c$

$\therefore (1) = \frac{a^2}{2} \sec y \tan y - \frac{a^2}{2} \ln|\sec y + \tan y| + c$

$$= \frac{a^2}{2} \cdot \frac{x}{a}\left(\frac{x^2}{a^2} - 1\right)^{\frac{1}{2}} - \frac{a^2}{2} \ln\left|\frac{x}{a} + \sqrt{1-\left(\frac{x^2}{a}\right)}\right| + c$$

$$= \frac{x}{2}\sqrt{x^2-a^2} - \frac{a^2}{2} \ln|x + \sqrt{x^2-a^2}| + c$$

11. $\frac{1}{4}\sqrt{x^2+x+1} - \frac{1}{2}\ln\left|x + \frac{1}{2} + \sqrt{x^2+x+1}\right| + c$

12. $\tan^{-1}(x+1)+\dfrac{1}{x^2+2x+2}+c$

13. $\displaystyle\int\frac{1}{x^4+4}dx=\frac{1}{8}\int\frac{x+2}{x^2+2x+2}dx-\frac{1}{8}\int\frac{x-2}{x^2-2x+2}dx$

$$=\frac{1}{8}\int\frac{x+1}{(x+1)^2+1}dx+\frac{1}{8}\int\frac{dx}{(x+1)^2+1}$$

$$-\frac{1}{8}\int\frac{x-1}{(x-1)^2+1}dx+\frac{1}{8}\int\frac{dx}{(x-1)^2+1}$$

$$=\frac{1}{16}\ln(x^2+2x+2)+\frac{1}{8}\tan^{-1}(x+1)-$$

$$\frac{1}{16}\ln(x^2-2x+2)+\frac{1}{8}\tan^{-1}(x-1)+c$$

14. 原式 $\displaystyle=\int\frac{dx}{a\left(x^2+\frac{2b}{a}x+\frac{b^2}{a^2}\right)+c-\frac{b^2}{a}}$

$$=\frac{1}{a}\int\frac{dx}{\left(x+\frac{b}{a}\right)^2-\frac{-ac+b^2}{a^2}}$$

$$=\frac{1}{a}\int\frac{dx}{\left(x+\frac{b}{a}+\frac{\sqrt{b^2-ac}}{a}\right)\left(x+\frac{b}{a}-\frac{\sqrt{b^2-ac}}{a}\right)}$$

$$=\frac{1}{2\sqrt{b^2-ac}}\ln\left|\frac{ax+b-\sqrt{b^2-ac}}{ax+b+\sqrt{b^2+ac}}\right|+c$$

$$\int\frac{dx}{(x+a)(x+b)}=\frac{1}{a-b}\ln\left|\frac{x+b}{x+a}\right|+c$$

15. $\ln|2x+3+2\sqrt{x^2+3x-4}|+c'$　16. $\dfrac{1}{3}\sin^{-1}x^3+c$　17. $\sec^{-1}e^x+c$

18. 原式 $\displaystyle=\int\frac{(\sqrt{x+1}-\sqrt{x-1})^2}{(\sqrt{x+1}+\sqrt{x-1})(\sqrt{x+1}-\sqrt{x-1})}dx$

$$=\int \frac{2x-2\sqrt{x^2-1}}{2}dx$$

$$=\frac{x^2}{2}-\frac{x}{2}\sqrt{x^2-1}+\frac{1}{2}\ln|x+\sqrt{x^2-1}|+c$$

19. $\frac{x-1}{2}\sqrt{x^2-2x-1}-\frac{3}{2}\ln|(x-1)+\sqrt{x^2-2x-1}|+c$

20. 原式 $=\int \frac{(x-3)dx}{\sqrt{9-(x-2)^2}}=\int \frac{(x-2)dx}{\sqrt{9-(x-2)^2}}-\int \frac{dx}{\sqrt{9-(x-2)^2}}$

$$\underline{\underline{x-2=u}}\int \frac{u\,du}{\sqrt{9-u^2}}-\int \frac{du}{\sqrt{9-u^2}}=-\sqrt{9-u^2}-\sin^{-1}\frac{u}{3}+c$$

$$=-\sqrt{5+4x-x^2}-\sin^{-1}\frac{x-2}{3}+c$$

21. $\frac{1}{3}\left(\ln(3+\sqrt{8})-\ln\left(\frac{3+\sqrt{5}}{2}\right)\right)$

22. $\frac{1}{2}\sin^{-1}(1-x)+\frac{1}{2}(1-x)\sqrt{2x-x^2}+c$

23. 原式 $\overset{y=\frac{1}{x^2}}{=\!=\!=}\int \frac{-\frac{1}{2}y^{-\frac{3}{2}}dy}{(y^{-\frac{1}{2}})^2\sqrt{(y^{-\frac{1}{2}})^2+1}}=-\frac{1}{2}\int \frac{dy}{\sqrt{1+y}}$

$$=-\sqrt{1+y}+c=-\sqrt{\frac{1+x^2}{x^2}}+c=\frac{-\sqrt{1+x^2}}{x}+c$$

24. 原式 $\overset{y=\frac{1}{x}}{=\!=\!=}-\int \frac{dy}{\sqrt{1+a^2y^2}}=-\frac{1}{a}\int \frac{day}{\sqrt{1+a^2y^2}}$

$$=-\frac{1}{a}\ln|ay+\sqrt{1+a^2y^2}|+c=-\frac{1}{a}\ln\left|\frac{a+\sqrt{a^2+x^2}}{x}\right|+c$$

25. 原式 $\xlongequal{y=\frac{1}{x}}\int\dfrac{-\dfrac{dy}{y^2}}{\dfrac{1}{y}\sqrt{a^2-\left(\dfrac{1}{y}\right)^2}}=-\int\dfrac{dy}{\sqrt{a^2y^2-1}}$

$$=\frac{-1}{a}\int\frac{day}{\sqrt{a^2y^2-1}}=-\frac{1}{a}\ln|ay+\sqrt{a^2y^2-1}|+c$$

$$=-\frac{1}{a}\ln\left|\frac{a+\sqrt{a^2-x^2}}{x}\right|+c$$

26. 原式 $\xlongequal{y=\frac{1}{x}}\int\dfrac{-\dfrac{dy}{y^2}}{\dfrac{1}{y^2}\sqrt{a^2-\left(\dfrac{1}{y}\right)^2}}=-\int\dfrac{ydy}{\sqrt{a^2y^2-1}}$

$$=-\int\frac{ydy}{\sqrt{a^2y^2-1}}=-\frac{1}{a^2}\sqrt{a^2y^2-1}+c=-\frac{\sqrt{a^2-x^2}}{a^2x}+c$$

27. 原式 $\xlongequal{y=\frac{1}{x}}\int\dfrac{d\dfrac{1}{y}}{\dfrac{1}{y}\sqrt{\dfrac{1}{y^2}+9}}=-\int\dfrac{dy}{\sqrt{9y^2+1}}$

$$=\frac{-1}{3}\int\frac{d3y}{\sqrt{9y^2+1}}\xlongequal{u=3y}\frac{-1}{3}\int\frac{du}{\sqrt{u^2+1}}$$

$$=-\frac{1}{3}\ln|u+\sqrt{u^2+1}|+c=-\frac{1}{3}\ln|3y+\sqrt{9y^2+1}|+c$$

$$=-\frac{1}{3}\ln\left|\frac{3+\sqrt{9+x^2}}{x}\right|+c$$

4-7 三角代換法（二）

■ $\int R(\sin\theta, \cos\theta)\,d\theta$ 型

$$\text{可取 } z=\tan\frac{\theta}{2} \Rightarrow \begin{cases} \sin\theta=\dfrac{2z}{1+z^2} \\ \cos\theta=\dfrac{1-z^2}{1+z^2} \\ d\theta=\dfrac{2}{1+z^2}dz \end{cases}$$

例 *1* 求 $\int \frac{dx}{3\sin x+2\cos x+2}$。

解 取 $z=\tan\frac{\theta}{2} \Rightarrow \begin{cases} \sin\theta=\dfrac{2z}{1+z^2} \\ \cos\theta=\dfrac{1-z^2}{1+z^2} \\ d\theta=\dfrac{2}{1+z^2}dz \end{cases}$

$$\text{則原式}=\int \frac{\frac{2}{1+z^2}dz}{3\frac{2z}{1+z^2}+2\frac{1-z^2}{1+z^2}+2}=\int\frac{dz}{3z+2}=\frac{1}{3}\ln|3z+2|+c$$

$$=\frac{1}{3}\ln\left|3\tan\frac{x}{2}+2\right|+c$$

※例 *2* 求 $\int \frac{dx}{1+a\cos x}$，$a>1$。

解　取 $y=\tan\frac{x}{2}$

則原式 $=\int\frac{\frac{2}{1+y^2}dy}{1+a\cdot\frac{1-y^2}{1+y^2}}=2\int\frac{dy}{(a+1)+(1-a)y^2}$，$a>1$*

$$\therefore (*)=-2\int\frac{dy}{(a-1)y^2-(a+1)}$$

$$=-2\int\frac{dy}{(\sqrt{a-1}\,y+\sqrt{a+1})(\sqrt{a-1}\,y-\sqrt{a+1})}$$

$$=\frac{1}{\sqrt{a+1}}\left[\int\frac{dy}{\sqrt{a-1}\,y-\sqrt{a+1}}-\int\frac{dy}{\sqrt{a-1}\,y+\sqrt{a+1}}\right]$$

$$=\frac{1}{\sqrt{a^2-1}}\ln\left|\frac{\sqrt{a-1}\,y+\sqrt{a+1}}{\sqrt{a-1}\,y-\sqrt{a+1}}\right|+c$$

$$=\frac{1}{\sqrt{a^2-1}}\ln\left|\frac{\sqrt{a-1}\tan\frac{x}{2}+\sqrt{a+1}}{\sqrt{a-1}\,\frac{x}{2}-\sqrt{a+1}}\right|+c$$

例 *3*　求 $\int\frac{dx}{\sin^4\cos^2 x}$。

解　若本題用本節之法則求解，可能很耗力，不如從三角恆等式著手！

$$\text{原式}=\int\frac{(\sin^2 x+\cos^2 x)^2}{\sin^4 x\cos^2 x}dx$$

$$=\int\frac{\sin^4 x+\cos^4 x+2\sin^2 x\cos^2 x}{\sin^4 x\cos^2 x}dx$$

$$=\int sec^2 x\,dx+\int \frac{\cos^2 x}{\sin^4 x}dx+2\int \csc^2 x\,dx$$

$$=\tan x-2\cot x+\int \cot^2 x\csc^2 x\,dx$$

$$=\tan x-2\cot x-\int \cot^2 x\,d(-\cot x)$$

$$=\tan x-2\cot x+\frac{1}{3}\cot^3 x+c$$

組合積分法

華羅庚曾提出如例 4 之求不定積分之求法，這種求法稱爲組合積分法。

例 4 求 $\int \frac{\sin x}{a\cos x+b\sin x}dx$

解 一般讀者在求 $\int \frac{\sin x}{a\cos x+b\sin x}dx$ 時，會用 $t=\tan\frac{x}{2}$ 來行變數變換，這也是我們在這節學的方法，現在我們用另一種方法即所謂的組合積分法來解解看：

令 $T_1=\int \frac{\sin x\,dx}{a\cos x+b\sin x}$　$T_2=\int \frac{\cos x}{a\cos x+b\sin x}dx$

則 $bT_1+aT_2=\int \frac{b\sin x+a\cos x}{a\cos x+b\sin x}dx=\int 1\,dx=x$

又 $-aT_1+bT_2=\int \frac{-a\sin x+b\cos x}{a\cos x+b\sin x}dx$

$$=\int \frac{d(a\cos x+b\sin x)}{a\cos x+b\sin x}=\ln|a\cos x+b\sin x|$$

由 Cramer 法則

$$\therefore T_1=\frac{1}{\begin{vmatrix} b & a \\ -a & b \end{vmatrix}}\left(\begin{vmatrix} x & a \\ \ln|a\cos x+b\sin x| & b \end{vmatrix}\right)$$

$$=\frac{1}{a^2+b^2}(bx-a\ln|a\cos x+b\sin x|)+c$$

由例 1 之解題過程可略知組合積分法是將積分式解構成二個積分式 T_1，T_2，然後解出以 T_1，T_2 爲變量之二元方程組。

若例 1 是求 $\int\frac{2\sin x+5\cos x}{a\cos x+b\sin x}dx$，那我們可令 $T_1=\int\frac{\sin x\,dx}{a\cos x+b\sin x}$，

$T_2=\int\frac{\cos x\,dx}{a\cos x+b\sin x}$，分別求出 T_1，T_2 後，

$$\int\frac{2\sin x+5\cos x}{a\cos x+b\sin x}dx=2T_1+5T_2$$

※ **例 5** 若 $f'(x)=\omega f(x)$，試求 $\int\frac{f(x)\,dx}{af(x)+bf(-x)}$

解 令 $T_1=\int\frac{f(x)\,dx}{af(x)+bf(-x)}$，$T_2=\int\frac{f(-x)\,dx}{af(x)+bf(-x)}$，則

$$aT_1+bT_2=\int\frac{af(x)+bf(-x)}{af(x)+bf(-x)}dx=\int dx=x$$

$$aT_1-bT_2=\int\frac{af(x)-bf(-x)}{af(x)+bf(-x)}dx=\frac{1}{\omega}\int\frac{a\omega f(x)-b\omega f(-x)}{af(x)+bf(-x)}dx$$

$$=\frac{1}{\omega}\int\frac{af'(x)-bf'(x)}{af(x)+bf'(-x)}dx=\frac{1}{\omega}\int\frac{d(af(x)+bf'(-x))}{af(x)+bf'(-x)}$$

$$=\frac{1}{\omega}\ln|af(x)+bf'(-x)|$$

$$\because \begin{cases} aT_1 + bT_2 = x \\ aT_1 - bT_2 = \dfrac{1}{\omega}\ln|af(x)+bf(-x)| \end{cases}$$

$$\therefore T_1 = \frac{1}{2a}\left(x + \frac{1}{\omega}\ln|af(x)+bf(-x)|\right) + c$$

※例 6 求 $\int \frac{\cos x\,dx}{a+\sin 2x}$，$a>-1$

解 取 $T_1 = \int \frac{\cos x\,dx}{a+\sin 2x}$，$T_2 = \int \frac{\sin x\,dx}{a+\sin 2x}$

$$T_1 + T_2 = \int \frac{(\cos x+\sin x)\,dx}{a+\sin 2x}$$

$$= \int \frac{(\cos x+\sin x)\,dx}{(a+1)-(1-\sin 2x)} = \int \frac{d(\sin x-\cos x)}{(a+1)-(\sin x-\cos x)^2}$$

$$= \frac{1}{2\sqrt{a+1}}\ln\left|\frac{\sqrt{a+1}+\sin x-\cos x}{\sqrt{a+1}-\sin x+\cos x}\right| \quad (1)$$

$$T_1 - T_2 = \int \frac{\cos x-\sin x}{a+\sin 2x}dx = \int \frac{(\cos x-\sin x)\,dx}{(a-1)+(\sin x+\cos x)^2}$$

$$= \int \frac{d(\sin x+\cos x)}{(a-1)+(\sin x+\cos x)^2} = \frac{1}{\sqrt{a-1}}\tan^{-1}\frac{\sin x+\cos x}{\sqrt{a-1}} \quad (2)$$

(1) + (2) 得

$$2T_1 = \frac{1}{2\sqrt{a+1}}\ln\left|\frac{\sqrt{a+1}+\sin x-\cos x}{\sqrt{a+1}-\sin x+\cos x}\right| + \frac{1}{\sqrt{a-1}}\tan^{-1}\frac{\sin x+\cos x}{\sqrt{a-1}}$$

$$\therefore T_1 = \int \frac{\cos x\,dx}{a+\sin 2x} = \frac{1}{4\sqrt{a+1}}\ln\left|\frac{\sqrt{a+1}+\sin x-\cos x}{\sqrt{a+1}-\sin x+\cos x}\right|$$

$$+\frac{1}{2\sqrt{a-1}}\tan^{-1}\frac{\sin x+\cos x}{\sqrt{a-1}}+c$$

類似問題

以適當的方法解以下各題：

1. 求$\int\frac{dx}{1+a\cos x}$，但$1>a>0$。

2. 求$\int_0^{\frac{\pi}{2}}\frac{\sin x}{1+\cos x+\sin x}dx$。

※3. 求$\int\frac{\sin^2 x}{1+\sin^2 x}dx$。

4. 求$\int_0^{\pi}\frac{dx}{\alpha-\cos x}$，$\alpha>1$。

5. 求$\int\frac{dx}{5+3\cos x}$。

6. 求$\int\sin^2 x\cos^3 x\,dx$。

※7. 求$\int\frac{d\theta}{\sin\theta(\cos\theta-2)}$。

8. 求$\int\frac{\sin^2 x}{\cos^6 x}dx$。

9. 求$\int_0^{\pi}\sqrt{1+\sin t}\,dt$。

10. 求$\int\frac{2\sin x+\cos x}{\sin x+2\cos x}dx$。

11. 求$\int\frac{\sin x-2\cos x}{2\sin x+3\cos x}dx$。

解

1. 原式 $\overset{z=\tan\frac{x}{2}}{=\!=\!=}\int\frac{\frac{2dz}{1+z^2}}{1+a\frac{1-z^2}{1+z^2}}=\int\frac{2dz}{(a+1)+(1-a)z^2}$，$1>a>0$

$$=\frac{2}{a+1}\int\frac{dz}{1+\frac{1-a}{a+1}z^2}=\frac{2}{a+1}\int\frac{d\sqrt{\frac{1-a}{1+a}}z}{1+\frac{1-a}{a+1}z^2}\cdot\frac{1}{\frac{1-a}{1+a}}$$

$$=\frac{2}{\sqrt{1-a^2}}\tan^{-1}\left(\sqrt{\frac{1-a}{1+a}}z\right)+c$$

$$=\frac{2}{\sqrt{1-a^2}}\tan^{-1}\left(\sqrt{\frac{1-a}{1+a}}\tan\frac{x}{2}\right)+c$$

2. 原式 $\overset{z=\tan\frac{x}{2}}{=\!=\!=}\displaystyle\int_0^1\frac{\frac{2z}{1+z^2}\cdot\frac{2dz}{1+z^2}}{1+\frac{1-z^2}{1+z^2}+\frac{2z}{1+z^2}}=\int_0^1\frac{2z}{(1+z)(1+z^2)}dx$

$$=\int_0^1\left(\frac{1+z}{1+z^2}-\frac{1}{1+z}\right)dz=\left[-\ln|1+z|+\tan^{-1}z+\frac{1}{2}\ln|1+z^2|\right]_0^1$$

$$=\frac{\pi}{4}-\frac{1}{2}\ln 2$$

3. 原式 $=\displaystyle\int\frac{\sin^2x+1-1}{1+\sin^2x}dx=\int\left(1-\frac{1}{1+\sin^2x}\right)dx\cdots\cdots\cdots\cdots\cdots\cdots\cdots *$

其中 $\displaystyle\int\frac{dx}{1+\sin^2x}\overset{\tan x=t}{=\!=\!=}\int\frac{\frac{dt}{1+t^2}}{1+\frac{t^2}{1+t^2}}=\int\frac{dt}{1+2t^2}=\frac{1}{\sqrt{2}}\tan^{-1}\sqrt{2}t+c$

$$=\frac{1}{\sqrt{2}}\tan^{-1}\sqrt{2}\tan x+c]$$

$$\therefore *=x-\frac{1}{\sqrt{2}}\tan^{-1}(\sqrt{2}\tan x)+c$$

4. 原式 $\overset{\tan\frac{x}{2}=y}{=\!=\!=}\displaystyle\int_0^{\infty}\frac{\frac{2}{1+z^2}dz}{\alpha-\frac{1-z^2}{1+z^2}}=\int_0^{\infty}\frac{2}{z^2+\left(\frac{\alpha-1}{\alpha+1}\right)}dz\cdot\frac{1}{1+\alpha}$

$$=\frac{2}{\sqrt{\alpha^2-1}}\tan^{-1}\frac{\sqrt{\alpha+1}\,z}{\sqrt{\alpha-1}}\Bigg|_0^{\infty}=\frac{\pi}{\sqrt{\alpha^2-1}}$$

5. $\frac{1}{2}\tan^{-1}\left(\frac{1}{2}\tan\frac{x}{2}\right)+c$

6. $\frac{\sin^3 x}{3}-\frac{\sin^5 x}{5}+c$

7. 原式 $\overset{z=\tan\frac{\theta}{2}}{=\!=\!=}\displaystyle\int\frac{\frac{2}{1+z^2}dz}{\frac{2z}{1+z^2}\left(\frac{1-z^2}{1+z^2}-2\right)}=-\int\frac{(1+z^2)\,dz}{z(1+3z^2)}$

$$=-\int\left(\frac{1}{z}+\frac{-2z}{1+3z^2}\right)dz$$

〔讀者自證：$\frac{1+z^2}{z(1+3z^2)}=\frac{1}{z}+\frac{-2z}{1+3z^2}$〕

$$=-\ln|z|+\frac{1}{3}\ln(1+3z^2)+c=\frac{1}{6}\ln\frac{(1+3z^2)^2}{z^6}+c \qquad *$$

$$\because z=\tan\frac{\theta}{2}\Rightarrow\begin{cases}z^2=\frac{1-\cos\theta}{1+\cos\theta}\\ 1+3z^2=\frac{4-2\cos\theta}{1+\cos\theta}\end{cases}$$

$$\therefore *=\frac{1}{6}\ln\left|\frac{4\left(\frac{2-\cos\theta}{1+\cos\theta}\right)^2}{\left(\frac{1-\cos\theta}{1+\cos\theta}\right)^3}\right|+c=\frac{1}{6}\ln\left|\frac{(1+\cos\theta)(2-\cos\theta)^2}{(1-\cos\theta)^3}\right|+c$$

8. 原式 $=\displaystyle\int\frac{\sin^2 x(\cos^2 x+\sin^2 x)^2}{\cos^6 x}dx$

$$= \int \tan^2 x(1+\tan^2 x)^2\,dx \qquad *$$

則 $*$ $\overset{t=\tan x}{=\!=\!=} \int t^2(1+t^2)^2 \dfrac{dt}{1+t^2} = \int t^2(1+t^2)\,dt = \dfrac{t^3}{3}+\dfrac{t^5}{5}+c$

$$= \frac{\tan^3 x}{3}+\frac{\tan^5 x}{5}+c$$

9. 原式 $\overset{y=\frac{x}{2}}{=\!=\!=} \int_0^{\frac{\pi}{2}} \sqrt{(\sin y+\cos y)^2}\,2\,dy$

$$= 2\int_0^{\frac{\pi}{2}} (\sin y+\cos y)\,dy = 2\Big[-\cos y+\sin y\Big]_0^{\frac{\pi}{2}} = 4$$

10. 令 $T_1 = \displaystyle\int \frac{\sin x\,dx}{\sin x+2\cos x}$，$T_2 = \displaystyle\int \frac{\cos x\,dx}{\sin x+2\cos x}$

則 $\begin{cases} T_1+2T_2 = \displaystyle\int \frac{\sin x\,dx}{\sin x+2\cos x}+\int \frac{2\cos x\,dx}{\sin x+2\cos x} = \int 1\,dx = x \\ -2T_1+T_2 = \displaystyle\int \frac{-2\sin x+\cos x}{\sin x+2\cos x}dx = \ln|\sin x+2\cos x| \end{cases}$

解之，$T_1 = \dfrac{1}{5}(2x+\ln|\sin x+2\cos x|)$ 及 $T_2 = \dfrac{1}{5}(x-2\ln|\sin x+2\cos x|)$

$$\therefore \int \frac{2\sin x+\cos x}{\sin x+2\cos x}dx = 2T_1+T_2 = \frac{4}{5}x-\ln|\sin x+2\cos x|+c$$

11. 令 $T_1 = \displaystyle\int \frac{\sin x\,dx}{2\sin x+3\cos x}$，$T_2 = \displaystyle\int \frac{\cos x\,dx}{2\sin x+3\cos x}$

則 $\begin{cases} 2T_1+3T_2 = x \\ -3T_1+2T_2 = \ln|2\sin x+3\cos x| \end{cases}$

用 Cramer 法解之

$$T_2=\frac{1}{\begin{vmatrix}2&3\\-3&2\end{vmatrix}}\begin{vmatrix}2&x\\-3&\ln|2\sin x+3\cos x|\end{vmatrix}=\frac{1}{13}(3x+2\ln|2\sin x+3\cos x|)$$

$$T_1=\frac{1}{\begin{vmatrix}2&3\\-3&2\end{vmatrix}}\begin{vmatrix}x&3\\\ln|2\sin x+3\cos x|&2\end{vmatrix}$$

$$=\frac{1}{13}(2x-3\ln|2\sin x+3\cos x|)$$

$$\int\frac{\sin x-2\cos x}{2\sin x+3\cos x}dx=T_1-2T_2$$

$$=\frac{-1}{13}(4x+7\ln|2\sin x+3\cos x|)+c$$

4-8　其他積分技巧

■壹　$\int R\left(x,\sqrt{\dfrac{\alpha x+\beta}{\gamma x+\delta}}\right)dx$ 或 $\int R\left(x,\dfrac{1}{\sqrt[m]{(\alpha x+\beta)^p(\gamma x+\delta)^q}}\right)$ 型

可取 $y=\sqrt{\dfrac{\alpha x+\beta}{\gamma x+\delta}}$。但特殊情形可取 $u(x)=\sqrt{\dfrac{\alpha x+\beta}{\gamma x+\delta}}$ 用分部積分，此時求 $\dfrac{du(x)}{dx}$ 可用對數微分法較便（如例 2）。

※**例** *1*　求 $\int\dfrac{1}{x^2}\sqrt{\dfrac{1+x}{1-x}}dx$。

解 取$t=\sqrt{\dfrac{1+x}{1-x}}\Rightarrow\begin{cases} x=\dfrac{t^2-1}{t^2+1} \\ dx=\dfrac{4t\,dt}{(t^2+1)^2}\end{cases}$

$$\therefore 原式=\int\frac{1}{\left(\frac{t^2-1}{t^2+1}\right)^2}\cdot t\cdot\frac{4t\,dt}{(t^2+1)^2}=\int\frac{4t^2}{(t^2-1)^2}dt$$

$$=\int\frac{dt}{t-1}+\int\frac{dt}{(t-1)^2}-\int\frac{dt}{t+1}\int\frac{dt}{(t+1)^2}$$

$$=\ln\frac{t-1}{t+1}-\frac{1}{t-1}-\frac{1}{t+1}+c=\ln\left|\frac{\sqrt{\frac{1+x}{1-x}}-1}{\sqrt{\frac{1+x}{1-x}}+1}\right|-\frac{2\left(\sqrt{\frac{1+x}{1-x}}\right)}{\left(\sqrt{\frac{1+x}{1-x}}\right)^2-1}+c$$

$$=\ln\left|\frac{\sqrt{1+x}-\sqrt{1-x}}{\sqrt{1+x}+\sqrt{1-x}}\right|-\frac{\sqrt{1-x^2}}{x}+c$$

※**例** *2* 求$\int_0^a\tan^{-1}\sqrt{\dfrac{a-x}{a+x}}dx$

解 原式$\xlongequal{u(x)=\sqrt{\frac{a-x}{a+x}}}\int_0^a\tan^{-1}u(x)dx=x\tan^{-1}u(x)\Big]_0^a-\int_0^a x\,d\tan^{-1}u(x)$

$$=-\int_0^a\frac{xu'(x)}{1+u^2(x)}dx=-\int_0^a\frac{x\sqrt{\frac{a-x}{a+x}}\ \frac{-a}{a^2-x^2}}{1+\frac{a-x}{a+1}}dx=\frac{1}{2}\int_0^a\frac{x}{\sqrt{a^2-x^2}}dx=\frac{a}{2}$$

■貳　其他

例3　求 $\int x^{4x}(1+\ln x)\,dx$。

> 積分式複雜時，可就其中一個因式微分

解　$\because \frac{d}{dx}(x^{4x})=4x^{4x}(1+\ln x)$

$$\therefore \int x^{4x}(1+\ln x)\,dx=\frac{1}{4}\int dx^{4x}=\frac{1}{4}x^{4x}+c$$

※**例4**　求 $\int \frac{\ln(x+1)-\ln x}{x(x+1)}dx$。

解　考慮 $\frac{d}{dx}(-\ln(x+1)+\ln x)$：

$$\because \frac{d}{dx}[-\ln(x+1)+\ln x]=\frac{-1}{x+1}+\frac{1}{x}=\frac{1}{x(x+1)}$$

$$\therefore \int \frac{\ln(x+1)-\ln x}{x(x+1)}dx$$

$$=-\int(-\ln(x+1)+\ln x)\,d(\ln x-\ln(x+1))$$

$$=-\frac{1}{2}\left[\ln\left|\frac{x}{x+1}\right|\right]^2+c$$

類似問題

※1. 求 $\int \frac{dx}{\sqrt[4]{(x-1)^3(x+2)^5}}$。

※2. 求 $\int \frac{dx}{\sqrt[3]{(x+1)^2(x-1)^4}}$。

※3. 求 $\int \sqrt{\frac{a^2-x^2}{x^2-b^2}} \cdot \frac{1}{x}\,dx$。

4. 求 $\int \frac{\ln\ln x^2}{x\ln x^2}\,dx$。

5. 求 $\int \cos x\sqrt{1-\cos x}\,dx$。

6. 求 $\int \frac{x^5}{\sqrt{a^3-x^3}}\,dx$。

※7. 求 $\int \frac{x+1}{x(1+xe^x)}\,dx$。

8. 求 $\int \frac{\sqrt{x}}{\sqrt{x}-\sqrt[3]{x}}\,dx$。

解

1. 取 $t=\sqrt{\frac{x-1}{x+2}} \Rightarrow \begin{cases} x=\frac{1+2t^2}{1-t^2} \\ dx=\frac{2t}{(1-t^2)^2}\,dt \end{cases}$

$$\therefore \text{原式} = \int \frac{\frac{2t\,dt}{(1-t^2)^2}}{\sqrt[4]{\left(\frac{1+2t^2}{1-t^2}-1\right)^3\left(\frac{1+2t^2}{1-t^2}+2\right)^5}}$$

$$=\int \frac{2t}{3t^{\frac{3}{2}}}\,dt=\frac{2}{3}\int t^{-\frac{1}{2}}\,dt=\frac{4}{3}t^{\frac{1}{2}}+c$$

$$=\frac{4}{3}\sqrt[4]{\frac{x-1}{x+2}}+c$$

2. 取 $t=\sqrt{\frac{x+1}{x-1}} \Rightarrow \begin{cases} x=\frac{t^2+1}{t^2-1} \\ dx=\frac{-4t\,dt}{(t^2-1)^2} \end{cases}$

$$\therefore 原式=\int \frac{\frac{-4t\,dt}{(t^2-1)^2}}{\sqrt[3]{\left(\frac{t^2+1}{t^2-1}+1\right)^2\left(\frac{t^2+1}{t^2-1}-1\right)^4}}$$

$$=-\int t^{-\frac{1}{3}}\,dt=\frac{-3}{2}t^{\frac{2}{3}}+c=\frac{-3}{2}\sqrt[3]{\frac{x+1}{x-1}}+c$$

3. 取 $t=\sqrt{\frac{a^2-x^2}{x^2-b^2}}$　則 $t^2=\frac{a^2-x^2}{x^2-b^2} \Rightarrow x=\sqrt{\frac{a+b^2t^2}{1+t^2}}$

二邊取對數微分：

$$\frac{dx}{x}=\frac{(b^2-a^2)t}{(1+t^2)(a^2+b^2t^2)}$$

$$\therefore \int \sqrt{\frac{a^2-x^2}{x^2-b^2}}\cdot\frac{1}{x}\,dx=\int \frac{t(b^2-a^2)t\,dt}{(1+t^2)(a^2+b^2t^2)} \quad *$$

$$\frac{(b^2-a^2)t^2}{(1+t^2)(a^2+b^2t^2)}=\frac{A}{1+t^2}+\frac{B}{a^2+b^2t^2}$$

$$(b^2-a^2)t^2=A(a^2+b^2t^2)+B(1+t^2)=(a^2A+B)+(Ab^2+B)t^2$$

$A=-1$，$B=-a^2$

$$\therefore *=\int \frac{1}{1+t^2}\,dt+\int \frac{-a^2}{a^2+b^2t^2}\,dt=\int \frac{dt}{1+t^2}-\int \frac{dt}{1+\left(\frac{b}{a}t\right)^2}$$

$$=\tan^{-1}t-\frac{a}{b}\tan^{-1}\frac{b}{a}t+c=\tan^{-1}\sqrt{\frac{a^2-x^2}{x^2-b^2}}-\frac{a}{b}\tan^{-1}\frac{b}{a}\sqrt{\frac{a^2-x^2}{x^2-b^2}}+c$$

4. $\because \dfrac{d}{dx}\ln\ln x^2=\dfrac{2}{x\ln x^2}$

$$\therefore \int \frac{\ln\ln x^2}{x\ln x^2}dx=\frac{1}{2}\int \ln\ln x^2\, d\ln\ln x^2=\frac{1}{4}(\ln\ln x^2)^2+c$$

5. 原式 $\xlongequal{y=\cos x} -\int y\sqrt{1-y}\dfrac{dy}{\sqrt{1-y^2}}=-\int\dfrac{y\,dy}{\sqrt{1+y}}$

$$=-\int\frac{1+y-1}{\sqrt{1+y}}dy=-\int\sqrt{1+y}\,dy+\int\frac{dy}{\sqrt{1+y}}$$

$$=\frac{-2}{3}(1+y)^{\frac{3}{2}}+2(1+y)^{\frac{1}{2}}+c=\frac{-2}{3}(1+\cos x)^{\frac{3}{2}}+2(1+\cos x)^{\frac{1}{2}}+c$$

$$=2\sqrt{1+\cos x}\left(-\frac{1+\cos x}{3}+1\right)+c$$

6. 取 $y=(a^3-x^3)^{\frac{1}{2}}$，則$\Rightarrow\begin{cases}x=(a^3-y^2)^{\frac{1}{3}}\\ dx=-\dfrac{2}{3}y(a^3-y^2)^{-\frac{2}{3}}dy\end{cases}$

$$\therefore 原式=\int\frac{(a^3-y^2)^{\frac{5}{3}}}{y}\left[-\frac{2}{3}y(a^3-y^2)^{-\frac{2}{3}}\right]dy$$

$$=-\frac{2}{3}\int(a^3-y^2)\,dy=-\frac{2}{3}a^3y+\frac{2}{9}y^3+c$$

$$=-\frac{2a^3}{3}(a^3-x^3)^{\frac{1}{2}}+\frac{2}{9}(a^3-x^3)^{\frac{3}{2}}+c$$

$$=-\frac{2}{9}(a^3-x^3)^{\frac{1}{2}}(2a^3+x^3)+c$$

7. 考慮 $\dfrac{d}{dx}\ln(xe^x)=\dfrac{e^x+xe^x}{xe^x}=\dfrac{1+x}{x}$

$$\frac{d}{dx}\ln(1+xe^x)=\frac{e^x+x\,e^x}{1+xe^x}=\frac{(1+x)e^x}{1+xe^x}$$

$$\frac{d}{dx}\ln\left|\frac{xe^x}{1+xe^x}\right|=\frac{1+x}{x}-\frac{(1+x)e^x}{1+xe^x}=\frac{x+1}{(xe^x+1)x}$$

$$\therefore \text{原式}=\int d\ln\left(\frac{xe^x}{1+xe^x}\right)=\ln\left|\frac{xe^x}{1+xe^x}\right|+c$$

4-9　瑕積分

☑定義：

若 (1) 積分函數（integrand）$f(x)$ 在積分範圍 $[a, b]$ 內某一點不連續，或

(2) 至少有一箇積分界限是無窮大

則稱 $\int_a^b f(x)\,dx$ 爲瑕積分（improper integral）。

例 1　$\int_0^1 \frac{e^x}{\sqrt{x}}dx,\ \int_0^5 \frac{1}{5-x}dx,\ \int_{-1}^{1}\frac{dx}{x^{\frac{2}{3}}},$

$\int_0^\infty xe^{-x^2}dx,\ \int_{-\infty}^{0} e^{2x}dx,\ \int_{-\infty}^{\infty}\frac{dx}{1+4x^2}$

等都是瑕積分。

☑定義：

(1)若函數 f 在半開區間 $[a, b)$ 可積分，則

$$\int_a^b f(x)dx = \lim_{t \to b^-} \int_a^t f(x)dx$$ （若極限存在）

(2)若 f 在 $(a, b]$ 可積分，則

$$\int_a^b f(x)dx = \lim_{s \to a^+} \int_s^b f(x)dx$$ （若極限存在）

(3)若 f 在 $[a, b]$ 內除了 c 點以外的每一點都連續，$a < c < b$，則

$$\int_a^b f(x)dx = \int_a^c f(x)dx + \int_c^b f(x)dx$$ （若右端兩瑕積分都存在）

在上述定義中，若極限存在，則稱瑕積分收斂（convergent）。

☑定義：

(1)若函數 $f(x)$ 在區間 $[a, t]$ 連續，則

$$\int_a^\infty f(x)dx = \lim_{t \to \infty} \int_a^t f(x)dx$$ （若極限存在）。

(2)若 $f(x)$ 在 $[s, t]$ 連續，則

$$\int_{-\infty}^b f(x)dx = \lim_{s \to -\infty} \int_s^b f(x)dx$$ （若極限存在）

(3)若 $f(x)$ 在 $[s,t]$ 連續，則

$$\int_{-\infty}^{\infty} f(x)dx = \lim_{t\to\infty}\int_a^t f(x)dx + \lim_{s\to-\infty}\int_s^a f(x)dx$$

（若右端兩極限都存在）

在上述定義中，若極限存在，則稱 $\int_a^{\infty} f(x)dx$ 或 $\int_{-\infty}^{b} f(x)dx$ 或 $\int_{-\infty}^{\infty} f(x)dx$ 收斂，否則稱其爲發散。

☑定理：

若 (1) $0 \le f(x) \le g(x)$

(2) $\int_a^b g(x)dx$ 收斂

則 $\int_a^b g(x)dx$ 爲收斂。

☑定理：

若 (1) $f(x) \ge 0, g(x) \ge 0$

(2) $\lim_{x\to\infty}\dfrac{f(x)}{g(x)} = c > 0$

則 $f(x)$ 與 $g(x)$ 同時發散或同時收斂。

例 1 求$\int_0^{\frac{\pi}{2}} \frac{\cos x}{\sqrt{1-\sin x}}dx$

解 原式$=\lim_{t\to\frac{\pi}{2}^-}\int_0^t \frac{\cos x}{\sqrt{1-\sin x}}dx=\lim_{t\to\frac{\pi}{2}^-}-2(1-\sin x)^{\frac{1}{2}}\Big|_0^t$

$$=\lim_{t\to\frac{\pi}{2}^-}2\left[1-(1-\sin t)^{\frac{1}{2}}\right]=2$$

例 2 求$\int_0^1 \ln x\,dx$

解 原式$=\lim_{s\to0^+}\int_s^1 \ln x dx=\lim_{s\to0^+}\left[x\ln x\Big|_s^1-\int_s^1 x\cdot d(\ln x)\right]$

$$=\lim_{s\to0^+}(-s\ln s-\int_s^1 dx)=\lim_{s\to0^+}(-s\ln s-1+s)$$

但 $\lim_{s\to0^+}s\ln s=\lim_{s\to0^+}\frac{\ln s}{\frac{1}{s}}\quad(\frac{\infty}{\infty})=\lim_{s\to0^+}\frac{\frac{1}{s}}{\frac{-1}{s^2}}=0$

故 $\int_0^1 \ln x\,dx=0-1+0=-1$

例 3 求$\int_0^4 \frac{dx}{(x-1)^2}$

解 原式$=\lim_{t\to1^-}\int_0^t \frac{dx}{(x-1)^2}+\lim_{s\to1^+}\int_s^4 \frac{dx}{(x-1)^2}=\lim_{t\to1^-}\frac{-1}{x-1}\Big|_0^t+\lim_{s\to1^+}\frac{-1}{x-1}\Big|_s^4=\infty$

故$\int_0^4 \frac{dx}{(x-1)^2}$ 發散

例4　求$\int_0^{\infty} e^{-x}\sin x\,dx$

$$\int e^{ax}\sin bx = \frac{e^{ax}}{a^2+b^2}(a\sin bx - b\cos x) + c$$

解　原式$=\lim\limits_{t\to\infty}\int_0^t e^{-x}\sin x\,dx = \lim\limits_{t\to\infty} -\frac{1}{2}e^{-x}(\sin x+\cos x)\Big|_0^t$

$$=\lim_{t\to\infty}\left[\frac{1}{2}-\frac{1}{2}e^{-t}(\sin t+\cos t)\right]$$

$$=\frac{1}{2}-\frac{1}{2}\cdot 0=\frac{1}{2}$$

例5　求$\int_{-\infty}^{\infty}\frac{dx}{1+4x^2}$

$$\int \frac{du}{a^2+u^2}=\frac{1}{a}\tan^{-1}\frac{u}{a}+c$$

解　原式$=\lim\limits_{s\to-\infty}\int_s^0\frac{dx}{1+4x^2}+\lim\limits_{t\to\infty}\int_0^t\frac{dx}{1+4x^2}$

$$=\lim_{s\to-\infty}\frac{1}{2}\tan^{-1}2x\Big|_s^0+\lim_{t\to\infty}\frac{1}{2}\tan^{-1}2x\Big|_0^t$$

$$=\lim_{s\to-\infty}-\frac{1}{2}\tan^{-1}(2s)+\lim_{t\to\infty}\frac{1}{2}\tan^{-1}(2t)$$

$$=-\frac{1}{2}\left(-\frac{\pi}{2}\right)+\frac{1}{2}\left(\frac{\pi}{2}\right)=\frac{\pi}{4}+\frac{\pi}{4}=\frac{\pi}{2}$$

◎例7　討論$\int_1^{\infty}\frac{dx}{x^p}$的斂散性。

解　$p=1$，$\int_1^{\infty}\frac{1}{x}dx=\lim\limits_{t\to\infty}\int_1^t\frac{1}{x}dx=\lim\limits_{t\to\infty}\ln t=\infty$

$p\neq 1$，$\int_1^{\infty}\frac{dx}{x^p}=\lim\limits_{t\to\infty}\int_1^t\frac{1}{x^p}dx=\lim\limits_{t\to\infty}\frac{x^{1-p}}{1-p}\Big|_{x=1}^{x=t}=\lim\limits_{t\to\infty}\frac{1}{1-p}(t^{1-p}-1)$

$$=\begin{cases}\infty & \text{若 } p<1\\ \frac{1}{p-1} & \text{若 } p>1\end{cases}$$

故 $\int_1^{\infty}\frac{dx}{x^p}$ 當 $p>1$ 時爲收斂，當 $p\le 1$ 時爲發散

類似問題

求下列各題：

◎1. $\int_0^{\infty} e^{-x}\cos x\,dx$　　2. $\int_0^1 x^4\ln x\,dx$　　3. $\int_3^{\infty}\frac{dx}{x^2-1}$

4. $\int_3^{\infty}\frac{dx}{x^2-2x}$　　5. $\int_{-\infty}^{\infty}\frac{dx}{e^x+e^{-x}}$　　6. $\int_0^e x^2\ln x\,dx$

7. $\int_0^{\frac{x}{2}}(\sec x\tan x-\sec^2 x)\,dx$　　※8. $\int_{\frac{x}{4}}^{\frac{x}{2}}\sec x\,dx$

※9. $\int_{-1}^{1}\sqrt{\frac{1+x}{1-x}}\,dx$　　10. $\int_1^{\infty}\frac{\ln x}{x^2}\,dx$

解

1. $\int_0^{\infty} e^{-x}\cos x\,dx=\lim\limits_{t\to\infty}\int_0^t e^{-x}\cos x\,dx=\lim\limits_{t\to\infty}\frac{1}{2}e^{-x}(-\sin x-\cos x)\Big|_0^t$

$=\lim\limits_{t\to\infty}\left[\frac{1}{2}e^{-t}(-\sin t-\cos t)+\frac{1}{2}\right]=\frac{1}{2}\cdot 0+\frac{1}{2}=\frac{1}{2}$

> $\int e^{ax}\cos bx$
> $=\frac{e^{ax}}{a^2+b^2}(a\cos bx-b\sin x)+c$

2. $\int_0^1 x^4\ln x\,dx=\lim\limits_{s\to 0^+}\int_s^1 x^4\ln x\,dx=\lim\limits_{s\to 0^+}\int_s^1\ln x\,d\left(\frac{x^5}{5}\right)$

$$=\lim_{s\to 0^+}\frac{x^5}{5}\ln x\bigg|_s^1-\frac{1}{5}\int_s^1 x^4 dx=\lim_{s\to 0^+}\frac{s^5}{5}\ln s-\frac{1}{25}+\frac{s^5}{25}$$

但 $\lim_{s\to 0^+}s^5\ln s=\lim_{s\to 0^+}\frac{\ln s}{\frac{1}{s^5}}=\lim_{s\to 0^+}\frac{\frac{1}{s}}{-5s^{-6}}=\lim_{s\to 0^+}-\frac{s^5}{5}=0$

故 $\int_0^1 x^4\ln x\,dx=0-\frac{1}{25}+0=-\frac{1}{25}$

3. $\int_3^\infty\frac{dx}{x^2-1}=\lim_{t\to\infty}\frac{1}{2}\int_3^t(\frac{1}{x-1}-\frac{1}{x+1})dx$

$$=\lim_{t\to\infty}\frac{1}{2}\left[\ln(x-1)-\ln(x+1)\right]\bigg|_3^t$$

$$=\frac{1}{2}\lim_{t\to\infty}\left[\ln(t-1)-\ln(t+1)-\ln 2+\ln 4\right]$$

$$=\frac{1}{2}\lim_{t\to\infty}\left[\ln\frac{1-\frac{1}{t}}{1+\frac{1}{t}}+\ln 2\right]=\frac{1}{2}\ln 2$$

4. $\frac{1}{2}\ln 3$

5. $\int_{-\infty}^\infty\frac{dx}{e^x+e^{-x}}=\int_{-\infty}^\infty\frac{dx}{e^{2x}+1}dx=\lim_{t\to\infty}\int_0^t\frac{e^x}{1+e^{2x}}dx+\lim_{s\to-\infty}\int_0^s\frac{e^x}{1+e^{2x}}dx$

$$=\lim_{t\to\infty}\tan^{-1}e^x\bigg|_0^t+\lim_{s\to-\infty}\tan^{-1}e^x\bigg|_s^0$$

$$=\lim_{t\to\infty}(\tan^{-1}e^t-\frac{\pi}{4})+\lim_{s\to-\infty}(\frac{\pi}{4}-\tan^{-1}e^s)$$

$$=(\frac{\pi}{2}-\frac{\pi}{4})+(\frac{\pi}{4}-0)=\frac{\pi}{2}$$

6. $\int_0^e x^2\ln x\,dx=\lim_{s\to 0^+}\int_s^e x^2\ln x\,dx=\lim_{s\to 0^+}\int_s^e\ln x\,d(\frac{x^3}{3})$

$$=\lim_{s\to 0^+}\left(\frac{x^3}{3}\ln x\Big|_s^e-\frac{1}{3}\int_s^e x^2dx\right)=\lim_{s\to 0^+}\left(\frac{e^3}{3}-\frac{s^3}{3}\ln s-\frac{e^3}{9}+\frac{s^3}{9}\right)$$

$$=\lim_{s\to 0^+}\left(\frac{2}{9}e^3-\frac{s^3}{3}\ln s+\frac{s^3}{9}\right)=\frac{2}{9}e^3-0+0=\frac{2}{9}e^3$$

7. $\int_0^{\frac{\pi}{2}}(\sec x\tan x-\sec^2 x)dx=\lim_{t\to\frac{\pi}{2}^-}\int_0^t(\sec x\tan x-\sec^2 x)dx$

$$=\lim_{t\to\frac{\pi}{2}^-}(\sec x-\tan x)\Big|_0^t=\lim_{t\to\frac{\pi}{2}^-}(\sec t-\tan t-1)=\lim_{t\to\frac{\pi}{2}^-}\left(\frac{1-\sin t}{\cos t}\right)-1$$

$$=\lim_{t\to\frac{\pi}{2}^-}\left(\frac{-\cos t}{-\sin t}\right)-1=0-1=-1$$

8. $\int_{\frac{\pi}{4}}^{\frac{\pi}{2}}\sec x\,dx=\lim_{t\to\frac{\pi}{2}^-}\int_{\frac{\pi}{4}}^t\sec x\,dx=\lim_{t\to\frac{\pi}{2}^-}\int_{\frac{\pi}{4}}^t\frac{dx}{\cos x}=\lim_{t\to\frac{\pi}{2}^-}\int_{\frac{\pi}{4}}^t\frac{\cos x}{1-\sin^2 x}dx$

$$=\lim_{t\to\frac{\pi}{2}^-}\int_{\frac{\pi}{4}}^t\frac{d(\sin x)}{1-\sin^2 x}=\lim_{t\to\frac{\pi}{2}^-}\frac{1}{2}\int_{\frac{\pi}{4}}^t\left(\frac{1}{1-\sin x}+\frac{1}{1+\sin x}\right)dx$$

$$=\lim_{t\to\frac{\pi}{2}^-}\frac{1}{2}\left[\ln(1-\sin x)+\ln(1+\sin x)\right]\Big|_{\frac{\pi}{4}}^t$$

$$=\frac{1}{2}\lim_{t\to\frac{\pi}{2}^-}\left[\ln(1-\sin t)+\ln(1+\sin t)-\ln\left(1-\frac{1}{\sqrt{2}}\right)-\ln\left(1+\frac{1}{\sqrt{2}}\right)\right]$$

$$=\frac{1}{2}\left[-\infty+\ln 2-\ln\left(1-\frac{1}{\sqrt{2}}\right)-\ln\left(1+\frac{1}{\sqrt{2}}\right)\right]=-\infty$$ （發散）

9. $\int_{-1}^{1}\sqrt{\frac{1+x}{1-x}}dx=\int_{-1}^{1}\frac{1+x}{\sqrt{1-x^2}}dx$

$=\int_{-1}^{1}\frac{1}{\sqrt{1-x^2}}dx+\int_{-1}^{1}\frac{x}{\sqrt{1-x^2}}dx$

$=\lim\limits_{t\to 1^-}\int_0^t\frac{dx}{\sqrt{1-x^2}}+\lim\limits_{s\to -1^+}\int_s^0\frac{dx}{\sqrt{1-x^2}}+\lim\limits_{t\to 1^-}\int_0^t\frac{x\,dx}{\sqrt{1-x^2}}+\lim\limits_{s\to -1^+}\int_s^0\frac{x\,dx}{\sqrt{1-x^2}}$

$=\lim\limits_{t\to 1^-}(\sin^{-1}x-\sqrt{1-x^2})\Big|_0^t+\lim\limits_{s\to -1^+}(\sin^{-1}x-\sqrt{1-x^2})\Big|_s^0$

$=\lim\limits_{t\to 1^-}(\sin^{-1}t-\sqrt{1-t^2}+1)+\lim\limits_{s\to -1^+}(-1-\sin^{-1}s+\sqrt{1-s^2})$

$=\frac{\pi}{2}-0+1-1-(-\frac{\pi}{2})+0=\pi$

10. $\int_1^{\infty}\frac{\ln x}{x^2}dx=\lim\limits_{t\to\infty}\int_1^t\frac{\ln x}{x^2}dx=\lim\limits_{t}-\int_1^t\cdot\ln x\,d(\frac{1}{x})$

$=\lim\limits_{t\to\infty}\left[(-\frac{\ln x}{x})\Big|_1^t+\int_1^t\frac{1}{x^2}dx\right]=\lim\limits_{t\to\infty}(-\frac{\ln t}{t}-\frac{1}{t}+1)=-0-0+1=1$

4-10　Gamma 函數、Beta 函數與 Wallis 公式

(A) Gamma 函數（我們記做 $\Gamma(n)$）是由下列積分式所定義：

$$\Gamma(n)=\int_0^{\infty}x^{n-1}e^{-x}dx\qquad n>0$$

其性質有

(1) $\Gamma(n+1)=n\Gamma(n)\Rightarrow\Gamma(n+1)=n!$

$x>-1$，x 為實數 $\Gamma(x+1)=x\Gamma(x)$ $\Gamma(x+1)=x(x-1)(x-2)$ $\cdots\cdots\Gamma(a),\ 1>a>0$

$*\int_0^\infty x^n e^{-x}dx=\Gamma(n+1)=n!\quad n>-1$

及 $\int_0^\infty x^m e^{-nx}dx=\dfrac{\Gamma(m+1)}{n^{m+1}}$，$m>-1$，$n>0$

$\Gamma(5)=4!=24$，$\Gamma(1)=0!=1$

$\Gamma(3)=2!=2\cdots\cdots$

(2) $\Gamma(\frac{1}{2})=\sqrt{\pi}$　（或 $(-\frac{1}{2})!=\sqrt{\pi}$）

$\Gamma(\frac{3}{2})=\frac{1}{2}\Gamma(\frac{1}{2})=\frac{\sqrt{\pi}}{2}$

$\Gamma(\frac{7}{2})=(\frac{5}{2})!=\frac{5}{2}\times\frac{3}{2}\times\frac{1}{2}\times\Gamma(\frac{1}{2})$

$=\frac{5}{2}\times\frac{3}{2}\times\frac{1}{2}\times\sqrt{\pi}=\frac{15}{8}\sqrt{\pi}$

例 1　求 (a) $\int_0^\infty x^4e^{-x}dx$　(b) $\int_0^\infty x^6e^{-3x}dx$　(c) $\int_0^\infty x^2e^{-2x^2}dx$

解　(a) $\int_0^\infty x^4e^{-x}dx=\Gamma(5)=4!=24$

(b) $\int_0^\infty x^6e^{-3x}dx=\int_0^\infty(\frac{y}{3})^6e^{-y}d(\frac{y}{3})=\frac{1}{3^7}\int_0^\infty y^6e^{-y}dy=\frac{6!}{3^7}=\frac{80}{243}$

(c) 取 $y=2x^2\Rightarrow x=(\frac{y}{2})^{\frac{1}{2}}$

$\therefore$原式 $=\int_0^\infty\frac{y}{2}\cdot e^{-y}\frac{dy}{2\sqrt{2y}}=\frac{1}{4\sqrt{2}}\int_0^\infty y^{\frac{1}{2}}e^{-y}dy$

$=\frac{1}{4\sqrt{2}}(\frac{1}{2})!=\frac{1}{4\sqrt{2}}\cdot\frac{1}{2}\cdot\sqrt{\pi}=\frac{\sqrt{2}\pi}{16}$

例 2　證 $\int_0^1 (-\ln x)^{-\frac{1}{2}}\,dx=\sqrt{\pi}$。

解　取 $y=-\ln x \Rightarrow x=e^{-y}$

$$\therefore \text{原式}=\int_\infty^0 y^{-\frac{1}{2}}(-e^{-y})\,dy=\int_0^\infty y^{\frac{-1}{2}}e^{-y}\,dy=\Gamma(\frac{1}{2})=\sqrt{\pi}$$

例 3　求證 $\int_0^\infty (\ln x)^n\,dx=(-1)^n n!$，$n\in N$。

解　原式 $\overset{y=-\ln x}{=\!=\!=}-\int_\infty^0 (-y)^n e^{-y}dy=\int_0^\infty (-y)^n e^{-y}dy$

$$=(-1)^n\int_0^\infty y^n e^{-y}dy=(-1)^n n!$$

(B) Beta 函數

Beta 函數記做 $\mathrm{B}(m,n)$

$$B(m,n)=\int_0^1 x^{m-1}(1-x)^{n-1}dx \qquad m>0,n>0$$

性質

(1) $B(m,n)=\dfrac{\Gamma(m)\Gamma(n)}{\Gamma(m+n)}$

（即 $\int_0^1 x^m(1-x)^n\,dx=\dfrac{\Gamma(m+1)\Gamma(n+1)}{\Gamma(m+n+2)}=\dfrac{m!\,n!}{(m+n+1)!}$

（證明見例 7）

(2) $B(m,n)=2\int_0^{\frac{\pi}{2}} \sin^{2m-1}\theta\cos^{2n-1}\theta\,d\theta$

$$\left(\text{即} \int_0^{\frac{\pi}{2}} \sin^m\theta\cos^n\theta\, d\theta = \frac{\Gamma(\frac{m+1}{2})\Gamma(\frac{n+1}{2})}{2\Gamma(\frac{m+n}{2}+1)}\right)$$

(3) $\int_0^{\infty} x^{s-1}/(1+x)^{s+t}\, dx = B(s, t)$

（即 $\int_0^{\infty} x^s(1+x)^{-t}dx = \frac{\Gamma(s+1)\Gamma(t-s-1)}{\Gamma(t)}$ 但 $s>-1$，$t>s+1$）

(4) $\Gamma(x)\Gamma(1-x) = \frac{\pi}{\sin x\pi}$　　$1>x>0$

例 4　求 (a) $\int_0^{\frac{\pi}{2}} \cos^5\theta\sin^2\theta\, d\theta$　(b) $\int_0^{\frac{\pi}{2}} \sqrt{\tan\theta}$　(c) $\int_0^{2\pi} \sin^8\theta\, d\theta$。

解　(a) $\int_0^{\frac{\pi}{2}} \cos^5\theta\sin^2\theta\, d\theta = \frac{(\frac{5-1}{2})!(\frac{2-1}{2})!}{2(\frac{5+2}{2})!}$

$$= \frac{2\cdot\frac{\sqrt{\pi}}{2}}{2\cdot\frac{7}{2}\cdot\frac{5}{2}\cdot\frac{3}{2}\frac{\sqrt{\pi}}{2}} = \frac{8}{105}$$（本例亦可用 Wallis 公式）

(b) $\int_0^{\frac{\pi}{2}} \sin^{\frac{1}{2}}\theta\cos^{-\frac{1}{2}}\theta\, d\theta = \frac{\Gamma\left(\frac{\frac{1}{2}+1}{2}\right)\Gamma\left(\frac{-\frac{1}{2}+1}{2}\right)}{2\Gamma\left(\frac{\frac{1}{2}-\frac{1}{2}}{2}+1\right)}$

$$= \frac{\Gamma(\frac{3}{4})\Gamma(\frac{1}{4})}{2} = \frac{\pi}{2}\cdot\frac{1}{\sin\frac{\pi}{4}} = \frac{\pi}{\sqrt{2}}$$

(c) $\int_0^{2\pi}\sin^8\theta\,d\theta=4\int_0^{\frac{\pi}{2}}\sin^8\theta\,d\theta=4\cdot\dfrac{(\frac{8-1}{2})!(-\frac{1}{2})!}{2(\frac{8+0}{2})!}$

$$=\frac{4\cdot\frac{7}{2}\cdot\frac{5}{2}\cdot\frac{3}{2}\cdot\frac{\sqrt{\pi}}{2}\cdot\sqrt{\pi}}{2\cdot4\cdot3\cdot2\cdot1}=\frac{35\pi}{64}$$

※**例 5**　求(a) $\int_0^1\sqrt{\dfrac{1-x}{x}}\,dx$　(b) $\int_0^2(4-x^2)^{\frac{3}{2}}dx$　※(c) $\int_0^a\dfrac{dx}{\sqrt{a^4-x^4}}$。

解　(a) $\int_0^1 x^{-\frac{1}{2}}(1-x)^{\frac{1}{2}}dx=\dfrac{\Gamma(-\frac{1}{2}+1)\Gamma(\frac{1}{2}+1)}{\Gamma(-\frac{1}{2}+\frac{1}{2}+2)}=\dfrac{\sqrt{\pi}\cdot\frac{\sqrt{\pi}}{2}}{1}=\dfrac{\pi}{2}$

(b) 取 $y=\dfrac{x}{2}\Rightarrow$ 原式 $=\int_0^1(4-4y^2)^{\frac{3}{2}}d2y=16\int_0^1(1-y^2)^{\frac{3}{2}}dy$

$$\overset{\omega=y^2}{=\!=\!=}16\int_0^1(1-\omega)^{\frac{3}{2}}\frac{1}{2}\omega^{-\frac{1}{2}}d\omega$$

$$=8\int_0^1\omega^{-\frac{1}{2}}(1-\omega)^{\frac{3}{2}}d\omega$$

$$=8\cdot\frac{\Gamma(-\frac{1}{2}+1)\Gamma(\frac{3}{2}+1)}{\Gamma(-\frac{1}{2}+\frac{3}{2}+2)}$$

$$=8\cdot\frac{\sqrt{\pi}\cdot\frac{3}{2}\cdot\frac{\sqrt{\pi}}{2}}{2!}=3\pi$$

> 提示：(b)，(c) 須做適當之變數變換俾便應用本節所述之公式求解。

(c) 原式 $\overset{y=\frac{x}{a}}{=\!=\!=}\int_0^1(a^4-a^4y^4)^{-\frac{1}{2}}a\,dy=\dfrac{1}{a}\int_0^1(1-y^4)^{-\frac{1}{2}}dy$

$$\overset{\omega=y^4}{=\!=\!=} \frac{1}{a}\int_0^1 (1-\omega)^{-\frac{1}{2}}\frac{1}{4}\omega^{-\frac{3}{4}}d\omega$$

$$=\frac{1}{4a}\int_0^1 (1-\omega)^{-\frac{1}{2}}\omega^{-\frac{3}{4}}d\omega=\frac{1}{4a}\frac{\Gamma(1-\frac{1}{2})\Gamma(1-\frac{3}{4})}{\Gamma(2-\frac{1}{2}-\frac{3}{4})}$$

$$=\frac{\sqrt{\pi}}{4a}\frac{\Gamma(\frac{1}{4})}{\Gamma(\frac{3}{4})}=\frac{\sqrt{\pi}}{4a}\frac{[\Gamma(\frac{1}{4})]^2}{\Gamma(\frac{1}{4})\Gamma(\frac{3}{4})}$$

$1>x>0$ 時 $\Gamma(x)\Gamma(1-x)=\dfrac{\pi}{\sin x\pi}$

$$=\frac{\sqrt{\pi}}{4a}\frac{[\Gamma(\frac{1}{4})]^2}{\pi/\sin\frac{\pi}{4}}=\frac{[\Gamma(\frac{1}{4})]^2}{4a\sqrt{2\pi}}$$

※**例 6** 求 (a) $\int_0^\infty \frac{xdx}{1+x^6}$ (b) $\int_0^\infty \frac{y^2}{1+y^4}dy$。

解 (a) 原式 $\overset{\omega=x^6}{=\!=\!=} \int_0^\infty \omega^{\frac{1}{6}}(1+\omega)^{-1}\frac{1}{6}\omega^{-\frac{5}{6}}d\omega$

$$=\frac{1}{6}\int_0^\infty \omega^{-\frac{4}{6}}(1+\omega)^{-1}d\omega$$

$$=\frac{\Gamma(1-\frac{4}{6})\Gamma[1-(-\frac{4}{6})-1]}{\Gamma(1)}\cdot\frac{1}{6}$$

$$=\frac{\Gamma(\frac{2}{6})\Gamma(\frac{4}{6})}{6}=\frac{\frac{1}{6}\cdot\pi}{\sin\frac{2}{6}\pi}=\frac{\pi}{3\sqrt{3}}$$

(b) 原式 $\overset{\omega=y^4}{=\!=\!=} \int_0^\infty \omega^{\frac{1}{2}}(1+\omega)^{-1}\frac{1}{4}\omega^{-\frac{3}{4}}d\omega=\frac{1}{4}\int_0^\infty \omega^{-\frac{1}{4}}(1+\omega)^{-1}d\omega$

$$=\frac{1}{4}\frac{\Gamma(\frac{3}{4})\Gamma\left[1-(-\frac{1}{4})-1\right]}{\Gamma(1)}=\frac{\Gamma(\frac{3}{4})\Gamma(\frac{1}{4})}{4}$$

$$=\frac{1}{4}\frac{\pi}{\sin\frac{\pi}{4}}=\frac{\pi}{2\sqrt{2}}$$

※**例 7**　證 $B(m,n)=\dfrac{\Gamma(m)\Gamma(n)}{\Gamma(m+n)}$　　$m,n>0$。

證　$\Gamma(m)=\int_0^{\infty}z^{m-1}e^{-z}dz\overset{z=x^2}{=\!=\!=}2\int_0^{\infty}x^{2m-1}e^{-x^2}dx$　　(1)

同法 $\Gamma(n)=2\int_0^{\infty}y^{2n-1}e^{-y^2}dy$

$\therefore\Gamma(m)\Gamma(n)=4\left(\int_0^{\infty}x^{2m-1}e^{-x^2}dx\right)\left(\int_0^{\infty}y^{2n-1}e^{-y^2}dy\right)$

$=4\int_0^{\infty}\int_0^{\infty}x^{2m-1}y^{2n-1}e^{-(x^2+y^2)}dx\,dy$　　(2)

取 $x=\rho\cos\phi$，$y=\rho\sin\phi$

則 (2) $=4\int_0^{\frac{\pi}{2}}\int_0^{\infty}\rho^{2(m+n)-1}e^{-\rho^2}\cos^{2m-1}\phi\sin^{2n-1}\phi\,d\rho\,d\phi$

$=4\left(\int_0^{\infty}\rho^{2(m+n)-1}e^{-\rho^2}d\rho\right)\left(\int_0^{\frac{\pi}{2}}\cos^{2m-1}\phi\sin^{2n-1}\phi\,d\phi\right)$

由 (1)

$=2\Gamma(m+n)\int_0^{\frac{\pi}{2}}\cos^{2m-1}\phi\sin^{2n-1}\phi\,d\phi=\Gamma(m+n)B(m+n)$

$\therefore B(m,n)=\dfrac{\Gamma(m)\Gamma(n)}{\Gamma(m+n)}$

(C) Wallis 公式

☑定理

$$\int_0^{\frac{\pi}{2}} \cos^n \theta d\theta = \int_0^{\frac{\pi}{2}} \sin^n \theta d\theta = \begin{cases} \dfrac{1 \cdot 3 \cdot 5 \cdots n-1}{2 \cdot 4 \cdot 6 \cdots n} \dfrac{\pi}{2} & : n \text{ 為偶數} \\ \dfrac{2 \cdot 4 \cdot 6 \cdots}{1 \cdot 3 \cdot 5 \cdots} \dfrac{2n}{2n+1} & : n \text{ 為奇數} \end{cases}$$

※例 8　求 $\lim_{n\to\infty} \int_0^1 (1-x^2)^n dx$

解　$\int_0^1 (1-x^2)^n dx \overset{x=\sin y}{=\!=\!=} \int_0^{\frac{\pi}{2}} (1-\sin^2 y)^n \cos y \, dy = \int_0^{\frac{\pi}{2}} \cos^{2n+1} y \, dy$

$= \dfrac{2 \cdot 4 \cdot 6 \cdots 2n}{1 \cdot 3 \cdot 5 \cdots (2n+1)}$，令 $a_n = \dfrac{2 \cdot 4 \cdot 6 \cdots 2n}{1 \cdot 3 \cdot 5 \cdots (2n+1)}$

則 $\dfrac{1}{a_n} = \dfrac{2n+1}{2n} \cdot \dfrac{2n-1}{2n-2} \cdots \dfrac{3}{2} > \dfrac{2n+2}{2n+1} \cdot \dfrac{2n}{2n-1} \cdots \dfrac{4}{3}$　　(1)

$$= (2n+2) \cdot \Big(\underbrace{\frac{2n}{2n+1} \cdot \frac{2n-2}{2n-1} \cdots \frac{2}{3}}_{a_n} \Big) \cdot 2$$

$$= (2n+2) \cdot a_n \cdot \frac{1}{2} = (n+1)a_n$$

得 $0 < a_n < \sqrt{\dfrac{1}{n+1}}$，$\lim_{n\to\infty} 0 = \lim_{n\to\infty} \sqrt{\dfrac{1}{n+1}} = 0$

$\therefore \lim_{n\to\infty} a_n = 0$ 即 $\lim_{n\to\infty} \int_0^1 (1-x^2)^n = 0$

> 解過程 (1) 應用一個簡單的不等式：
> $y > x \Rightarrow \dfrac{y}{x} > \dfrac{y+1}{x+1}$

類似問題

1. 求 $\int_0^\infty \sqrt{t}e^{-t}dt$。　　2. 證 $\int_0^1 t^{x-1}(\ln\frac{1}{t})^{y-1}dt=\Gamma(y)x^{-y}$。

3. 證 $B(x,1)=\frac{1}{x}$。

4. 證：(a) $yB(x+1,y)=xB(x,y+1)$
   (b) 由 (a) 導出 $B(x+1,y)+B(x,y+1)=\beta(x,y)$。

5. 證 $B(x+1,y)=\frac{x}{x+y}B(x,y)$。

※6. 證：(a) $B(x,x)=2\int_0^{\frac{1}{2}}(t-t^2)^{x-1}dt$。
   (b) 用 $\omega=4(t-t^2)$ 行變數變換以證明
   $B(x,x)=2^{1-2x}B(x,\frac{1}{2})$。

7. 利用 6. 之結果證：$\sqrt{\pi}\,\Gamma(2x)=2^{2x-1}\Gamma(x)\Gamma(x+\frac{1}{2})$。

◎8. (a) 證：$\int_1^\infty \frac{y^{a-1}}{1+y}dy=\int_0^1 \frac{x^{-a}}{1+x}dx$　　$(1>a>0)$
   (b) 並由此導出 $B(a,1-a)=\int_0^1 \frac{x^{a-1}+x^{-a}}{1+x}dx$，及
   ※(c). 若 $1>a>0$，證 $\int_{-\infty}^{\infty}\frac{e^{at}dt}{1+e^t}=\Gamma(a)\Gamma(1-a)$

9. 求 $\int_0^1 \frac{x^{2a}dx}{\sqrt{1-x^2}}$。　　10. 求 $\int_0^1 \frac{dx}{\sqrt{1-x^n}}$。　　◎ 11. 求 $\Gamma(\frac{1}{2})$。

12. 求 $\int_0^{\infty} x^m e^{-ax^n} dx$。

13. 求 (a) $\int_0^1 (\ln x)^4 dx$ (b) $\int_0^1 (x \ln x)^3 dx$ (c) $\int_0^1 \sqrt[3]{-\ln x}\, dx$。

14. 求 ※ (a) $\int_0^2 x \sqrt[3]{8-x^3} dx$ (b) $\int_0^a y^4 (a^2-y^2)^{\frac{1}{2}} dy$。

15. 求 $\int_0^1 (1-x^4)^{-\frac{1}{2}} dx$

16. 求 $\int_0^1 x(1-x^4)^{\frac{5}{2}} dx$

解

1. 原式 $= \int_0^{\infty} t^{\frac{1}{2}} e^{-t} dt = \int_0^{\infty} t^{\frac{3}{2}-1} e^{-t} dt = \Gamma(\frac{3}{2}) = \frac{\sqrt{\pi}}{2}$

2. 取 $\omega = -\ln t \Rightarrow t = e^{-\omega}$，則

原式 $= \int_{\infty}^0 (e^{-\omega})^{x-1} \omega^{y-1} d(e^{-\omega}) = \int_0^{\infty} e^{-\omega x} \omega^{y-1} d\omega$ （*）

再取 $\upsilon = \omega x \Rightarrow \omega = \frac{\upsilon}{x}$

則 $* = \int_0^{\infty} e^{-\upsilon} (\frac{\upsilon}{x})^{y-1} \cdot \frac{d\upsilon}{x} = x^{-y} \int_0^{\infty} e^{-\upsilon} \upsilon^{y-1} d\upsilon = x^{-y} \Gamma(y)$

3. $B(x,1) = \frac{\Gamma(x)\Gamma(1)}{\Gamma(x+1)} = \frac{\Gamma(x)}{x\Gamma(x)} = \frac{1}{x}$

4. (a) $yB(x+1,y) = y \cdot \frac{\Gamma(x+1)\Gamma(y)}{\Gamma(x+1+y)} = \frac{\Gamma(x+1)\Gamma(y+1)}{\Gamma(x+y+1)}$

$$= \frac{x\Gamma(x)\Gamma(y+1)}{\Gamma(x+y+1)} = xB(x,y+1)$$

(b) $B(x,y+1)+B(x+1,y)$

$$=\frac{\Gamma(x)\Gamma(y+1)}{\Gamma(x+y+1)}+\frac{\Gamma(x+1)\Gamma(y)}{\Gamma(x+y+1)}=\frac{\Gamma(x)y\Gamma(y)+x\Gamma(x)\Gamma(y)}{\Gamma(x+y+1)}$$

$$=\frac{(x+y)\Gamma(x)\Gamma(y)}{(x+y)\Gamma(x+y)}=B(x,y)$$

5. $B(x+1,y)=\frac{\Gamma(x+1)\Gamma(y)}{\Gamma(x+y+1)}=\frac{x}{x+y}\cdot\frac{\Gamma(x)\Gamma(y)}{\Gamma(x+y)}=\frac{x}{x+y}B(x,y)$

6. (a) $B(x,x)=\int_0^1 t^{x-1}(1-t)^{x-1}dt$

$$=\int_0^{\frac{1}{2}} t^{x-1}(1-t)^{x-1}dt+\int_{\frac{1}{2}}^1 t^{x-1}(1-t)^{x-1}dt$$

至此，我們欲證者爲：

$$\int_0^{\frac{1}{2}} t^{x-1}(1-t)^{x-1}dt-\int_{1/2}^1 t^{x-1}(1-t)^{x-1}dt：$$

$$\int_0^{\frac{1}{2}} t^{x-1}(1-t)^{x-1}dt\overset{y=1-t}{=\!=\!=}\int_1^{\frac{1}{2}}(1-y)^{x-1}y^{x-1}d(-y)$$

$$=\int_{1/2}^1(1-y)^{x-1}y^{x-1}dy$$

$$\therefore B(x,x)=2\int_0^{\frac{1}{2}} t^{x-1}(1-t)^{x-1}dt$$

(b) 取 $\omega=4(t-t^2)\Rightarrow t^2-t+\frac{\omega}{4}=0$

$$\therefore t=\frac{1-\sqrt{1-\omega}}{2}\ (\because 1\ge t\ge 0)$$

$$\therefore B(x,x)=2\int_0^{\frac{1}{2}}(t-t^2)^{x-1}dt=2\int_0^1\left(\frac{\omega}{4}\right)^{x-1}d\left(\frac{1-\sqrt{1-\omega}}{2}\right)$$

$$=2^{-1}\cdot 2^{-2(x-1)}\int_0^1\omega^{t-1}(1-\omega)^{-\frac{1}{2}}d\omega=2^{1-2x}B\left(x,\frac{1}{2}\right)$$

7. $\because B(x,x)=2^{1-2x}B(x,\frac{1}{2})\Rightarrow\frac{\Gamma(x)\Gamma(x)}{\Gamma(2x)}=2^{1-2x}\frac{\Gamma(x)\Gamma(\frac{1}{2})}{\Gamma(x+\frac{1}{2})}$

$\Rightarrow\frac{\Gamma(x)}{\Gamma(2x)}=2^{1-2x}\frac{\sqrt{\pi}}{\Gamma(x+\frac{1}{2})}\quad\therefore\sqrt{\pi}\Gamma(2x)=2^{2x-1}\Gamma(x)\Gamma(x+\frac{1}{2})$

8. (a)取 $x=\frac{1}{y}$

則 $\int_1^\infty\frac{y^{a-1}}{1+y}dy=\int_1^0\frac{(x^{-1})^{a-1}}{1+\frac{1}{x}}\cdot(-1)x^{-2}dx=\int_0^1\frac{x^{-a}}{1+x}dx$

(b)$B(a,1-a)=\int_0^\infty\frac{t^{a-1}}{(1+t)}dt=\int_0^1\frac{t^{a-1}}{1+t}dt+\int_1^\infty\frac{t^{a-1}}{1+t}dt$

$=\int_0^1\frac{t^{a-1}}{1+t}dt+\int_0^1\frac{t^{-a}}{1+t}dt=\int_0^1\frac{x^{a-1}+x^{-a}}{1+x}dx$

(c)原式 $\overset{x=e^x}{=\!=\!=}\int_1^\infty\frac{x^{a-1}}{1+x}dx=B(a,1-a)=\Gamma(a)\Gamma(1-a)$

9. 取 $x=y^{\frac{1}{2}}\Rightarrow$ 原式 $=\int_0^1(y^{\frac{1}{2}})^{2a}\cdot(1-y)^{-\frac{1}{2}}\frac{1}{2}y^{-\frac{1}{2}}dy$

$=\frac{1}{2}\int_0^1 y^{(a-\frac{1}{2})}(1-y)^{-\frac{1}{2}}dy=\frac{1}{2}\frac{\Gamma(a-\frac{1}{2}+1)\Gamma(-\frac{1}{2}+1)}{\Gamma(a-\frac{1}{2}+\left(-\frac{1}{2}\right)+2)}$

$=\frac{\Gamma(a+\frac{1}{2})\sqrt{\pi}}{2\Gamma(a+1)}\qquad a>-\frac{1}{2}$

10. 取 $x=y^{\frac{1}{n}}\Rightarrow$ 原式 $=\int_0^1(1-y)^{-\frac{1}{2}}\frac{1}{n}y^{\frac{1}{n}-1}dy$

$$=\frac{1}{n}\int_0^1 y^{\frac{1}{n}-1}(1-y)^{-\frac{1}{2}}dy=\frac{1}{n}\frac{\Gamma(\frac{1}{n}-1+1)\Gamma(-\frac{1}{2}+1)}{\Gamma(\frac{1}{n}-1+1-\frac{1}{2}+1)}$$

$$=\frac{1}{n}\frac{\Gamma(\frac{1}{n})\sqrt{\pi}}{\Gamma(\frac{n+2}{2n})}$$

11. $\Gamma(\frac{1}{2})=\int_0^\infty x^{-\frac{1}{2}}e^{-x}dx$　取 $u^2=x$，則

$$\Gamma(\frac{1}{2})=\int_0^\infty x^{-\frac{1}{2}}e^{-x}dx=2\int_0^\infty e^{-u^2}du=2(\frac{\sqrt{\pi}}{2})$$

$$=\sqrt{\pi}$$

12. 取 $y=ax^n$，則

$$\text{原式}=\int_0^\infty\{(\frac{y}{a})^{1/n}\}^m e^{-y}d\{(\frac{y}{a})^{\frac{1}{n}}\}=\frac{1}{na^{\frac{m+1}{n}}}\int_0^\infty y^{\frac{m+1}{n}-1}e^{-y}dy$$

$$=\frac{1}{na^{\frac{m+1}{n}}}\Gamma(\frac{m+1}{n})$$

13. 取 $y=-\ln x\Rightarrow x=e^{-y}$

則 (a) $\text{原式}=\int_\infty^0(-y)^4(-e^{-y})dy=\int_0^\infty y^4e^{-y}dy=24$

(b) $\text{原式}=\int_\infty^0(-e^{-y}y)^3(-e^{-y})dy=-\int_0^\infty y^3e^{-4y}dy$

（取 $\omega=4y$） $=-\int_0^\infty(\frac{\omega}{4})^3e^{-\omega}\frac{d\omega}{4}=\frac{-6}{256}=\frac{-3}{128}$

(c) $\text{原式}=-\int_\infty^0 y^{\frac{1}{3}}e^{-y}dy=\int_0^\infty y^{\frac{1}{3}}e^{-y}dy=\Gamma(\frac{4}{3})=\frac{\Gamma(\frac{1}{3})}{3}$

14. (a) 取 $x^3=8y$（i.e.　$x=2y^{\frac{1}{3}}$）

$$\therefore \text{原式}=\int_0^1 2y^{\frac{1}{3}}\sqrt[3]{8(1-y)}\,\frac{2}{3}y^{-\frac{2}{3}}dy=\frac{8}{3}\int_0^1 y^{-\frac{1}{3}}(1-y)^{\frac{1}{3}}dy$$

$$=\frac{8}{3}B\left(\frac{2}{3},\frac{4}{3}\right)=\frac{8}{3}\frac{\Gamma\left(\frac{2}{3}\right)\Gamma\left(\frac{4}{3}\right)}{\Gamma(2)}$$

$$=\frac{8}{9}\Gamma\left(\frac{1}{3}\right)\Gamma\left(\frac{2}{3}\right)=\frac{8}{9}\frac{\pi}{\sin\frac{\pi}{3}}=\frac{16\pi}{9\sqrt{3}}$$

(b) 取 $y^2=a^2x$（i.e.　$y=a\sqrt{x}$）

$$\therefore \text{原式}=\frac{a^6}{2}\int_0^1 x^{\frac{3}{2}}(1-x)^{\frac{1}{2}}dx=\frac{a^6}{2}B\left(\frac{5}{2},\frac{3}{2}\right)=\frac{a^6\Gamma\left(\frac{5}{2}\right)\Gamma\left(\frac{3}{2}\right)}{2\cdot\Gamma(4)}$$

$$=\frac{\pi a^6}{32}$$

15. 取 $y=x^{\frac{1}{4}}$　則 $x=y^4$，$dx=4y^3dy$，

$$\therefore \text{原式}=\int_0^1(1-y)^{-\frac{1}{2}}4y^3\,dy=4\int_0^1(1-y)^{-\frac{1}{2}}y^3\,dy$$

$$=\frac{4\Gamma\left(-\frac{1}{2}+1\right)\Gamma(3+1)}{\Gamma\left(-\frac{1}{2}+3+2\right)}=\frac{4\sqrt{\pi}\,3!}{\frac{7}{2}\cdot\frac{5}{2}\cdot\frac{3}{2}\cdot\frac{\sqrt{\pi}}{2}}=\frac{128}{35}$$

16. 求 $\int_0^1 x(1-x^4)^{\frac{5}{2}}dx \overset{y=x^2}{=\!=\!=} \int_0^1(1-y^2)^{\frac{5}{2}}d\frac{y}{2}$

$$\overset{y=\sin\theta}{=\!=\!=}\frac{1}{2}\int_0^{\frac{\pi}{2}}(1-\sin^2\theta)^{\frac{5}{2}}\cos\theta d\theta$$

$$=\frac{1}{2}\int_0^{\frac{\pi}{2}}\cos^6\theta\,d\theta \overset{\textit{Wallis}\text{ 公式}}{=\!=\!=\!=}\frac{1\cdot3\cdot5}{2\cdot4\cdot6}\frac{\pi}{2}=\frac{5}{32}\pi$$

第五章　積分應用

5-1　面　積

☑定義：

設平面區域 R 為 $x=a$, $x=b$, x 軸及連續函數 $f(x)$ 的圖形圍成，

(1) 若 $f(x)$ 為正值函數，則區域 R 的面積

$$A(R)=\int_a^b f(x)\,dx$$

(2) 若 $f(x)$ 為負值函數，則區域 R 的面積

$$A(R)=-\int_a^b f(x)\,dx$$

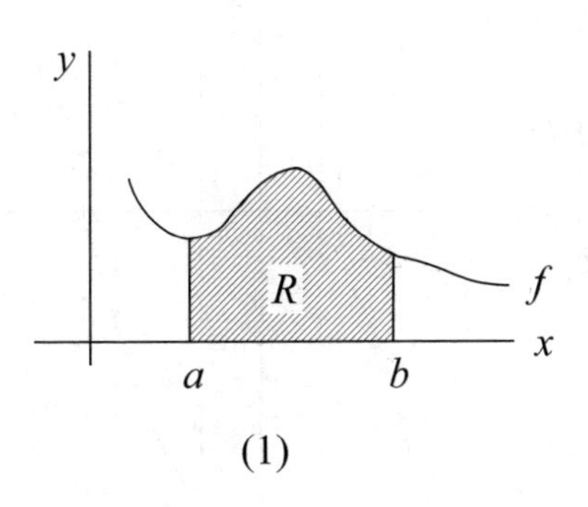

(1)

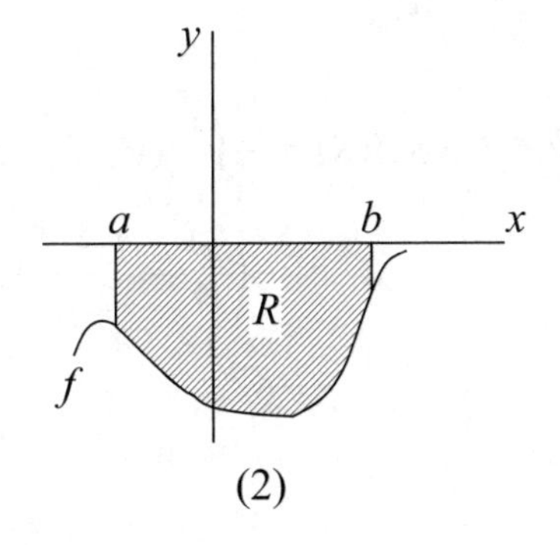

(2)

☑定義：

設平面區域R由$x=a,x=b$及二連續函數$f(x)$及$g(x)$的圖形圍成，且$f(x)\geq g(x)$，$x\in[a,b]$，則區域R的面積

$$A(R)=\int_a^b[f(x)-g(x)]dx$$

例1 求$y\geq x^2, y\geq 2-x$及$y\leq 6+x$所圍成區域之面積。

解 $A=\int_{-2}^{1}[(6+x)-(2-x)]dx+\int_{1}^{3}[(6+x)-x^2]dx=\frac{49}{3}$

例2 求$x=-1, x=1, x$軸及$y=f(x)=x^3-3x-3$所圍成區域R的面積。

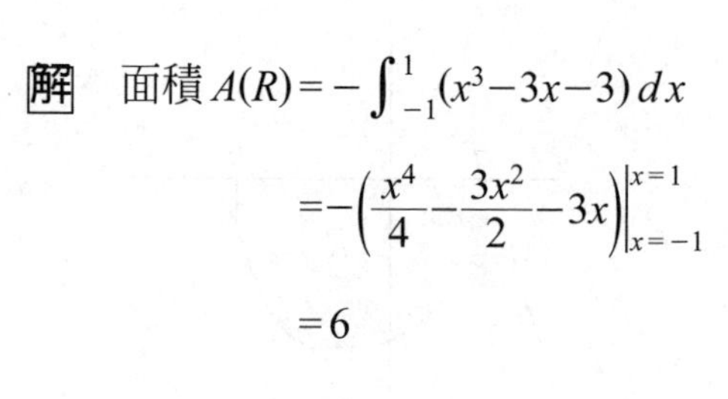

解 面積$A(R)=-\int_{-1}^{1}(x^3-3x-3)\,dx$

$$=-\left(\frac{x^4}{4}-\frac{3x^2}{2}-3x\right)\Big|_{x=-1}^{x=1}$$

$$=6$$

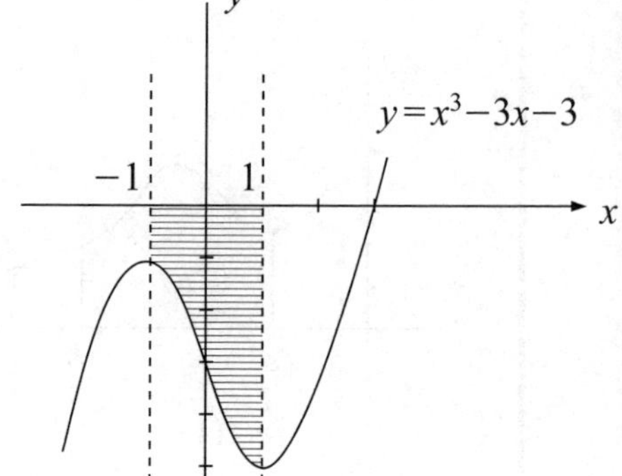

例3　求 $x=0$, $x=1$, $y=8-x^2$ 及 $y=x^2$ 所圍成區域 R 的面積。

解　因　$0\leq x\leq 1$ 時，$8-x^2\geq x^2$

故　$A(R)=\int_0^1[(8-x^2)-x^2)]\,dx=\int_0^1(8-2x^2)\,dx=\dfrac{22}{3}$

◎**例4**　求 $\sqrt{x}+\sqrt{y}=1$ 與二軸所圍成區域之面積。

解　$\because \sqrt{x}+\sqrt{y}=1\quad \therefore y=(1-\sqrt{x})^2$

$\Rightarrow A=\int_0^1(1-\sqrt{x})^2\,dx$

$=\int_0^1(1-2\sqrt{x}+x)\,dx$

$=x-\dfrac{4}{3}x^{\frac{3}{2}}+\dfrac{x^2}{2}\Big|_0^1=\dfrac{1}{6}$

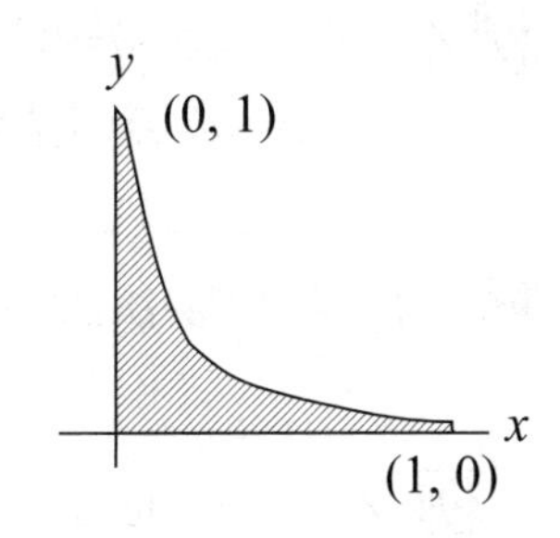

II. 極坐標

①若 $r=f(\theta)$ 在 $\beta\geq\theta\geq\alpha$，$2\pi>\beta>\alpha\geq 0$ 爲連續且非負，則由射線 $\theta=\alpha$ 及 $\theta=\beta$ 所圍成 $r=f(\theta)$ 之面積爲：

$$A=\frac{1}{2}\int_\alpha^\beta r^2\,d\theta$$

◎**例5**　求 $r=2+\cos\theta$ 所圍成區域之面積。

解　因圖形對稱極軸

$$\therefore A=2\int_0^{\pi}\frac{1}{2}[2+\cos\theta]^2\,d\theta$$

$$=\int_0^{\pi}4+4\cos\theta+\cos^2\theta\,d\theta$$

$$=\int_0^{\pi}4+4\cos\theta+\frac{1}{2}(1+\cos2\theta)\,d\theta$$

$$=\left[4\theta+4\sin\theta+\frac{\theta}{2}+\frac{1}{4}\sin2\theta\right]_0^{\pi}=\frac{9\pi}{2}$$

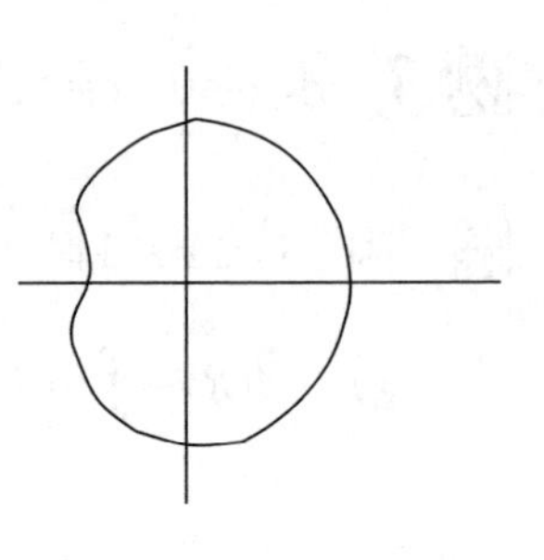

例 6 求 $r=a\theta$, $\theta=0$ 到 $\theta=2\pi$ 所圍成區域之面積。

（$r=a\theta$ 爲阿基米得螺線）

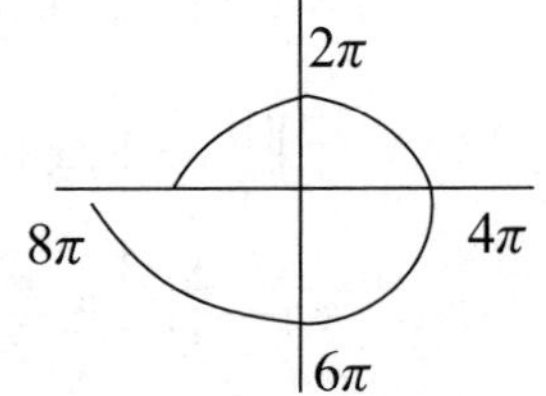

解 $A=\frac{1}{2}\int_0^{2\pi}a^2\theta^2\,d\theta=\frac{4a^2\pi^3}{3}$

◎**例 7** 求 $r=4\cos2\theta$ 之一瓣面積。

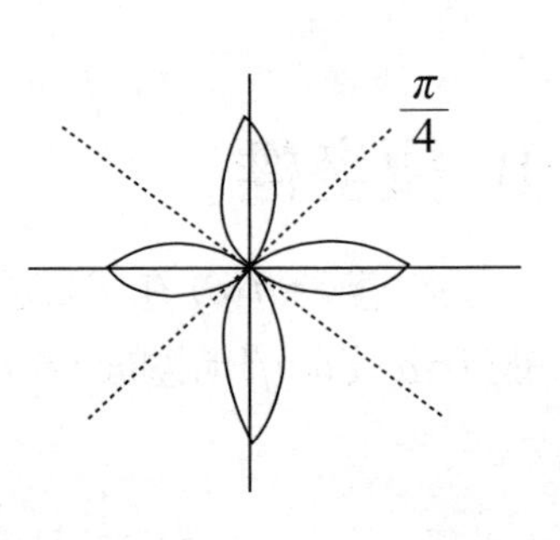

解 $A=2\int_0^{\frac{\pi}{4}}\frac{1}{2}(4\cos2\theta)^2\,d\theta$

$$=\int_0^{\frac{\pi}{4}}16\cos^2 2\theta\,d\theta$$

$$=\int_0^{\frac{\pi}{4}}16\left(\frac{1+\cos4\theta}{2}\right)d\theta=2\pi$$

◎**例 8** 求 $r=1+2\cos\theta$ 較小環所圍成之面積。

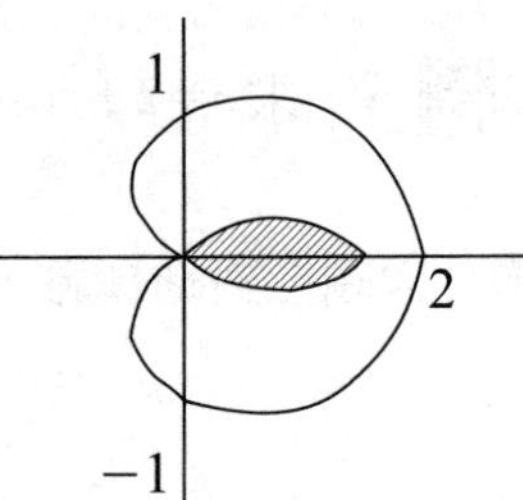

解 $A=2\int_0^{\pi/3}\frac{1}{2}(1+2\cos\theta)^2\,d\theta$

$$=\int_0^{\frac{\pi}{3}}(1+4\cos\theta+4\cos^2\theta)\,d\theta=\pi+\frac{3\sqrt{3}}{2}$$

例 9　求$r=1+\cos\theta$與$r=3\cos\theta$所圍成之面積。

解　①$r=1+\cos\theta$與$r=3\cos\theta$之交點爲

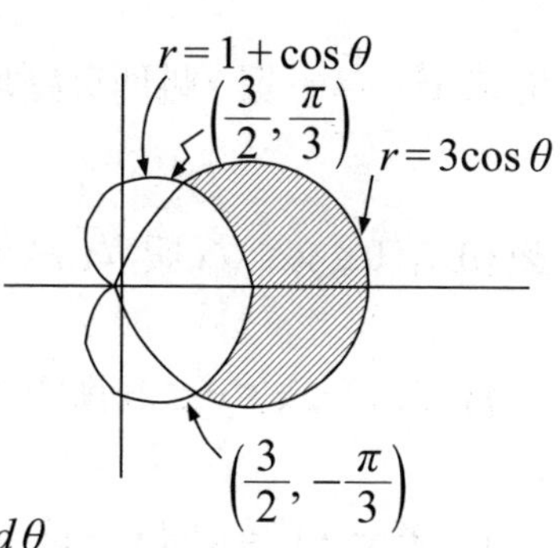

$1+\cos\theta=3\cos\theta$

$\therefore\theta=\pm\frac{\pi}{3}$

②利用對稱性

$$A=2\int_0^{\frac{\pi}{3}}\frac{1}{2}[(3\cos\theta)^2-(1+\cos\theta)^2]d\theta$$

$$=\int_0^{\frac{\pi}{3}}(8\cos^2\theta-2\cos\theta-1)\,d\theta$$

$$=\int_0^{\frac{\pi}{3}}\left[8\left(\frac{1+\cos 2\theta}{2}\right)^2-2\cos\theta-1\right]d\theta$$

$$=4\theta+2\sin 2\theta-2\sin\theta-\theta\Big]_0^{\frac{\pi}{3}}=\pi$$

類似問題

求由下列方程式圖形所圍成平面區域的面積：(1-8 題)

1. $y=\sqrt{x},y=x^2$
2. $y=6-x-x^2,y=0$
3. $y=x^3-4x,y=0$
5. $y=x-2,y=2x-x^2$
6. $xy=1,y=4-x$
7. $y=x,y=2-x,y=(x-1)^2$

4. $y=x^2, y=8-x^2$　　※8. $y^2=4x^2-x^4$

9. 求 $x^2=\dfrac{1-y}{y}$ 與 x 軸所夾區域之面積。

※10. 求 $0\le y\le\sqrt{x}$ 與 $\sqrt{x}+\sqrt{y}\le 1$ 所夾之面積

11. 求 $y^2\le x\le y\le 2x$ 所夾之面積。

12. 求 $x^2+y^2=4$ 與 $x^2+y^2=4x$ 所夾之面積。

13. 求 $y^2=2px$ 與 $x^2=2py$ 所夾之面積。

14. 求 $(x^2+y^2)^2=a^2(x^2-y^2)$ 所圍之面積。

15. 求 $r=a\sin\theta, r=b\sin\theta$ 所夾之面積 $(b>a>0)$。

※16. 求 $x^4+y^4=x^2+y^2$ 所圍成之面積。

17. 求 $\theta=r\tan r$ 在 $\theta=0$ 與 $\theta=\dfrac{\pi}{\sqrt{3}}$ 間所夾之面積。

18. 求 $a^2y^2=x^2(a^2-x^2)$ 所圍成之面積 $(a>0)$。

19. 求 $\left(\dfrac{x^2}{a^2}+\dfrac{y^2}{b^2}\right)^2=c^2\left(\dfrac{x^2}{a^4}+\dfrac{y^2}{b^4}\right)$ 所圍之面積。

※20. 求 $(x^2+y^2)^2=4a^2x^2+4b^2y^2$ 所圍之面積。

21. 求 $r=1+\cos\theta$ 與 $r=2\cos\theta$ 所圍之面積。

22. $y=\frac{a}{2}(e^{\frac{x}{a}}+e^{-\frac{x}{a}})$ 與直線 $x=h$ $(h>0)$ 及二軸圍成之面積爲 A，曲線長爲 L，試證 $A=aL(a>0)$。

23. $(x^2+y^2)^3=4x^2y^2$ 所圍成區域之面積。

※24. 求 $r=2(1+\cos\theta)$ 之內側與 $r=\frac{2}{(1+\cos\theta)}$ 外側所夾之面積。

解

1. $A(R)=\int_0^1(\sqrt{x}-x^2)\,dx=\frac{1}{3}$

2. $A(R)=\int_{-3}^2(6-x-x^2)\,dx=\frac{125}{6}$

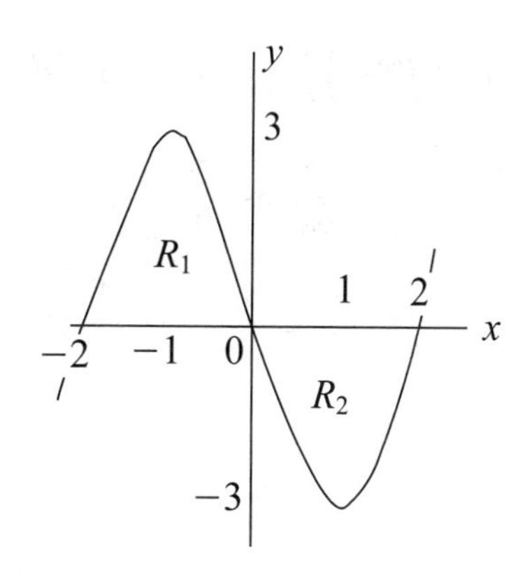

3. $A(R_1)=\int_{-2}^0(x^3-4x)\,dx=4$

$A(R_2)=\int_0^2(x^3-4x)\,dx=4$

故 $A(R)=A(R_1)+A(R_2)=8$

4. $A(R)=\int_{-2}^2[(8-x^2)-x^2]\,dx=\frac{64}{3}$

5. $A(R)=\int_{-1}^2[(2x-x^2)-(x-2)]\,dx=\frac{9}{2}$

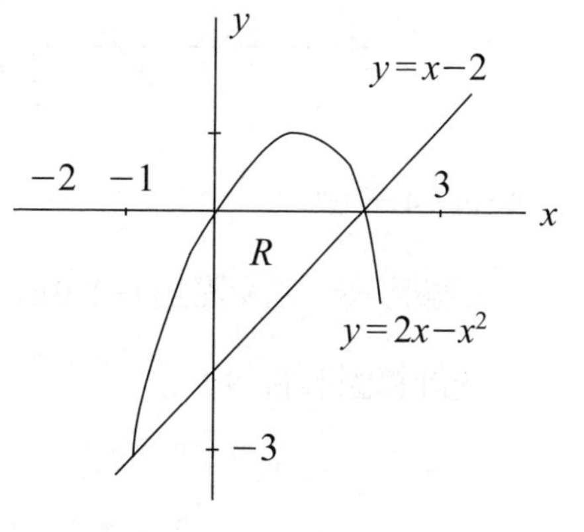

6. $A(R)=\int_{2-\sqrt{3}}^{2+\sqrt{3}}\left[(4-x)-\frac{1}{x}\right]dx$

$$=\left(4x-\frac{x^2}{2}-\ln x\right)\Bigg]_{2-\sqrt{3}}^{2+\sqrt{3}}$$

$$=4\sqrt{3}+\ln(2-\sqrt{3})-\ln(2+\sqrt{3})$$

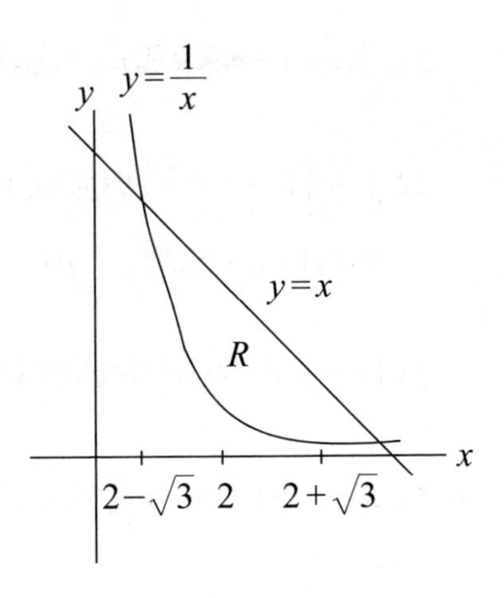

7. $A(R)=\int_{\frac{3-\sqrt{5}}{2}}^{1}[x-(x-1)^2]dx+\int_{1}^{\frac{1+\sqrt{5}}{2}}[-x+2-(x-1)^2]\,dx$

$$=\frac{5}{6}\sqrt{5}-\frac{7}{6}$$

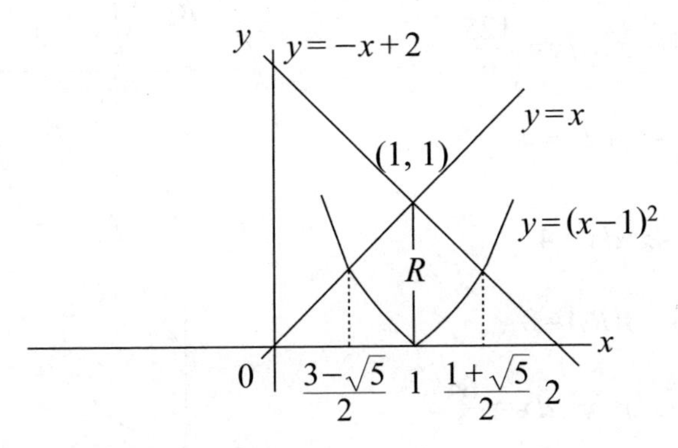

8. $y^2=4x^2-x^4$

得圖形與 x 軸交點爲 $(-2, 0), (0, 0)$ 及 $(2, 0)$

先計算圖形右半：

$$A(R_1)=\int_0^2[x\sqrt{4-x^2}-(-x\sqrt{4-x^2})]dx$$

$$=\int_0^2 2x\sqrt{4-x^2}\,dx$$

$$=-\frac{2}{3}(4-x^2)^{\frac{3}{2}}\Big|_0^2$$

$$=\frac{2}{3}4^{\frac{3}{2}}$$

$$=\frac{16}{3}$$

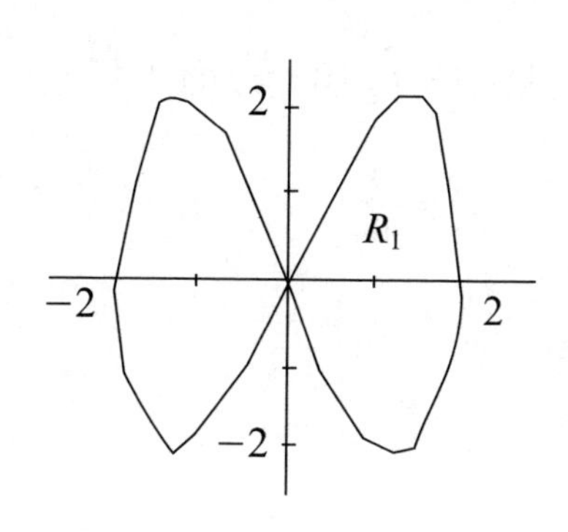

因圖形對稱於 y 軸，故 $A(R)=2A(R_1)=\dfrac{32}{3}$

9. $x^2=\dfrac{1-y}{y}\Rightarrow y=\dfrac{1}{1+x^2}$

$$\therefore A=2\int_0^\infty\frac{dx}{1+x^2}=\pi$$

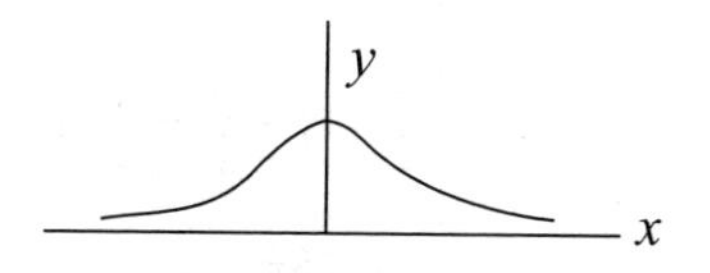

10. 設 $y=\sqrt{x}$ 與 $\sqrt{x}+\sqrt{y}=1$ 之交點爲 (α,β)

則 $\beta+\sqrt{\beta}=1$

$$\therefore\sqrt{\beta}=\frac{\sqrt{5}-1}{2}$$

$$\beta=\frac{3-\sqrt{5}}{2}，\beta^2=\frac{7-3\sqrt{5}}{2}$$

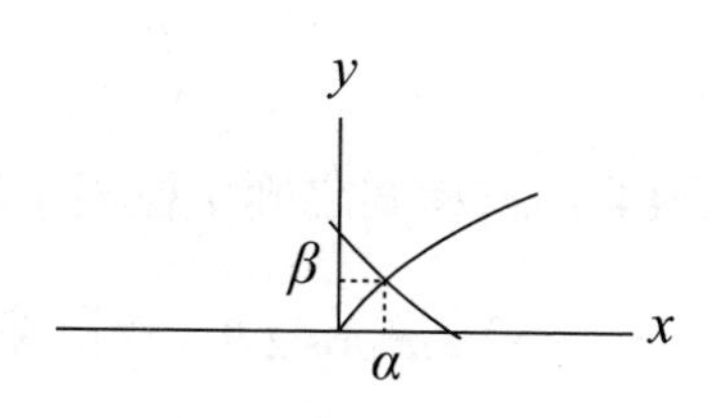

$$\Rightarrow A=\int_0^\beta\{(1-\sqrt{y})^2-y^2\}dy$$

$$=\frac{\beta}{6}\{6-8\sqrt{\beta}+3\beta-2\beta^2\}*$$

代 $\sqrt{\beta},\beta,\beta^2$ 值入 * 得　$A=\dfrac{5(8-3\sqrt{5})}{12}$

11. $A=\int_0^{\frac{1}{2}}(y-\frac{y}{2})\,dy+\int_{\frac{1}{2}}^{1}(y-y^2)\,dy$

$=\frac{7}{48}$

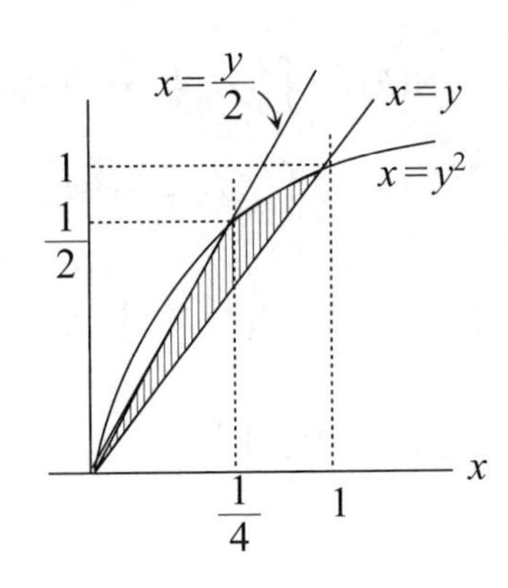

12. $x^2+y^2=4$ 與 $x^2+y^2=4x$，相交於 $(1,\sqrt{3})$ 與 $(1,-\sqrt{3})$，

$R_1=\int_0^1\sqrt{4-x^2}\,dx$

$=4\left[\frac{x}{2}\sqrt{4-x^2}+\frac{4}{2}\sin^{-1}\frac{x}{2}\right]_1^2=\frac{2\pi}{3}-\frac{\sqrt{3}}{2}$

$\therefore A=4R_1=\frac{8\pi}{3}-2\sqrt{3}$

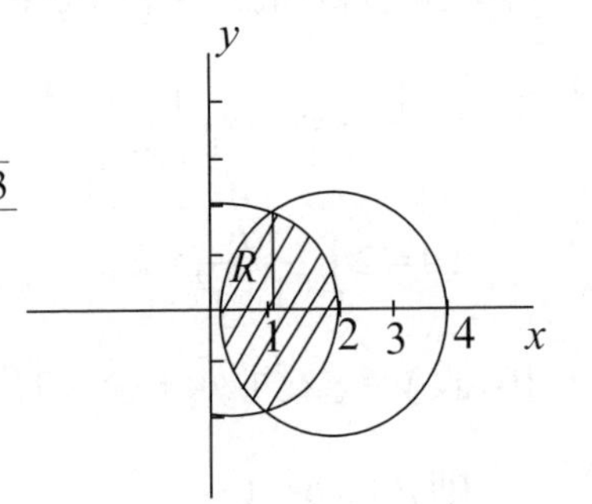

13. $A=\int_0^{2p}(\sqrt{2px}-\frac{x^2}{2p})\,dx=\frac{4}{3}-p^2$

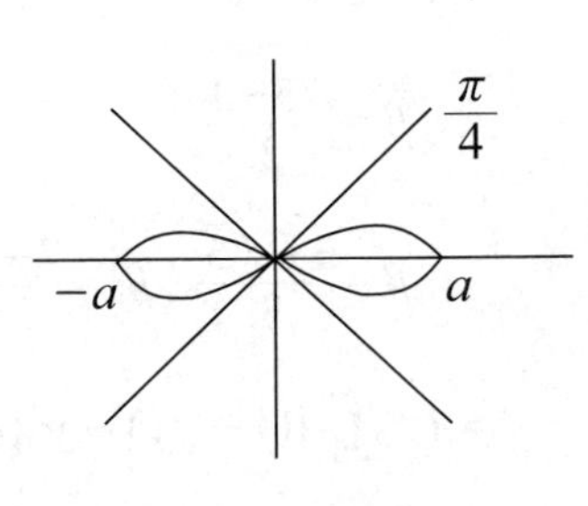

14. 原方程式之極坐標表示法爲

$r^2=a^2\cos 2\theta$（雙扭線）

$\therefore A=\frac{1}{2}\int_0^{\frac{\pi}{4}}a^2\cos 2\theta\,d\theta=\frac{a^2}{4}$

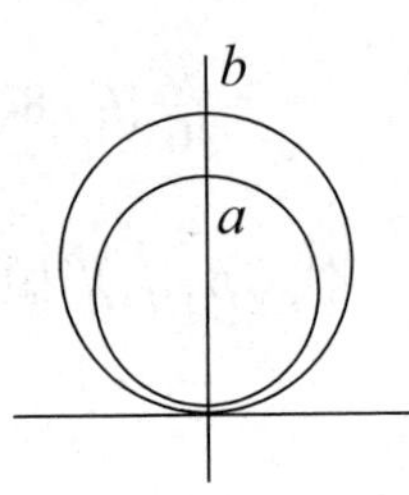

15. $A=\left[\frac{1}{2}\int_0^{\pi/2}(b\sin\theta)^2-(a\sin\theta)^2\,d\theta\right]\cdot 2$

$=(b^2-a^2)\int_0^{\pi/2}\sin^2\theta\,d\theta$

$$=(b^2-a^2)\frac{\left(\frac{2-1}{2}\right)!\left(\frac{0-1}{2}\right)!}{\left(\frac{2+0}{2}\right)!}=\frac{(b^2-a^2)\frac{\sqrt{\pi}}{2}\cdot\sqrt{\pi}}{2}=\frac{(b^2-a^2)\pi}{4}$$

16. 化成極坐標得

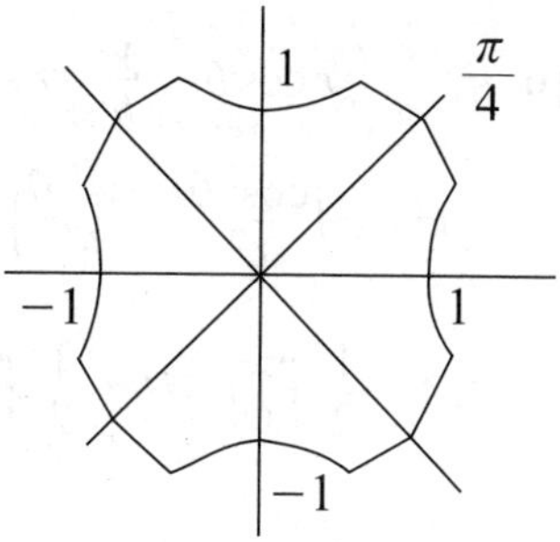

$$r^4(\cos^4\theta+\sin^4\theta)=r^2$$

$$\therefore r^2=\frac{1}{\cos^4\theta+\sin^4\theta}$$

利用對稱性

$$A=8\cdot\frac{1}{2}\int_0^{\frac{\pi}{4}}\frac{d\theta}{\sin^4\theta+\cos^4\theta}$$

$$=4\int_0^{\frac{\pi}{4}}\frac{d\theta}{(\sin^2\theta+\cos^2\theta)^2-\frac{1}{2}\sin^2 2\theta}=4\int_0^{\frac{\pi}{4}}\frac{d\theta}{1-\frac{1}{2}\sin^2 2\theta}\quad *$$

取 $t=\tan 2\theta$，則 $\sin^2 2\theta=\frac{t^2}{1+t^2}$，$d\theta=\frac{1}{2}\frac{dt}{1+t^2}$

$$\therefore *=4\int_0^{\infty}\frac{\frac{1}{2}\frac{dt}{1+t^2}}{1-\frac{1}{2}\frac{t^2}{1+t^2}}dt=4\int_0^{\infty}\frac{dt}{2+t^2}=4\lim_{M\to\infty}\frac{1}{\sqrt{2}}\tan^{-1}\frac{t}{\sqrt{2}}\Big]_0^M=\sqrt{2}\pi$$

17. $A\overset{\theta=r\tan r}{=\!=\!=}\frac{1}{2}\int_0^{\frac{\pi}{\sqrt{3}}}r^2\,d\theta$

$$=\frac{1}{2}\int_0^{\sqrt{3}}(r^2\tan^{-1}r+\frac{r^3}{1+r^2})\,dr$$

$$=\frac{1}{2}\int_0^{\sqrt{3}}\tan^{-1}r\,d\frac{r^3}{3}+\frac{1}{2}\int_0^{\sqrt{3}}\frac{r^3}{1+r^2}dr$$

$$=\frac{1}{2}\left[\frac{r^3}{3}\tan^{-1}r\Big]_0^{\sqrt{3}}-\int_0^{\sqrt{3}}\frac{r^3}{3}\frac{dr}{1+r^2}+\int_0^{\sqrt{3}}\frac{r^3\,dr}{1+r^2}\right]$$

$$=\frac{1}{2}\left[\frac{\sqrt{3}}{3}\tan^{-1}1\sqrt{3}+\frac{2}{3}\int_0^{\sqrt{3}}(r^3/(1+r^2))\,dr\right]$$

$$=\frac{\sqrt{3}}{2}\frac{\pi}{3}+\frac{2}{3}\left(\frac{r^2}{2}-\frac{1}{2}\ln(r^2+1)\right)\Big]_0^{\sqrt{3}}=\frac{1}{2}\left(\frac{\pi}{\sqrt{3}}+1-\frac{2}{3}\ln 2\right)$$

18. $y=\frac{x}{a}\sqrt{a^2-x^2}\quad \therefore A=2\int_0^a\frac{x}{a}\sqrt{a^2-x^2}\,dx=2\,\frac{-1}{a}\,\frac{2}{3}(a^2-x^2)^{\frac{3}{2}}\Big]_0^a=\frac{4}{3}a^2$

19. 取 $\frac{x}{a}=r\cos\theta$，$\frac{y}{b}=r\sin\theta$，則曲線方程式變為

$$r^2=c^2\left(\frac{\cos^2\theta}{a^2}+\frac{\sin^2\theta}{b^2}\right)$$

$$\therefore A=\frac{1}{2}\int_0^{2\pi}r^2\,d\theta=\frac{1}{2}\int_0^{2\pi}c^2\left(\frac{\cos^2\theta}{a^2}+\frac{\sin^2\theta}{b^2}\right)d\theta$$

$$=\frac{1}{2}\int_0^{\frac{\pi}{2}}c^2\left(\frac{\cos^2\theta}{a^2}+\frac{\sin^2\theta}{b^2}\right)d\theta\cdot 4$$

$$=2c^2\int_0^{\frac{\pi}{2}}\frac{\cos^2\theta}{a^2}+\frac{\sin^2\theta}{b^2}\,d\theta=\frac{\pi c^2}{2}\left(\frac{1}{a^2}+\frac{1}{b^2}\right)$$

又改換為原刻度，則

$$A=\frac{ab\pi c^2}{2}\left(\frac{1}{a^2}+\frac{1}{b^2}\right)=\frac{\pi c^2(a^2+b^2)}{2ab}$$

20. 取 $x=r\cos\theta$，$y=r\sin\theta$，則原方程式為

$$r^2=4a^2\cos^2\theta+4b^2\sin^2\theta$$

$$\therefore A=8\int_0^{\frac{\pi}{2}}(a^2\cos^2\theta+b^2\sin^2\theta)\,d\theta=2\pi(a^2+b^2)$$

21. $A=\int_0^{\pi}(1+\cos\theta)^2\,d\theta-\pi(1)^2$

$$=\int_0^{\pi}1+2\cos\theta+\cos^2\theta\,d\theta-\pi$$

$$=\theta+2\sin\theta+\frac{\theta}{2}+\frac{1}{4}\sin 2\theta\Big]_0^{\pi}-\pi$$

$$=\frac{\pi}{2}$$

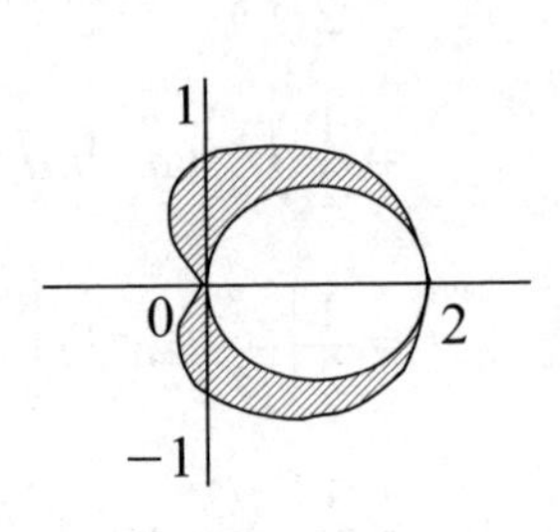

22. $A=\int_0^h \frac{a}{2}(e^{\frac{x}{a}}+e^{-\frac{x}{a}})\,dx$

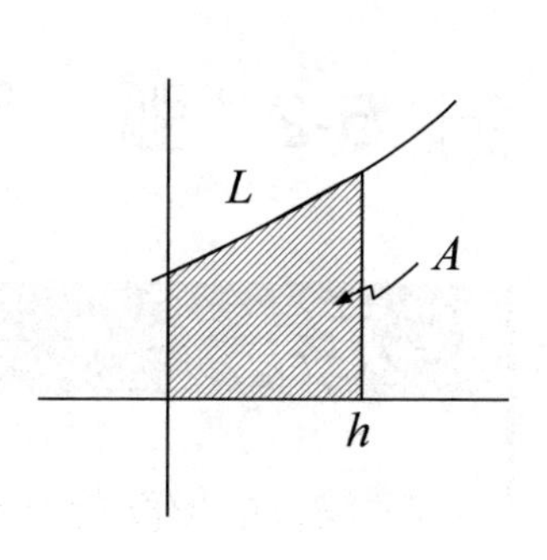

$=\frac{a^2}{2}(e^{\frac{h}{a}}-e^{-\frac{h}{a}})$

$L=\int_0^h \sqrt{1+[(\cosh\frac{x}{a})']^2}\,dx$

$=\int_0^h \sqrt{1+(\sinh\frac{x}{a})^2}\,dx$

$=\int_0^h \cosh\frac{x}{a}\,dx=a\sinh\frac{h}{a}=\frac{a}{2}(e^{h/a}-e^{-h/a})$

$\therefore A=aL$

23. 取 $x=r\cos\theta$，$y=r\sin\theta$，則 $r^6=4r^4\cos^2\theta\sin^2\theta$

$\therefore r^2=4\cos^2\theta\sin^2\theta=\sin^2 2\theta$

$\therefore A=2\cdot\frac{1}{2}\int_0^{\frac{\pi}{2}}\sin^2 2\theta\,d\theta=\int_0^{\frac{\pi}{2}}\frac{1}{2}(1-\cos 4\theta)\,d\theta=\frac{\pi}{4}$

24. $A=4\int_0^{\frac{\pi}{2}}(1+\cos\theta)^2-\frac{1}{(1+\cos\theta)^2}\,d\theta$

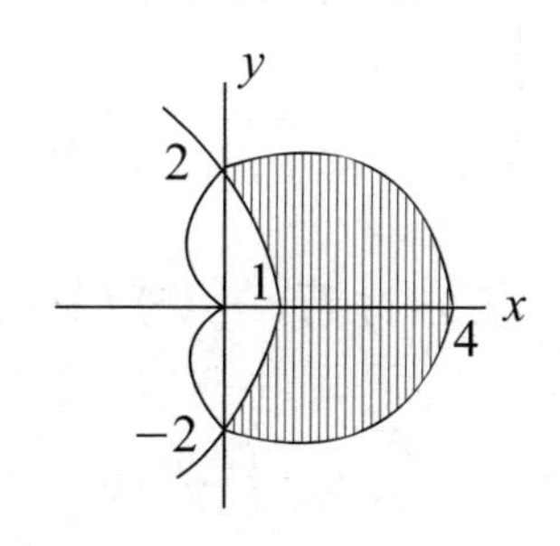

$=4\int_0^{\frac{\pi}{2}}(1+2\cos\theta+\cos^2\theta)\,d\theta$

$-4\int_0^{\frac{\pi}{2}}\sec^4\frac{\theta}{2}\,d\theta$

$\overset{\varphi=\theta/2}{=\!=\!=}4\left(\frac{3\pi}{4}+2\right)-2\int_0^{\frac{\pi}{4}}\sec^4\varphi\,d\varphi$

$=4\left(\frac{3\pi}{4}+2\right)-2\int_0^1(1+t^2)\,dt=3\pi+\frac{16}{3}\quad(t=\tan\varphi)$

□□□ 5-2 弧　長 □□□

☑定義：

若函數f的導函數f'存在且連續，則稱函數f爲平滑（smooth）。

☑定義：

若 (1) 函數f在閉區間 $[a, b]$ 中爲平滑

(2) $P(a), P(b)$爲f的圖形上兩點，此處 $P(x)=(x, f(x))$

則弧$\overset{\frown}{P(a)P(b)}$的長度（length of arc）

$L=\int_a^b\sqrt{1+[f'(x)]^2}\,dx$（直角坐標弧長公式）

註：(1) 若$r=f(\theta)$，則在$\alpha\le\theta\le\beta$間弧長

$L=\int_\alpha^\beta\sqrt{[f(\theta)]^2+[f'(\theta)]^2}\,d\theta$（極坐標弧長公式）

(2) 若$x=x(t)$，$y=y(t)$，$c\le t\le d$，則在$c\le t\le d$之間弧長

$L=\int_c^d\sqrt{[x'(t)]^2+[y'(t)]^2}\,dt$（參數式弧長公式）

例2　求曲線$r=e^\theta$在$1\le\theta\le 2$間弧長。

解　$r=e^{\theta}$，$\dfrac{dr}{d\theta}=e^{\theta}$　$\therefore L=\int_1^2\sqrt{e^{2\theta}+e^{2\theta}}\,d\theta=\int_1^2\sqrt{2}\,e^{\theta}\,d\theta=\sqrt{2}e(e-1)$

例 3　求 $x=\cos^3 t$，$y=\sin^3 t$ 在 $0\le t\le\dfrac{\pi}{4}$ 間的弧長。

解　$x(t)=\cos^3 t$，$x'(t)=-3\cos^2 t\sin t$；$y(t)=\sin^3 t$，$y'(t)=3\sin^2 t\cos t$

$$\therefore L=\int_0^{\frac{\pi}{4}}\sqrt{(-3\cos^2 t\sin t)^2+(3\sin^2 t\cos t)^2}\,dx$$

$$=3\int_0^{\frac{\pi}{4}}\sin t\cos t\,dt=3\int_0^{\frac{\pi}{4}}\sin t\,d\sin t=\frac{3}{2}\sin^2 t\Big|_0^{\frac{\pi}{4}}=\frac{3}{2}\cdot\frac{1}{2}=\frac{3}{4}$$

註：若 x 可表爲 y 的單値函數（single-valued function），則弧長

$$L=\int_c^d\sqrt{1+\left(\frac{dx}{dy}\right)^2}\,dy$$

例 4　求 $y^2=4x$ 在 $0\le x\le 1$ 間的弧長。

解　$y^2=4x$，$y=\pm 2x^{\frac{1}{2}}$，$\dfrac{dy}{dx}=\pm x^{-\frac{1}{2}}$

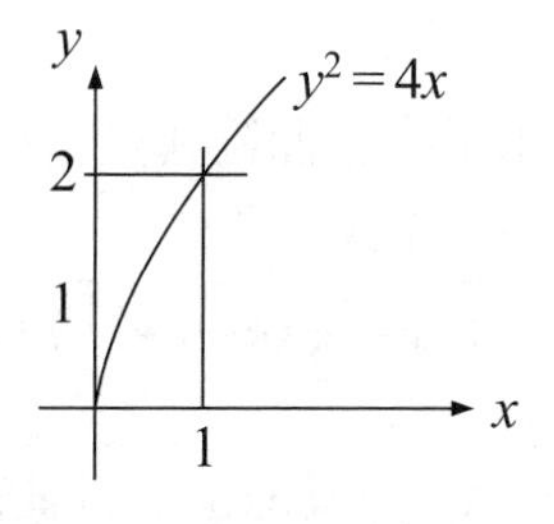

因 $x\to 0$ 時 $\dfrac{dy}{dx}\to\pm\infty$，故考慮

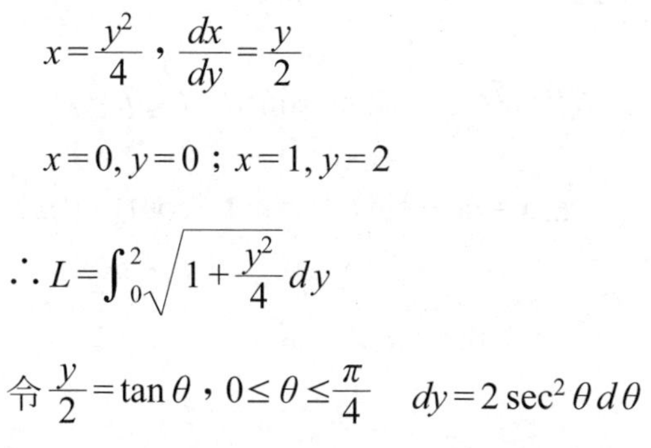

$x=\dfrac{y^2}{4}$，$\dfrac{dx}{dy}=\dfrac{y}{2}$

$x=0, y=0$；$x=1, y=2$

$$\therefore L=\int_0^2\sqrt{1+\frac{y^2}{4}}\,dy$$

令 $\dfrac{y}{2}=\tan\theta$，$0\le\theta\le\dfrac{\pi}{4}$　$dy=2\sec^2\theta\,d\theta$

$$\therefore L=\int_0^{\frac{\pi}{4}} 2\sec^3\theta\, d\theta = 2\int_0^{\frac{\pi}{4}} \sec\theta\, d\tan\theta$$

$$=2\sec\theta\tan\theta\Big|_0^{\frac{\pi}{4}} - 2\int_0^{\frac{\pi}{4}} \tan\theta\, d\sec\theta$$

$$=2\sec\theta\tan\theta\Big|_0^{\frac{\pi}{4}} - 2\int_0^{\frac{\pi}{4}} \tan^2\theta\sec\theta\, d\theta$$

$$=2\sec\theta\tan\theta\Big|_0^{\frac{\pi}{4}} - 2\int_0^{\frac{\pi}{4}} (\sec^2\theta-1)\sec\theta\, d\theta$$

$$\therefore L=2\int_0^{\frac{\pi}{4}} \sec^3\theta\, d\theta = \sec\theta\tan\theta + \ln(\sec\theta+\tan\theta)\Big|_0^{\frac{\pi}{4}}$$

$$=\sqrt{2}+\ln(\sqrt{2}+1)$$

類似問題

求下列各曲線弧長：

1. $y=\frac{a}{2}(e^{\frac{x}{a}}+e^{-\frac{x}{a}})$，$0\le x\le b$　　2. $x^{\frac{2}{3}}+y^{\frac{2}{3}}=a^{\frac{2}{3}}$

3. $x=r\cos\theta, y=r\sin\theta$，$0\le\theta\le 2\pi$　　4. $r=|\sin\theta|$，$0\le\theta\le\pi$

5. $x=t^2, y=t^3$，$0\le t\le 4$　　6. $x=a(t-\sin t), y=a(1-\cos t)$，$0\le t\le 2\pi$

7. $y=x^{\frac{2}{3}}$，$-1\le x\le 8$　　8. $r=a(1-\cos\theta)$

9. $y=\int_{\frac{-\pi}{2}}^{x}\sqrt{\cos t}\,dt \quad (-\frac{\pi}{2}\le x\le\frac{\pi}{2})$

※10. $r=\frac{p}{1+\cos\theta}$，$p>0 \quad (-\frac{\pi}{2}\le\theta\le\frac{\pi}{2})$

11. 若 $x=f''(t)\cos t+f'(t)\sin t,\ y=-f''(t)\sin t+f'(t)\cos t\ (a\le t\le b)$
證明此曲線長度為 $[f(t)+f''(t)]_a^b$。

12. 證明橢圓 $x=a\cos t,\ y=b\sin t\ (0\le t\le 2\pi)$ 之長度與 $y=c\sin\frac{x}{b}$，
$c=\sqrt{a^2-b^2}$ 之長度相同。

※13. 試求一曲線方程式，以使其自 $x=0$ 至 $x=a$ 之弧長為
$\frac{2}{3}[(1+a)^{\frac{3}{2}}-1]$。

14. 求 $\sqrt{x}+\sqrt{y}=1$ 之弧長。

15. 設某曲線方程式為 $9y^2=4x^3$，試求連接 $(3,-2\sqrt{3})$ 與 $(3,2\sqrt{3})$ 二點弧長。

16. 求 $9ay^2=x(x-3a)^2$ 之弧長。

17. 求函數 $f(x)=\sin^{-1}(e^{-x})$ 在 $[0,1]$ 間之弧長。

18. 求曲線 $r=a\theta$，$0\le\theta\le 2\pi$ 之弧長。

解

1. $L=\int_0^b\frac{1}{2}(e^{\frac{x}{a}}+e^{-\frac{x}{a}})\,dx=\frac{1}{2}a(e^{\frac{x}{a}}+e^{-\frac{x}{a}})\Big|_{x=0}^{x=b}=\frac{1}{2}a(e^{\frac{b}{a}}+e^{-\frac{b}{a}})$

2. $\frac{2}{3}x^{\frac{-1}{3}}+\frac{2}{3}y^{\frac{-1}{3}}y'=0$

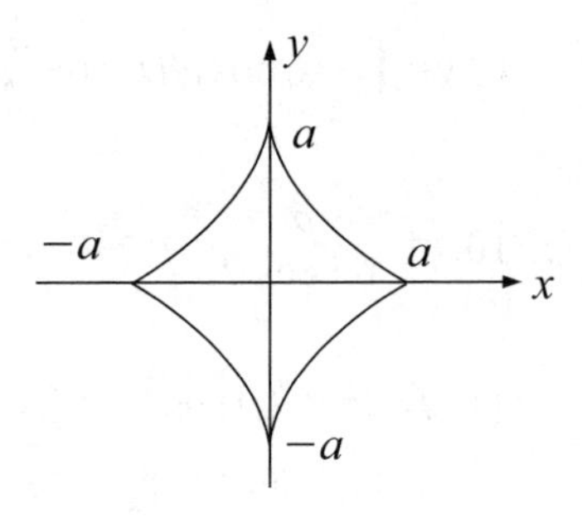

故 $y'=-\left(\frac{y}{x}\right)^{\frac{1}{3}}$

$1+(y')^2=1+\left(\frac{y}{x}\right)^{\frac{2}{3}}=\frac{x^{\frac{2}{3}}+y^{\frac{2}{3}}}{x^{\frac{2}{3}}}=\frac{a^{\frac{2}{3}}}{x^{\frac{2}{3}}}$

故弧長 $L=4\int_0^2\left(\frac{a}{x}\right)^{\frac{1}{3}}dx=4\,a^{\frac{1}{3}}\left(\frac{3}{2}x^{\frac{2}{3}}\right)\Big|_{x=0}^{x=a}=6a$

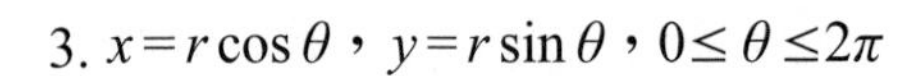

3. $x=r\cos\theta$，$y=r\sin\theta$，$0\le\theta\le2\pi$

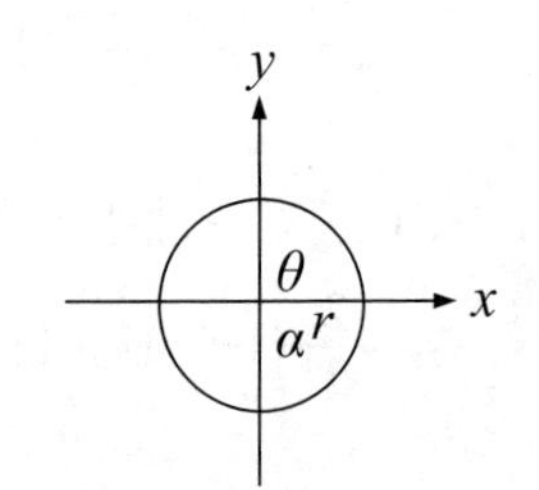

$\frac{dx}{d\theta}=-r\sin\theta$，$\frac{dy}{d\theta}=r\cos\theta$

$\left(\frac{dx}{d\theta}\right)^2+\left(\frac{dy}{d\theta}\right)^2=r^2(\sin^2\theta+\cos^2\theta)=r^2$

$\therefore L=\int_0^{2\pi}\sqrt{r^2}\,d\theta=2\pi r$

4. $r=|\sin\theta|$，$0\le\theta\le\pi$

當 $0\le\theta\le\pi$，$r=\sin\theta$；$\frac{dr}{d\theta}=\cos\theta$

$r^2+\left(\frac{dr}{d\theta}\right)^2=\sin^2\theta+\cos^2\theta=1$

$\therefore L=\int_0^{\pi}d\theta=\pi$

5. $\frac{dx}{dt}=2t$，$\frac{dy}{dt}=3t^2$　$\left(\frac{dx}{dt}\right)^2+\left(\frac{dy}{dt}\right)^2=4t^2+9t^4=4t^2\left(1+\frac{9}{4}t^2\right)$

$\therefore L=\int_0^4 2t\sqrt{1+\frac{9}{4}t^2}\,dt=\frac{8}{27}(37\sqrt{37}-1)$

6. $\left(\frac{dx}{dt}\right)^2+\left(\frac{dy}{dt}\right)^2=a^2(1-\cos t)+a^2\sin^2 t=a^2\left(2\sin\frac{t}{2}\right)^2$

$$\therefore L=\int_0^{2\pi}2a\sin\frac{t}{2}\,dt=4a\left(-\cos\frac{t}{2}\right)\Big|_0^{2\pi}=4a(1+1)=8a$$

7. $y=x^{\frac{2}{3}}$，$\dfrac{dy}{dx}=\dfrac{2}{3}x^{-\frac{1}{3}}\to\infty$

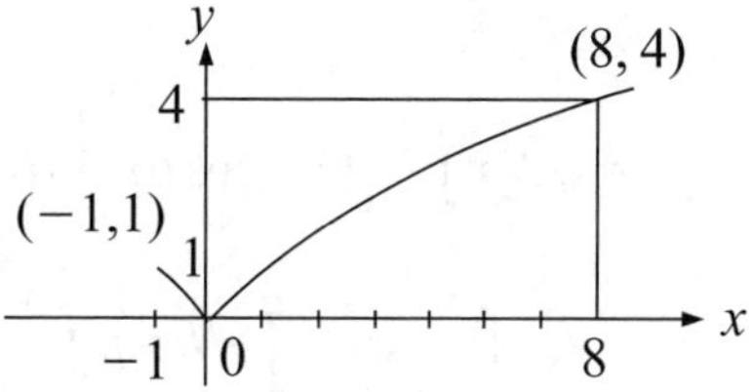

當 $x\to 0$ 時，故考慮

$$x=\pm y^{\frac{3}{2}}$$

$$\frac{dx}{dy}=\pm\frac{3}{2}y^{\frac{1}{2}}$$

從 (0, 0) 到 (−1, 1) 間弧長 $L_1=\int_0^1\sqrt{1+\frac{9}{4}y}\,dy$

從 (0, 0) 到 (8, 4) 間弧長 $L_2=\int_0^4\sqrt{1+\frac{9}{4}y}\,dy$

但 $\int_0^1\sqrt{1+\frac{9}{4}y}\,dy=\frac{4}{9}\frac{2}{3}\left(1+\frac{9}{4}y\right)^{\frac{3}{2}}\Big|_{y=0}^{y=1}=\frac{8}{27}\left(\frac{13\sqrt{13}}{8}\right)-1$

$$\int_0^4\sqrt{1+\frac{9}{4}y}\,dy=\frac{8}{27}\left(1+\frac{9}{4}y\right)^{\frac{3}{2}}\Big|_{y=0}^{y=4}=\frac{8}{27}10\sqrt{10}-1$$

故弧長 $L=L_1+L_2=\frac{1}{27}(13\sqrt{13}+80\sqrt{10}-16)$

8. $L=\int_0^{\pi}\sqrt{(r)^2+\left(\frac{dr}{d\theta}\right)^2}\,d\theta=2\int_0^{\pi}\sqrt{a^2(1-\cos\theta)^2+a^2\sin^2\theta}\,d\theta$

$$=2\sqrt{2}\,a\int_0^{\pi}\sqrt{1-\cos\theta}\,d\theta=4a\int_0^{\pi}\cos\frac{\theta}{2}\,d\theta=8a$$

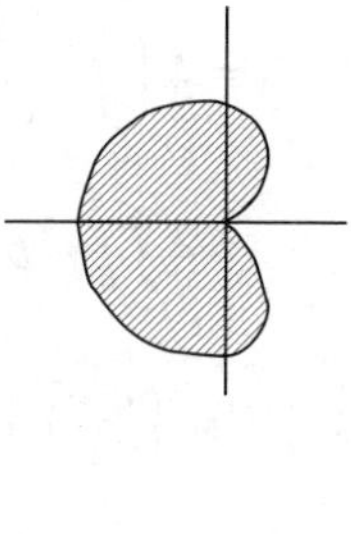

9. $L=\int_{-\frac{\pi}{2}}^{\frac{\pi}{2}}\sqrt{1+(f'(x))^2}\,dx=\int_{-\frac{\pi}{2}}^{\frac{\pi}{2}}\sqrt{1+\cos x}\,dx$

$$=\int_{-\frac{\pi}{2}}^{\frac{\pi}{2}}\sqrt{1+(1-2\cos^2\frac{x}{2})}\,dx=\sqrt{2}\int_{-\frac{\pi}{2}}^{\frac{\pi}{2}}\sin\frac{x}{2}\,dx=4$$

10. $L=\int_{-\frac{\pi}{2}}^{\frac{\pi}{2}}\sqrt{r^2+\left(\frac{dr}{d\theta}\right)^2}\,d\theta=\int_{-\frac{\pi}{2}}^{\frac{\pi}{2}}\sqrt{\left(\frac{p}{1+\cos\theta}\right)^2+\left(\frac{-p\sin\theta}{(1+\cos\theta)^2}\right)^2}\,d\theta$

$=\sqrt{2}p\int_{-\frac{\pi}{2}}^{\frac{\pi}{2}}(1+\cos\theta)^{-\frac{3}{2}}\,d\theta=\sqrt{2}p\int_{-\frac{\pi}{2}}^{\frac{\pi}{2}}(2\cos^2\frac{\theta}{2})^{-\frac{3}{2}}\,d\theta$

$=\frac{p}{2}\int_{-\frac{\pi}{2}}^{\frac{\pi}{2}}\sec^3\frac{\theta}{2}\,d\theta=p\int_{-\frac{\pi}{4}}^{\frac{\pi}{4}}\sec^3\omega\,d\omega=2p\int_0^{\frac{\pi}{4}}\sec^3\omega\,d\omega$

$=2p\{\frac{1}{2}[\sec\omega\tan\omega+\ln|\sec\omega+\tan\omega|]\}\Big]_0^{\frac{\pi}{4}}=\sqrt{2}+\ln(1+\sqrt{2})$

11 $L=\int_a^b\sqrt{\left(\frac{dx}{dt}\right)^2+\left(\frac{dy}{dt}\right)^2}\,dt$

$=\int_a^b\sqrt{(f'''(t)\cos t-f''(t)\sin t)^2+(-f'''(t)\sin t)-f''(t)\cos t+f''(t)\cos t-f'(t)\sin t)^2dt}$

$=f(t)+f''(t)\Big|_a^b$

12. $L_1=4\int_0^{\pi/2}\sqrt{\left(\frac{d\,a\cos t}{dt}\right)^2+\left(\frac{d}{dt}b\sin t\right)^2}\,dt=4\int_0^{\frac{\pi}{2}}\sqrt{a^2\sin^2t+b^2\cos^2t}\,dt$

$=4\int_{-\frac{\pi}{2}}^{0}\sqrt{a^2\cos^2t+b^2\operatorname{sint}^2t}\,(-dt)=4\int_0^{\frac{\pi}{2}}\sqrt{a^2\cos^2t+b^2\operatorname{sint}^2t}\,dt$

$L_2=4\int_0^{\frac{\pi}{2b}}\sqrt{1+\left(\frac{c}{b}\cos\frac{x}{b}\right)^2}\,dx=4\int_0^{\frac{\pi}{2b}}\sqrt{1+\frac{a^2-b^2}{b^2}\cos^2\frac{x}{b}}\,dx$

$=4\int_0^{\frac{\pi}{2}}b\sqrt{1+\frac{a^2-b^2}{b^2}\cos^2x}\,dx=4\int_0^{\frac{\pi}{2}}\sqrt{b^2-4(a^2-b^2)\cos^2x}\,dx$

$=4\int_0^{\frac{\pi}{2}}\sqrt{b^2\sin^2x+a^2\cos^2x}\,dx\quad\therefore L_1=L_2$

13. $L=\int_0^a\sqrt{1+(y')^2}\,dx=\frac{2}{3}[(1+a)^{\frac{3}{2}}-1]$ 二邊同時對 a 微分

得$\sqrt{1+[f'(x)]^2}=(1+x)^{\frac{1}{2}}\quad\therefore 1+f'(x)^2=1+x$，得 $f'(x)=x^{\frac{1}{2}}$

$$\Rightarrow f(x)=\frac{2}{3}x^{\frac{3}{2}}+c$$

14. 取 $x=\cos^4\theta$，$y=\sin^4\theta$

$$\therefore L=\int_0^{\frac{\pi}{2}}\sqrt{\left(\frac{dx}{d\theta}\right)^2+\left(\frac{dy}{d\theta}\right)^2}\,d\theta$$

$$=4\int_0^{\frac{\pi}{2}}\cos\theta\sin\theta\sqrt{\cos^4\theta+\sin^4\theta}\,d\theta$$

$$\overset{t=\sin\theta}{=\!=\!=}4\int_0^1 t\sqrt{1-2t^2+2t^4}\,dt\overset{\omega=t^2}{=\!=\!=}2\int_0^1\sqrt{1-2\omega+2\omega^2}\,d\omega$$

$$=1+\frac{1}{\sqrt{2}}\ln(1+\sqrt{2})$$

15. $9y^2=4x^3$ 對稱 x 軸，故原點至 $(3,2\sqrt{3})$ 之弧長爲全長之一半

又 $y=\frac{2}{3}x^{\frac{3}{2}}$　$\therefore L=2\int_0^3\sqrt{1+(y')^2}\,dx=2\int_0^3\sqrt{1+(x^{\frac{1}{2}})^2}\,dx$

$$=2\int_0^3\sqrt{1+x}\,dx=28/3$$

x

(3a, 0)

16. $y^2=\frac{x}{9a}(x-3a)^2=\frac{x}{a}\left(\frac{x}{3}-a\right)^2=\frac{x}{a}\left(a-\frac{x}{3}\right)^2$

$$y=\pm\sqrt{\frac{x}{a}}\left(a-\frac{x}{3}\right)\Rightarrow\frac{dy}{dx}=\pm\frac{a-x}{2\sqrt{ax}}$$

$$\therefore L=2\int_0^{3a}\sqrt{1+\left(\frac{dy}{dx}\right)^2}\,dx=2\int_0^{3a}\sqrt{1+\frac{(a-x)^2}{4ax}}\,dx$$

$$=\int_0^{3a}\frac{(a+x)}{\sqrt{ax}}dx=\int_0^{3a}\sqrt{a}\frac{dx}{\sqrt{x}}+\int_0^{3a}\frac{1}{\sqrt{a}}\sqrt{x}\,dx=4\sqrt{3}\,a$$

17. $f'(x)=\frac{e^{-x}}{\sqrt{1-e^{-2x}}}$

$$\therefore L=\int_0^1\sqrt{1+\left(\frac{e^{-x}}{\sqrt{1-e^{-2x}}}\right)^2}\,dx=\int_0^1\frac{dx}{\sqrt{1-e^{-2x}}}$$

$$=\int_0^1\frac{e^x}{\sqrt{e^{2x}-1}}\,dx=\ln(e+\sqrt{e^2-1})$$

18. $L=\int_0^{2\pi}\sqrt{r^2+\left(\frac{dr}{d\theta}\right)^2}\,d\theta=\int_0^{2\pi}\sqrt{a^2\theta^2+a^2}\,d\theta$

$$=\frac{a}{2}\{\theta\sqrt{1+\theta^2}+\ln(\theta+\sqrt{1+\theta^2})\}\Big]_0^{2\pi}$$

$$=\frac{a}{2}\{2\pi\sqrt{1+4\pi^2}+\ln(2\pi+\sqrt{1+4\pi^2})\}$$

5-3 體 積

A. 若 $y=f(x)$ 在 $[a,b]$ 中為連續，則對 x 軸旋轉所得之體積為：

$$V=\pi\int_a^b f^2(x)\,dx=\pi\int_a^b y^2\,dx$$

B. 若 $x=g(y)$ 在 $[c,d]$ 中連續，則繞 y 軸旋轉之體積為：

$$V=\pi\int_c^d g^2(y)\,dy=\pi\int_c^d x^2\,dy$$

C. 若 $f(x)$, $g(x)$ 在 $[a, b]$ 中連續，則 $f(x)$ 與 $g(x)$ 圍成區域繞 x 軸旋轉之體積為 $V=\pi\int_a^b〔f(x)^2-g^2(x)〕dx$，但在 $[a, b]$ 中 $f(x)\ge g(x)$，繞 y 軸旋轉之情況亦然。

例 1　求 $y=2^x$，$0\le x\le 3$繞 x 軸旋轉所成之體積。

解　$V=\pi\int_0^3 y^2\,dx=\pi\int_0^3 (2^x)^2\,dx=\pi\left[\frac{1}{2\ln 2}\cdot 2^{2x}\right]\Big|_0^3$

$=\frac{63\pi}{2\ln 2}$

例 2　若 R 是由 $y=\frac{1}{\sqrt{1+x^2}}$，$y=0$，$x=0$及 $x=1$所圍成之區域，求 R 繞 x 軸旋轉所成之體積。

解　$V=\pi\int_0^1 y^2\,dx=\pi\int_0^1\left[\frac{1}{\sqrt{1+x^2}}\right]^2 dx=\frac{\pi^2}{4}$

例 3　$y=\sin x\ (0\le x\le\pi)$，求繞 x 軸旋轉所成之體積。

解　$V=\pi\int_0^\pi \sin^2 x\,dx=\pi\int_0^\pi 1-\cos 2x\,dx=\frac{\pi^2}{2}$

例 4　求 $f(x)=\sqrt{4-x^2}$，$g(x)=1$，$0\le x\le\sqrt{3}$ 圍成區域繞 x 軸旋轉所得之旋轉體體積。

解　$V=\pi\int_0^{\sqrt{3}}[(\sqrt{4-x^2})^2-1]dx=2\sqrt{3}\,\pi$

類似問題

1. $\dfrac{x^2}{a^2}+\dfrac{y^2}{b^2}=1$ 繞 x 軸及 y 軸旋轉所圍成之體積分別為何？

2. 求 $y^2=ax$ 及 $x^2=by$ $(a>0, b>0)$ 繞 x 軸旋轉所圍成之體積。

3. 求 $y=x+\dfrac{4}{x}$，x 軸，$x=1$，$x=3$ 所圍成區域繞 y 軸旋轉之體積。

※4. 求擺線 $x=a(t-\sin t)$，$y=a(1-\cos t)$，$0\le t\le 2\pi$ 與 x 軸所夾區域繞 x 軸旋轉所成之體積。

5. 求 $\sqrt{\dfrac{x}{a}}+\sqrt{\dfrac{y}{b}}=1$ $(a>0, b>0)$ 與 x, y 軸間所夾之區域，(a) 繞 x 軸旋轉之體積；(b) 繞 y 軸旋轉所成之體積。

解

1. (a) $y^2=\dfrac{b^2}{a^2}(a^2-x^2)$　　$\therefore V=\pi\int_{-a}^{a}\dfrac{b^2}{a^2}(a^2-x^2)\,dx=\dfrac{4}{3}\pi ab^2$

(b) $x^2=\dfrac{a^2}{b^2}(b^2-y^2)$　　$\therefore V=\pi\int_{-b}^{b}\dfrac{a^2}{b^2}(b^2-y^2)\,dy=\dfrac{4}{3}\pi a^2b$

2. 設 $y^2=ax$ 與 $x^2=by$ 之交點：

$\dfrac{x^2}{b}=\sqrt{ax}$　$\therefore x=a^{\frac{1}{3}}b^{\frac{2}{3}}=\alpha$

$\therefore V=\int_0^{\alpha}\left(ax-\left(\dfrac{x^2}{b}\right)^2\right)dx$

$=\pi\left[\dfrac{a\alpha^2}{2}-\dfrac{\alpha^5}{5b^2}\right]=\dfrac{3}{10}\pi a^{\frac{5}{3}}b^{\frac{4}{3}}$

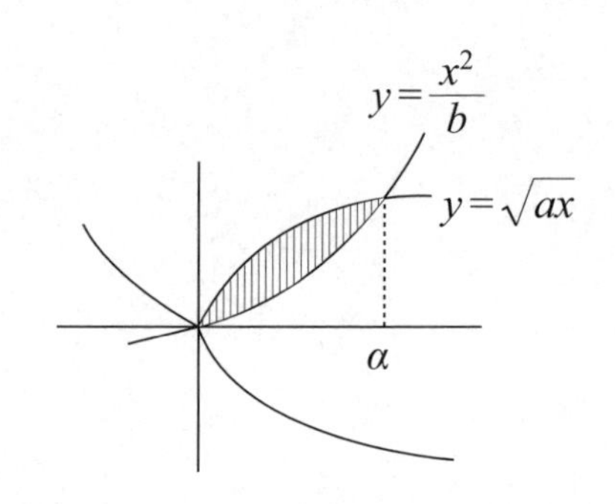

3. $V=\pi\int_1^3 x^2\,dy=\pi\int_1^3 x^2\,d\left(x+\frac{4}{x}\right)=\pi\int_1^3(x^2-4)\,dx=\frac{2\pi}{3}$

4. $\because x=a(t-\sin t)$

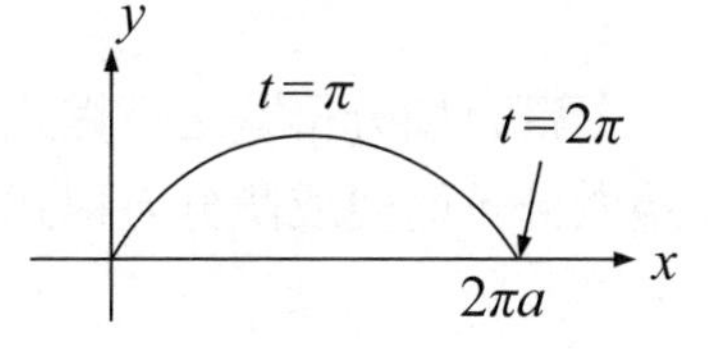

$\therefore\frac{dx}{dt}=a(1-\cos t)$

得 $V=\pi\int_0^{2\pi}[a(1-\cos t)]^2\,a(1-\cos t)\,dt$

$=\pi a^3\int_0^{2\pi}(1-\cos t)^3\,dt=\pi a^3\int_0^{2\pi}(2\sin^2\frac{t}{2})^3\,dt$

$=8\pi a^3\int_0^{2\pi}\sin^6\frac{t}{2}\,dt\overset{\theta=\frac{t}{2}}{=\!=\!=}32\pi a^3\int_0^{\frac{\pi}{2}}\sin^6\theta\,d\theta$

$\overset{\text{Wallis 公式}}{=\!=\!=}32\pi a^3\cdot\frac{5\cdot3\cdot1}{6\cdot4\cdot2}\frac{\pi}{2}=5\pi a^3$

5. $\because y=b\left[1-\sqrt{\frac{x}{a}}\right]^2$ 　$\therefore V=\pi\int_0^a y^2\,dx$

$=\pi b^2\int_0^a\left[1-\sqrt{\frac{x}{a}}\right]^4dx$ 　*

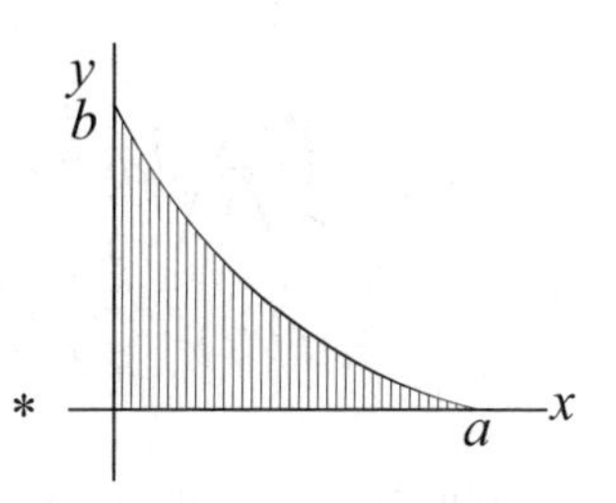

取 $t=1-\frac{x}{\sqrt{a}}$，$x=a(1-t)^2$，$\frac{dx}{dt}=-2a(1-t)$

$\therefore *=\pi b^2\int_1^0 t^4(-2a)(1-t)\,dt=2ab^2\pi\int_0^1 t^4(1-t)\,dt=2ab^2\pi\cdot\frac{\Gamma(5)\Gamma(2)}{\Gamma(7)}$

$=\frac{1}{15}\pi ab^2$

(b) $x=a\left[1-\sqrt{\frac{y}{b}}\right]^2$

$\therefore V=\pi\int_0^b a^2\left[1-\frac{y}{\sqrt{b}}\right]^4dy$

$=\frac{1}{15}\pi a^2 b$

注意：Beta 函數可能會被用到：

(1) $\int_0^1 x^m(1-x)^n\,dx=\frac{\Gamma(m+1)\Gamma(n+1)}{\Gamma(m+n+2)}$

(2) $\int_0^{\frac{\pi}{2}}\sin^m\theta\cos^n\theta\,d\theta=\frac{1}{2}\frac{\Gamma\left(\frac{m+1}{2}\right)\Gamma\left(\frac{n+1}{2}\right)}{\Gamma\left(\frac{m+n}{2}+1\right)}$

□□□ 5-4 積分方程式簡介 □□□

帶有積分符號之方程式為積分方程式，其解法通常透過對式子二邊微分，而變成微分方程式，然後解此微分方程式即可。

例 1 設函數 $f: R \to R$ 為連續且滿足方程式 $f(x)=\int_0^x f(t)\,dt+1$，試求此函數 f。

解 $f'(x)=f(x)$ $\quad \therefore \dfrac{f'(x)}{f(x)}=1$

$$\Rightarrow \int \frac{f'(x)}{f(x)}dx=x+c \Rightarrow \ln f(x)=x+c \Rightarrow f(x)=e^{x+c}=ke^x$$

又 $f(0)=\int_0^0 f(t)\,dt+1=1 \quad \therefore f(x)=e^x$

例 2 求一曲線之方程以使其 $x=0$ 至 $x=a$ 之弧長為 $\frac{2}{3}[(1+a)^{\frac{3}{2}}+1]$。

> 若方程式中有 $\int_a^b g(x)\,dx$，a、b 為一個定值時，要令 $\int_a^b g(x)\,dx=c$，再將解代入原方程式以定出常數 c。

解 $\because L=\int_0^a \sqrt{1+(y')^2}\,dx=\frac{2}{3}[(1+a)^{\frac{3}{2}}-1]$

$\because$ 二邊同時對 a 微分，得

$$\sqrt{1+(y')^2}=(1+a)^{\frac{1}{2}} \Rightarrow 1+(y')^2=(1+a)$$

$$\Rightarrow y'=a^{\frac{1}{2}} \qquad \therefore y=\frac{3}{2}a^{\frac{3}{2}}+c$$

即 $f(x)=\frac{2}{3}a^{\frac{3}{2}}+c$

類似問題

1. $g:[0,\infty)\to R$ 爲一連續函數，若 $\int_0^{x^2} t^2 g(t)\,dt = x^6(x^2+1)$，$\forall x\geq 0$，求 $g(x)$。

2. 若 $f(x)$ 爲所有 x 均爲連續且 $\int_0^x f(t)\,dt = \int_x^1 t^2 f(t)\,dt + \frac{x^{16}}{8} + \frac{x^{18}}{9} + c$，$c$ 爲常數，求 $f(x)$ 及 c。

3. 求滿足 $\int_c^x tf(t)\,dt = \sin x - x\cos x - \frac{x^2}{2}$　$\forall x$ 之 $f(x)$ 及 c。

※4. $f(x) = 3 + \int_0^x \frac{1+\sin t}{2+t^2}dt$　$\forall x$，且 $p(x) = a + bx + cx^2$，若 $p(x)$ 滿足 $p(0) = f(0)$，$p'(0) = f'(0)$ 且 $p''(0) = f''(0)$，求 $p(x)$ 之係數。

※5. 若 g 爲一連續函數，且 $g(1) = 5$，$\int_0^1 g(t)\,dt = 2$，設 $f(x) = \frac{1}{2}\int_0^x (x-t)^2 g(t)\,dt$，求證 $f'(x) = x\int_0^x g(t)\,dt - \int_0^x tg(t)\,dt$，並求 $f''(1)$ 與 $f'''(1)$。

6. 設一通過原點之曲線，其任一點 (x, y) 到原點之長度爲 s，s 滿足 $s = e^x + y - 1$，求此曲線方程式。

解

1. $\because \int_0^{x^2} t^2 g(t)\,dt = x^6(x^2+1) = x^8 + x^6$　二邊對 x 微分，得

$2x(x^4g(x^2))=8x^7+6x^5 \qquad \therefore g(x)=4x+3$

2. 二邊同時對 x 微分，得　$f(x)=-x^2f(x)+2x^{15}+2x^{17}$

$\therefore f(x)=\dfrac{2(x^{15}+x^{17})}{1+x^2}=2x^{15}$

代 $f(x)$ 入原方程式

$$\int_0^x 2t^{15}\,dt=\frac{1}{8}x^{16} \tag{1}$$

又 $\int_x^1 t^2f(t)\,dt+\frac{1}{8}x^{16}+\frac{1}{9}x^{18}+c$

$=\int_x^1 2t^2\cdot t^{15}\,dt+\frac{1}{8}x^{16}+\frac{1}{9}x^{18}+c$

$$=\frac{1-x^{18}}{9}+\frac{1}{8}x^{16}+\frac{1}{9}x^{18}+c \tag{2}$$

比較 (1), (2) 得 $c=\frac{1}{9}$

3. $\because$ 二邊同時對 x 微分，可得 $xf(x)=x\sin x-x \quad \therefore f(x)=\sin x-1$

代入原方程式 $\int_c^x t(\sin t-1)\,dt$

$=\sin x-x\cos x-\frac{1}{2}x^2\underbrace{-\sin c+c\cos c-\frac{1}{2}c^2}_{=0}$

$=\sin x-x\cos x-\frac{x^2}{2}$　解 $\sin c-c\cos c+\frac{1}{2}c^2=0$ 得：$c=0$

4. 顯然 $f(0)=3=a$

$f'(x)=\dfrac{1+\sin x}{2+x^2} \qquad \therefore f'(0)=\frac{1}{2}=b$

$$f''(x)=\frac{(2+x^2)\cos x-2x(1+\sin x)}{(2+x^2)^2}\Rightarrow f''(0)=\frac{1}{2}=2c \qquad \text{即}\ c=\frac{1}{4}$$

$$\therefore p(x)=3+\frac{x}{2}+\frac{x^2}{4}$$

5. $f(x)=\frac{1}{2}\int_0^x(x^2-2xt+t^2)g(t)\,dt$

$$=\frac{x^2}{2}\int_0^x g(t)\,dt-x\int_0^x tg(t)\,dt+\frac{1}{2}\int_0^x t^2g(t)\,dt$$

$$\therefore f'(x)=x\int_0^x g(t)\,dt+\frac{x^2}{2}g(x)-\int_0^x tg(t)\,dt-x^2g(x)+\frac{1}{2}x^2g(x)$$

$$=x\int_0^x g(t)\,dt-\int_0^x tg(t)\,dt$$

$\Rightarrow f''(x)=\int_0^x g(t)\,dt$，$f'''(x)=g(x)$　　又 $f''(1)=2$

$\therefore f'''(1)=g(1)=5$

6. 依題意：$\int_0^x\sqrt{1+(f'(t))^2}\,dt=e^x+f(x)-1$，兩邊對 x 微分，得

$\sqrt{1+(f'(x))^2}=e^x+f'(x)$，兩邊同時平方：

$1+(f'(x))^2=e^{2x}+2e^xf'(x)+(f'(x))^2$

$$\therefore f'(x)=\frac{1-e^{2x}}{2e^x}=\frac{e^{-x}-e^x}{2}$$

因此 $f(x)=\frac{-e^{-x}-e^x}{2}+c=-\frac{e^x+e^{-x}}{2}+c$

又 $f(0)=-1+c=0$　得 $c=1$

$$\therefore y=-\frac{e^x+e^{-x}}{2}+1$$

第六章　偏微分及其應用

6-1　多變數函數之極限與連續

令 p 表點 (x, y)，p_0 表點 (x_0, y_0)，$f(p)$ 表函數 $f(x,y)$，若 p 充分地接近 p_0（但 $p \neq p_0$）時，$f(p)$ 無限地接近 l，則稱 $p \to p_0$ 下，$f(p)$ 之極限值爲 l，所謂 p 充分接近 p_0 意指，p 與 p_0 之距離 $>\delta$，$\delta \geq 0$ 故 $\lim\limits_{p \to p_0} f(x,y)=l$，即 $\lim\limits_{(x,y)\to(a,b)} f(x,y)=l$ 可定義爲：

☑定義：

$\lim\limits_{(x,y)\to(a,b)} f(x,y)=l$ 定義爲：對每一個 $\varepsilon>0$，當 $0<\sqrt{(x-a)^2+(y-b)^2}<\delta$ 時均有 $|f(x,y)-l|<\varepsilon$，則稱 $\lim\limits_{(x,y)\to(a,b)} f(x,y)=l$。

以下幾個例子是說明如何證明或反證 $\lim\limits_{(x,y)\to(x_0,y_0)} f(x,y)=l$ 之方法，要注意的是，在第一章之 $\lim\limits_{x\to a} f(x)=l$ 存在之條件是 $\lim\limits_{x\to a^+} f(x)=l_1$，$\lim\limits_{x\to a^-} f(x)=l_2$，$l_1$，$l_2$ 存在且相等。在二變數時 $(x,y)\to(x_0,y_0)$ 之途徑有無限多條，

若 $\lim\limits_{(x,y)\to(x_0,y_0)} f(x,y)=l$，則必需 $(x,y) \xrightarrow{\text{循各種途徑}} (x_0,y_0)$ 之極限值均爲 l，有一條途徑之極限值不爲 l 時，$\lim\limits_{(x,y)\to(x_0,y_0)} f(x,y)=l$ 便不成立，而要證明 $\lim\limits_{(x,y)\to(x_0,y_0)} f(x,y)=l$，$\varepsilon-\delta$ 方法是其中之一。許多第一章所述的求函數極限技巧亦常被應用到。

※**例** *1* 求證 $\lim_{(x,y)\to(0,0)} \dfrac{2x^3-y^3}{x^2+y^2}=0$。

解 **由定義，對任一正數**ε**，我們需證明能找到另一個正數**δ（δ**依**ε**值而定）**，使得當$\delta>\sqrt{x^2+y^2}>0$時有

$\left|\dfrac{2x^3-y^3}{x^2+y^2}\right|$：

$$\because |2x^3-y^3|\le 2|x^3|+|y^3|=2|x|x^2+|y|y^2$$

$$\le 2\sqrt{x^2+y^2}\cdot x^2+\sqrt{x^2+y^2}\cdot y^2$$

$$=(\sqrt{x^2+y^2})(2x^2+y^2)\le\sqrt{x^2+y^2}(2x^2+2y^2)$$

$$\le 2(x^2+y^2)^{\frac{3}{2}}$$

$$\therefore\left|\frac{2x^3-y^3}{x^2+y^2}-0\right|\le 2\sqrt{x^2+y^2}<2\delta$$

故取$\dfrac{\varepsilon}{2}\ge\delta>0$，則本題得證

> 證明 $\lim_{\substack{x\to x_0\\y\to y_0}} f(x,y)=\ell$
> 常用之三個不等式
> $2|ab|\le a^2+b^2$
> $|a|+|b|\le\sqrt{2}\sqrt{a^2+b^2}$
> $|x|\le\sqrt{x^2+y^2}$

※**例** *2* 求證 $\lim_{(x,y)\to(0,0)} \dfrac{xy(x^2-y^2)}{x^2+y^2}=0$。

解 $\because |xy(x^2-y^2)|\le|x||y|(|x^2|+|y^2|)$

$$\le\frac{1}{2}(x^2+y^2)(x^2+y^2)=\frac{1}{2}(x^2+y^2)^2$$

（利用$|x|\le\sqrt{x^2+y^2}$，$|y|\le\sqrt{x^2+y^2}$）

$$\therefore\left|\frac{xy(x^2-y^2)}{x^2+y^2}-0\right|<\frac{1}{2}(x^2+y^2)<\frac{1}{2}\delta^2$$

故取$\delta=\sqrt{2}\sqrt{\varepsilon}>0$，則本題得證

※例 3　求證 $\lim\limits_{(x,y)\to(0,0)}\dfrac{\sin(x^2+y^2)}{x^2+y^2}=1$。

解　令$t=x^2+y^2$，則$(x,y)\to(0,0)$時$t\to 0$　又$\sqrt{x^2+y^2}<\sqrt{\varepsilon}\Rightarrow t<\varepsilon$

$$\therefore\lim_{(x,y)\to(0,0)}\frac{\sin(x^2+y^2)}{x^2+y^2}=\lim_{t\to 0}\frac{\sin t}{t}=1$$

※例 4　求 $\lim\limits_{\substack{x\to\infty\\ y\to\infty}}\left(\dfrac{xy}{x^2+y^2}\right)^x$ 是否存在？

解　$\because 0\le\left(\dfrac{xy}{x^2+y^2}\right)^x\le\left(\dfrac{1}{2}\right)^x, x\ge 0, y\ge 0$，

$\lim\limits_{x\to\infty}\left(\dfrac{1}{2}\right)^x=0$，由擠壓定理，

$$\lim_{\substack{x\to\infty\\ y\to\infty}}\left(\frac{xy}{x^2+y^2}\right)^x=0$$

> (1) $\dfrac{x^2+y^2}{2}\ge\sqrt{x^2y^2}=xy$
> (2) 利用擠壓定理

例 5　問 $\lim\limits_{\substack{x\to 0\\ y\to 0}}\dfrac{xy}{x^2+y^2}$ 是否存在？

解　令 $y=mx$，$\because\lim\limits_{x\to 0}\dfrac{x(mx)}{x^2+(mx)^2}=\dfrac{m}{1+m^2}$，即原式之極限值隨 m 之不同而改變，故極限值不存在。

例 6　問 $\lim\limits_{\substack{x\to 0\\ y\to 0}}\dfrac{x^2-y^2}{x^2+y^2}$ 是否存在？

解　令 $y=mx$，$\because \lim\limits_{x\to 0}\dfrac{x^2-(mx)^2}{x^2+(mx)^2}=\lim\limits_{x\to 0}\dfrac{1-m^2}{1+m^2}=\dfrac{1-m^2}{1+m^2}$

即原式之極限值隨 m 不同而改變，故極限值不存在。

在例 6 中我們亦可用下列方法證明極限值不存在：

$$\lim_{x\to 0}\left(\lim_{y\to 0}\frac{x^2-y^2}{x^2+y^2}\right)=\lim_{x\to 0}1=1$$

又 $\lim\limits_{y\to 0}\left(\lim\limits_{x\to 0}\dfrac{x^2-y^2}{x^2+y^2}\right)=\lim\limits_{y\to 0}(-1)=-1$

$$\because \lim_{x\to 0}\lim_{y\to 0}\frac{x^2-y^2}{x^2+y^2}\neq\lim_{y\to 0}\lim_{x\to 0}\frac{x^2-y^2}{x^2+y^2}$$

$\therefore \lim\limits_{\substack{x\to 0\\ y\to 0}}\dfrac{x^2-y^2}{x^2+y^2}$ 不存在

在上例第二種方法，即使 $\lim\limits_{x\to 0}(\lim\limits_{y\to 0}f(x,y))=\lim\limits_{y\to 0}(\lim\limits_{x\to 0}f(x,y))$ 時

我們亦不保證 $\lim\limits_{\substack{x\to 0\\ y\to 0}}f(x,y)$ 存在。

多變數函數之連續定義與第一章之單一變數函數連續定義相同，即：

☑定義：

令 $f(x,y)$ 定義於區域 R 中，(x_0,y_0) 爲 R 中之一點，若

$\lim\limits_{(x,y)\to(x_0,y_0)}f(x,y)=f(x_0,y_0)$，則稱：

$f(x,y)$ 在 (x_0,y_0) 那點爲連續。

例 8 問 $f(x,y)=\dfrac{xy}{x^2-y^2}$ 在何點不連續？

解 $f(x,y)=\dfrac{xy}{x^2-y^2}$ 在 $x^2=y^2$ 之直線（$y=x$，$y=-x$）上為不連續。

類似問題

1. 求 (a) $\lim\limits_{\substack{x\to\infty \\ y\to\infty}}\dfrac{\ln(x^2+y^2+1)}{x^2+y^2}$ (b) $\lim\limits_{\substack{x\to\infty \\ y\to a}}\left(1+\dfrac{1}{xy}\right)^{\frac{x^2}{x+y}}, a\neq 0$ (c) $\lim\limits_{\substack{x\to 0 \\ y\to 0}}\dfrac{xye^x}{5-\sqrt{25+xy}}$。

2. 試沿下列曲線分別計算 $\lim\limits_{(x,y)\to(0,0)}\dfrac{2xy}{x^2+3y^2}$

   (a) $y=3x$　(b) x 軸　(c) y 軸　(d) $y=x^2$。

3. 試求 $\lim\limits_{(x,y)\to(0,0)}\dfrac{2x^2+y}{x^2+y^2}$。

※4. 求證 $\lim\limits_{(x,y)\to(0,0)}\dfrac{xy}{|x|+|y|}=0$。

5. 求證 $\lim\limits_{(x,y)\to(0,0)}\dfrac{x^4+y^4}{x^2+y^2}=0$。

6. 求證 $\lim\limits_{(x,y)\to(0,0)}\dfrac{x^2y^2}{x^2+y^2}=0$。

※7. $f(x,y)=\begin{cases}\dfrac{x^4}{x^2+y^2} & ,\ (x,y)\neq(0,0) \\ 0 & ,\ (x,y)=(0,0)\end{cases}$

   試證 $f(x,y)$ 在 $(0,0)$ 處為連續。

8. 試證 $f(x,y)=\dfrac{5x}{1+y^2}$ 在 $(0,0)$ 處為連續。

9. 試證 $f(x,y,z)=\dfrac{y^3z}{1+x^2+z^2}$ 在 $(0,0,0)$ 處爲連續。

10. 問 $f(x,y)=\begin{cases}\dfrac{xy^2}{x^2+y^4}, & (x,y)\neq(0,0)\\ 0, & (x,y)=(0,0)\end{cases}$

在 $(0,0)$ 處是否爲連續？

11. 證明：$\lim\limits_{\substack{x\to 0\\ y\to 0}}\left(x\sin\dfrac{1}{y}+y\sin\dfrac{1}{x}\right)=0$

解

1. (a) $\lim\limits_{\substack{x\to\infty\\ y\to\infty}}\dfrac{\ln(x^2+y^2+1)}{x^2+y^2}\overset{\substack{x=r\cos\theta\\ y=r\sin\theta}}{=\!=\!=}\lim\limits_{r\to\infty}\dfrac{\ln(1+r^2)}{r^2}\overset{L'Hospital}{=\!=\!=}\lim\limits_{r\to\infty}\dfrac{\frac{2r}{1+r^2}}{2r}=0$

(b) $\lim\limits_{\substack{x\to\infty\\ y\to a}}\left(1+\dfrac{1}{xy}\right)^{\frac{x^2}{x+y}}=\lim\limits_{\substack{x\to\infty\\ y\to a}}\left[\left(1+\dfrac{1}{xy}\right)^{xy}\right]^{\frac{x^2}{x+y}\cdot\frac{1}{xy}}=\lim\limits_{\substack{x\to\infty\\ y\to a}}\left[\left(1+\dfrac{1}{xy}\right)^{xy}\right]^{\frac{x}{(x+y)y}}$

$\because \lim\limits_{\substack{x\to\infty\\ y\to a}}\left(1+\dfrac{1}{xy}\right)^{xy}=e$，$\lim\limits_{\substack{x\to\infty\\ y\to a}}\dfrac{x}{(x+y)y}=\lim\limits_{\substack{x\to\infty\\ y\to a}}\dfrac{1}{1+\frac{y}{x}}\cdot\dfrac{1}{y}=\dfrac{1}{a}$

$\therefore$ 原式 $=e^{\frac{1}{a}}$

(c) 原式 $=\lim\limits_{\substack{x\to 0\\ y\to 0}}\dfrac{xye^x(5+\sqrt{25+xy})}{(5-\sqrt{25+xy})(5+\sqrt{25+xy})}=\lim\limits_{\substack{x\to 0\\ y\to 0}}e^x(5+\sqrt{25+xy})=10$

3. (a) $\lim\limits_{x\to 0}\left(\lim\limits_{y\to 0}\dfrac{2x^2+y}{x^2+y^2}\right)=2$，而 $\lim\limits_{y\to 0}\left(\lim\limits_{x\to 0}\dfrac{2x+y}{x^2+y^2}\right)$ 不存在

$\therefore \lim\limits_{(x,y)\to(0,0)}\dfrac{2x^2+y}{x^2+y^2}$ 不存在

4. $|xy-0|=|x||y|\le\frac{1}{2}(x^2+y^2)\le\frac{1}{2}(|x|\sqrt{x^2+y^2}+|y|\sqrt{x^2+y^2})$

$$=\frac{1}{2}(|x|+|y|)\sqrt{x^2+y^2}$$

$\therefore\left|\frac{xy}{|x|+|y|}-0\right|\le\frac{1}{2}\sqrt{x^2+y^2}<\frac{\delta}{2}$　$\therefore$取 $\delta=2\varepsilon$

5. $|x^4+y^4-0|\le(x^2+y^2)^2$

$\therefore\left|\frac{x^4+y^4}{x^2+y^2}-0\right|\le x^2+y^2<\delta^2$，取 $\delta=\sqrt{\varepsilon}$

6. $|x^2y^2|\le\frac{1}{2}(x^4+y^4)\le\frac{1}{2}(x^2+y^2)^2$

$\therefore\left|\frac{x^2y^2}{x^2+y^2}-0\right|\le\frac{1}{2}(x^2+y^2)<\frac{1}{2}\delta^2$，取 $\delta=\sqrt{2\varepsilon}$

7. $|f(x,y)-f(0,0)|=\left|\frac{x^4}{x^2+y^2}-0\right|=\left|\frac{x^4}{x^2+y^2}\right|$

但 $x^4\le x^4+y^4\le(x^2+y^2)^2$　$\therefore\left|\frac{x^4}{x^2+y^2}\right|\le|x^2+y^2|\le(\sqrt{x^2+y^2})^2<\delta^2$

取 $\delta=\varepsilon^{\frac{1}{2}}$ 得 $\lim\limits_{\substack{x\to 0\\ y\to 0}}f(x,y)=0$，又 $f(0,0)=0$　$\therefore f(x,y)$ 在 $(0,0)$ 爲連續。

8. $|f(x,y)-f(0,0)|=\left|\frac{5x}{1+y^2}\right|\le 5|x|\le 5\sqrt{x^2+y^2}<5\delta$（$\because 1+y^2\ge 1$，$\forall y\in R$）取 $\delta=\frac{1}{5}\varepsilon$ 即得

9. $|f(x,y,z)-f(0,0,0)|=\left|\frac{y^3z}{1+x^2+z^2}\right|\le|y^3z|$　*

$\because\sqrt{x^2+y^2+z^2}\ge|z|$ 及 $(\sqrt{x^2+y^2+z^2})^3\ge|y^3|(\sqrt{x^2+y^2+z^2})^4\ge|y^3z|$

代之入 * 得

$$\left|\frac{y^3z}{1+x^2+z^2}-0\right| \le (\sqrt{x^2+y^2+z^2})^4 < \delta^4$$

取 $\delta=\varepsilon^{\frac{1}{4}}$ 即得　$\therefore \lim\limits_{\substack{x\to 0\\ y\to 0\\ z\to 0}} f(x,y,z)=0$，又 $f(0,0,0)=0$　$\therefore f(x,y,z)$

在 (0, 0, 0) 處為連續。

10. 取 $x=my^2$，$\lim\limits_{x\to 0}\frac{xy^2}{x^2+y^4}=\lim\limits_{x\to 0}\frac{my^4}{m^2y^4+y^4}=\frac{m}{1+m^2}$，即原式之極限會隨 m 不同而改變　$\therefore \lim\limits_{\substack{x\to 0\\ y\to 0}} f(x,y)$ 不存在。

11. $\left|x\sin\frac{1}{y}+y\sin\frac{1}{x}\right| \le \left|x\sin\frac{1}{y}\right|+\left|y\sin\frac{1}{x}\right| \le |x|+|y| \le 2\sqrt{x^2+y^2} < 2\delta$

取 $\delta=\frac{\varepsilon}{2}$ 即得。

6-2　偏微分（Partial Derivative）

多變量函數之偏微分，即為某一變數在其他所有變數均為常數之假設下，對該變數行一般之微分。

函數 $z=f(x,y)$ 對 x 在 (x_0, y_0) 處之偏導數記做 $\frac{\partial f}{\partial x}$，或 $f_x, f_x(x,y), \left.\frac{\partial f}{\partial x}\right|_y$；在此 y 視為常數，

同樣地 $f(x,y)$ 對 y 之偏微分記做 $\frac{\partial f}{\partial y}$，或 $f_y, f_y(x,y), \left.\frac{\partial f}{\partial y}\right|_y$

在此 x 視為常數。

定義 $$f_x(x,y)=\lim_{\Delta x\to 0}\frac{f(x+\Delta x,y)-f(x,y)}{\Delta x}$$

$$f_y(x,y)=\lim_{\Delta y\to 0}\frac{f(x,y+\Delta y)-f(x,y)}{\Delta y}$$

若我們欲求 (x_0,y_0) 之特定點上之導數，可用

$\left.\frac{\partial f}{\partial x}\right|_{(x_0,y_0)}=f_x(x_0,y_0)$ 和 $\left.\frac{\partial f}{\partial y}\right|_{(x_0,y_0)}=f_y(x_0,y_0)$ 表示。

◎**例 1**　$f(x,y)=x^{xy}$，求 $\frac{\partial f}{\partial x}$ 和 $\frac{\partial f}{\partial y}$。

解　取 $f=x^{xy}\Rightarrow \ln f=xy\ln x$　(1)

① 求 $\frac{\partial f}{\partial x}$：(1) 二邊對 x 微分（y 視為常數）

得 $\frac{f'}{f}=y\ln x+y$　$\therefore f'=f\cdot y(1+\ln x)=x^{xy}y(1+\ln x)$

即 $\frac{\partial f}{\partial x}=f_x=x^{xy}y(1+\ln x)$

② 求 $\frac{\partial f}{\partial y}$：(1) 二邊對 y 微分（視 x 為常數）

得 $\frac{f'}{f}=x\ln x$

$\therefore f'=fx\ln x=x^{xy+1}\cdot\ln x$

即 $\dfrac{\partial f}{\partial y}=f_y=x^{xy+1}\ln x$

※例 2 若 $\begin{cases} v+\ln u=xy \\ u+\ln v=x-y \end{cases}$，求 $\dfrac{\partial u}{\partial x}$ 及 $\dfrac{\partial v}{\partial x}$。

解 $\because \begin{cases} \ln u+v=xy \\ u+\ln v=x-y \end{cases}$

$$\therefore \begin{cases} \dfrac{1}{u}\dfrac{\partial u}{\partial x}+\dfrac{\partial v}{\partial x}=y \\ \dfrac{\partial u}{\partial x}+\dfrac{1}{v}\dfrac{\partial v}{\partial x}=1 \end{cases}$$

$$故\ \frac{\partial u}{\partial x}=\begin{vmatrix} y & 1 \\ 1 & \frac{1}{v} \end{vmatrix} \Bigg/ \begin{vmatrix} \frac{1}{u} & 1 \\ 1 & \frac{1}{v} \end{vmatrix}=\frac{\frac{y}{v}-1}{\frac{1}{uv}-1}=\frac{uy-uv}{1-uv}$$

$$\frac{\partial v}{\partial x}=\begin{vmatrix} \frac{1}{u} & y \\ 1 & 1 \end{vmatrix} \Bigg/ \begin{vmatrix} \frac{1}{u} & 1 \\ 1 & \frac{1}{v} \end{vmatrix}=\frac{\frac{1}{u}-y}{\frac{1}{uv}-1}=\frac{v-uvy}{1-uv}$$

◎例 3 $z=\sqrt{|xy|}$，求 $\left.\dfrac{\partial z}{\partial x}\right|_{(0,0)}$，$\left.\dfrac{\partial z}{\partial y}\right|_{(0,0)}$

解 $\left.\dfrac{\partial z}{\partial x}\right|_{(0,0)}=\lim\limits_{\Delta x\to 0}\dfrac{f(x+\Delta x,y)-f(x,y)}{\Delta x}$

$$=\lim_{\Delta x\to 0}\frac{f(\Delta x,0)-f(0,0)}{\Delta x}=\lim_{\Delta x\to 0}\frac{\sqrt{\Delta x\cdot 0}-0}{\Delta x}=0$$

同法 $\left.\dfrac{\partial z}{\partial y}\right|_{(0,0)}=0$

類似問題

1～6 題求 $\partial f/\partial x$ 及 $\partial f/\partial y$：

1. $f(x,y)=\frac{1}{y}\cos x^2$　　2. $f(x,y)=\tan(x^2/y)$　　3. $f(x,y)=\tan^{-1}\left(\frac{y}{x}\right)$

4. $f(x,y)=\sin^{-1}\frac{x}{\sqrt{x^2+y^2}}$　5. $f(x,y)=\tan^{-1}\left(\frac{x+y}{1-xy}\right)$　6. $f(x,y)=\cos^{-1}\left(\sqrt{\frac{x}{y}}\right)$

7. 若 $u=x^u+u^y$，求 $\frac{\partial u}{\partial x}$ 及 $\frac{\partial u}{\partial y}$。

※8. 若 $u=xyf\left(\frac{x+y}{xy}\right)$，且 u 滿足

$$x^2\frac{\partial u}{\partial x}-y^2\frac{\partial u}{\partial y}=G(x,y)u$$，求 $G(x,y)$。

9. $u=x^{y^z}$　求 (1) $\frac{\partial u}{\partial x}$　(2) $\frac{\partial u}{\partial y}$　(3) $\frac{\partial u}{\partial z}$

◎10. $f(x,y)=\begin{cases}1，xy\neq 0\\0，xy=0\end{cases}$，求 $f(x,y)$ 在 $(0,0)$ 處之連續性與對 x,y 是否均有可偏微分

解

1. $\frac{\partial f}{\partial x}=-\frac{2x}{y}\sin x^2;\ \frac{\partial f}{\partial y}=-\frac{1}{y^2}\cos(x^2)$

2. $\frac{\partial f}{\partial x}=\frac{2x}{y}\sec^2\left(\frac{x^2}{y}\right),\ \frac{\partial f}{\partial y}=-\frac{x^2}{y^2}\sec^2\left(\frac{x^2}{y}\right)$

3. $\dfrac{\partial f}{\partial x}=-\dfrac{y}{x^2+y^2}$；$\dfrac{\partial f}{\partial y}=\dfrac{x}{x^2+y^2}$

4. $\dfrac{\partial f}{\partial x}=\dfrac{y^2}{(x^2+y^2)|y|}$；$\dfrac{\partial f}{\partial y}=\dfrac{-xy}{|y|(x^2+y^2)}$

5. $\dfrac{\partial f}{\partial x}=\dfrac{1+y^2}{1+x^2+y^2+x^2y^2}$，$\dfrac{\partial f}{\partial y}=\dfrac{1+x^2}{1+x^2+y^2+x^2y^2}$

6. $\dfrac{\partial f}{\partial x}=\dfrac{-1}{\sqrt{x(y-x)}}$；$\dfrac{\partial f}{\partial y}=\dfrac{\sqrt{x}}{2y\sqrt{y-x}}$

7. $u=x^u+u^y$

取 $z=u-x^u-u^y$

$$\Rightarrow\frac{\partial u}{\partial x}=\frac{-\partial z/\partial x}{\partial z/\partial u}=\frac{ux^{u-1}}{1-ux^{u-1}\ln x-yu^{y-1}}\text{；}$$

$$\frac{\partial u}{\partial y}=\frac{-\partial z/\partial y}{\partial z/\partial u}=\frac{uy^{u-1}\ln y}{1-ux^{u-1}\ln x-yu^{y-1}}$$

8. $u=xyf\left(\dfrac{1}{x}+\dfrac{1}{y}\right)$

$$\therefore\frac{\partial u}{\partial x}=yf\left(\frac{1}{x}+\frac{1}{y}\right)-\frac{y}{x}f'\left(\frac{1}{x}+\frac{1}{y}\right)$$

$$\frac{\partial u}{\partial y}=xf\left(\frac{1}{x}+\frac{1}{y}\right)-\frac{x}{y}f'\left(\frac{1}{x}+\frac{1}{y}\right)$$

$$\Rightarrow x^2\frac{\partial u}{\partial x}-y^2\frac{\partial u}{\partial y}=[x^2yf\left(\frac{1}{x}+\frac{1}{y}\right)-xyf'\left(\frac{1}{x}+\frac{1}{y}\right)]-[xy^2f\left(\frac{1}{x}+\frac{1}{y}\right)$$

$$-xyf'\left(\frac{1}{x}+\frac{1}{y}\right)]=xyf\left(\frac{x+y}{xy}\right)(x-y)=G(x,y)u$$

$$\therefore G(x,y)=x-y$$

9. $\frac{\partial u}{\partial x}=y^z x^{y^z-1}$，$\frac{\partial u}{\partial y}=zy^{y^z-1}x^{y^z}\ln x$

$\frac{\partial u}{\partial z}=x^{y^z}(\ln x)y^z\ln y$

10.

□□□ 6-3　合成函數之偏微分 □□□

若 $z=f(x,y)$，$x=g(r,s)$，$y=h(r,s)$，則

$$\frac{\partial z}{\partial r}=\frac{\partial z}{\partial x}\cdot\frac{\partial x}{\partial r}+\frac{\partial z}{\partial y}\cdot\frac{\partial y}{\partial r}$$

$$\frac{\partial z}{\partial s}=\frac{\partial z}{\partial x}\cdot\frac{\partial x}{\partial s}+\frac{\partial z}{\partial y}\cdot\frac{\partial y}{\partial s}$$

以上之結果可任予推廣。

例 1　若 $T=x^3-xy+y^3$，$x=\rho\cos\phi$，$y=\rho\sin\phi$，求 (a) $\partial T/\partial\rho$　(b) $\partial T/\partial\phi$。

解　$$\frac{\partial T}{\partial\rho}=\frac{\partial T}{\partial x}\frac{\partial x}{\partial\rho}+\frac{\partial T}{\partial y}\frac{\partial y}{\partial\rho}=(3x^2-y)\cos\phi+(3y^2-x)\sin\phi$$

$$\frac{\partial T}{\partial\phi}=\frac{\partial T}{\partial x}\frac{\partial x}{\partial\phi}+\frac{\partial T}{\partial y}\frac{\partial y}{\partial\phi}=(3x^2-y)(-\rho\sin\phi)+(3y^2-x)\rho\cos\phi$$

◎**例** *2* 若$u=f(x-y,y-x)$，求證$\dfrac{\partial u}{\partial x}+\dfrac{\partial u}{\partial y}=0$。

解 取$s=x-y$，$t=y-x$

u — s — x, y
u — t — x, y

則$\dfrac{\partial u}{\partial x}=\dfrac{\partial u}{\partial s}\dfrac{\partial s}{\partial x}+\dfrac{\partial u}{\partial t}\dfrac{\partial t}{\partial x}=\dfrac{\partial u}{\partial s}-\dfrac{\partial u}{\partial t}$

$$\frac{\partial u}{\partial y}=\frac{\partial u}{\partial s}\frac{\partial s}{\partial y}+\frac{\partial u}{\partial t}\frac{\partial t}{\partial y}=-\frac{\partial u}{\partial s}+\frac{\partial u}{\partial t}$$

$$\therefore\frac{\partial u}{\partial x}+\frac{\partial u}{\partial y}=0$$

◎**例** *3* 若$x=\rho\cos\phi$，$y=\rho\sin\phi$，v為x,y之函數，

試證$\left(\dfrac{\partial v}{\partial x}\right)^2+\left(\dfrac{\partial v}{\partial y}\right)^2=\left(\dfrac{\partial v}{\partial \rho}\right)^2+\dfrac{1}{\rho^2}\left(\dfrac{\partial v}{\partial \phi}\right)^2$。

v — x — ρ, φ
v — x — ρ, φ

證 $\dfrac{\partial v}{\partial \rho}=\dfrac{\partial v}{\partial x}\dfrac{\partial x}{\partial \rho}+\dfrac{\partial v}{\partial y}\dfrac{\partial y}{\partial \rho}=\dfrac{\partial v}{\partial x}(\cos\phi)+\dfrac{\partial v}{\partial y}(\sin\phi)$

$$\frac{\partial v}{\partial \phi}=\frac{\partial v}{\partial x}\frac{\partial x}{\partial \phi}+\frac{\partial v}{\partial y}\frac{\partial y}{\partial \phi}=\left(\frac{\partial v}{\partial x}\right)(-\rho\sin\phi)+\frac{\partial v}{\partial y}(\rho\cos\phi)$$

$$\therefore\left(\frac{\partial v}{\partial \rho}\right)^2+\frac{1}{\rho^2}\left(\frac{\partial v}{\partial \phi}\right)^2$$

$$=\left(\frac{\partial v}{\partial x}\cos\phi+\frac{\partial v}{\partial y}\sin\phi\right)^2+\frac{1}{\rho^2}\left[(-\rho\sin\phi)\frac{\partial v}{\partial x}+(\rho\cos\phi)\frac{\partial v}{\partial y}\right]^2$$

$$=\left(\frac{\partial v}{\partial x}\right)^2+\left(\frac{\partial v}{\partial y}\right)^2$$

例 4　若 $z=xy+xF\left(\frac{y}{x}\right)$，求證 $x\frac{\partial z}{\partial x}+y\frac{\partial z}{\partial y}=xy+z$。

解

$$\frac{\partial z}{\partial x}=y+F\left(\frac{y}{x}\right)+x\left(\frac{-y}{x^2}\right)F'\left(\frac{y}{x}\right)=y+F\left(\frac{y}{x}\right)-\frac{y}{x}F'\left(\frac{y}{x}\right)$$

$$\frac{\partial z}{\partial y}=x+x\left(\frac{1}{x}\right)F'\left(\frac{y}{x}\right)$$

$$=x+F'\left(\frac{y}{x}\right)$$

$$\therefore x\frac{\partial z}{\partial x}+y\frac{\partial z}{\partial y}=xy+xF\left(\frac{y}{x}\right)-yF'\left(\frac{y}{x}\right)+xy+yF'\left(\frac{y}{x}\right)$$

$$=xy+z$$

☑ 定理 A

若對任一實數 k 而言，恆有 $f(\lambda x,\lambda y)=\lambda^k f(x,y)$，$\lambda>0$，則 $xf_1(x,y)+yf_2(x,y)=kf(x,y)$。

證明

$\because f(\lambda x,\lambda y)\equiv\lambda^k f(x,y)$ 二邊同時對 λ 微分

得 $xf_1(\lambda x,\lambda y)+yf_2(\lambda x,\lambda y)\equiv k\lambda^{k-1}f(x,y)$

令 $\lambda=1$，則 $xf_1(x,y)+yf_2(x,y)=kf(x,y)$

例 5 設 $u=xyf\left(\frac{y}{x}\right)$，求 $x\frac{\partial u}{\partial x}+y\frac{\partial u}{\partial y}$

解 方法一：$\frac{\partial u}{\partial x}=yf\left(\frac{y}{x}\right)+xyf'\left(\frac{y}{x}\right)\left(-\frac{y}{x^2}\right)$

$$\therefore x\frac{\partial u}{\partial x}=xyf\left(\frac{y}{x}\right)-y^2f'\left(\frac{y}{x}\right)$$

同法 $y\frac{\partial u}{\partial y}=xyf\left(\frac{y}{x}\right)+y^2f'\left(\frac{y}{x}\right)$

$$\therefore x\frac{\partial u}{\partial x}+y\frac{\partial u}{\partial y}=2xyf\left(\frac{y}{x}\right)=2u$$

方法二：直接應用定理 A，即得

> 當看到 $u=f(x_1, x_2\cdots x_n)$ 求 $x_1\frac{\partial u}{\partial x_1}+x_2\frac{\partial u}{\partial x_2}+\cdots x_n\frac{\partial u}{\partial x_n}$ 時首先要想到定理 A 是否可適用

類似問題

1. 若 $z=yf(x^2-y^2)$，求證 $y\frac{\partial z}{\partial x}+x\frac{\partial z}{\partial y}=\frac{xz}{y}$。

2. 若 $u=F\left(\frac{y-x}{xy}, \frac{z-x}{xz}\right)$，求證 $x^2\frac{\partial u}{\partial x}+y^2\frac{\partial u}{\partial y}+z^2\frac{\partial u}{\partial z}=0$。

3. 若 $u=x^3F\left(\frac{y}{x}, \frac{z}{x}\right)$，求證 $x\frac{\partial u}{\partial x}+y\frac{\partial u}{\partial y}+z\frac{\partial u}{\partial z}=3u$。

◎4. 設 u 是 r 的一個函數，$r=\sqrt{x^2+y^2+z^2}$，求證。

$$\left(\frac{\partial u}{\partial x}\right)^2+\left(\frac{\partial u}{\partial y}\right)^2+\left(\frac{\partial u}{\partial z}\right)^2=\left(\frac{du}{dr}\right)^2$$

5. 若 $z=\tan^{-1}\dfrac{x}{y}$，$x=u+v$，$y=u-v$，求證：$\dfrac{\partial u}{\partial u}+\dfrac{\partial z}{\partial v}=\dfrac{u-v}{u^2+v^2}$

◎6. 若 $u=f(x,y,z)$，$x=r\cos\theta\sin\phi$，$y=r\sin\phi\sin\theta$，$z=r\cos\phi$，求證：

$$\left(\frac{\partial u}{\partial r}\right)^2+\left(\frac{1}{r}\frac{\partial u}{\partial \phi}\right)^2+\left(\frac{1}{r\sin\phi}\frac{\partial u}{\partial \theta}\right)^2=\left(\frac{\partial u}{\partial x}\right)^2+\left(\frac{\partial u}{\partial y}\right)^2+\left(\frac{\partial u}{\partial z}\right)^2$$

◎7. 設 $z=x^y$（$x>0$，$x\neq 1$）試證 $\dfrac{x}{y}\dfrac{\partial z}{\partial x}+\dfrac{1}{\ln x}\dfrac{\partial z}{\partial y}=2z$

8. 設 $z=cx^my^n$，c,m,n 爲常數，求證：$\dfrac{dz}{z}=m\dfrac{dx}{x}+n\dfrac{dy}{y}$

◎9. 若 $z=f(u^2+v^2)$，求證 $u\dfrac{\partial z}{\partial v}-v\dfrac{\partial z}{\partial u}=0$。

10. $y=x^3f\left(xy,\dfrac{y}{x}\right)$，$f\in c^2$，求 $\dfrac{\partial z}{\partial y}$，$\dfrac{\partial^2 z}{\partial y^2}$，$\dfrac{\partial^2 z}{\partial x\partial y}$。

11. 若 $F(x,y)=\dfrac{2x+y}{y-2x}$，$x=2u-3v$，$y=u+2v$，求在 $u=2$，$v=1$ 時

(a) $\dfrac{\partial^2 F}{\partial u^2}$　(b) $\dfrac{\partial^2 F}{\partial v^2}$　(c) $\dfrac{\partial^2 F}{\partial u\partial v}$。

解

1. $\dfrac{\partial z}{\partial x}=2xyf'(x^2-y^2)$, $\dfrac{\partial z}{\partial y}=f(x^2-y^2)-2y^2f(x^2-y^2)$

$$\therefore y\frac{\partial z}{\partial x}+x\frac{\partial z}{\partial y}=2xy^2f'(x^2-y^2)+xf(x^2-y^2)-2xy^2f(x^2-y^2)$$

$$=xf(x^2-y^2)=\frac{xz}{y}$$

2. $u=F\left(\frac{1}{x}-\frac{1}{y},\frac{1}{x}-\frac{1}{z}\right)$

亦可令 $s=\frac{1}{x}-\frac{1}{y}$

$t=\frac{1}{x}-\frac{1}{z}$，仿例3.作法即得。

$$\therefore \frac{\partial u}{\partial x}=-\frac{1}{x^2}F_1-\frac{1}{x^2}F_2$$

$$\frac{\partial u}{\partial y}=\frac{1}{y^2}F_1 \quad \frac{\partial u}{\partial z}=\frac{1}{z^2}F_2$$

$$\Rightarrow x^2\frac{\partial u}{\partial x}+y^2\frac{\partial u}{\partial y}+z^2\frac{\partial u}{\partial z}=0$$

3. $\frac{\partial u}{\partial x}=3x^2F+x^3\left(\frac{-y}{x^2}F_1-\frac{z}{x^2}F_2\right)=3x^2F-xyF_1-xzF_2$

$$\frac{\partial u}{\partial y}=x^2F_1 \qquad \frac{\partial u}{\partial z}=x^2F_2$$

$$\therefore x\frac{\partial u}{\partial x}+y\frac{\partial u}{\partial y}+z\frac{\partial u}{\partial z}=3x^3F=3\mu$$

4. $\frac{\partial u}{\partial x}=\frac{\partial u}{\partial r}\frac{\partial r}{\partial x}=\frac{\partial u}{\partial r}\frac{x}{\sqrt{x^2+y^2+z^2}}$; $\frac{\partial u}{\partial y}=\frac{\partial u}{\partial r}\frac{\partial r}{\partial y}=\frac{\partial u}{\partial r}\frac{y}{\sqrt{x^2+y^2+z^2}}$

$$\frac{\partial u}{\partial z}=\frac{\partial u}{\partial r}\frac{\partial r}{\partial z}=\frac{\partial u}{\partial r}\frac{z}{\sqrt{x^2+y^2+z^2}}$$

$$\therefore \left(\frac{\partial u}{\partial x}\right)^2+\left(\frac{\partial u}{\partial y}\right)^2+\left(\frac{\partial u}{\partial z}\right)^2=\left(\frac{\partial u}{\partial r}\right)^2$$

5. $\frac{\partial z}{\partial u}=\frac{\partial z}{\partial x}\frac{\partial x}{\partial u}+\frac{\partial z}{\partial y}\frac{\partial y}{\partial u}=\frac{\frac{1}{y}}{1+\left(\frac{x}{y}\right)^2}\cdot 1+\frac{-\frac{x}{y^2}}{1+\left(\frac{x}{y}\right)^2}\cdot 1=\frac{y-x}{x^2+y^2}$

$$\frac{\partial z}{\partial v}=\frac{\partial z}{\partial x}\frac{\partial x}{\partial v}+\frac{\partial z}{\partial y}\frac{\partial y}{\partial v}=\frac{\frac{1}{y}}{1+\left(\frac{x}{y}\right)^2}\cdot 1+\frac{-\frac{x}{y^2}}{1+\left(\frac{x}{y}\right)^2}\cdot(-1)=\frac{x+y}{x^2+y^2}$$

$$\therefore \frac{\partial z}{\partial u}+\frac{\partial z}{\partial r}=\frac{(y-x)+(x+y)}{x^2+y^2}=\frac{2(u-v)}{(u+v)^2+(u-v)^2}=\frac{u-v}{u^2+v^2}$$

6. $$\frac{\partial u}{\partial r}=\frac{\partial u}{\partial x}\frac{\partial x}{\partial r}+\frac{\partial u}{\partial y}\frac{\partial y}{\partial r}+\frac{\partial u}{\partial z}\frac{\partial z}{\partial r}$$

$$=\frac{\partial u}{\partial x}\cos\theta\sin\phi+\frac{\partial u}{\partial y}\sin\phi\sin\theta+\frac{\partial u}{\partial z}\cos\phi$$

$$\frac{\partial u}{\partial \phi}=\frac{\partial u}{\partial x}\frac{\partial x}{\partial \phi}+\frac{\partial u}{\partial y}\frac{\partial y}{\partial \phi}+\frac{\partial u}{\partial z}\frac{\partial z}{\partial \phi}$$

$$=\frac{\partial u}{\partial x}r\cos\theta\cos\phi+\frac{\partial u}{\partial y}r\cos\phi\sin\theta-\frac{\partial u}{\partial z}r\sin\phi$$

$$\frac{\partial u}{\partial \theta}=\frac{\partial u}{\partial x}\frac{\partial x}{\partial \theta}+\frac{\partial u}{\partial y}\frac{\partial y}{\partial \theta}$$

$$=\frac{\partial u}{\partial x}(-r\sin\theta\sin\phi)+\frac{\partial u}{\partial y}r\sin\phi\cos\theta$$

$$\therefore\left(\frac{\partial u}{\partial r}\right)^2+\left(\frac{1}{r}\frac{\partial u}{\partial \phi}\right)^2+\left(\frac{1}{r\sin\phi}\frac{\partial u}{\partial \theta}\right)^2$$

$$=\left(\frac{\partial u}{\partial x}\cos\theta\sin\phi+\frac{\partial u}{\partial y}\sin\phi\sin\theta+\frac{\partial u}{\partial z}\cos\phi\right)^2$$

$$+\left(\frac{\partial u}{\partial x}\cos\theta\cos\phi+\frac{\partial u}{\partial y}\cos\phi\sin\theta-\frac{\partial u}{\partial z}\sin\phi\right)^2$$

$$+\left(\frac{\partial u}{\partial x}(-\sin\theta)+\frac{\partial u}{\partial y}(\cos\theta)\right)^2=\left(\frac{\partial u}{\partial x}\right)^2+\left(\frac{\partial u}{\partial y}\right)^2+\left(\frac{\partial u}{\partial z}\right)^2$$

7. $\frac{\partial z}{\partial x}=yx^{y-1}$，$\frac{\partial z}{\partial y}=x^y\ln x$　$\therefore \frac{x}{y}\frac{\partial z}{\partial x}+\frac{1}{\ln x}\frac{\partial z}{\partial y}=2z$

8. $z=cx^my^n\Rightarrow \ln z=\ln c+m\ln x+n\ln y$

$$\therefore \frac{dz}{z}=\frac{m}{x}dx+\frac{n}{y}dy$$

9. 取 $x=u^2+v^2$

則 $\dfrac{\partial z}{\partial v}=\dfrac{\partial z}{\partial x}\dfrac{\partial x}{\partial v}=\dfrac{\partial z}{\partial x}(2v)$；

$\dfrac{\partial z}{\partial u}=\dfrac{\partial z}{\partial x}\dfrac{\partial x}{\partial u}=\dfrac{\partial z}{\partial x}(2u)$

故 $u\dfrac{\partial z}{\partial v}-v\dfrac{\partial z}{\partial u}=0$

10. $\dfrac{\partial z}{\partial y}=x^4f_1+x^2f_2$，$\dfrac{\partial^2 z}{\partial y^2}=x^5f_{11}+2x^3f_{12}+xf_{22}$

$\dfrac{\partial^2 z}{\partial x\partial y}=4x^3f_1+2xf_2+x^4yf_{11}-yf_{22}$

11. 將 $x=2u-3v$，$y=u+2v$ 代入 $F(x,y)=\dfrac{2x+y}{y-2x}$

可得 $\left.\dfrac{\partial^2 F}{\partial u^2}\right|_{u=2,v=1}=14$；$\left.\dfrac{\partial^2 F}{\partial v^2}\right|_{u=2,v=1}=112$ 與 $\left.\dfrac{\partial^2 F}{\partial u\partial v}\right|_{u=2,v=1}=-49$

▫□▫ 6-4 高次偏微分之解例 ▫□▫

若 $u=f(x,y,z)$，則

$$\frac{\partial^2 u}{\partial x\partial y}=\frac{\partial}{\partial x}\left(\frac{\partial u}{\partial y}\right)=f_{21}(x,y,z)$$

$$\frac{\partial^3 u}{\partial z\partial y^2}=\frac{\partial}{\partial z}\left(\frac{\partial^2 u}{\partial y\partial y}\right)=f_{223}(x,y,z)$$

$$\frac{\partial^4 u}{\partial x\partial y\partial z^2}=\frac{\partial}{\partial x}\left(\frac{\partial^3 u}{\partial y\partial z^2}\right)=f_{3321}(x,y,z)$$

> $\dfrac{\partial^2}{\partial x\partial y}u$ 與 f_{xy} 之偏微順序以靠近 u 或 f 之變數先偏微

☑定理：

若 $z=f(x,y)$ 具有連續二階偏導函數，即 $z=f(x,y)$ 之所有二階偏導函數均爲連續，通常以 $f\in c^2$ 表示，則

$$\frac{\partial^2 z}{\partial x\partial y}=\frac{\partial^2 z}{\partial y\partial x}$$

◎**例 1**　若 $u=\phi(x-ct)+\varphi(x+ct)$，求證 $\frac{\partial^2 u}{\partial t^2}=c^2\frac{\partial^2 u}{\partial x^2}$。

證　令 $r=x-ct$，$s=x+ct$

$$\therefore\frac{\partial u}{\partial t}=\frac{\partial\phi}{\partial r}\frac{\partial r}{\partial t}+\frac{\partial\varphi}{\partial s}\frac{\partial s}{\partial t}=\frac{\partial\phi}{\partial r}(-c)+\frac{\partial\varphi}{\partial r}(c)$$

$$\Rightarrow\frac{\partial^2 u}{\partial t^2}=(-c)\frac{\partial^2\phi}{\partial r^2}(-c)+c\frac{\partial^2\varphi}{\partial r^2}(c)=c^2\left(\frac{\partial^2\phi}{\partial r^2}+\frac{\partial^2\varphi}{\partial r^2}\right)$$

$$又\ \frac{\partial u}{\partial x}=\frac{\partial\phi}{\partial x}+\frac{\partial\varphi}{\partial x}\Rightarrow\frac{\partial^2 u}{\partial x^2}=\frac{\partial^2\phi}{\partial x^2}+\frac{\partial^2\varphi}{\partial x^2}$$

$$\therefore\frac{\partial^2 u}{\partial t^2}=c^2\frac{\partial^2 u}{\partial x^2}$$

例 2　設 $z=x^3f\left(xy,\frac{y}{x}\right)$，$f\in c^2$，

試求 $\frac{\partial z}{\partial x}$，$\frac{\partial z}{\partial y}$，$\frac{\partial^2 z}{\partial y^2}$，$\frac{\partial^2 z}{\partial x\partial y}$，$\frac{\partial^2 z}{\partial y\partial x}$

解　(1) $\frac{\partial z}{\partial x}=3x^2f+x^3\left(yf_1-\frac{y}{x^2}f_2\right)=3x^2f+x^3yf_1-xyf_2$

(2) $\frac{\partial z}{\partial y}=x^3\left(xf_1+\frac{1}{x}f_2\right)=x^4f_1+x^2f_2$

(3) $\frac{\partial^2 z}{\partial x \partial y}=\frac{\partial}{\partial x}\left(\frac{\partial z}{\partial y}\right)=\frac{\partial}{\partial x}(x^4 f_1+x^2 f_2)=4x^3 f_1+x^4\left(yf_{11}-\frac{y}{x^2}f_{12}\right)$

$+2xf_2+x^2\left(yf_{21}-\frac{y}{x^2}f_{22}\right)=4x^3 f_1+x^4 yf_{11}-x^2 yf_{12}+2xf_2+x^2 yf_{21}-yf_{22}$

$=4x^3 f_1+2x_2 f_2+x^4 yf_{11}-yf_{22}$

$\because f\in c^2$

$\therefore \frac{\partial^2 z}{\partial y \partial x}=4x^3 f_1+2x_2 f_2+x^4 yf_{11}$

$\frac{\partial^2 z}{\partial y^2}=\frac{\partial}{\partial y}\left(\frac{\partial}{\partial y}z\right)$

$=\frac{\partial}{\partial y}(x^4 f_1+x^2 f_2)$

$=4x^3 f_1+x^4\left(yf_{11}-\frac{y}{x^2}f_{10}\right)+2xf_2$

$+x^2\left(yf_{21}-\frac{y}{x^2}f_{22}\right)$

$=4x^3 f_1+x^4 yf_{11}-x^2 yf_{12}+2xf_2$

$+x^2 yf_{21}-yf_{22}$

$=4x^3 f_1+x^4 yf_{11}+2xf_2-yf_{22}$

1. 在求$\frac{\partial z}{\partial x}$，$\frac{\partial z}{\partial y}$通常不致有困難，但在求$\frac{\partial^2 z}{\partial x \partial y}$解答之過程中有些人會有適應問題，以本例而言，若寫成
$\frac{\partial^2 z}{\partial x \partial y}=\frac{\partial}{\partial x}\left(x^4 f_1\left(xy,\frac{y}{x}\right)+x^2 f_2\left(xy,\frac{y}{x}\right)\right)\cdots\cdots$
可能在計算上會覺得較爲舒緩。
2. 看到$f\in c^2$ 勿忘
$\frac{\partial^2 f}{\partial x \partial y}=\frac{\partial^2 f}{\partial y \partial x}$

※例 3　若$u=x^n f\left(\frac{y}{x}\right)+x^{-n}g\left(\frac{y}{x}\right)$，求證：

$$x^2\frac{\partial^2 u}{\partial x^2}+2xy\frac{\partial^2 u}{\partial x \partial y}+y^2\frac{\partial^2 u}{\partial y^2}+x\frac{\partial u}{\partial x}+y\frac{\partial u}{\partial y}=n^2 u$$

解　$\frac{\partial u}{\partial x}=nx^{n-1}f\left(\frac{y}{x}\right)-x^{n-2}yf'\left(\frac{y}{x}\right)-nx^{-n-1}g\left(\frac{y}{x}\right)-x^{-n-2}yg'\left(\frac{y}{x}\right)$

$$\frac{\partial^2 u}{\partial x^2}=n(n-1)\,x^{n-2}f\left(\frac{y}{x}\right)-n\,x^{n-3}\,yf'\left(\frac{y}{x}\right)$$

$$-(n-2)\,x^{n-3}\,yf'\left(\frac{y}{x}\right)+x^{n-4}y^2\,f''\left(\frac{y}{x}\right)$$

$$+n(n+1)\,x^{-n-2}g\left(\frac{y}{x}\right)+nx^{-n-3}y\,g'\left(\frac{y}{x}\right)$$

$$+(n+2)\,x^{-n-3}y\,g'\left(\frac{y}{x}\right)+x^{-n-4}y^2\,g''\left(\frac{y}{x}\right)$$

$$\frac{\partial u}{\partial y}=x^{n-1}f'\left(\frac{y}{x}\right)+x^{-n-1}g'\left(\frac{y}{x}\right)$$

$$\frac{\partial^2 u}{\partial x\partial y}=\frac{\partial}{\partial x}\left(\frac{\partial u}{\partial y}\right)=(n-1)\,x^{n-2}f'\left(\frac{y}{x}\right)-x^{n-3}yf''\left(\frac{y}{x}\right)$$

$$-(n+1)\,x^{-n-2}g'\left(\frac{y}{x}\right)-x^{-n-3}y\,g''\left(\frac{y}{x}\right)$$

$$\frac{\partial^2 u}{\partial y^2}=x^{n-2}f''\left(\frac{y}{x}\right)+x^{-n-2}\,g''\left(\frac{y}{x}\right)$$

$$\therefore x^2\,\frac{\partial^2 u}{\partial x^2}+2\,x\,y\frac{\partial^2 u}{\partial x\partial y}+y^2\,\frac{\partial^2 u}{\partial y^2}+x\frac{\partial u}{\partial x}+y\frac{\partial u}{\partial y}=n^2\,u$$

例 4　設 $z=f(x,y)$，x,y 均為 t 的函數，試推導 $\frac{d^2z}{dt^2}$ 之結果。

解　$\frac{dz}{dt}=\frac{\partial z}{\partial x}\frac{dx}{dt}+\frac{\partial z}{\partial y}\frac{dy}{dt}$；$\frac{d^2z}{dt^2}=\frac{d}{dt}\left(\frac{dz}{dt}\right)$

$$\therefore \frac{d^2z}{dt^2}=\frac{d}{dt}\left(\frac{dz}{dt}\right)=\frac{d}{dt}\left(\frac{\partial z}{\partial x}\frac{dx}{dt}+\frac{\partial z}{\partial y}\frac{dy}{dt}\right)\qquad(1)$$

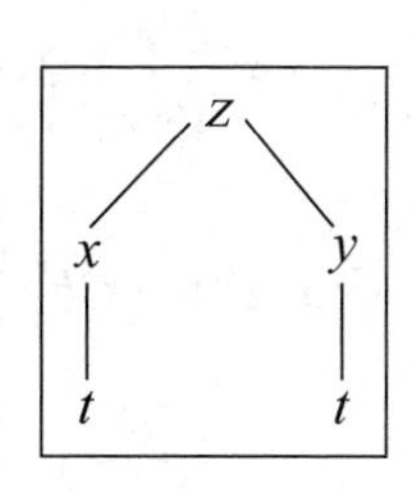

但 $\frac{d}{dt}\left(\frac{\partial z}{\partial x}\frac{dx}{dt}\right)=\left[\frac{d}{dt}\left(\frac{\partial z}{\partial x}\right)\right]\frac{dx}{dt}+\frac{\partial z}{\partial x}\frac{d}{dt}\left(\frac{dx}{dt}\right)$

$$=\frac{\partial^2 z}{\partial x^2}\left(\frac{dx}{dt}\right)^2+\frac{\partial z}{\partial x}\frac{d^2x}{dt^2}=f_{xx}\left(\frac{dx}{dt}\right)^2+f_x\left(\frac{d^2x}{dt^2}\right) \qquad (2)$$

同法

$$\frac{d}{dt}\left(\frac{\partial z}{\partial y}\frac{dy}{dt}\right)=f_{yy}\left(\frac{dy}{dt}\right)^2+f_y\left(\frac{d^2y}{dt^2}\right) \qquad (3)$$

代 (2)，(3) 入 (1) 即得

$$\frac{d^2z}{dt^2}=f_{xx}\left(\frac{dx}{dt}\right)^2+f_{yy}\left(\frac{dy}{dt}\right)^2+f_x\left(\frac{d^2x}{dt^2}\right)+f_y\left(\frac{d^2y}{dt^2}\right)$$

類似問題

1. 若 $z=x\cos\left(\frac{y}{x}\right)+\tan\left(\frac{y}{x}\right)$，求證：$x^2z_{xx}+2xyz_{xy}+y^2z_{yy}=0$，但 $x\neq 0$

※2. 若 $F(\lambda x,\lambda y)=\lambda^k f(x,y)$，$k\geq 2$，$\forall\lambda>0$，設 $\frac{\partial^2 F}{\partial x\partial y}=\frac{\partial^2 F}{\partial y\partial x}$，求證：

$$x^2\frac{\partial^2 F}{\partial x^2}+2xy\frac{\partial^2 F}{\partial x\partial y}+y^2\frac{\partial^2 F}{\partial y^2}=k(k-1)F(x,y)，$$

※3. 若 $u=x^3F\left(\frac{y}{x},\frac{z}{x}\right)$，求證：若 $F_{12}=F_{21}$，則

$$x^2\frac{\partial^2 u}{\partial x^2}-y^2\frac{\partial^2 u}{\partial y^2}-z^2\frac{\partial^2 u}{\partial z^2}-2yz\frac{\partial^2 u}{\partial y\partial z}+4y\frac{\partial u}{\partial y}+4z\frac{\partial u}{\partial z}=6u$$

※4. 若 $f(x,y)=\begin{cases} xy\left(\dfrac{x^2-y^2}{x^2+y^2}\right) & x^2+y^2\neq 0 \\ 0 & x^2+y^2=0 \end{cases}$，

求 $f_1(0,y), f_2(x,0), f_{12}(0,0), f_{21}(0,0)$。

5. 若 $f(x,y)=\begin{cases} xy & |y|\leq|x| \\ -xy & |y|>|x| \end{cases}$，

求 $f_1(a,0), f_2(0,b), f_{12}(0,0), f_{21}(0,0), f_{11}(0,0), f_{12}(0,0)$。

※6. 若 $f(x,y)=\begin{cases} x^2\tan^{-1}\dfrac{y}{x}-y^2\tan^{-1}\dfrac{x}{y} & (xy\neq 0) \\ f(x,0)=f(0,y)=0 \end{cases}$

求證 $f_{12}(0,0)\neq f_{21}(0,0)$。

7. 若 $u+\ln u=xy$，求 $\dfrac{\partial u}{\partial x}$ 及 $\dfrac{\partial^2 u}{\partial y\partial x}$。

8. 若 $z=x^2\tan^{-1}\dfrac{y}{x}$，求 $\left.\dfrac{\partial^2 z}{\partial x\partial y}\right|_{(1,1)}$。

9. 若 k 為正之常數，$g(x,t)=\dfrac{x}{2}/\sqrt{kt}$

且 $f(x,t)=\int_0^{g(x,t)}e^{-u^2}du$，求證 $k\dfrac{\partial^2 f}{\partial x^2}=\dfrac{\partial f}{\partial t}$。

解

1. $z_x=\cos\dfrac{y}{x}+\dfrac{y}{x}\sin\dfrac{y}{x}-\dfrac{y}{x^2}\sec^2\dfrac{y}{x}$

$$z_{xx}=\frac{-y^2}{x^3}\cos\frac{y}{x}+\frac{3y}{x^3}\sec^2\frac{y}{x}+\frac{2y^2}{x^4}\sec^2\frac{y}{x}\tan\frac{y}{x}$$

$$z_{xy}=\frac{y^2}{x^2}\cos\frac{y}{x}-\frac{1}{x^2}\sec^2\frac{y}{x}-\frac{2y}{x^3}\sec^2\frac{y}{x}\tan\frac{y}{x}$$

$$z_{yy}=-\frac{1}{x}\cos\frac{y}{x}+\frac{2}{x^2}\sec^2\frac{y}{x}\tan\frac{y}{x}$$

$$\therefore x^2z_{xx}+2xyz_{xy}+y^2z_{yy}=0$$

2. 由上一類似問題，我們已證出在此條件下

$$xf_1(\lambda x,\lambda y)+yf_2(\lambda x,\lambda y)=k\lambda^{k-1}f(x,y)$$

$$\Rightarrow x^2f_{11}+xyf_{12}+yxf_{21}+y^2f_{22}=k(k-1)f \quad *$$

若 $f_{12}=f_{21}$ 則 * 式可寫成 $x^2\frac{\partial^2F}{\partial x^2}+2xy\frac{\partial^2F}{\partial x\partial y}+y^2\frac{\partial^2F}{\partial y^2}=k(k-1)F$

3. $\frac{\partial u}{\partial y}=3x^2F-xyF_1-xzF_2$

$$\frac{\partial^2u}{\partial x^2}=6xF-4yF_1-4zF_2+\frac{y^2}{x}F_{11}+\frac{yz}{x}F_{12}+\frac{yz}{x}F_{21}+\frac{z^2}{x}F_{22}$$

$\frac{\partial u}{\partial y}=x^2F_1 \quad \frac{\partial^2u}{\partial y^2}=xF_{11}$ ； $\frac{\partial u}{\partial z}=x^2F_2 \quad \frac{\partial^2u}{\partial z^2}=xF_{22}$ ；

$$\frac{\partial^2u}{\partial y\partial z}=\frac{\partial}{\partial y}\left(\frac{\partial u}{\partial z}\right)=xF_{23}$$

$$\therefore x^2\frac{\partial^2u}{\partial x^2}-y^2\frac{\partial^2u}{\partial y^2}-z^2\frac{\partial^2u}{\partial z^2}-2yz\frac{\partial^2u}{\partial y\partial z}+4y\frac{\partial u}{\partial y}+4z\frac{\partial u}{\partial z}=6u$$

4. $f_1(0,y)=\lim\limits_{h\to 0}\frac{f(0+h,y)-f(0,y)}{h}=\lim\limits_{h\to 0}\frac{hy\left(\frac{h^2-y^2}{h^2+y^2}\right)}{h}=-y$

$$f_2(x,0)=\lim_{h\to 0}\frac{f(x,0+h)-f(x,0)}{h}=x$$

$$f_1(x,y)=y\frac{x^2-y^2}{x^2+y^2}+xy\frac{4xy^2}{(x^2+y^2)^2} \qquad x^2+y^2\neq 0$$

$$f_2(x,y)=x\frac{x^2-y^2}{x^2+y^2}-xy\frac{4x^2y}{(x^2+y^2)^2} \qquad x^2+y^2\neq 0$$

$$\therefore f_{21}(0,0)=\lim_{h\to 0}\frac{f_2(0+h,0)-f_2(0,0)}{h}=1\ ;$$

$$f_{12}(0,0)=\lim_{h\to 0}\frac{f_1(0,0+h)-f_1(0,0)}{h}=-1$$

5. $$f_1(a,0)=\lim_{h\to 0}\frac{f(a+h,0)-f(a,0)}{h}=\lim_{h\to 0}\frac{0-0}{h}=0$$

$$f_2(0,b)=\lim_{h\to 0}\frac{f(0,b+h)-f(0,b)}{h}=\lim_{h\to 0}\frac{0-0}{h}=0$$

$$f_1(x,y)=\begin{cases} y & |y|\leq|x| \\ -y & |y|>|x| \end{cases}$$

$$\therefore f_{12}(0,0)=\lim_{h\to 0}\frac{f_1(0,0+h)-f_1(0,0)}{h}=\lim_{h\to 0}\frac{-h}{h}=-1$$

$$f_{21}(0,0)=\lim_{h\to 0}\frac{f_2(0+h,0)-f_2(0,0)}{h}=\lim_{h\to 0}\frac{h}{h}=1$$

$$f_{11}(0,0)=\lim_{h\to 0}\frac{f_1(0+h,0)-f_1(0,0)}{h}=\lim_{h\to 0}\frac{0}{h}=0$$

$$f_{22}(0,0)=\lim_{h\to 0}\frac{f_2(0,0+h)-f_2(0,0)}{h}=\lim_{h\to 0}\frac{0}{h}=0$$

6. $$f_1(0,0)=\lim_{h\to 0}\frac{f(h,0)-f(0,0)}{h}=0\ ;\ f_2(0,0)=\lim_{h\to 0}\frac{f(0,h)-f(0,0)}{h}=0$$

$$f_1(x,y)=2x\tan^{-1}\frac{y}{x}+x^2\cdot\frac{\left(-\frac{y}{x^2}\right)}{1+\left(\frac{y}{x}\right)^2}-y^2\cdot\frac{\frac{1}{y}}{1+\left(\frac{x}{y}\right)^2}$$

$$=2x\tan^{-1}\frac{y}{x}-\frac{x^2y}{x^2+y^2}-\frac{y^3}{x^2+y^2}\quad(x^2+y^2\neq 0)$$

$$f_2(x,y)=x^2\cdot\frac{\frac{1}{x}}{1+\left(\frac{y}{x}\right)^2}-2y\tan^{-1}\frac{x}{y}-y^2\cdot\frac{\left(-\frac{x}{y^2}\right)}{1+\left(\frac{x}{y}\right)^2}$$

$$=\frac{x^3}{x^2+y^2}-2y\tan^{-1}\frac{x}{y}+\frac{xy^2}{x^2+y^2}\quad(x^2+y^2\neq 0)$$

$$f_{12}(0,0)=\lim_{h\to 0}\frac{f_1(0,h)-f_1(0,0)}{h}=\lim_{h\to 0}\frac{0-\frac{0\cdot h}{0+h^2}-\frac{h^3}{0+h^2}}{h}=-1$$

$$f_{21}(0,0)=\lim_{h\to 0}\frac{f_2(h,0)-f_2(0,0)}{h}=\lim_{h\to 0}\frac{\frac{h^3}{h^2+0}-0+\frac{h\cdot 0}{h^2+0}}{h}=1$$

$\therefore f_{12}(0,0)\neq f_{21}(0,0)$

7. ① $\frac{uy}{1+u}$　② $\frac{u}{(1+u)}+\frac{uxy}{(1+u)^3}$

8. 1

9. $\frac{\partial f}{\partial x}=f(g(x,t))\frac{\partial g(x,t)}{\partial x}=e^{-\frac{x^2}{4kt}}\cdot\frac{1}{2\sqrt{kt}}$

$$\frac{\partial^2 f}{\partial x^2}=\frac{\partial}{\partial x}\left[\frac{1}{2\sqrt{kt}}\cdot e^{-\frac{x^2}{4kt}}\right]=\frac{1}{2\sqrt{kt}}\left(\frac{-2x}{4kt}\right)e^{-\frac{x^2}{4kt}}=\frac{-x}{4(kt)^{\frac{3}{2}}}e^{-\frac{x^2}{4kt}}$$

但 $\frac{\partial f}{\partial t}=f(g(x,t))\frac{\partial g(x,t)}{\partial t}=e^{-\frac{x^2}{4kt}}\cdot\frac{-x}{4(kt)^{\frac{3}{2}}}$　$\therefore k\frac{\partial^2 f}{\partial x^2}=\frac{\partial f}{\partial t}$。

6-5　隱函數之微分法

方程式 $F(x,y)=0$ 中，y 為 x 之一個函數，則

$$F_1+F_2\frac{dy}{dx}=0\Rightarrow\frac{dy}{dx}=-\frac{F_1}{F_2}$$

例如 $x^2+2x+y^2=0$ 中，欲求 $\frac{dy}{dx}$，則利用上面公式

$$\frac{dy}{dx}=-\frac{F_1}{F_2}=-\frac{2x+2}{2y}=-\frac{x+1}{y}\quad\text{但 }y\neq 0$$

推廣言之，$F(x,y,z)=0$，$f(x,y)$，$F(x,y,z)$為連續函數，且$F(x,y,f(x,y))\equiv 0$ 而 $F_3(x,y,f(x,y))\neq 0$，則

$$\frac{dy}{dx}=-\frac{F_1(x,y,f(x,y))}{F_3(x,y,f(x,y))}$$

$$\frac{dx}{dy}=-\frac{F_2(x,y,f(x,y))}{F_3(x,y,f(x,y))}$$

例 1　$F(x,y,z)=x^2+y^2+z^2-6$，求$\left.\frac{\partial z}{\partial x}\right|_{(1,-1,2)}$。

解　應用本節所述之定理

$F_1(x,y,z)=2x,\quad F_3(x,y,z)=2z$

$$\therefore\frac{\partial z}{\partial x}=-\frac{F_1}{F_3}=\frac{-2x}{2z}=-\frac{x}{z}$$

$$\Rightarrow\left.\frac{\partial z}{\partial x}\right|_{(1,-1,2)}=-\frac{1}{2}$$

◎例 2　若 $u=f(x,u)$，求 $\frac{du}{dx}$。

解　取 $F(x,u)=f(x,u)-u$

$$\therefore \frac{du}{dx}=-\frac{F_1}{F_2}=-\frac{f_1}{f_2-1} \qquad f_2-1\neq 0$$

※例 3　若 $u=f[g(x,u),h(y,u)]$，求 $\frac{\partial u}{\partial x}$ 及 $\frac{\partial u}{\partial y}$。

解　取 $F(x,y,u)=f[g(x,u),h(y,u)]-u$

$$\therefore \frac{\partial u}{\partial x}=-\frac{F_1}{F_3}=-\frac{f_1 g_1}{f_1 g_2+f_2 h_2-1} \quad \text{但 } f_1 g_2+f_2 h_2-1\neq 0$$

$$\frac{\partial u}{\partial y}=-\frac{F_2}{F_3}=-\frac{f_2 h_1}{f_1 g_2+f_2 h_2-1} \quad \text{但 } f_1 g_2+f_2 h_2-1\neq 0$$

例 4　若 $\int_1^{e^x}\frac{\ln t}{t}dt+\int_1^y(\cos t+2)dt=3$ 求 $\frac{dy}{dx}$

解　令 $F(x,y)=\int_1^{e^x}\frac{\ln t}{t}dt+\int_1^y(\cos t+2)dt-3$ 則

$$\frac{dy}{dx}=\frac{\partial F/\partial x}{\partial F/\partial y}=-\frac{\frac{\ln e^x}{e^x}\cdot e^x}{\cos y+2}=-\frac{x}{2+\cos y}$$

※例 5　若 $F(x,y)=0$，求 $\frac{d^2y}{dx^2}$。

解　爲了清楚起見，取 $\frac{dy}{dx}=-\frac{F_1(x,y)}{F_2(x,y)}$，$F_2\neq 0$

$$\frac{d^2y}{dx^2}=-\frac{F_2(x,y)\left[F_{11}(x,y)+F_{12}(x,y)\frac{dy}{dx}\right]-F_1(x,y)\left[F_{21}(x,y)+F_{22}(x,y)\frac{dy}{dx}\right]}{F_2^2(x,y)}$$

$$=-\frac{F_2(x,y)\left[F_{11}(x,y)+F_{12}(x,y)\left(-\frac{F_1(x,y)}{F_2(x,y)}\right)\right]-F_1(x,y)\left[F_{21}(x,y)+F_{22}(x,y)\left(-\frac{F_1(x,y)}{F_2(x,y)}\right)\right]}{F_2^2(x,y)}$$

$$=\frac{F_2^2F_{11}-(F_{12}+F_{21})F_1F_2+F_{22}F_1^2}{F_2^3}\quad \text{但 } F_2\neq 0$$

類似問題

1. 若 $u=\ln(x+u)$，求 $\frac{\partial u}{\partial x}$ 及 $\frac{\partial^2 u}{\partial x^2}$。

2. 若 $\ln uy+y\ln u=x$，求 $\frac{\partial y}{\partial u}$ 及 $\frac{\partial y}{\partial x}$。

3. 若 $\sin zy=\cos zx$，求 $\left.\frac{\partial z}{\partial x}\right|_{(\frac{1}{3},\frac{1}{6},\pi)}$。

4. 若 $xy+yz-xz=2$，求 $\frac{\partial z}{\partial x}$ 及 $\frac{\partial z}{\partial y}$。

5. 若 $x^2+u^2=f(x,u)+g(x,y,u)$，求 $\frac{\partial u}{\partial x}$ 及 $\frac{\partial u}{\partial y}$。

◎6. 若 $u=f(x,y,u)$，求 $\frac{\partial x}{\partial u}$ 及 $\frac{\partial x}{\partial y}$。

7. 若 $z(z^2+3x)+3y=0$ 　求證：$\dfrac{\partial^2 z}{\partial x^2}+\dfrac{\partial^2 z}{\partial y^2}=\dfrac{2z(x-1)}{(z^2+x)^3}$

◎8. 若 $u=f(x+u, yu)$，求 $\dfrac{\partial u}{\partial x}$，$\dfrac{\partial u}{\partial y}$，$\dfrac{\partial x}{\partial u}$，$\dfrac{\partial x}{\partial y}$，$\dfrac{\partial y}{\partial u}$，$\dfrac{\partial y}{\partial x}$。

解

1. 取 $F(x,u)=\ln(x+u)-u$

$\dfrac{1}{x+u-1}$；$-\dfrac{x+u-2}{(x+u-1)^3}$ 　　$x+u-1\neq 0$

2. $-\dfrac{(1+y)u}{(y\ln u+1)}$；$\dfrac{y}{1+y\ln u}$ 　　$1+y\ln u\neq 0$

3. -2π

4. $\dfrac{\partial z}{\partial x}=\dfrac{y-z}{x-y}$；$\dfrac{\partial z}{\partial y}=\dfrac{x+z}{x-y}$ 　　$x\neq y$

5. 取 $F(x,y,u)=f(x,u)+g(x,y,u)-x^2-u^2$

$$\therefore \frac{\partial u}{\partial x}=-\frac{F_1}{F_3}=-\frac{f_1+g_1-2x}{f_2+g_3-2u}$$

$$\frac{\partial u}{\partial y}=-\frac{F_2}{F_3}=-\frac{g_2}{f_2+g_3-2u} \qquad f_2+g_3-2u\neq 0$$

6. $\dfrac{1-f_3}{f_1}$ 　　$f_1\neq 0$；$-\dfrac{f_2}{f_1}$

7. 取 $F(x,y,u)=z(z^2+3x)+3y=z^3+3xz+3y$

$$\therefore \frac{\partial z}{\partial x}=-\frac{F_1}{F_3}=\frac{3z}{3z^2+3x}=-\frac{z}{x+z^2}$$

$$\frac{d^2z}{dx^2}=-\frac{(x+z^2)\dfrac{dz}{dx}-z\left(1+2z\dfrac{dz}{dx}\right)}{(x+z^2)^2}$$

$$=-\frac{(x+z^2)\left(-\frac{z}{x+z^2}\right)-z\left[1+2z\cdot\left(\frac{-z}{x+z^2}\right)\right]}{(x+z^2)^2}=\frac{2xz}{(x+z^2)^3}$$

又 $\frac{\partial z}{\partial y}=-\frac{F_2}{F_3}=-\frac{1}{x+z^2}$　$\frac{\partial^2 z}{\partial y^2}=-\frac{2z\frac{dz}{dy}}{(x+z^2)^2}=-\frac{2z}{(x+z^2)^3}$

$\therefore \frac{\partial^2 z}{\partial x^2}+\frac{\partial^2 z}{\partial y^2}=\frac{2z(x-1)}{(x+z^2)^3}$

8. 取 $F(x,y,u)=f(x+u,yu)-u$

則 $\frac{\partial u}{\partial x}=-\frac{F_1}{F_3}=-\frac{f_1}{f_1+yf_2-1}$

$\frac{\partial u}{\partial y}=-\frac{F_2}{F_3}=-\frac{uf_2}{f_1+yf_2-1}$　　$f_1+yf_2-1\neq 0$

$\frac{\partial x}{\partial u}=-\frac{F_1}{F_3}=-\frac{f_1+yf_2-1}{f_1}$

$\frac{\partial x}{\partial y}=-\frac{F_2}{F_1}=-\frac{uf_2}{f_1}$　　$f_1\neq 0$

$\frac{\partial y}{\partial u}=-\frac{F_3}{F_2}=-\frac{f_1+yf_2-1}{uf_2}$

$\frac{\partial y}{\partial x}=-\frac{F_1}{F_2}=-\frac{f_1}{uf_2}$　　$uf_2\neq 0$

□□□ 6-6 積分符號下之微分法 □□□

☑定理：

Leibniz 法則：若$\phi(\alpha)=\int_{u_1(\alpha)}^{u_2(\alpha)} f(x,\alpha)\,dx$

則$\dfrac{d\phi}{d\alpha}=\int_{u_1(\alpha)}^{u_2(\alpha)} f_\alpha(x,\alpha)\,dx+f(u_2(\alpha),\alpha)\dfrac{d}{d\alpha}u_2(\alpha)-f(u_1(\alpha),\alpha)\dfrac{d}{d\alpha}u_1(\alpha)$

◎例 *1*　若$\phi(\alpha)=\int_{\alpha}^{\alpha^2}\dfrac{\sin\alpha x}{x}dx$，求$\phi'(\alpha),\alpha\neq0$。

解　利用 Leibniz 法則

$$\phi'(\alpha)=\int_{\alpha}^{\alpha^2}\frac{\partial}{\partial\alpha}\left(\frac{\sin\alpha x}{x}\right)dx+\frac{\sin(\alpha\cdot\alpha^2)}{\alpha^2}\frac{d}{d\alpha}(\alpha^2)-\frac{\sin(\alpha\cdot\alpha)}{\alpha}\frac{d}{d\alpha}(\alpha)$$

$$=\int_{\alpha}^{\alpha^2}\cos\alpha x\,dx+\frac{2\sin\alpha^3}{\alpha}-\frac{\sin\alpha^2}{\alpha}=\frac{\sin\alpha^3}{\alpha}-\frac{\sin\alpha^2}{\alpha}+\frac{2\sin\alpha^3}{\alpha}-\frac{\sin\alpha^2}{\alpha}$$

$$=\frac{3\sin\alpha^3-2\sin\alpha^2}{\alpha}$$

例 *2*　$\phi(\alpha)=\int_{\sqrt{\alpha}}^{1/\alpha}\cos\alpha x^2\,dx$，求$\dfrac{d\phi}{d\alpha}$。

解　利用 Leibniz 法則

$$\phi'(\alpha)=\int_{\sqrt{\alpha}}^{1/\alpha}\frac{\partial}{\partial\alpha}[\cos\alpha x^2]dx+(\cos\alpha\cdot\frac{1}{\alpha^2})\frac{d}{d\alpha}\left(\frac{1}{\alpha}\right)$$

$$-[\cos\alpha(\sqrt{\alpha})^2]\frac{d}{d\alpha}(\sqrt{\alpha})$$

$$=-\int_{\sqrt{\alpha}}^{1/\alpha} x^2 \sin\alpha x^2\,dx-\frac{1}{\alpha^2}\cos\frac{1}{\alpha}-\frac{1}{2\sqrt{\alpha}}\cos\alpha^2$$

類似問題

1. 求 $\frac{d}{dx}\ln\left(\int_0^{x^2}\frac{\sin xt}{t}dt\right)$。

2. 求 $\frac{d}{dx}\int_{x^3}^{x^2}\frac{dt}{x+t}$。

3. 求 $\lim_{x\to 0}\frac{1}{x^3}\int_0^x (x-t)^2 f(t)\,dt$。

4. 求 $\lim_{x\to 0}\left[\int_0^{x^3}(e^{t^2}+2)\,dt/(\sin x)^3\right]$。

解

1. 原式 $=\left(\int_0^{x^2}\frac{\sin xt}{t}dt\right)^{-1}\cdot\frac{d}{dx}\int_0^{x^2}\frac{\sin xt}{t}dt$

$$=\left(\int_0^{x^2}\frac{\sin xt}{t}dt\right)^{-1}\left[\int_0^{x^2}\cos xt\,dt+\frac{\sin x\cdot x^2}{x^2}\cdot 2x\right]$$

$$=\left(\int_0^{x^2}\frac{\sin xt}{t}dt\right)^{-1}(3x^{-1}\sin x^3)$$

2. 原式 $=-\int_{x^3}^{x^2}\frac{dt}{(x+t)^2}-\frac{3x^2}{x+x^3}+\frac{2x}{x+x^2}=\frac{2x+1}{x+x^2}-\frac{3x^2+1}{x+x^3}$

別解

$$\because \int_{x^3}^{x^2}\frac{dt}{x+t}=\ln(x+x^2)-\ln(x+x^3)$$

$$\therefore \frac{d}{dx}\int_{x^3}^{x^2}\frac{dt}{x+t}=\frac{d}{dx}[\ln(x+x^2)-\ln(x+x^3)]=\frac{1+2x}{x+x^2}-\frac{3x^2+1}{x+x^3}$$

3. 原式 $=\lim\limits_{x\to 0}\dfrac{\int_0^x (x-t)^2 f(t)\,dt}{x^3} \overset{\text{L'Hospital}}{=\!=\!=} \lim\limits_{x\to 0}\dfrac{\int_0^x 2(x-t) f(t)\,dt}{3x^2}$

$=\lim\limits_{x\to 0}\dfrac{2\int_0^x f(t)\,dt}{6x}=\lim\limits_{x\to 0}\dfrac{\int_0^x f(t)\,dt}{3x}=\dfrac{f(0)}{3}$

4. 原式 $=\lim\limits_{x\to 0}\dfrac{\int_0^{x^3}(e^{t^2}+2)\,dt}{(\sin x)^3}=\lim\limits_{x\to 0}\dfrac{3x^2(e^{x^6}+2)}{3\sin^2 x\cos x}=\lim\limits_{x\to 0}\left(\dfrac{x}{\sin x}\right)^2\lim\limits_{x\to 0}\dfrac{e^{x^6}+2}{\cos x}=3$

6-7 偏微分之應用——多變量相對極大、極小值之求解

☑定理：

若① $f(x,y)\in c^2$ 且在 (X,Y) 分別滿足

② $f_1=f_2=0$，

③ $f_{11}>0$，	$f_{11}<0$
④ $\Delta=\begin{vmatrix} f_{11} & f_{12} \\ f_{21} & f_{22}\end{vmatrix}>0$	$\Delta=\begin{vmatrix} f_{11} & f_{12} \\ f_{21} & f_{22}\end{vmatrix}>0$
則 $f(x,y)$ 在 (X,Y) 有相對極小值。	$f(x,y)$ 在 (X,Y) 有相對極大值。

☑定理：

若① $f(x,y)\in c^2$ 且在 (X,Y) 有

② $f_1=f_2=0$

③ $\Delta=\begin{vmatrix} f_{11} & f_{12} \\ f_{21} & f_{22} \end{vmatrix}<0$

則 $f(x,y)$ 在 (X,Y) 有一鞍點（Saddle point）。

例 1　$f(x,y)=x^3+y^3-3x-12y+20$ 之相對極大、小値及鞍點。

解　$f_1=3x^2-3=0\Rightarrow\begin{cases} x=1 \\ x=-1 \end{cases}$　$\begin{cases} f_{11}=6x \\ f_{12}=0 \end{cases}$　且 $\Delta=\begin{vmatrix} 6x & 0 \\ 0 & 6y \end{vmatrix}$

$f_2=3y^2-12=0\Rightarrow\begin{cases} y=2 \\ y=-2 \end{cases}$　$\begin{cases} f_{22}=6y \\ f_{21}=0 \end{cases}$

∴臨界點爲 (1, 2)，(1, –2)，(–1, 2)，(–1, –2)

①在 (1, 2) 處：$\Delta=\begin{vmatrix} f_{11} & f_{12} \\ f_{21} & f_{22} \end{vmatrix}=\begin{vmatrix} 6 & 0 \\ 0 & 12 \end{vmatrix}>0$，$f_{11}=6>0$

∴在 (1, 2) 處有一相對極小値。

②在 (1, –2) 處：$\Delta=\begin{vmatrix} f_{11} & f_{12} \\ f_{21} & f_{22} \end{vmatrix}=\begin{vmatrix} 6 & 0 \\ 0 & -12 \end{vmatrix}<0$

∴在 (1, –2) 處有一鞍點。

③在 (–1, 2) 處：$\Delta=\begin{vmatrix} f_{11} & f_{12} \\ f_{21} & f_{22} \end{vmatrix}=\begin{vmatrix} -6 & 0 \\ 0 & 12 \end{vmatrix}<0$

∴在 (–1, 2) 處有一鞍點。

④(–1, –2) 處：

$$\Delta=\begin{vmatrix} f_{11} & f_{12} \\ f_{21} & f_{22} \end{vmatrix}=\begin{vmatrix} -6 & 0 \\ 0 & -12 \end{vmatrix}>0，f_{11}=-6<0$$

∴在 (–1, –2) 處有一相對極大值。

例2 求 $f(x,y)=x^3+x^2-xy+y^2+4$ 之相對極大、小值及鞍點。

解 $\begin{cases} f_1=3x^2+2x-y=0 \\ f_2=-x+2y=0 \end{cases}$

解得$\begin{cases} x=0 \\ y=0 \end{cases}$ 或 $\begin{cases} x=-\dfrac{1}{2} \\ y=-\dfrac{1}{4} \end{cases}$

∴臨界點為 (0, 0) 或$\left(-\dfrac{1}{2},\dfrac{-1}{4}\right)$。

$f_{11}=6x+2 \quad f_{12}=-1$

$f_{21}=-1 \qquad f_{22}=2$ $\qquad \therefore \Delta=\begin{vmatrix} 6x+2 & -1 \\ -1 & 2 \end{vmatrix}$

①在 (0, 0) 處

$$\Delta=\begin{vmatrix}2 & -1\\ -1 & 2\end{vmatrix}=3>0,\quad f_{11}=2>0$$

$\therefore f(x,y)$ 在 $(0,0)$ 處有一相對極小值。

②在 $\left(\frac{-1}{2},-\frac{1}{4}\right)$ 處

$$\Delta=\begin{vmatrix}-1 & -1\\ -1 & 2\end{vmatrix}=-3<0$$

$\therefore f(x,y)$ 在 $\left(-\frac{1}{2},-\frac{1}{4}\right)$ 有一鞍點。

類似問題

求 1～5 題之相對極大、小值及鞍點：

1. $f(x,y)=x^2-xy+y^4$
2. $f(x,y)=x^4+y^4-x^2-y^2+1$
3. $f(x,y)=xy+\frac{50}{x}+\frac{20}{y}$
4. $f(x,y)=(x-y+1)^2$

※5. 周長一定之三角形中以正三角形之面積爲最大，試證之（提示：應用海龍（Heron's formula）面積公式：設 a, b, c 爲三角形三邊之長，取 $s=\frac{1}{2}(a+b+c)$ 則三角形面積爲 $\sqrt{s(s-a)(s-b)(s-c)}$）

解

1. $\begin{cases} f_1 = 2x - y = 0 \\ f_2 = -x + 4y^3 = 0 \end{cases}$

⇒臨界點有三個：(0, 0)，$\left(\frac{\sqrt{2}}{8}, \frac{\sqrt{2}}{4}\right)$，$\left(-\frac{\sqrt{2}}{8}, -\frac{\sqrt{2}}{4}\right)$

$f_{11} = 2 \quad f_{12} = -1$

$f_{21} = -1 \quad f_{22} = 12y^2$

$\therefore \Delta = \begin{vmatrix} 2 & -1 \\ -1 & 12y^2 \end{vmatrix}$

①在 (0, 0) 處

$\Delta = \begin{vmatrix} 2 & -1 \\ -1 & 0 \end{vmatrix} < 0$，∴在 (0, 0) 處有一鞍點。

②$\left(\frac{\sqrt{2}}{8}, \frac{\sqrt{2}}{4}\right)$處

$\Delta = \begin{vmatrix} 2 & -1 \\ -1 & 12 \times \frac{1}{8} \end{vmatrix} = 2 > 0$ 且 $f_{11} = 2 > 0$ ∴在$\left(\frac{\sqrt{2}}{8}, \frac{\sqrt{2}}{4}\right)$處有一相對極小值。

③$\left(\frac{-\sqrt{2}}{8}, \frac{-\sqrt{2}}{4}\right)$處

$\Delta = \begin{vmatrix} 2 & -1 \\ -1 & 12 \times \frac{1}{8} \end{vmatrix} = 2 > 0$ 且 $f_{11} = 2 > 0$ ∴在$\left(\frac{-\sqrt{2}}{8}, \frac{-\sqrt{2}}{4}\right)$處有一相對極小值。

2. $\begin{cases} f_1 = 4x^3 - 2x = 0 \\ f_2 = 4y^3 - 2y = 0 \end{cases}$⇒可求出以下幾個臨界點：(0, 0)，$\left(\pm\frac{1}{\sqrt{2}}, \pm\frac{1}{\sqrt{2}}\right)$，

$\left(0,\pm\frac{1}{\sqrt{2}}\right)$，$\left(\pm\frac{1}{\sqrt{2}},0\right)$

$f_{11}=12x^2-2 \quad f_{12}=0$

$f_{21}=0 \quad f_{22}=12y^2-2$

$\therefore \Delta=\begin{vmatrix}12x^2-2 & 0\\ 0 & 12y^2-2\end{vmatrix}$

①在 $(0,0)$ 處 $\Delta=\begin{vmatrix}-2 & 0\\ 0 & -2\end{vmatrix}=4>0$，$f_{11}=-2<0$

$\therefore f(x,y)$ 在 $(0,0)$ 處有一相對極大值。

②在 $\left(\pm\frac{1}{\sqrt{2}},\pm\frac{1}{\sqrt{2}}\right)$ 處 $\Delta=\begin{vmatrix}4 & 0\\ 0 & 4\end{vmatrix}=16>0$， $f_{11}=4>0$

$\therefore f(x,y)$ 在 $\left(\pm\frac{1}{\sqrt{2}},\pm\frac{1}{\sqrt{2}}\right)$ 處有一相對極小值。

③在 $\left(0,\pm\frac{1}{\sqrt{2}}\right)$ 處 $\Delta=\begin{vmatrix}-2 & 0\\ 0 & 4\end{vmatrix}=-8<0$

$\therefore f(x,y)$ 在 $\left(0,\pm\frac{1}{\sqrt{2}}\right)$ 處有一鞍點。

④在 $\left(\pm\frac{1}{\sqrt{2}},0\right)$ 處 $\Delta=\begin{vmatrix}4 & 0\\ 0 & -2\end{vmatrix}=-8<0$

3. $\begin{cases}f_1=y-\frac{50}{x^2}=0\\ f_2=y-\frac{20}{y^2}=0\end{cases}$ ⇒可求出一個臨界點 $(5,2)$

$f_{11}=+100x^{-3} \qquad f_{12}=1$

$f_{21}=1 \qquad f_{22}=40y^{-3}$

$$\therefore \Delta = \begin{vmatrix} +\frac{100}{125} & 1 \\ 1 & \frac{40}{8} \end{vmatrix} > 0\text{，且 } f_{11} = \frac{100}{125} > 0$$

故 $f(x,y)$ 在 $(5, 2)$ 處有一相對極小值。

4. 本節所述之方法無法適用於此題中

又 $\because f(x,y) = (x-y+1)^2 \geq 0$，$\forall, x, y \in R$

$\therefore$ 當 $x-y+1=0$ 時，$f(x,y)$ 有一極小值。

5. 設三角形三邊長分別爲 x, y, z，令 $s = \frac{1}{2}(x+y+z)$，即 $x + y + z = 2s$，應用海龍公式 $A = \sqrt{s(s-x)(s-y)(s-z)}$：

令 $f(x, y) = A^2 = s\,(s-x)(s-y)(x+y-s)$，$s.\ t.\quad s > x > 0$，$s > y > 0$，$x + y > s > 0$，現求極值

$$f_1 = -s(s-y)(x+y-s) + s(s-x)(s-y) = s(s-y)(2s-2x-y) = 0 \qquad (1)$$

$$f_2 = -s(s-x)(x+y-s) + s(s-x)(s-y) = s(s-x)(2s-x-2y) = 0 \qquad (2)$$

由 (1) 得 $y = s, 2x + y = 2s$，由 (2)$x = s$，$x + 2y = 2s$，但 $x = s$，$y = s$ 不合，（$\because$ 三角形二邊長之和大於第三邊之長，現 $x = s$，那麼 $y + z = s$，變成二邊長之和等於第三邊，故不合。$y = s$ 亦然）

由 $\begin{cases} 2x+y=s \\ x+2y=s \end{cases}$ 得 $x = \frac{2}{3}s$，$y = \frac{2}{3}s$

$$\text{又} \begin{vmatrix} f_{11} & f_{12} \\ f_{21} & f_{22} \end{vmatrix}_{\left(\frac{2}{3}s,\, \frac{2}{3}s\right)} = \begin{vmatrix} -2s(s-y) & -s(3s-2x-2y) \\ -s(3s-2x-2y) & -2s(s-x) \end{vmatrix}_{\left(\frac{2}{3}s,\, \frac{2}{3}s\right)}$$

$$=\begin{vmatrix} -\frac{2s^2}{3} & -\frac{s^2}{3} \\ -\frac{s^2}{3} & -\frac{2s^2}{3} \end{vmatrix}=\frac{1}{3}s^2>0\text{，又 } f_{11}=-\frac{2}{3}s^2<0$$

$\therefore f(x,y)$ 在 $\left(\frac{2}{3}s, \frac{2}{3}s\right)$ 處有相對極大值即 $x=y=z=\frac{2}{3}s$ 有最大面積。

6-8 Lagrange 乘數

在 $(x,y)=0$ 之條件下，$f(x,y)$ 之相對極大或相對極小值之求法，如令一輔助函數 $F(x,y)$

$$F(x,y)=f(x,y)+\lambda g(x,y)$$

取 $$\begin{cases} \dfrac{\partial F}{\partial x}=0 \\ \dfrac{\partial F}{\partial y}=0 \\ \dfrac{\partial F}{\partial \lambda}=0 \end{cases}$$

求出其聯立方程式之 x,y,λ 之解，以求出在 $\phi(x,y)=0$ 之條件下 $f(x,y)$ 之相對極大點與相對極小點之必要條件。λ 與 x,y,z 無關，稱爲 Lagrange 乘數。

$$H=\begin{vmatrix} F_{11} & F_{12} & g_1 \\ F_{21} & F_{22} & g_2 \\ g_1 & g_2 & 0 \end{vmatrix}$$，H 稱 Hessian border。

若 $H>0$ 則稱 (x,y,z) 在 (x_0,y_0,z_0) 處有相對極大，
若 $H<0$ 則稱 (x,y,z) 在 (x_0,y_0,z_0) 處有相對極小。
以上方法能擴展三個變數乃至更多之變數。

※例 *1* 在 $axy+bxz+cyz=d$ 之條件下求 $f(x,y,z)=xyz$ 之極值，但$a,b,c,d>0$

解

$$\begin{cases} f_x=yz+\lambda(ay+bz)=0 & ① \\ f_y=xz+\lambda(ax+bc)=0 & ② \\ f_z=xy+\lambda(bx+cy)=0 & ③ \\ f_\lambda=axy+bxz+cyz=d & ④ \end{cases}$$

$$\Rightarrow \begin{cases} xyz+\lambda(axy+bxz)=0 & ⑤ \\ xyz+\lambda(axy+cyz)=0 & ⑥ \\ xyz+\lambda(bxz+cyz)=0 & ⑦ \\ axy+bxz+cyz=d & ④ \end{cases}$$

⑤＋⑥＋⑦得 $\lambda=-\dfrac{3xyz}{2d}$ 代入⑤, ⑥, ⑦化簡後得

$$\begin{cases} axy+bxz=\dfrac{2}{3}d & ⑧ \\ axy+cyz=\dfrac{2}{3}d & ⑨ \\ bxz+cyz=\dfrac{2}{3}d & ⑩ \end{cases}$$

$\because axy+bxz+cyz=d$（由④）代入⑧, ⑨, ⑩得

$$\begin{cases} yz=\dfrac{d}{3c} & ⑪ \\ xy=\dfrac{d}{3a} & ⑫ \\ xz=\dfrac{d}{3b} & ⑬ \end{cases}$$

$$\therefore x^2y^2z^2=\frac{d^3}{27abc} \quad ⑭$$

i.e. $\quad xyz=\dfrac{d\sqrt{d}}{3\sqrt{3abc}}$

故 $x=\frac{xyz}{yz}=\frac{\frac{d\sqrt{d}}{3\sqrt{3abc}}}{\frac{d}{3c}}=\frac{\sqrt{cd}}{\sqrt{3ab}}$

同理 $y=\frac{\sqrt{bd}}{\sqrt{3ac}}$，$z=\frac{\sqrt{ad}}{\sqrt{3bc}}$　$\therefore f(x,y,z)$ 之極值爲 $\frac{\sqrt{3}d}{9\sqrt{abc}}$

例 2　利用 Lagrange 乘數求 $2x+y=100$ 之條件下（$x, y>0$），$f(x,y)=2x+y+2xy$ 之極值，並判斷此極值爲相對極大抑爲相對極小？

解　(1) 取 $\omega=2x+y+2xy+\lambda(2x+y-100)$

$$\frac{\partial\omega}{\partial x}=2+2y+2\lambda=0 \quad ①$$

$$\frac{\partial\omega}{\partial y}=1+2x+\lambda=0 \quad ②$$

$$\frac{\partial\omega}{\partial \lambda}=2x+y-100=0 \quad ③$$

由② $\lambda=-(1+2x)$ 代入①得

$2+2y-2(1+2x)=0$　i.e.　$y=2x$　④

將④之 $y=2x$ 代入③得

$2x+2x-100=0$　$\therefore x=25, y=50$，$f(x, y)$ 之極值爲 $f(25, 50)=2600$

(2) 求二階條件

$$f_{11}=0, f_{12}=2, f_{22}=0, f_{21}=2, g_1=2, g_2=1$$

$$\therefore H=\begin{vmatrix} f_{11} & f_{12} & g_1 \\ f_{21} & f_{22} & g_2 \\ g_1 & g_2 & 0 \end{vmatrix}=\begin{vmatrix} 0 & 2 & 2 \\ 2 & 0 & 1 \\ 2 & 1 & 0 \end{vmatrix}=8>0$$

故 $x=25, y=50$ 時 $f(x,y)$ 之極值 2600 爲相對極大值。

Lagrange 法之解題架構是很機械化，取 $L=f(x,y)+\lambda(g(x,y))$ 解 $\frac{\partial L}{\partial x}=\frac{\partial L}{\partial y}=\frac{\partial L}{\partial \lambda}=0$，有時過程甚爲繁瑣，而可用線性代數之一個技巧：

$$\because \begin{cases} L_x=f_x+\lambda g_x=0 \\ L_y=f_y+\lambda g_y=0 \end{cases} \Rightarrow \begin{bmatrix} f_x & \lambda g_x \\ f_y & \lambda g_y \end{bmatrix}\begin{bmatrix} x \\ y \end{bmatrix}=\begin{bmatrix} 0 \\ 0 \end{bmatrix}$$

要 $\begin{bmatrix} x \\ y \end{bmatrix}$ 有異於 $\begin{bmatrix} 0 \\ 0 \end{bmatrix}$ 之解，必須 $\begin{vmatrix} f_x & \lambda g_x \\ f_y & \lambda g_y \end{vmatrix}=0$，又 $\lambda\neq 0$

$$\therefore \begin{vmatrix} f_x & g_x \\ f_y & g_y \end{vmatrix}=\begin{vmatrix} f_x & f_y \\ g_x & g_y \end{vmatrix}=0$$

利用 $\begin{vmatrix} f_x & f_y \\ g_x & g_y \end{vmatrix}=0$ 往往可簡化求解過程

例 3　給定 $3x^2+xy+3y^2=48$，求 x^2+y^2 之極值。

解　$L=x^2+y^2+\lambda(3x^2+xy+y^2-48)$

則

$$\begin{cases} L_x = 2x + \lambda(6x + y) = 0 \\ L_y = 2y + \lambda(x + 2y) = 0 \end{cases}$$

若 (x, y) 有異於 0 之解，須

$$\begin{vmatrix} f_x & g_x \\ f_y & g_y \end{vmatrix} = \begin{vmatrix} 2x & 6x + y \\ 2y & x + 6y \end{vmatrix} = 0，(x + y)(x - y) = 0$$

即 $y = -x$，$y = x$，代此結果入 $3x^2 + xy + 3y^2 = 48$：

(1) $y = -x$ 時 $3x^2 + x(-x) + 3(-x)^2 = 48$

得 $x = \pm\sqrt{\dfrac{48}{5}}$，$y = \mp\sqrt{\dfrac{48}{5}}$　得 $x^2 + y^2 = \dfrac{48}{5}$

(2) $y = x$ 時 $3x^2 + x(x) + 3(x)^2 = 48$

得 $x = \pm\sqrt{\dfrac{48}{7}}$，$y = \pm\sqrt{\dfrac{48}{7}}$，得 $x^2 + y^2 = \dfrac{96}{7}$

由以上討論：最大極值爲 $\dfrac{96}{7}$；最小極值爲 $\dfrac{48}{5}$

例 4　若 $x^2 + y^2 = 1$，求 $x^2 - y^2$ 之極值。

解　$L = (x^2 - y^2) + \lambda(x^2 + y^2 - 1)$

則 $\begin{cases} L_x = 2x + \lambda 2x = 0 \\ L_y = -2y + \lambda 2y = 0 \end{cases}$

若 (x, y) 有異於 $(0, 0)$ 之解，須

$$\begin{vmatrix} f_x & g_x \\ f_y & g_y \end{vmatrix} = \begin{vmatrix} 2x & 2x \\ -2y & 2y \end{vmatrix} = 8xy = 0$$

，即 $x = 0$ 或 $y = 0$，代此結果

入 $x^2+y^2=1$ 得：

(1) $x=0$ 時 $y=\pm 1$，$f(x,y)=x^2-y^2\ \big|_{x=0,\ y=\pm 1}=-1$

(2) $y=0$ 時 $x=\pm 1$，$f(x,y)=x^2-y^2\ \big|_{x=\pm 1,\ y=0}=1$

∴極大值爲 1，極小值爲 –1

例 5 是有二個限制條件下 Lagrange 乘數法之計算例。

※**例 5**　求 $f(x,y,z)=x+2y+3z$，受制於 $x^2+y^2=2$ 及 $y+z=1$

解　令 $L=x+2y+3z+\lambda(x^2+y^2-2)+\mu(y+z-1)$

則

$$\begin{cases} L_x=1+2\lambda x=0 & (1) \\ L_y=2+2\lambda y+\mu=0 & (2) \\ L_z=3+\mu=0 & (3) \\ L_\lambda=x^2+y^2=2 & (4) \\ L_u=y+z=1 & (5) \end{cases}$$

在 $\phi_1(x,y,z)=0$ 及 $\phi_2(x,y,z)=0$ 之條件下，$\mu(x,y,z)$ 之極值求法：取 $L(x,y,z)=\mu(x,y,z)+\lambda_1\phi_1(x,y,z)+\lambda_2\phi_2(x,y,z)$ 次令 $\frac{\partial L}{\partial x}=\frac{\partial L}{\partial y}=\frac{\partial L}{\partial z}=0$ 及 $\frac{\partial L}{\partial \lambda_1}=\frac{\partial L}{\partial \lambda_2}=0$ 解之即得。

由 (3) $\mu=-3$

由 (1) $x=-\frac{1}{2\lambda}$

代 $\mu=-3$ 入 (2) 得 $2+2\lambda y+(-3)=0$，$y=\frac{1}{2\lambda}$

代 $x=-\frac{1}{2\lambda}$，$y=\frac{1}{2\lambda}$ 入 (4) 得

$$\frac{1}{4\lambda^2}+\frac{1}{4\lambda^2}=2 \quad \therefore \lambda=\pm\frac{1}{2}$$

(i) $\lambda=\frac{1}{2}$時，$x=-\frac{1}{2\lambda}=-1$，$y=\frac{1}{2\lambda}=1$

代$y=1$入 (5) 得$z=0$

$$f(x,y,z)=f(-1,1,0)=1(-1)+2(1)+3(0)=1 \qquad (6)$$

(ii) $\lambda=-\frac{1}{2}$時，$x=-\frac{1}{2\lambda}=1$，$y=\frac{1}{2\lambda}=-1$

代$y=-1$入 (5) 得$z=2$

$$f(x,y,z)=f(1,-1,2)=1(1)+2(-1)+3(2)=5 \qquad (7)$$

由 (6)，(7) 知：

當$x=-1$，$y=1$，$z=0$時，$f(x,y,z)$有極小值 1

當$x=1$，$y=-1$，$z=2$時，$f(x,y,z)$有極大值 5

※**例 6**　求$f(x,y,z)=x-y+z^2$在條件$y^2+z^2=1$及$x+y=2$下之極值。

解　令$L=x-y+z^2+\lambda(y^2+z^2-1)+\mu(x+y-z)$

則

$$\begin{cases} L_x=1 \qquad\qquad\qquad +\mu =0 & (1) \\ L_y=-1 \quad +2\lambda y+\mu =0 & (2) \\ L_z=2z \quad +2\lambda z =0 & (3) \\ L_\lambda=y^2+z^2 =1 & (4) \\ L_u=x+y =2 & (5) \end{cases}$$

由 (1) $\mu=-1$

由 (3) $2z(1+\lambda)=0$ $\therefore z=0$ 或 $\lambda=-1$ 代此結果入 (4) 得 $z=0$，$y=\pm 1$，又 (5) $y=1$ 時 $x=1$，$y=-1$ 時 $x=3$：

$f(1,1,0)=0$ ………極小值

$f(3,-1,0)=4$ ……極大值

有界區域極值之求法

求 $f(x,y)$ 在某個有界區域 R 之極值，其作法與單一變數函數 $f(x)$ 在某個閉區域上求極值方法類似，先求內部區域之極值，然後求邊界上之極值，這些極值之最大者爲極大值，最小者爲極小值，其具體作法如下：

(1) 內部區域：先求出臨界點（若所求之臨界點在區域則捨棄之）；從而求出各對應之函數值。
(2) 邊界：考慮每一個邊之限制關係，將 $f(x,y)\to h(x)$ 或 $t(y)$，然後用單變數函數求極值方法求出臨界點（若在限制區域外捨之）而得到對應之函數值。
(3) 端點：用解方程式方法求出兩兩直線交點而得到端點，然後求出各對應之函數值。

比較 (1)，(2)，(3) 所得之所有函數值，其最大者爲絕對極大值，其最小者爲絕對極小值。

※例 7　求 $f(x,y)=x^2-2xy+2y$ 之絕對極值。
$D=\{(x,y)\mid 0\le x\le 2，0\le y\le 1\mid\}$

解　1. 先求臨界點

$$\begin{cases} f_x = 2x - 2y = 0 \\ f_y = -2x + 2 = 0 \end{cases}$$

解之：$x = y = 1$

即 (1, 1) 為惟一之臨界點 $f(1,1) = 1$

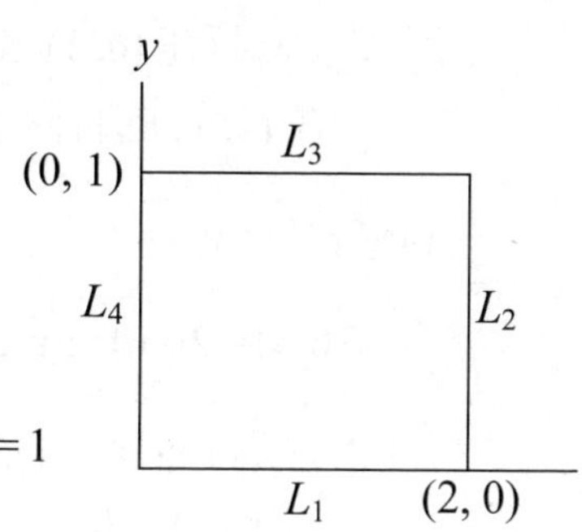

2. 次求邊界條件

(1) L_1：$y = 0$

$f(x,0) = x^2$，$0 \le x \le 2$

$\because f(x,0) = x^2$ 在 $0 \le x \le 2$ 為 x 之增函數

$\therefore f(x,0)$ 在 (2, 0) 處有極大值 $f(2,0) = 4$，(0, 0) 處有極小值 $f(0,0) = 0$

(2) L_2：$x = 2$

$f(2,y) = 4 - 4y + 2y = 4 - 2y$，$1 \ge y \ge 0$

$f(2,y) = 4 - 2y$ 在 $1 \ge y \ge 0$ 為 y 之減函數

$\therefore f(2,y)$ 在 (2, 0) 處有極大值 $f(2,0) = 4$，在 (2, 1) 處有極小值 $f(2,1) = 2$

(3) L_3：$y = 1$

$f(x,1) = x^2 - 2x + 2$，$0 \le x \le 2$

但 $f(x,1) = (x-1)^2 + 1$，$0 \le x \le 2$

$\therefore f(x,1)$ 在 (0, 1) 及 (2, 1) 處有極大值 $f(0,1)=f(2,1)=2$
在 (1, 1) 處有極小值 $f(1,1)=1$

(4) L_4：$x=0$

$f(0,y)=2y$，$1\geq y\geq 0$

$\therefore f(0,y)$ 在 (0, 1) 處有爲極大值 $f(0,1)=2$，(0, 0) 處有極小值 $f(0,0)=0$

綜合 (1)～(4) 知：

$f(x,y)$ 在區域 D 上之極大值爲 4，極小值爲 0

類似問題

1～4 題並請用 Hessian border 判斷所求爲極大值抑爲極小值

1. 在 $ax+by+cz=1$ 之條件下 $(a,b,c>0)$，求 $x^2+y^2+z^2$ 之極值。

2. 在 $x^2+y^2+z^2=1$ 之條件下，求 $\frac{a^2}{x^2}+\frac{b^2}{y^2}+\frac{c^2}{z^2}$ 之極值。

3. 在 $x+y+z=1$ 之條件下，求 $xy+xz+yz$ 之極值。

4. 在 $x+y+z=1$ 之條件下，求 $\frac{a}{x}+\frac{b}{y}+\frac{c}{z}$ 之極值，$a,b,c>0$。

5. 試在條件 $x^2+\frac{1}{4}y^2+\frac{1}{9}z^2=1$ 下，求 xyz 之極大值與極小值。

※6. 在 $x^2+y^2=4$ 時，求 $3x^2+4xy+3y^2$ 之極大值與極小值。

※7. 在 $x^2-xy^2+y^2=4$ 時，求 x^2+y^2 之極值。

※8. 已知 $xyz=\mathrm{A}^3$，求 $\frac{xyz}{a^3x+b^3y+c^3z}$ 之極值（$x,y,z,A,a,b,c>0$）。

※9. 試證我們無法用 Lagrange 乘數解下列極值問題：

「在 $(x-1)^3-y^2=0$ 下求 $\min(x^2+y^2)$」。

※10. 證求 $\ln x+\ln y+3\ln z$ 在 $x^2+y^2+z^2=5r^2$，$x,y,z>0$ 有極大值 $\ln 3\sqrt{3}r^5$，

並以此結果證明對任意之 $a,b,c>0$ 均有 $abc^3\le 27\left(\frac{a+b+c}{5}\right)^3$

11. $x-y=0$ 下，求 $\max \sin x\cos y$。

12. 求原點到 $ax+by+cz=d$ 最短之矩離。

※13. 求 $y^2=4x$ 上至 $(1,0)$ 最近之點。

※14. 在 $\frac{x^2}{a^2}+\frac{y^2}{b^2}+\frac{z^2}{c^2}=1$ 及 $\ell x+my+nz=0$（$a>b>c>0$）之條件下，

求證 $x^2+y^2+z^2$ 之極值 p^2 滿足 $\frac{l^2a^2}{p^2-a^2}+\frac{m^2b^2}{p^2-b^2}+\frac{n^2c^2}{p^2-c^2}=0$。

解

1. 取 $F(x,y,z)=x^2+y^2+z^2+\lambda(ax+by+cz-1)$

$$\begin{cases} F_1=2x+a\lambda=0 & ① \\ F_2=2y+b\lambda=0 & ② \\ F_3=2z+c\lambda=0 & ③ \\ F_\lambda=ax+by+cz=1 & ④ \end{cases}$$

$$\therefore \frac{-2x}{a}=\frac{-2y}{b}=\frac{-2z}{c}=\lambda \quad ⑤$$

$\Rightarrow$ 代 $x=\dfrac{-a}{2}\lambda,\ y=\dfrac{-b}{2}\lambda,\ z=\dfrac{-c}{2}\lambda$ 入④

得 $-\dfrac{a^2}{2}\lambda-\dfrac{b^2}{2}\lambda-\dfrac{c^2}{2}\lambda=1 \quad \therefore \lambda=\dfrac{-2}{a^2+b^2+c^2}$ ⑥

$$\therefore x=\frac{a}{a^2+b^2+c^2}，y=\frac{b}{a^2+b^2+c^2}，z=\frac{c}{a^2+b^2+c^2}$$

$$x^2+y^2+z^2=\frac{1}{a^2+b^2+c^2}$$

Hessian border

$$\begin{vmatrix} F_{11} & F_{12} & F_{13} & g_1 \\ F_{21} & F_{22} & F_{23} & g_2 \\ F_{31} & F_{32} & F_{33} & g_3 \\ g_1 & g_2 & g_3 & 0 \end{vmatrix} = \begin{vmatrix} 2 & 0 & 0 & a \\ 0 & 2 & 0 & b \\ 0 & 0 & 2 & c \\ a & b & c & 0 \end{vmatrix} = -4(a^2+b^2+c^2)<0$$

$\therefore$ 在 $ax+by+cz=1,\ a,b,c>0$ 之條件下，$f(x,y,z)=x^2+y^2+z^2$ 在 $\left(\dfrac{a}{a^2+b^2+c^2}，\dfrac{b}{a^2+b^2+c^2}，\dfrac{c}{a^2+b^2+c^2}\right)$ 有一相對極小值 $\dfrac{1}{a^2+b^2+c^2}$。

2. $F(x,y,z)=\dfrac{a^2}{x^2}+\dfrac{b^2}{y^2}+\dfrac{c^2}{z^2}+\lambda(x^2+y^2+z^2-1)$

$$\begin{cases} F_1 = \dfrac{-2a^2}{x^3} + 2\lambda x = 0 & ① \\ F_2 = \dfrac{-2b^2}{y^3} + 2\lambda y = 0 & ② \\ F_3 = \dfrac{-2c^2}{z^3} + 2\lambda z = 0 & ③ \\ F_\lambda = x^2 + y^2 + z^2 = 1 & ④ \end{cases}$$

$$\Rightarrow \frac{a^2}{x^4} = \frac{b^2}{y^4} = \frac{c^2}{z^4} = \lambda \qquad ⑤$$

$$\Rightarrow x^4 = \frac{a^2}{\lambda}，y^4 = \frac{b^2}{\lambda}，z^4 = \frac{c^2}{\lambda} \qquad ⑥$$

代⑥入④得

$$\frac{(a+b+c)}{\sqrt{\lambda}} = 1 \Rightarrow \lambda = (a+b+c)^2 \qquad ⑦$$

代⑦入⑥得

$$x^2 = \frac{a}{a+b+c}，y^2 = \frac{b}{a+b+c}，z^2 = \frac{c}{a+b+c}$$

$$\therefore \frac{a^2}{x^2} + \frac{b^2}{y^2} + \frac{c^2}{z^2} = (a+b+c)^2$$

Hessian border

$$H = \begin{vmatrix} 6a^2x^{-4} & 0 & 0 & 2x \\ 0 & 6b^2y^{-4} & 0 & 2y \\ 0 & 0 & 6c^2z^{-4} & 2z \\ 2x & 2y & 2z & 0 \end{vmatrix} < 0 \text{（讀者自證）}$$

$\therefore$在 $x^2+y^2+z^2=1$ 之條件下，$f(x,y,z) = \dfrac{a^2}{x^2} + \dfrac{b^2}{y^2} + \dfrac{c^2}{z^2}$ 有一相對極小值 $(a+b+c)^2$。

3. 取 $F(x,y,z)=xy+xz+yz+\lambda(x+y+z-1)$

$$\begin{cases} F_1=y+z+\lambda=0 & ① \\ F_2=x+z+\lambda=0 & ② \\ F_3=x+y+\lambda=0 & ③ \\ F_\lambda=x+y+z=1 & ④ \end{cases}$$

① + ② + ③得

$x+y+z=-\frac{3}{2}\lambda \quad \therefore x=y=z=\frac{-\lambda}{2}$ ⑤

代⑤入④ $\lambda=-\frac{2}{3}$

故 $x=y=z=\frac{1}{3}\Rightarrow xy+xz+yz=\frac{1}{3}$

Hessian border

$$H=\begin{vmatrix} 0 & 1 & 1 & 1 \\ 1 & 0 & 1 & 1 \\ 1 & 1 & 0 & 1 \\ 1 & 1 & 1 & 0 \end{vmatrix}=-3<0$$

故在 $x+y+z=1$ 之條件下，$f(x,y,z)=xy+xz+yz$ 有一絕對極小值 $\frac{1}{3}$。

4. $f(x,y,z)=\frac{a}{x}+\frac{b}{y}+\frac{c}{z}+\lambda(x+y+z-1)$

$$\begin{cases} f_x=-\frac{a}{x^2}+\lambda=0 & ① \\ f_y=-\frac{b}{y^2}+\lambda=0 & ② \\ f_z=-\frac{c}{z^2}+\lambda=0 & ③ \\ f_\lambda=x+y+z=1 & ④ \end{cases}$$

由①, ②, ③知 $\frac{a}{x^2}=\frac{b}{y^2}=\frac{c}{z^2}=\lambda$

i.e.　$x=\sqrt{\frac{a}{\lambda}}$，$y=\sqrt{\frac{b}{\lambda}}$，$z=\sqrt{\frac{c}{\lambda}}$　⑤

代⑤入④得　$\lambda=(\sqrt{a}+\sqrt{b}+\sqrt{c})^2$

$\therefore x=\frac{\sqrt{a}}{\sqrt{a}+\sqrt{b}+\sqrt{c}}$，$y=\frac{\sqrt{b}}{\sqrt{a}+\sqrt{b}+\sqrt{c}}$，$z=\frac{\sqrt{c}}{\sqrt{a}+\sqrt{b}+\sqrt{c}}$

故　$$\frac{a}{x}+\frac{b}{y}+\frac{c}{z}=\frac{a(\sqrt{a}+\sqrt{b}+\sqrt{c})}{\sqrt{a}}+\frac{b(\sqrt{a}+\sqrt{b}+\sqrt{c})}{\sqrt{b}}+\frac{c(\sqrt{a}+\sqrt{b}+\sqrt{c})}{\sqrt{c}}=(\sqrt{a}+\sqrt{b}+\sqrt{c})^2$$

二階條件

$$H=\begin{vmatrix} f_{11} & f_{12} & f_{13} & 1 \\ f_{21} & f_{22} & f_{23} & 1 \\ f_{31} & f_{32} & f_{33} & 1 \\ 1 & 1 & 1 & 0 \end{vmatrix}=\begin{vmatrix} \frac{2a}{x^3} & 0 & 0 & 1 \\ 0 & \frac{2b}{y^3} & 0 & 1 \\ 0 & 0 & \frac{2c}{z^3} & 1 \\ 1 & 1 & 1 & 0 \end{vmatrix}<0$$

$\therefore$在 $x+y+z=1$ 之條件下，$f(x,y,z)=\frac{a}{x}+\frac{b}{y}+\frac{c}{z}$ 有一相對極小值$(\sqrt{a}+\sqrt{b}+\sqrt{c})^2$。

5. $L=xyz+\lambda(x^2+\frac{y^2}{4}+\frac{z^2}{9}-1)$

$\frac{\partial L}{\partial x}=yz+2\lambda x=0$　①

$$\frac{\partial L}{\partial y}=xz+\frac{2}{4}\lambda y=0 \qquad ②$$

$$\frac{\partial L}{\partial z}=xy+\frac{2}{9}\lambda z=0 \qquad ③$$

①，②，③三式分別乘x, y, z得

$$xyz=-2\lambda x^2 \qquad ④$$

$$xyz=-\frac{2}{4}\lambda y^2 \qquad ⑤$$

$$xyz=-\frac{2}{9}\lambda z^2 \qquad ⑥$$

④＋⑤＋⑥得

$$3xyz=-2\lambda(x^2+\frac{y^2}{4}+\frac{2}{9}z^2)=-2\lambda\text{，即 }xyz=-\frac{2}{3}\lambda \qquad ⑦$$

又由① $yz=-2\lambda x$ ⑧

② $xz=-\frac{2}{4}\lambda y$ ⑨

③ $xy=-\frac{2}{9}\lambda z$ ⑩

⑦×⑧×⑨得

$$x^2y^2z^2=-\frac{2}{9}\lambda^3 xyz \qquad ⑪$$

代⑦入⑪

$$\frac{4}{9}\lambda^2=-\frac{2}{9}\lambda^3(-\frac{2}{3}\lambda) \quad \therefore \lambda^4=3\lambda^2 \Rightarrow \lambda=\pm\sqrt{3}$$

從而$xyz=-\frac{2}{3}\lambda=-\frac{2}{3}(\pm\sqrt{3})=\pm\frac{2}{\sqrt{3}}$

$\therefore xyz$ 之極大值爲 $\frac{2}{\sqrt{3}}$，極小值爲 $-\frac{2}{\sqrt{3}}$

6. $L=3x^2+4xy+3y^2+\lambda(x^2+y^2-4)$

$\frac{\partial L}{\partial x}=6x+4y+2\lambda x=0$（或 $(6+2\lambda)x+4y=0$）　①

$\frac{\partial L}{\partial y}=4x+6y+2\lambda y=0$（或 $4x+(6+2\lambda)y=0$）　②

$\frac{\partial L}{\partial \lambda}=x^2+y^2=4$　③

由①，②

$\begin{vmatrix} 6+2\lambda & 4 \\ 4 & 6+2\lambda \end{vmatrix}=0$　解之 $\lambda=-1$ 或 -5

$\lambda=-1$ 時，得 $y=-x$ 代之入③得 $x=\sqrt{2}, y=-\sqrt{2}$ 或 $x=-\sqrt{2}, y=\sqrt{2}$

此時 $3x^2+4xy+3y^2$ 之值爲 4……極小值

$\lambda=-5$ 時，$y=x$，得 $x=y=\pm\sqrt{2}$（x，y 同號）

此時 $3x^2+4xy+3y^2$ 之值爲 20……極大值

7. $L=x^2+y^2+\lambda(x^2-xy+y^2-4)$

$\frac{\partial L}{\partial x}=2x+\lambda(2x-y)=0$　①

$\frac{\partial L}{\partial y}=2y+\lambda(-x+2y)=0$　②

$\frac{\partial L}{\partial \lambda}=x^2-xy+y^2=4$　③

由① $2(1+\lambda)x-\lambda y=0$
由② $-\lambda x+2(1+\lambda)y=0$　*

＊有異於 0 之解，除非

$$\begin{vmatrix} 2(1+\lambda) & -\lambda \\ -\lambda & 2(1+\lambda) \end{vmatrix}=0 \qquad \therefore \lambda=-2 \text{ 或 } \frac{-2}{3}$$

$\lambda=-2$時代入＊中任一式均可有 $y=x$，再代入④得 $y=x=\pm 2$

$\therefore x^2+y^2=8$……極大值

$\lambda=-\frac{2}{3}$時代入＊中任一式均可有 $y=-x$，再代入④得

$y=-x=\frac{\pm 2}{\sqrt{3}}$　$\therefore x^2+y^2=\frac{8}{3}$……極小值

8. $L=\frac{xyz}{a^3x+b^3y+c^3z}+\lambda(xyz-A^3)$

$$\frac{\partial L}{\partial x}=\frac{yz(a^3x+b^3y+c^3z)-a^3xyz}{(a^3x+b^3y+c^3z)^2}+\lambda yz=0$$

化簡得 $b^3y+c^3z=-\lambda$　①

同法可由 $\frac{\partial L}{\partial y}=0$ 得 $a^3x+b^3y=-\lambda$　②

及 $\frac{\partial L}{\partial z}=0$ 得 $a^3x+c^3z=-\lambda$　③

①＋②＋③得

$$a^3x+b^3y+c^3z=-\frac{3}{2}\lambda \qquad ④$$

代①入④得 $a^3x=-\frac{\lambda}{2}$，即 $x=\frac{-\lambda}{2a^3}$

同法可得 $y=-\frac{\lambda}{2b^3}$，$z=-\frac{\lambda}{2c^3}$　⑤

$\because$已知 $A^3=xyz=\left(\frac{-\lambda}{2a^3}\right)\left(\frac{-\lambda}{2b^3}\right)\left(\frac{-\lambda}{2c^3}\right)$　$\therefore \lambda=-2abcA$

代之入⑤得

$$x=\frac{Abc}{a^2}，y=\frac{Aac}{b^2}，z=\frac{Aab}{c^2} \qquad ⑥$$

代⑥入$\frac{xyz}{a^3x+b^3y+c^3z}$得$\frac{A^2}{3abc}$　此即極値

9. $L=x^2+y^2+\lambda((x-1)^3-y^2)$

$$\frac{\partial L}{\partial x}=2x+3\lambda(x-1)=0 \qquad ①$$

$$\frac{\partial L}{\partial y}=2y-2y\lambda=0\text{或}(1-\lambda)y=0 \qquad ②$$

$$\frac{\partial L}{\partial \lambda}=(x-1)^3-y^2=0 \qquad ③$$

由②$\lambda=1$或$y=0$

$y=0$時，代入③$x=1$時①不可能爲 0 故不合

$\lambda=1$時，由①$x=\frac{3}{5}$代入③$y^2=(x-1)^3=(-\frac{2}{5})^3<0$亦不合

故 Lagrange 乘數法無法解本問題

10. $F=\ln xyz^3+\lambda(x^2+y^2+z^2-5r^2)$，則

$$\frac{\partial F}{\partial x}=\frac{1}{x}+2\lambda x=0 \qquad (1)$$

$$\frac{\partial F}{\partial y}=\frac{1}{y}+2\lambda y=0 \qquad (2)$$

$$\frac{\partial F}{\partial z}=\frac{3}{z}+2\lambda z=0 \qquad (3)$$

$$\frac{\partial F}{\partial \lambda}=x^2+y^2+z^2-5r^2 \qquad (4)$$

$\therefore \dfrac{1}{x^2}=\dfrac{1}{y^2}=\dfrac{3}{z^2} \Rightarrow x=y=\sqrt{3}z$，代入 (4)

$x=y=r$，$z=\sqrt{3}\,r$

依題意 $x=y=r$，$z=\sqrt{3}\,r$ 有極大值 $\ln r+\ln r+3\ln\sqrt{3}\,r=\ln 3\sqrt{3}\,r^5$

$\ln xyz^3=\ln\sqrt{x^2y^2z^6}=\ln\sqrt{r^2r^2(\sqrt{3}r)^5}=\ln 3\sqrt{3}r^{\frac{5}{2}}$

$\leq \ln 3\sqrt{3}\left(\dfrac{x^2+y^2+z^2}{5}\right)^{\frac{5}{2}}$

（$\because$限制條件 $x^2+y^2+z^2=5r^2$　$\therefore r^2=\dfrac{1}{5}(x^2+y^2+z^2)$）

從而 $x^2y^2z^6\leq 27\left(\dfrac{x^2+y^2+z^2}{5}\right)^{\frac{5}{2}}$

取 $x^2=a$，$y^2=b$，$z^2=c$ 即有 $abc^3\leq\left(\dfrac{a+b+c}{5}\right)^{\frac{5}{2}}$

11. $L=\sin x\cos y=\lambda(x-y)$

$\dfrac{\partial L}{\partial x}=\cos x\cos y+\lambda=0$　①

$\dfrac{\partial L}{\partial y}=-\sin x\sin y-\lambda=0$　②

①＋②得 $\cos(x-y)=0$　$\therefore y-x=\dfrac{\pi}{2}$，但 $y=x$

故當 $y=x=\dfrac{\pi}{4}$，$\dfrac{3\pi}{4}$，$\dfrac{5\pi}{4}$……有極大值 $\dfrac{1}{2}$

12. 令 $L=x^2+y^2+z^2+\lambda(ax+by+cz-d)$　（註）

$\dfrac{\partial L}{\partial x}=2x+a\lambda=0$　①

$\frac{\partial L}{\partial y}=2y+b\lambda=0$　　②

$\frac{\partial L}{\partial z}=2z+c\lambda=0$　　③

$\frac{\partial L}{\partial \lambda}=ax+by+cz=d$　　④

註：若取 $L=\sqrt{x^2+y^2+z^2}+\lambda(ax+by+cz-d)$ 亦可，惟計算上比較麻煩。

$\left.\begin{array}{l}\frac{①}{②}\ \frac{x}{y}=\frac{a}{b}\\ \frac{①}{③}\ \frac{x}{y}=\frac{a}{c}\end{array}\right\}\Rightarrow x=\frac{a}{b}y, x=\frac{b}{c}z$，即 $y=\frac{b}{a}x$，$z=\frac{c}{a}x$ 代上述結果入④

$ax+\frac{b^2}{a}x+\frac{c^2}{a}x=d \quad \therefore x=\frac{ad}{a^2+b^2+c^2}$

從而 $y=\frac{bd}{a^2+b^2+c^2}$，$z=\frac{cd}{a^2+b^2+c^2}$

$\therefore \sqrt{x^2+y^2+z^2}=\frac{|d|}{\sqrt{a^2+b^2+c^2}}$ 是為最短距離

13. $L=(x-1)^2+y^2+\lambda(y^2-4x)$

$\frac{\partial L}{\partial x}=2(x-1)-4\lambda=0$　　①

$\frac{\partial L}{\partial y}=2y+2\lambda y=0$　　②

$\frac{\partial L}{\partial \lambda}=y^2-4x=0$　　③

由② $\lambda=-1$ 或 $y=0$

(i) $\lambda=-1$ 時，$x=-1$，$y<0$ 不合

(ii) $y=0$ 時，$x=0$ 故 $(0,0)$ 爲 $y^2=4x$ 到 $(1,0)$ 之最近點

14. 取 $L=x^2+y^2+z^2+\lambda(\frac{x^2}{a^2}+\frac{y^2}{b^2}+\frac{z^2}{c^2}-1)+\mu(\ell x+my+nz)$，則

$$\frac{\partial L}{\partial x}=2x+\lambda(\frac{2x}{a^2})+\mu\ell=0 \qquad ①$$

$$\frac{\partial L}{\partial y}=2y+\lambda(\frac{2y}{b^2})+\mu m=0 \qquad ②$$

$$\frac{\partial L}{\partial z}=2z+\lambda(\frac{2z}{c^2})+\mu n=0 \qquad ③$$

$$\therefore x(\frac{\partial L}{\partial x})+y(\frac{\partial L}{\partial y})+z(\frac{\partial L}{\partial z})=2(x^2+y^2+z^2)+2\lambda=0$$

$\therefore \lambda=-(x^2+y^2+z^2)$　取 $\lambda=-p^2$，$p^2=x^2+y^2+z^2$

由① $2(1+\frac{\lambda}{a^2})x+\mu\ell=0$　$\therefore 2x=\mu\cdot\frac{\ell a^2}{p^2-a^2}$，$2y=\mu\frac{mb^2}{p^2-b^2}$

$2z=\mu\frac{mc^2}{p^2-b^2}$　$\therefore \frac{\ell^2a^2}{p^2-a^2}+\frac{m^2b^2}{p^2-b^2}+\frac{n^2c^2}{p^2-c^2}=2(\ell x+my+nz)=0$

第七章　重積分

7-1　定　義

令 $F(x,y)$ 定義於 xy 平面之一封閉區域 R 內，將 R 細分成 n 個區域 ΔR_k，其面積為 ΔA_k，$k=1,2,\cdots\cdots n$，取 ΔR_k 內某一點（ε_k,η_k）。

若 $\lim\limits_{n\to\infty}\sum\limits_{k=1}^{n}F(\varepsilon_k,\eta_k)\Delta A_k$ 存在，則此極限值記做

$$\iint_R F(x,y)\,dxdy \quad \text{或} \iint_R F(x,y)\,dR \tag{1}$$

(I) 依 (a) 圖，則 (1) 式變成

$$\iint_R F(x,y)\,dR = \int_a^b \int_{\phi_1(x)}^{\phi_2(x)} f(x,y)\,dy\,dx$$

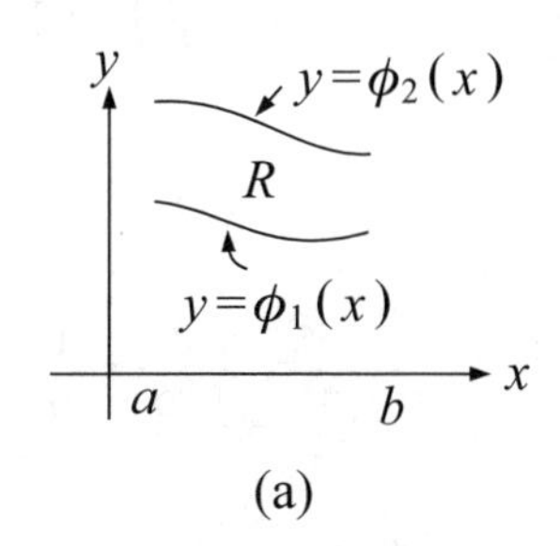

(a)

(II) 依 (b) 圖，則 (1) 式變成

$$\iint_R F(x,y)\,dR = \int_c^d \int_{\phi_1(y)}^{\phi_2(y)} f(x,y)\,dx\,dy$$

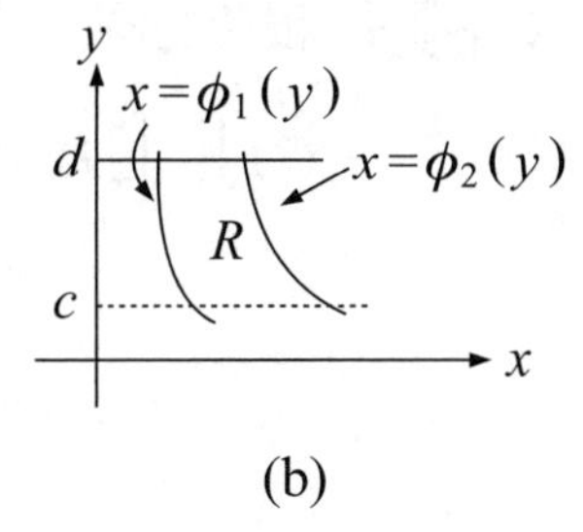

(b)

例 1 求$\int_0^1\int_0^1(x+y)\,dy\,dx$。

解 原式$=\int_0^1\left[xy+\frac{y^2}{2}\right]\Big|_0^1 dx=\int_0^1\left(x+\frac{1}{2}\right)dx=\left(\frac{x^2}{2}+\frac{x}{2}\right)\Big|_0^1=1$

◎**例 2** 求$\int_0^{1/2}\int_0^{\sqrt{2}}xy(1-x^2y)^{\frac{1}{2}}\,dx\,dy$。

解 原式$=\int_0^{\frac{1}{2}}dy\int_0^{\sqrt{2}}xy\sqrt{1-x^2y}\,dx$

$$=-\frac{1}{2}\int_0^{\frac{1}{2}}dy\int_0^{\sqrt{2}}\sqrt{1-x^2y}\,d(1-x^2y)$$

$$=-\frac{1}{3}\int_0^{\frac{1}{2}}\left[(1-2y)^{\frac{3}{2}}-1\right]dy$$

$$=-\frac{1}{3}\int_0^{\frac{1}{2}}(1-2y)^{\frac{3}{2}}dy+\frac{1}{3}\int_0^{\frac{1}{2}}1dy$$

$$=\frac{1}{6}\int_0^{\frac{1}{2}}(1-2y)^{\frac{3}{2}}d(1-2y)+\frac{1}{6}$$

$$=-\frac{1}{15}+\frac{1}{6}=\frac{1}{10}$$

※**例 3** 根據右圖，試填 (1) $\int_{-}^{-}\int_{-}^{-}f(x,y)dydx$

(2) $\int_{-}^{-}\int_{-}^{-}f(x,y)dxdy$

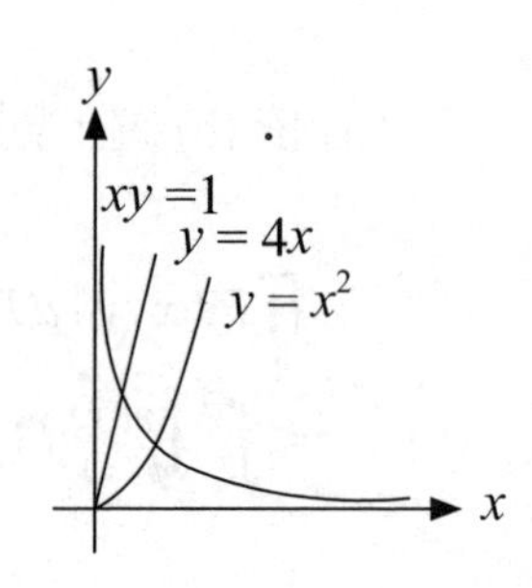

解 (1)

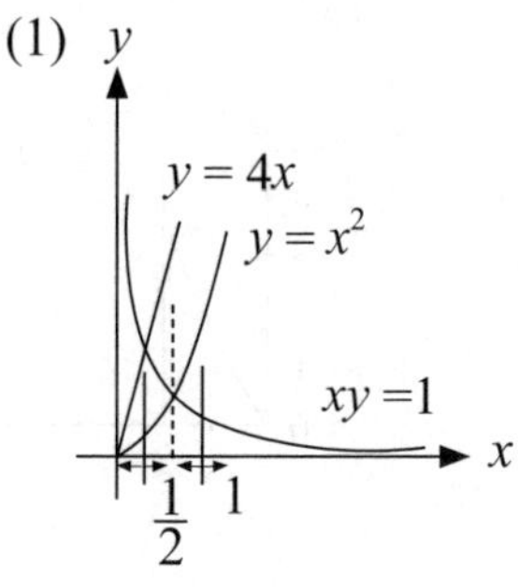

$$I=\int_0^{\frac{1}{2}}\int_{x^2}^{4x} f(x,y)dydy$$

$$+\int_{\frac{1}{2}}^{1}\int_{x^2}^{\frac{1}{x}} f(x,y)dydx$$

(2)

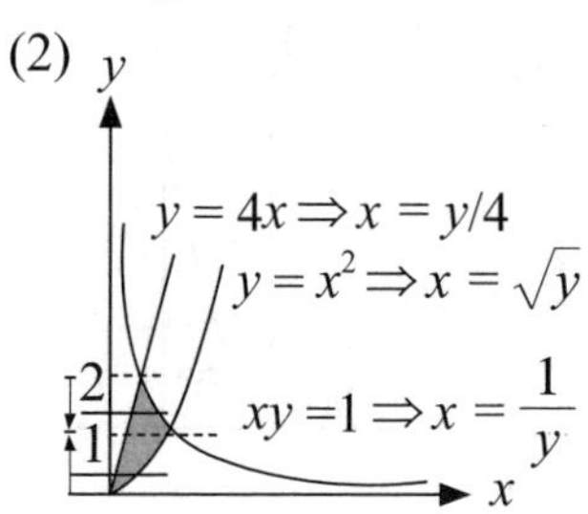

$$I=\int_0^1\int_{\frac{y}{4}}^{\sqrt{y}} f(x,y)dydx+\int_1^2\int_{\frac{y}{4}}^{\frac{1}{y}} f(x,y)dydx$$

> **動線法**
>
> 給定一個區域 D，我們要求 $\iint_D f(x,y)d$
>
> 可用動線法：
>
> 1. 不論先對 x 積分還是先對 y 積分，外積分之上，下積分一定是數字。
> 2. $\iint f(x,y)dxdy$ 時動線是水平線以與 x 軸作平行移動。
>
> $\iint f(x,y)dydx$ 時動線是垂直線以與 y 軸作平行移動。
> 3. 動線移動時若內積分上下限改變時就要繼續用新的積分界限 F。

例 4　求 $\iint_{x^2+y^2\le 1} xy\ln(1+x^2+y^2)dxdy$。

解　$\because$ 在 $x^2+y^2\le 1$ 被積函數 $z=xy\ln(1+x^2+y^2)$ 關於 x,y 均爲奇函數。

$\therefore$ 原式 $=0$

> 在計算重積分時應注意是否有
> - 對稱性
> - 奇偶性

例 5　求 $\iint_R (x^2+y^2)\,dR$　設 R 爲 $2\ge x\ge 0$ 及 $y\le x^2$ 所圍成區域。

解　$\iint_R (x^2+y^2)\,dR=\int_0^2\int_0^{x^2}(x^2+y^2)\,dy\,dx$

$=\int_0^2\left[x^2y+\frac{y^3}{3}\right]_0^{x^2}dx=\int_0^2\left(x^4+\frac{x^6}{3}\right)dx$

$=\left[\frac{x^5}{5}+\frac{x^7}{21}\right]_0^2=\frac{1312}{105}$

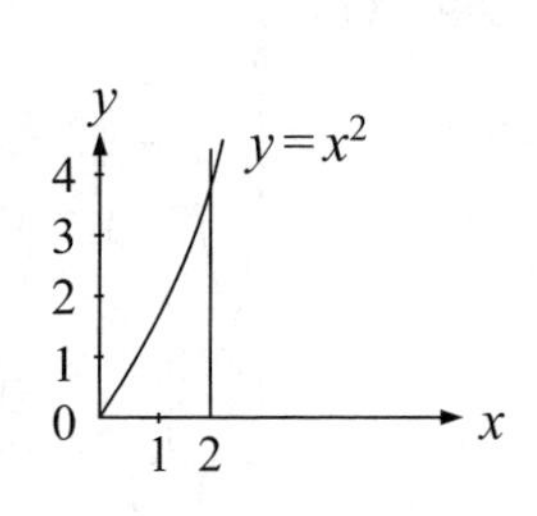

例 6　若 R_1 為 $0\geq x\geq -1$，$0\leq y\leq x^2$ 所圍成區域，R_2 為 $2\geq x\geq 0$，$0\leq y\leq x^2$ 所圍成區域，$R=R_1\cup R_2$，求 $\iint_R y^{\frac{2}{3}}\,dx\,dy$。

解　原式 $=\int_{-1}^0\int_0^{x^2}y^{\frac{3}{2}}\,dy\,dx+\int_0^2\int_0^{x^2}y^{\frac{3}{2}}\,dy\,dx$

$=\int_{-1}^0\frac{2}{5}y^{\frac{5}{2}}\Big]_0^{x^2}dx+\int_0^2\frac{2}{5}y^{\frac{5}{2}}\Big]_0^{x^2}dx$

$=\int_{-1}^0\frac{2}{5}x^5\,dx+\int_0^2\frac{2}{5}x^5\,dx$

$=\frac{1}{15}x^6\Big]_{-1}^0+\frac{1}{15}x^6\Big]_0^2=\frac{-1}{15}+\frac{64}{15}=\frac{21}{5}$

例 7　若 R 為 $x=0$，$y=\pi$，$y=x$ 所圍成區域，求 $\iint_R\cos(x+y)\,dx\,dy$。

解　原式 $=\int_0^\pi\int_x^\pi\cos(x+y)\,dy\,dx$

$=\int_0^\pi\sin(x+y)\Big]_x^\pi dx$

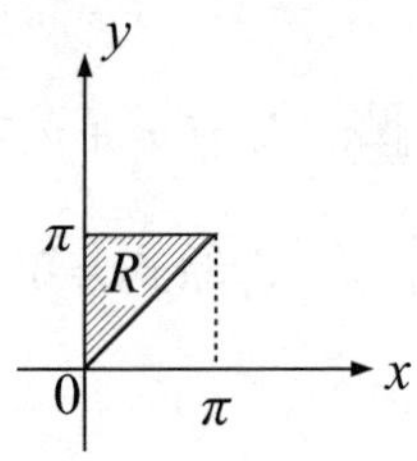

$=\int_0^\pi\left[-\sin x-\sin 2x\right]dx$

$=\left[\cos x+\frac{1}{2}\cos 2x\right]_0^\pi=-2$

◎**例 8**　R 爲 $x=2$，$y=x$ 及 $xy=1$ 所圍成之區域，求 $\iint_R \frac{x^2}{y^2}\,dxdy$。

解　原式 $=\int_1^2\int_{\frac{1}{x}}^{x}\frac{x^2}{y^2}\,dy\,dx$

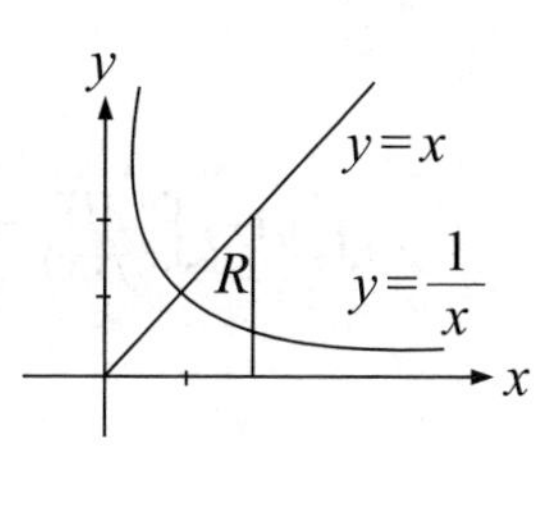

$=\int_1^2 x^2\left[-\frac{1}{y}\right]_{\frac{1}{x}}^{x}dx=\int_1^2(-x+x^3)\,dx$

$=\frac{9}{4}$

例 9　R 爲由 x 軸、y 軸及 $\sqrt{x}+\sqrt{y}=1$ 所圍成區域，求 $\iint_R x\,y\,dx\,dy$。

解　原式 $=\int_0^1\int_0^{(1-\sqrt{y})^2}xy\,dx\,dy$

$=\int_0^1 y\left[\frac{x^2}{2}\right]_0^{(1-\sqrt{y})^2}dy$

$=\frac{1}{2}\int_0^1 y(1-\sqrt{y})^4dy=\frac{1}{2}\int_0^1\omega^2(1-\omega)^4\,2\omega\,d\omega$

$=\int_0^1\omega^3(1-\omega)^4d\omega$

$=\frac{4!\,3!}{(4+3+1)!}=\frac{1}{280}$（Beta 積分）

> $\int_0^1 x^m(1-x)^n\,dx$
>
> $=\frac{\Gamma(m+1)\Gamma(n+1)}{\Gamma(m+n)}$

※**例 10**　$f(x)$ 在 $[a,b]$ 爲連續之非負函數，試證

$$\int_a^b f(x)dx\int_a^b\frac{dx}{f(x)}\geq(b-a)^2$$

解　(1) $\int_a^b f(x)dx\cdot\int_a^b\frac{dx}{f(x)}=\int_a^b f(x)dx\cdot\int_a^b\frac{dy}{f(y)}=\int_a^b\int_a^b\frac{f(x)}{f(y)}\,dR$

$$(2)\int_a^b f(x)dx\cdot\int_a^b\frac{dx}{f(x)}=\int_a^b f(y)dy\cdot\int_a^b\frac{dx}{f(x)}$$

$$=\int_a^b\int_a^b\frac{f(y)}{f(x)}dR$$

$$\therefore\int_a^b f(x)\int_a^b\frac{dx}{f(x)}=\frac{1}{2}\left[\int_a^b\int_a^b\frac{f(x)}{f(y)}dR\right.$$

$$\left.+\int_a^b\int_a^b\frac{f(y)}{f(x)}dR\right]$$

$$=\frac{1}{2}\int_a^b\int_a^b\left(\frac{f(x)}{f(y)}+\frac{f(y)}{f(x)}\right)dR$$

$$\geq\int_a^b\int_a^b dR=(b-a)^2$$

這是一道很精彩的問題，它很技巧地應用積分函數之變數爲啞變數之特性將原先單變數積分化成重積分。
最後 f 爲非負函數，利用 Cauchy-Schwarz 定理
$\frac{1}{2}\left(\frac{f(x)}{f(y)}+\frac{f(y)}{f(x)}\right)\geq\sqrt{\frac{f(x)}{f(y)}\cdot\frac{f(y)}{f(x)}}=1$

類似問題

1. 求 $\int_0^1\int_0^{\tan^{-1}s}\sec^2 t\,dt\,ds$。

2. 求 $\int_0^1\int_0^u u^2e^{uv}dv\,du$。

3. 求 $\int_1^2\int_0^{\ln y}e^x\,dx\,dy$。

4. 求 $\int_2^4\int_x^{2x}\frac{y}{x}dy\,dx$。

5. 求 $\int_{-\frac{1}{2}}^1\int_{-x}^{1+x}(x^2+y)dy\,dx$。

6. 求 $\int_0^{\frac{\pi}{4}}\int_0^{\sec x}y^3\,dy\,dx$。

7. 求 $\iint\limits_{|x|+|y|\leq 1}x^2y^3f(x^2+y^2)\,dxdy$。

◎ 8. 求 $\int_0^1\int_0^1\frac{x-y}{(x+y)^3}dydx$。

9. 求 $\iint\limits_{|x|+|y|\leq 1}|xy|\,dxdy$。

※10. 求證：$\int_0^x \int_0^t F(u)du\,dt = \int_0^x (x-u)F(u)du$。

11. 求 $\int_0^t \int_t^1 y^{-3} e^{tx/y}\,dx\,dy,\ t>0$。

12. 求 $\int_0^\pi \int_0^\pi \sin^2 x \sin^2 y\,dx\,dy$。

※13. 求 $\int_{-1}^{1} \int_0^2 \sqrt{|y-x^2|}\,dx\,dy$。

※14. 求 $\int_{-1}^{1} \int_0^{\sqrt{1-x^2}} (1-x^2-y^2)dy\,dx$。

※15. 求 $\int_0^1 \int_0^1 \frac{x^2-y^2}{(x^2+y^2)^2} dy\,dx$。

16. 求 $\int_0^2 \int_0^{\sqrt{4-x^2}} (x^2+4y^2)dy\,dx$。

17. 求 $\iint\limits_A \frac{\sin x}{x} dA$，$A$ 為由 $y=x^2+1$ 與 $y=x+1$ 所圍成之區域。

解

1. $\frac{1}{2}$　2. $\frac{e}{2}-1$　3. $\frac{1}{2}$　4. 9　5. $\frac{63}{32}$

6. 原式 $= \int_0^{\frac{\pi}{4}} \frac{1}{4}\sec^4 x\,dx = \frac{1}{4}\int_0^{\frac{\pi}{4}} \sec^4 x\,dx$

$$\because \int \sec^4 x\,dx = \int \sec^2 x\,d\tan x = \sec^2 x \tan x - \int \tan x\,d\sec^2 x$$

$$= \sec^2 x \tan x - 2\int \tan^2 x \sec^2 x\,dx$$

$$= \sec^2 x \tan x - 2\int (\sec^2 x - 1)\sec^2 x\,dx$$

$$= \sec^2 x \tan x - 2\int \sec^4 x\,dx + 2\tan x$$

$$\Rightarrow \int \sec^4 x\,dx = \frac{1}{3}(\sec^2 x \tan x + 2\tan x) + c$$

$$\Rightarrow \int_0^{\frac{\pi}{4}} \sec^4 x\,dx = \frac{1}{3}\left[\sec^2 x \tan x + 2\tan x\right]_0^{\frac{\pi}{4}} = 4/3$$

$\therefore$ 原式 $=\frac{1}{4}\int_0^{\frac{\pi}{4}} \sec^4 x\,dx=\frac{1}{3}$

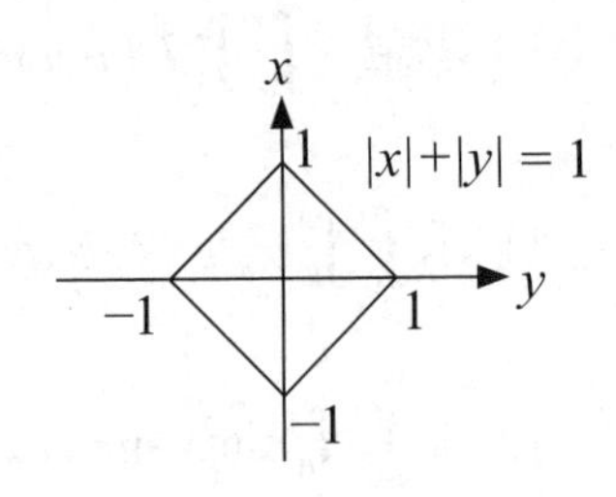

7. $\because z=x^2y^3f(x^2+y^2)$ 關於 y 爲奇函數

$\therefore \iint_{|x|+|y|\le 1} x^2y^3f(x^2+y^2)dxdy=0$

8. 原式 $=\int_0^1\left\{\int_0^1\left[\frac{2x}{(x+y)^3}-\frac{1}{(x+y)^2}\right]dy\right\}dx=\int_0^1\left[\frac{-x}{(x+y)^2}+\frac{1}{x+y}\right]_0^1 dx$

$=\int_0^1\frac{dx}{(1+x)^2}=\frac{1}{2}$

9. 利用對稱性，

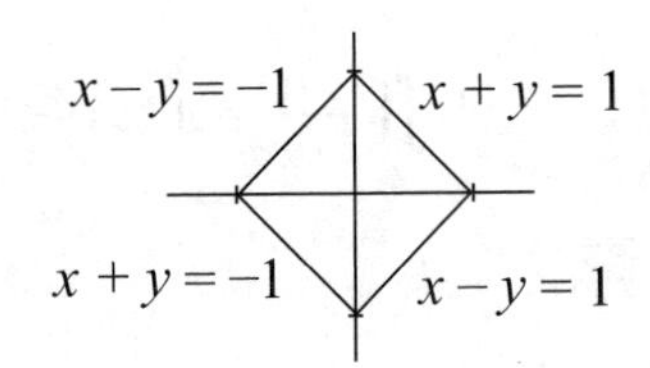

原式 $=4\iint_x |xy|dydx$

$=4\int_0^1\int_0^{1-x} xydydx=\frac{1}{6}$

10. 取 $I(x)=\int_0^x\int_0^t F(u)dudt$；$J(x)=\int_0^x(x-u)F(u)du$

利用 Leibniz 法則

$I'(x)=\int_0^x\frac{\partial}{\partial x}\left[\int_0^t F(u)du\right]dt+\int_0^x F(u)du\cdot\frac{\partial x}{\partial x}=\int_0^x F(u)du$

$J'(x)=\int_0^x\frac{\partial}{\partial x}\left[(x-u)F(u)\right]du+(u-u)F(u)\frac{\partial x}{\partial x}=\int_0^x F(u)du$

$\therefore I'(x)=J'(x)\quad \therefore I(x)=J(x)+c$

又 $I(0)=J(0)\qquad \therefore c=0$，即 $I(x)=J(x)$

故 $\int_0^x\int_0^t F(u)dudt=\int_0^x(x-u)F(u)du$

11. 原式 $=\int_0^t \left[\frac{y}{t}y^{-3}e^{\frac{tx}{y}}\right]_0^t dy=\frac{1}{t}\int_0^t \left(y^{-2}e^{\frac{tx}{y}}\right)_0^t dy$

$$=\frac{1}{t}\int_0^t \left[y^{-2}e^{\frac{t^2}{y}}-y^{-2}\right]dy=\frac{1}{t}\left[-\frac{1}{t^2}e^{\frac{t^2}{y}}+y^{-1}\right]_1^t$$

$$=-\frac{1}{t^3}e^t+\frac{1}{t^2}+\frac{1}{t^3}e^{t^2}-\frac{1}{t}$$

12. 原式 $=\int_0^\pi\int_0^\pi \sin^2 y\left(\frac{1-\cos 2x}{2}\right)dx\,dy$

$$=\int_0^\pi \sin^2 y\,dy\int_0^\pi \frac{1-\cos 2x}{2}dx=\left(\int_0^\pi \frac{1-\cos 2x}{2}dx\right)^2$$

$$=\left(\frac{\pi}{2}-\int_0^\pi\frac{\cos 2x}{2}dx\right)^2=\left(\frac{\pi}{2}-\frac{1}{4}\sin 2x\Big|_0^\pi\right)^2=\frac{\pi^2}{4}$$

13. 取 $\omega(x)=\int_0^2\sqrt{|y-x^2|}\,dy=\int_0^{x^2}\sqrt{x^2-y}\,dy+\int_{x^2}^2\sqrt{y-x^2}\,dy$

$$=-\frac{2}{3}(x^2-y)^{\frac{3}{2}}\Big]_0^{x^2}+\frac{2}{3}(y-x^2)^{\frac{3}{2}}\Big]_{x^2}^2=\frac{2}{3}x^3+\frac{2}{3}(2-x^2)^{\frac{3}{2}}$$

∴原式 $=\int_{-1}^1\omega(x)\,dx=\frac{2}{3}\int_{-1}^1\left[x^3+(2-x^2)^{\frac{3}{2}}\right]dx$

$$=\frac{2}{3}\int_{-1}^1 x^3dx+\frac{2}{3}\int_{-1}^1(2-x^2)^{\frac{3}{2}}dx=\frac{16}{3}\int_0^{\frac{\pi}{4}}\left(\frac{1+\cos 2y}{2}\right)^2dy$$

$$=\frac{4}{3}+\frac{\pi}{2}$$

14. 原式 $=\int_{-1}^1\left[y(1-x^2)-\frac{y^3}{3}\right]_0^{\sqrt{1-x^2}}dx$

$$=\int_{-1}^1\left((1-x^2)^{\frac{3}{2}}-\frac{(1-x^2)^{\frac{3}{2}}}{3}\right)dx=\frac{2}{3}\int_{-1}^1(1-x^2)^{\frac{3}{2}}dx$$

$=\frac{4}{3}\int_0^1(1-x^2)^{\frac{3}{2}}dx$　　取 $x=\sin\theta$

則$\int_0^1 (1-x^2)^{\frac{3}{2}} dx = \int_0^{\frac{\pi}{2}} \cos^4\theta \, d\theta$

$$= \frac{\left(\frac{4-1}{2}\right)!\left(\frac{0-1}{2}\right)!}{2\left(\frac{4+0}{2}\right)!} = \frac{\frac{3}{2} \cdot \frac{\sqrt{\pi}}{2} \cdot \sqrt{\pi}}{4} = \frac{3\pi}{16}$$

$$\therefore \int_{-1}^{1} \int_0^{\sqrt{1-x^2}} (1-x^2-y^2)\, dy\, dx = \frac{4}{3} \cdot \frac{3\pi}{16} = \frac{\pi}{4}$$

15. $\int_0^1 \frac{x^2-y^2}{(x^2+y^2)^2} dy = \int_0^1 \frac{2x^2}{(x^2+y^2)^2} dy - \int_0^1 \frac{1}{(x^2+y^2)^2} dy$

但$\int \frac{dy}{x^2+y^2} = \frac{1}{x} \tan^{-1} \frac{y}{x}$，

$$\int \frac{dy}{(x^2+y^2)^2} = \frac{1}{2x^3} \tan^{-1} \frac{y}{x} + \frac{y}{2x^2(x^2+y^2)}$$

$$\therefore \int_0^1 \frac{2x^2}{(x^2+y^2)^2} dy - \int_0^1 \frac{dy}{(x^2+y^2)^2}$$

$$= \left[\frac{1}{x} \tan^{-1} \frac{y}{x} + \frac{y}{(x^2+y^2)} - \frac{1}{x} \tan^{-1} \frac{y}{x} \right]_0^1 = \frac{1}{1+x^2}$$

故$\int_0^1 \int_0^1 \frac{x^2-y^2}{(x^2+y^2)^2} dy\, dx = \int_0^1 \frac{dx}{1+x^2} = \frac{\pi}{4}$

16. 原式$= \int_0^2 \left[x^2y + \frac{4}{3}y^3 \right]_0^{\sqrt{4-x^2}} dx$

$$= \int_0^2 x^2\sqrt{4-x^2} + \frac{4}{3}(4-x^2)\sqrt{4-x^2}\, dx$$

$$= \int_0^2 \left(\frac{16}{3} - \frac{x^2}{3} \right) \sqrt{4-x^2}\, dx$$

$$=\int_0^{\frac{\pi}{2}}\frac{16-4\sin^2\theta}{3}2\cos\theta\cdot 2\cos\theta d\theta$$

$$=\frac{64}{3}\int_0^{\frac{\pi}{2}}\cos^2\theta\, d\theta-\frac{16}{3}\int_0^{\frac{\pi}{2}}\sin^2\theta\cos^2\theta d\theta$$

$$=\frac{64}{3}\cdot\frac{\Gamma(\frac{3}{2})\Gamma(\frac{1}{2})}{2\Gamma(2)}-\frac{16}{3}\frac{\Gamma(\frac{3}{2})\Gamma(\frac{3}{2})}{2\Gamma(3)}$$（用 beta 函數）

$$=\frac{16}{3}\pi-\frac{\pi}{3}=5\pi$$

17. 原式

$$=\int_0^1\int_{1+x^2}^{1+x}\frac{\sin x}{x}dy\,dx=\int_0^1 x(1-x)\frac{\sin x}{x}dx$$

$$=\int_0^1(1-x)\sin x\,dx$$

$$=\int_0^1\sin x\,dx-\int_0^1 x\sin x\,dx=1-\sin 1$$

y

y=x+1

x

7-2 $\iint\limits_R f(x,\ y)\,dx\,dy$之變數變換與改變積分順序技巧

I. 變數變換

在求如 $\iint\limits_R e^{x+y}dx\,dy$，$R=\{(x,y)\,|\,|x|+|y|\le 1\}$，之類的雙重積分時，若能適當地進行變數變換，則在計算之程序上趨於簡便。

令 (u, v) 爲一平面之曲線坐標（curvilliar coordinates）。設 xy 平面上之點 (x, y) 透過一組轉換方程式 $x = f(u, v)$，$y = g(u, v)$，映至 uv 平面上之點 (u, v)，則成立下列關係：

$$\iint_R F(x,y)dx\,dy = \iint_R G(u,v)\left|\frac{\partial(x,y)}{\partial(u,r)}\right| du\,dv，$$

$$G(u,v) = F\{f(u,v), g(u,v)\}$$

$$而\ \frac{\partial(x,y)}{\partial(u,v)} = \begin{vmatrix} \dfrac{\partial x}{\partial u} & \dfrac{\partial x}{\partial v} \\ \dfrac{\partial y}{\partial u} & \dfrac{\partial y}{\partial v} \end{vmatrix}$$

我們稱 $\dfrac{\partial(x,y)}{\partial(u,v)}$ 爲 x, y 對 u, v 之 Jacobian，而記做 J，其絕對值

$$|J| = \left|\frac{\partial(x,y)}{\partial(u,v)}\right| = \begin{vmatrix} \dfrac{\partial x}{\partial u} & \dfrac{\partial x}{\partial v} \\ \dfrac{\partial y}{\partial u} & \dfrac{\partial y}{\partial v} \end{vmatrix}_+$$ （$|\ \ |_+$ 表行列式之絕對值）

若 $\left|\dfrac{\partial(x,y)}{\partial(u,v)}\right|$ 不易計算時亦可用 $\begin{vmatrix} \dfrac{\partial u}{\partial x} & \dfrac{\partial u}{\partial y} \\ \dfrac{\partial v}{\partial x} & \dfrac{\partial v}{\partial y} \end{vmatrix}_+^{-1}$

例 1　$\iint_R x^2 y^2 dxdy$，R 爲由 $xy = 1$，$xy = 2$，$y = 4x$ 及 $y = x$ 所圍成之區域。

解　取 $u=xy$，$v=\dfrac{y}{x}$

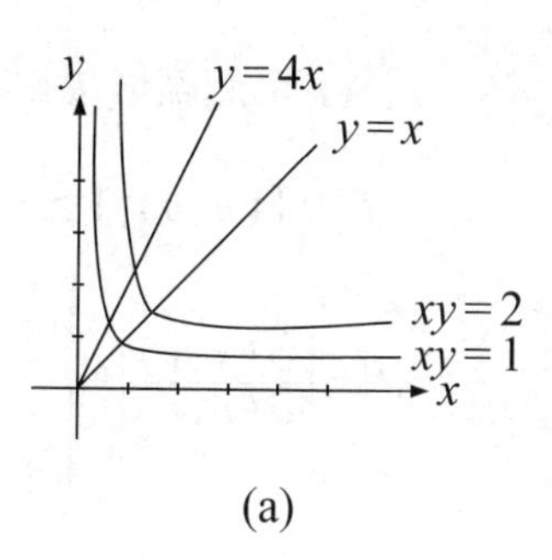

(a)

則 $x=\dfrac{\sqrt{u}}{\sqrt{v}}$，$y=\sqrt{uv}$

$\therefore$ xy 平面之區域 R 轉換成

uv 平面之 R'

$R'=\{(u,v)\mid 1\le u\le 2,1\le v\le 4\}$

$$\therefore |J|=\left|\frac{\partial(x,y)}{\partial(u,v)}\right|$$

$$=\begin{vmatrix}\dfrac{1}{2\sqrt{uv}} & \dfrac{-\sqrt{u}}{2(\sqrt{v})^3}\\ \dfrac{\sqrt{v}}{2\sqrt{u}} & \dfrac{\sqrt{u}}{2\sqrt{v}}\end{vmatrix}_+=\frac{1}{2v}$$

(b)

故原式 $=\int_1^4\int_1^2\dfrac{1}{2v}\cdot u^2\,du\,dv=\int_1^4\dfrac{1}{2v}\cdot\dfrac{7}{3}\,dv=\dfrac{7}{6}\ln 4=\dfrac{7}{3}\ln 2$

本例之 $|J|$ 亦可用

$$|J|=\begin{vmatrix}\dfrac{\partial u}{\partial x} & \dfrac{\partial u}{\partial y}\\ \dfrac{\partial v}{\partial x} & \dfrac{\partial v}{\partial y}\end{vmatrix}_+^{-1}=\begin{vmatrix}y & x\\ -\dfrac{y}{x^2} & \dfrac{1}{x}\end{vmatrix}_+^{-1}=\frac{x}{2y}=\frac{1}{2v}$$

※**例** *2*　$\iint\limits_R e^{x+y}\,dx\,dy$，$R$ 為由 $|x|+|y|\le 1$ 所圍成之區域。

解　取 $u=x+y$，$v=x-y$，則 $x=\dfrac{u}{2}+\dfrac{v}{2}$，$y=\dfrac{u}{2}-\dfrac{v}{2}$

$\therefore$ XY 平面區域 R 轉換成 UV 平面之 R'，

$$R'=\{(u,v)\,|\,1\geq u\geq -1,1\geq v\geq -1\}$$

$$|J|=\left|\frac{\partial(x,y)}{\partial(u,v)}\right|=\left|\begin{vmatrix}\frac{1}{2} & \frac{1}{2}\\ \frac{1}{2} & -\frac{1}{2}\end{vmatrix}\right|_{+}=\frac{1}{2}$$

故原式 $=\int_{-1}^{1}\int_{-1}^{1}\frac{1}{2}e^{u}du\,dv=\int_{-1}^{1}\frac{1}{2}(e-e^{-1})\,dv$

$$=e-\frac{1}{e}$$

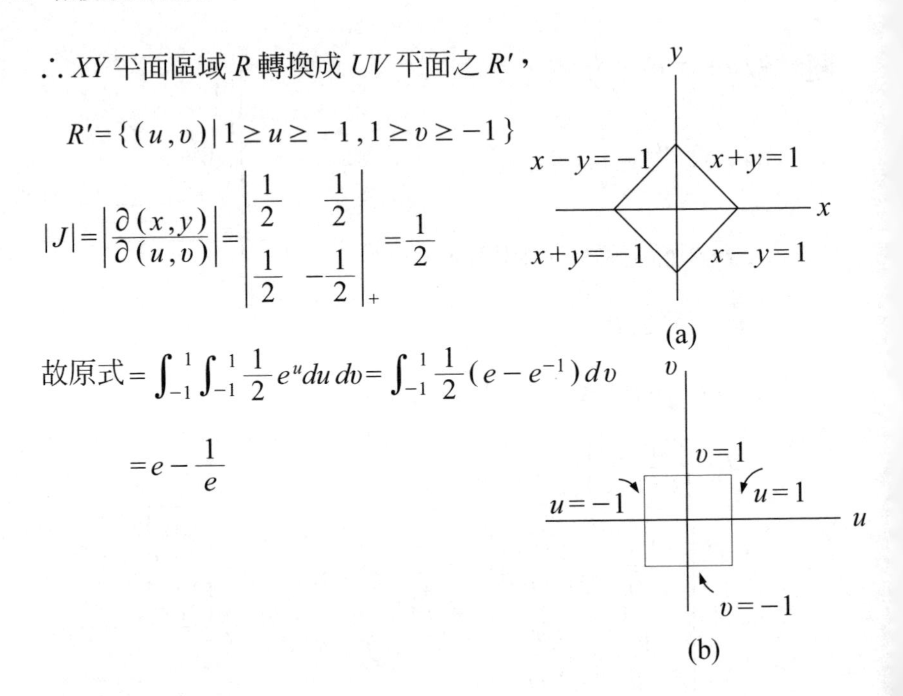

II. 極座標系之應用

若我們取 $x=r\cos\theta$，$y=r\sin\theta$，則

$$\iint_{R}f(x,y)dx\,dy=\iint_{R}|J|f(r\cos\theta,r\sin\theta)\,dr\,d\theta$$

$$=\iint_{R}rf(r\cos\theta,r\sin\theta)\,dr\,d\theta$$

例 3 求 $\iint_{R}\sqrt{x^2+y^2}dx\,dy$。$R$：$\{(x,y)\,|\,x^2+y^2\leq a^2,a\geq 0\}$

解　原式$=4\int_0^a\int_0^{\frac{\pi}{2}} r\sqrt{r^2\cos^2\theta+r^2\sin^2\theta}\,d\theta dr$

$=4\int_0^a\int_0^{\frac{\pi}{2}} r^2\,d\theta\,dr=2\pi\int_0^a r^2\,dr$

$=\frac{2}{3}a^3\pi$

$(0,a)$　$(-a,0)$　$(a,0)$　$(0,-a)$

例4　求$\iint\limits_R \tan^{-1}\frac{y}{x}\,dx\,dy$。

$R:\{(x,y)\mid x^2+y^2\le a^2,a,x,y\ge 0\}$

解　原式$=\int_0^{\frac{\pi}{2}}\int_0^a r\tan^{-1}\frac{r\sin\theta}{r\cos\theta}\,dr\,d\theta$

$=\int_0^{\frac{\pi}{2}}\int_0^a \theta\,r\,dr\,d\theta=\int_0^{\frac{\pi}{2}}\theta\frac{a^2}{2}d\theta=\frac{a^2\pi^2}{16}$

例5　求$\iint\limits_R (x^2+y^2)\,dx\,dy$。

$R:\{(x,y)\mid \frac{x^2}{a^2}+\frac{y^2}{b^2}\le 1,a,b\ge 0\}$

解　取$\begin{matrix}x=ar\cos\theta\\ y=br\sin\theta\end{matrix}\Rightarrow|J|=\begin{vmatrix}a\cos\theta & -ar\sin\theta\\ b\sin\theta & br\cos\theta\end{vmatrix}=abr$

$\therefore$原式$=\int_0^{2\pi}\int_0^1 r^2(a^2\cos^2\theta+b^2\sin^2\theta)\,abr\,dr\,d\theta$

$=\frac{ab}{4}\int_0^{2\pi}(a^2\cos^2\theta+b^2\sin^2\theta)\,d\theta$

$=\frac{ab}{4}\int_0^{2\pi}[a^2+(b^2-a^2)\sin^2\theta]\,d\theta$

$$=\frac{ab}{4}\left[\,2a^2\pi+(b^2-a^2)\int_0^{2\pi}\sin^2\theta\,d\theta\,\right]$$

$$=\frac{ab}{4}\left[\,2a^2\pi+(b^2-a^2)\int_0^{2\pi}\frac{1+\cos2\theta}{2}d\theta\,\right]$$

$$=\frac{ab}{4}(a^2+b^2)\pi$$

例 6 求 $\iint_R \sqrt{x}\,dx\,dy$。$R:\{(x,y)\,|\,x^2+y^2\leq x\}$

$$\int_0^{\frac{\pi}{2}}\sin^m x\cos^n x\,dx=\frac{\Gamma\left(\frac{m+1}{2}\right)\Gamma\left(\frac{m+1}{2}\right)}{2\Gamma\left(\frac{m+n}{2}+1\right)}$$

解 原式 $=2\int_0^1\int_0^{\sqrt{x-x^2}}\sqrt{x}\,dy\,dx$

$$=2\int_0^1\sqrt{x}\,\sqrt{x-x^2}\,dx$$

$$=2\int_0^1 x(1-x)^{\frac{1}{2}}dx$$ 利用 Beta 函數求解

$$=2\cdot\frac{\Gamma(2)\Gamma(\frac{3}{2})}{\Gamma(\frac{7}{2})}=2\cdot\frac{1\cdot\frac{\sqrt{\pi}}{2}}{\frac{5}{2}\cdot\frac{3}{2}\cdot\frac{\sqrt{\pi}}{2}}=\frac{8}{15}$$

例 7 $g(x)=\iint_R f(x,y)\,dxdy$，$R=\{(x,y)\,|\,x^2+y^2\leq\tau^2\}$

求 $g'(\tau)$

解 取 $x=\tau\cos\theta$，$y=\tau\sin\theta$，則 $|J|_+=\tau$ 且

$$g(\tau)=\int_0^{\tau}\int_0^{2\pi}\tau f(\tau\cos\theta,\tau\sin\theta)\,d\theta d\tau$$

$$\therefore g'(\tau)=\int_0^{2\pi}\tau f(\tau\cos\theta,\tau\sin\theta)\,d\theta$$

類似問題

1. $\iint\limits_R (x^2+y^2)\,dx\,dy$，$R=\{(x,y)\mid |x|\le 1, |y|\le 1\}$。

2. $\iint\limits_R (x+|y|)dxdy$，$R=\{(x,y)\mid |x|+|y|\le 1\}$

3. $\iint\limits_R xy\sqrt{1-x^2y}\,dx\,dy$，$R$：由$\frac{1}{2}>x>0$及$\sqrt{2}>y>0$所圍成之區域。

※4. $\iint\limits_R (x^2+y^2)\,dx\,dy$，$R$：由 $x^2-y^2=1$，$x^2-y^2=9$，$xy=2$，$xy=4$所圍成之區域（見提示）。 $\iint\limits_R (x^2+y^2)\,dx\,dy$

※5. $\iint\limits_R (x+y)^4\,dx\,dy$，$R$：以$(1, 0)$，$(1, 3)$，$(2, 2)$，$(0, 1)$爲頂點之四邊形區域。

※6. $\iint\limits_R (x-y)^2\sin^2(x+y)\,dx\,dy$，$R$：頂點爲$(\pi,0)$，$(2\pi,\pi)$，$(\pi,2\pi)$，$(0,\pi)$。

※7. 求$\iint\limits_D \frac{\sqrt{x^2+y^2}}{\sqrt{4a^2-x^2-y^2}}da$，$D$是由$y=-a+\sqrt{a^2-x^2}(a>0)$和$y=-x$圍成的區域。

※8. 求$\iint\limits_R \sqrt{x^2+y^2}\,dx\,dy$。$R$：由$x^2+y^2=a^2$與$x^2-2ax+y^2=0$所圍成之區域。

9. 求 $\int_0^a \int_0^{\sqrt{a^2-x^2}} (x^2+y^2)\,dy\,dx$。

※10. 若 $I=\int_0^M e^{-t^2}\,dt$，求證：(a) $\frac{\pi}{4}(1-e^{-M^2})<I^2<\frac{\pi}{4}(1-e^{-2M^2})$

(b) 由 (a) 之結果證 $\int_0^\infty e^{-x^2}\,dx=\frac{\sqrt{\pi}}{2}$ 及

(c) 用極座標直接證 $\int_0^\infty e^{-x^2}\,dx=\frac{\sqrt{\pi}}{2}$

11. 求 $\iint_R \cos(x^2+y^2)\,dx\,dy$。$R$：由 $1\le x^2+y^2\le 9$ 所圍成之區域

◎12. 求 $\int_0^a \int_0^{\sqrt{a^2-x^2}} \sqrt{a^2-x^2-y^2}\,dy\,dx$

※13. 求 $\int_0^{\sin\alpha} \int_{y\cot\alpha}^{\sqrt{1-y^2}} \ln(x^2+y^2)\,dx\,dy$　　α 常數，$\frac{\pi}{2}>\alpha>0$

※14. 求 $\iint_R \sqrt{x^2+y^2}\,dx\,dy$。

R：$ax\le x^2+y^2\le a^2$，$x\ge 0$，$y\ge 0$ 所圍成之區域

※15. 求 $\int_0^{2a} \int_0^{\sqrt{2ax-x^2}} x^2\,dy\,dx$。

16. 求 $\iint_R (x^2+y^2)\,dx\,dy$，$R$ 為 $x^2+y^2=2x$ 所圍成之區域。

17. 求 $\int_0^1 dy \int_0^{\sqrt{1-y^2}} e^{x^2+y^2}\,dx$。

18. 求 $\int_{-3}^{3}\int_{-\sqrt{9-x^2}}^{\sqrt{9-x^2}}\sqrt{9-x^2-y^2}\,dy\,dx$。

19. 求 $\int_0^2 dx\int_0^{4-x^2}\sin(x^2+y^2)\,dy$。

20. 求 $\iint_R\sqrt{1-x^2-y^2}\,dx\,dy$，$R$：由 $x^2+y^2\le 1$ 所圍成之區域

21. 求 $\iint_R\ln(x^2+y^2)\,dx\,dy$，$R$：由 $1\le x^2+y^2\le 4$ 所圍成之區域

22. 求 $\iint_R(2-x)\,dx\,dy$，R：由 $x^2+y^2=4$ 所圍成之區域

※23. 求 $\iint_R e^{\frac{x-y}{x+y}}\,dx\,dy$，$R$ 爲由 $x+y=2$ 與二軸所圍成之區域。

◎24. 若 S 爲由 $xy=1$，$xy=2$，$y=x$，$y=4x$ 在第一象限內所圍成之區域，求證 $\iint_s f(xy)\,dx\,dy=\ln 2\int_1^2 f(u)\,du$。

解

1. 原式 $=\int_{-1}^{1}\int_{-1}^{1}(x^2+y^2)\,dx\,dy=\int_{-1}^{1}\left[\frac{x^3}{3}+xy^2\right]_{-1}^{1}dy$

$=\int_{-1}^{1}\left(\frac{2}{3}+2y^2\right)dy=\left[\frac{2}{3}y+\frac{2}{3}y^3\right]_{-1}^{1}=\frac{8}{3}$

2. 原式 $=2\iint_{R_1\cup R_2}(|x|+|y|)\,dxdy$

$=2\left(\iint_{R_1}(x+y)\,dxdy+\iint_{R_2}(x+y)\,dxdy\right)$

$=2\left(\int_0^1\int_0^{1-x}(x+y)dydx+\int_{-1}^{0}\int_{x-1}^{0}(x+y)dydx\right)$

$=2/3$

3. 原式$=\int_0^{\frac{1}{2}}\int_0^{\sqrt{2}}xy(1-x^2y)^{\frac{1}{2}}\,dxdy$

$$=-\frac{1}{2}\int_0^{1\sqrt{2}}dy\int_0^{\sqrt{2}}\sqrt{1-x^2y}\,d(1-x^2y)$$

$$=-\frac{1}{3}\int_0^{1/2}〔(1-2y)^{\frac{3}{2}}-1〕dy$$

$$=\frac{1}{6}\int_0^{1/2}(1-2y)^{\frac{3}{2}}d(1-2y)+\frac{1}{3}\int_0^{1/2}dy$$

$$=-\frac{1}{15}+\frac{1}{6}=\frac{1}{10}$$

4. 提示：取$u=x^2-y^2$，$v=2xy$行變數變換

$\because u=x^2-y^2$，$v=2xy$

$$\therefore \frac{\partial(u,v)}{\partial(x,y)}=\begin{vmatrix}u_x & u_y\\ v_x & v_y\end{vmatrix}=\begin{vmatrix}2x & -2y\\ 2y & 2x\end{vmatrix}=4(x^2+y^2) \quad ①$$

又$(x^2+y^2)^2=(x^2-y^2)^2+(2xy)^2=u^2+v^2$　i.e.　$(x^2+y^2)=\sqrt{u^2+v^2}$

$\therefore 4(x^2+y^2)=4\sqrt{u^2+v^2}$

$$\Rightarrow \quad J=\frac{\partial(x,y)}{\partial(u,v)}=\frac{1}{\frac{\partial(u,v)}{\partial(x,y)}}=\frac{1}{4\sqrt{u^2+v^2}}$$

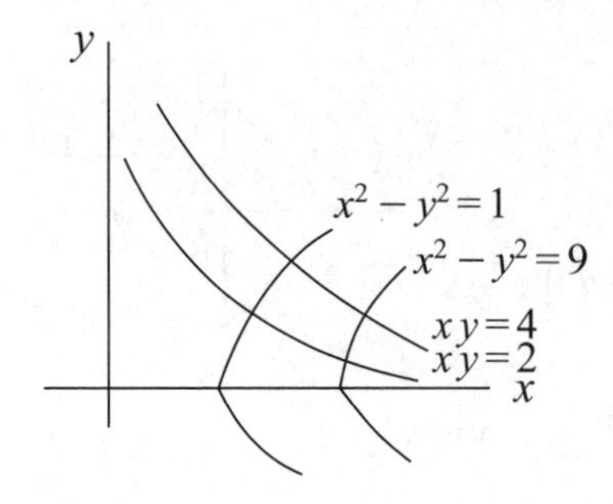

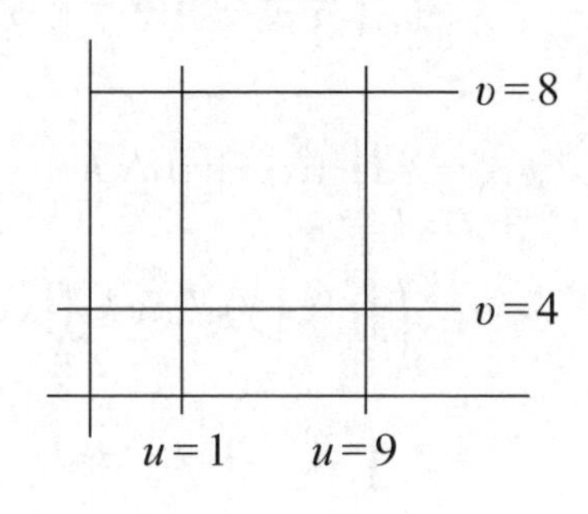

故 $\iint_R (x^2+y^2)dx\,dy = \iint_R (u^2+v^2)^{\frac{1}{2}} \dfrac{du\,dv}{4(u^2+v^2)^{\frac{1}{2}}}$

$= \dfrac{1}{4}\int_1^9 \int_4^8 dv\,du = 8$

5.

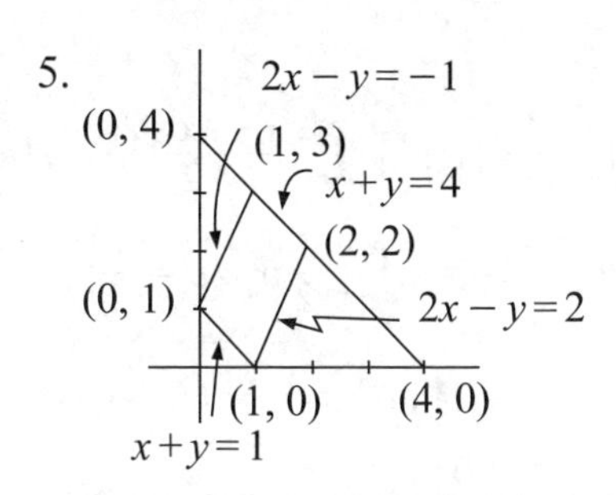

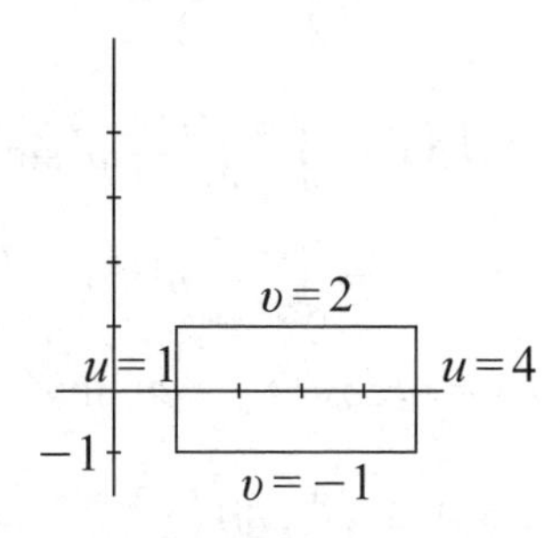

由解析幾何之知識可知此平行四邊形之四邊方程式為：

$$x+y=1 \qquad x+y=4$$

$$2x-y=-1 \qquad 2x-y=2$$

取 $x+y=u$，$2x-y=v$

①$x=\dfrac{1}{3}u+\dfrac{1}{3}v$，$y=\dfrac{2}{3}u-\dfrac{1}{3}v$

②u 之上界為 4，下界為 1

③v 之上界為 2，下界為 −1

④$|J| = \left|\dfrac{\partial(x,y)}{\partial(u,v)}\right| = \begin{vmatrix} \dfrac{1}{3} & \dfrac{1}{3} \\ \dfrac{2}{3} & -\dfrac{1}{3} \end{vmatrix}_+ = \left|-\dfrac{1}{3}\right| = \dfrac{1}{3}$

$\therefore$原式 $= \iint_R u^4 |J|\,dv\,du = \dfrac{1}{3}\int_1^4 \int_{-1}^2 u^4\,dv\,du = \dfrac{1023}{5}$

6. 取 $u=x+y$，$v=x-y$

①$x=\dfrac{u+v}{2}$，$y=\dfrac{u-v}{2}$　②$3\pi \ge u \ge \pi \Rightarrow \quad \pi \ge v \ge -\pi$

③$|J|=\begin{vmatrix} \frac{1}{2} & \frac{1}{2} \\ \frac{1}{2} & -\frac{1}{2} \end{vmatrix}_+ = \dfrac{1}{2}$

$\therefore$原式$= \int_{-\pi}^{\pi}\int_{\pi}^{3\pi}\dfrac{1}{2}v^2\sin^2 u\,du\,dv = \int_{-\pi}^{\pi}\dfrac{1}{2}v^2\,dv\left[\int_{\pi}^{3\pi}\dfrac{1-\cos 2u}{2}\right]du$

$= \int_{-\pi}^{\pi}\dfrac{1}{2}v^2\,dv\left[\dfrac{u}{2}-\dfrac{1}{4}\sin 2u\right]_{\pi}^{3\pi}du = \pi\int_{-\pi}^{\pi}\dfrac{1}{2}v^2\,dv = \dfrac{\pi^4}{3}$

7. 取 $x=ar\cos\theta$，$y=ar\sin\theta$

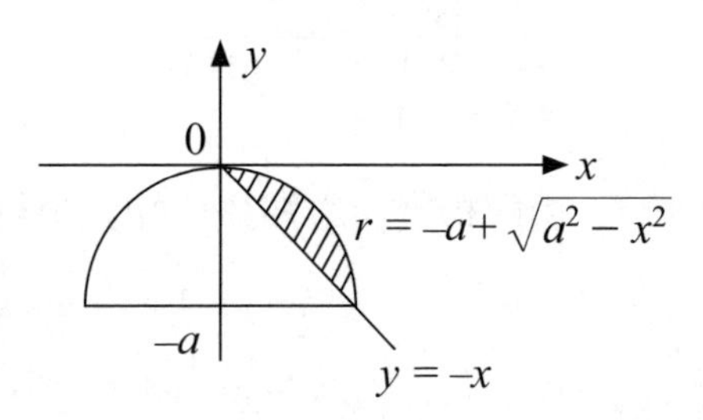

則原式 $= \int_{-\frac{\pi}{4}}^{0}d\theta\int_{0}^{-2\sin\theta}\dfrac{r^2}{\sqrt{4a^2-r^2}}dr$

令 $r=2a\sin t$，有 $dr=2a\cos t\,dt$，則

(1) $= \int_{-\frac{\pi}{4}}^{0}d\theta\int_{0}^{-\theta}2a^2(1-\cos 2t)dt$

$=2a^2\int_{-\frac{\pi}{4}}^{0}\left(-\theta+\dfrac{1}{2}\sin 2\theta\right)d\theta = a^2\left(\dfrac{\pi^2}{16}-\dfrac{1}{2}\right)$

8. $x^2+y^2=a^2$ 與 $x^2-2ax+y^2=0$ 之極坐標方程式分別爲

$r=a$ 與 $r=2a\cos\theta$，交點爲

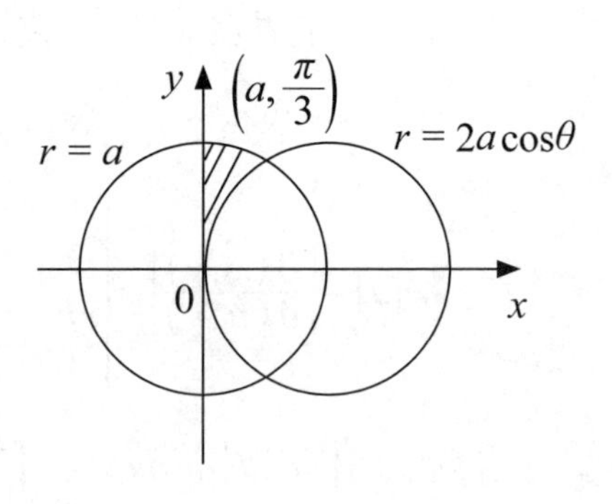

$\begin{cases} r=a \\ r=2a\cos\theta \end{cases} \Rightarrow \left(a,\dfrac{\pi}{3}\right)$

$\therefore$斜線部分面積爲

$\iint_R \sqrt{x^2+y^2}\,dxdy = \int_{\frac{\pi}{3}}^{\frac{\pi}{2}}\int_{2a\cos\theta}^{a} r\cdot rd$

$=\dfrac{a^3}{3}\left(\dfrac{\pi}{6}-\dfrac{16}{3}+{}^3\sqrt{3}\right)$（讀者驗證之）

9. 原式$=\int_0^a\int_0^{\frac{\pi}{2}} r(r^2)\,d\theta\,dr=\int_0^a \frac{\pi}{2}r^3\,dr=\frac{\pi}{8}a^4$

10. (a) 取$I_M=\int_0^M e^{-x^2}dx$

$$=\int_0^M e^{-y^2}dy$$

並令$\lim\limits_{M\to\infty} I_M=M$

$$\therefore I_M^2=\int_0^M e^{-x^2}dx\cdot\int_0^M e^{-y^2}dy=\int_0^M\int_0^M e^{-(x^2+y^2)}\,dx\,dy=\iint_{R_M} e^{-(x^2+y^2)}\,dx\,dy$$

R_M=邊長爲$\sqrt{M}$之正方形所表之區域

$$\therefore \iint_{R_1} e^{-(x^2+y^2)}\,dx\,dy\le I_M^2\le\iint_{R_2} e^{-(x^2+y^2)}\,dx\,dy \qquad (1)$$

(b) R_1, R_2 分別表半徑爲 M 及$\sqrt{2}M$之圓在第一象限內所形成之區域，取極座標

$$\therefore (1)\ =\int_0^{\frac{\pi}{2}}\int_0^M e^{-\rho^2}\rho\,d\rho\,d\theta\le I_M^2\le\int_0^{\frac{\pi}{2}}\int_0^{\sqrt{2}M}e^{-\rho^2}\rho\,d\rho\,d\theta$$

$$\Rightarrow\int_0^{\frac{\pi}{2}}\frac{1}{2}(1-e^{-M^2})\,d\theta\le I_M^2\le\frac{1}{2}\int_0^{\frac{\pi}{2}}(1-e^{-2M^2})\,d\theta$$

$$\Rightarrow\frac{\pi}{4}(1-e^{-M^2})\le I_M^2\le\frac{\pi}{4}(1-e^{-2M^2})$$

$$\because \lim_{M\to\infty}\frac{\pi}{4}(1-e^{-M^2})=\lim_{M\to\infty}\frac{\pi}{4}(1-e^{-2M^2})=\frac{\pi}{4}$$

故$I_M=\sqrt{\pi}/2$

(c) 取$I=\int_0^\infty e^{-x^2}dx$

則$I^2=\int_0^\infty\int_0^\infty e^{-x^2-y^2}\,dx\,dy=\int_0^\infty\int_0^{\frac{\pi}{2}} re^{-r^2}d\theta\,dr=\frac{\pi}{2}\cdot\int_0^\infty re^{-r^2}dr$

$$=\frac{\pi}{4}$$

$\therefore I=\sqrt{\pi}/2$

11. 原式 $=4\int_0^{\frac{\pi}{2}}\int_1^3 r\cos(r^2)\,dr\,d\theta$

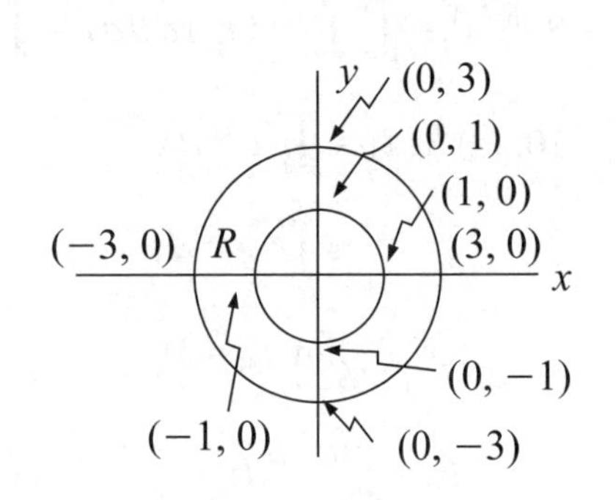

$=4\int_0^{\frac{\pi}{2}}\frac{1}{2}\sin r^2\Big]_1^3 d\theta$

$=2\int_0^{\frac{\pi}{2}}(\sin 9-\sin 1)\,d\theta$

$=(\sin 9-\sin 1)\pi$

12. 原式 $=\int_0^a\int_0^{\frac{\pi}{2}} r\sqrt{a^2-r^2}\,d\theta\,dr=\frac{\pi}{2}\left[-\frac{1}{3}(a^2-r^2)^{\frac{3}{2}}\right]_0^{\pi}=\frac{\pi a^3}{6}$

13. $\iint_R \ln(x^2+y^2)\,dR=\int_0^{\alpha}\int_0^1 r\ln r^2\,dr\,d\theta$

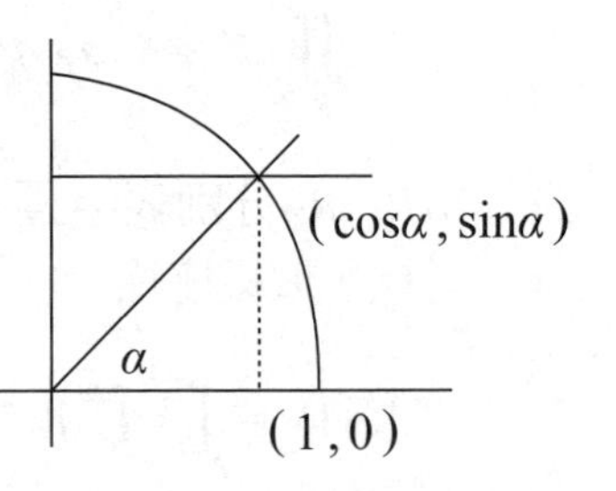

$=\int_0^{\alpha}-\frac{1}{2}\,d\theta=-\frac{\alpha}{2}$

〔註 $\int_0^1 r\ln r^2\,dr=\frac{-1}{2}$，由讀者自證之〕

14. 取 $x=r\cos\theta$，$y=r\sin\theta$，則

原式 $=\int_0^{\frac{\pi}{2}}\int_{a\cos\theta}^{a} r\cdot r\,dr\,d\theta=\int_0^{\frac{\pi}{2}}\left[\frac{r^3}{3}\right]_{a\cos\theta}^{a}d\theta$

$=\int_0^{\frac{\pi}{2}}\frac{a^3}{3}(1-\cos^3\theta)\,d\theta=\frac{a^3}{3}\left(\frac{\pi}{2}-\frac{2}{3}\right)$

> $\int_0^{\frac{\pi}{2}}\cos^3\theta\,d\theta$ 可用 Beta 函數或 Wallis 公式求解

15. 原式 $=\int_0^{\frac{\pi}{2}}\int_0^{2a\cos\theta} r^2\cos^2\theta\, r\cdot dr\,d\theta=4a^4\int_0^{\frac{\pi}{2}}\cos^6\theta\,d\theta$

$\overset{\text{Wallis 公式}}{=\!=\!=}4a^4\cdot\frac{5}{6}\cdot\frac{3}{4}\cdot\frac{\pi}{2}=\frac{5\pi a^4}{4}$

16. 原式 $=\int_0^2\int_{-\sqrt{2x-x^2}}^{\sqrt{2x-x^2}}(x^2+y^2)\,dy\,dx$

$x^2+y^2=2x$

i.e. $r=2\cos\theta$

R

$$=\int_0^{\pi}\int_0^{2\cos\theta}r^2\cdot r\,dr\,d\theta$$

$$=4\int_0^{\pi}\cos^4\theta\,d\theta$$

$$=8\int_0^{\frac{\pi}{2}}\cos^4\theta\,d\theta \text{（}\because\cos^4\theta\text{ 對稱 }\theta=\frac{\pi}{2}\text{）}$$

$$\underline{\underline{\text{Wallis 公式}}}\ 8\cdot\frac{3}{4}\cdot\frac{1}{2}\cdot\frac{\pi}{2}=\frac{3\pi}{2}$$（利用 Wallis 公式）

17. 取 $x=r\cos\theta$，$y=r\sin\theta$

則原式 $=\int_0^{\frac{\pi}{2}}\int_0^1 re^{r^2}dr\,d\theta=\int_0^{\frac{\pi}{2}}\frac{1}{2}(e-1)\,d\theta=\frac{\pi}{4}(e-1)$

18. 取 $x=r\cos\theta$，$y=r\sin\theta$

則原式

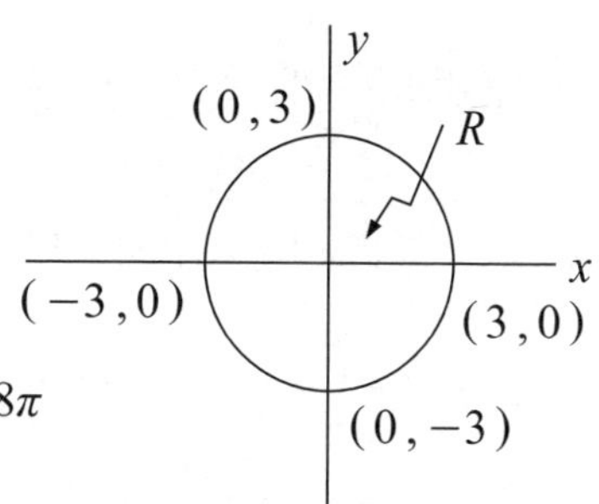

$$=\int_0^{2\pi}\int_0^3 r\sqrt{9-r^2}\,dr\,d\theta$$

$$=\int_0^{2\pi}\frac{-1}{3}(9-r^2)^{\frac{3}{2}}\Big]_0^3 d\theta=\int_0^{2\pi}9\,d\theta=18\pi$$

19. 取 $x=r\cos\theta$，$y=r\sin\theta$

則原式 $=\int_0^{\frac{\pi}{2}}\int_0^2 r\sin r^2\,dr\,d\theta$

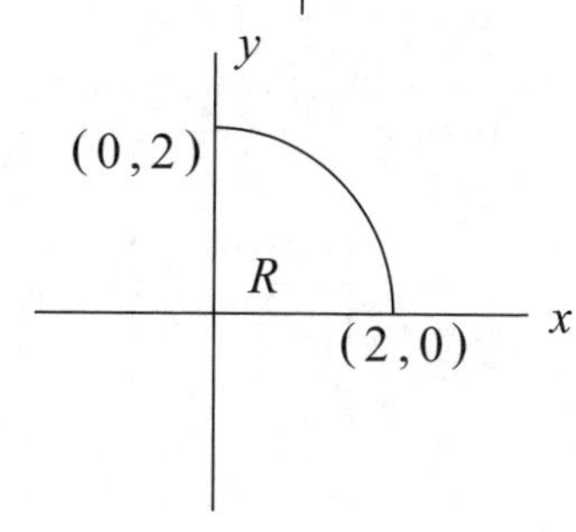

$$=\int_0^{\frac{\pi}{2}}\left[-\frac{1}{2}\cos r^2\right]_0^2 d\theta$$

$$=\int_0^{\frac{\pi}{2}}\left(-\frac{1}{2}\cos 4+\frac{1}{2}\right)d\theta$$

$$=\frac{\pi}{4}(1-\cos 4)$$

20. 取 $x=r\cos\theta$，$y=r\sin\theta$

則原式 $=\int_0^{2\pi}\int_0^1 r\sqrt{1-r^2}\,dr\,d\theta=\int_0^{2\pi}\left[-\frac{1}{3}(1-r^2)^{\frac{3}{2}}\right]_0^1 d\theta$

$=\int_0^{2\pi}\frac{1}{3}d\theta=\frac{2\pi}{3}$

21. 取 $x=r\cos\theta$，$y=r\sin\theta$

則原式 $=\int_0^{2\pi}\int_1^2 r\ln r^2\,dr\,d\theta$

$=\int_0^{2\pi}\frac{1}{2}\left[r^2\ln r^2-r^2\right]_1^2 d\theta$

$=\int_0^{2\pi}\left(2\ln 4-\frac{3}{2}\right)d\theta$

$=(4\ln 4-3)\pi$

22. 原式 $=\int_{-2}^{2}\int_{-\sqrt{4-y^2}}^{\sqrt{4-y^2}}(2-x)\,dx\,dy$

$=\int_{-2}^{2}\int_{-\sqrt{4-y^2}}^{\sqrt{4-y^2}}2\,dx\,dy-\int_{-2}^{2}\int_{-\sqrt{4-y^2}}^{\sqrt{4-y^2}}x\,dx\,dy$

$=2\int_{-2}^{2}\int_{-\sqrt{4-y^2}}^{\sqrt{4-y^2}}dx\,dy-0=2\left[\pi(2)^2\right]=8\pi$

23. 取 $v=x+y$，$u=x-y$

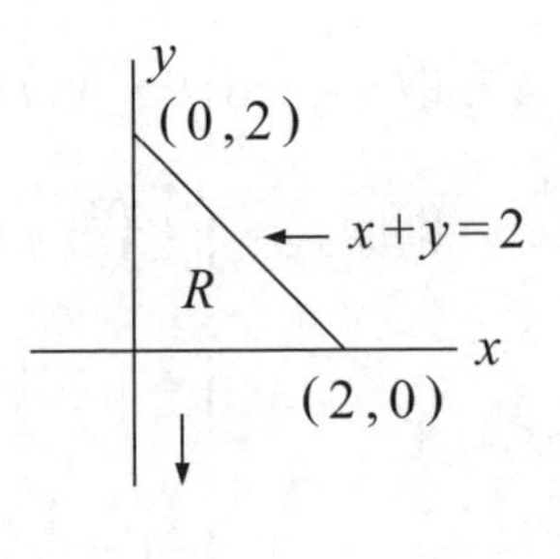

可得 $x=\frac{v}{2}-\frac{u}{2}$，$y=\frac{v}{2}+\frac{u}{2}$

$\therefore |J|=\left|\begin{vmatrix}-\frac{1}{2} & \frac{1}{2}\\ \frac{1}{2} & \frac{1}{2}\end{vmatrix}\right|=\frac{1}{2}$

$$故原式=\int_0^2\int_{-v}^{v}\frac{1}{2}e^{\frac{u}{v}}du\,dv$$

$$=\int_0^2\frac{1}{2}(e-\frac{1}{e})v\,dv=e-\frac{1}{e}$$

v
v=2
R'
u=−v
u=v
u

24.

$$取\begin{matrix}u=xy\\ v=\frac{y}{x}\end{matrix}\Rightarrow\begin{cases}① \ x=\frac{\sqrt{u}}{\sqrt{v}},y=\sqrt{uv}\\ ② \ |J|=\left|\begin{matrix}\frac{1}{2\sqrt{uv}} & \frac{-\sqrt{u}}{2(\sqrt{v})^3}\\ \frac{\sqrt{v}}{2\sqrt{u}} & \frac{\sqrt{u}}{2\sqrt{v}}\end{matrix}\right|_+=\frac{1}{2v}\\ ③ \ 2\ge u\ge 1,4\ge v\ge 1\end{cases}$$

$$\therefore\iint_R f(xy)\,dx\,dy=\int_1^2\int_1^4\frac{1}{2v}f(u)\,dv\,du$$

$$=\int_1^2\frac{1}{2}\ln v\Big]_1^4 f(u)\,du=\ln 2\int_1^2 f(u)\,du$$

7-3　改變積分順序

Dirichlet 公式：

$$\int_a^b\int_a^x f(x,y)\,dy\,dx=\int_a^b\int_y^b f(x,y)\,dx\,dy$$

是爲常用之公式，以下諸例及類似問題大多是本公式之應用。

◎**例 1**　求 $\int_0^1\int_x^1 e^{y^2}dydx$。

變數變換與改變積分順序之區別：
變數變換 ⇒ 改變積分區域
改變積分順序 ⇒ 不改變積分區域

解　$R=\{(x,y)\mid 1\ge x\ge 0,1\ge y\ge x\}$

$=\{(x,y)\mid 1\ge y\ge 0,y\ge x\ge 0\}$

$\therefore$ 原式 $=\int_0^1\int_0^y e^{y^2}dxdy$

$=\int_0^1 e^{y^2}\cdot ydy$

$=\frac{1}{2}(e-1)$

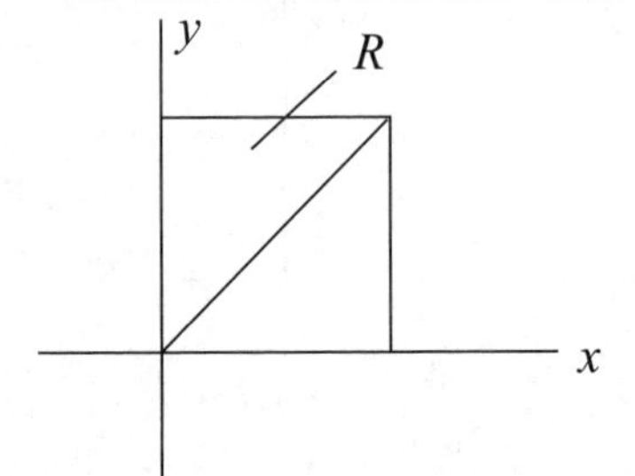

例 2　求 $\iint_R \cos(x+y)dR$。

解　原式 $=\int_0^\pi\int_x^\pi \cos(x+y)dydx$

$=\int_0^\pi \sin(x+y)\Big|_x^\pi dx$

$=\int_0^\pi(-\sin x-\sin 2x)dx$

$=\left[\cos x+\frac{1}{2}\cos 2x\right]_0^\pi=-2$

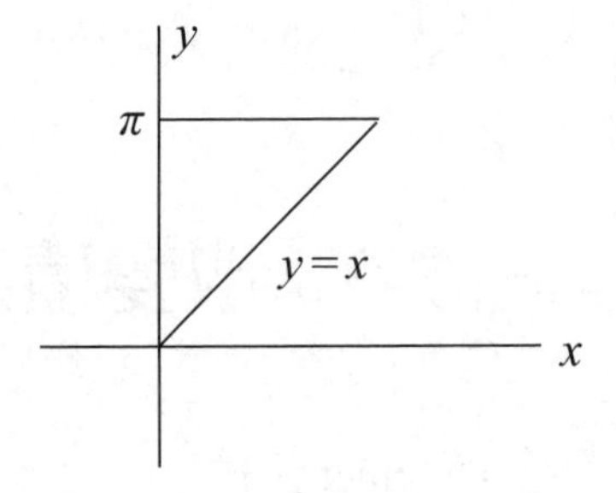

例 3　試改變 $\int_1^2\int_x^{2x} f(x,y)dydx$ 之積分順序。

解　$\int_1^2 \int_x^{2x} f(x,y)\,dy\,dx$

$= \int_{R_1}\int f(x,y)\,dR_1$

$+ \int_{R_2}\int f(x,y)\,dR_2$

$= \int_1^2 \int_1^y f(x,y)\,dx\,dy + \int_2^4 \int_{\frac{y}{2}}^2 f(x,y)\,dx\,dy$

例 4　試以改變積分順序 $\int_0^1 \int_{y^2-1}^{1-y} f(x,y)dxdy$

解　原式 $= \int_0^1 \int_0^{1-x} f(x,y)dydx$

$+ \int_{-1}^0 \int_0^{\sqrt{1+x^2}} f(x,y)dydx$

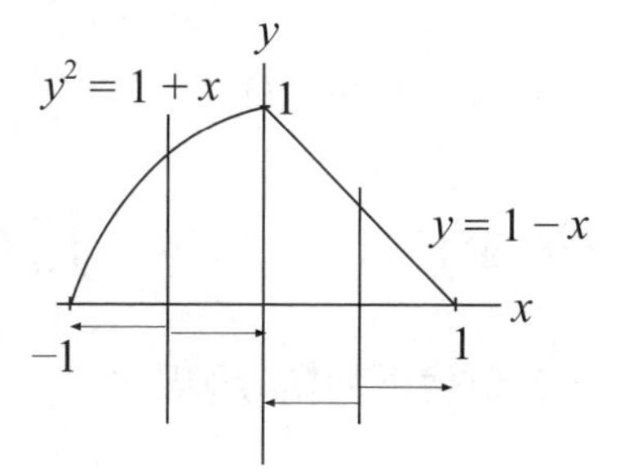

※**例 5**　求 $\int_0^1 \frac{x^b - x^a}{\ln x}dx$（$b>a>0$）

解　$\because (x^y)' = x^y \ln x$

$\therefore \int_0^1 \frac{x^b - x^a}{\ln x}dx = \int_0^1 \left(\int_a^b x^y\,dy\right)dx$

$= \int_a^b \left(\int_0^1 x^y\,dx\right)dy = \int_a^b \frac{dy}{y+1}$

$= \ln\frac{b+1}{a+1}$

$\frac{d}{dx}x^y = x^y \ln x$

$\Rightarrow \frac{(x^y)'}{\ln x} = xy$

類似問題

試改變 1-2 之積分順序：

1. $\int_0^1 \int_y^{\sqrt{y}} f(x,y)\,dx\,dy$ 2. $\int_0^2 \int_{2x}^{6-x} f(x,y)\,dy\,dx$

◎3. 求 $\int_0^1 \int_{2x}^{2} e^{y^2}\,dy\,dx$。 4. 求 $\int_0^{\pi} \int_x^{\pi} \frac{\sin y}{y}\,dy\,dx$。

5. $\int_0^2 \int_y^2 e^{x^2}\,dx\,dy$

※6. 證 $\iint\limits_R f(x+y)\,dx\,dy = \int_{-1}^{1} f(u)\,du$，$R$：由 $|x|+|y| \le 1$ 所圍成區域

※7. 改變下列積分順序：

(1) $\int_0^1 \int_{y^2-1}^{1-y} f(x,y)dxdy$ (2) $\int_1^3 \int_1^y f(x,y)dxdy + \int_3^9 \int_{\frac{y}{3}}^{3} f(x,y)dxdy$

◎8. 求 $\int_0^1 \int_{x^2}^1 e^{-\frac{x}{\sqrt{y}}}\,dy\,dx$。

9. 改變下列積分順序

$\int_0^1 \int_{1-y}^{1+y} f(x,y)\,dx\,dy = \int_0^1 \int_{1-x}^{1} f(x,y)\,dx\,dy + \int_1^2 \int_{x-1}^{1} f(x,y)\,dy\,dx$

10. 求：(a) $\int_0^1 \int_y^1 e^{x^2}\,dx\,dy$ (b) $\int_0^1 \int_y^1 \frac{\sin x}{x}\,dx\,dy$ (c) $\int_0^1 \int_y^1 \sin x^2\,dx\,dy$

11. 試求 $\int_0^1 \int_{\sqrt{y}}^1 e^{x^3}\,dx\,dy$。

解

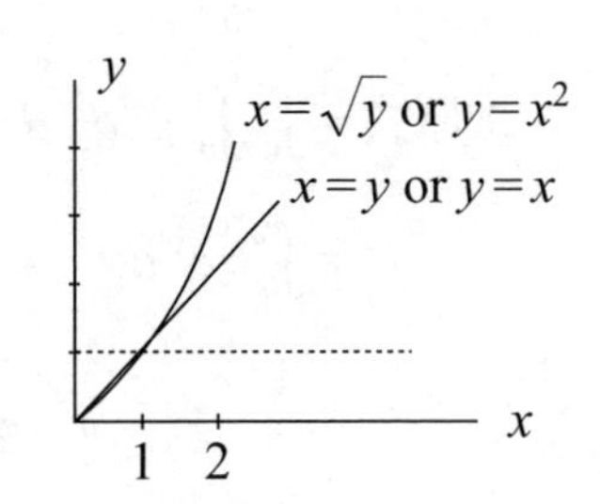

1. $\int_0^1 \int_y^{\sqrt{y}} f(x,y)\,dx\,dy$

$= \int_0^1 \int_{x^2}^{x} f(x,y)\,dy\,dx$

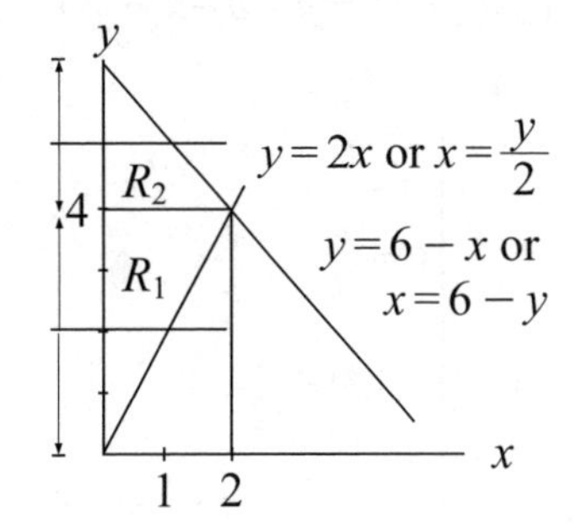

2. $\int_0^2 \int_{2x}^{6-x} f(x,y)\,dy\,dx$

$= \int_{R_1}\int f(x,y)\,dR_1$

$+ \int_{R_2}\int f(x,y)\,dR_2$

$= \int_0^4 \int_0^{\frac{y}{2}} f(x,y)\,dx\,dy$

$+ \int_4^6 \int_0^{6-y} f(x,y)\,dx\,dy$

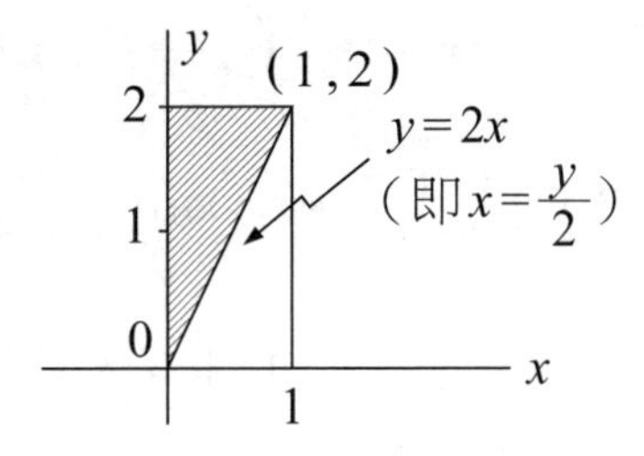

3. 原式$= \int_0^2 \int_0^{\frac{y}{2}} e^{y^2}dx\,dy$

$= \int_0^2 \frac{y}{2} e^{y^2}dy$

$= \frac{1}{4}(e^4-1)$

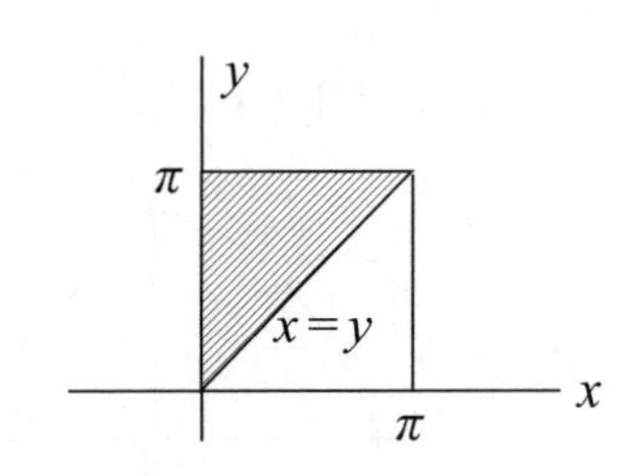

4. 原式$= \int_0^{\pi} \int_0^{y} \frac{\sin y}{y}dx\,dy$

$= \int_0^{\pi} \sin y\,dy$

$=2$

5. $A = \{(x,y)\,|\,y \le x \le 2,\ 0 \le x \le 2\}$

$= \{(x,y)\,|\,x \ge y \ge 0,\ 2 \ge x \ge 0\}$

$\therefore$原式$=\int_0^2\int_0^x e^{x^2}dy\,dx$

$=\int_0^2 xe^{x^2}dx$

$=\frac{1}{2}\left[e^{x^2}\right]_0^2=\frac{1}{2}\left[e^4-1\right]$

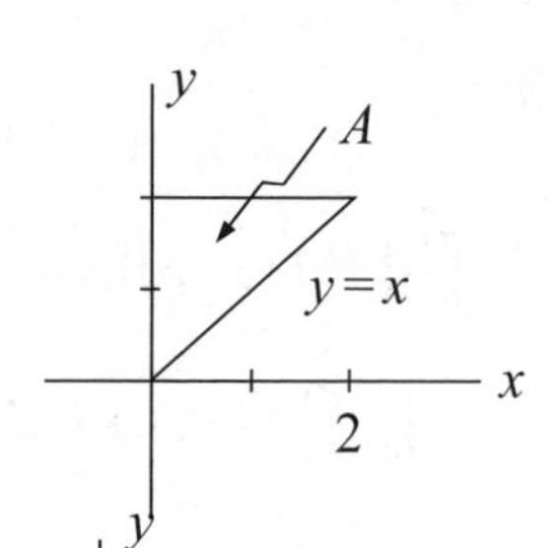

6. 取$u=x+y$，$v=x-y$，

則$\begin{cases}x=\frac{u}{2}+\frac{v}{2}\\ y=\frac{u}{2}-\frac{v}{2}\\ \therefore|J|=\frac{1}{2}\\ 1\geq u\geq -1,1\geq v\geq -1\end{cases}$

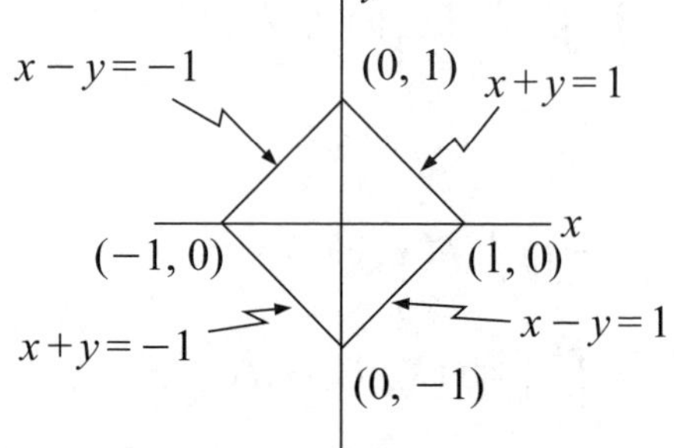

故原式$=\int_{-1}^1\int_{-1}^1\frac{1}{2}f(u)\,dv\,du=\int_{-1}^1 f(u)\,du$

7. (1) $\int_0^1\int_0^{1-x}f(x,y)dydx+\int_{-1}^0\int_0^{\sqrt{1+y}}f(x,y)dydx$

(2) $\therefore$原式$=\int_1^3\int_x^{3x}f(x,y)dydx$

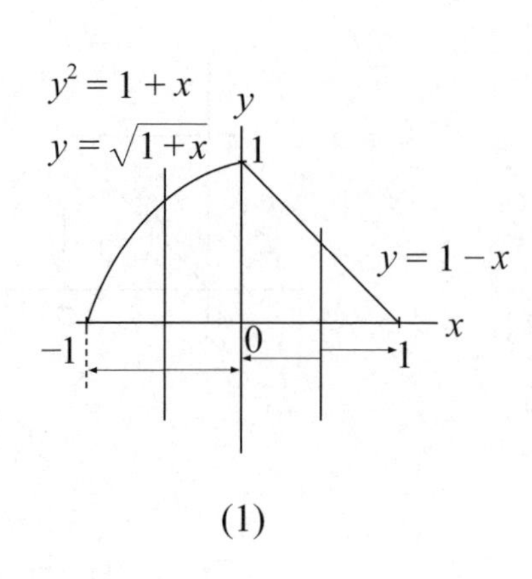

(1)

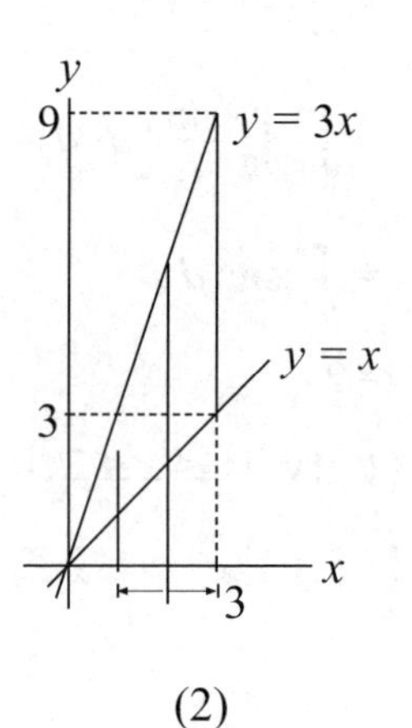

(2)

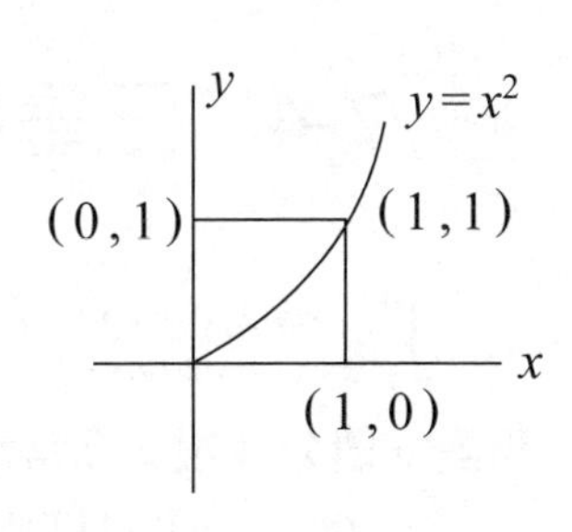

8. 原式$=\int_0^1\int_0^{\sqrt{y}} e^{-\frac{x}{\sqrt{y}}}dx\,dy$

$=\int_0^1 -\sqrt{y}\,e^{-\frac{x}{\sqrt{y}}}\Big]_0^{\sqrt{y}}dy$

$=\int_0^1 \left[-\sqrt{y}\,e^{-1}+\sqrt{y}\right]dy$

$=\left(1-\frac{1}{e}\right)\int_0^1\sqrt{y}\,dy=\frac{2}{3}\left(1-\frac{1}{e}\right)$

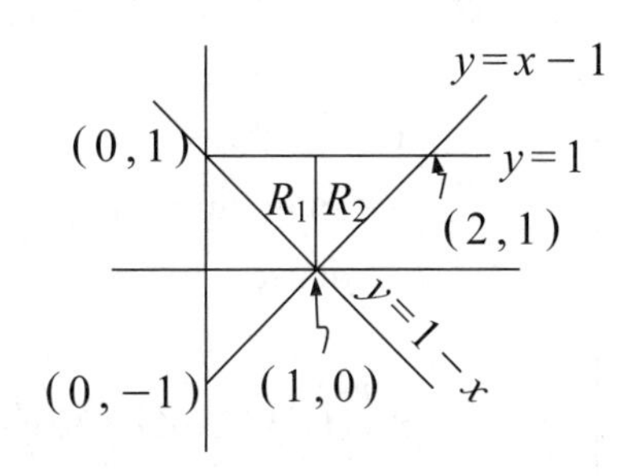

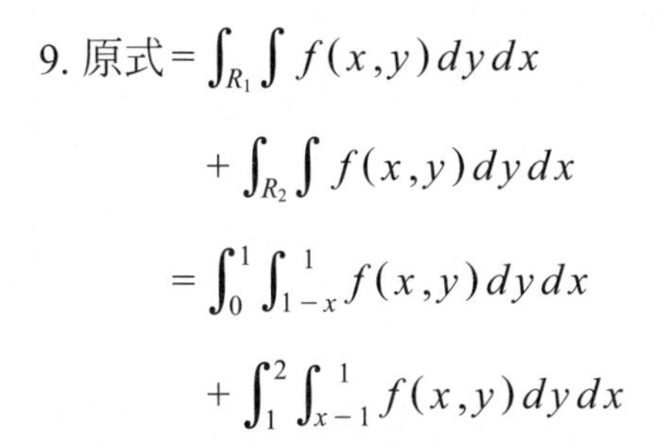

9. 原式$=\int_{R_1}\int f(x,y)\,dy\,dx$

$+\int_{R_2}\int f(x,y)\,dy\,dx$

$=\int_0^1\int_{1-x}^1 f(x,y)\,dy\,dx$

$+\int_1^2\int_{x-1}^1 f(x,y)\,dy\,dx$

10. (a) 原式$=\int_0^1\int_0^x e^{x^2}dy\,dx=\int_0^1 y\,e^{x^2}\Big]_0^x dx=\int_0^1 x\,e^{x^2}dx=\frac{1}{2}(e-1)$

(b) 原式$=\int_0^1\int_0^x \frac{\sin x}{x}\,dy\,dx=\int_0^1 y\,\frac{\sin x}{x}\Big]_0^x dx$

$=\int_0^1 \sin x\,dx=1-\cos 1$

(c) 原式$=\int_0^1\int_0^x \sin x^2\,dy\,dx=\int_0^1 y\sin x^2\Big|_0^x dx$

$=\int_0^1 x\sin x^2\,dx=\frac{1}{2}(1-\cos 1)$

11. 原式$=\int_0^1\int_0^{x^2} e^{x^3}\,dy\,dx=\int_0^1 x^2e^{x^3}\,dx=\frac{1}{3}(e-1)$

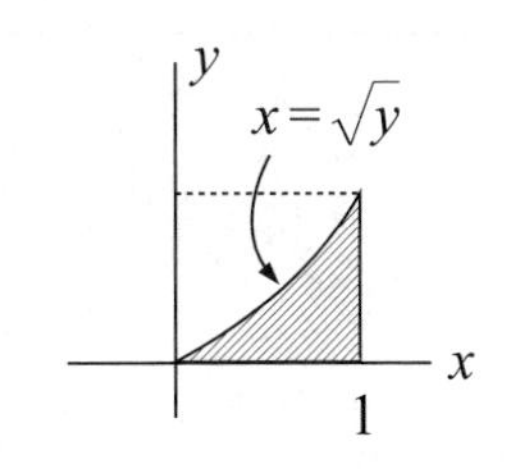

▫□▫ 7-4　三重積分 ▫□▫

$\int_a^b \int_{y_1(x)}^{y_2(x)} \int_{x_1(x,y)}^{x_2(x,y)} f(x,y,z)\,dzdydx \Rightarrow$ 先對 z 積分（視 x,y 爲常數），再對 y 積分（視 x 爲常數），再對 x 積分。

若 $f(x,y,z)=1$ 則爲求上述區域之體積 V。

$\phi(x^2+y^2+z^2)$ 球面座標變換爲：

令 $\begin{cases} x=\rho\sin\varphi\cos\theta \\ y=\rho\sin\varphi\sin\theta \\ z=\rho\cos\varphi \end{cases}$ ，$|J|=\rho^2\sin\varphi$

$$\Rightarrow \iiint_V f(x,y,z)\,dxdydz$$

$$=\iiint_{V'} f(\rho\sin\varphi\cos\theta,\rho\sin\varphi\sin\theta,\rho\sin\varphi)\,\rho^2\sin\varphi d\rho d\varphi d\theta$$

$$\therefore |J|=\begin{vmatrix} \frac{\partial x}{\partial \rho} & \frac{\partial x}{\partial \phi} & \frac{\partial x}{\partial \theta} \\ \frac{\partial y}{\partial \rho} & \frac{\partial y}{\partial \rho} & \frac{\partial y}{\partial \rho} \\ \frac{\partial z}{\partial \rho} & \frac{\partial z}{\partial \rho} & \frac{\partial z}{\partial \rho} \end{vmatrix} = \begin{vmatrix} \sin\phi\cos\theta & \rho\cos\phi\cos\phi & \rho\sin\phi(-\sin\theta) \\ \sin\phi\sin\theta & \rho\cos\phi\sin\phi & \rho\sin\phi\cos\theta \\ \cos\phi & -\rho\sin\phi & 0 \end{vmatrix}$$

$$=\rho^2\sin\phi$$

在重積分時應特別注意到對稱性。

◎例 1　(1) 求 $\int_0^3\int_0^{\sqrt{9-x^2}}\int_0^2\sqrt{x^2+y^2}dzdydx$。及

(2) $\int_0^1\int_{-1}^1\int_{-xy}^{xy}e^{x^2+y^2}dzdxdy$。

> 例 1(2)
> $\int_0^1\int_{-1}^1 2xye^{x^2+y^2}dxdy$ 之
> $g(x,y)=xye^{x^2+y^2}$
> 在 $[-1, 1]$ 中為 x 之奇函數
> $\therefore \int_{-1}^1 xye^{x^2+y^2}dx=0$

解　(1) 原式 $=\int_0^3\int_0^{\sqrt{9-x^2}}2\sqrt{x^2+y^2}dydx$

$=2\int_0^3\int_0^{\sqrt{9-x^2}}\sqrt{x^2+y^2}dydx$

利用 $x=r\cos\theta$，$y=r\sin\theta$，$0\le r\le 3$，$0\le\theta\le\frac{\pi}{2}$

則上式 $=2\int_0^3\int_0^{\frac{\pi}{2}}r\cdot rd\theta dr=9\pi$

(2) 原式 $=\int_0^1\int_{-1}^1 2xy\,e^{x^2+y^2}\,dxdy=\int_0^1 ye^{y^2}\left(\int_{-1}^1 2xe^{x^2}\,dx\right)dy$

$=\int^1 ye^{y^2}\cdot 0\,dy=0$

例 2　設 $f(x)$ 為一連續函數，試問 $\int_0^9(\int_0^x(\int_0^y f(z)\,dz)\,dy)\,dx$
$=\frac{1}{2}\int_0^9(9-t)^2f(t)\,dt$ 是否成立？並證明之。

解　$\int_0^9\int_0^x\int_0^y f(z)\,dzdydx=\int_0^9\int_x^9\int_y^9 f(z)\,dxdydz$

$=\int_0^9\int_x^9(9-y)f(z)\,dydx=\int_0^9-\frac{(9-y)^2}{2}\Big]_x^9 f(z)\,dz$

$=\int_0^9\frac{(9-z)^2}{2}f(z)\,dz=\frac{1}{2}\int_0^9(9-t)^2f(t)\,dt$

例 3　試求$\int_0^a \int_0^{\sqrt{a^2-x^2}} \int_0^{\sqrt{a^2-x^2-y^2}} \sqrt{x^2+y^2+z^2}dxdydz$。

解　令$x=\rho\sin\phi\cos\theta$；$y=\rho\sin\phi\sin\theta$；$z=\rho\cos\phi$

則$|J|=\rho^2\sin\phi$，$\sqrt{x^2+y^2+z^2}=\rho$

原式$=\int_0^{\frac{\pi}{2}}\int_0^{\frac{\pi}{2}}\int_0^a \rho^2\sin\phi \cdot \rho d\rho d\theta d\phi$

$=\dfrac{a^4}{4}\int_0^{\frac{\pi}{2}}\int_0^{\frac{\pi}{2}}\sin\phi\, d\theta d\phi=\dfrac{a^4\pi}{8}\int_0^{\frac{\pi}{2}}\sin\phi\, d\phi=\dfrac{a^4\pi}{8}$

例 4　求$\iiint\limits_B e^{(x+y^2+x^2)^{\frac{3}{2}}}dv$，$B=\{(x,y,z)\,|\,x^2+y^2+z^2\le 1\}$。

解　$x=\rho\sin\phi\cos\theta$；$y=\rho\sin\phi\sin\theta$；$z=\rho\cos\phi$；$|J|=\rho^2\sin\phi$

則$1\ge r\ge 0$，$2\pi\ge\theta$，$\phi\ge 0$，且原式爲第一象限積分值之 8 倍

$\Rightarrow$原式$=8\int_0^1\int_0^{\frac{\pi}{2}}\int_0^{\frac{\pi}{2}} e^{\rho^3}\rho^2\sin\phi d\phi d\theta d\rho$

$=8\int_0^1\int_0^{\frac{\pi}{2}} e^{\rho^3}\rho^2 d\theta d\rho=4\pi\int_0^1 e^{\rho^3}\rho^2 d\rho$

$=\dfrac{4}{3}\pi(e-1)$

※**例 5**　試求曲面$(x^2+y^2+z^2)=2z(x^2+y^2)$所圍立體 T 之體積。

解　令$\begin{cases}x=\rho\sin\varphi\cos\theta\\ y=\rho\sin\varphi\sin\theta\\ z=\rho\cos\varphi\end{cases}$

$|J|=\rho^2\sin\varphi$代入$(x^2+y^2+z^2)^2=2z(x^2+y^2)$

得 $\rho=2\sin^2\phi\cos\phi$

又積分區域 $0\le\theta\le 2\pi$，$0\le\phi\le\frac{\pi}{2}$，$0\le\rho\le 2\sin^2\phi\cos\phi$

$$\therefore V=\iiint_T \rho^2\sin^2\phi\, d\rho d\theta d\phi$$

$$=\int_0^{2\pi}\int_0^{\frac{\pi}{2}}\int_0^{2\sin^2\phi\cos\phi}\rho^2\sin\phi\, d\rho d\phi d\theta$$

$$=\int_0^{2\pi}\int_0^{\frac{\pi}{2}}\frac{8}{3}\sin^7\phi\cos^3\phi\, d\phi d\theta$$

$$=\frac{8}{3}\int_0^{2\pi}\int_0^{\frac{\pi}{2}}(\sin^7\phi\cos\phi-\sin^9\phi\cos\phi)\, d\phi d\theta$$

$$=\frac{8}{3}\int_0^{2\pi}\frac{1}{40}d\theta=\frac{2}{15}\pi$$

◎**例 6**　由拋物面柱 $x^2=y$ 與 $z^2=y$ 及平面 $y=1$ 爲界之區域體積。

解　$V=\int_0^1\int_{-\sqrt{y}}^{\sqrt{y}}\int_{-\sqrt{y}}^{\sqrt{y}}dzdxdy=\int_0^1\int_{-\sqrt{y}}^{\sqrt{y}}2\sqrt{y}dxdy=\int_0^1 4ydy=2$

例 7　求平面 $z=xy+2$，$z=-3$，$y=x^3$，$y=0$ 及 $x=1$ 所圍成區域的體積。

解　$V=\int_0^1\int_0^{x^3}\int_{-3}^{xy+2}dzdydx=\frac{21}{16}$

例 8　設一立體由拋物面 $3x^2+y^2=z$ 與直立圓柱 $x^2+y^2=2y$ 以及平面 $z=0$ 所圍成，試求其體積。

解　$V=\iint_D (3x^2+y^2)\,dxdy$，$D$：$\{(x,y):x^2+y^2\le 2y\}$

令 $x=r\cos\theta$，$y=1+r\sin\theta \Rightarrow 0\le\theta\le 2\pi$，$0\le r\le 1$ 且 $|J|=r$

則 $V=\int_0^{2\pi}\int_0^1 r[3r^2\cos^2\theta+(1+r\sin\theta)^2]\,drd\theta$

$=\int_0^{2\pi}\int_0^1 (2r^3\cos^2\theta+r^3+2r^2\sin\theta+r)\,drd\theta$

$=\int_0^{2\pi}(\frac{1}{2}\cos^2\theta+\frac{1}{4}+\frac{2}{3}\sin\theta+\frac{3}{4})\,d\theta=2\pi$

例 9　求 $x^2+y^2=1$ 被 $z=x^2+y^2+5$ 和 $z=0$ 所截割之體積。

解　$V=\int_R\int(x^2+y^2+5)\,dA$，$R=\{(x,y):x^2+y^2\le 1\}$

$=\int_0^{2\pi}\int_0^1 r(r^2+5)\,drd\theta=\frac{11}{2}\pi$

※例 10 設 Ω 表介於 xy 平面與拋物面 $z=x^2+y^2$ 之間，而在圓柱 $x^2+y^2=2x$ 內的區域，試求 Ω 的體積。

解　$V=\int_R\int z\,dxdy$　R：$\{(x,y):x^2+y^2\le 2x\}$

$=\int_R\int x^2+y^2 dxdy$

取 $x=r\cos\theta$，$y=r\sin\theta$，$|J|=r$，則

$V=2\int_0^{\frac{\pi}{2}}\int_0^{2\cos\theta} r\cdot r^2 drd\theta=8\int_0^{\frac{\pi}{2}}\cos^4\theta\,d\theta$

$\underline{\underline{\text{Wallis 公式}}}\ \frac{3\pi}{2}$

$0\le x^2+y^2\le 2x$， 取 $x=r\cos\theta$，$y=r\sin\theta$ $\Rightarrow r^2\le 2r\cos\theta$ $\therefore 0\le r\le 2\cos\theta$

例 11　求 $z=\dfrac{1}{x+2}$ 與圓柱 $x^2+y^2=4$ 爲界在第一卦限之區域體積。

解　$V=\displaystyle\int_0^2\int_0^{\sqrt{4-x^2}}\frac{1}{x+2}dydx=\int_0^2\frac{\sqrt{4-x^2}}{x+2}dx=\int_0^2\sqrt{\frac{2-x}{2+x}}dx$

$=\displaystyle\int_0^2\frac{2-x}{\sqrt{4-x^2}}dx=2\int_0^2\frac{dx}{\sqrt{4-x^2}}-\int_0^2\frac{x}{\sqrt{4-x^2}}dx$

$=2\sin^{-1}\dfrac{x}{2}-\sqrt{4-x^2}\Big]_0^2=\pi-2$

※**例 12** 若 20x + 15y + 12z = 60 在第一象限截出一個四面體，試以 6 種方式表達出體積之重積分。

因 $\iiint dzdydx$ 中 $dzdydx$ 之排法有 6 種，

以 $V=\displaystyle\int_0^{x_0}\int_0^{y_0}\int_0^{z_0}dzdydx$ 爲例說明上限定法：

$20x+15y+12z=60\Rightarrow z_0=\dfrac{60-20x-15y}{12}$

$20x+15y+12z=60$，令 $z=0\Rightarrow y_0=\dfrac{60-20x}{15}$

$20x+15y+12z=60$，令 $z=0$，$y=0\Rightarrow x_0=3$

$\therefore V=\displaystyle\int_0^3\int_0^{\frac{60-20x}{15}}\int_0^{\frac{60-20x-15z}{12}}dzdydx$

再以 $V_1=\displaystyle\int_0^{x_0}\int_0^{z_0}\int_0^{y_0}dydxdz$ 爲例：

$20x+15y+12z=60\Rightarrow y=\dfrac{60-20x-12z}{15}$

$$20x+15y+12z=60，令 y=0 \Rightarrow x_0=\frac{60-20z}{15}$$

$$20x+15y+12z=60，令 y=0，x=0 \Rightarrow z_0=5$$

$$\therefore V_2=\int_0^5\int_0^{\frac{60-12z}{20}}\int_0^{\frac{60-20x-12z}{15}}dydxdz$$

解 除了上框中之 2 個表示外，其餘 4 種表示法爲

$$V_3=\int_0^5\int_0^{\frac{60-12z}{15}}\int_0^{\frac{60-15y-12z}{20}}dxdydz$$

$$V_4=\int_0^4\int_0^{\frac{60-15y}{12}}\int_0^{\frac{60-15y-12z}{20}}dxdzdy$$

$$V_5=\int_0^3\int_0^{\frac{60-15y}{12}}\int_0^{\frac{60-20x-12z}{15}}dydzdx$$

$$V_6=\int_0^4\int_0^{\frac{60-20x}{15}}\int_0^{\frac{60-20x-15y}{15}}dzdxdy$$

※例 13 求 $\iiint_S (x^2+y^2)\,dxdydz$，其中 S 表球面 $r=a$ 與錐面 $\phi=\frac{\pi}{3}$ 所圍成之立體區域。

解 令 $x=r\sin\phi\cos\theta$，$y=r\sin\phi\sin\theta$，$z=r\cos\phi$，

$$|J|=r^2\sin\phi$$

$$S=\{(r,\phi,\theta)\,|\,0\le r\le a, 0\le\phi\le\frac{\pi}{3}, 0\le\theta\le 2\pi\}$$

$$V=\int_0^a\int_0^{2\pi}\int_0^{\frac{\pi}{3}}r^4\sin^3\phi d\phi d\theta dr$$

$$=\int_0^a\int_0^{2\pi}r^4(-\cos\phi+\frac{1}{3}\cos^3\phi)\Big]_0^{\frac{\pi}{3}}d\theta dr$$

$$=\int_0^a\int_0^{2\pi}\frac{5}{24}r^4d\theta dr=\int_0^a\frac{5}{12}\pi r^4dr=\frac{1}{12}\pi a^5$$

※**例** *14* 求 $x^2+y^2=a^2$ 與 $x^2+z^2=a^2$ 二柱面所圍之體積。

解　右圖爲所求體積之 $\frac{1}{8}$，過 $(x, 0, 0)$ 作垂直面得邊長爲 $\sqrt{a^2-x^2}$ 之正方形，$A(x)=a^2-x^2$　$\therefore V=8\int_0^a(a^2-x^2)dx=\frac{16}{3}a^3$

別解　$V=\iint\limits_{x^2+y^2\le a^2}2\sqrt{a^2-x^2}dxdy=4\int_0^a\int_0^{\sqrt{a^2-x^2}}2\sqrt{a^2-x^2}dydx$

$$=8\int_0^a(a^2-x^2)dx=\frac{16a^3}{3}$$

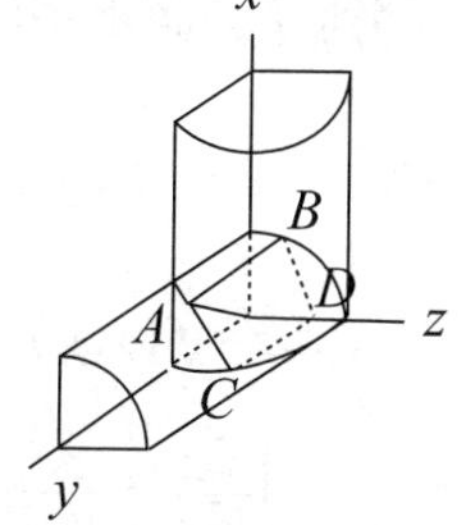

例 *15*　求橢球 $\frac{x^2}{a^2}+\frac{y^2}{b^2}+\frac{z^2}{c^2}=1$ 之表面積。

空間曲面 $z=f(x,y)$ 之表面積 S 爲： $S=\int_A\int\sqrt{1+(\frac{\partial f}{\partial x})^2+(\frac{\partial f}{\partial y})^2}dxdy$

解　$V=8\int_0^a\int_0^{\frac{b}{a}\sqrt{a^2-x^2}}c\cdot$

$$\sqrt{1-\frac{x^2}{a^2}-\frac{y^2}{b^2}}dydx$$

$$=8\int_0^a\frac{c}{b}(\frac{x}{2}\sqrt{b^2-\frac{b^2}{a^2}x^2-y^2})$$

$$+\frac{1}{2}(b^2-\frac{b^2}{a^2}x^2)\sin^{-1}\frac{y}{b\sqrt{1-\frac{x^2}{a^2}}})\Big]_0^{\frac{b}{a}\sqrt{a^2-x^2}}$$

$$=8\int_0^a \frac{c}{4}(1-\frac{x^2}{a^2})\pi dx=8(\frac{1}{4}\pi bcx-\frac{\pi bc}{12a^2}x^3)\Big|_0^a=\frac{4}{3}abc\pi$$

例 16 抛物面 $z=1-x^2-y^2$，求其與 $z=0$ 之平面所圍成之表面積。

解 $A=\int_S\int\sqrt{1+(\frac{\partial z}{\partial x})^2+(\frac{\partial x}{\partial y})^2}\,ds=\iint_{x^2+y^2\ \ 1}\sqrt{1+(-2x)^2+(-2y)^2}\,dxdy$

$=\int_0^{2\pi}\int_0^1 r\sqrt{1+4r^2\cos^2\theta+4r^2\sin^2\theta}\,drd\theta=\int_0^{2\pi}\int_0^1 r\cdot\sqrt{1+4r^2}\,drd\theta$

$=\frac{\pi}{6}(5\sqrt{5}-1)$

◎**例 17** 試求半徑 a 之球表面積。

解 $\because x^2+y^2+z^2=a^2$

$\therefore z=f(x,y)=\sqrt{a^2-x^2-y^2}$ （上半球）

$$\begin{cases}\frac{\partial z}{\partial x}=\frac{-x}{\sqrt{a^2-x^2-y^2}}\\ \frac{\partial z}{\partial y}=\frac{-y}{\sqrt{a^2-x^2-y^2}}\end{cases}$$

$A=2\int_D\int\sqrt{1+(\frac{\partial z}{\partial x})^2+(\frac{\partial z}{\partial y})^2}\,ds \quad D=\{(x,y)\,|\,x^2+y^2\le a^2\}$

$=2\int_D\int\frac{a}{\sqrt{a^2-x^2-y^2}}dA$ （令 $x=r\cos\theta$，$y=r\sin\theta$）

$$=2a\int_0^{2\pi}\int_0^a \frac{r}{\sqrt{a^2-r^2}}drd\theta=4\pi a^2$$

類似問題

1. 求$\int_0^1\int_0^{\sqrt{1-x^2}}\int_0^{1-x} ydxdydz$

2. 求$\int_D f(x,y,z)\,dV$，其中$f(x,y,z)=2x^2y$，$D=\{(x,y,z)\,|\,0\le z\le x,$ $0\le y\le x^2, 0\le x\le 2\}$。

3. 求$\int_0^a\int_0^{\sqrt{a^2-x^2}}\int_0^{\sqrt{a^2-x^2-y^2}} dzdydx$。

4. 求$\int_0^3[\int_0^{9-x^2}(\int_0^2\sqrt{x^2+y^2}\,dz)\,dy]\,dx$。

5. 求$\int_0^1\int_0^{\sqrt{1-z^2}}\int_0^{1-z} ydxdydz$。

6. 求$\int_D f(x,y,z)\,dv$，$f(x,y,z)=2x^2y$。
   $D=\{(x,y,z)\,|\,0\le z\le x, 0\le y\le x^2, 0\le x\le 2\}$

7. 求拋物體（paraboloid）$z=x^2+y^2$在xy平面以上並在圓柱體$x^2+y^2=4$固體體積。

8. 有一空間區域被 $z=x^2-y^2$，xy 平面及 $x=1$，$x=3$ 諸平面所圍，求其體積。

9. 在 xyz 坐標系中描出曲面 S：$z=4-x^2-y^2$，試算出曲面 S 與平面 $z=0$ 所圍空間區域的體積。

10. 拋物面 $z=1-x^2-y^2$，求其與 $z=0$ 之平面所圍成之體積。

11. $\iiint_R \sqrt{x^2+z^2}dv$；$R$ 爲拋物面 $y=z^2+x^2$ 及平面 $y=4$ 所夾區域。

12. 有一固體的底部爲 $x^2+y^2=4$ 所圍的區域，假設以垂直於 x 軸的平面切此固體，所得的截面恆爲正方形，求此固體的體積。

13. 在 xyz 坐標系中描出曲面 S：$z=4-x^2-y^2$，算出曲面 S 與平面 $z=0$ 所圍空間區域的體積 V。

※14. 設 $V=\{(x,y,z):x^2+y^2+z^2\leq 9$ 且 $x^2+y^2\leq 1\}$，求 V 之體積。

15. 設固體是由 $x^2+y^2=4$ 與 $y^2+z^2=4$ 所圍成，求固體之體積 V。

※16. 求 $x^2+y^2=1$ 被 $z=x^2+y^2+5$ 和 $x=0$ 所截割之體積。

※17. 若在 xyz 一空間中，由 $x^2+y^2+z^2=4^2$ 所圍成之體積 $F(x,y,z)=3x+\dfrac{1}{1+x^2+y^2+z^2}$，求 $\iiint_\Sigma Fdv$。

※18. 求二圓柱 $x^2+y^2=9$ 與 $x^2+z^2=9$ 二者共同部分之體積。

※19. 由柱面 $y=x^2+2$ 與 $y=4$，$z=0$ 及 $3y-4z=0$ 所圍成區域之體積。

※20. (a) 三角形之頂點為 (0, 0)，(1, 0)，(0, 1)，求此三角形上方而在曲面 $z=e^{-(x+y)}$ 下之體積。

(b) 求由圓柱拋物面 $z=6-x^2-y^2$ 與 $2z=x^2+y^2$ 圍成區域之體積。

(c) R 為屬四平面 $y=0$，$z=0$，$y=x$ 與 $6x+2y+3z=6$ 所圍領域，求 R 之體積。

※21. 試求橢圓體 $E=\{(x,y,z)\in R^3 \mid x^2+2y^2+3z^2\le 1\}$ 之體積 $V(E)$。

※22. 試求在 (x, y) 平面上之四分圓 $x\geqq 0$，$y\geqq 0$，$x^2+y^2\leqq a^2$ 上曲面 $z=b\tan^{-1}\frac{y}{x}$ $(b>0)$ 之面積。

解

1. $\frac{5}{24}$　2. 32　3. $\frac{a^3}{6}\pi$　4. 9π　5. $\frac{5}{24}$　6. 32

7. $V=\int_{x^2}\int_{y^2\le 4}\int_0^{x^2+y^2} dzdydx=8\pi$

8. $V=\int_1^3\int_{-x}^{x}(x^2-y^2)dydx=\frac{80}{3}$

9. $V=\iint\limits_D (4-x^2-y^2)\,ds$，$D$：$\{(x,y)\mid x^2+y^2\le 4\}$

取 $x=r\cos\theta$，$y=r\sin\theta \Rightarrow |J|=r$，$2\ge r\ge 0$，$2\pi\ge\theta\ge 0$

$$=\int_0^{2\pi}\int_0^2 r(4-r^2)\,drd\theta=8\pi$$

10. $z=1-x^2-y^2$ 與 $z=0$ 所夾區域在 xy 平面之投影為

$A=\{(x,y)\mid x^2+y^2\le 1\}$

$\therefore V=\int_A\int(1-x^2-y^2)\,dxdy$，令 $x=r\cos\theta$，$y=r\sin\theta$，$|J|=r$

$V=4\int_0^{\frac{\pi}{2}}\int_0^1 r(1-r^2)\,drd\theta$

$=\dfrac{\pi}{2}$

11. R 在 xz 平面區域爲 $D=\{(x,y)\mid x^2+y^2\le 4\}$

$\therefore \iint_R\int\sqrt{x^2+z^2}\,dv=\int_D\int[(4-x^2-z^2)\sqrt{x^2+z^2}dzdx]$

$=4\int_0^{\frac{\pi}{2}}\int_0^2 r(4-r^2)\,rdrd\theta=\dfrac{128}{15}\pi$

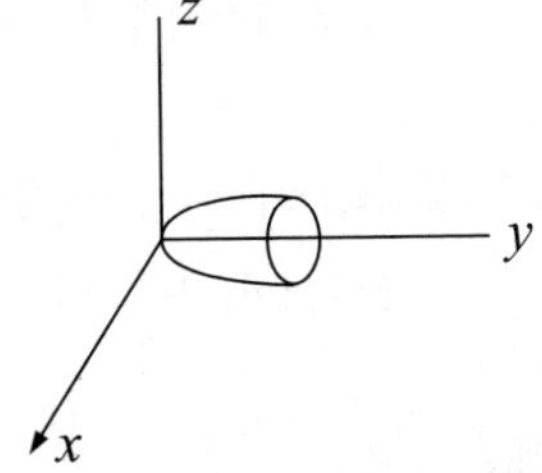

12. $V=8\int_0^2(4-x^2)\,dx=\dfrac{128}{3}$

13. $V=8\iint\limits_{x^2+y^2\le 4}(4-x^2-y^2)\,dxdy=8\pi$

14. $V=8\int_R\int\sqrt{9-x^2-y^2}\,dxdy=8\int_0^{\frac{\pi}{2}}\int_0^1 \quad r\sqrt{9-r^2}\,drd\theta=(\dfrac{108-64\sqrt{2}}{3})\pi$

15. $V=8\int_0^2(4-y^2)\,dy=\dfrac{128}{5}$

16. $V=\iint\limits_{x^2+y^2\le 1}(x^2+y^2+5)\,dxdy=4\int_0^{\frac{\pi}{2}}\int_0^1 r(r^2+5)\,drd\theta=\dfrac{11}{2}\pi$

17. 原式 $=\iiint\limits_{\Sigma}(3x+\dfrac{1}{1+x^2+y^2+z^2})dv$

$=\iiint\limits_{\Sigma}3x\,dv+\iiint\limits_{\Sigma}\dfrac{dv}{1+x^2+y^2+z^2}=\iiint\limits_{\Sigma}\dfrac{dv}{1+x^2+y^2+z^2}$　　*

取 $\begin{cases}x=\rho\sin\phi\cos\theta\\ y=\rho\sin\phi\sin\theta\Rightarrow|J|=\rho^2\sin\phi\\ z=\rho\cos\phi\end{cases}$

$$*=\int_0^{2\pi}\int_0^{\pi}\int_0^{2}\frac{\rho^2\sin\phi}{1+\rho^2}d\rho d\phi d\theta=\int_0^{2\pi}\int_0^{\pi}\sin\phi\,[\,\rho-\tan^{-1}\rho\,]\Big|_0^2 d\phi d\theta$$

$$=(2-\tan^{-1}2)\int_0^{2\pi}-\cos\phi\,]_0^{\pi}d\theta=4\pi(2-\tan^{-2}2)$$

18. $V=\int_0^3\int_0^{\sqrt{9-x^2}}\int_0^{\sqrt{9-x^2}}dzdydx=8\int_0^3\int_0^{\sqrt{9-x^2}}\sqrt{9-x^2}\,dydx$

$$=8\int_0^3(9-x^2)\,dx=144$$

別解　$z=k(-3\leq k\leq 3)$ 截交立體時可得一正方形區域，其面積爲$(3\sqrt{9-k^2})^2$

$$\therefore V=\int_{-3}^{3}(3\sqrt{9-z^2})^2\,dz=144$$

19. $V=2\int_0^2\int_{x^2+2}^{4}\int_0^{\frac{3}{4}y}dzdydx=\frac{32}{5}\sqrt{2}$

20. (a) $V=\int_0^1\int_0^{1-x}e^{-(x+y)}\,dydx=\int_0^1 e^{-x}(-e^{-y})\,\Big]_0^{1-x}dx$

$$=\int_0^1 e^{-x}(1-e^{-1+x})\,dx=\int_0^1(e^{-x}+e^{-1})\,dx=1-\frac{2}{e}$$

(b) $V=4\int_0^{\sqrt{6}}\int_0^{\sqrt{6-x^2}}\int_{\frac{x^2+y^2}{2}}^{6-x^2-y^2}dzdydx$

$$=4\int_0^{\sqrt{6}}\int_0^{\sqrt{6-x^2}}(6-\frac{3}{2}x^2-\frac{3}{2}y^2)\,dydx$$

$$=4\int_0^{\sqrt{6}}[\,6\sqrt{6-x^2}-\frac{3}{2}x^2\sqrt{6-x^2}-\frac{(\sqrt{6-x^2})^3}{2}]\,dx$$

$$=4\int_0^{\frac{\pi}{2}}36\cos^2\theta d\theta-6\int_0^{\frac{\pi}{2}}36\cos^2\theta\sin^2\theta d\theta-72\int_0^{\frac{\pi}{2}}\cos^4\theta d\theta$$

$$=36\pi-\frac{27\pi}{2}-18\pi+\frac{9}{2}\pi=9\pi$$

(c) $V=\int_0^1\int_0^x\int_0^{\frac{6-6x-6y}{3}}dzdydx=\frac{2}{9}$

21. $u=x$，$v=\sqrt{2}y$，$w=\sqrt{3}z$，則

$$|J|=\begin{vmatrix}\frac{\partial u}{\partial x} & \frac{\partial u}{\partial y} & \frac{\partial u}{\partial z}\\ \frac{\partial v}{\partial x} & \frac{\partial v}{\partial y} & \frac{\partial v}{\partial z}\\ \frac{\partial w}{\partial x} & \frac{\partial w}{\partial y} & \frac{\partial w}{\partial z}\end{vmatrix}_+=\begin{vmatrix}1 & 0 & 0\\ 0 & \frac{1}{\sqrt{2}} & 0\\ 0 & 0 & \frac{1}{\sqrt{3}}\end{vmatrix}=\frac{1}{\sqrt{6}}$$

$$V(E)=\iiint_E dxdydz=\frac{1}{\sqrt{6}}\iiint_{u^2+v^2+w^2\le 1}dudvdw \qquad *$$

令
$$u=r\sin\phi\cos\theta \qquad 0\le\theta\le 2\pi$$
$$v=r\sin\phi\sin\theta \qquad 0\le\phi\le\pi \qquad |J|=r^2\sin\phi$$
$$w=r\cos\phi \qquad 0\le r\le 1$$

$$\therefore *=\frac{1}{\sqrt{6}}\int_0^{2\pi}\int_0^{\pi}\int_0^1 r^2\sin\phi\, drd\phi d\theta=\frac{2\sqrt{6}}{9}\pi$$

22. 設 $x=r\cos\theta$，$y=r\sin\theta$，則四分圓爲 $r\leqq a$ $(0\leqq\theta\leqq\frac{\pi}{2})$，曲面在此四分圓上之部分爲 $z=b\theta$，故

$$\sqrt{r^2+(\frac{\partial z}{\partial r})^2+(\frac{\partial z}{\partial\theta})^2}=\sqrt{r^2+b^2}$$

而所求面積爲

$$\iint_{0\le r\le\pi,\,0\le\theta\le\frac{\pi}{2}}\sqrt{r^2+b^2}drd\theta=\frac{\pi}{2}\int_0^a\sqrt{r^2+b^2}dr$$

$$=\frac{\pi}{4}[r\sqrt{r^2+b^2}+b^2\ln(r+\sqrt{r^2+b^2})]_b^a$$

$$=\frac{b^2\pi}{4}[\frac{a}{b}\sqrt{1+\frac{a^2}{b^2}}+\ln(\frac{a}{b}+\sqrt{1+\frac{a^2}{b^2}})]$$

第八章　無窮級數

8-1　收斂與發散

☑定義：

一無窮數列（infinite sequence）是一個的函數，其定義域為正整數所成的集合，通常以 $\{a_k\}=a_1,a_2,\cdots\cdots,a_k,\cdots\cdots$ 表示一無窮數列，而稱為其第項。

☑定義：

若 $\{a_k\}$ 為一無窮數列，則

$$\sum_{k=1}^{\infty} a_k=a_1+a_2+\cdots\cdots+a_k+\cdots\cdots$$

稱為一無窮級數（infinite series），而稱

$$S_n=\sum_{k=1}^{n} a_k=a_1+a_2+\cdots\cdots+a_n,n=1,2,3,\cdots\cdots$$

為該無窮級數的部分和（partial sum）。

☑定義：

若 $\lim_{n\to\infty} S_n = \lim_{n\to\infty} \sum_{k=1}^{n} a_k = A$（常數），則稱無窮級數 $\sum_{k=1}^{\infty} a_k$ 收斂（convergent），稱 A 爲該收斂級數的和（sum）或值（value），即 $\sum_{k=1}^{\infty} a_k = A$。

☑定義：

一級數若不收斂即爲發散（divergent）。

☑定理：

改變一收斂（發散）級數的前面 n 項的全部或一部分後，新的級數仍然收斂（發散）。

☑定理：

若級數 Σa_k 收斂，則 $\lim_{n\to\infty} a_n = 0$。

☑引理：

若 $\lim_{n\to\infty} a_n \neq 0$，則 $\Sigma a_k = \sum_{k=1}^{\infty} a_k$ 發散。

☑定理：

若 Σa_k 收斂到 A，即 $\lim_{n\to\infty} S_n = \lim_{n\to\infty} \sum_{k=1}^{n} a_k = A$，則級數 $\sum_{k=1}^{\infty} c\,a_k$ 收斂到 cA，c 任意常數。

若 Σa_k 發散，則級數 $\sum_{k=1}^{\infty} c\,a_k$ 亦發散，c 任意常數。

☑定理：

若 Σa_k 及 Σb_k 收斂，則 $\Sigma(a_k+b_k)$ 收斂。若 Σa_k，Σb_k 至少有一個發散時 $\Sigma(a_k+b_k)$ 為發散。

例 1　幾何級數（geometric series）$\sum_{k=1}^{\infty} a r^{k-1} = \dfrac{a}{1-r}$，$|r|<1$。

證　$\sum_{k=1}^{\infty} a r^{k-1} = a + ar + ar^2 + \cdots\cdots + ar^{n-1} + \cdots\cdots$

因 $1 - r^n = (1-r)(1 + r + r^2 + r^3 + \cdots\cdots + r^{n-1})$

故部分和 $S_n = a + ar + ar^2 + ar^3 + \cdots\cdots + ar^{n-1}$

$$= a(1 + r + r^2 + r^3 + \cdots\cdots + r^{n-1})$$

$$= \frac{a(1-r^n)}{1-r} = \frac{a}{1-r} - \frac{ar^n}{1-r}，r \neq 1$$

又 $\lim_{n\to\infty} r^n = 0$　　當 $|r|<1$

故 $\lim_{n\to\infty} S_n = \dfrac{a}{1-r} - \dfrac{a}{1-r}\lim_{n\to\infty} r^n = \dfrac{a}{1-r}$，$|r|<1$

因此，$\sum_{k=1}^{\infty} ar^{k-1}=\frac{a}{1-r}$，$|r|<1$

◎**例 2**　(1) 求 $\sum_{k=1}^{\infty}\frac{1}{k(k+1)}=1$；(2) 應用此結果，若 $a_n=\int_0^{\frac{\pi}{4}}\tan^n x dx$，$S_n=\sum_{k=1}^{n}\frac{1}{n}(a_n+a_{n+2})$，求 S_n 及 $\sum_{k=1}^{\infty}\frac{1}{n}(a_n+a_{n+2})$

證　因 $\frac{1}{k(k+1)}=\frac{1}{k}-\frac{1}{k+1}$ 故部分和

$$S_n=\frac{1}{2}+\frac{1}{2\cdot 3}+\frac{1}{3\cdot 4}+\cdots\cdots+\frac{1}{n(n+1)}$$
$$=\frac{1}{2}+\left(\frac{1}{2}-\frac{1}{3}\right)+\left(\frac{1}{3}-\frac{1}{4}\right)+\cdots\cdots+\left(\frac{1}{n-1}-\frac{1}{n}\right)+\left(\frac{1}{n}-\frac{1}{n+1}\right)$$
$$=1-\frac{1}{n+1}$$

$$\therefore \sum_{k=1}^{\infty}\frac{1}{k(k+1)}=\lim_{n\to\infty}S_n=\lim_{n\to\infty}\left(1-\frac{1}{n+1}\right)=1$$

(2) $\frac{1}{n}(a_n+a_{n+2})=\frac{1}{n}\int_0^{\frac{\pi}{4}}(\tan^n x+\tan^{n+2}x)\,dx$

$$=\frac{1}{n}\int_0^{\frac{\pi}{4}}\tan^n x\sec^2 x dx=\frac{1}{n}\int_0^{\frac{\pi}{4}}\tan^n x d\tan x$$
$$=\frac{1}{n(n+1)}\tan^{n+1}x\Big]_0^{\frac{\pi}{4}}=\frac{1}{n(n+1)}$$

(3) 由 (1) $S_n=1-\frac{1}{n+1}$，$\sum_{n=1}^{\infty}\frac{1}{n}(a_n+a_{n+2})=\lim_{n\to\infty}S_n=1$

例 3　求 $\lim_{n\to\infty}\frac{1+a+a^2+\cdots+a^n}{1+b+b^2+\cdots+b^n}$；$|a|<1$，$|b|<1$

解　$\lim_{n\to\infty}\frac{1+a+a^2+\cdots+a^n}{1+b+b^2+\cdots+b^n}=\lim_{n\to\infty}\frac{\frac{1-a^{n+1}}{1-a}}{\frac{1-b^{n+1}}{1-b}}=\frac{\lim_{n\to\infty}\frac{1-a^{n+1}}{1-a}}{\lim_{n\to\infty}\frac{1-b^{n+1}}{1-b}}=\frac{1-b}{1-a}$

例4　設 $S_n=\frac{n}{2n+1}$ 爲一級數之部分和，求該級數，並判定其是否收斂。

解　(a) $a_1+a_2+\cdots+a_n+\cdots$

$$=S_1+(S_2-S_1)+(S_3-S_2)+\cdots\cdots+(S_n-S_{n-1})+\cdots\cdots$$

$$=\frac{1}{3}+\left(\frac{2}{5}-\frac{1}{3}\right)+\left(\frac{3}{7}-\frac{2}{5}\right)+\cdots\cdots+\left(\frac{n}{2n+1}-\frac{n-1}{2n-1}\right)+\cdots\cdots$$

$$=\sum_{k=1}^{\infty}\frac{1}{4k^2-1}$$

(b) 因 $\lim_{n\to\infty}S_n=\frac{1}{2}$　故 $\sum_{k=1}^{\infty}\frac{1}{4k^2-1}=\frac{1}{2}$，收斂

例5　求級數 $\sum_{k=1}^{\infty}\frac{k}{(k+1)!}$。

解　$\because S_n=\sum_{k=1}^{n}\frac{(k+1)-1}{(k+1)!}=\sum_{k=1}^{n}\frac{1}{k!}-\frac{1}{(k+1)!}$

$$=\left(\frac{1}{1!}-\frac{1}{2!}\right)+\left(\frac{1}{2!}-\frac{1}{3!}\right)+\cdots\left(\frac{1}{n!}-\frac{1}{(n+1)!}\right)=1-\frac{1}{(n+1)!}$$

$$\therefore\lim_{k\to\infty}\frac{k}{(k+1)!}=\lim_{n\to\infty}S_n=\lim_{n\to\infty}\left(1-\frac{1}{(n+1)!}\right)=1$$

※ **例6**　求 $\lim_{n\to\infty}\sin^2(\pi\sqrt{n^2+1})$ 及 $\lim_{n\to\infty}\sin^2(\pi\sqrt{n^2+n})$

解　原式 $=\lim_{n\to\infty}\sin^2(n\pi+\pi\sqrt{n^2+1}-n\pi)=\lim_{n\to\infty}\sin^2(\pi(\sqrt{n^2+1}-n))$

$$=\lim_{n\to\infty}\sin^2\left(\pi\cdot\frac{1}{\sqrt{n^2+1}+n}\right)=0$$

同法可得 $\lim_{n\to\infty}\sin^2(\pi\sqrt{n^2+n})=1$

$\sin(n\pi+\theta)=(-1)^n\sin\theta$ $\therefore \sin^2(n\pi+\theta)=\sin^2\theta$

類似問題

1. 求 $\sum_{k=1}^{\infty}\frac{1}{k(k+1)(k+2)}$。　※2. 求 $\sum_{k=1}^{\infty}\frac{1}{k(k+1)(k+2)(k+3)}$。

※3. 求 $\sum_{k=1}^{n}k(k!)$，及 $\sum_{k=1}^{n}(k+1)(k+1)!$。

4. $S_n=\frac{3n}{4n+1}$，則級數為何？試判別其是否收斂。

5. $S_n=\ln(n+1)$，則級數為何？是否收斂？

※6. $\sum_{n=1}^{\infty}\frac{n^2-n-1}{n!}=?$　◎ 7. $\sum_{n=1}^{\infty}\frac{1}{(2n-1)(2n+1)}=?$

※8. 應用第 3 題結果證 $\sum_{k=1}^{n}(k^2+1)k!=n(n+1)!$。　9. 求 $\sum_{i=1}^{\infty}\frac{i}{(i+1)!}$。

10. 若 $a_n=1+2+\cdots+n$，求 $\sum_{n=1}^{\infty}\frac{1}{a_n}$。

※11. 求 $\frac{1}{(1+a)(1+a^2)}+\frac{a}{(1+a^2)(1+a^3)}+\frac{a^2}{(1+a^3)(1+a^4)}+\cdots$。

※12. 求 $\sum_{k=1}^{\infty}\frac{k^2-3k-2}{k^2(k+1)^2}$。

◎ 13. 求 $\sum_{n=1}^{\infty}\frac{n}{2^n}$，$\sum_{n=1}^{\infty}\frac{n^2}{2^n}$。

解

1. $\frac{1}{k(k+1)(k+2)}=\frac{1}{2}\left(\frac{1}{k(k+1)}-\frac{1}{(k+1)(k+2)}\right)$

$\therefore \Sigma\frac{1}{k(k+1)(k+2)}=\frac{1}{2}\Sigma\left[\frac{1}{k(k+1)}-\frac{1}{(k+1)(k+2)}\right]$

$S_n=\frac{1}{2}\sum_{k=1}^{n}\left[\left(\frac{1}{k}-\frac{1}{k+1}\right)-\left(\frac{1}{k+1}-\frac{1}{k+2}\right)\right]$

$=\frac{1}{2}\sum_{k=1}^{n}\left(\frac{1}{k}-\frac{1}{k+1}\right)-\frac{1}{2}\sum_{k=1}^{n}\left(\frac{1}{k+1}-\frac{1}{k+2}\right)$

$=\frac{1}{2}\left(1-\frac{1}{n+1}\right)-\frac{1}{2}\left(\frac{1}{2}-\frac{1}{n+2}\right)$

$\lim_{n\to\infty}\sum_{k=1}^{\infty}\frac{1}{k(k+1)(k+2)}=\lim_{n\to\infty}S_n=\lim_{n\to\infty}\left[\frac{1}{2}\left(1-\frac{1}{n+1}\right)-\frac{1}{2}\left(\frac{1}{2}-\frac{1}{n+2}\right)\right]=\frac{1}{4}$

2. $\frac{1}{k(k+1)(k+2)(k+3)}=\frac{1}{2}\left(\frac{1}{k(k+3)}-\frac{1}{(k+1)(k+2)}\right)$

$\therefore \Sigma\frac{1}{k(k+1)(k+2)(k+3)}$

$=\frac{1}{2}\Sigma\frac{1}{k(k+3)}-\frac{1}{2}\Sigma\frac{1}{(k+1)(k+2)}$

$$S_n=\frac{1}{2}\cdot\frac{1}{3}\Sigma\left(\frac{1}{k}-\frac{1}{k+3}\right)-\frac{1}{2}\Sigma\left(\frac{1}{k+1}-\frac{1}{k+2}\right)$$

$$=\frac{1}{6}\left[\left(1+\frac{1}{2}+\frac{1}{3}\right)-\frac{1}{n+1}\right.$$

$$\left.-\frac{1}{n+2}-\frac{1}{n+3}\right]-\frac{1}{2}\left[\frac{1}{2}-\frac{1}{n+2}\right]$$

$$\therefore\sum_{k=1}^{\infty}\frac{1}{k(k+1)(k+2)(k+3)}=\lim_{n\to\infty}S_n=\frac{1}{18}$$

$\sum_{k=1}^{n}\frac{1}{k}-\sum_{k=1}^{n}\frac{1}{k+3}=$?

這不是困難的問題，但很容易漏寫某項，因此，我建議用對消法：

$\frac{1}{k}$		$\frac{1}{k+3}$
$\frac{1}{1}$		
$\frac{1}{2}$		
$\frac{1}{3}$		
$\frac{1}{4}$	對	$\frac{1}{4}$
$\vdots$		$\vdots$
$\frac{1}{n}$	消	$\frac{1}{n}$
		$\frac{1}{n+1}$
		$\frac{1}{n+2}$
		$\frac{1}{n+2}$

3. (1) $\sum_{k=1}^{n}k\,k!=\sum_{k=1}^{n}(k+1)k!-\sum_{k}k!=\Sigma[(k+1)!-k!]$

$$=(2!-1!)+(3!-2!)+\cdots+[(n+1)!-n!]$$

$$=(n+1)!-1$$

(2) $\sum_{k=1}^{n}(k+1)(k+1)!$

$$=2\cdot 2!+3\cdot 3!+\cdots+(n+1)(n+1)!$$

$$=(1\cdot 1!+2\cdot 2!+\cdots+n\cdot n!-1)+(n+1)(n+1)!$$

$$=((n+1)!-1-1)+(n+1)(n+1)!=(n+2)!-2$$

4. $\sum_{n=1}^{\infty}a_n=\sum_{n=1}^{\infty}(S_n-S_{n-1})$ （令 $S_0=0$）

$$=\sum_{n=1}^{\infty}\left[\frac{3n}{4n+1}-\frac{3(n-1)}{4(n-1)+1}\right]$$

$$=\sum_{n=1}^{\infty}\frac{3}{(4n+1)(4n-3)}=\frac{3}{4}\sum_{n=1}^{\infty}\left(\frac{1}{4n-3}-\frac{1}{4n+1}\right)$$

$\lim_{n\to\infty}S_n=\frac{3}{4}\left[\left(1-\frac{1}{5}\right)+\left(\frac{1}{5}-\frac{1}{9}\right)+\cdots\right]=\frac{3}{4}$ ∴收斂

5. $S_n=\ln(n+1)$ $\therefore\sum_{n=1}^{\infty}a_n=\sum_{n=1}^{\infty}(S_n-S_{n-1})=\sum_{n=1}^{\infty}[\ln(n+1)-\ln n]$

$$= \sum_{n=1}^{\infty} \ln\left(\frac{n+1}{n}\right)$$

$\because \lim_{n\to\infty} S_n = \lim_{n\to\infty} \ln(n+1) = \infty$　$\therefore$發散

6. $\dfrac{n^2-n-1}{n!} = \dfrac{n(n-1)}{n!} - \dfrac{1}{n!}$

$$\therefore S = \sum_{k=2}^{n} \left[\frac{1}{(k-2)!} - \frac{1}{k!} \right] + (-1)$$

$$= (-1) + \left[\frac{1}{0!} + \frac{1}{1!} - \frac{1}{(n-1)!} - \frac{1}{n!}\right]$$

$$\therefore \sum_{n=1}^{\infty} \frac{n^2-n-1}{n!} \lim_{n\to\infty} S_n = 1$$

7. $\displaystyle\sum_{n=1}^{\infty} \frac{1}{(2n-1)(2n+1)} = \sum_{n=1}^{\infty} \left(\frac{\frac{1}{2}}{2n-1} - \frac{\frac{1}{2}}{2n+1} \right)$,

$$S_n = \frac{1}{2} \sum_{p=1}^{n} \left(\frac{1}{2p-1} + \frac{1}{2p+1}\right) = \frac{1}{2}\left(1 - \frac{1}{2n+1}\right)$$

$$\therefore \sum_{n=1}^{\infty} \frac{1}{(2n-1)(2n+1)} = \lim_{n\to\infty} S_n = \frac{1}{2}$$

8. $\Sigma\,(k^2+1)k! = \Sigma[(k+1)\cdot(k+1) - 2k]k!$

$$= \Sigma\,(k+1)(k+1)! - 2\Sigma k \cdot k!$$

$$= [(n+2)! - 2] - 2[(n+1)! - 1] = n(n+1)! \quad *$$

9. $\Sigma \dfrac{i}{(i+1)!} = \Sigma \dfrac{i+1-1}{(i+1)!} = \Sigma \dfrac{1}{i!} - \dfrac{1}{(i+1)!}$

$$= \left(\frac{1}{1!} - \frac{1}{2!}\right) + \left(\frac{1}{2!} - \frac{1}{3!}\right) + \cdots = 1$$

10. $\displaystyle\sum_{n=1}^{\infty} \frac{1}{a_n} = \sum_{n=1}^{\infty} \frac{1}{1+2+\cdots+n} = \sum_{n=1}^{\infty} \frac{2}{n(n+1)} = 2\Sigma\left(\frac{1}{n} - \frac{1}{n+1}\right) = 2$

11. 取 $S_n=\sum_{n=1}^{\infty}\frac{a^{n-1}}{(1+a^n)(1+a^{n+1})}$

① $a=0$ 時，$S_n=1$

② $a=1$ 時，$S_n\to\infty$

③ $a\neq 0, 1$ 時

$$a_n=\frac{a^{n-1}}{(1+a^n)(1+a^{n+1})}=\frac{1}{a^2-a}\left(\frac{1}{1+a^n}-\frac{1}{1+a^{n+1}}\right)$$

$|a|>1$ 時，$S_n\to\frac{1}{a(a^2-1)}$

$|a|<1$ 時，$S_n\to\frac{1}{1-a^2}$

12. $\because \frac{k^2-3k-2}{k^2(k+1)^2}=\frac{1}{k}-\frac{2}{k^2}+\frac{-1}{k+1}+\frac{2}{(k+1)^2}$

$$\therefore \sum_{k=1}^{\infty}\frac{k^2-3k-2}{k^2(k+1)^2}=\sum_{k=1}^{\infty}\left(\frac{1}{k}-\frac{1}{k+1}\right)-2\sum_{k=1}^{\infty}\left(\frac{1}{k^2}-\frac{1}{(k+1)^2}\right)$$

$$=\left[\left(\frac{1}{1}-\frac{1}{2}\right)+\left(\frac{1}{2}-\frac{1}{3}\right)+\cdots\right]-2\left[\left(\frac{1}{1}-\frac{1}{4}\right)+\left(\frac{1}{4}-\frac{1}{9}\right)+\left(\frac{1}{9}-\frac{1}{16}\right)+\cdots\right]=1-2=-1$$

13.(a)

$$S=\frac{1}{2}+\frac{2}{2^2}+\frac{3}{2^3}+\cdots$$

$$-)\ \frac{1}{2}S=\quad\frac{1}{2^2}+\frac{2}{2^3}+\cdots$$

$$\frac{1}{2}S=\frac{1}{2}+\frac{1}{2^2}+\frac{1}{2^3}+\cdots=\frac{\frac{1}{2}}{1-\frac{1}{2}}=1$$

$\therefore S=2$

(b)

$$T=\frac{1}{2}+\frac{2^2}{2^2}+\frac{3^2}{2^3}+\frac{4^2}{2^4}+\cdots$$

$$-)\ \frac{1}{2}T=\qquad\frac{1}{2^2}+\frac{2^2}{2^3}+\frac{3^2}{2^4}+\cdots$$

$$\frac{1}{2}T=\frac{1}{2}+\frac{3}{2^2}+\frac{5}{2^3}+\frac{7}{2^4}+\cdots$$

$$=\sum_{s=1}^{\infty}(2S-1)\frac{1}{2^s}=2\sum_{s=1}^{\infty}\frac{S}{2^s}-\sum_{s=1}^{\infty}\frac{1}{2^s}=2\times2-1=3\quad\therefore T=6$$

8-2　正項級數

☑定義：

設 Σa_k 為一無窮級數，若對所有的 k，$a_k>0$，則稱為一正項級數（positive series）。

☑定理：

設 Σa_k 為一正項級數，且部分和 S_n 所構成的數列 $\{S_n\}$ 有界（bounded），則 Σa_k 收斂。

☑定理：

（比值檢定法）

設 Σa_k 爲一正項級數，且 $\lim\limits_{n\to\infty}\dfrac{a_{n+1}}{a_n}=l<1$ 或 $l>1$，則 $\sum\limits_{k=1}^{\infty}a_k$ 收斂（或發散）；若 $l=1$，無法檢定。

☑定理：

（根值檢定法）

設 Σa_k 爲一正項級數，且 $\lim\limits_{n\to\infty}\sqrt[n]{a_n}=l<1$（$1<l\leq\infty$），則 $\sum\limits_{k=1}^{\infty}a_k$ 收斂（發散）；若 $l=1$，無法檢定。

☑定理：

（積分檢定法）

設正項級數 Σa_k 中 $a_k=f(k)$, $k=1, 2, 3, \cdots\cdots$，並設函數 $f(x)$ 單調遞減到 0（$x\geq 1$），若

$\int_1^{\infty}f(x)\,dx=\lim\limits_{R\to\infty}\int_1^{R}f(x)\,dx=A\,(=\infty)$，

則 $\sum_{k=1}^{\infty} a_k$ 收斂（發散）。

☑定理：

（p- 級數檢定法）

當 $p>1$ 時，p 級數 $\sum_{k=1}^{\infty} \frac{1}{k^p}$ 收斂；

當 $p \leq 1$ 時，發散。

☑定理：

（比較檢定法）

①若 $0 \leq a_k \leq b_k$ 且 $\Sigma\, b_k$ 收斂，則 $\Sigma\, a_k$ 收斂。

②若 $a_k \geq 0$，$b_k \geq 0$ 且 $\lim_{n \to \infty} \frac{a_n}{b_n} = c$（常數）$>0$，則 $\Sigma\, a_k$ 與 $\Sigma\, b_k$ 同時收斂或發散。

特例　若 $\lim_{n \to \infty} n^p \cdot a_n = c\ (c>0)$

①$p \leq 1$ 時，$\Sigma\, a_n$ 發散　②$p>1$ 時，$\Sigma\, a_n$ 收斂。

判斷一正項數列之斂散性有以上幾個定理可供應用，但初學者有時仍感困難，其主要關鍵在於如何應用適當之定理來進行處理，爲此謹提供一些「經驗法則」以供參考：

(1)在做判斷前應先看 $\lim_{n\to\infty} a_n=0$？因爲「若 Σa_n 收斂，則 $\lim_{n\to\infty} a_n=0$」這個命題與「若 $\lim_{n\to\infty} a_n\neq 0$ 則 Σa_n 發散」同義，故 $\lim_{n\to\infty} a_n\neq 0$ 時我們可認定 Σa_n 發散。至於 $\lim_{n\to\infty} a_n=0$ 時 Σa_n 是否收斂就有待進一步之考驗了。

例 1　$\sum_{n=1}^{\infty}\left(\frac{4n+5n^2}{1+2n+3n^2}\right)^n$ 爲發散（$\because \lim_{n\to\infty}\left(\frac{4n+5n^2}{1+2n+3n^2}\right)^n\to\infty$）。

例 2　$\sum_{k=1}^{\infty}\left(\frac{3k+5}{2k-5}\right)^k$ 爲發散（$\because \lim_{k\to\infty}\left(\frac{3k+5}{2k-5}\right)^k=\infty$）

(2)如 $\sum_{k=1}^{\infty}\frac{2^k(k!)^2}{(2k)!}$，$\sum_{k=1}^{\infty}\frac{k!}{1\cdot 3\cdot 5\cdots(2k-1)}$ 等數列，分子、分母均爲階乘形式時可用比值檢定法。

◎**例 3**　問 $\sum_{k=1}^{\infty}\frac{2^k(k!)^2}{(2k)!}$ 之斂散性。

解

$$\lim_{k\to\infty}\frac{a_{k+1}}{a_k}=\lim_{k\to\infty}\frac{\frac{2^{k+1}((k+1)!)^2}{(2k+2)!}}{\frac{2^k(k!)^2}{(2k)!}}=\lim_{k\to\infty}\frac{2(k+1)^2}{(2k+2)(2k+1)}=\frac{1}{2}<1$$

$\therefore$ 收斂

◎例 4　問 $\sum_{k=1}^{\infty}\frac{k!}{1\cdot 3\cdot 5\cdots(2k-1)}$ 之斂散性。

解　$\lim_{k\to\infty}\frac{a_{k+1}}{a_k}=\lim_{k\to\infty}\frac{\frac{(k+1)!}{1\cdot 3\cdot 5\cdots(2k-1)(2k+1)}}{\frac{k!}{1\cdot 3\cdot 5\cdots(2k-1)}}=\frac{1}{2}<1$　$\therefore$ 收斂

(3)有一些不等式對處理超越函數數列很有幫助，如 $x>\sin x$，$x>\cos x$，$x>\ln(1+x)$，$x>\ln x$，$\tan x>x$，$\cos x>x$，$e^x>x$，$x>\tan^{-1}x$

◎例 5　判斷 $\Sigma\sin(\frac{1}{n^2})$ 之斂散性。

解　$\because \sin(\frac{1}{n^2})\le\frac{1}{n^2}$, $\Sigma\frac{1}{n^2}$ 收斂　$\therefore \Sigma\sin(\frac{1}{n^2})$ 收斂

例 6　判斷 $\Sigma\ln(1+\frac{1}{n^2})$ 之斂散性。

解　$\because \ln(1+\frac{1}{n^2})\le\frac{1}{n^2}$, $\Sigma\frac{1}{n^2}$ 收斂　$\therefore \Sigma\ln(1+\frac{1}{n^2})$ 收斂

例 7　判斷 $\Sigma\frac{1}{k^2}\sin(\frac{\pi}{k})$ 之斂散性。

解　$\because \frac{1}{k^2}\sin(\frac{\pi}{k})\le\frac{1}{k^2}$，$\Sigma\frac{1}{k^2}$ 收斂　$\therefore \Sigma\frac{1}{k^2}\sin(\frac{\pi}{k})$ 收斂

◎例 8　判斷 $\Sigma\frac{1}{\ln n}$ 之斂散性。

解　$\because \ln n < n \quad \therefore \frac{1}{\ln n} > \frac{1}{n}$，$\Sigma \frac{1}{n}$ 發散　$\therefore \Sigma \frac{1}{\ln n}$ 發散

但並非所有關於對數、三角之正項數列都那麼容易判斷，這時可能需用其他方法來處理，比方「比較審斂法」與「L'Hospital 法則」。

※例 9　判斷 $\sum_{n=2}^{\infty} \frac{1}{(\ln n)^{\ln n}}$ 之斂散性。

解　令 $u_n = (\ln n)^{\ln n} = e^{\ln n \ln \ln n} = n^{\ln \ln n}$

當 $n > e^{e^2}$ 時，$n^{\ln \ln n} > n^2$

$\sum_{n=1}^{\infty} a_n = \sum_{n=1}^{\infty} \frac{1}{u_n} < \frac{1}{n^2}$　又 $\Sigma \frac{1}{n^2}$ 收斂

$\therefore$原級數收斂。

在第三章談到不定式 1^∞ 之速解法 $\lim_{x \to \infty} f(x) = 1$，$\lim_{x \to \infty} g(x) = \infty$ 則 $\lim_{x \to \infty} f^g = e^{\lim_{x \to \infty}(f-1)g}$ 亦很有用。

例 10　判斷 $\sum_{k=1}^{\infty} k^3 e^{-k}$ 之斂散性。

解　$\lim_{n \to \infty} \frac{a_{k+1}}{a_k} = \lim_{n \to \infty} \frac{(k+1)^3 e^{-(k+1)}}{k^3 e^{-k}} = e^{-1} \quad \therefore \Sigma a_k$ 收斂

例 11　判斷 $\sum_{k=1}^{\infty} \frac{k^3}{3^k}$ 之斂散性。

解　$\lim\limits_{k\to\infty}\dfrac{a_{k+1}}{a_k}=\lim\limits_{k\to\infty}\dfrac{\dfrac{(k+1)^3}{3^{k+1}}}{\dfrac{k^3}{3^k}}=\dfrac{1}{3}$　$\therefore\ \Sigma a_k$ 收斂

(4)正項數列含 k^n 或 e^n 因子等往往亦可用根式檢定法，但數列中同時有 k^n（或 e^n）與階乘式時用比值檢定法常較易。

（例 12）$\lim\limits_{k\to\infty}\sqrt[k]{k^3e^{-k}}=\lim\limits_{k\to\infty}(k)^{\frac{3}{k}}\cdot e^{-1}=e^{-1}$　$\therefore\ \Sigma a_k$ 收斂

（例 13）$\lim\limits_{k\to\infty}\sqrt[k]{\dfrac{k^3}{3^k}}=\lim\limits_{k\to\infty}\dfrac{1}{3}(k)^{\frac{3}{k}}=\dfrac{1}{3}$　$\therefore\ \Sigma a_k$ 收斂

例 12　試問下列級數是否收斂？

$$(1-\frac{1}{2})^4+(1-\frac{1}{3})^9+(1-\frac{1}{4})^{16}+\cdots+(1-\frac{1}{k})^{k^2}+\cdots$$

解　$\lim\limits_{k\to\infty}\sqrt[k]{a_k}=\lim\limits_{k\to\infty}(1-\dfrac{1}{k})^k=e^{-1}<1$　$\therefore\ \Sigma a_k$ 收斂

(5) $\lim\limits_{n\to\infty}n^p a_n=c$（$c>0$），$p\le 1$ 時之 Σa_n 發散，$p>1$ 時之 Σa_n 收斂，在數列 a_n 爲分式形式時極爲好用。

例 13　判斷下列級數之斂散性。

(a) $\dfrac{1}{1+\sqrt{1}}+\dfrac{1}{2+\sqrt{2}}+\dfrac{1}{3+\sqrt{3}}+\cdots$　(b) $\Sigma\dfrac{k+1}{k(2k-1)}$

(c) $\sum\limits_{n=2}^{\infty}\dfrac{\sqrt{n}}{n^2+2}$　(d) $\sum\limits_{n=1}^{\infty}\dfrac{\sqrt[3]{n}}{(n+1)\sqrt{n}}$

解　(a) $a_n=\frac{1}{n+\sqrt{n}}$　取 $b_n=\frac{1}{n}$（$\Sigma\frac{1}{n}$ 發散）則 $\lim\limits_{n\to\infty}\frac{a_n}{b_n}=\lim\limits_{n\to\infty}\frac{n}{n+\sqrt{n}}=1$

$\therefore\Sigma a_n$ 發散

〔$a_n=\frac{1}{n+\sqrt{n}}=\frac{n^0}{n+n^{\frac{1}{2}}}$　$\therefore$取 $b_n=n^{0-1}=n^{-1}$〕

(b) $a_k=\frac{k+1}{k(2k-1)}=\frac{k+1}{2k^2-k}$　取 $b_k=\frac{1}{k}$　（Σb_k 發散）

則 $\lim\limits_{k\to\infty}\frac{a_k}{b_k}=\lim\limits_{k\to\infty}\frac{(k+1)k}{2k^2-k}=\frac{1}{2}$　$\therefore\Sigma a_k$ 發散

〔$a_k=\frac{k+1}{2k^2-k}$　$\therefore$取 $b_k=k^{1-2}=k^{-1}$〕

(c) $a_n=\frac{\sqrt{n}}{n^2+2}$　取 $b_n=n^{\frac{1}{2}-2}=n^{-\frac{3}{2}}$　（$\Sigma n^{-\frac{3}{2}}$ 收斂）

則 $\lim\limits_{n\to\infty}\frac{a_n}{b_n}=\lim\limits_{n\to\infty}\frac{n^2}{n^2+2}=1$　$\therefore\Sigma a_n$ 收斂

(d) $a_n=\frac{n^{\frac{1}{3}}}{n^{\frac{3}{2}}+n^{\frac{1}{2}}}$　取 $b_n=n^{\frac{1}{3}-\frac{3}{2}}=n^{-\frac{7}{6}}$　（$\Sigma\frac{1}{n^{\frac{7}{6}}}$ 收斂）

則 $\lim\limits_{n\to\infty}\frac{a_n}{b_n}=\lim\limits_{n\to\infty}\frac{n^{\frac{3}{2}}}{n^{\frac{3}{2}}+n^{\frac{1}{2}}}=1$　$\therefore\Sigma a_n$ 收斂

(6)積分檢定法：凡是 a_n 爲遞減函數且 $\int_1^\infty f(x)\,dx$ 存在者可用此法

例 14　判斷 (a) $\sum\limits_{n=3}^{\infty}\frac{\ln n}{n}$　(b) $\sum\limits_{k=1}^{\infty}ke^{-k^2}$ 之斂散性。

解　(a) $f(x)=\frac{\ln x}{x}$　$f'=\frac{1-\ln x}{x^2}<0$，$x>e$

$\because \int_3^\infty \frac{\ln x}{x}dx=\lim_{b\to\infty}\ln\ln\Big|_3^b$ 不存在　$\therefore \Sigma a_n$ 發散

(b) $f(x)=\frac{x}{e^{x^2}}$　$f'(x)=\frac{1-2x^2}{e^{x^2}}<0$，$x\geq 1$

$\therefore \int_1^\infty xe^{-x^2}dx=\frac{1}{2}e^{-1}<\infty$　$\therefore \Sigma ke^{-k^2}$ 收斂

正項級數之一些基本性質

◎例 *15*　若數列 Σa_n 收斂，證明 $\lim_{n\to\infty}a_n=0$。

解　設 $\sum_{k=1}^{n}a_k=s_n$，且 $\lim_{n\to\infty}s_n=s$　$\because a_n=s_n-s_{n-1}$

$\therefore \lim_{n\to\infty}a_n=\lim_{n\to\infty}(s_n-s_{n-1})=\lim_{n\to\infty}s_n-\lim_{n\to\infty}s_{n-1}=s-s=0$

※例 *16*　若 $\sum_{n=1}^{\infty}a_n$ 收斂，證 $\sum_{n=m}^{\infty}a_n$ 收斂。

解　① $\sum_{n=1}^{\infty}a_n$ 收斂 $\Rightarrow \lim_{n\to\infty}\sum_{n=1}^{\infty}a_n=A<\infty$

② $\sum_{n=1}^{\infty}a_n=\sum_{n=1}^{m-1}a_n+\sum_{n=m}^{\infty}a_n$

$\sum\limits_{n=1}^{m-1} a_n$ 與 $\sum\limits_{n=1}^{\infty} a_n$ 均爲有限　$\therefore \sum\limits_{n=m}^{\infty} a_n$ 亦爲有限

※**例 17**　Σa_k, Σd_k 均爲正項數列，若已知 Σd_k 發散，$\lim\limits_{k\to\infty}\dfrac{a_k}{d_k}$ 存在且不爲 0，證 Σa_k 發散。

解　令 $\lim\limits_{k\to\infty}\dfrac{a_k}{d_k}=c>0$，則存在一個正數 ε 使得 $\dfrac{a_k}{d_k}\geq\varepsilon$，對大於 N 之所有 n 成立 $\Rightarrow a_n\geq\varepsilon d_n$　$\therefore \Sigma a_n\geq\varepsilon\Sigma d_n=\infty$

$\therefore \Sigma a_n$ 發散

※**例 18**　若正項級數 Σa_n 爲收斂，問 (1) Σa_n^2　(2) $\Sigma\dfrac{\sqrt{a_n}}{n}$ (3) $\Sigma\dfrac{a_n}{1+a_n}$ 何者收斂？

解　(1) $\because$ 正項級數 Σa_n 收斂　$\therefore$ 當 n 充分大時 $a_n<1\Rightarrow a_n^2<a_n$

$\therefore \Sigma a_n^2$ 收斂

(2) $\dfrac{\sqrt{a_n}}{n}=\sqrt{\dfrac{a_n}{n^2}}\leq\dfrac{1}{2}\left(\dfrac{1}{n^2}+a_n\right)$　$\because \Sigma\dfrac{1}{n^2}$ 收斂

$\therefore \dfrac{1}{2}\Sigma\left(\dfrac{1}{n^2}+a_n\right)$ 收斂 $\Rightarrow \Sigma\dfrac{\sqrt{a_n}}{n}$ 收斂

(3) $\dfrac{a_n}{1+a_n}<a_n$　$\therefore \Sigma\dfrac{a_n}{1+a_n}$ 收斂

類似問題

判別下列級數的斂散性（1～26 題）：

◎1. $\sum_{n=1}^{\infty}\frac{n!}{n^n}$　　2. $\sum_{n=1}^{\infty}\frac{3^n-2^n}{6^n}$　　3. $\sum_{n=1}^{\infty}\frac{1}{2^n-n}$

4. $\sum_{n=1}^{\infty}\frac{2^n}{n(n+1)}$　　5. $\sum_{n=1}^{\infty}\tan\frac{1}{n}$　　◎ 6. $\sum_{n=1}^{\infty}\frac{\tan^{-1}n}{1+n^2}$

7. $\sum_{k=1}^{\infty}k^3\left(\frac{k}{2k-1}\right)^k$　　※8. $\sum_{n=1}^{\infty}\int_0^{\frac{1}{n}}\frac{\sqrt{x}}{1+x^2}dx$　　9. $\sum_{n=0}^{\infty}\frac{\sin^2(2n+1)}{(2n+1)^2}$

10. $\sum_{n=2}^{\infty}\frac{1}{n\ln n\ln\ln n}$　　◎ 11. $\sum_{n=1}^{\infty}\tan^{-1}\frac{1}{1+n+n^2}$

※12. $\sum_{n=2}^{\infty}\frac{1}{(\ln n)^p\cdot n}$　　※13. $\sum_{k=1}^{\infty}\frac{\ln(k+1)-\ln k}{\tan^{-1}\left(\frac{2}{k}\right)}$

14. $\sum_{n=1}^{\infty}a_n$ 是正項級數且 $\frac{\ln\frac{1}{a_n}}{\ln n}\geq 1+a$，$n\geq 2$，$a>0$

※15. $\sum_{k=1}^{\infty}(\sin k^{-k})^{-2}$　　16. $\sum_{k=1}^{\infty}(\log k)^2/(\log 2)^k$

◎17. $\sum_{k=1}^{\infty}e^{-kp}\cdot\ln k$　　18. $\sum_{n=1}^{\infty}\left(1-\cos\frac{\pi}{n}\right)$

19. $\sum_{n=1}^{\infty}n\ln\left(1+\frac{1}{n^2}\right)$　　20. $\sum_{n=1}^{\infty}\left(\frac{\pi}{2}-\tan^{-1}n\right)$

21. $\sum\limits_{k=1}^{\infty}\frac{1}{k^{1+\frac{1}{k}}}$　　※22. $\sum\limits_{n=1}^{\infty}\frac{n}{4^n}\sin^2\frac{n\pi}{3}$　　23. $\Sigma(1+\frac{n}{1+n^2})^{2n}$

24. $\Sigma\frac{\tan^{-1}k}{k^2}$　　25. $\sum\limits_{n=2}^{\infty}\frac{\ln n}{n^3+3}$　　◎ 26. $\Sigma\sin(\frac{1}{n})$

27. 設 $\lim\limits_{n\to\infty}a_n=0$，求 $\sum\limits_{n=1}^{\infty}(a_n-a_{n+1})$。

◎28. 若 $\sum\limits_{n=1}^{\infty}a_n$ 爲收斂，證 $\lim\limits_{n\to\infty}\Sigma\frac{1}{a_n}$ 必爲發散。

29. $\sum\limits_{n=1}^{\infty}a_n$，$\sum\limits_{n=1}^{\infty}b_n$ 均爲正項數列，若 $\frac{b_{n+1}}{b_n}\le\frac{a_{n+1}}{a_n}\ \forall n$ 且 $\sum\limits_{n=1}^{\infty}a_n$ 收斂，

證 $\sum\limits_{n=1}^{\infty}b_n$ 收斂。

※30. 若 Σa_n, Σb_n 爲正項數列，且均收斂，證 (a) Σa_n^2 收斂

(b) $\Sigma a_n b_n$ 收斂，又 (c) $\Sigma\sqrt{a_n a_{n+1}}$ 是否收斂

31. $0\le a_n\le b_n\le c_n$，$\forall n=0, 1, 2, \cdots\cdots$

若 $\sum\limits_{n=1}^{\infty}a_n$ 與 $\sum\limits_{n=1}^{\infty}c_n$ 收斂，試問 $\sum\limits_{n=1}^{\infty}b_n$ 是否收斂？

解

1. $$\lim_{n\to\infty}\frac{a_{n+1}}{a_n}=\lim_{n\to\infty}\frac{\frac{(n+1)!}{(n+1)^{(n+1)}}}{\frac{n!}{n^n}}=\lim_{n\to\infty}\frac{(n+1)}{(n+1)}(\frac{n}{n+1})^n$$

$$=\lim_{n\to\infty}(1+\frac{1}{n})^{-n}=e^{-1}<1\quad\therefore a_n\text{ 收斂}$$

2. $\Sigma(\frac{3}{6})^n-\Sigma(\frac{2}{6})^n=\dfrac{\frac{3}{6}}{1-\frac{3}{6}}-\dfrac{\frac{2}{6}}{1-\frac{2}{6}}=1-\frac{1}{2}=\frac{1}{2}$　$\therefore \Sigma a_n$ 收斂

3. $\lim\limits_{n\to\infty}\dfrac{a_{n+1}}{a_n}=\lim\limits_{n\to\infty}\dfrac{\frac{1}{2^{n+1}-(n+1)}}{\frac{1}{2^n-n}}=\lim\limits_{n\to\infty}\dfrac{2^n-n}{2^{n+1}-(n+1)}=\lim\limits_{n\to\infty}\dfrac{1-\frac{n}{2^n}}{2-\frac{n+1}{2^n}}=\dfrac{1}{2}$

$\therefore \Sigma a_n$ 收斂

4. $\lim\limits_{n\to\infty}\dfrac{a_{n+1}}{a_n}=\lim\limits_{n\to\infty}\dfrac{\frac{2^{n+1}}{(n+1)(n+2)}}{\frac{2^n}{n(n+1)}}=\lim\limits_{n\to\infty}\dfrac{2n(n+1)}{(n+1)(n+2)}=2$　$\therefore \Sigma a_n$ 發散

5. $\lim\limits_{n\to\infty}n\tan^{-1}\dfrac{1}{n}=\lim\limits_{m\to 0}\dfrac{\tan^{-1}m}{m}=1>0$　又 $\Sigma\dfrac{1}{n}$ 發散　$\therefore \Sigma n\tan^{-1}\dfrac{1}{n}$ 發散

6. $\dfrac{\tan^{-1}n}{1+n^2}<\dfrac{\frac{\pi}{2}}{1+n^2}<\dfrac{\frac{\pi}{2}}{n^2}$　$\because \Sigma\dfrac{1}{n^2}$ 收斂　$\therefore \Sigma\dfrac{\tan^{-1}n}{1+n^2}$ 收斂

7. $\lim\limits_{k\to\infty}\sqrt[k]{k^3(\frac{k}{2k-1})^k}=\lim\limits_{k\to\infty}(k^{\frac{1}{k}})^3\cdot(\frac{k}{2k-1})=\frac{1}{2}<1$　$\therefore \Sigma a_k$ 收斂

8. 令 $a_n=\int_0^{\frac{1}{n}}\dfrac{\sqrt{x}}{1+x^2}dx$ 則 $0<\int_0^{\frac{1}{n}}\dfrac{\sqrt{x}}{1+x^2}dx\le\int_0^{\frac{1}{n}}\sqrt{x}\,dx=\dfrac{2}{3}\dfrac{1}{n^{\frac{3}{2}}}$

但 $\sum\limits_{n=1}^{\infty}\dfrac{1}{n^{\frac{3}{2}}}$ 收斂　∴原級數收斂

9. $\dfrac{\sin^2(2n+1)}{(2n+1)^2}\le\dfrac{1}{(2n+1)^2}\le\dfrac{1}{(2n)^2}=\dfrac{1}{4n^2}$　$\Sigma\dfrac{1}{n^2}$ 收斂

$\therefore \Sigma\dfrac{\sin^2(2n+1)}{(2n+1)^2}$ 收斂

10. $\because \int_2^\infty \frac{dx}{x\ln x\ln\ln x}=\int_2^\infty \frac{1}{\ln\ln x}d\ln\ln x=\ln\ln x\Big]_2^\infty=\infty$

$\therefore$發散

11. $\tan^{-1}\frac{1}{1+n+n^2}<\frac{1}{1+n+n^2}<\frac{1}{n^2}$ $\therefore \Sigma a_n$ 收斂

12. $\because \frac{1}{n(\ln n)^p}$ 在 $n>2$ 時爲一連續遞減函數

$\therefore \int_2^\infty \frac{dx}{x(\ln x)^p}=\int_2^\infty \frac{d\ln x}{(\ln x)^p}=\lim_{b\to\infty}\frac{1}{-p+1}(\ln x)^{-p+1}\Big]_2^b$ $*$

當 $p>1$ 時

$*=\lim_{b\to\infty}\frac{1}{-p+1}(\ln b)^{-p+1}-\frac{1}{-p+1}(\ln 2)^{-p+1}$

$=\frac{-1}{1-p}(\ln 2)^{-p+1}$ 爲有限值

當 $p\le 1$ 時 $*\to\infty$

$\therefore p>1$ 時 Σa_n 收斂，$p\le 1$ 時 Σa_n 發散

13. $\because \lim_{k\to\infty}\frac{\ln\frac{k+1}{k}}{\tan^{-1}\frac{2}{k}}=\lim_{k\to\infty}\frac{(-\frac{1}{k^2})/(1+\frac{1}{k})}{\frac{-2/k^2}{1+4/k^2}}=\frac{1}{2}$ $\therefore \Sigma a_k$ 發散

14. $\ln\frac{1}{a_n}\ge(1+a)\ln n=\ln n^{1+a}\Rightarrow a_n\le n^{-(1+a)}$

$\therefore \sum_{n=1}^{\infty}a_n\le\sum_{n=1}^{\infty}n^{-(1+a)}$，但 $\sum_{n=1}^{\infty}n^{-(1+a)}$ 收斂

$\therefore \sum_{n=1}^{\infty}a_n$ 收斂 $\therefore \Sigma a$ 發散

15. $\because \lim\limits_{k\to\infty}(\sin k^{-k})^{-2}\to\infty \quad \therefore \Sigma a_k$ 發散

16. $\lim\limits_{k\to\infty}\dfrac{a_{k+1}}{a_k}=\lim\limits_{k\to\infty}\dfrac{\dfrac{(\log k+1)^2}{(\log 2)^{k+1}}}{\dfrac{(\log k)^2}{(\log 2)^k}}=\lim\limits_{k\to\infty}\dfrac{1}{\log 2}\cdot\left(\dfrac{\log k+1}{\log k}\right)^2=\dfrac{1}{\log 2}>1$

$\therefore \Sigma a_k$ 發散

17. $\lim\limits_{k\to\infty}\sqrt[k]{e^{-kp}\ln k}=e^{-p}\cdot\lim\limits_{k\to\infty}(\ln k)^{\frac{1}{k}}=e^{-p} \quad \therefore p>0$ 時 Σa_k 收斂，

$p\le 0$ 時 Σa_k 發散

18. $\because a_n=1-\cos\dfrac{\pi}{n}=2\sin^2\dfrac{\pi}{2^n}<\dfrac{\pi^2}{2n^2}$，但 $\Sigma\dfrac{1}{n^2}$ 收斂

19. $\lim\limits_{n\to\infty}n\cdot n\ln\left(1+\dfrac{1}{n^2}\right)=\lim\limits_{m\to 0}\dfrac{\ln(1+m^2)}{m^2}=\lim\limits_{m\to 0}\dfrac{\dfrac{2m}{1+m^2}}{2m}=1 \quad \therefore \Sigma a_n$ 發散

20. $\lim\limits_{n\to\infty}n\cdot\left(\dfrac{\pi}{2}-\tan^{-1}n\right)=\lim\limits_{m\to 0}\dfrac{\dfrac{\pi}{2}-\tan^{-1}\dfrac{1}{m}}{m}=\lim\limits_{m\to 0}\dfrac{+\dfrac{1}{m^2}}{1+\dfrac{1}{m^2}}=+1$

$\therefore \Sigma a_n$ 發散

21. $\lim\limits_{k\to\infty}k\cdot\left(\dfrac{1}{k^{1+\frac{1}{k}}}\right)=1 \quad \therefore \Sigma a_k$ 發散

22. $0<a_n=\dfrac{n}{4^n}\sin^2\dfrac{n\pi}{3}\le\dfrac{n}{4^n}$

現我們要判斷 $\sum\limits_{n=1}^{\infty}\dfrac{n}{4^n}$ 是否收斂

令 $u_n=\dfrac{n}{4^n}$，$\lim\limits_{n\to\infty}\dfrac{u_{n+1}}{u_n}=\lim\limits_{n\to\infty}\dfrac{\dfrac{n+1}{4^{n+1}}}{\dfrac{n}{4^n}}$

$= \lim_{n\to\infty} \frac{1}{4}\frac{n+1}{n} = \frac{1}{4}$　$\therefore \sum_{n=1}^{\infty} \frac{n}{4^n}$ 收斂 ⇒ 原級數收斂

23. $\because \lim_{n\to\infty} (1+\frac{n}{1+n^2})^{2n} = e^2 \neq 0$　$\therefore \Sigma a_n$ 發散

24. $\frac{\tan^{-1}k}{k^2} \leq \frac{\pi/2}{k^2}$　$\Sigma \frac{1}{k^2}$ 收斂　$\therefore \Sigma\frac{\tan^{-1}k}{k^2}$ 收斂

25. $\frac{\ln}{n^3+3} \leq \frac{n}{n^3+3} \leq \frac{n}{n^3} = \frac{1}{n^2}$　又　$\Sigma \frac{1}{n^2}$ 收斂　$\therefore \Sigma\frac{\ln n}{n^3+3}$ 收斂

26. $\lim_{n\to\infty} n\sin\frac{1}{n} = \lim_{x\to 0}\frac{\sin x}{x} = 1$　$\therefore \Sigma \sin\frac{1}{n}$ 發散

27. $\sum_{n=1}^{m} (a_n - a_{n+1}) = a_1 - a_{m+1}$

$\therefore \lim_{m\to\infty} \sum_{n=1}^{m} (a_n - a_{n+1}) = \lim_{m\to\infty} (a_1 - a_{m+1})$

$= a_1 - \lim_{m\to\infty} a_{m+1} = a_1$

28. $\because \sum_{n=1}^{\infty} a_n$ 爲收斂　$\therefore \lim_{n\to\infty} a_n = 0 \Rightarrow \lim_{n\to\infty}\frac{1}{a_n} \neq 0$

因此 $\sum_{n=1}^{\infty}\frac{1}{a_n}$ 發散

29. $\frac{b_2}{b_1} \leq \frac{a_2}{a_1}$，$\frac{b_3}{b_2} \leq \frac{a_3}{a_2}$，…，$\frac{b_n}{b_{n-1}} \leq \frac{a_n}{a_{n-1}}$

但 $b_n = b_1 \cdot \frac{b_2}{b_1} \cdot \frac{b_3}{b_2} \cdots \cdot \frac{b_n}{b_{n-1}} \leq b_1 \cdot \frac{a_2}{a_1} \cdot \frac{a_3}{a_2} \cdots \cdot \frac{a_n}{a_{n-1}} = b_1 \cdot \frac{a_n}{a_1}$

$\therefore b_n \leq c\,a_n$，$c = \frac{b_1}{a_1} \Rightarrow \Sigma b_n \leq \Sigma a_n$，$\Sigma a_n$ 收斂

$\therefore \Sigma b_n$ 收斂

30. (a) $s_m=\sum_{n=1}^{m}a_n \quad s'_m=\sum_{n=1}^{m}b_n$，則∵ Σa_n 收斂

$\therefore \sum_{n=1}^{m}a_n=A<\infty \Rightarrow \sum_{n=1}^{m}a_n^2\le(\sum_{n=1}^{m}a_n)^2=A^2<\infty$

$\therefore \Sigma a_n^2$ 收斂

(b) $\Sigma a_n^2\Sigma b_n^2\ge(\Sigma a_n b_n)^2$

∵由 (a) $\Sigma a_n,\Sigma b_n$ 收斂則 $\Sigma a_n^2,\Sigma b_n^2$ 收斂

即 $\Sigma a_n^2,\Sigma b_n^2$ 均為有界，$\Sigma a_n^2\cdot\Sigma b_n^2$ 為有界

$\therefore \Sigma a_n b_n$ 為有界，即 $\Sigma a_n b_n$ 收斂

(c) 應用算幾不等式，我們有

$0\le\sqrt{a_n a_{n+1}}\le\frac{1}{2}\Sigma(a_n+a_{n+1})$

$\because \Sigma a_n$ 收斂　$\therefore \frac{1}{2}\Sigma(a_n+a_{n+1})$ 亦為收斂，

從而 $\Sigma\sqrt{a_n a_{n+1}}$ 收斂。

31. $\because 0\le a_n\le b_n\le c_n \quad \therefore 0\le b_n-a_n\le c_n-a_n$

又 $\sum_{n=1}^{\infty}a_n$ 與 $\sum_{n=1}^{\infty}c_n$ 均為收斂　$\therefore \sum_{n=1}^{\infty}(c_n-a_n)$ 亦為收斂

$\Rightarrow \sum_{n=1}^{\infty}(b_n-a_n)$ 為收斂，$\therefore \sum_{n=1}^{\infty}b_n$ 收斂。

8-3 交錯級數

☑定義：

無窮級數$\Sigma(-1)^{k-1}a_k$，$a_k>0$，稱為交錯級數（alternating series），其各項成正負交錯出現。

☑定理：

若 (1) $a_{k+1}\leq a_k, \forall k$ （即 a_k 遞減）

且 (2) $\lim_{n\to\infty} a_n=0$

則交錯級數 $\Sigma(-1)^{k-1}a_k$ 收斂。

☑定義：

設 Σa_k 為任意級數，若 $\Sigma|a_k|$ 收斂，則稱 Σa_k 為絕對收斂（absolutely convergent）；若 Σa_k 收斂而 $\Sigma|a_k|$ 發散，則稱 Σa_k 為條件收斂（conditionally convergent）。

☑定理：

絕對收斂的級數必為收斂。

☑定理：

（比值檢定法）

若 (1) $\lim\limits_{n\to\infty}\left|\dfrac{a_{n+1}}{a_n}\right|=l$

且 (2) $l<1$（$1<l\leq\infty$）

則 $\sum\limits_{k=1}^{\infty}a_k$ 絕對收斂（發散）。

☑定理：

（根值檢定法）

若 (1) $\lim\limits_{n\to\infty}\sqrt[n]{|a_n|}=l$

且 (2) $l<1$（$1<l\leq\infty$）

則 $\sum\limits_{k=1}^{\infty}a_k$ 絕對收斂（發散）。

☑定理：

（極限檢定法）

若 $\lim\limits_{n\to\infty}n^p a_n=A$（常數），$p>1$

則 $\sum_{k=1}^{\infty} a_k$ 絕對收斂。

☑定理：

（極限檢定法）

對正項級數，若 $\lim_{n\to\infty} n\,a_n = A \neq 0$（或 $\pm\infty$）

則 $\sum_{k=1}^{\infty} a_k$ 發散。若 $A=0$，則無法檢定。

◎例 1　證 $\Sigma(-1)^{k-1}\frac{1}{k^2}$ 收斂。

證　$a_k=\frac{1}{k^2}$，$a_{k+1}=\frac{1}{(k+1)^2}$，$a_k \geq a_{k+1}$ 且 $\lim_{n\to\infty} a_n = \lim_{n\to\infty}\frac{1}{n^2}=0$

故 $\Sigma(-1)^{k-1}\frac{1}{k^2}$ 收斂　又 $\Sigma\left|(-1)^{k-1}\frac{1}{k^2}\right|=\Sigma\frac{1}{k^2}$ 收斂

故由極限檢定法 ⇒ 級數絕對收斂。

◎例 2　證 $\sum_{k=1}^{\infty}(-1)^{k-1}\frac{\ln k}{\sqrt{k}}$ 收斂。

證　令 $a_k=f(k)$ 而此處 $f(x)=\frac{\ln x}{\sqrt{x}}$

因 $f'(x)=x^{-\frac{3}{2}}(1-\frac{1}{2}\ln x)<0$，當 $x>e^2$

即 $f(x)$ 遞減，且 $\lim_{n\to\infty}\frac{\ln n}{\sqrt{n}}=0$

故依定理知 $\sum_{k=1}^{\infty}(-1)^{k-1}\frac{\ln k}{\sqrt{k}}$ 收斂，取 $p=\frac{3}{2}$ 知級數絕對收斂。

例 3　證 $\sum_{k=1}^{\infty}\frac{(k+1)^{\frac{1}{2}}}{(k^5+k^3-1)^{\frac{1}{3}}}$ 收斂。

證　取 $p=\frac{7}{6}$

$$\lim_{n\to\infty}a_n n^{\frac{7}{6}}=\lim_{n\to\infty}\frac{(1+n)^{\frac{1}{2}}}{(n^5+n^3-1)^{\frac{1}{3}}}n^{\frac{7}{6}}=\lim_{n\to\infty}\frac{(1+\frac{1}{n})^{\frac{1}{2}}n^{\frac{1}{2}}n^{\frac{7}{6}}}{(1+\frac{1}{n^2}-\frac{1}{n^5})^{\frac{1}{3}}n^{\frac{5}{3}}}=1$$

依極限檢定法知級數收斂。

類似問題

判別下列各級數的斂散性：

1. $\sum_{k=1}^{\infty}(-1)^{k-1}\frac{1}{k^2+1}$　　2. $\sum_{k=1}^{\infty}(-1)^{k-1}\frac{k}{e^k}$

3. $\sum_{k=1}^{\infty}(-1)^{k-1}\frac{k}{2k-1}$　　4. $\sum_{k=1}^{\infty}(-1)^{k-1}\frac{\ln^2 k}{k}$

※5. $\sum_{k=1}^{\infty}\frac{(-1)^{k-1}\ln^p k}{\sqrt{k}}$，$p\geq 1$　　6. $\sum_{k=1}^{\infty}(-1)^{k-1}\cot^{-1}k$

判別下列各級數是爲絕對收斂、條件收斂或發散：

7. $\sum_{k=1}^{\infty}\frac{\sin k}{k^2}$

8. $\sum_{n=1}^{\infty}(-1)^n\left(1-\cos\frac{1}{n}\right)$

9. $\sum_{k=1}^{\infty}\frac{(-1)^k}{\sqrt[k]{k}}$

10. $\sum_{k=1}^{\infty}(-1)^{k-1}\frac{\sqrt{k}}{k+1}$

11. $\sum_{k=1}^{\infty}\frac{(-1)^k}{\sqrt{\ln(k+1)}}$

12. $\sum_{k=1}^{\infty}\frac{\sin(k^2x)}{k^2}$（$x$ 任意實數）

13. $\sum_{k=1}^{\infty}\left(\frac{\sin k}{k^2}-\frac{1}{\sqrt[3]{n}}\right)$

14. $\sum_{k=2}^{\infty}\frac{(-1)^k}{k\ln^2 k}$

15. $\sum_{k=1}^{\infty}(-1)^k\frac{\sin(\frac{1}{k})}{k}$

16. $\sum_{k=1}^{\infty}(-1)^k\frac{\ln k}{k^2}$

※17. $\sum_{n=1}^{\infty}a_n^2$ 爲收斂，試判斷 $\sum_{n=1}^{\infty}(-1)^n\frac{|a_n|}{\sqrt{n^2+c}}$，$c>0$ 是絕對收斂？條件收斂？或發散？

解

1. $a_n=\frac{1}{n^2+1}$，$a_{n+1}=\frac{1}{(n+1)^2+1}$；$a_n\geq a_{n+1}$ 且 $\lim_{n\to\infty}a_n=\lim_{n\to\infty}\frac{1}{n^2+1}=0$

故交錯級數 $\Sigma(-1)^{k-1}\frac{1}{k^2+1}$ 收斂

2. $a_n=\frac{n}{e^n}\geq\frac{n+1}{e^{n+1}}=a_{n+1}$（令 $f(x)=\frac{x}{e^x}$，$f'(x)<0$）

且 $\lim_{n\to\infty}\frac{n}{e^n}=0$，故級數收斂

3. 令 $f(x)=\frac{x}{2x-1}$ $\quad f'(x)=\frac{-1}{(2x-1)^2}<0$ 但 $\lim_{n\to\infty}\frac{n}{2n-1}=\frac{1}{2}\neq 0$，故級數發散

4. 令 $f(x)=\dfrac{\ln^2 x}{x}$，$x \geq 1$　$f'(x)=\dfrac{x \cdot 2(\ln x)\dfrac{1}{x}-\ln^2 x}{x^2}$

$=\dfrac{\ln x(2-\ln x)}{x^2}<0$　當 $e^2<x$

且 $\lim\limits_{n \to \infty}\dfrac{\ln^2 n}{n}=\lim\limits_{n \to \infty}\dfrac{2\ln n}{n}=\lim\limits_{n \to \infty}\dfrac{2}{n}=0$

故級數收斂

5. $f'(x)=\dfrac{\sqrt{x} \cdot p\ln^{p-1}x \cdot \dfrac{1}{x}-\ln^p x \cdot \dfrac{1}{2\sqrt{x}}}{x}$

$=\dfrac{\ln^{p-1}x(p-\dfrac{1}{2}\ln x)}{x\sqrt{x}}<0$　當 $x>e^{2p}$

且 $\lim\limits_{n \to \infty}\dfrac{\ln^p n}{\sqrt{n}}=\lim\limits_{n \to \infty}\dfrac{2p\ln^{p-1}n}{\sqrt{n}}=\cdots\cdots=0$

故級數收斂

6. $\sum\limits_{k=1}^{\infty}(-1)^{k-1}\cot^{-1}k$

$\cot^{-1}k=\dfrac{\pi}{2}-\tan^{-1}k$　$\dfrac{d}{dx}(\cot^{-1}x)=-\dfrac{1}{x^2+1}<0$，$x \geq 1$

且 $\lim\limits_{n \to \infty}(\cot^{-1}n)=0$，故級數收斂

7. $\left|\dfrac{\sin k}{k^2}\right| \leq \dfrac{1}{k^2}$ 而 $\Sigma\dfrac{1}{k^2}$ 收斂，故 $\Sigma\dfrac{\sin k}{k^2}$ 絕對收斂

8. $\left|(-1)^n\left(1-\cos\frac{2}{n}\right)\right|=1-\cos\frac{2}{n}=2\sin^2\frac{1}{2n}\le\frac{1}{2n^2}$

但 $\sum_{n=1}^{\infty}\frac{1}{n^2}$ 收斂。

∴原級數爲絕對收斂

9. $\lim_{n\to\infty}\frac{(-1)^n}{n^{\frac{1}{n}}}=\lim_{n\to\infty}(-1)^n\neq 0$（極限不存在） 故級數發散

10. $\sum_{k=1}^{\infty}(-1)^{k-1}\frac{\sqrt{x}}{x+1}$ $\frac{d}{dx}\frac{\sqrt{x}}{x+1}=\frac{1-x}{2(x+1)^2\sqrt{x}}<0$ 當 $x>1$

且 $\lim_{k\to\infty}\frac{\sqrt{x}}{x+1}=0$，故 $\sum_{k=1}^{\infty}(-1)^{k-1}\frac{\sqrt{k}}{k+1}$ 收斂

但 $\Sigma|a_k|$ 發散，因此原級數條件收斂

11. $\frac{d}{dx}\left[\ln^{-\frac{1}{2}}(x+1)\right]=-\frac{1}{2}\ln^{-\frac{3}{2}}(x+1)<0$ 且 $\lim_{k\to\infty}\frac{1}{\sqrt{\ln(x+1)}}=0$

故 $\Sigma\frac{(-1)^k}{\sqrt{\ln(k+1)}}$ 收斂

但 $\left|\frac{(-1)^k}{\sqrt{\ln(k+1)}}\right|=\frac{1}{\sqrt{\ln(k+1)}}\ge\frac{1}{\sqrt{k+1}}$

而 $\Sigma\frac{1}{\sqrt{k+1}}$ 發散，故原級數條件收斂

12. $\Sigma\frac{\sin(k^2x)}{k^2}$，$x$ 任意實數，爲收斂（自證之）

$\frac{|\sin(k^2x)|}{k^2}\le\frac{1}{k^2}$

而 $\Sigma \frac{1}{k^2}$ 收斂，故原級數絕對收斂。

13. $\because \sum_{k=1}^{\infty} \frac{1}{\sqrt[3]{k}}$ 發散　故原級數發散

14. $\sum_{k=2}^{\infty} \frac{(-1)^k}{k \ln^2 k}$ 為收斂

因 $\frac{1}{k \ln^2 k} \downarrow 0$

且 $\int_2^{\infty} \frac{1}{k \ln^2 k} dk = -\frac{1}{\ln k}\Big|_2^{\infty} = \frac{1}{\ln 2}$

故原級數絕對收斂

15. $\Sigma (-1)^k \frac{\sin(\frac{1}{k})}{k}$ 為收斂

$|a_k| = (\frac{1}{k}) \sin(\frac{1}{k}) < \frac{1}{k} \cdot \frac{1}{k}$

$(\sin x < x, 0 < x < \frac{\pi}{2})$

且 $\Sigma \frac{1}{k^2}$ 收斂，故原級數絕對收斂

16. $\Sigma (-1)^k \frac{\ln k}{k^2}$ 為收斂

取 $p = \frac{3}{2}$， $\lim_{n \to \infty} a_n n^{\frac{3}{2}} = \lim_{n \to \infty} \frac{\ln n}{\sqrt{n}} = 0$

故原級數絕對收斂（極限檢定法）

17. $\left|(-1)^n \dfrac{|a_n|}{\sqrt{n^2+c}}\right| = \left|\dfrac{\sqrt{a_n^2}}{\sqrt{n^2+c}}\right|$

$$\leq \sqrt{a_n^2\left(\frac{1}{n^2+c}\right)} \leq \frac{1}{2}\left(a_n^2+\frac{1}{n^2+c}\right) \leq \frac{1}{2}\left(a_n^2+\frac{1}{n^2}\right)$$

$\because \sum\limits_{n=1}^{\infty} a_n^2$ 與 $\sum\limits_{n=1}^{\infty} \dfrac{1}{n^2}$ 均爲收斂

$\therefore$原級數絕對收斂。

8-4　冪級數

☑定義：

設$\{a_k : k \geq 0\}$爲一實數數列，則

$$\sum_{k=0}^{\infty} a_k x^k = a_0 + a_1 x + a_2 x^2 + a_3 x^3 + \cdots\cdots$$

稱爲的冪級數（power series in ）。

同樣地，凡形如

$$\sum_{k=0}^{\infty} a_k (x-c)^k = a_0 + a_1(x-c) + a_2(x-c)^2 + \cdots\cdots$$

的無窮級數稱爲$(x-c)$的冪級數（power series in $x-c$）。

☑定義：

冪級數 $\Sigma\, a_k x^k$ 的收斂半徑 r（radius of convergence r）是所有能使 $\Sigma\, a_k x^k$ 絕對收斂的 x 所形成集合的最小上界（l.u.b.）。

〈註〉一冪級數$\Sigma\, a_k x^k$，由於對 a_k 的選取不同，其收斂半徑僅有三種可能：

(1) 冪級數只對 $x = 0$ 這點收斂，以 $r = 0$ 表示。

(2) 冪級數只對一切的 $|x| < r$ 爲絕對收斂，而對一切的 $|x| > r$ 爲發散；而於在 $x = r$ 及 $x = -r$ 時，可能收斂或發散。

(3) 冪級數對一切的 $x \in (-\infty, \infty)$ 都絕對收斂，以 $r = \infty$ 表示。

☑定義：

若冪級數在一區間內收斂，則稱此區間爲該冪級數的收斂區間（interval of convergence），收斂區間可爲開區間、半開區間或閉區間。

☑定理：

每一冪級數在其收斂區間內都可以一唯一的函數來表示，即 $f(x) = \sum_{k=0}^{\infty} a_k x^k$ 或稱冪級數 $\sum_{k=0}^{\infty} a_k x^k$ 收斂到 $f(x)$，函數 f 的定義域爲冪級數的收斂區間。

☑定理：

若 (1) 冪級數 $\Sigma\, a_k x^k$ 收斂半徑 $r \neq 0$

且 (2) $f(x)=\sum\limits_{k=0}^{\infty} a_k x^k \,, x \in (-r, r)$

則 $f(x)$ 的導函數爲

$$f'(x)=\sum_{k=0}^{\infty} k a_k x^{k-1} \,, x \in (-r, r)$$

☑定理：

若 (1) 冪級數 $\Sigma\, a_k x^k$ 的收斂半徑 $r \neq 0$

且 (2) $f(x)=\sum\limits_{k=0}^{\infty} a_k x^k \,, x \in (-r, r)$

則 $\int_a^b f(x)\,dx=\sum\limits_{k=0}^{\infty} \int_a^b a_k x^k\,dx$

$$=\int_a^b a_0 dx+\int_a^b a_1 x dx+\int_a^b a_2 x^2 dx+\cdots\cdots \,, a, b \in (-r, r)$$

☑定理：

若 (1) $\Sigma\, a_k x^k$ 的收斂半徑 $r \neq 0$

且 (2) $f(x)=\sum_{k=0}^{\infty} a_k x^k$, $x\in(-r,r)$

則 $\sum_{k=0}^{\infty}\int_0^x a_k x^k dx=\int_0^x f(x)\,dx$, $x\in(-r,r)$

例 1　$\Sigma\, k!\ x^k$ 的收斂半徑 $r=0$，因對任何 $x\neq 0$，

$\lim_{n\to\infty}|a_n x^n|=\lim_{n\to\infty} n!\,|x|^n=\infty$

故除了 $x=0$ 此點外，$\Sigma\, k!\ x^k$ 發散，即 $r=0$。

例 2　$\Sigma(-1)^k x^k$ 的收斂區間為 $(-1, 1)$，因對

(1) $x\in(-1,1)$ 時，

$a_n x^n=(-1)^n x^n$, $a_{n+1}x^{n+1}=(-1)^{n+1}x^{n+1}$

$\lim_{n\to\infty}\left|\frac{a_{n+1}x^{n+1}}{a_n x^n}\right|=\lim_{n\to\infty}|-x|<1$ ，

由比值檢定法知 $\Sigma(-1)^k x^k$ 絕對收斂。

(2) $x<-1$ 或 $x>-1$ 時，

$\lim_{n\to\infty}\left|\frac{a_{n+1}x^{n+1}}{a_n x^n}\right|=\lim_{n\to\infty}|-x|>1$，

由比值檢定法知 $\Sigma(-1)^k x^k$ 發散。

(3) $|x|=1$ 時，

$\lim_{n\to\infty} a_n$ 不存在，故 $\Sigma(-1)^k x^k$ 發散。

例 3　$\Sigma\,\frac{x^k}{k!}$ 對所有 $x\neq 0$ 均收斂，此乃因

$$\lim_{n \to \infty} \frac{a_{n+1}x^{n+1}}{a_n x^n} = \lim_{n \to \infty} \frac{|x|}{n+1} = 0 \quad (x \neq 0)$$

故其收斂半徑為 $r=\infty$，即收斂區間為 $(-\infty, \infty)$

例 4 求 $\Sigma(-1)^{k-1}\dfrac{x^{2k-1}}{(2k-1)!}$ 的收斂區間。

解 $a_{n+1}x^{2n+1} = (-1)^n \dfrac{x^{2n+1}}{(2n+1)!}$

$a_n x^{2n-1} = (-1)^{n-1} \dfrac{x^{2n-1}}{(2n-1)!}$

$\lim\limits_{n \to \infty} \left| \dfrac{a_{n+1}x^{2n+1}}{a_n x^{2n-1}} \right| = \lim\limits_{n \to \infty} \dfrac{x^2}{2n(2n+1)} = 0 \quad (x \neq 0)$ 由比值檢定法，冪級數對所有的 x 均絕對收斂，故收斂區間為 $(-\infty, \infty)$

例 5 求 $\sum\limits_{k=1}^{\infty} \dfrac{x^k}{\ln(k+1)}$ 的收斂區間。

解 $a_{n+1}x^{n+1} = \dfrac{x^{n+1}}{\ln(n+2)}$，$a_n x^n = \dfrac{x^n}{\ln(n+1)}$，

$\lim\limits_{n \to \infty} \left| \dfrac{a_{n+1}x^{n+1}}{a_n x^n} \right| = \lim\limits_{n \to \infty} \dfrac{|x| \ln(n+1)}{\ln(n+2)}$

$=|x|$（由 L'Hospital 法則，$\lim\limits_{n \to \infty} \dfrac{\ln(n+1)}{\ln(n+2)} = 1$）

(1) $|x|<1$，由比值檢定法 $\Sigma \dfrac{x^k}{\ln(k+1)}$ 絕對收斂

(2) $|x|>1$，冪級數發散

(3) $x=1$，

級數 $\Sigma\frac{1}{\ln(k+1)}$ 發散，因 $\frac{1}{k+1}<\frac{1}{\ln(k+1)}$ 且 $\Sigma\frac{1}{k+1}$ 發散

$x=-1$，成爲交錯級數 $\Sigma\frac{(-1)^k}{\ln(k+1)}$ 收斂

因 $a_{n+1}=\frac{1}{\ln(x+2)}<\frac{1}{\ln(n+1)}=a_n$

且 $\lim_{n\to\infty}\frac{1}{\ln(n+1)}=0$，故收斂區間爲 $[-1,1)$

例 6 $\frac{1}{1-x}=\sum_{k=0}^{\infty}x^k, x\in(-1,1)$

則 $f(x)=\frac{1}{1-x}$ 的導函數

$$f'(x)=\frac{1}{(1-x)^2}=\sum_{k=0}^{\infty}kx^{k-1}, x\in(-1,1)$$

例 7 $\frac{1}{1+x^2}=\sum_{k=0}^{\infty}(-1)^k x^{2k}, x\in(-1,1)$

故 $\int_0^x\frac{1}{1+x^2}dx=\sum_{k=0}^{\infty}\int_0^x(-1)^k x^{2k}dx=\sum_{k=0}^{\infty}\frac{(-1)^k x^{2k+1}}{2k+1}$

$$=x-\frac{x^3}{3}+\frac{x^5}{5}-\frac{x^7}{7}+\cdots\cdots, |x|<1$$

但 $\int_0^x\frac{1}{1+x^2}dx=\tan^{-1}x, x\in(-1,1)$

故 $\tan^{-1}x=x-\frac{x^3}{3}+\frac{x^5}{5}-\frac{x^7}{7}+\cdots\cdots, |x|<1$

類似問題

求下列各冪級數的收斂區間：

1. $\sum_{k=1}^{\infty}(-1)^{k-1}\frac{x^k}{k}$
2. $\sum_{k=0}^{\infty}\frac{x^k}{k!}$
3. $\sum_{k=1}^{\infty}\frac{(x-2)^k}{k}$
4. $\sum_{k=2}^{\infty}\frac{(x-3)^{k-1}}{(k-1)^2}$
5. $\sum_{k=1}^{\infty}\frac{(x+1)^k}{\sqrt{k}}$
6. $\sum_{k=1}^{\infty}k!(x-1)^k$
7. $\sum_{k=1}^{\infty}\frac{k}{(2x)^k}$
8. $\sum_{k=1}^{\infty}\left(\frac{2k}{k+1}\right)^k x^k$
9. $\sum_{k=2}^{\infty}(\ln k)^2 x^k$
10. $\sum_{k=1}^{\infty}k^k x^k$
11. $\sum_{k=0}^{\infty}\frac{(-1)^k}{(k+1)^2}x^k$
12. $\sum_{k=1}^{\infty}(-1)^k k^2 x^k$
13. $\sum_{k=0}^{\infty}\frac{(-1)^{k+1}(x+1)^{2k}}{(k+1)^2 5^k}$
14. $\sum_{k=2}^{\infty}\frac{(-1)^k x^k}{k(\ln x)^2}$
15. $\sum_{k=0}^{\infty}\frac{kx^k}{(k+1)(k+2)2^k}$
16. $\sum_{k=2}^{\infty}\frac{x^{3k}}{2k}=?$

解

1. $\lim_{n\to\infty}\left|\frac{a_{n+1}x^{n+1}}{a_n x^n}\right|=\lim_{n\to\infty}\left|\frac{x^{n+1}}{n+1}\cdot\frac{n}{x^n}\right|=\lim_{n\to\infty}\frac{|x|n}{n+1}=|x|$

   (1) $|x|<1$，級數絕對收斂（比值檢定法）

   (2) $|x|>1$，級數發散（比值檢定法）

(3) $x=1$，交錯級數 $\Sigma(-1)^{k-1}\dfrac{1}{k}$ 收斂（由定理）

$x=-1$，級數成爲 $\Sigma(-1)\dfrac{1}{k}$ 發散（p- 級數），故收斂區間爲 $(-1,1]$

2. $\lim\limits_{n\to\infty}\left|\dfrac{x^{n+1}}{(n+1)}\dfrac{n!}{x^n}\right|=\lim\limits_{n\to\infty}\dfrac{|x|}{x+1}=0$

由比值檢定法，知 $\Sigma\dfrac{x^k}{k!}$ 對所有 x 均絕對收斂，故收斂區間爲 $(-\infty,\infty)$

3. $\lim\limits_{n\to\infty}\left|\dfrac{a_{n+1}(x-2)^{n+1}}{a_n(x-2)^n}\right|=\lim\limits_{n\to\infty}\dfrac{n|x-2|}{n+1}=|x-2|$

(1) $|x-2|<1$，即 $1<x<3$，級數絕對收斂

(2) $x<1$ 或 $x>3$ 時，級數發散

(3) $x=1$ 時，交錯級數 $\Sigma(-1)^k\dfrac{1}{k}$ 收斂

$x=3$ 時，級數 $\Sigma\dfrac{1}{k}$ 發散，故收斂區間爲 $[1,3)$

4. $\lim\limits_{n\to\infty}\left|\dfrac{(x-3)^n}{n^2}\cdot\dfrac{(n-1)^2}{(x-3)^{n-1}}\right|=\lim\limits_{n\to\infty}|x-3|\left(\dfrac{n-1}{n}\right)^2=|x-3|$

(1) $|x-3|<1$，即時 $2<x<4$，級數絕對收斂

(2) $x<2$ 或 $x>4$ 時，級數發散

(3) $x=2$ 時，交錯級數 $\Sigma(-1)^{k-1}\dfrac{1}{(k-1)^2}$ 收斂

$x=4$ 時，級數 $\Sigma\dfrac{1}{(k-1)^2}$ 收斂（積分檢定法）

故收斂區間爲〔2, 4〕

5. $\lim_{n\to\infty}\left|\frac{(x+1)^{n+1}}{\sqrt{n+1}}\cdot\frac{\sqrt{n}}{(x+1)^n}\right|=|x+1|\lim_{n\to\infty}\frac{\sqrt{n}}{\sqrt{n+1}}=|x+1|$

(1) $|x+1|<1$ 時，即 $-2<x<0$ 時，絕對收斂

(2) $x<-2$ 或 $x>0$ 時，發散

(3) $x=-2$ 時，交錯級數 $\Sigma(-1)^k\frac{1}{\sqrt{k}}$ 收斂

$x=0$ 時，級數 $\Sigma\frac{1}{\sqrt{k}}$ 發散（p- 級數）

故收斂區間爲〔$-2, 0$）

6. $\lim_{n\to\infty}\left|\frac{(n+1)!(x-1)^{n+1}}{n!(x-1)^n}\right|=|x-1|\lim_{n\to\infty}(n+1)$

$$=\infty\quad(x\neq 1)$$

故級數只在 $x=1$ 點收斂

7. $\lim_{n\to\infty}\left|\frac{n+1}{(2x)^{n+1}}\cdot\frac{(2x)^n}{n}\right|=\frac{1}{2|x|}$

(1) $\frac{1}{2|x|}<1$，即 $|x|>\frac{1}{2}$ 時，絕對收斂

(2) $|x|<\frac{1}{2}$ 時，發散

(3) $x=\frac{1}{2}$ 時，級數 Σk 發散

$x=\frac{-1}{2}$ 時，級數 $\Sigma\frac{k}{(-1)^k}$ 發散

故收斂區間為 $(-\infty, -\frac{1}{2}) \cup (\frac{1}{2}, \infty)$

8. $\lim\limits_{n \to \infty} \sqrt[n]{\left(\frac{2n}{n+1}\right)^n |x|^n} = \lim\limits_{n \to \infty} \frac{2n|x|}{n+1} = 2|x|$

(1) $2|x| < 1$，即 $-\frac{1}{2} < x < \frac{1}{2}$ 時，絕對收斂（根值檢定法）

(2) $x < -\frac{1}{2}$ 或 $x > \frac{1}{2}$ 時，發散

(3) $x = \frac{1}{2}$ 時，級數 $\Sigma\left(\frac{k}{k+1}\right)^k$ 發散 $\left(\lim\limits_{n \to \infty}\left(\frac{n}{n+1}\right)^n \neq 0\right)$

$x = \frac{-1}{2}$ 時，交錯級數 $\Sigma(-1)^k\left(\frac{k}{k+1}\right)^k$ 亦發散。

故收斂區間為 $\left(-\frac{1}{2}, \frac{1}{2}\right)$。

9. $\lim\limits_{n \to \infty}\left|\frac{a_{n+1}x^{n+1}}{a_n x^n}\right| = \lim\limits_{n \to \infty} \frac{\ln^2(n+1)}{\ln^2(n)}|x| = |x|$（由 L'Hospital 法則）

(1) $|x| < 1$，即 $-1 < x < 1$ 時，絕對收斂。

(2) $|x| > 1$ 時，發散。

(3) $x = 1$ 時，級數 $\Sigma(\ln k)^2$ 發散（$\lim\limits_{n \to \infty} \ln^2(n) \neq 0$）。

$x = -1$ 時，$\Sigma(-1)^k(\ln k)^2$ 亦發散。

故收斂區間為 $(-1, 1)$。

10. $\lim\limits_{n \to \infty} \sqrt[n]{|a_n x^n|} = |x| \lim\limits_{n \to \infty} n = \infty$

故級數只在 $x = 0$ 點收斂。

11. $\lim_{n \to \infty}\left|\frac{x^{n+1}}{(n+1)^2} \cdot \frac{(n+1)^2}{x^n}\right| = |x| \lim_{n \to \infty}\left(\frac{n+1}{n+2}\right)^2 = |x|$

(1) $|x|<1$ 時，即 $-1<x<1$ 時，絕對收斂。

(2) $|x|>1$ 時，發散。

(3) $x=1$ 時，交錯級數 $\Sigma \frac{(-1)^k}{(k+1)^2}$ 收斂

$x=-1$ 時，$\Sigma \frac{1}{(k+1)^2}$ 收斂（p- 級數檢定）

故收斂區間為〔$-1, 1$〕

12. $\lim_{n \to \infty}\left|\frac{(n+1)^2 x^{n+1}}{n^2 x^n}\right| = |x|$

$x=1$ 時，交錯級數 $\Sigma(-1)^k k^2$ 發散

$x=-1$ 時，級數 Σk^2 發散

故收斂區間為 $(-1, 1)$

13. $\lim_{n \to \infty}\frac{(x+1)^{2n+2}}{(n+2)^2 5^{n+1}} \cdot \frac{(n+1)^2 5^n}{(x+1)^{2n}} = \frac{(x+1)^2}{5}$

(1) $(x+1)^2<5 \Rightarrow |x+1|<\sqrt{5}$

$\Rightarrow -\sqrt{5}-1<x<\sqrt{5}-1$

(2) $x=\sqrt{5}-1$ 時，交錯級數 $\Sigma \frac{(-1)^{k+1}}{(k+1)^2}$ 收斂。

$x=-\sqrt{5}-1$ 時，$\Sigma \frac{(-1)^{k+1}}{(k+1)^2}$ 收斂

故〔$-\sqrt{5}-1, \sqrt{5}-1$〕為收斂區間

14. $\lim_{n\to\infty}\left|\frac{x^{n+1}}{(n+1)\ln^2(n+1)}\cdot\frac{n\ln^2(n)}{x^n}\right|=|x|$　（由 L'Hospital 法則）

$x=1$ 時，交錯級數 $\Sigma\frac{(-1)^k}{k(\ln k)^2}$ 收斂

$x=-1$ 時，級數 $\Sigma\frac{1}{k(\ln k)^2}$ 收斂（積分檢定法）

故收斂區間為〔$-1, 1$〕

15. $\lim_{n\to\infty}\left|\frac{a_{n+1}x^{n+1}}{a_n x^n}\right|=\lim_{n\to\infty}\frac{(n+1)^2}{n(n+3)}\cdot\frac{|x|}{2}=\frac{|x|}{2}$

(1) $x=2$ 時，級數成為 $\Sigma\frac{k}{(k+1)(k+2)}$

$$\lim_{n\to\infty}\frac{\frac{n}{(n+1)(n+2)}}{\frac{1}{n}}=1$$

故 $\Sigma\frac{k}{(k+1)(k+2)}$ 為一發散數列（比較檢定法）

(2) $x=-2$ 時，級數成 $\Sigma\frac{(-1)^k k}{(k+1)(k+2)}$

$$\lim_{n\to\infty}\frac{n}{(n+1)(n+2)}=0$$

令 $f(x)=\frac{x}{(x+1)(x+2)}$

$f'(x)=\frac{-x^2+2}{(x+1)(x+2)}<0$　當 $x>2$

故 $f(x)=\frac{x}{(x+1)(x+2)}$ 為遞減函數

依定理，交錯級數收斂

故收斂區間為 $[-2,2)$

16. 令 $f(x)=\sum_{k=2}^{\infty}\frac{x^{3k}}{2k}$，$-1<x<1$

則 $f'(x)=\sum_{k=2}^{\infty}\frac{3k}{2k}x^{3k-1}$

$$=\sum_{k=2}^{\infty}\frac{3}{2}x^{3k-1},\ -1<x<1$$

但 $\sum_{k=2}^{\infty}x^{3k-1}=x^5+x^3+\cdots\cdots=\frac{x^5}{1-x^3}$

故 $f'(x)=\frac{3}{2}\frac{x^5}{1-x^3}$

$$\therefore \sum_{k=2}^{\infty}\frac{x^{3k}}{2k}=f(x)=\int_0^x f'(u)\,du=\int_0^x\frac{3}{2}\frac{u^5}{1-u^3}du$$

$$=\frac{3}{2}\int_0^x\frac{u^5}{1-u^3}-u^2\,du=\left[-\frac{1}{2}\ln(1-u^3)-\frac{u^3}{2}\right]\Bigg|_0^x$$

$$=-\frac{1}{2}[x^3+\ln(1-x^3)],\ -1<x<1$$

8-5 二項級數與泰勒級數

☑定義：

級數 $\sum_{k=0}^{\infty}\binom{a}{k}x^k$ 稱為二項級數（binomial series），此處

$$\binom{a}{k}=\frac{a(a-1)(a-2)\cdots\cdots(a-k+1)}{k!}$$

$k=1, 2, \cdots\cdots$

若 a 爲非負整數，則二項級數的項數爲有限。

〈註〉 $\binom{-n}{r}=(-1)^r\binom{n+r-1}{r},\ n>0$

☑二項定理：

$$(1+x)^a=1+ax+\frac{a(a-1)}{2!}x^2+\cdots\cdots+\frac{a(a-1)\cdots\cdots(a-n+1)}{n!}x^n+\cdots\cdots$$

$|x|<1$, a 爲任意實數，或

$$(1+x)^a=\sum_{k=0}^{\infty}\binom{a}{k}x^k$$

☑定義：

若 $(x-c)$ 的冪級數收斂到 $f(x)$，即

$f(x)=\sum_{k=0}^{\infty}a_k(x-c)^k$, $|x-c|<r$, $r>0$ 是收斂半徑，則

$$f(x)=\sum_{k=0}^{\infty}\frac{f^{(k)}(c)}{k!}(x-c)^k$$

$$= f(c) + \frac{f'(c)}{1!}(x-c) + \frac{f''(c)}{2!}(x-c) + \cdots\cdots$$

$$+ \frac{f^{n}(c)}{n!}(x-c)^{n} + \frac{f^{(n+1)}(z)}{(n+1)!}(x-c)^{n+1}，其中 \frac{f^{(n+1)}}{(n+1)!}$$

稱 $\sum_{k=0}^{\infty}\frac{f^{(k)}(c)}{k!}(x-c)^{k}$ 爲函數 f 在 c 點的泰勒級數（Taylor's series）。若 $c=0$，則

$$\sum_{k=0}^{\infty}\frac{f^{(k)}(c)}{k!}x^{k} = f(0) + \frac{f'(0)}{1!}x + \frac{f''(0)}{2!}x^{2} + \cdots\cdots + \frac{f^{(n)}(0)}{n!}x^{n} + \cdots\cdots$$

爲 $f(x)$ 的麥克勞林級數（Maclaurin's series）。

例 1 求的級數展開式。

解 令 $f(x)=\ln(x+\sqrt{1+x^{2}})$，則

$$f'(x) = \frac{1+\frac{x}{\sqrt{1+x^{2}}}}{x+\sqrt{1+x^{2}}} = \frac{1}{\sqrt{1+x^{2}}}$$

由二項定理，

$$(1+x^{2})^{-\frac{1}{2}} = 1 - \frac{1}{2}x^{2} + (\frac{-1}{2})(\frac{-1}{2}-1)\frac{x^{4}}{2!} + \cdots\cdots$$

$$+(-1)^{n}\frac{1\cdot 3\cdot \cdots\cdots (2n-1)x^{2n}}{2^{n}\cdot n!} + \cdots\cdots$$

$$= 1 - \frac{1}{2}x^{2} + \frac{1\cdot 3}{2^{2}\cdot 2!}x^{4} + \cdots\cdots$$

$$+(-1)^{n}\frac{1\cdot 3\cdot \cdots\cdots (2n-1)x^{2n}}{2^{n}\cdot n!} + \cdots\cdots, x^{2}<1$$

因此，$f(x)=\int_0^x f'(t)\,dt=\int_0^x \frac{1}{\sqrt{1+t^2}}\,dt$

$$=x-\frac{1}{2\cdot 3}x^3+\frac{1\cdot 3}{2^2\cdot 5\cdot 2!}x^5+\cdots\cdots$$

$$+(-1)^n\frac{1\cdot 3\cdot\cdots\cdots(2n-1)}{2^n\cdot(2n+1)n!}x^{2n+1}+\cdots\cdots$$

即 $\ln(x+\sqrt{1+x^2})=x-\frac{1}{2\cdot 3}x^3+\frac{1\cdot 3}{2^2\cdot 5\cdot 2!}x^5+\cdots\cdots$

$$+(-1)^n\frac{1\cdot 3\cdot\cdots\cdots(2n-1)}{2^n\cdot(2n+1)n!}x^{2n+1}$$

$$+\cdots\cdots,\ |x|<1$$

例 2　求 $\ln x$ 在 $x=1$ 處的泰勒級數。

解　令 $f(x)=\ln x$，$f(1)=0$

$f'(x)=\frac{1}{x}$,　$f'(1)=1$

$f''(x)=\frac{-1}{x^2}$,　$f''(1)=-1$

$f'''(x)=\frac{2}{x^3}$,　$f'''(1)=2$

$f^{(n)}(x)=\frac{(-1)^{n-1}(n-1)!}{x^n}$, $f^{(n)}(1)=(-1)^{n-1}(n-1)!$

故 $\ln x=(x-1)-\frac{1}{2!}(x-1)^2+\frac{2}{3!}(x-1)^3+\cdots\cdots$

$$+\frac{(-1)^{n-1}(n-1)!}{n}(x-1)^n+\cdots\cdots$$

$$=(x-1)-\frac{(x-1)^2}{2!}+\frac{(x-1)^3}{3!}+\cdots\cdots$$

$$+\frac{(-1)^{n-1}(n-1)^n}{n}+\cdots\cdots$$

級數收斂區間特定

現要求 $\sum_{k=1}^{\infty}\frac{(-1)^{k-1}}{k}(x-1)^k$ 的收斂區間

$$\lim_{n\to\infty}\left|\frac{(x-1)^{n+1}}{n+1}\cdot\frac{n}{(x-1)^n}\right|=|x-1|$$

$x=0$ 時，級數變成 $\sum_{k=1}^{\infty}\frac{-1}{k}$ 發散（p- 級數檢定）

$x=2$ 時，級數變成交錯級數 $\sum_{k=1}^{\infty}\frac{(-1)^{k-1}}{k}$ 收斂，故收斂區間爲 $(0,2]$，因此

$$\ln x=(x-1)-\frac{(x-1)^2}{2}+\frac{(x-1)^3}{3}-\cdots\cdots$$

$$+\frac{(-1)^{n-1}(x-1)^n}{n}+\cdots\cdots,\ x\in(0,2]$$

例 3 求 $\tan^{-1}x$ 的麥克勞林級數。

解 $\frac{d}{dx}\tan^{-1}x=\frac{1}{1+x^2}=1-x^2+x^4-x^6+\cdots$

$$\therefore\ \tan^{-1}x=\int_0^x\frac{dt}{1+t^2}=\int_0^x(1-t^2+t^4-t^6+\cdots)\,dt$$

$$=x-\frac{x^3}{3}+\frac{x^5}{5}-\frac{x^7}{7}+\cdots$$

例4　求 $\ln\frac{1+x}{1-x}$ 之 Mclaurine 展式。

解　$\because \frac{d}{dx}\ln(1+x)=\frac{1}{1+x}=1-x+x^2-x^3+\cdots$

$$\therefore \ln(1+x)=\int_0^x \frac{dt}{1+t}=\int_0^x (1-t+t^2-t^3+\cdots)\,dt$$

$$=x-\frac{x^2}{2}+\frac{x^3}{3}-\frac{x^4}{4}+\cdots \qquad *$$

同理 $\ln(1-x)=-x-\frac{x^2}{2}-\frac{x^3}{3}-\frac{x^4}{4}-\cdots \qquad **$

$\therefore$原式 $= * - ** = 2x+\frac{2}{3}x^3+\cdots$

※**例5**　求 $e^{\frac{1}{3}}$ 到 5 位小數，要精確到 5 位小數

解　令 $f(x)=e^x$

則 $f^{(n)}(x)=e^x$，$n=1, 2, \cdots\cdots$

求 e^x 的麥克勞林公式，得

$e^x=1+x+\frac{x^2}{2!}+\frac{x^3}{3!}+\cdots\cdots+\frac{x^n}{n!}+\frac{x^n}{(n+1)!}x^{n+1}$，$z$ 在 0 和 x 間

現 $x=\frac{1}{3}$，且要準確到 5 位小數，故需

$$|R_n(x)|=\left|R_n\left(\frac{1}{3}\right)\right|<10^{-5}$$

因 $e^{\frac{1}{3}}<2$　故 $\left|R_n\left(\frac{1}{3}\right)\right|<\frac{2}{3^{n+1}(n+1)!}$

取 $n=5$，得

$$\left|R_n\left(\frac{1}{3}\right)\right|<\frac{2}{3^6\cdot 6!}=\frac{1}{729\times 360}<10^{-5}$$

因此 $e^{\frac{1}{3}}\approx 1+\frac{1}{3}+\frac{1}{2!}\left(\frac{1}{3}\right)^2+\frac{1}{3!}\left(\frac{1}{3}\right)^3+\frac{1}{4!}\left(\frac{1}{3}\right)^4+\frac{1}{5!}\left(\frac{1}{3}\right)^5$

或 $e^{\frac{1}{3}}\approx 1.39563$

類似問題

求 1～12 題的級數展開式：

※1. $x(4-x)^{\frac{3}{2}}$　　2. $\sin^{-1}x$　　3. $(1-x-2x^2)^{-1}$　　4. $\sqrt{1-x}$

求下列各函數之 Maclaurine 展開式：

※5. $\sqrt{1+\sin x}$ $c=0$　　※6. $e^{\cos x}$; $c=0$

7. 證 $\int_0^x e^{-t^2}dt=x-\frac{x^3}{3\cdot 1!}+\frac{x^5}{5\cdot 2!}-\frac{x^7}{7\cdot 3!}+\cdots\cdots,x\in R$。

8. $\tan x$　　9. $\cosh x$　　10. $e^x\sin x$　　※11. $\frac{\sin^{-1}}{\sqrt{1-x^2}}$

12. 證 $(\tan^{-1}x)^2=\frac{x^2}{2}-(1+\frac{1}{3})\frac{x^4}{4}+(1+\frac{1}{3}+\frac{1}{5})\frac{x^6}{6}+\cdots$。

13. 證 $-\dfrac{\ln(1-x)}{1-x}=x+(1+\dfrac{1}{2})x^2+(1+\dfrac{1}{2}+\dfrac{1}{3})x^3+\cdots$。

14. 證 $\int_0^1\dfrac{\ln(1-t)}{t}dt=-[1+\dfrac{1}{2^2}+\dfrac{1}{3^2}+\cdots]$。

15. (a)證明 $\int_0^x\tan^{-1}x\,dx=(1-\dfrac{1}{2})x^2-(\dfrac{1}{3}-\dfrac{1}{4})x^4+(\dfrac{1}{5}-\dfrac{1}{6})x^6+\cdots$。

(b) 利用 (a) 導出 $(1-\dfrac{1}{2})-(\dfrac{1}{3}-\dfrac{1}{4})+(\dfrac{1}{5}-\dfrac{1}{6})-\cdots=\dfrac{\pi}{4}-\ln\sqrt{2}$。

※16. 第一類 m 階 Bessel 函數定義爲

$$J_m(x)=\sum_{m=0}^{\infty}\frac{(-1)^n}{(n+m)!\ n!}(\frac{x}{2})^{2n+m}$$

證：(a) $J_0(x)=x^{-1}\dfrac{d}{dx}(xJ_1(x))$

(b) $J_1(x)=x^{-2}\dfrac{d}{dx}(x^2J_2(x))$。

17. 估計 sin 91°。

18. 估計 sin 10°，準確到 5 位小數。

解

1. $x(4-x)^{\frac{3}{2}}=x[4(1-\dfrac{x}{4})]^{\frac{3}{2}}=8x(1-\dfrac{x}{4})^{\frac{3}{2}}$

由二項定理，

$$(1+x)^a=1+ax+\frac{a(a-1)}{2!}x^2+\cdots\cdots+\frac{a(a-1)\cdot\cdots\cdot(a-n+1)x^n}{n!}+\cdots\cdots,$$

$|x|<1$, a 任意實數

$$故\ (1-\frac{x}{4})^{\frac{3}{2}}=1+\frac{3}{2}(-\frac{x}{4})+\frac{\frac{3}{2}(\frac{3}{2}-1)}{2!}(-\frac{x}{4})^2+\cdots\cdots$$

$$+\frac{\frac{3}{2}(\frac{3}{2}-1)\cdots\cdots(\frac{3}{2}-n+1)}{n!}\cdot(-\frac{x}{4})^n+\cdots\cdots,|x|<4$$

$$=1-\frac{3}{8}x+\frac{3\cdot 1}{2^6\cdot 2!}x^2+\cdots\cdots+$$

$$\frac{(-1)^{2(n-1)}3\cdot 1\cdot 1\cdot 3\cdots(2n-5)x^n}{2^{3n}\cdot n!}$$

因此，

$$x(4-x)^{\frac{3}{2}}=8x[1-\frac{3}{8}x+\cdots\cdots+\frac{3\cdot 1\cdot 3\cdot 5\cdot(2n-5)}{2^{3n}\cdot n!}x^n$$

$$+\cdots\cdots]$$

$$=8x-3x^2+\cdots\cdots+\frac{3\cdot 1\cdot 3\cdot\cdots\cdots(2n-5)}{2^{3(n-1)}\cdot n!}x^n$$

$$+\cdots\cdots,|x|<4$$

2. $\frac{d}{dx}(\sin^{-1}x)=\frac{1}{\sqrt{1-x^2}}=(1-x^2)^{-\frac{1}{2}}=\sum_{k=0}^{\infty}\binom{-\frac{1}{2}}{k}(-x^2)^k,|x|<1$

$$故\ \sin^{-1}x=\int_0^x\sum_{k=0}^{\infty}\binom{-\frac{1}{2}}{k}(-x^2)^k dx=\sum_{k=0}^{\infty}\int_0^x\binom{-\frac{1}{2}}{k}(-x^2)^k dx$$

$$=\sum_{k=0}^{\infty}(-1)^k\binom{-\frac{1}{2}}{k}\frac{x^{2x+1}}{2k+1}$$

$$=\sum_{k=0}^{\infty}\frac{(2k-1)(2k-3)\cdots\cdots 3\cdot 1}{2^k\cdot k!}\frac{x^{2k+1}}{2k+1},|x|<1$$

3. $(1-x-2x^2)^{-1}=\dfrac{1}{1-x-2x^2}=\dfrac{1}{(1+x)(1-2x)}=\dfrac{\frac{1}{3}}{1+x}+\dfrac{\frac{2}{3}}{1-2x}$

但 $\dfrac{1}{1+x}=(1+x)^{-1}=\sum\limits_{k=0}^{\infty}\dbinom{-1}{k}x^k, |x|<1$

$\dfrac{1}{1-2x}=(1-2x)^{-1}=\sum\limits_{k=0}^{\infty}\dbinom{-1}{k}(-2x)^k, |x|<\dfrac{1}{2}$

因 $\dbinom{-1}{k}=(-1)^k\dbinom{1+k-1}{k}=(-1)^k\dbinom{k}{k}=(-1)^k$

故 $\dfrac{1}{1+x}=\sum\limits_{k=0}^{\infty}(-1)^k x^k \quad \dfrac{1}{1-2x}=\sum\limits_{k=0}^{\infty}2^k x^k$

$\therefore (1-x-2x^2)^{-1}=\sum\limits_{k=0}^{\infty}\dfrac{(-1)^k+2^{k+1}}{3}x^k, |x|<\dfrac{1}{2}$

4. $\sqrt{1-x}=(1-x)^{\frac{1}{2}}=\sum\limits_{k=0}^{\infty}\dbinom{\frac{1}{2}}{k}(-x)^k, |x|<1$

但 $\dbinom{\frac{1}{2}}{k}=\dfrac{\frac{1}{2}(\frac{1}{2}-1)(\frac{1}{2}-2)\cdots\cdots(\frac{1}{2}-k+1)}{k!}$

$=\dfrac{(-1)^{k-1}\cdot 1\cdot 3\cdot 5\cdot(2k-3)}{2^k\cdot k!}$

故 $\sqrt{1-x}=\sum\limits_{k=0}^{\infty}\dfrac{(-1)\cdot 1\cdot 3\cdot 5\cdot\cdots\cdots(2k-3)}{2^k\cdot k!}x^k, |x|<1$

5. $\sqrt{1+\sin x}=\sin(\dfrac{x}{2})+\cos(\dfrac{x}{2})$

$$\sin(\frac{x}{2})=\frac{x}{2}-\frac{1}{3!}(\frac{x}{2})^3+\frac{1}{5!}(\frac{x}{2})^5-\frac{1}{7!}(\frac{x}{2})^7+\cdots\cdots$$

$$\cos(\frac{x}{2})=1-\frac{1}{2!}(\frac{x}{2})^2+\frac{1}{4!}(\frac{x}{2})^4-\frac{1}{6!}(\frac{x}{2})^6+\cdots\cdots$$

故 $\sqrt{1+\sin x}=1+\frac{x}{2}-\frac{x^2}{2^2\cdot 2!}-\frac{x^3}{2^3\cdot 3!}+\frac{x^4}{2^4\cdot 4!}$

$+\frac{x^5}{2^5\cdot 5!}-\cdots\cdots$, x 任意實數

6. $e^{\cos x}=e\cdot e^{\cos x-1}$

因 $\cos x=1-\frac{x^2}{2!}+\frac{x^4}{4!}-\frac{x^6}{6!}+\cdots\cdots$

故 $\cos x-1=-\frac{x^2}{2!}+\frac{x^4}{4!}-\frac{x^6}{6!}+\cdots\cdots$

又 $e^x=1+x+\frac{x^2}{2!}+\frac{x^3}{3!}+\cdots\cdots$

故 $e^{\cos x}=e\cdot e^{\cos x-1}$

$$=e\left[1+(-\frac{x^2}{2!}+\frac{x^4}{4!}-\frac{x^6}{6!}+\cdots\cdots)\right.$$

$$+\frac{1}{2!}(-\frac{x^2}{2!}+\frac{x^4}{4!}-\frac{x^6}{6!}+\cdots\cdots)^2$$

$$\left.+\frac{1}{3!}(-\frac{x^2}{2!}+\frac{x^4}{4!}-\frac{x^6}{6!}+\cdots\cdots)^3+\cdots\cdots\right]$$

$=e(1-\frac{x^2}{2!}+\frac{x^4}{6!}-\frac{31}{720}x^6+\cdots\cdots)$, x 任意實數

7. $\int_0^x e^{-t^2}dt=x-\frac{x^3}{3\cdot 1!}+\frac{x^5}{5\cdot 2!}-\frac{x^7}{7\cdot 3!}+\cdots\cdots$

因 $e^x=1+x+\frac{x^2}{2!}+\frac{x^3}{3!}+\frac{x^4}{4!}+\cdots\cdots$, x 任意實數

故 $e^{-x^2}=1-x^2+\frac{x^4}{2!}-\frac{x^6}{3!}$, x 任意實數

$$\therefore \int_0^x e^{-t^2}dt=\int_0^x(1-t^2+\frac{t^4}{2!}-\frac{t^6}{3!}+\cdots\cdots)dt$$

$$=x-\frac{x^3}{3\cdot 1!}+\frac{x^5}{5\cdot 2!}-\frac{x^7}{7\cdot 3!}+\cdots\cdots, x \text{ 任意實數。}$$

8. $\tan x=\frac{\sin x}{\cos x}=\dfrac{x-\frac{x^3}{3!}+\frac{x^5}{5!}-\frac{x^7}{7!}+\cdots}{1-\frac{x^2}{2!}+\frac{x^4}{4!}-\frac{x^6}{6!}+\cdots}=x+\frac{x^3}{3}+\frac{2}{15}x^5+\frac{x^7}{16}+\cdots$

9. $\cosh x=\frac{e^x+e^{-x}}{2}=\frac{1}{2}\left[(1+x+\frac{x^2}{2!}+\frac{x^3}{3!}+\cdots)+(1-x+\frac{x^2}{2!}-\frac{x^3}{3!}+\cdots)\right]$

$$=1+\frac{x^2}{2!}+\frac{x^4}{4!}+\frac{x^6}{6!}+\cdots$$

10. $e^x\sin x=(1+x+\frac{x^2}{2!}+\frac{x^3}{3!}+\cdots)(x-\frac{x^3}{3!}+\frac{x^5}{5!}-\frac{x^7}{7!}+\cdots)$

$$=x+x^2+\frac{x^3}{3!}-\frac{x^5}{30}+\cdots$$

11. $\frac{d}{dx}(\sin^{-1}x)=-\frac{1}{\sqrt{1-x^2}}=(1-x^2)^{-\frac{1}{2}}$

$$=1+\frac{1}{2}x^2+\frac{1\cdot 3}{2\cdot 4}x^4+\frac{1\cdot 3\cdot 5}{2\cdot 4\cdot 6}x^6+\cdots$$

$$=x+\frac{1}{2}\frac{x^3}{3}+\frac{1\cdot 3}{2\cdot 4}\frac{x^5}{5}+\frac{1\cdot 3\cdot 5}{2\cdot 4\cdot 6}\frac{x^7}{7}+\cdots$$

$$\sin^{-1}x=\int_0^x(1+\frac{1}{2}x^2+\frac{1\cdot 3}{2\cdot 4}x^4+\frac{1\cdot 3\cdot 5}{2\cdot 4\cdot 6}x^6+\cdots)dx$$

$$\frac{\sin^{-1}x}{\sqrt{1-x^2}}=(\sin^{-1}x)(1-x^2)^{\frac{-1}{2}}$$

$$=(x+\frac{1}{2}\frac{x^3}{3}+\frac{1\cdot 3}{2\cdot 4}\frac{x^5}{5}+\frac{1\cdot 3\cdot 5}{2\cdot 4\cdot 6}\frac{x^7}{7}+\cdots)$$

$$(1+\frac{1}{2}x^2+\frac{1\cdot 3}{2\cdot 4}x^4+\frac{1\cdot 3\cdot 5}{2\cdot 4\cdot 6}x^6+\cdots)$$

$$=x+(\frac{1}{2}+\frac{1}{2}\cdot\frac{1}{3})x^3+(\frac{1\cdot 3}{2\cdot 4}\cdot\frac{1}{5}+\frac{1}{2}\cdot\frac{1}{3}\cdot\frac{1}{2}+$$

$$\frac{1\cdot 3}{2\cdot 4}\cdot 1)x^5+(\frac{1\cdot 3\cdot 5}{2\cdot 4\cdot 6}\cdot\frac{1}{7}+\frac{1\cdot 3}{2\cdot 4}\cdot\frac{1}{5}\cdot\frac{1}{2}+$$

$$\frac{1}{2}\cdot\frac{1}{3}\cdot\frac{1\cdot 3}{2\cdot 4}+\frac{1\cdot 3\cdot 5}{2\cdot 4\cdot 6})x^7+\cdots$$

$$=x+\frac{2}{3}x^3+\frac{2\cdot 4}{3\cdot 5}x^5+\frac{2\cdot 4\cdot 6}{3\cdot 5\cdot 7}x^7+\cdots$$

12. $(\tan^{-1}x)^2=(x-\frac{x^3}{3}+\frac{x^5}{5}-\frac{x^7}{7}+\cdots)^2=x^2(1-\frac{x^2}{3}+\frac{x^4}{5}-\frac{x^6}{7}+\cdots)^2$

$$=x^2(1-\frac{2}{3}x^2+\frac{23}{45}x^4+\cdots)$$

$$\therefore\ \frac{(\tan^{-1}x)^2}{2}=\frac{x^2}{2}-\frac{1}{3}x^4+\frac{23}{90}x^6+\cdots$$

$$=\frac{x^2}{2}(1+\frac{1}{3})\frac{x^4}{4}+(1+\frac{1}{3}+\frac{1}{5})\frac{x^6}{6}+\cdots$$

13. $-\frac{\ln(1-x)}{1-x}=-\left[-(x+\frac{x^2}{2}+\frac{x^3}{3}+\frac{x^4}{4}+\cdots\right](1+x+x^2+x^3+\cdots)$

$$=x+(1+\frac{1}{2})x^2+(1+\frac{1}{2}+\frac{1}{3})x^3+\cdots$$

14. $\int_0^1\frac{\ln(1-t)}{t}dt=-\int_0^1\frac{1}{t}(t+\frac{t^2}{2}+\frac{t^3}{3}+\cdots)dt=-\int_0^1 1+\frac{t}{2}+\frac{t^2}{3}+\cdots dt$

$$=-\left[1+\frac{1}{2^2}+\frac{1}{3^2}+\cdots\right]$$

15.(a) $\int_0^x \tan^{-1}t\,dt=\int_0^x\left(t-\frac{t^3}{3}+\frac{t^5}{5}-\frac{t^7}{7}+\cdots\right)dt$

$$=\frac{x^2}{2}-\frac{x^4}{3\cdot4}+\frac{x^6}{5\cdot6}-\frac{x^8}{7\cdot8}+\cdots$$

$$=\left(1-\frac{1}{2}\right)x^2-\left(\frac{1}{3}-\frac{1}{4}\right)x^4+\left(\frac{1}{5}-\frac{1}{6}\right)x^6+\cdots *$$

(b) 取 $x=1$ 得

$$\int_0^1 \tan^{-1}t\,dt=t\tan^{-1}t\Big]_0^1-\int_0^1\frac{t\,dt}{1+t^2}=\frac{\pi}{4}-\frac{1}{2}\ln(2)=\frac{\pi}{4}-\ln\sqrt{2}$$

但由＊

$$\int_0^1 \tan^{-1}t\,dt=\left(1-\frac{1}{2}\right)-\left(\frac{1}{3}-\frac{1}{4}\right)+\left(\frac{1}{5}-\frac{1}{6}\right)+\cdots$$

$$=1-\frac{1}{2}-\frac{1}{3}+\frac{1}{4}+\frac{1}{5}-\frac{1}{6}+\cdots=\frac{\pi}{4}-\ln\sqrt{2}$$

16. $J_0(x)=\sum_{n=0}^{\infty}\frac{(-1)^n}{n!\,n!}\left(\frac{x}{2}\right)^{2n}$；$J_1(x)=\sum_{n=0}^{\infty}\frac{(-1)^n}{(n+1)!\,n!}\left(\frac{x}{2}\right)^{2n+1}$

$\therefore$ (a) $\frac{d}{dx}(xJ_1(x))=J_1(x)+x\frac{dJ_1(x)}{dx}$

$$=\sum_{n=0}^{\infty}\frac{(-1)^n}{(n+1)!\,n!}\left(\frac{x}{2}\right)^{2n+1}+x\cdot\sum_{n=0}^{\infty}\frac{(-1)^n(2n+1)}{(n+1)!\,n!\,2}\left(\frac{x}{2}\right)^{2n}$$

$\therefore\ x^{-1}\frac{d}{dx}(xJ_1(x))=\sum_{n=0}^{\infty}\frac{(-1)^n}{2(n+1)!\,n!}\left(\frac{x}{2}\right)^{2n}$

$$\left[\frac{1}{2}+\frac{2n+1}{2}\right]=\sum_{n=0}^{\infty}\frac{(-1)^n(n+1)}{(n+1)!\,n!}\left(\frac{x}{2}\right)^{2n}=\sum_{n=0}^{\infty}\frac{(-1)^n}{n!\,n!}\left(\frac{x}{2}\right)^{2n}=J_0(x)$$

(b) $J_2(x)=\sum_{n=0}^{\infty}\frac{(-1)^n}{(n+2)!\,n!}(\frac{x}{2})^{2n+2}$；$\frac{d}{dx}(x^2J_2(x))=2xJ_2(x)+x^2J'_2(x)$

$$=2x\sum_{n=0}^{\infty}\frac{(-1)^n}{(n+2)!\,n!}(\frac{x}{2})^{2n+2}+x_2\sum_{n=0}^{\infty}\frac{(-1)^n(n+1)}{(n+2)!\,n!}(\frac{x}{2})^{2n+1}$$

$$\therefore x^{-2}\frac{d}{dx}(x^2J_2(x))=\sum_{n=0}^{\infty}\frac{(-1)^n}{(n+2)!\,n!}(\frac{x}{2})^{2n+1}+\sum_{n=0}^{\infty}\frac{(-1)^n(n+1)}{(n+2)!\,n!}(\frac{x}{2})^{2n+1}$$

$$=\sum_{n=0}^{\infty}\frac{(-1)^n}{(n+1)!\,n!}(\frac{x}{2})^{2n+1}=J_1(x)$$

第九章　向量微積分簡介

9-1　向量與空間平面與直線

I. 向量

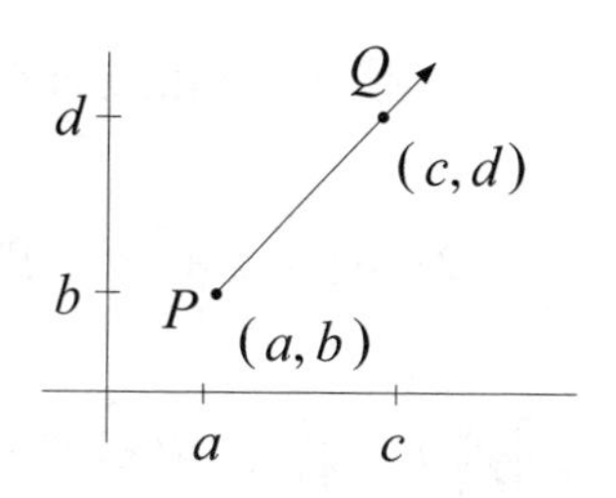

向量（Vector）是一具有大小及方向之量：$\overrightarrow{PQ}$（如右圖）表示始點為 P，終點為之向量。

若 P 之坐標為 (a, b)，Q 之坐標為 (c, d) 則 $\overrightarrow{PQ}=[c-a, d-b]$，$c-a$，$d-b$為$\overrightarrow{PQ}$之分量（Component），$\overrightarrow{PQ}$之長度記做 $\|\overrightarrow{PQ}\| \triangleq \sqrt{(c-a)^2+(d-b)^2}$，向量之長度亦稱為向量之歐幾里德模值（Euclidean norm），若 $\|\overrightarrow{PQ}\|=1$ 則稱 $\overrightarrow{PQ}$ 為單位向量。

任意二個向量若方向、長度均相同時，則定義此二向量相等，若一向量長度與 $\overrightarrow{PQ}$ 相同但方向相反，則此向量記做 $\overrightarrow{QP} \triangleq -\overrightarrow{PQ}$。

II. 向量之內積

在空間 R^n 中向量 $A=[a_1, a_2 \cdots\cdots a_n]$ 與向量 $B=[b_1, b_2 \cdots\cdots b_n]$ 之點積（dot product）亦稱內積（inner product），定義為 $A \cdot B=a_1b_1+a_2b_2+\cdots\cdots+a_nb_n$；顯然成立① $A \cdot B=B \cdot A$，②$A \cdot (B+C)=A \cdot B+A \cdot C$。

若 $A\neq 0$，$B\neq 0$（此處 0 表零向量），則

$A\cdot B=\|A\|\|B\|\cos\theta$，$0\leq\theta\leq\pi$，亦即 A, B 之夾角爲

$$\theta=\cos^{-1}\frac{A\cdot B}{\|A\|\|B\|} \qquad (*)$$

(1) $A\cdot B=0$ 時，$\theta=\frac{\pi}{2}$，此時 A，B 互爲垂直（perpendicular）或直交（orthogonal）。

(2) $\|A\|=\sqrt{A\cdot A}$；即 $\|A\|^2=A\cdot A$。

◎**例 1**　若 A，B 爲 R^n 中互相垂直向量，則 $\|A+B\|^2=\|A\|^2+\|B\|^2$。

解　$\|A+B\|^2=(A+B)\cdot(A+B)=A\cdot A+2A\cdot B+B\cdot B$

$=A\cdot A+B\cdot B=\|A\|^2+\|B\|^2$

若 $A /\!/ B$ 則 $A=mB$（此關係在證明向量等式時常被用到）

◎**例 2**　設三角形三邊爲$\|A\|$，$\|B\|$，$\|C\|$，若長爲 $\|C\|$ 之對應角爲 θ（如右圖），試據上述關係導出餘弦定律。

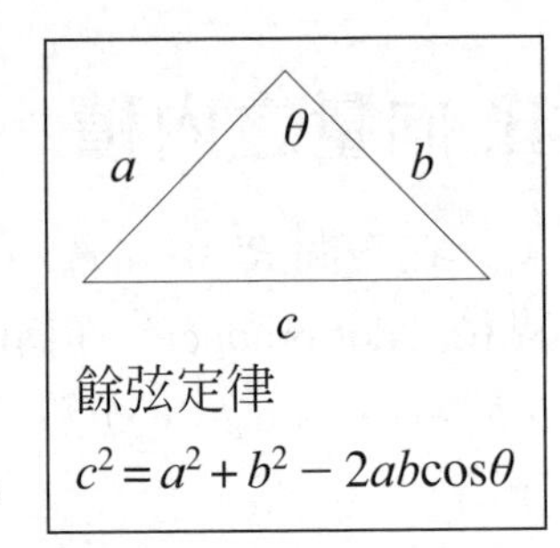

解　$B+C=A \quad \therefore C=A-B$

$C\cdot C=(A-B)\cdot(A-B)$

$=A\cdot A-A\cdot B-B\cdot A+B\cdot B$

$=A\cdot A-2A\cdot B+B\cdot B$

$\Rightarrow\|C\|^2=\|A\|^2-2\|A\|\cdot\|B\|\cos\theta+\|B\|^2$

即 $c^2=a^2+b^2-2ab\cos\theta$

例3　試證 $|A\cdot B|\leq\|A\|\cdot\|B\|$。

解　$A\cdot B=\|A\|\cdot\|B\|\cos\theta$

$\therefore|A\cdot B|=\|A\|\cdot\|B\|\cdot|\cos\theta|\leq\|A\|\cdot\|B\|$

例4　A，B，C 為三個同維向量，若 $A+B+C=\mathbf{0}$ 且 $\|A\|=3$，$\|B\|=5$，$\|C\|=7$，求 A，B 之夾角。

解　θ 為 A，B 之夾角，則

$$\theta=\cos^{-1}\frac{A\cdot B}{\|A\|\|B\|}=\cos^{-1}\frac{A\cdot B}{15}$$

但 $A+B=-C$，$\|C\|=\|-C\|=\|A+B\|=7$

$\Rightarrow(A+B)\cdot(A+B)=A^2+2A\cdot B+B^2=9+2A\cdot B+25=49$

$\therefore A\cdot B=\frac{15}{2}$　因此　$\theta=\cos^{-1}\frac{1}{2}=\frac{\pi}{3}$

III. 向量之叉積

空間 R^3 中 A，B 二向量之外積（outer product）或稱叉積（corss product）$A\times B$ 定義為

$$A\times B=\|A\|\cdot\|B\|\sin\theta$$

若 $A=[a_1, a_2, a_3]$，$B=[b_1, b_2, b_3]$，則

$$A \times B = \begin{vmatrix} \boldsymbol{i} & \boldsymbol{j} & \boldsymbol{k} \\ a_1 & a_2 & a_3 \\ b_1 & b_2 & b_3 \end{vmatrix}，\boldsymbol{i}=[1,0,0]，\boldsymbol{j}=[0,1,0]，\boldsymbol{k}=[0,0,1]$$

其性質有：

$$A \times B = -B \times A$$

$$證：\because A \times B = \begin{vmatrix} \boldsymbol{i} & \boldsymbol{j} & \boldsymbol{k} \\ a_1 & a_2 & a_3 \\ b_1 & b_2 & b_3 \end{vmatrix} = -\begin{vmatrix} \boldsymbol{i} & \boldsymbol{j} & \boldsymbol{k} \\ b_1 & b_2 & b_3 \\ a_1 & a_2 & a_3 \end{vmatrix} = -B \times A$$

(2) $A \times (B+C)=A \times B+A \times C$

$$證：A \times (B+C)= \begin{vmatrix} \boldsymbol{i} & \boldsymbol{j} & \boldsymbol{k} \\ a_1 & a & a_3 \\ b_1+c_1 & b_2+c_2 & b_3+c_3 \end{vmatrix} = \begin{vmatrix} \boldsymbol{i} & \boldsymbol{j} & \boldsymbol{k} \\ a_1 & a_2 & a_3 \\ b_1 & b_2 & b_3 \end{vmatrix} + \begin{vmatrix} \boldsymbol{i} & \boldsymbol{j} & \boldsymbol{k} \\ a_1 & a_2 & a_3 \\ c_1 & c_2 & c_3 \end{vmatrix}$$

$$=A \times B+A \times C$$

(3) $(A+B) \times C=A \times C+B \times C$

證法同 (2)

(4) $A \times A=\mathbf{0}$

證：$A \times A = \begin{vmatrix} i & j & k \\ a_1 & a_2 & a_3 \\ a_1 & a_2 & a_3 \end{vmatrix} = 0$

(5) $A \parallel B$ 之條件爲 $A \times B = \mathbf{0}$

由 $A \times B = \|A\| \cdot \|B\| \sin\theta$ 可得，$(\theta = \pi)$

◎**例 5**　則叉積導出正弦定律。

解　$A + C = B$ ，$C = B - A$

$\therefore C \times C = C \times (B - A) = C \times B - C \times A = 0$

$\Rightarrow C \times B = C \times A$

又 $C \times B = \|C\| \cdot \|B\| \sin\alpha$

$C \times A = \|C\| \cdot \|A\| \sin\beta$

$\therefore \|A\| \sin\beta = \|B\| \sin\alpha$　即 $\dfrac{\|A\|}{\sin\alpha} = \dfrac{\|B\|}{\sin\beta}$

同法可證　$\dfrac{\|B\|}{\sin\beta} = \dfrac{\|C\|}{\sin\gamma}$

IV. 三重積

☑定義：

R^3 之三向量 A，B，C 之三重積 $A \times B \cdot C$ 定義爲：

$$A \times B \cdot C = \begin{vmatrix} a_1 & a_2 & a_3 \\ b_1 & b_2 & b_3 \\ c_1 & c_2 & c_3 \end{vmatrix}$$；顯然 $A \times B \cdot C = A \times C \cdot B = C \times B \cdot A$

（行列式性質），通常 $A \times B \cdot C$ 以 $[ABC]$ 表之。

在此宜注意：

1. 三向量 A，B，C 之點積與叉積之可能形式：

(1) $(A \cdot B) \cdot C$：仍爲向量

純　　向

(2) $(A \times B) \cdot C$：純量

向　　向

(3) $(A \times B) \times C$：向量

但 $(A \times B) \times C \neq A \times (B \times C)$

2. $(A \times B) \cdot A = 0$ 且 $(A \times B) \cdot B = \mathbf{0}$

性質 2. 說明了 $A \times B$ 與 A，B 均垂直，此性質在求空間方程式之某些問題（如求與平面 E_1，E_2 垂直之平面 E_3 之法向量）時極為重要。

VI. 平行四邊形之面積

平行四邊形面積 = 底 × 高

$= h \cdot \|B\| = \|A\| \sin\theta \cdot \|B\|$

$= \|A\|\|B\| \sin\theta = \|A \times B\|$

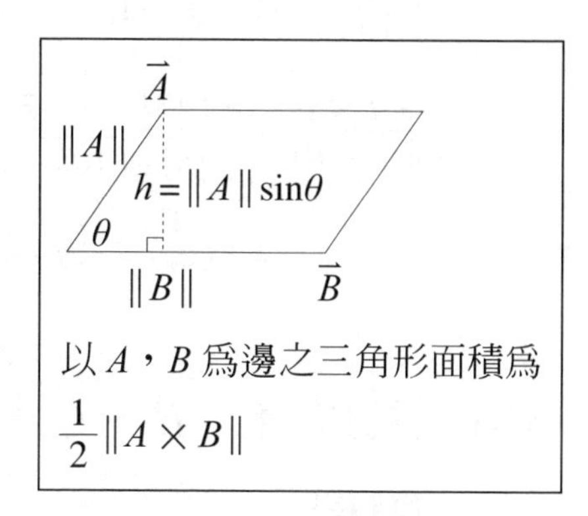

例 6　求以 $P(1, 3, 2)$，$Q(2, -1, 1)$，$R(-1, 2, 3)$ 為頂點之三角形面積。

解　$\overrightarrow{PQ} = \boldsymbol{i} - 4\boldsymbol{j} - \boldsymbol{k}$，$\overrightarrow{PR} = -2\boldsymbol{i} - \boldsymbol{j} + \boldsymbol{k}$

$$\therefore a\triangle PQR = \frac{1}{2}\left\| \begin{vmatrix} \boldsymbol{i} & \boldsymbol{j} & \boldsymbol{k} \\ 1 & -4 & -1 \\ -2 & -1 & 1 \end{vmatrix} \right\| = \frac{1}{2}\|-5\boldsymbol{i} + \boldsymbol{j} - 9\boldsymbol{k}\| = \frac{1}{2}\sqrt{107}$$

VII. 求垂直二個向量之向量

已知 A，B 二向量，今欲求一向量 X 使 $X \perp A$ 及 $X \perp B$，因為

$$\begin{cases} (A \times B) \cdot A = 0 \\ (B \times A) \cdot A = 0 \end{cases} \text{ 及 } \begin{cases} (A \times B) \cdot B = 0 \\ (B \times A) \cdot B = 0 \end{cases}$$

$\therefore \pm A \times B$ 即為所求向量

> 垂直 A、B 向量之單位向量為 $\dfrac{\pm A \times B}{\|A \times B\|}$

例 7　求垂直於 $A=2\boldsymbol{i}-6\boldsymbol{j}-3\boldsymbol{k}$ 和 $B=4\boldsymbol{i}+3\boldsymbol{j}-\boldsymbol{k}$ 之單位向量。

解　$\pm A\times B=\pm\begin{vmatrix}\boldsymbol{i} & \boldsymbol{j} & \boldsymbol{k}\\ 2 & -6 & -3\\ 4 & 3 & -1\end{vmatrix}=\pm(15\boldsymbol{i}-10\boldsymbol{j}+30\boldsymbol{k})$

$$\therefore\frac{\pm A\times B}{\|A\times B\|}=\frac{\pm(15\boldsymbol{i}-10\boldsymbol{j}+30\boldsymbol{k})}{\sqrt{15^2+(10)^2+30^2}}$$

$$=\pm\left(\frac{3}{7}i-\frac{2}{7}j+\frac{6}{7}k\right)$$

VIII. 求以 A，B，C 爲鄰邊之平行六面體之體積

$|A\cdot(B\times C)|$ 之幾何意義表由 A，B，C 三向量所形成之六面體體積。

$\because\|B\times C\|$ 爲表底面積

$\therefore$ 其體積 $V=\|B\times C\|\cdot L$

$$=\|B\times C\|\cdot\|A\||\cos\theta|$$

$$=|A\cdot(B\times C)|=|(B\times C)\cdot A|\qquad *$$

由 * 可推知 A, B, C 共面之條件爲 $|A\cdot(B\times C)|=0$。

例 8　求邊以$A=2\boldsymbol{i}-3\boldsymbol{j}+4\boldsymbol{k}$，$B=\boldsymbol{i}+2\boldsymbol{j}-3\boldsymbol{k}$，$C=3\boldsymbol{i}-\boldsymbol{j}+2\boldsymbol{k}$表示之平行六面體之體積。

解　$V=|A\cdot(B\times C)|=\begin{vmatrix}2 & -3 & 4\\ 1 & 2 & -3\\ 3 & -1 & 2\end{vmatrix}=7$

貳：空間平面與直線

■空間平面方程式 $ax+by+cz+d=0$ 之性質：

(1) 已知過 $P(x_1,y_1,z_1)$ 且 $\vec{n}=[a,b,c]$ 平面方程式為 $a(x-x_1)+b(y-y_1)+c(z-z_1)=0$，$\vec{n}$ 為法向量。

(2) 平面方程式 $ax+by+cz+d=0$ 之 $\vec{n}=[a,b,c]$。

(3) E_1，E_2 之法向量分別為 $\vec{n}_1$，$\vec{n}_2$：

① $E_1\perp E_2\Leftrightarrow\vec{n}_1\perp\vec{n}_2$

② $E_1 /\!/ E_2\Leftrightarrow\vec{n}_1 /\!/ \vec{n}_2$

(4) 若P_1，P_2，P_3為平面E三點，則E之法向量$\vec{n}$為$\overrightarrow{P_1P_2}\times\overrightarrow{P_1P_3}$。

(5) $Q(x_0,y_0,z_0)\notin E$，E之平面方程式為 $ax+by+cz=d$，則 Q 至 E 之（最短）距離為$\dfrac{|ax_0+by_0+cz_0-d|}{\sqrt{a^2+b^2+c^2}}$。

■曲面 $F(x,y,z)=0$ 與 $G(x,y,z)=0$ 交線之切線方程式：

$$\frac{x-x_0}{\begin{vmatrix} F_y & F_x \\ G_y & G_x \end{vmatrix}_P}=\frac{y-y_0}{\begin{vmatrix} F_x & F_x \\ G_x & G_x \end{vmatrix}_P}=\frac{z-z_0}{\begin{vmatrix} F_x & F_y \\ G_x & G_y \end{vmatrix}_P}$$

■空間直線方程式之性質：

(1) E_1，E_2 爲二相異平面，E_1 ： $a_1x+b_1y+c_1z+d_1=0$，E_2 ： $a_2x+b_2y+c_2z+d_2=0$，則交線 $L(E_1\neq E_2)$ 之方向向量爲

$$l:m:n=\begin{vmatrix} b_1 & c_1 \\ b_2 & c_2 \end{vmatrix}:\begin{vmatrix} c_1 & a_1 \\ c_2 & a_2 \end{vmatrix}:\begin{vmatrix} a_1 & b_1 \\ a_2 & b_2 \end{vmatrix}$$ （又稱爲方向比）

(2) 若直線 L 經點 $P_0(x_0,y_0,z_0)$ 且方向比爲 l，m，n $(lmn\neq 0)$，則 L 方程式爲：$\frac{x-x_0}{l}=\frac{y-y_0}{m}=\frac{z-z_0}{n}=t$

或參數式爲 $\begin{cases} x=x_0+lt \\ y=y_0+mt \\ z=z_0+nt \end{cases}$

例 1　三點 $(1,1,-1)$，$(3,3,2)$，$(3,-1,-2)$ 決定一平面：(1) 求平面之法向量 (2) 平面之方程式 (3) 原點到平面之距離。

解　(1) 令 $P_1(1,1,-1)$，$P_2(3,3,2)$，$P_3(3,-1,-2)$

則 $\overrightarrow{P_1P_2}=[2,2,3]$，$\overrightarrow{P_1P_3}=[2,-2,-1]$

∴垂直此平面之法向量爲

$$\overrightarrow{P_1P_2} \times \overrightarrow{P_1P_3} = \begin{vmatrix} \boldsymbol{i} & \boldsymbol{j} & \boldsymbol{k} \\ 2 & 2 & 3 \\ 2 & -2 & -1 \end{vmatrix} = 4\boldsymbol{i} + 8\boldsymbol{j} - 8\boldsymbol{k}$$

則 $\vec{n} = [4, 8, -8]$

(2) ∵平面過點 $P_1\,(1, 1, -1)$

∴平面方程式為 $4(x-1) + 8(y-1) - 8(z+1) = 0$

即 $x + 2y - 2z = 5$

(3) $D = \dfrac{|1 \cdot 0 + 2 \cdot 0 - 2 \cdot 0 - 5|}{\sqrt{1^2 + 2^2 + (-2)^2}} = \dfrac{5}{3}$

例 2　令 L 表二平面 $2x - y + z = 0$ 與 $x + 3y - z - 2 = 0$ 之交線，求通過點 (0, 3, 7) 之交線方程式為。

解　L_1 之法向量為 $[2, -1, 1]$

L_2 之法向量為 $[1, 3, -1]$

∴ L 之方向向量為

$$L_1 \times L_2 = \begin{vmatrix} \boldsymbol{i} & \boldsymbol{j} & \boldsymbol{k} \\ 2 & -1 & 1 \\ 1 & 3 & -1 \end{vmatrix} = -2i + 3j + 7k$$

⇒ L 之參數方程式為

$$\begin{cases} x = 0 - 2t \\ y = 3 + 3t \text{，} t \in R \\ z = 7 + 7t \end{cases}$$

例 3　設有一平面通過 (1, 0, −1) 及 (−2, 2, 1) 二點，且與 $3x+y-2z=6$ 及 $4x-y+3z=0$ 之交線平行，試求此平面方程式？

解　$(3x+y-2z-6)+\lambda(4x-y+3z)=0$

$\therefore (3+4\lambda)x+(1-\lambda)y+(-2+3\lambda)z=6$

又過 $P(1,0,-1)$，$Q(-1,2,1)$ 之向量 $\overrightarrow{QP}=[2,-2,-2]$

$[3+4\lambda, 1-\lambda, -2+3\lambda]\cdot[2,-2,-2]=0 \Rightarrow \lambda=-2$

平面之法向量 $\vec{n}=[-5,3,-8]$

$\therefore$平面之方程式為 $-5(x-1)+3(y-0)-8(z+1)=0$

即 $5x-3y+8z+3=0$

例 4　設有一平面通過點 (0, 0, −4) 且垂直於 $2x+y+z=12$ 與 $3x-y+2z=7$ 二平面之交線，試求其方程式。

解　$\vec{n}_1=2\boldsymbol{i}+\boldsymbol{j}+\boldsymbol{k}$，$\vec{n}_2=3\boldsymbol{i}-\boldsymbol{j}+2\boldsymbol{k}$

$$\vec{n}_1\times\vec{n}_2=\begin{vmatrix}\boldsymbol{i} & \boldsymbol{j} & \boldsymbol{k}\\ 2 & 1 & 1\\ 3 & -1 & 2\end{vmatrix}=3\boldsymbol{i}-\boldsymbol{j}-5\boldsymbol{k}$$

$\therefore$平面方程式為 $3(x-0)-(y-0)-5(z+4)=0$

即 $3x-y-5z=20$

◎**例 5**　求：L_1：$\begin{cases} x=t-1 \\ y=2t \\ z=t+3 \end{cases}$，$L_2$：$\begin{cases} y=3s \\ y=s+2 \\ z=2s-1 \end{cases}$　二直線間最短距離。

解　L_1 上之一點 $(t-1,2t,t+3)$ 到 L_2 上一點 $(3s,s+2,2s-1)$ 之距離為

$\sqrt{(3s-t+1)^2+(s-2t+2)^2+(2s-t-4)^2}$

令 $f(s,t)=(3s-t+1)^2+(s-2t+2)^2+(2s-t-4)^2$

令 $f_s=f_t=0 \Rightarrow 14s-7t-3=0$，$-7s+6t-1=0$ 解之

$s=\dfrac{5}{7}$，$t=1$（讀者可驗證此為最小值所在）

$\therefore f(\dfrac{5}{7},1)=(\dfrac{15}{7})^2+(\dfrac{5}{7})^2+(\dfrac{-25}{7})^2=35(\dfrac{5}{7})^2$

$\Rightarrow$ 最短距離為 $\dfrac{5}{7}\sqrt{35}$

例 6　求由曲面 $z=3x^2+y^2+1$ 與 $x=2$ 交集之曲線在 $(2,-1,14)$ 之切線方程式。

解　取 $F(x,y,z)=3x^2+y^2+1-z$，$G(x,y,z)=x-2$

$F_x(2,-1,+14)=12$，$F_y(2,-1,14)=-2$

$F_z(2,1,-14)=-1$

$G_x(2,1,-14)=1$，$G_y(2,1,-14)=G_z(2,1,-14)=0$

即 $n_1=12\boldsymbol{i}-2\boldsymbol{j}-\boldsymbol{k}$，$n_2=1\boldsymbol{i}$

$\therefore$交集曲面之法向量為：

$$\begin{vmatrix} \boldsymbol{i} & \boldsymbol{j} & \boldsymbol{k} \\ 12 & -2 & -1 \\ 1 & 0 & 0 \end{vmatrix} = \boldsymbol{j} + 2\boldsymbol{k}$$

$\therefore$切線方程式為 $x=2$，$\frac{y+1}{-1}=\frac{z-14}{2}$

類似問題

※1. 試證 $(a+b)\cdot(b+c)\times(c+a)=2a\cdot b\times c$，$a$，$b$，$c$ 為三維向量。

2. 試證若 $a+b+c=\mathbf{0}$ 則 $a\times b=b\times c=c\times a$。

※3. 證 $(a\times b)^2+(a\cdot b)^2=\|a\|^2\|b\|^2$。

4. 若 $\|a\|=11$，$\|b\|=23$，$\|a-b\|=20$，求 $\|a+b\|$。

※5. 證 $\|a-b\|\geq\|b\|-\|a\|$。

6. 若 $\angle(a,b)=120°$，且 $\|a\|=3$，$\|b\|=4$，求 $\|2a-\frac{3}{2}b\|$。

※7. 若 a，b，c 為空間向量，證：

$$a\times(b\times c)+b\times(c\times a)+c\times(a\times b)=0$$

8. 求：(a) $(\boldsymbol{i}+\boldsymbol{j}+\boldsymbol{k})\cdot(\boldsymbol{i}+\boldsymbol{j}+\boldsymbol{k})\times(\boldsymbol{i}+\boldsymbol{j})$

(b) $(u+v)\times(v+w)\cdot(u+w)$

其中 $u=\boldsymbol{i}-2\boldsymbol{j}+\boldsymbol{k}$，$v=3\boldsymbol{i}+\boldsymbol{k}$，$w=\boldsymbol{j}-\boldsymbol{k}$

9. 若 $A=\boldsymbol{i}-2\boldsymbol{j}-3\boldsymbol{k}$，$B=2\boldsymbol{i}+\boldsymbol{j}-\boldsymbol{k}$，$C=\boldsymbol{i}+3\boldsymbol{j}-2\boldsymbol{k}$

求：(a) $\|(A\times B)\times C\|$　(b) $\|A\times(B\times C)\|$

(c) $A\cdot(B\times C)$　(d) $(A\times B)\cdot C$

(e) $(A\times B)\times(B\times C)$　(f) $(A\times B)(B\cdot C)$

10. 若 $A=a\boldsymbol{i}-2\boldsymbol{j}+\boldsymbol{k}$ 與 $B=2a\boldsymbol{i}+a\boldsymbol{j}-4\boldsymbol{k}$ 垂直，求 a。

11. 若三向量 $2\boldsymbol{i}-\boldsymbol{j}+\boldsymbol{k}$，$\boldsymbol{i}+2\boldsymbol{j}-3\boldsymbol{k}$，$3\boldsymbol{i}+a\boldsymbol{j}+5\boldsymbol{k}$ 共面，求 a。

12. 若 $A=2\boldsymbol{i}+\boldsymbol{j}-3\boldsymbol{k}$，$B=\boldsymbol{i}-2\boldsymbol{j}+\boldsymbol{k}$，求垂直 A，B 且長度爲5之向量。

13. 求四個頂點爲 (0, 0)，(5, 2)，(2, 4)，(3, 6) 之平行四邊形面積。

14. a，b，c 爲單位向量且 $a+b+c=0$，求 $a\cdot b+b\cdot c+c\cdot a$。

15. 求含二平面 $x+y=3$，$2y+3z=4$ 交線且與 $3\boldsymbol{i}-\boldsymbol{j}+2\boldsymbol{k}$ 平行之平面方程式。

16. 若三點 $A(2,-1,1)$，$B(1,-3,-5)$，$C(3,-4,-4)$，則三角形 ABC 之面積爲何？

※17. 二曲面：$f(x,y,z)=x^2+y^2-z^2=1$

$g(x,y,z)=x+y+z=5$

C 為二曲面之交集，求過 C 上點 $(1, 2, 2)$ 之切線方程式。

18. 求以 $O(0,0,0)$，$A(1,0,0)$，$B(1,2,0)$，$C(1,2,3)$ 為頂點之三鄰邊 OA，OB，OC 所形成之平行六面體之體積。

※19. 求曲線 $\begin{cases} x=t+\cos t \\ y=\sin t \\ z=t \end{cases}$ 在點 $(1, 0, 0)$ 處之切線方程式。

※20. 試求 L_1：$x=5+2s$，$y=8+2s$，$z=6-2s$ 與 L_2：$x=-1+t$，$y=6-2t$，$z=t$ 二直線之最短距離。

解

1. 取 $a=a_1\boldsymbol{i}+a_2\boldsymbol{j}+a_3\boldsymbol{k}$，$b=b_1\boldsymbol{i}+b_2\boldsymbol{j}+b_3\boldsymbol{k}$，$c=c_1\boldsymbol{i}+c_2\boldsymbol{j}+c_3\boldsymbol{k}$，則

$$\text{原式}=\begin{vmatrix} a_1+b_1 & a_2+b_2 & a_3+b_3 \\ b_1+c_1 & b_2+c_2 & b_3+c_3 \\ c_1+a_1 & c_2+a_2 & c_3+a_3 \end{vmatrix}$$

$$=2\begin{vmatrix} (a_1+b_1+c_1) & (a_2+b_2+c_2) & (a_3+b_3+c_3) \\ b_1+c_1 & b_2+c_2 & b_3+c_3 \\ c_1+a_1 & c_2+a_2 & c_3+a_3 \end{vmatrix}$$

$$=2\begin{vmatrix} a_1 & a_2 & a_3 \\ b_1+c_1 & b_2+c_2 & b_3+c_3 \\ c_1+a_1 & c_2+a_2 & c_3+a_3 \end{vmatrix}=2\begin{vmatrix} a_1 & a_2 & a_3 \\ b_1+c_1 & b_2+c_2 & b_3+c_3 \\ c_1 & c_2 & c_3 \end{vmatrix}$$

$$=2\begin{vmatrix} a_1 & a_2 & a_3 \\ b_1 & b_2 & b_3 \\ c_1 & c_2 & c_3 \end{vmatrix}=2a\cdot b\times c$$

2. $\because a+b+c=\mathbf{0}$

$\therefore a\times b=-(b+c)\times b=-c\times b=b\times c$

$a\times b=a\times[-(a+c)]=-a\times c=c\times a$

3. $A\times B=\|A\|\times\|B\|\sin\theta$

$A\cdot B=\|A\|\|B\|\cos\theta$

$\therefore(A\times B)^2+(A\cdot B)^2=\|A\|^2\|B\|^2$。

4. $\|a\|^2=a\cdot a=a^2=121$

$\|b\|^2=b\cdot b=b^2=529$

$\|a-b\|^2=(a-b)(a-b)=a^2-2ab+b^2=900$

$\therefore 2ab=-250$，$ab=-125$

$(a+b)^2=a^2-2ab+b^2+4ab=900-125\times 4=400$

$\therefore\|a+b\|=20$

5. $\|a\|\leq\|b\|+\|a-b\|\quad\therefore\|a-b\|\geq\|a\|-\|b\|$

6. $\|2a-\frac{3}{2}b\|^2=(2a-\frac{3}{2}b)\cdot(2a-\frac{3}{2}b)$

$=4a\cdot a-6a\cdot b+\frac{9}{4}b\cdot b=4\cdot 9-6a\cdot b+\frac{9}{4}\cdot 4^2=72-6a\cdot b$

但 $a\cdot b=\|a\|\|b\|\cos\theta=3\cdot 4\cos 120^\circ=-6$

$\therefore\|2a-\frac{3}{2}b\|^2=72-6\cdot(-6)=108$

即 $\|2a-\frac{3}{2}b\|=6\sqrt{3}$

7. 應用 $A\times(B\times C)=(A\cdot C)B-(B\cdot C)A$　（讀者可自證之）

$\therefore A\times(B\times C)+B\times(C\times A)+C(A\times B)$

$=(A\cdot C)B-(B\cdot C)A+(B\cdot A)C-(C\cdot A)B$

$+(C\cdot B)A-(A\cdot B)C=\mathbf{0}$

8. (a) $\begin{vmatrix}1&1&1\\1&1&1\\1&1&0\end{vmatrix}=0$

(b) $u\times v=\begin{vmatrix}\boldsymbol{i}&\boldsymbol{j}&\boldsymbol{k}\\1&-2&1\\3&0&1\end{vmatrix}=-2i+2j+6k$

$v+w=3\boldsymbol{i}+\boldsymbol{j}$，$u+w=\boldsymbol{i}-\boldsymbol{j}$

$\therefore$原式$=\begin{vmatrix}-2&2&6\\3&1&0\\1&-1&0\end{vmatrix}=-24$

9. (a) $5\sqrt{26}$　(b) $3\sqrt{10}$　(c)20　(d) -20　(e) $-40i-20j+20k$

(f) $35\boldsymbol{i}-35\boldsymbol{j}+35\boldsymbol{k}$

10. 2，-1

11. -4

12. $A\times B=-5(\boldsymbol{i}+\boldsymbol{j}+\boldsymbol{k})$

13. 方法之一爲取 $U=[5,2,0]$，$V=[2,4,0]$，則

$\|U\times V\|=\|16\boldsymbol{k}\|=16$

14. $(a+b+c)\cdot(a+b+c)=a\cdot a+b\cdot b+c\cdot c$

$+2(a\cdot b+a\cdot c\cdot c+b\cdot c)=3+2(a\cdot b+b\cdot c+c\cdot a)=0$

$\therefore a\cdot b+b\cdot c+c\cdot a=-\dfrac{3}{2}$

15. 令 $(x+y-3)+k(2y+3z-4)=0$

$\Rightarrow x+(2a+1)y+3az=3+4a$

因該平面與 $3\boldsymbol{i}-\boldsymbol{j}+2\boldsymbol{k}$ 平行

$\therefore [3,-1,2]\cdot[1,2a+1,3a]=0$

$\Rightarrow a=\dfrac{-1}{2}$　$\therefore 2x-3z=2$ 是爲所求

16. $\overrightarrow{AB}=-\boldsymbol{i}-2\boldsymbol{j}-6\boldsymbol{k}$，$\overrightarrow{AC}=\boldsymbol{i}-3\boldsymbol{j}-5\boldsymbol{k}$

$\therefore \overrightarrow{AB}\times\overrightarrow{AC}=-8\boldsymbol{i}-11\boldsymbol{j}+5\boldsymbol{k}$

$\Rightarrow a\triangle ABC=\dfrac{1}{2}\|\overrightarrow{AB}\times\overrightarrow{AC}\|=\dfrac{1}{2}\sqrt{210}$

17. $\dfrac{x-1}{\begin{vmatrix}2y & -2z\\ 1 & 1\end{vmatrix}_{(1,2,2,)}}=\dfrac{y-2}{-\begin{vmatrix}2x & -2z\\ 1 & 1\end{vmatrix}_{(1,2,2,)}}=\dfrac{z-2}{\begin{vmatrix}2x & 2y\\ 1 & 1\end{vmatrix}_{(1,2,2,)}}$

$\Rightarrow \dfrac{x-1}{\begin{vmatrix}4 & -4\\ 1 & 1\end{vmatrix}}=\dfrac{y-2}{-\begin{vmatrix}2 & -4\\ 1 & 1\end{vmatrix}}=\dfrac{z-2}{\begin{vmatrix}2 & 4\\ 1 & 1\end{vmatrix}}$

即 $\dfrac{x-1}{4}=\dfrac{y-2}{-3}=\dfrac{z-2}{-1}$

18. $\vec{a}=\boldsymbol{i}$，$\vec{b}=\boldsymbol{i}+2\boldsymbol{j}$，$\vec{c}=\boldsymbol{i}+2\boldsymbol{j}+3\boldsymbol{k}$($\vec{a}=\overrightarrow{OA}$，$\vec{b}=\overrightarrow{OB}$，$c=\overrightarrow{OC}$)

$\therefore(\vec{a}\times\vec{b})\cdot\vec{c}=6$

19. $x-1=y=z$

20. 令 $D^2=f(s,t)$

$$=(2s-t+6)^2+(2s+2t+2)^2+(2s+t-6)^2 \quad *$$

解 $f_1(s,t)=f_2(s,t)=0$ 可得 $s=-1$，$t=2$

代入 * 得 $D^2=f(s,t)=56$

$\therefore D=2\sqrt{14}$

□□□ 9-2　方向導數與切法面方程式 □□□

I. 方向導數

曲面方程式在點之梯度（gradient）爲

$$\nabla f=(\frac{\partial f}{\partial x})i+(\frac{\partial f}{\partial y})j$$

【Note】在二維空間中 $i=[1,0]$，$j=[0,1]$

在三維空間中 $i=[1,0,0]$，$j=[0,1,0]$

$k=[0,0,1]$

曲面方程式 $f(x,y,z)=0$ 在點 P 之梯度爲

$$\nabla f=(\frac{\partial f}{\partial x})i+(\frac{\partial f}{\partial f})j+(\frac{\partial f}{\partial z})k$$

※ $f(x,y)=0$ 在點 P 之梯度 ∇f 與過點 P 之所有曲線 C 垂直。

方向導數：設 $f(x,y)$ 在點 $P(x_0,y_0)$ 處沿著單位向量 $\vec{u}=[a,b]$ 之方向導數為

$$D_{\vec{u}}f(p)=\lim_{t\to 0}\frac{f(x_0+at,y_0+bt)-f(x_0,y_0)}{t}$$

(1) 方向導數之幾何意義：表 f 沿著 u 方向之變化率。

(2) 特例：

①若 $\vec{u}=i=[1,0]$

$$\Rightarrow D_{\vec{u}}f(p)=\lim_{t\to 0}\frac{f(x_0+t,y_0)-f(x_0,y_0)}{t}=f_1(x_0,y_0)$$

②若 $\vec{u}=j=[0,1]$

$$\Rightarrow D_{\vec{u}}f(p)=\lim_{t\to 0}\frac{f(x_0,y_0+t)-f(x_0,y_0)}{t}=f_2(x_0,y_0)$$

由上可知偏導數為方向導數之特殊情況。

設 $f(x,y,z)$ 在點 $P(x_0,y_0,z_0)$ 處沿著單位向量 $\vec{v}=[a,b,c]$ 之方向導數為

$$D_{\vec{u}}f(p)=\lim_{t\to 0}\frac{f(x_0+at,y_0+bt,z_0+ct)-f(x_0,y_0,z_0)}{t}$$

☑定理：

設 f 有一階之偏導數，則 $D_u f(p)=\nabla f(p)\cdot\vec{u}$，$\vec{u}$ 爲任何方向

證

∵方向導數 $D_{\vec{u}}f(p)$ 即爲梯度 $\nabla f(p)$ 在 $\vec{u}$ 方向上之分量

$\therefore D_{\vec{u}}f(p)=\nabla f(p)\cdot\vec{u}=|\nabla f(p)|\cdot|\vec{u}|\cdot\cos\theta$

$=|\nabla f(p)|\cos\theta|\vec{u}|$

方向導數 $D_{\vec{u}}f(p)$ 即爲梯度 $\nabla f(p)$ 在 $\vec{u}$ 方向上之分量

最大方向導數：

設一函數 $f(x,y,z)$，則其 $\begin{cases}\text{(1)增加最快（大）之方向為}\nabla f(p)\\ \text{(2)變化率（方向導數）最大為}|\nabla f(p)|\end{cases}$

$\because D_{\vec{u}}f(p)=\nabla f(p)\cdot\vec{u}=|\nabla f(p)||\vec{u}|\cos\theta\le|\nabla f(p)|$

（$\because\cos\theta\le 1$ 且 $|\vec{u}|=1$）

$\Rightarrow$(1) 若 $\nabla f(p)$ 與 $\vec{u}$ 方向一致，最大方向導數爲 $|\nabla f(p)|$

(2) 若 $\nabla f(p)$ 與 $\vec{u}$ 方向相反，最大方向導數為 $-|\nabla f(p)|$

說明　方向導數是插大微積分命題重點之一（尤其是理工科系），這部分常考內容是：

(1) 方向導數 = 梯度與單位向量之內積

$=\nabla f \cdot \vec{u}$，表示變化率

(2) 在點 P 之最大方向數 $\nabla f(p)$

(3) 在點 P 之方向導數最大值為 $\|\nabla f(p)\|$，也表示變化率最大值。

例 1　曲面 $z=x^2+y^2$ 在點 (1, 2) 沿 30° 的方向導數為何？

解　$\vec{u}=[\cos 30°, \sin 30°]=[\frac{\sqrt{3}}{2}, \frac{1}{2}]$

$\nabla f(x,y)=[2x, 2y]$

$\therefore D_{\vec{u}}f(1,2)=[2,4][\frac{\sqrt{3}}{2}, \frac{1}{2}]=\sqrt{3}+2$

例 2　求 $f(x,y)=x^2e^{-2y}$ 在點 $P(2, 0)$ 由 $P(2, 0)$ 至 $Q(-3, 1)$ 之方向導數。

解　$\overrightarrow{PQ}=[-5,1]$　$\vec{u}=[\frac{-5}{\sqrt{26}}, \frac{1}{\sqrt{26}}]$

又 $\nabla f(x,y)=[2xe^{-2y}, -2x^2e^{-2y}]$

$\therefore D_{\vec{u}}f(2,0)=\nabla f(2,0)\cdot\vec{u}$

$=[4,-8]\cdot[\frac{-5}{\sqrt{26}},\frac{1}{\sqrt{26}}]=-\frac{28}{\sqrt{26}}$

例 3 試求 $f(x,y,z)=xy+2xz-y^2+z^2$ 在點 $(1,-2,1)$ 沿著 $x=t$, $y=t-3$，$z=t^2$ 方向的方向導數。

解 $\nabla f(x,y,z)=[y+2z,x-2y,2x+2z]$

$\vec{v}=[t,t-3,t^2]_{t=1}=[1,-2,1]$

$\therefore \vec{u}=[\frac{1}{\sqrt{6}},\frac{-2}{\sqrt{6}},\frac{1}{\sqrt{6}}]$

得 $D_{\vec{u}}f(1,-2,1)=\nabla f(1,-2,1)\cdot\vec{u}$

$=[0,5,4]\cdot[\frac{1}{\sqrt{6}},\frac{-2}{\sqrt{6}},\frac{1}{\sqrt{6}}]$

$=-\sqrt{6}$

例 4 試求 $f(x,y)=3x^2y+4x$ 在 $(-1,4)$ 處之最大方向導數爲何？

解 $\nabla f(p)=[6xy+4,3x^2]|_{(x,y)=(-1,4)}=[-20,3]$

最大方向導數爲 $|\nabla f(p)|=\sqrt{409}$

> ∇T 爲溫度最大之方向，則 $-\nabla T$ 爲溫度最小之方向←逃生方向

◎**例 5** 有一隻螞蟻在一片熱鐵上，設鐵片之形狀爲 $0<x<1$，$0<y<1$，其溫度分佈是 $T(x,y)=xy^2(1-\sqrt{x})(1-y)$，若螞蟻落在 $(\frac{1}{4},\frac{1}{5})$ 點的位置，試決定螞蟻最好的逃生方向。

解　$\nabla T|_{(\frac{1}{4},\frac{1}{5})}=[T_x,T_y]|_{(\frac{1}{4},\frac{1}{5})}=[\frac{1}{125},\frac{7}{200}]$

（讀者自行驗證之）

$\therefore$最好之逃生方向是$[-\frac{1}{125},-\frac{7}{200}]$之方向

例 6　Let $f(x,y)=(x-1)y^2\cdot e^{xy}$

(1) Find the directional derivative of f at (2, 1) toward the point (1, 0)

(2) In what direction does f increase most at the point (2, 1)? What is this rate of increase?

解　(1) $\vec{n}=\overrightarrow{AB}=[-1,-1]\quad\therefore\vec{u}=\frac{n}{\|n\|}=[\frac{1}{\sqrt{2}},-\frac{1}{\sqrt{2}}]$

$$\nabla f_{(2,1)}=[\frac{\partial f}{\partial x},\frac{\partial f}{\partial y}]\Big|_{(2,1)}$$

$$=[y^2e^{xy}+(x-1)y^2\cdot e^{xy}\cdot y,$$

$$(x-1)2ye^{xy}+(x-1)y^2e^{xy}\cdot x]\Big|_{(2,1)}$$

$$=[2e^2,4e^2]$$

$$\therefore D_{\vec{u}}f=[-\frac{1}{\sqrt{2}},\frac{1}{\sqrt{2}}]\cdot[2e^2,4e^2]=-3\sqrt{2}e^2$$

(2) $\|\nabla f(2,1)\|=\|[2e^2,4e^2]\|=2\sqrt{5}e^2$

例 7　① 試求 $f(x,y,z)=x^2+3y^2+4z^2$ 在 $P(2,0,1)$ 且方向 $\vec{a}=2i-j$ 之方向導數。

② 若 $f(x, y, z)$ 表溫度函數，則求在點之最熱方向爲何？

解 $\nabla f(p)]_{(2,0,1)}=[4,0,8]$

$\vec{a}=2\vec{i}-\vec{j}$ 之單位向量 $[\frac{2}{\sqrt{5}},\frac{-1}{\sqrt{5}},0]$

$\therefore$① $D_{\vec{a}}f(p)=[4,0,8]\cdot[\frac{2}{\sqrt{5}},\frac{-1}{\sqrt{5}},0]=\frac{8}{\sqrt{5}}$

②最熱方向即爲梯度方向 $\nabla f(p)=[4,0,8]$

例 8 設球心在原點之金屬球，其上每點之密度爲 $\rho(x,y,z)=ke^{-(x^2+y^2+z^2)}$（$k$ 爲一正數），試求在 (x, y, z) 密度遞減得最快之速率？

解 $\because \nabla\rho(x,y,z)=\frac{\partial\rho}{\partial x}(x,y,z)i+\frac{\partial\rho}{\partial f}(x,y,z)j+\frac{\partial\rho}{\partial z}(x,y,z)k$

$$=-2ke^{-(x^2+y^2+z^2)}(xi+yj+zk)$$

故其遞減速度最快爲

$$\|\nabla\rho(x,y,z)\|=2k\exp[-(x^2+y^2+z^2)]\cdot\sqrt{x^2+y^2+z^2}$$

例 9 設 $f(x,y)=x^3+3xy+y^2$，試問在 (1, 1) 這點上，f 的哪一方向之方向導數最大？其最大值爲何？

【Note】可令 $u=[\cos\theta,\sin\theta]$

解 $\nabla f(xy)]_{(1,1)}=(3x^2+3y,3x+2y)]_{(1,1)}=[6,5]$

設 $\vec{u}=$〔$\cos\theta, \sin\theta$〕為任意單位向量，則

$$D_{\vec{u}}f(1,1)=\nabla f(1,1)\cdot\vec{u}$$

$$=[6,5]\cdot[\cos\theta,\sin\theta]$$

$$=6\cos\theta+5\sin\theta$$

$\therefore \|D_{\vec{u}}f(1,1)\|=|6\cos\theta+5\sin\theta|\leq\sqrt{6^2+5^2}=\sqrt{61}$

$\therefore \nabla f(1,1)=[6,5]$ 方向有最大之方向導數 $\sqrt{61}$

※**例 10**　已知 $D_{\vec{u}}f(1,2)=-5$，$\vec{u}=\frac{3}{5}\vec{i}-\frac{4}{5}\vec{j}$，

$D_{\vec{v}}f(1,2)=10$，$\vec{v}=\frac{4}{5}\vec{i}-\frac{3}{5}\vec{j}$，求：

(a) $f_x(1,2)$　(b) $f_y(1,2)$

解　$D_{\vec{u}}f(1,2)=[f_x(1,2),f_y(1,2)]\cdot[\frac{3}{5},-\frac{4}{5}]$

$\therefore \frac{3}{5}f_x(1,2)-\frac{4}{5}f_y(1,2)=-5$…………①

$D_{\vec{v}}f(1,2)=[f_x(1,2),f_y(1,2)]\cdot[\frac{4}{5},\frac{3}{5}]$

$\therefore \frac{4}{5}f_x(1,2)+\frac{3}{5}f_y(1,2)=10$…………②

解①，②得 $f_x(1,2)=5$，$f_y(1,2)=10$

例 11　在 xy 平面上，在任何點 (x, y)，假設電子能量為 V volts 且 $V=e^{-2x}\cos 2y$

(1)試求在點$(0,\frac{\pi}{4})$而沿單位向量$\cos\frac{\pi}{6}\vec{i}+\sin\frac{\pi}{6}\vec{j}$方向，能量的變化率。

(2)試求在點$(0,\frac{\pi}{4})$能量變化率的最大值及方向。

解　$\nabla V(x,y)=(-2e^{-2x}\cos 2y,-2e^{-2x}\sin 2y)$

又$\vec{u}=\cos\frac{i}{6}\vec{i}+\sin\frac{\pi}{6}\vec{j}=[\frac{\sqrt{3}}{2},\frac{1}{2}]$

$\nabla V(0,\frac{\pi}{4})=[0,-2]$

$\therefore D_{\vec{u}}V(0,\frac{\pi}{4})\nabla V(0,\frac{\pi}{4})\cdot\vec{u}=[0,-2]\cdot[\frac{\sqrt{3}}{2},\frac{1}{2}]$

$=-1$

$\therefore$ (1) 最大方向爲$\nabla f(p)=[0,-2]$

(2) 最大方向導數爲$|\nabla f(p)|=|[0,-2]|=2$

II. 切面與法線方程式

$f(x,y,z)=0$爲空間曲面方程式，$P(x_0,y_0,z_0)$爲其上之一點，若$\nabla f(p)|_{(x_0,y_0,z_0)}=[a,b,c]$，則

(1) 過P之切面方程式：$a(x-x_0)+b(y-y_0)+c(z-z_0)=0$

(2) 過P之法線方程式：$\frac{x-x_0}{a}=\frac{y-y_0}{b}=\frac{z-z_0}{c}$

若$a=0$則上式變爲$x=x_0$，$\frac{y-y_0}{b}=\frac{z-z_0}{c}$

同法可推 b 或 c 爲 0 之情形。

曲線之參數方程式爲

$$\begin{cases} x=x(t) \\ y=y(t) \\ z=z(t) \end{cases}$$

$P(x_0,y_0,z_0)\in C$ 則過 P 之切線向量爲

$[x'(t),y'(t),z'(t)]_{(x_0,y_0,z_0)}=[a,b,c]$，則

(1) 過 P 之切面方程式：$a(x-x_0)+b(y-y_0)+c(z-z_0)=0$

(2) 過 P 之法線方程式：$\frac{x-x_0}{a}=\frac{y-y_0}{b}=\frac{z-z_0}{c}$，$a,b,c\neq 0$

若 $a=0$ 則上式變爲 $x=x_0$，$\frac{y-y_0}{b}=\frac{z-z_0}{c}$　$bc\neq 0$

例 12　求點 $(-2,1,-3)$ 到橢圓體 $\frac{x^2}{4}+y^2+\frac{z^2}{9}=3$ 之切面方程式。

解　令 $F(x,y,z)=\frac{x^2}{4}+y^2+\frac{z^2}{9}-3$

$\nabla F=[\frac{x}{2},2y,\frac{2z}{9}]$

$\nabla F_{(-2,1,-3)}=[-1,2,-\frac{2}{3}]$

$$\therefore (-1)(x+2)+2(y-1)-\frac{2}{3}(z+3)=0$$

$$-x+2y-\frac{2}{3}z=6$$

例 13 若 $f(x,y)=\tan^{-1}\frac{y}{x}$，試求曲面 $z=f(x,y)$ 在 $(-2,2,-\frac{\pi}{4})$ 處之切面方程式。

解 令 $F(x,y,z)=z-\tan^{-1}\frac{y}{x}$

則 $\nabla F(x,y,z)\,]_{(-2,2,\frac{\pi}{4})}=[\frac{+y}{x^2+y^2},\frac{-x}{x^2+y^2},1]_{(-2,2,\frac{\pi}{4})}$

$$=\frac{1}{4}[1,1,4]$$

∴所求切面方程式為 $(x+2)+(y-2)+4(z+\frac{\pi}{4})=0$

例 14 $f(x,y)=\begin{cases}\frac{(|x|-|y|)^3}{x^2+y^2} & ,(x,y)\neq(0,0)\\ 0 & (x,y)=(0,0)\end{cases}$

求曲面 $z=f(x,y)$ 在點 $(1,2,(1,2))$ 之切面方程式。

解 ∵ $x>0$，$y>0$

∴令 $F(x,y,z)=f(x,y)-z=\frac{(x-y)^3}{x^2+y^2}-z$

又 $f(1,2)=-\frac{1}{5}$

$\therefore$原題相當於求 $F(x, y, z)$ 在 $(1,2,-\frac{1}{5})$ 處之切面方程式

又 $F_x\ (1,2,-\frac{1}{5})=\frac{17}{55}$，$f_y\ (1,2,-\frac{1}{5})=-\frac{11}{25}$

$F_z\ (1,2,-\frac{1}{5})=-1$

$\therefore$切面方程式爲 $\frac{17}{25}(x-1)-\frac{11}{25}(y-2)-1(z+\frac{1}{5})=0$

即 $17x-11y-25z=0$

例 15　試求雙曲面 $x^2+y^2-z^2=18$ 於點 $(3,5,-4)$ 之切面與法線方程式。

解　取 $F(x,y,z)=x^2+y^2-z^2-18$，則

(a) $F_x(3,5,-4)=6$，$F_y\ (3,5,-4)=10$，$F_z\ (3,5,-4)=+8$

$\therefore$切面方程式爲 $6(x-3)+10(y-5)+8(z+4)=18$

即 $3x+5y+4z=18$

(b) 法線方程式爲 $\frac{x-3}{3}=\frac{y-5}{5}=\frac{z+4}{4}$

例 16　求由曲面 $z=3x^2+y^2+1$ 與 $x=2$ 交集之曲線在 $(2,-1,14)$ 之切線方程式。

解　取 $F(x,y,z)=3x^2+y^2+1-z$，$G(x,y,z)=x-2$

$F_x(2,-1,14)=12$，$F_y\ (2,-1,14)=-2$

$F_z(2,-1,14)=-1$

$G_x(2,-1,14)=1$，$G_y(2,-1,14)=G_z(2,-1,14)=0$

即 $\nabla F=12\boldsymbol{i}-2\boldsymbol{j}-\boldsymbol{k}$，$\nabla G=\boldsymbol{i}$，

∴交集曲面之切線方程式為

$$\begin{vmatrix} \boldsymbol{i} & \boldsymbol{j} & \boldsymbol{k} \\ 12 & -2 & -1 \\ 1 & 0 & 0 \end{vmatrix}=-\boldsymbol{j}+2\boldsymbol{k}$$

∴切線方程式為 $x=2$，$\dfrac{y+1}{-1}=\dfrac{z-14}{2}$

例 17 求曲面 $x^2+y^2+z^2=14$，$x+y+z=6$ 在 $(1, 2, 3)$ 之切線及法平面方程式。

解 取 $F(x,y,z)=x^2+y^2+z^2-14$，$G(x,y,z)=x+y+z-6$

則在 $(1, 2, 3)$ 處

$$\begin{vmatrix} F_y & F_z \\ G_y & G_z \end{vmatrix}=\begin{vmatrix} 2y & 2z \\ 1 & 1 \end{vmatrix}=\begin{vmatrix} 4 & 6 \\ 1 & 1 \end{vmatrix}=-2$$

$$-\begin{vmatrix} F_x & F_z \\ G_x & G_z \end{vmatrix}=-\begin{vmatrix} 2 & 6 \\ 1 & 1 \end{vmatrix}=4\ ;\ \begin{vmatrix} F_x & F_y \\ G_x & G_y \end{vmatrix}=-2$$

∴切線方程式為 $\dfrac{x-1}{1}=\dfrac{y-2}{-2}=\dfrac{z-3}{1}$

法平面方程式為 $(x-1)-2(y-2)+(z-3)=x-2y+3=0$

類似問題

1. 試求 $f(x,y,z)=e^{xy}-e^{yz}+e^{xz}$ 在 (1, 0, 2) 之方向導數爲何？

2. 在 xy 平面上，一長方形碟盤在任何點 (x, y) 之密度 ρ slugs/ft^2，且 $\rho=\dfrac{1}{\sqrt{x^2+y^2+3}}$

   (1) 試求在點 (3, 2) 而沿單位向量 $\cos\dfrac{2\pi}{3}\vec{i}+\sin\dfrac{2\pi}{3}\vec{j}$ 方向，此密度之改變率。

   (2) 試求在點 (3, 2)，ρ 改變的最大值及方向。

3. $f(x,y,z)=x^2e^{2yz}$ 在點 $(-1,0,2)$ 沿從 $(-1,0,2)$ 到 $(1,3,-2)$ 方向之 $D_{\vec{u}}f$ 之最大值。

4. 設函數 g：$R\rightarrow R$ 爲連續，

   又函數 f：$R^2\rightarrow R$，$f(x,y)=\int_{\sin(xy)}^{\cos(x^2+y^2)}g(t)\,dt$ 且 $x=\dfrac{r}{\theta}$，$y=r\theta$，

   試求梯度 $\nabla f(\sqrt{\dfrac{\pi}{2}},\sqrt{\dfrac{\pi}{2}})=?$ 及 $\dfrac{\partial f}{\partial\theta}=?$

5. 設曲線 $x=a\cos t$，$y=b\sin t$，$z=t$ 與 xy 平面之交點 P，試求過 P 之切線及法平面方程式。

6. 設 V 是空間內一體積，$P(1, 1, 0)$ 是 V 內一點，已知 V 內各點之密度爲 $\rho(x,y,z)=x^3-xy^2-z+5$，則在 P 點朝 $2\vec{i}-3\vec{j}+6\vec{k}$ 方向，其密度變化率爲何？

7. 試求曲面 $z^3+3xy-2y=0$ 在 $(1,7,2)$ 處之切平面。

8. 由點 $P_0\,(1,2,3)$ 出發應沿哪個方向前進，才能達到函數 $f(x,y,z)=xy+yz+xz$ 在 P_0 點的最快增率？在 $P_0\,(1,2,3)$ 處，對上述方向而言，f的瞬間變率爲何？

9. 試求曲面 $x^2z+yz^2+xy^2-z^2=0$ 在點 $(-1,1,1)$ 之切平面（tangent plant）。

10. 設 $f(x,y)=x^3-e^{xy}$，求曲面 $z=f(x,y)$ 在 $(2,0,f(2,0))$ 處的切面方程式。

◎ 11. 求 $\begin{cases} x=2\cos t \\ y=2\sqrt{3}\sin t \\ z=t \end{cases}$ 在 $t=\dfrac{\pi}{6}$ 處之切線的一組方向向量。

12. 設 $\phi(x,y,z)=z^2-x-y$，試求

(1) 曲面 ϕ 在 $(-2,4,2)$ 點處之切平面方程式。

(2) 曲面 ϕ 在 $(-2,4,2)$ 點處之法線方程式。

(3) 曲面 ϕ 在 $(-2,4,2)$ 點處朝向 $3\vec{i}-2\vec{j}+6\vec{k}$ 所予方向之方向導數。

13. 求由曲面 $z=3x^2+y^2+1$ 與 $x=2$ 交集之曲線在點 $(2,-1,14)$ 之切線方程式。

解

1. $[\,2e^2, 3, e^2\,]$

2. (1) 令 $\vec{u} = \cos\frac{2\pi}{3}\vec{i} + \sin\frac{2\pi}{3}\vec{j} = -\frac{1}{2}\vec{i} + \frac{\sqrt{3}}{2}\vec{j}$

$$\nabla\rho(x,y) = \left(\frac{-x}{(x^2+y^2+3)^{3/2}}, \frac{-y}{(x^2+y^2+3)^{3/2}}\right)$$

$$\nabla\rho(3,2) = \left[\frac{-3}{64}, \frac{-2}{64}\right]$$

所求爲 $D_{\vec{u}}\rho(3,2) = \left(\frac{-3}{64}, \frac{-2}{64}\right)\cdot\left(-\frac{1}{2}, \frac{\sqrt{3}}{2}\right)$

$$= \frac{3-2\sqrt{3}}{128}$$

(2) ρ 改變最大方向爲 $\nabla\rho(p) = \left[\frac{-3}{64}, \frac{-2}{64}\right]$

所求爲 $\|\nabla\rho(p)\| = \sqrt{\left(\frac{-3}{64}\right)^2 + \left(\frac{-2}{64}\right)^2} = \frac{\sqrt{13}}{64}$

3. $\frac{8}{\sqrt{29}}$

4. $\nabla f\left(\sqrt{\frac{\pi}{2}}, \sqrt{\frac{\pi}{2}}\right) = (0,0)$

$$\frac{\partial f}{\partial\theta} = -g\left(\cos\left(\frac{r^2}{\theta^2} + r^2\theta^2\right)\right)\sin\left(\frac{r^2}{\theta^2} + \theta^2 r^2\right)\left(\frac{-2r^2}{\theta^2} + 2r^2\theta\right)$$

5. ∵點在 xy 平面上　∴ $z = t = 0, x = a, y = 0$

$$\Rightarrow \begin{cases} \left.\frac{dx}{dt}\right|_{t=0} = (-a\sin t)|_{t=0} = 0 \\ \left.\frac{dy}{dt}\right|_{t=0} = (b\sin t)|_{t=0} = b \\ \left.\frac{dz}{dt}\right|_{t=0} = 1 \end{cases}$$

故切線方程式：$\frac{y}{b}=\frac{z}{1}$，$x=a$　即 $\begin{matrix} x-a=0 \\ y=bz \end{matrix}$

法平面方程式：$0(x-a)+by+1z=0$　即 $by+z=0$

6. $\frac{4}{7}$

7. $6x-2y+15z=22$

8. $\nabla f(1,2,3)=5i+4j+3k$

∴點 (1, 2, 3) 之最快增率方向爲 $5i+4j+3k$，其瞬間增率爲 $\|\nabla f(1,2,3)\|=5\sqrt{2}$

9. $x+y=0$

10. $12x-2y-z=17$

11. $[x'(t),y'(t),z'(t)]|_{t=\frac{\pi}{6}}=[-1,3,1]$

12.(1) $x+y-4z+6=0$

(2) $x+2=y-4=-\frac{z-2}{4}$

(3) $\frac{23}{7}$

13. 以 $x=2$ 代入 $z=3x^2+y^2+1$ 得 $z=13+y^2$

$\therefore \left.\frac{dz}{dy}\right|_{y=-1}=-2 \Rightarrow (z-14)=-2(y+1)$

則 $z+2y=12$

$\therefore \begin{cases} x=2 \\ x+2y=12 \end{cases}$ 是爲所求

□□□ 9-3　向量微分 □□□

我們對向量函數 $\boldsymbol{r}(t)$ 在 $t=a$ 處以向量 $\boldsymbol{L}$ 爲極限之定義如下：
對任一正數 ϵ 而言，均可找到一個 $\delta(\delta>0)$ 使得

$0<|t-a|<\delta$ 時有 $|\boldsymbol{r}(t)-\boldsymbol{L}|<\epsilon$

而向量函數 $\boldsymbol{r}(t)$ 在 $\mu=a$ 處爲連續，定義爲：

$$\lim_{\mu\to a}\boldsymbol{r}(t)=\boldsymbol{r}(a)$$〔此與第一章連續定義相彷〕

向量函數之極限規則與第一章所述者極爲相似：
當 $t\to a$ 時：$\boldsymbol{r}_1(t)\to\boldsymbol{L}$，$\boldsymbol{r}_2(t)\to\boldsymbol{M}$，則

(i) $\lim\limits_{t\to a}|\boldsymbol{r}_1(t)|=|\boldsymbol{L}|$

(ii) $\lim\limits_{t\to a}\boldsymbol{r}_1(t)\pm\boldsymbol{r}_2(t)=\boldsymbol{L}\pm\boldsymbol{M}$

(iii) $\lim\limits_{t\to a}\boldsymbol{r}_1(t)\cdot\boldsymbol{r}_2(t)=\boldsymbol{L}\cdot\boldsymbol{M}$

我們定義向量函數 $\boldsymbol{r}(t)$ 在 t 之導函數 $\frac{d}{dt}\boldsymbol{r}(t)$ 如下：

$$\frac{d\boldsymbol{r}(t)}{dt}=\lim_{\Delta t\to 0}\frac{\boldsymbol{r}(t+\Delta t)-\boldsymbol{r}(t)}{\Delta t}$$

如同實函數微分，$\boldsymbol{r}''(t)=\frac{d^2}{dt^2}\boldsymbol{r}(t)=(\frac{d}{dt}\boldsymbol{r}'(t))$

$$\boldsymbol{r}'''(t)=\frac{d^3}{dt^3}\boldsymbol{r}(t)=\frac{d^2}{dt^2}\boldsymbol{r}'(t)=\frac{d}{dt}\boldsymbol{r}''(t)$$

向量函數之微分公式

若 $\boldsymbol{r}_1(t)$，$\boldsymbol{r}_2(t)$ 爲可微分之向量函數，$f(t)$ 是可微分之純量函數，則

(1) $\frac{d}{dt}C=0$（C：常數）

(2) $\frac{d}{dt}(\boldsymbol{r}_1+\boldsymbol{r}_2)=\frac{d\boldsymbol{r}_1}{dt}+\frac{d\boldsymbol{r}_2}{dt}$

(3) $\frac{d}{dt}(f\boldsymbol{r}_1)=f\frac{d\boldsymbol{r}_1}{dt}+\frac{df}{dt}\boldsymbol{r}_1$

(4) $\frac{d}{dt}(\boldsymbol{r}_1\cdot\boldsymbol{r}_2)=\boldsymbol{r}_1\cdot\frac{d\boldsymbol{r}_2}{dt}+\frac{d\boldsymbol{r}_1}{dt}\cdot\boldsymbol{r}_2$

(5) $\frac{d}{dt}(\boldsymbol{r}_1\times\boldsymbol{r}_2)=\boldsymbol{r}_1\times\frac{d\boldsymbol{r}_2}{dt}+\frac{d\boldsymbol{r}_1}{dt}\times\boldsymbol{r}_2$

例 1 若 $\boldsymbol{A}=t^2\boldsymbol{i}-t\boldsymbol{j}+(2t+1)\boldsymbol{k}$，$\boldsymbol{B}=(2t-3)\boldsymbol{i}+\boldsymbol{j}-t\boldsymbol{k}$

求 $t=1$ 時之 (a) $\frac{d}{dt}(\boldsymbol{A}\cdot\boldsymbol{B})$ (b) $\frac{d}{dt}(\boldsymbol{A}\times\boldsymbol{B})$ (c) $\frac{d}{dt}|\boldsymbol{A}+\boldsymbol{B}|$

(d) $\frac{d}{dt}(\boldsymbol{A}\times\frac{d\boldsymbol{B}}{dt})$。

解 (a) $\frac{d}{dt}(\boldsymbol{A}\cdot\boldsymbol{B})=\boldsymbol{A}\cdot\frac{d\boldsymbol{B}}{dt}+\frac{d\boldsymbol{A}}{dt}\cdot\boldsymbol{B}$

$$=(t^2-t,2t+1)\cdot(2,0,-1)+(2t,-1,2)\cdot(2t-3,1,-t)$$

$$=2t^2-2t-1+4t^2-6t-1-2t$$

$$=6t^2-10t-2$$

$$\therefore \frac{d}{dt}(\boldsymbol{A}\cdot\boldsymbol{B})\Big|_{t=1}=-6$$

(b) $\frac{d}{dt}(\boldsymbol{A}\times\boldsymbol{B})$

$$=\frac{d}{dt}\begin{vmatrix}\boldsymbol{i} & \boldsymbol{j} & \boldsymbol{k}\\ t^2 & -t & 2t+1\\ 2t-3 & 1 & -t\end{vmatrix}=\begin{vmatrix}\boldsymbol{i} & \boldsymbol{j} & \boldsymbol{k}\\ t^2 & -t & 2t+1\\ 2 & 0 & -1\end{vmatrix}+\begin{vmatrix}\boldsymbol{i} & \boldsymbol{j} & \boldsymbol{k}\\ 2t & -1 & 2\\ 2t-3 & 1 & -t\end{vmatrix}$$

$$\therefore \frac{d}{dt}(\boldsymbol{A}\times\boldsymbol{B})\Big|_{t=1}=\begin{vmatrix}\boldsymbol{i} & \boldsymbol{j} & \boldsymbol{k}\\ 1 & -1 & 3\\ 2 & 0 & -1\end{vmatrix}+\begin{vmatrix}\boldsymbol{i} & \boldsymbol{j} & \boldsymbol{k}\\ 2 & -1 & 2\\ -1 & 1 & -t\end{vmatrix}$$

$$=(\boldsymbol{i}+\boldsymbol{j}+2\boldsymbol{k})+(-\boldsymbol{i}+\boldsymbol{k})=7\boldsymbol{j}+3\boldsymbol{k}$$

(c) $|\boldsymbol{A}+\boldsymbol{B}|=\sqrt{(t^2+2t-3)^2+(1-t)^2+(t+1)^2}$

$$\therefore \frac{d|\boldsymbol{A}+\boldsymbol{B}|}{dt}\Big|_{t=1}$$

$$=\frac{1}{2}[2(2t+2)(t^2+2t-3)-2(1-t)+2(t+1)]$$

$$[(t^2+2t-3)^2+(1-t)^2+(t+1)^2]^{-\frac{1}{2}}\Big|_{t=1}=1$$

(d) $\frac{d\boldsymbol{B}}{dt}=2\boldsymbol{i}-\boldsymbol{k}$

$$\therefore \frac{d}{dt}(\boldsymbol{A}\times\frac{d\boldsymbol{B}}{dt})\Big]_{t=1}=\boldsymbol{A}\times\frac{d}{dt}(\frac{d\boldsymbol{B}}{dt})+\frac{d\boldsymbol{A}}{dt}\times\frac{d\boldsymbol{B}}{dt}\Big]_{t=1}$$

$$=\left[\begin{vmatrix} \boldsymbol{i} & \boldsymbol{j} & \boldsymbol{k} \\ t^2 & -t & 2t+1 \\ 0 & 0 & 0 \end{vmatrix} + \begin{vmatrix} \boldsymbol{i} & \boldsymbol{j} & \boldsymbol{k} \\ 2t & -1 & 2 \\ 2 & 0 & -1 \end{vmatrix}\right]_{t=1}$$

$$=\boldsymbol{i}+(4+2t)\boldsymbol{j}+2\boldsymbol{k}\Big]_{t=1}=\boldsymbol{i}+6\boldsymbol{j}+2\boldsymbol{k}$$

注意：在上題中，我們可不用定理處理，即按 $\boldsymbol{A}\cdot\boldsymbol{B}$，$\boldsymbol{A}\times\boldsymbol{B}$ ……之結果再對微分亦可。

例 2　化簡 $\dfrac{d}{dt}(\boldsymbol{A}\times\dfrac{d\boldsymbol{B}}{dt}-\dfrac{d\boldsymbol{A}}{dt}\times\boldsymbol{B})$。

解　$\dfrac{d}{dt}(\boldsymbol{A}\times\dfrac{d\boldsymbol{B}}{dt}-\dfrac{d\boldsymbol{A}}{dt}\times\boldsymbol{B})$

$$=\frac{d\boldsymbol{A}}{dt}\times\frac{d\boldsymbol{B}}{dt}+\boldsymbol{A}\times\frac{d^2\boldsymbol{B}}{dt^2}-(\frac{d^2\boldsymbol{A}}{dt^2}\times\boldsymbol{B}+\frac{d\boldsymbol{A}}{dt}\times\frac{d\boldsymbol{B}}{dt})$$

$$=\boldsymbol{A}\times\frac{d^2\boldsymbol{B}}{dt^2}-\frac{d^2\boldsymbol{A}}{dt^2}\times\boldsymbol{B}$$

類似問題

1. 化簡 $\dfrac{d}{dt}(\boldsymbol{A}\cdot\dfrac{d\boldsymbol{A}}{dt}\times\dfrac{d^2\boldsymbol{A}}{dt^2})$。

◎2. 若 $\boldsymbol{A}$ 之長度爲一定值，且 $\dfrac{d\boldsymbol{A}}{dt}\neq 0$，證 $\boldsymbol{A}$ 與 $\dfrac{d\boldsymbol{A}}{dt}$ 垂直。

3. 令 $\boldsymbol{g}(t)=\boldsymbol{f}(t)\cdot[\boldsymbol{f}'(t)\times\boldsymbol{f}''(t)]$，求 $\boldsymbol{g}'(t)$。

4. 若 $\boldsymbol{A}=\sin t\boldsymbol{i}+\cos t\boldsymbol{j}+t\boldsymbol{k}$，$\boldsymbol{B}=\cos t\boldsymbol{i}-\sin t\boldsymbol{j}-3\boldsymbol{k}$ 及 $\boldsymbol{C}=2\boldsymbol{i}+3\boldsymbol{j}-\boldsymbol{k}$，求 $t=0$ 時，$\frac{\partial}{dt}\{\boldsymbol{A}\times(\boldsymbol{B}\times\boldsymbol{C})\}$。

5. 若 $\boldsymbol{A}=x^2yz\boldsymbol{i}-2xz^3\boldsymbol{j}+xz^2\boldsymbol{k}$，$\boldsymbol{B}=2z\boldsymbol{i}+y\boldsymbol{j}-x^2\boldsymbol{k}$

求 $\frac{\partial^2}{\partial x\partial y}(\boldsymbol{A}\times\boldsymbol{B})\Big|_{(1,0,-2)}$。

◎6. 若 $\boldsymbol{C}_1$，$\boldsymbol{C}_2$ 爲常數向量，λ 爲常數純量，證明：
$\boldsymbol{H}=e^{-\lambda x}(\boldsymbol{C}_1\sin\lambda\boldsymbol{y}+\boldsymbol{C}_2\ cox\,\lambda\boldsymbol{y})$ 滿足偏微分方程式

$$\frac{\partial^2 H}{\partial x^2}+\frac{\partial^2 H}{\partial y^2}=0$$

7. 若 $\boldsymbol{V}(t)=t^2\boldsymbol{i}+t^3\boldsymbol{j}$ (a) 證明在 $0<t<1$ 中無適合 $\frac{\boldsymbol{V}(1)-\boldsymbol{V}(0)}{1-2}$ $=\boldsymbol{V}'(t)$ 之 t 值 (b) 在 $0<t<1$ 之區間中求滿足 $\frac{|\boldsymbol{V}(1)-\boldsymbol{V}(0)|}{1-0}$ $=|\boldsymbol{V}'(t)|$ 之 t 值。

8. 解 $\frac{d\boldsymbol{r}}{dt^2}-4\frac{d\boldsymbol{r}}{dt}-5\boldsymbol{r}=0$，$\boldsymbol{r}$：向量，爲 t 之函數。

解答

1. $\frac{d}{dt}(\boldsymbol{A}\cdot\frac{d\boldsymbol{A}}{dt}\times\frac{d^2\boldsymbol{A}}{dt^2})=\frac{d\boldsymbol{A}}{dt}\cdot\frac{d\boldsymbol{A}}{dt}\times\frac{d^3\boldsymbol{A}}{dt^3}+\boldsymbol{A}\cdot\frac{d^2\boldsymbol{A}}{dt^2}\times\frac{d^2\boldsymbol{A}}{dt^2}+$

$\boldsymbol{A}\cdot\frac{d\boldsymbol{A}}{dt}\times\frac{d^3\boldsymbol{A}}{dt^3}=\boldsymbol{A}\cdot\frac{d}{dt}\boldsymbol{A}\times\frac{d^3\boldsymbol{A}}{dt^3}$

2. $\frac{d}{dt}(\boldsymbol{A}\cdot\boldsymbol{A})=\boldsymbol{A}\cdot\frac{d\boldsymbol{A}}{dt}+\frac{d\boldsymbol{A}}{dt}\cdot\boldsymbol{A}=2\boldsymbol{A}\cdot\frac{d\boldsymbol{A}}{dt}=0$

（$\because \boldsymbol{A}\cdot\boldsymbol{A}=$定值　$\therefore \frac{d}{dt}(\boldsymbol{A}\cdot\boldsymbol{A})=0$）

3. $\boldsymbol{g}'(t)=\boldsymbol{f}'(t)\cdot\boldsymbol{f}'(t)\times\boldsymbol{f}''(t)+\boldsymbol{f}(t)\cdot\boldsymbol{f}''(t)\times\boldsymbol{f}''(t)+\boldsymbol{f}(t)\cdot\boldsymbol{f}'(t)\times\boldsymbol{f}'''(t)$

$$=\boldsymbol{f}(t)\cdot\boldsymbol{f}'(t)\times\boldsymbol{f}'''(t)$$

[$\frac{d}{dt}\boldsymbol{A}(t)\cdot\boldsymbol{B}(t)\times\boldsymbol{C}(t)=\boldsymbol{A}'(t)\cdot\boldsymbol{B}(t)\times\boldsymbol{C}(t)+\boldsymbol{A}(t)\cdot\boldsymbol{B}'(t)\times\boldsymbol{C}(t)+$

$\boldsymbol{A}(t)\cdot\boldsymbol{B}(t)\times\boldsymbol{C}'(t)$，此性質可由行列式微分法則推得]

4. $7\boldsymbol{i}+6\boldsymbol{j}-6\boldsymbol{k}$（可按 $\boldsymbol{A}\times(\boldsymbol{B}\times\boldsymbol{C})$ 展開，然後對 t 實施微分，計算較煩，過程從略）

5. $\boldsymbol{A}\times\boldsymbol{B}=\begin{vmatrix}\boldsymbol{i} & \boldsymbol{j} & \boldsymbol{k}\\ x^2yz & -2xz^3 & xz^2\\ 2z & y & -x^2\end{vmatrix}=(2x^3z^3-xyz^2)\boldsymbol{i}+(x^4yz+2xz^3)\boldsymbol{j}+$

$$(x^2y^2z+4xz^4)\boldsymbol{k}$$

$$\therefore \left.\frac{\partial^2(\boldsymbol{A}\times\boldsymbol{B})}{\partial x\partial y}\right|_{(1,0,-2)}=\frac{\partial}{\partial x}(-xz^2i+x^4zj+2x^2yz\boldsymbol{k})\Big]_{(1,0,-2)}$$

$$=-z^2\boldsymbol{i}+4x^3z\boldsymbol{j}+4xyz\boldsymbol{k}]_{(1,0,-2)}=-4\boldsymbol{i}-8\boldsymbol{j}$$

6. $\frac{\partial^2\boldsymbol{H}}{\partial x^2}=\frac{\partial}{\partial x}[-\lambda e^{-\lambda x}(\boldsymbol{C}_1\sin\lambda\boldsymbol{y}+\boldsymbol{C}_2\cos\lambda\boldsymbol{y})]$

$$=\lambda^2e^{-\lambda x}(\boldsymbol{C}_1\sin\lambda\boldsymbol{y}+\boldsymbol{C}_2\cos\lambda\boldsymbol{y})$$

$$\frac{\partial^2\boldsymbol{H}}{\partial y^2}=\frac{\partial}{\partial\boldsymbol{y}}[e^{-\lambda x}(\boldsymbol{C}_1\lambda\cos\lambda\boldsymbol{y}-\boldsymbol{C}_2\lambda\sin\lambda\boldsymbol{y})]$$

$$=e^{-\lambda x}[-\boldsymbol{C}_1\lambda^2\sin\lambda\boldsymbol{y}-\boldsymbol{C}_2\lambda^2\cos\lambda\boldsymbol{y}]$$

$$\therefore \frac{\partial^2\boldsymbol{H}}{\partial x^2}+\frac{\partial^2\boldsymbol{H}}{\partial y^2}=0$$

7. (a) 設 $\theta \in (0,1)$ 滿足 $=\dfrac{\boldsymbol{V}(1)-\boldsymbol{V}(0)}{1-2}=\boldsymbol{V}'(\theta)$　即 $-i-j=2\theta i+3\theta^2 j$

但無 θ 可同時滿足 $\theta=-\dfrac{1}{2}$ 及 $\theta^2=-\dfrac{1}{3}$，即此 θ 不存在

(b) $\dfrac{|\boldsymbol{V}(1)-\boldsymbol{V}(0)|}{1-0}=|\boldsymbol{i}+\boldsymbol{j}|=|2\theta\boldsymbol{i}+3\theta^2\boldsymbol{j}|$

即 $\sqrt{2}=\sqrt{4\theta^2+9\theta^4}$，$\theta^2=\dfrac{-4+\sqrt{88}}{18}=\dfrac{-2+\sqrt{22}}{9}$

$\therefore \theta=\sqrt{\dfrac{\sqrt{22}-2}{9}}=\dfrac{\sqrt{\sqrt{22}-2}}{3}\doteqdot 0.547$

8. 取 $m=\dfrac{d\boldsymbol{r}}{dt}$　則原向量微分方程式為 $m^2-4m-5=0$

$\therefore m=5$，-1　故解為 $\boldsymbol{r}=\boldsymbol{c}_1e^{5t}+\boldsymbol{c}_2e^{-t}$

$\boldsymbol{c}_1$，$\boldsymbol{c}_2$ 為任意向量常數

9-4　梯度、散度與旋度

向量微分運算子－del，記做 ∇，定義如下：

$$\nabla=\frac{\partial}{\partial x}\boldsymbol{i}+\frac{\partial}{\partial y}\boldsymbol{j}+\frac{\partial}{\partial z}\boldsymbol{k}=\boldsymbol{i}\frac{\partial}{\partial x}+\boldsymbol{j}\frac{\partial}{\partial y}+\boldsymbol{k}\frac{\partial}{\partial z}$$

利用 ∇ 可求出下列三個重要之數量：

(1) 梯度（gradient）：若 $\phi(x,y,z)$ 對每個點 (x,y,z) 均可微分，則我們定義 ϕ 之梯度（記做 $\nabla\phi$ 或 grad ∇）為

$$\nabla\phi=\left(\frac{\partial}{\partial x}\boldsymbol{i}+\frac{\partial}{\partial y}\boldsymbol{j}+\frac{\partial}{\partial z}\boldsymbol{k}\right)\phi$$

$$=\frac{\partial\phi}{\partial x}\boldsymbol{i}+\frac{\partial\phi}{\partial y}\boldsymbol{j}+\frac{\partial\phi}{\partial z}\boldsymbol{k}$$

> 注意：若 $\boldsymbol{a}$ 爲一單位向量（unit vector）即 $|\boldsymbol{a}|=1$ 時 $\nabla\phi\cdot\boldsymbol{a}$ 稱爲 ϕ 在方向 $\boldsymbol{a}$ 之方向導數（directional derivative）。

例 1 若 $\boldsymbol{A}=2x^2\boldsymbol{i}-3yz\boldsymbol{j}+xz^2\boldsymbol{k}$，$\phi=2z-x^3y$，求在（1, −1, 1）處之 $\boldsymbol{A}\cdot\nabla\phi$ 及 $\boldsymbol{A}\times\nabla\phi$。

解 $\nabla\phi=\frac{\partial\phi}{\partial x}\boldsymbol{i}+\frac{\partial\phi}{\partial y}\boldsymbol{j}+\frac{\partial\phi}{\partial z}\boldsymbol{k}=-3x^2y\boldsymbol{i}-x^3\boldsymbol{j}+2\boldsymbol{k}$

$$\therefore \boldsymbol{A}\cdot\nabla\varnothing\big|_{(1,-1,1)}=(2x^2\boldsymbol{i}-3yz\boldsymbol{j}+xz^2\boldsymbol{k})\cdot(-3x^2y\boldsymbol{i}-x^3\boldsymbol{j}+2\boldsymbol{k})\big|_{(1,-1,1)}$$

$$=-6x^4y+3x^3yz+2xz^2\big|_{(1,-1,1)}=5$$

$$\boldsymbol{A}\times\nabla\phi\big|_{(1,-1,1)}=\begin{vmatrix}\boldsymbol{i}&\boldsymbol{j}&\boldsymbol{k}\\2x^2&-3yz&xz^2\\-3x^2y&-x^3&2\end{vmatrix}_{(1,-1,1)}$$

$$=\begin{vmatrix}\boldsymbol{i}&\boldsymbol{j}&\boldsymbol{k}\\2&3&1\\3&-1&2\end{vmatrix}=7\boldsymbol{i}-\boldsymbol{j}-11\boldsymbol{k}$$

(2) 散度（divergence）：若 $\boldsymbol{V}(x,y,z)=V_1\boldsymbol{i}+V_2\boldsymbol{j}+V_3\boldsymbol{k}$ 在每一點 (x,y,z) 均有定義且可微分，則 V 之散度記做 $\nabla\cdot V$ 或 div V 定義爲：

$$\nabla \cdot V=\left(\frac{\partial}{\partial x}\boldsymbol{i}+\frac{\partial}{\partial y}\boldsymbol{j}+\frac{\partial}{\partial z}\boldsymbol{k}\right)\cdot\left(V_1\boldsymbol{i}+V_2\boldsymbol{j}+V_3\boldsymbol{k}\right)$$

$$=\frac{\partial V_1}{\partial x}i+\frac{\partial V_2}{\partial y}j+\frac{\partial V_3}{\partial z}k$$

(3) 旋度（curl）：若$V(x,y,z)=V_1\boldsymbol{i}+V_2\boldsymbol{j}+V_3\boldsymbol{k}$在每點$(x,y,z)$均有定義且可微分，則$V$之旋度記做$\nabla \times V$或curl V或rot V，定義爲：

$$\nabla \times V=\left(\frac{\partial}{\partial x}\boldsymbol{i}+\frac{\partial}{\partial y}\boldsymbol{j}+\frac{\partial}{\partial z}\boldsymbol{k}\right)\cdot\left(V_1\boldsymbol{i}+V_2\boldsymbol{j}+V_3\boldsymbol{k}\right)$$

$$=\begin{vmatrix}\boldsymbol{i} & \boldsymbol{j} & \boldsymbol{k}\\ \frac{\partial}{\partial x} & \frac{\partial}{\partial y} & \frac{\partial}{\partial z}\\ V_1 & V_2 & V_3\end{vmatrix}$$

以下是個綜合例：

例 2　$\boldsymbol{A}=(2x^2-3y)\boldsymbol{i}+(x+2y^3+5z)\boldsymbol{j}+(4y+2z^2)\boldsymbol{k}$

求 (a) $\nabla \cdot \boldsymbol{A}$　(b) $\nabla \times \boldsymbol{A}$　(c) $\nabla(\nabla \cdot \boldsymbol{A})$　(d) $|\nabla(\nabla \cdot \boldsymbol{A})|$。

解　(a) $\nabla \cdot \boldsymbol{A}=\frac{\partial}{\partial x}(2x^2-3y)+\frac{\partial}{\partial y}(x+2y^3+5z)+\frac{\partial}{\partial z}(4y+2z^2)$

$$=4x+6z^2+4z$$

(b) $\nabla \times \boldsymbol{A}=\begin{vmatrix}\boldsymbol{i} & \boldsymbol{j} & \boldsymbol{k}\\ \frac{\partial}{\partial x} & \frac{\partial}{\partial y} & \frac{\partial}{\partial z}\\ 2x^2-3y & x+2y^3+5z & 4y+2z^3\end{vmatrix}$

$$=-\boldsymbol{i}+4\boldsymbol{k}$$

(c) $\nabla(\nabla\cdot\boldsymbol{A})=\nabla(4x+6z^2+4z)$

$$=\boldsymbol{i}\frac{\partial}{\partial x}(4x+6z^2+4z)+\boldsymbol{j}\frac{\partial}{\partial y}(4x+6z^2+4z)+\boldsymbol{k}\frac{\partial}{\partial z}(4x+6z^2+4z)$$

$$=4\boldsymbol{i}+12y\boldsymbol{j}+4\boldsymbol{k}$$

(d) $|\nabla(\nabla\cdot\boldsymbol{A})|=\sqrt{4^2+(12y)^2+4^2}=4\sqrt{2+2y^2}$

例3 證明：$\nabla(\boldsymbol{FG})=\boldsymbol{F}\nabla\boldsymbol{G}+\boldsymbol{G}\nabla\boldsymbol{F}$；$\boldsymbol{F}$，$\boldsymbol{G}$ 爲 x，y，z 之可微分函數。

解 $\nabla(\boldsymbol{FG})=(\frac{\partial}{\partial x}\boldsymbol{i}+\frac{\partial}{\partial y}\boldsymbol{j}+\frac{\partial}{\partial z}\boldsymbol{k})(\boldsymbol{FG})$

$$=\frac{\partial}{\partial x}(\boldsymbol{FG})\boldsymbol{i}+\frac{\partial}{\partial y}(\boldsymbol{FG})\boldsymbol{j}+\frac{\partial}{\partial z}(\boldsymbol{FG})\boldsymbol{k}$$

$$=(\boldsymbol{F}\frac{\partial}{\partial x}\boldsymbol{G}+\boldsymbol{G}\frac{\partial}{\partial x}\boldsymbol{F})\boldsymbol{i}+(\boldsymbol{F}\frac{\partial}{\partial y}\boldsymbol{G}+\boldsymbol{G}\frac{\partial}{\partial y}\boldsymbol{F})\boldsymbol{j}$$

$$+(\boldsymbol{F}\frac{\partial}{\partial z}\boldsymbol{G}+\boldsymbol{G}\frac{\partial}{\partial z}\boldsymbol{F})\boldsymbol{k}$$

$$=\boldsymbol{F}(\frac{\partial}{\partial x}\boldsymbol{G}\boldsymbol{i}+\frac{\partial}{\partial y}\boldsymbol{G}\boldsymbol{j}+\frac{\partial}{\partial z}\boldsymbol{G}\boldsymbol{k})+\boldsymbol{G}(\frac{\partial}{\partial x}\boldsymbol{F}\boldsymbol{i}+\frac{\partial}{\partial y}\boldsymbol{F}\boldsymbol{j}$$

$$+\frac{\partial}{\partial z}\boldsymbol{F}\boldsymbol{k})$$

$$=\boldsymbol{F}\nabla\boldsymbol{G}+\boldsymbol{G}\nabla\boldsymbol{F}$$

◎**例4** 證明：(a) $\nabla\times(\nabla\boldsymbol{f})=0$（即 curl grad $\boldsymbol{f}=0$）

(b) $\nabla\cdot(\nabla\times\boldsymbol{f})=0$（即 div curl $\boldsymbol{f}=0$）

解　(a) $\nabla\times(\nabla \boldsymbol{f})=\nabla\times(\boldsymbol{i}\frac{\partial f}{\partial x}+\boldsymbol{j}\frac{\partial f}{\partial y}+\boldsymbol{k}\frac{\partial f}{\partial z})$

$$=\begin{vmatrix}\boldsymbol{i} & \boldsymbol{j} & \boldsymbol{k}\\ \frac{\partial}{\partial x} & \frac{\partial}{\partial y} & \frac{\partial}{\partial z}\\ \frac{\partial f}{\partial x} & \frac{\partial f}{\partial y} & \frac{\partial f}{\partial z}\end{vmatrix}$$

$$=\boldsymbol{i}(\frac{\partial^2 f}{\partial y\partial z}-\frac{\partial^2 f}{\partial z\partial y})-\boldsymbol{j}(\frac{\partial^2 f}{\partial x\partial z}-\frac{\partial^2 f}{\partial z\partial x})+\boldsymbol{k}(\frac{\partial^2 f}{\partial x\partial y}-\frac{\partial^2 f}{\partial y\partial x})=0$$

(b) $\nabla\cdot(\nabla\times\boldsymbol{f})=\nabla\cdot\begin{vmatrix}\boldsymbol{i} & \boldsymbol{j} & \boldsymbol{k}\\ \frac{\partial}{\partial x} & \frac{\partial}{\partial y} & \frac{\partial}{\partial z}\\ f_1 & f_2 & f_3\end{vmatrix}$

$$=\nabla\cdot[(\frac{\partial f_3}{\partial y}-\frac{\partial f_2}{\partial z})\boldsymbol{i}-(\frac{\partial f_3}{\partial x}-\frac{\partial f_1}{\partial z})\boldsymbol{j}+(\frac{\partial f_2}{\partial x}-\frac{\partial f_1}{\partial y})\boldsymbol{k}]$$

$$=(\frac{\partial^2 f_3}{\partial x\partial y}-\frac{\partial^2 f_2}{\partial x\partial z})-(\frac{\partial^2 f_3}{\partial y\partial x}-\frac{\partial^2 f_1}{\partial x\partial z})+(\frac{\partial^2 f_2}{\partial z\partial x}-\frac{\partial^2 f_1}{\partial z\partial y})=0$$

◎**例 5**　求 (a) $\nabla\ln|\boldsymbol{r}|$　(b) $\nabla\frac{1}{\boldsymbol{r}}$。$\boldsymbol{r}=x\boldsymbol{i}+y\boldsymbol{j}+z\boldsymbol{k}$，定義 $r=\|\boldsymbol{r}\|$，即 $r=\sqrt{x^2+y^2+z^2}$

解　(a) $\nabla\ln|\boldsymbol{r}|=\nabla\ln\sqrt{x^2+y^2+z^2}=\frac{1}{2}\nabla\ln(x^2+y^2+z^2)$

$$=\frac{x}{x^2+y^2+z^2}\boldsymbol{i}+\frac{y}{x^2+y^2+z^2}\boldsymbol{j}+\frac{z}{x^2+y^2+z^2}\boldsymbol{k}$$

$$=\frac{x\boldsymbol{i}+y\boldsymbol{j}+z\boldsymbol{k}}{x^2+y^2+z^2}=\frac{r}{\boldsymbol{r}^2}$$

(b) $\nabla\frac{1}{\boldsymbol{r}}=\nabla\frac{1}{\sqrt{x^2+y^2+z^2}}=\nabla(x^2+y^2+z^2)^{-\frac{1}{2}}$

$=-x(x^2+y^2+z^2)^{-\frac{3}{2}}\boldsymbol{i}-y(x^2+y^2+z^2)^{-\frac{3}{2}}\boldsymbol{j}-z(x^2+y^2+z^2)^{-\frac{3}{2}}\boldsymbol{k}$

$=-(x\boldsymbol{i}+y\boldsymbol{j}+z\boldsymbol{k})/(x^2+y^2+z^2)^{-\frac{3}{2}}$

$=-\boldsymbol{r}/r^3$

類似問題

※1. 若一向量場$f(x, y, z)$滿足$\nabla f(x,y,z)=(y^2\cos x+z^3)\boldsymbol{i}-(4-2y\sin x)\boldsymbol{j}+(3xz^2+3)\boldsymbol{k}$，求。

2. 若 $A=3xyz^2\boldsymbol{i}+2xy^3\boldsymbol{j}-x^2yz\boldsymbol{k}$ 及 $\phi=3x^2-yz$，求在 $(j,-1,1)$ 處之 (a) $\nabla\cdot\boldsymbol{A}$ (b) $\boldsymbol{A}\cdot\nabla\phi$。

◎3. 求$\nabla\cdot(r^3\boldsymbol{r})$。 ◎4. 求$\nabla^2(\ln r)$。 ◎5. 求$\nabla|\boldsymbol{r}|^3$。

◎6. 求 grad div $(\frac{\boldsymbol{r}}{r})$。 ※7. 求$\nabla^2(\frac{1}{r})$。

※8. 若e爲單位向量，證：(a)div$(\boldsymbol{e}\cdot\boldsymbol{r})\boldsymbol{e}=1$，(b)rot$(\boldsymbol{e}\cdot\boldsymbol{r})\boldsymbol{e}=0$ (c)div$[(\boldsymbol{e}\times\boldsymbol{r})\times\boldsymbol{e}]=2$，(d)rot$[(\boldsymbol{e}\times\boldsymbol{r})\times\boldsymbol{e}]=0$。

解

1. $\because f_x = y^2 \cos x + z^3$　　　$\therefore f = y^2 \sin x + xz^3 + c_1(y, z)$

$f_y = -4 + 2y \sin x$　　　$\therefore f = -4y + y^2 \sin x + c_2(x, z)$

$f_z = 3xz^2 + 3$　　　$\therefore f = xz^3 + 3z + c_3(x, z)$

$\Rightarrow f(x, y, z) = xz^3 + y^2 \sin x - 4y + 3z + c$

2. (a) $\nabla \cdot \boldsymbol{A}|_{(1,-1,1)} = \dfrac{\partial f_1}{\partial x} + \dfrac{\partial f_2}{\partial y} + \dfrac{\partial f_3}{\partial z}\bigg|_{(1,-1,1)}$

$= (3yz^2 + 6xy^2 - x^2y)|_{(1;-1,1)} = 4$

(b) $\boldsymbol{A} \cdot \nabla \phi|_{(1,-1,1)} = (3xyz^2\boldsymbol{i} + 2xy^3\boldsymbol{j} - x^2yz\boldsymbol{k}) \cdot (6x\boldsymbol{i} - z\boldsymbol{j} - y\boldsymbol{k})|_{(1,-1,1)}$

$= 3xyz^2 \cdot 6x - 2xy^3z + x^2y^2z|_{(1,-1,1)} = -15$

3. $\nabla \cdot (r^3\boldsymbol{r}) = (\dfrac{\partial}{\partial x}\boldsymbol{i} + \dfrac{\partial}{\partial y}\boldsymbol{j} + \dfrac{\partial}{\partial z}\boldsymbol{k}) \cdot ((\sqrt{x^2+y^2+z^2})^3 x\boldsymbol{i} +$

$(\sqrt{x^2+y^2+z^2})^3 y\boldsymbol{j} + (\sqrt{x^2+y^2+z^2})^3 z\boldsymbol{k})$

$= (x^2+y^2+z^2)^{\frac{1}{2}}(4x^2+y^2+z^2) + (x^2+y^2+z^2)^{\frac{1}{2}}(x^2+4y^2+z^2) +$

$(x^2+y^2+z^2)^{\frac{1}{2}}(x^2+y^2+4z^2)$

$= 6(x^2+y^2+z^2)^{\frac{3}{2}}$

$= 6r^3$

4. $\nabla^2(\ln r) = (\dfrac{\partial^2}{\partial x^2} + \dfrac{\partial^2}{\partial y^2} + \dfrac{\partial^2}{\partial z^2})(\ln\sqrt{x^2+y^2+z^2})$

$= \dfrac{-x^2+y^2+z^2}{(x^2+y^2+z^2)^2} + \dfrac{x^2-y^2+z^2}{(x^2+y^2+z^2)^2} + \dfrac{x^2+y^2-z^2}{(x^2+y^2+z^2)^2}$

$$=\frac{1}{x^2+y^2+z^2}=\frac{1}{r^2}$$

5. $\nabla|\boldsymbol{r}|^3=\nabla(x^2+y^2+z^2)^{\frac{3}{2}}$

$$=(\boldsymbol{i}\frac{\partial}{\partial x}+\boldsymbol{j}\frac{\partial}{\partial y}+\boldsymbol{k}\frac{\partial}{\partial z})(x^2+y^2+z^2)^{\frac{3}{2}}$$

$$=3x(x^2+y^2+z^2)^{\frac{1}{2}}\boldsymbol{i}+3y(x^2+y^2+z^2)^{\frac{1}{2}}\boldsymbol{j}+3z(x^2+y^2+z^2)^{\frac{1}{2}}\boldsymbol{k}$$

$$=3(x^2+y^2+z^2)^{\frac{1}{2}}(x\boldsymbol{i}+y\boldsymbol{j}+z\boldsymbol{k})$$

$$=3r\cdot r$$

6. $\text{grad div}(\frac{\boldsymbol{r}}{\gamma})=\text{grad}[\nabla\cdot\frac{\boldsymbol{r}}{r}]=\text{grad}[\nabla\cdot\frac{x\boldsymbol{i}+y\boldsymbol{j}+z\boldsymbol{k}}{\sqrt{x^2+y^2+z^2}}]$

$$=\text{grad}[\frac{\partial}{\partial x}\frac{x}{\sqrt{x^2+y^2+z^2}}+\frac{\partial}{\partial y}\frac{y}{\sqrt{x^2+y^2+z^2}}+\frac{\partial}{\partial z}\frac{z}{\sqrt{x^2+y^2+z^2}}]$$

$$=\text{grad}[\frac{2(x^2+y^2+z^2)}{(x^2+y^2+z^2)^{3/2}}]$$

$$=\text{grad}\left[\frac{2}{(x^2+y^2+z^2)^{\frac{1}{2}}}\right]$$

$$=i\frac{\partial f}{\partial x}+j\frac{\partial f}{\partial y}+k\frac{\partial f}{\partial z}$$

$$=\frac{-2x\boldsymbol{i}-2y\boldsymbol{j}-2z\boldsymbol{k}}{(x^2+y^2+z^2)^{3/2}}$$

$$=\frac{-2\boldsymbol{r}}{r^3}$$

7. $\nabla^2(\frac{1}{r})=(\frac{\partial^2}{\partial x^2}+\frac{\partial^2}{\partial y^2}+\frac{\partial^2}{\partial z^2})(\frac{1}{\sqrt{x^2+y^2+z^2}})$

$$\because \frac{\partial^2}{\partial x^2}\left(\frac{1}{\sqrt{x^2+y^2+z^2}}\right)=(2x^2-y^2-z^2)(x^2+y^2+z^2)^{-\frac{5}{2}}$$

$$\frac{\partial^2}{\partial y^2}\left(\frac{1}{\sqrt{x^2+y^2+z^2}}\right)=(x^2+2y^2-z^2)(x^2+y^2+z^2)^{-\frac{5}{2}}$$

$$\frac{\partial^2}{\partial z^2}\left(\frac{1}{\sqrt{x^2+y^2+z^2}}\right)=(-x^2-y^2+2z^2)(x^2+y^2+z^2)^{-\frac{5}{2}}$$

$$\therefore \nabla^2\left(\frac{1}{r}\right)=0$$

8. 取 $\boldsymbol{e}=a\boldsymbol{i}+b\boldsymbol{j}+c\boldsymbol{k}$，則

$$(\boldsymbol{e}\cdot\boldsymbol{r})\boldsymbol{e}=(ax+by+cz)(a\boldsymbol{i}+b\boldsymbol{j}+c\boldsymbol{k})$$

$$\therefore \text{(a) } \operatorname{div}(\boldsymbol{e}\cdot\boldsymbol{r})\boldsymbol{e}=\operatorname{div}[(ax+by+cz)a\boldsymbol{i}+(ax+by+cz)b\boldsymbol{j}+(ax+by+cz)c\boldsymbol{k}]$$

$$=\frac{\partial}{\partial x}(ax+by+cz)a+\frac{\partial}{\partial y}(ax+by+cz)b+\frac{\partial}{\partial z}(ax+by+cz)c$$

$$=a^2+b^2+c^2=1$$

(b) $\operatorname{rot}(\boldsymbol{e}\cdot\boldsymbol{r})\boldsymbol{e}$

$$=\begin{vmatrix} \boldsymbol{i} & \boldsymbol{j} & \boldsymbol{k} \\ \frac{\partial}{\partial x} & \frac{\partial}{\partial y} & \frac{\partial}{\partial z} \\ a(ax+by+cz) & b(ax+by+cz) & c(ax+by+cz) \end{vmatrix}$$

$$=\left(\frac{\partial}{\partial y}c(ax+by+cz)-\frac{\partial}{\partial z}b(ax+by+cz)\right)\boldsymbol{i}$$

$$-\left(\frac{\partial}{\partial x}c(ax+by+cz)-\frac{\partial}{\partial z}a(ax+by+cz)\right)\boldsymbol{j}$$

$$+\left(\frac{\partial b}{\partial x}(ax+by+cz)-\frac{\partial a}{\partial y}(ax+by+cz)\right)\boldsymbol{k}=0$$

$$又 (\boldsymbol{e}\times\boldsymbol{r})\times\boldsymbol{e}=\begin{vmatrix}\boldsymbol{i}&\boldsymbol{j}&\boldsymbol{k}\\a&b&c\\x&y&z\end{vmatrix}\times e$$

$$=[(bz-cy)\boldsymbol{i}-(az-cx)\boldsymbol{j}+(ay-bx)\boldsymbol{k}]\times\boldsymbol{e}$$

$$=\begin{vmatrix}\boldsymbol{i}&\boldsymbol{j}&\boldsymbol{k}\\bz-cy&cx-az&ay-bx\\a&b&c\end{vmatrix}$$

$$=((b^2+c^2)x-acz-aby)\boldsymbol{i}-(bcz-(c^2+a^2)y+abx)\boldsymbol{j}+$$

$$((a^2+b^2)z-bcy-acx)\boldsymbol{k}$$

$\therefore$ (c) $\operatorname{div}[(\boldsymbol{e}\times\boldsymbol{r})\times\boldsymbol{e}]$

$$=\frac{\partial}{\partial x}((b^2+c^2)x-acz-aby)+\frac{\partial}{\partial y}[-(bcz-(c^2+a^2)y+$$

$$abx)]+\frac{\partial}{\partial z}[((a^2+b^2)z-bcy-acx)]$$

$$=(c^2+b^2)+(c^2+a^2)+(b^2+a^2)=2$$

(d) $\operatorname{rot}(\boldsymbol{e}\times\boldsymbol{r})\times\boldsymbol{e}$

$$=\begin{vmatrix}\boldsymbol{i}&\boldsymbol{j}&\boldsymbol{k}\\\frac{\partial}{\partial x}&\frac{\partial}{\partial y}&\frac{\partial}{\partial z}\\(b^2+c^2)x-acz-aby&-bcz+(c^2+a^2)y+abx&(a^2+b^2)z-bcy-acx\end{vmatrix}=0$$

□□□ 9-5　線積分 □□□

首先我們需知道的是①線積分應是曲線積分，②線積分是 Riemman 積分 $\int_a^b f(x)\,dx$之擴張。

若 $M(x, y)$，$N(x, y)$ 在 xy 平面上之一階偏導函數是連續的，考慮下列參數方程式 $x=\varphi_1(t)$，$y=\varphi_2(t)$，$a\le t\le b$，則沿 C 線上$A(x(a),y(a))$至 $B(x(b),y(b))$之線積分為

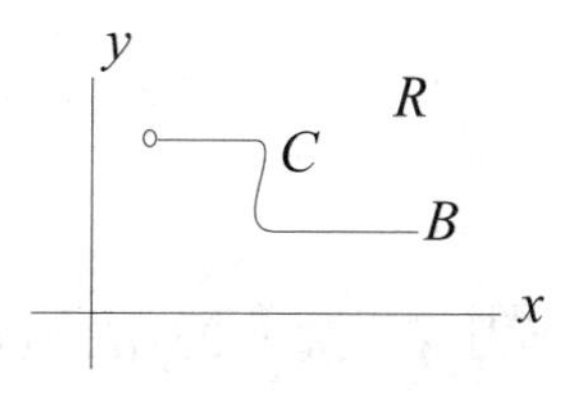

在解線積分問題時需注意到起訖點。

$$\int_C M(x,y)\,dx+N(x,y)\,dy$$

$$=\int_a^b\{M[\varphi_1(t),\varphi_2(t)]\varphi'_1(t)+N[\varphi_1(t),\varphi_2(t)]\varphi'_2(t)\}\,dt$$

例 1　求 $\int_c y^2dx-x\,dy$，C 為自 (0, 0) 至 (1, 2)，沿 $y^2=4x$ 之拋物線。

解　設 $x=t$，$y=2\sqrt{t}$，$1\ge t\ge 0$，$dx=dt$，$dy=t^{-\frac{1}{2}}dt$

$\therefore$原式 $=\int_0^1(4t-t\cdot t^{-\frac{1}{2}})\,dt=\frac{4}{3}$

◎**例 2**　求 $\int_c y\sin x\,dx-\cos x\,dy$，其中$c$為由$(\frac{\pi}{2},0)$至$(\pi,1)$線段。

解　過$(\frac{\pi}{2},0)$及$(\pi,1)$之直線方程式為 $y=\frac{2}{\pi}x-1$

取 $x=t$，$y=\dfrac{2}{\pi}t-1$，$dx=dt$，$dy=\dfrac{2}{\pi}dt$，$\dfrac{\pi}{2}\le t\le\pi$

$\therefore$原式 $=\int_{\frac{\pi}{2}}^{\pi}[(\dfrac{2}{\pi}t-1)\sin t-\cos t(\dfrac{2}{\pi})]dt$

$=\int_{\frac{\pi}{2}}^{\pi}\dfrac{2}{\pi}(t\sin t-\cos t)-\sin t\,dt$

$=\dfrac{+2}{\pi}t\cos t+\cos t\Big]_{\frac{\pi}{2}}^{\pi}=\dfrac{2}{\pi}\cdot\pi-1=1$

例 3 求 $\int_c 2xydx+(6y^2-xz)dy+10zdz$。

其中 C：$R(t)=t\boldsymbol{i}+t^2\boldsymbol{j}+t^3\boldsymbol{k}$，$0\le t\le 1$。

解 取 $x=t$，$y=t^2$，$z=t^3$

則 $dx=dt$，$dy=2tdt$，$\mathrm{dz}=3t^2dt$

原式 $=\int_0^1 2t\cdot t^2dt+(6t^4-t\cdot t^3)2tdt+10t^3\cdot 3t^2dt$

$=\int_0^1(2t^3+40t^5)dt=\dfrac{43}{6}$

◎**例 4** $\int_c\dfrac{-ydx+xdy}{x^2+y^2}$，$c$：$x^2+y^2=4$ 是自 $(\sqrt{2},\sqrt{2})$ 至 $(-2,0)$ 之圓弧。

解 取 $x=2\cos t$，$y=2\sin t$，$\dfrac{\pi}{4}\le t\le\pi$

則 $dx=-2\sin tdt$，$dy=2\cos t\,dt$

$\therefore$原式 $=\int_{\frac{\pi}{4}}^{\pi}\dfrac{(-2\sin t)^2dt+(2\cos t)^2dt}{(2\cos t)^2+(2\sin t)^2}$

$$= \int_{\frac{\pi}{4}}^{\pi} \frac{4}{4}\, dt$$

$$= \frac{3}{4}\pi$$

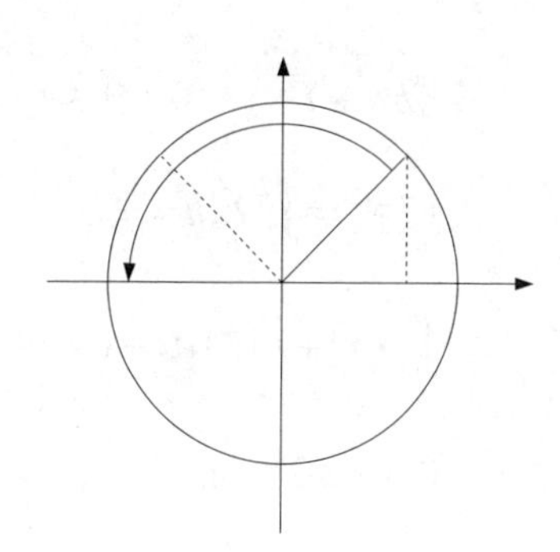

線積分之一另一種基本形式為

$$\int_c f(x,y)\, ds$$

$$= \int_a^b f(\varphi_1(t), \varphi_2(t)) \sqrt{(\varphi'_1(t))^2 + (\varphi'_2(t))^2}\, dt$$

※**例 5**　求 $\int_c ye^{-x} ds$，c：$x = \ln(1+t^2)$，$y = 2\tan^{-1}t - t + 3$，$1 \geq t \geq 0$。

解　原式 =

$$\int_0^1 (2\tan^{-1}t + 3 - t)\, e^{-\ln(1+t^2)} \cdot \sqrt{[(\ln(1+t^2)')]^2 + [(2\tan^{-1}t - t + 3)']^2}\, dt$$

$$= \int_0^1 \frac{2\tan^{-1}t - t + 3}{1+t^2}\, dt$$

$$= 2\int_0^1 \frac{\tan^{-1}t}{1+t^2}\, dt - \int_0^1 \frac{tdt}{1+t^2} + 3\int_0^1 \frac{dt}{1+t^2}$$

$$= \frac{\pi^2}{16} - \frac{1}{2}\ln 2 + \frac{3\pi}{4}$$

線積分之分段計算

◎**例 6**　求 $\int_c (x^2 + xy^3)\, dx + (y^2 - 2xy)\, dy$。

c：$(0,0) \to (2,0)$，再由 $(2,0) \to (2,2)$。

解　$\int_{c_1} (x^2 + xy^3)\, dx + (y^2 - 2xy)\, dy$

取 $x=t$，$y=0$，$0\le t\le 2$，則

原式 $=\int_0^2 t^2dt=\frac{8}{3}$

$\int_{c_2}(x^2+xy^3)\,dx+(y^2-2xy)\,dy$，取 $x=2$，$y=t$，

$0\le t\le 2$，則

原式 $=\int_0^2 t^2-4\,td=-\frac{16}{3}$

$$\therefore \int_c (x^2+xy^3)\,dx+(y^2-2xy)\,dy=\int_{c_1}+\int_{c_2}=\frac{8}{3}-\frac{16}{3}=-\frac{8}{3}$$

當 $\int_c Md_x+Nd_y$ 式中，若 $M_y\left(=\frac{\partial M}{\partial y}\right)=N_x\left(=\frac{\partial N}{\partial x}\right)$ 時，我們稱 $\int_c Md_x+Nd_y$ 爲「與路徑 C 獨立 (independent of patch C)，Md_x+Nd_y 稱爲 exact。此時我們必可找到一個函數 $\phi(x,y)$，使 $d\phi(x,y)=M(x,y)\,d_x+N(x,y)\,d_y$，其找法可參閱第九章微分方程式。若 $\int_c Md_x+Nd_y$ 爲與路徑 C 獨立，則 $\int_c Md_x+Nd_y=\phi(x,y)\Big]_{(x_0,y_0)}^{(x_1,y_1)}$，$C$ 之訖點爲 $(x_1,\ y_1)$，起點爲 $(x_0,\ y_0)$ 且 $\int_{c_1} Md_x+Nd_y=\int_{c_2} Md_x+Nd_y$，若 c_1，c_2 之起訖點相同。

例 7 求 $\int_{(2,3)}^{(0,1)}(x+y)\,dx+(x-y)\,dy$。

解 ① $\begin{cases} M=x+y \\ N=x-y \end{cases} \Rightarrow \begin{cases} M_y=1 \\ N_x=1 \end{cases}$

$\therefore Mdx + Ndy$ 爲 exact

②求 exact 函數 ϕ

又 $(x+y)dx+(x-y)dy=xdx-ydy+d(xy)$

$\therefore \phi(x,y)=\frac{x^2}{2}-\frac{y^2}{2}+xy$

③原式 $=\frac{x^2}{2}-\frac{y^2}{2}+xy\Big]_{(0,1)}^{(2,3)}=4$

例 8　求 $\int_{(1,3,3)}^{(6,1,1)} yzdx+xzdy+xydz$。

解　$M=yz$，$N=xz$，$P=xy$

$M_y=N_x=z$，$M_z=P_x=y$，$N_z=P_y=x$

$\therefore Mdx + Ndy + Pdz$ 爲 exact

又 $\phi(x,y,z)=xyz$

$\therefore$ 原式 $=(xyz)\Big]_{(1,2,3)}^{(6,1,1)}=0$

$*M(x,y,z)dx+N(x,y,z)dy+P(x,y,z)dz$ 爲 exact 條件爲

$M_y=N_x$，$M_z=P_x$。$N_z=P_y$。

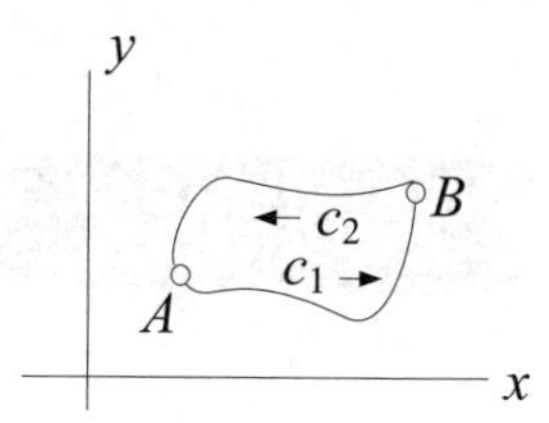

封閉曲線形

(1) 若曲線 C 爲封閉，且 $M_y=N_x$ 時

$\int_c Mdx+Ndy=0$

(2)沿 C_1 由 A 到 B 之線積分等於沿 C_2 由 B 至 A 之線積分，但沿 C_1 由 A 至 B 之線積分等於負的沿 C_1 由 B 至 A 之線積分。

Green 定理：設 S 爲一平面上之開集合，C 爲 xy 平面上之封閉曲線，$M(x,y)$，$N(x,y)$ 在 S 中連續且 $\frac{\partial M}{\partial y}$，$\frac{\partial N}{\partial x}$ 爲連續，則

$$\int_c M(x,y)\,dx+N(x,y)\,dy=\iint_R\left(\frac{\partial N}{\partial x}-\frac{\partial M}{\partial y}\right)dR$$

例 9 求 $\int_\lambda y\cos x dx+x\sin y dy$，$\lambda$：以 $(0,0)$，$(1,0)$ 及 $(1,1)$ 爲頂點之三角形。

解 利用 Green 定理

$M=y\cos x$　　　$N=x\sin y$

$M_y=\cos x$　　　$N_x=\sin y$

$$\therefore \text{原式}=\iint_R(N_x-M_y)\,dR$$

$$=\int_0^1\int_y^1(\sin y-\cos x)\,dxdy$$

$$=\int_0^1 2\sin y-\sin 1-y\sin y\,dy=2-2\sin 1-\cos 1$$

類似問題

1. 求 $\int_c(x^2+y^2)\,dx+(x^2-y^2)\,dy$。

c ：$y=1-|1-x|$ ，$0\leq x\leq 2$

2. 求 $\int_c (x+y)\,dx+(x-y)\,dy$。$c$ ：$\frac{x_2}{a_2}+\frac{y_2}{b_2}=1$

3. 求 $\int_c (y^2-z^2)+2yzdy-x^2dz$。
   c ：$x=t$ ，$y=t^2$ ，$z=t^3$ ，$1\geq t\geq 0$

4. 求 $\int_{(2,1)}^{(1,2)}\frac{ydx-xdy}{x^2}$，沿任何不與 y 軸相交之曲線。

5. 求 $\int_{(1,0)}^{(6,8)}\frac{xdx+ydy}{\sqrt{x^2+y^2}}$，沿任何不過原點之曲線。

6. 求 $\int_c (4x-y)\,dx$ ，c ：$y=8x-2x^2$ 上自 $(4,0)$ 至 $(0,0)$ 之曲線。

7. 求 $\int_c (x^2-y^2)\,dx+xdy$ ，c ：$x^2+y^2=4$ 上自 $(0,2)$ 至 $(2,0)$ 之曲線。

8. 承例 4. 依下列路線求解 (a) c ：$x^2+y^2=2$ 上自 (1, 1) 至 $(-\sqrt{2},0)$ 之圓弧 (b) c ：$x=1$，(1, 0) 至$(1,\sqrt{3})$ (c) c ：$x+y=1$，$(0,1)$ 至 $(1,0)$。

9. 求 $\int_c (x^2-y^2)\,dx+2xydy$，$c$：以反時鐘方向沿 $x=0$，$x=2$，$y=0$，$y=2$ 形成之封閉曲線。

10. 求 $\oint_c (x^2+xy)\,dx+(x+y^2)\,dy$，$c$ ：$|x|\leq 1,|y|\leq 1$ 所圍成區域。

11. 設 A 爲一封閉曲線 C 所圍成之區域之面積，證 $A=\frac{1}{2}\oint_c -ydx+xdy$，$c$：以反時鐘方向沿圍一周。

※12. 求 $\int_c [(x+y)\,dx+(2x-z)\,dy+(y+z)\,dz]$，$c$：沿頂點為 $(2,0,0)$，$(0,3,0)$ 及 $(0,0,1)$ 為頂點之三角形的簡單封閉曲線。

13. 求 $\int_c \ln y dx+\frac{x}{y}dy$，$c$：連結 $(1, 1)$ 及 $(1, e)$ 之任何平滑曲線。

解答

1. 原式 $=\int_0^1 (t^2+t^2)\,dt+(t^2-t^2)\,dt$

$$+\int_1^2 (t^2+(2-t)^2)\,dt-(t^2-(2-t)^2)\,dt=\frac{4}{3}$$

① $1\geq x\geq 0$ 時

$x=t \quad y=t$，$1\geq t\geq 0$，

② $2\geq x\geq 1$ 時

$x=t \quad y=2-t$，$2\geq t\geq 1$

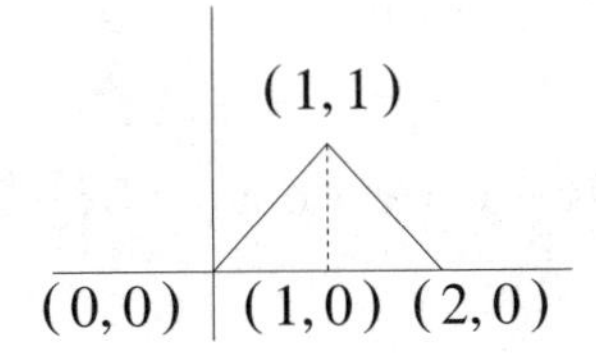

2. $M=x+y \qquad N=x-y$

$M_y=1$，$N_x=1$　∴為 exact　　又 c：為封閉曲線

∴原式 $=0$

3. 原式 $=\int_0^1 (t^4-t^6)\,dt+2t^2t^3(2tdt)-t^2 3t^2 dt$

$$=\int_0^1 -2t^4+3t^6 dt=\frac{-2}{5}t^5+\frac{3}{7}t^7\frac{1}{0}=\frac{1}{35}$$

4. $M=\frac{y}{x^2} \qquad M_y=\frac{1}{x^2}$

$N=\frac{-x}{x^2} \qquad N_x=\frac{1}{x^2} \qquad \therefore\ Mdx-Ndy$ 為 exact

x, y 　exact 函數為 $-\dfrac{y}{x}$

故原式 $= -\dfrac{y}{x}\Big]_{(2,1)}^{(1,2)} = -2 + \dfrac{1}{2} = -\dfrac{3}{2}$

5. $M = \dfrac{x}{\sqrt{x^2+y^2}}$，$N = \dfrac{y}{\sqrt{x^2+y^2}}$

$M_y = N_x$ 　$\therefore Mdx - Ndy$ 為 exact

x, y 之 exact 函數為 $(x^2+y^2)^{\frac{1}{2}}$

$\therefore$原式 $= \sqrt{x^2+y^2}\Big]_{(1,0)}^{(6,8)} = 9$

$$\frac{xdx+ydy}{\sqrt{x^2+y^2}} = \frac{d(\frac{x^2}{2}+\frac{y^2}{2})}{\sqrt{x^2+y^2}} = \frac{1}{2}\,\frac{d(x^2+y^2)}{\sqrt{x^2+y^2}}$$

$\therefore$由積分知 $\phi = (x^2+y^2)^{\frac{1}{2}}$

6. 取 $x = t$ 　$y = 8t - 2t^2$

$\therefore$原式 $= \int_4^0 (4t - 8t + 2t^2)\,dt = \int_4^0 -4t + 2t^2 dt = \dfrac{-32}{3}$

7. 取 $x = 2\cos t$，$y = 2\sin t$，

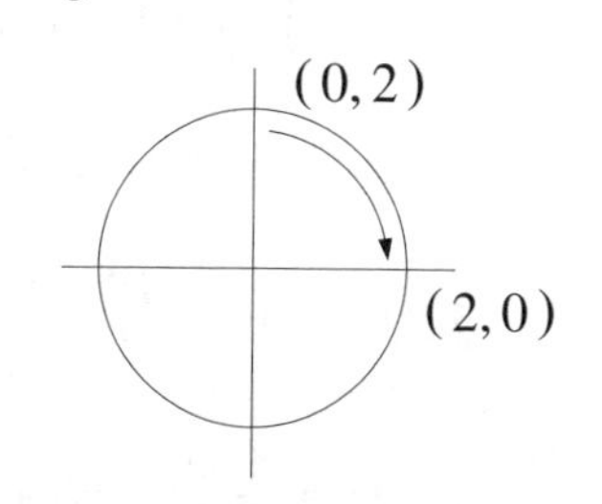

則原式 $= \int_{\frac{\pi}{2}}^{0} (4\cos^2 t - 4\sin^2 t)(-2\sin t)\,dt$

$+ 2\cos t(2\cos t)\,dt = -\dfrac{8}{3} - \pi$

8. (a) 取 $x = \sqrt{2}\cos t$，$y = \sqrt{2}\sin t$，

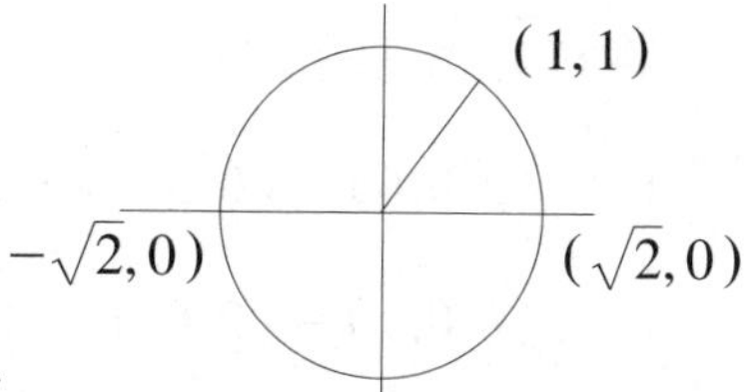

$\therefore$原式 $= \int_{\frac{\pi}{4}}^{\pi} dt = \dfrac{3\pi}{4}$

(b) 取 $x = 1$，$y = t$，$0 \le t \le \sqrt{3}$

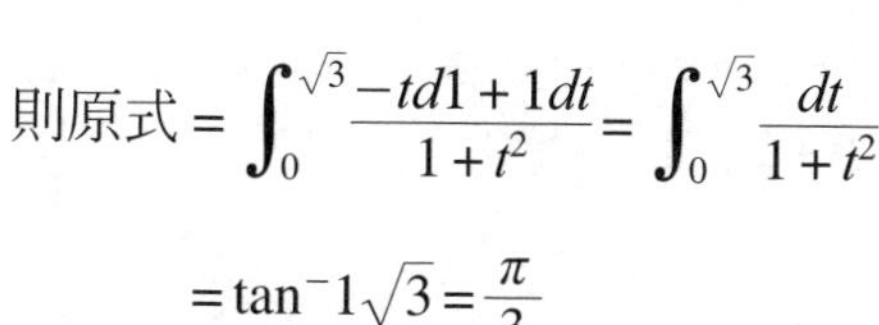

則原式 $= \displaystyle\int_0^{\sqrt{3}} \frac{-td1 + 1dt}{1+t^2} = \int_0^{\sqrt{3}} \frac{dt}{1+t^2}$

$= \tan^{-1}\sqrt{3} = \dfrac{\pi}{3}$

(c) 取 $x=1$ ，$y=1-t$ ，$0\le t\le 1$

$$\therefore 原式=-\int_0^1\frac{-(1-t)\,dt+t(-dt)}{t^2+(1-t)^2}=-\int_0^1\frac{-dt}{2t^2-2t+1}$$

$$=\frac{-1}{2}\int_1^0\frac{dt}{(t-\frac{1}{2})^2+\frac{1}{4}}=-\tan^{-1}(2t-1)\Big|_0^1=-\frac{\pi}{2}$$

9. $M=x^2-y^2\qquad N=2xy$

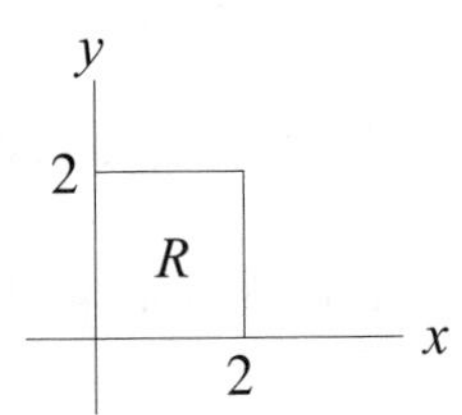

$$\therefore 原式=\iint_R(N_x-M_y)\,d_xd_y$$

$$=\int_0^2\int_0^2 2y+2yd_xd_y=4\int_0^2\int_0^2 yd_xd_y=16$$

10. 由 Green 定理：$M=x^2+xy$，$N=x+y^2$

$$原式=\int_0^1\int_0^1(\frac{\partial N}{\partial x}-\frac{\partial M}{\partial y})\,d_xd_y$$

$$=\int_0^1\int_0^1(1-x)\,d_xd_y=\frac{1}{2}$$

11. 由 Green 定理：$M=-y$ ，$N=x$

$$\int_c ydx-xdy=\iint_c\frac{\partial N}{\partial x}-\frac{\partial M}{\partial y}dxdy=2\iint_c dxdy$$

$$\therefore A=+\frac{1}{2}\int_c -ydx+xdy$$

12. 將 C 分為三段：即

C_1 ：$(2,0,0)\to(0,3,0)$ ，C_2 ：$(0,3,0)\to(0,0,1)$

C_3 ：$(0,0,1)\to(2,0,0)$

①取 $z=0$ ，$y=3t$ ，$x=-2t+2$ ，$1\ge t\ge 0$

$\therefore \int_{c_1}[(x+y)dx+(2x-z)dy+(y+z)dz]$

$=\int_0^1 (t+2)(-2)dt+(-4t+4)3dt$

$=\int_0^1 (-14t+8)dt=1$

②取 $x=0$ ，$z=t$ ，$y=3(1-t)$ ，$1\geq t\geq 0$

$\therefore \int_{c_2}[(x+y)dx+(2x-z)dy+(y+z)dz]$

$=\int_0^1 -t(-3dt)+(3-2t)dt$

$=\int_0^1 (3+t)dt=\frac{5}{2}$

③取 $y=0$ ，$z=t$ ，$x=2-2t$ ，$1\geq t\geq 0$

$\therefore \int_{c_3}[(x+y)dx+(2x-z)dy+(y+z)dz]$

$=\int_0^1 (2-2t)(-2dt)+tdt=\int_0^1 -4+5tdt=-\frac{3}{2}$

$\therefore$ 原式 $=1+\frac{5}{2}-\frac{3}{2}=2$

13. $M=\ln y \quad N=\frac{x}{y}$

$\therefore M_x=\frac{1}{y}$ ，$N_x=\frac{1}{y}$ 即路線獨立，$\phi(x,y)=x\ln y$

$\therefore$原式 $=x\ln y\Big]_{(1,e)}^{(1,1)}=-1$

□□□ 9-6 向量積分 □□□

(1)若 $\boldsymbol{R}(t)=\boldsymbol{R}_1(t)\boldsymbol{i}+\boldsymbol{R}_2(t)\boldsymbol{j}+\boldsymbol{R}_3(t)\boldsymbol{k}$ 為單一純量變數 t 之向量函數，且 $Ri(t)$，$i=1,2,3$ 在特定區間內為連續，則

$$\int R(t)\,dt=\boldsymbol{i}\int \boldsymbol{R}_1(t)\,dt+\boldsymbol{j}\int \boldsymbol{R}_2(t)\,dt+\boldsymbol{k}\int \boldsymbol{R}_3(t)\,dt，$$

若 $\boldsymbol{R}(t)=\frac{d}{dt}\boldsymbol{S}(t)$，則：

① $\int \boldsymbol{R}(t)\,dt=\int \frac{d}{dt}(\boldsymbol{S}(t))\,dt=\boldsymbol{S}(t)+C$

② $\int_a^b \boldsymbol{R}(t)\,dt=\int_a^b \frac{d}{dt}(\boldsymbol{S}(t))\,dt=\boldsymbol{S}(t)+C\Big]_a^b=\boldsymbol{S}(b)-\boldsymbol{S}(a)$

例 1 $\boldsymbol{R}(t)=(3t^2-t)\boldsymbol{i}+(2-6t)\boldsymbol{j}-4t\boldsymbol{k}$

求 (a) $\int \boldsymbol{R}(t)\,dt$ (b) $\int_2^4 \boldsymbol{R}(t)\,dt$。

解 (a) 原式 $=\boldsymbol{i}\int(3t^2-t)\,dt+\boldsymbol{j}\int(2-6t)\,dt-\boldsymbol{k}\int 4t\,dt$

$$=(t^3-\frac{t^2}{2})\boldsymbol{i}+(2t-3t^2)\boldsymbol{j}-2t^2\boldsymbol{k}+c$$

(b) $\int_2^4 \boldsymbol{R}(t)\,dt=\boldsymbol{i}\left[t^3-\frac{t^2}{2}\right]_2^4+\boldsymbol{j}\left[2t-3t^2\right]_2^4+\boldsymbol{k}\left[-2t^2k\right]_2^4=50\boldsymbol{i}-32\boldsymbol{j}-24\boldsymbol{k}$

例 2 若 $\boldsymbol{A}(2)=2\boldsymbol{i}-\boldsymbol{j}+2\boldsymbol{k}$；$\boldsymbol{A}(3)=4\boldsymbol{i}-2\boldsymbol{j}+3$

求 $\int_2^3 \boldsymbol{A}\cdot\frac{d\boldsymbol{A}}{dt}\,dt$。

解　$\frac{d}{dt}(\boldsymbol{A}\cdot\boldsymbol{A})=\boldsymbol{A}\cdot\frac{d\boldsymbol{A}}{dt}+\frac{d\boldsymbol{A}}{dt}\cdot\boldsymbol{A}=2\boldsymbol{A}\cdot\frac{d\boldsymbol{A}}{dt}$

$$\therefore \int_2^3 \boldsymbol{A}\cdot\frac{d\boldsymbol{A}}{dt}dt=\frac{1}{2}\int_2^3 d(\boldsymbol{A}\cdot\boldsymbol{A})=\frac{1}{2}\boldsymbol{A}\cdot\boldsymbol{A}\Big]_2^3$$

$$=\frac{1}{2}[\boldsymbol{A}(3)\cdot\boldsymbol{A}(3)-\boldsymbol{A}(2)\cdot\boldsymbol{A}(2)]$$

$$=\frac{1}{2}[-(2\boldsymbol{i}-\boldsymbol{j}+2\boldsymbol{k})\cdot(2\boldsymbol{i}-\boldsymbol{j}+2\boldsymbol{k})+(4\boldsymbol{i}-2\boldsymbol{j}+3)\cdot(4\boldsymbol{i}-2\boldsymbol{j}+3)]$$

$$=\frac{1}{2}[-9+29]=10$$

以下是線積分形式之向量積分：

例3　求 $\int_c \boldsymbol{A}\cdot d\boldsymbol{r}$　　$\boldsymbol{A}=(x-y)\boldsymbol{i}+(x+y)\boldsymbol{j}$ 之 c 之圖形。

解　$\int_{c_1}\boldsymbol{A}\cdot d\boldsymbol{r}=\int_0^1[(x-y)\boldsymbol{i}+(x+y)\boldsymbol{j}]$

$$\cdot[dx\boldsymbol{i}+dy\boldsymbol{j}]$$

$$=\int_0^1(x+y)dx+(x+y)\,dy$$

$$=\int_0^1(t-t^2)\,dt+(t+t^2)\,2tdt\qquad[\text{取 } x=t，y=t^2]$$

$$=\int_0^1(t+t^2+2t^3)dt=\frac{4}{3}$$

$$\int_{c_2}\boldsymbol{A}\cdot d\boldsymbol{r}=\int_0^1(t^2-t)\,2tdt+(t_2+t)\,dt\quad[\text{取 } x=t^2，y=t]$$

$$=\int_1^0 2t^3-t^2+tdt=\frac{-2}{3}$$

$$\therefore \int_c=\int_{c_1}+\int_{c_2}=\frac{2}{3}$$

類似問題

1. 求$\int_c \boldsymbol{F}\cdot d\boldsymbol{r}$；$F=3xy\boldsymbol{i}-5z\boldsymbol{j}+10x\boldsymbol{k}$；$c$：$x=t^2+1$，$y=2t^2$，$z=t^3$，由 $t=1$ 至 $t=2$。

2. 令 $\boldsymbol{A}=t\boldsymbol{i}-3\boldsymbol{j}+2t\boldsymbol{k}$，$\boldsymbol{B}=\boldsymbol{i}-2\boldsymbol{j}+2\boldsymbol{k}$，$\boldsymbol{C}=3\boldsymbol{i}+t\boldsymbol{j}-\boldsymbol{k}$，求：

   (a) $\int_1^2 \boldsymbol{A}\cdot\boldsymbol{B}\times\boldsymbol{C}dt$　　　(b) $\int_1^2 \boldsymbol{A}\times(\boldsymbol{B}\times\boldsymbol{C})dt$

3. 若 $\boldsymbol{A}=(2y+3)\boldsymbol{i}+xz\boldsymbol{j}+(yz-x)\boldsymbol{k}$，求 $\int_c \boldsymbol{A}\cdot d\boldsymbol{r}$。

   (a)c_1：由 $t=0$ 至 $t=1$，$x=2t^2$，$y=t$，$z=t^3$

   (b)c_2：由 (0, 0, 0) → (0, 0, 1) → (2, 1, 1) 之直線

   (c)c_3：連接 (0, 0, 0) 及 (2, 1, 1) 之直線

4. 若 $\boldsymbol{F}=(2x+y)\boldsymbol{i}+(3y-x)\boldsymbol{j}$，求 $\int_c F\cdot dr$，c 爲在 xy 平面上由 (0, 0) → (2, 0) → (3, 2) 之直線。

5. $\boldsymbol{F}=(5xy-6x^2)\boldsymbol{i}+(2y-4x)\boldsymbol{j}$，求$\int_c F\cdot dr$，$c$：在 xy 平面上由 (1, 1) 沿至 $y=x^3$ 之曲線。

6. 求 $\int_c (2xy^2z+x^2y)\,dr$，c：(0, 0, 0) → (1, 0, 0) → (1, 1, 0) → (1, 1, 1) 之直線。

解答

1. $\int_c \boldsymbol{F}\cdot d\boldsymbol{r}=\int_c(3xy\boldsymbol{i}-5z\boldsymbol{j}+10x\boldsymbol{k})\cdot(dx\boldsymbol{i}+dy\boldsymbol{j}+dz\boldsymbol{k})$

$=\int_c 3xydx-5zdy+10xdz$

$=\int_1^2 3(t^2+1)2t^2(2t)dt-5t^3 4tdt+10(t^2+1)3t^2dt$

$=\int_1^2(12t^5+10t^4+12t^3+30t^2)dt=303$

2. (a) $\boldsymbol{A}\cdot\boldsymbol{B}\times\boldsymbol{C}=\begin{vmatrix} t & -3 & 2t \\ 1 & -2 & 2 \\ 3 & t & -1 \end{vmatrix}=14t-21$

$\therefore \int_1^2 \boldsymbol{A}\cdot\boldsymbol{B}\times\boldsymbol{C}dt=\int_1^2(14t-21)dt=0$

(b) $\boldsymbol{B}\times\boldsymbol{C}=\begin{vmatrix} \boldsymbol{i} & \boldsymbol{j} & \boldsymbol{k} \\ 1 & -2 & 2 \\ 3 & t & -1 \end{vmatrix}=(2-2t)\boldsymbol{i}+7\boldsymbol{j}+(t+6)\boldsymbol{k}$

$\boldsymbol{A}\times(\boldsymbol{B}\times\boldsymbol{C})=\begin{vmatrix} \boldsymbol{i} & \boldsymbol{j} & \boldsymbol{k} \\ t & -3 & 2t \\ 2(1-t) & 7 & t+6 \end{vmatrix}$

$=(-17t-18)\boldsymbol{i}-(5t^2+2t)\boldsymbol{j}+(6+t)\boldsymbol{k}$

$\therefore \int_1^2 \boldsymbol{A}\times(\boldsymbol{B}\times\boldsymbol{C})dt=\boldsymbol{i}\int_1^2(-17t-18)dt-\boldsymbol{j}\int_1^2(5t^2+2t)dt$

$+\boldsymbol{k}\int_1^2(6+t)dt=\frac{-87}{2}\boldsymbol{i}-\frac{44}{3}\boldsymbol{j}+\frac{15}{2}\boldsymbol{k}$

3. 原式 $=\int_c \boldsymbol{A}\cdot d\boldsymbol{r}=\int_c[(2y+3)\boldsymbol{i}+xz\boldsymbol{j}+(yz-x)\boldsymbol{k}]\cdot[dx\boldsymbol{i}+dy\boldsymbol{j}+dz\boldsymbol{k}]$

$=\int_c(2y+3)dx+xzdy+(yz-x)dz$　　　　*

$$(a)^* = \int_0^1 (2t+3)\,d(2t^2) + (2t^2)\,t^3 dt + (t \cdot t^3 - 2t^2)\,dt^3$$

$$= \int_0^1 3t^6 + 2t^5 - 6t^4 + 8t^2 + 12t dt = \frac{288}{35}$$

(b) c_{21}：取 $x=0$，$y=0$，$z=t$，$1 \geq t \geq 0$，則

$$\int_{c_{21}} \boldsymbol{A} \cdot d\boldsymbol{r} = 0$$

c_{21} c_{22} c_{23}
$(0,0,0)$ $(0,0,1)$ $(0,0,1)$ $(2,1,1)$

c_{22}：取 $x=0$，$y=0$，$z=t$，$1 \geq t \geq 0$，則

$$\int_{c_{22}} \boldsymbol{A} \cdot d\boldsymbol{r} = 0$$

c_{23}：取 $x=t$，$z \geq t \geq 0$，$y=1$，$z=1$，則

$$\int_{c_{23}} \boldsymbol{A} \cdot d\boldsymbol{r} = \int_0^2 (2+3)dt = 10$$

$$\therefore \int_{c_2} \boldsymbol{A} \cdot d\boldsymbol{r} = \int_{c_{21}} \boldsymbol{A} \cdot d\boldsymbol{r} + \int_{c_{22}} \boldsymbol{A} \cdot d\boldsymbol{r} + \int_{c_{23}} \boldsymbol{A} \cdot d\boldsymbol{r} = 10$$

(c) 取 $x=2t$，$y=t$，$z=t$，$1 \geq t \geq 0$，則

$$\int_{c_3} \boldsymbol{A} \cdot d\boldsymbol{r} = \int_0^1 (2t+3)\,2dt + 2t^2 dt + (t^2 - 2t)\,dt = 8$$

4. 原式 $\int_c \boldsymbol{F} \cdot d\boldsymbol{r} = \int_c [(2x+y)\boldsymbol{i} + (3y-x)\boldsymbol{j}] \cdot [dx\boldsymbol{i} + dy\boldsymbol{j}]$

$$= \int_c (2x+y)\,dx + (3y-x)\,dy$$

$(3,2)$
c_2
$(0,0)$ c_1 $(2,0)$

c_1：取 $x=0$，$y=0$，$2 \geq t \geq 0$

$$\int_{c_1} \boldsymbol{F} \cdot d\boldsymbol{r} = \int_0^1 2t dt = 1$$

c_2：$\because$ $(2, 0) \to (3, 2)$ 之直線方程式為 $2x - 4 = y$

取 $x=t$，$y=2t-4$，$3 \geq t \geq 2$

則 $\int_{c_2} \boldsymbol{F} \cdot d\boldsymbol{r} = \int_2^3 (4t-4)\,dt + (6t-13)\,2dt = \int_2^3 (16t-30)\,dt = 10$

$\therefore \int_c \boldsymbol{F} \cdot d\boldsymbol{r} = \int_{c_1} \boldsymbol{F} \cdot d\boldsymbol{r} + \int_{c_2} \boldsymbol{F} \cdot d\boldsymbol{r} = 11$

5. $\int_c \boldsymbol{F} \cdot d\boldsymbol{r} = \int_c (5xy - 6x^2)\,dx + (2y-4x)\,dy$　　　*

取 $x=t$，$y=t^3$，$1 \le t \le 2$，則 $* = \int_1^2 (5t^4 - 6t^2)\,dt + (2t^3 - 4t)\,3t^3 dt = 35$

6. 原式 $= \int_c (2xy^2z + x^2y)(dx\boldsymbol{i} + dy\boldsymbol{j} + dz\boldsymbol{k})$

$= \boldsymbol{i}\int_c (2xy^2z + x^2y)\,dx + \boldsymbol{j}\int_c (2xy^2z + x^2y)\,dy + \boldsymbol{k}\int_c (2xy^2z + x^2y)\,dz$

① c_1：$(0, 0, 0) \to (1, 0, 0)$　取 $x=t$，$y=z=0$，$1 \ge t \ge 0$，

則 $\int_{c_1} = 0$

② c_2：$(1, 0, 0) \to (1, 1, 0)$　取 $x=1$，$y=t$，$z=0$，$1 \ge t \ge 0$

則 $\int_{c_2} = \boldsymbol{i}\int_0^1 (0+t)\,d1 + \boldsymbol{j}\int_0^1 (0+t)\,dt + \boldsymbol{k}\int_0^1 (0+t)\,d0$

$= \frac{1}{2}\boldsymbol{j}$

③ c_3：$(1, 1, 0) \to (1, 1, 1)$　取 $x=y=1$，$z=t$，$1 \ge t \ge 0$

則 $\int_{c_3} = \boldsymbol{i}\int_0^1 (2t+1)\,d1 + \boldsymbol{j}\int_0^1 (2t+1)\,d1 + \boldsymbol{k}\int_0^1 (2t+1)\,dt$

$= 2\boldsymbol{k}$

$\therefore \int_c = \frac{1}{2}\boldsymbol{j} + 2\boldsymbol{k}$

國家圖書館出版品預行編目資料

微積分演習指引／黃學亮編著. -- 三版.
-- 臺北市：五南圖書出版股份有限公
司, 2022.01
面； 公分.
ISBN 978-986-522-894-1（平裝）

1.微積分

314.1 110009774

5Q02

微積分演習指引

作　　者— 黃學亮（305.2）
發 行 人— 楊榮川
總 經 理— 楊士清
總 編 輯— 楊秀麗
副總編輯— 王正華
責任編輯— 金明芬
封面設計— 王麗娟
出 版 者— 五南圖書出版股份有限公司
地　　址：106台北市大安區和平東路二段339號4樓
電　　話：(02)2705-5066　　傳　真：(02)2706-6100
網　　址：https://www.wunan.com.tw
電子郵件：wunan@wunan.com.tw
劃撥帳號：01068953
戶　　名：五南圖書出版股份有限公司

法律顧問　林勝安律師事務所　林勝安律師

出版日期　2005年3月初版一刷
　　　　　2012年1月二版一刷
　　　　　2022年1月三版一刷

定　　價　新臺幣650元